林业有害生物监测预报 2024

LINYE YOUHAI SHENGWU
JIANCE YUBAO 2024

国家林业和草原局生物灾害防控中心 编著

中国林业出版社
China Forestry Publishing House

图书在版编目(CIP)数据

林业有害生物监测预报. 2024 / 国家林业和草原局生物灾害防控中心编著. -- 北京 : 中国林业出版社, 2025. 4. -- ISBN 978-7-5219-3260-7

Ⅰ. S763. 1

中国国家版本馆 CIP 数据核字第 2025247QC3 号

责任编辑：贾麦娥

封面设计：北京阳和启蛰印刷设计有限公司

出版发行　中国林业出版社

（100009，北京市西城区刘海胡同 7 号，电话 010-83143562）

电子邮箱　cfphzbs@163. com

网　　址　https://www. cfph. net

印　　刷　河北京平诚乾印刷有限公司

版　　次　2025 年 4 月第 1 版

印　　次　2025 年 4 月第 1 次印刷

开　　本　889mm×1194mm　1/16

印　　张　17. 5

字　　数　505 千字

定　　价　158. 00 元

《林业有害生物监测预报·2024》
编著委员会

主　　编　于治军　王　越

编　　委　（以姓氏笔画为序）

丁治国　于治军　王　宇　王　越　王　鑫　王立婷
王金利　王晓俪　王晓婷　韦曼丽　方国飞　方源松
尹彩云　孔　彪　邓　艳　古京晓　布日芳　占　明
叶利芹　叶勤文　白鸿岩　冯　琛　成　聪　曲莹莹
吕希希　朱雨行　刘　冰　刘　欢　刘　玲　刘　俊
刘　薇　刘子雄　刘东力　刘杰恩　刘春燕　闫佳钰
许　悦　许铁军　孙　红　孙晓艳　李　广　李　俊
李　硕　李红征　李岳诚　李秋雨　李晓冬　李鹏飞
杨　莉　杨立红　杨丝涵　杨晓雷　吾买尔·帕塔尔
吴凤霞　吴宗仁　别尔达吾列提·希哈依　邱议文
况析君　宋　东　宋　敏　张　娟　张玉洲　张军生
张羽宇　张晨书　陈　伟　陈　亮　陈凯玥　陈怡帆
陈录平　陈绍清　陈垦西　陈晓洋　陈蔚诗　周艳涛
郑金媛　屈金亮　封晓玉　赵　彬　郝建清　姜　波
柴晓东　钱晓龙　高　洁　高丽敏　郭　蕾　郭丽洁
郭春苗　唐　杰　桑旦次仁　黄　婷　韩阳阳　曾　志
曾　艳　曾浩威　谢　菲　蔡　兵　嘎丽娃　管铁军
樊斌琦　戴　阳　戴　丽

主　　任　方国飞

副 主 任　王金利　周艳涛

咨询专家　赵良平　陈建武　张星耀　叶建仁　曹传旺　赵玉衡

目　　录 MULU

01 全国主要林业有害生物2024年发生情况和2025年趋势预测

国家林业和草原局生物灾害防控中心　林草有害生物监测预警国家林业和草原局重点实验室

【摘要】2024年全国主要林业有害生物发生1.54亿亩*，同比下降5.81%，高发频发态势趋缓，但仍属偏重发生，局部成灾。主要发生特点：松材线虫病、美国白蛾等重大外来入侵物种快速扩散蔓延态势得到初步遏制，但局部地区仍有新扩散。松树钻蛀类害虫整体危害严重，多地偏重成灾。林业鼠(兔)害、松树病害在“三北”地区危害偏重。“三北”工程区和国家公园内，外来入侵物种扩散和林业鼠(兔)害、钻蛀类害虫等本土常发有害生物局部偏重，对生态安全和森林资源安全造成威胁。食叶害虫、经济林病虫等其他本土常发性林业有害生物整体平稳发生，局部偏重。

经综合研判，预测2025年全国主要林业有害生物整体仍偏重发生、局地成灾，全年预计发生1.63亿亩左右，同比上升。据大数据预测分析，松材线虫病疫情在老疫区连片扩散态势将进一步减缓；美国白蛾疫情扩散势头减缓，长江下游沿江地区有新发疫情风险；林业鼠(兔)害在“三北”地区及青藏高原局部新造林地和荒漠林地将危害严重；松树钻蛀类害虫在“三北”、华南、西南地区多地将持续偏重危害；松树病害在东北地区将加重危害；马尾松毛虫、竹类病虫在长江以南地区危害将有所反弹；有害植物、杨树病虫害、落叶松毛虫、经济林病虫等本土常发性林业有害生物在全国大部分发生区整体轻度发生，局部地区可能偏重。“三北”工程区林业有害生物将延续当前发生特点，呈现出鼠(兔)害在局部新植林地和荒漠林地危害加重，钻蛀类害虫对成过熟人工林及天然次生林和局部中幼林危害严重，其他本土常发性有害生物灾害多点散发等灾害风险趋势。国家公园内外来物种侵入扩散风险持续存在，本土常发性林业有害生物灾害呈局地多发的发生态势。

针对当前林业有害生物发生形势，2025年重点工作建议：一是锚定任务目标，打好松材线虫病疫情五年攻坚行动“收官战”；二是持续深入推进“三北”工程重点项目林草有害生物防控“护绿”行动；三是实施松树钻蛀类害虫专项调查和系统治理工程；四是加强重大林业生物灾害风险隐患排查和防范治理；五是加强科技支撑和协同创新。

一、2024年全国主要林业有害生物发生情况

2024年，全国主要林业有害生物高发频发态势趋缓，但仍属偏重发生，局部成灾。据统计，全年共发生15432.49万亩，同比下降5.81%。其中，虫害发生9585.46万亩，同比下降5.71%；病害发生3205.02万亩，同比下降5.05%；林业鼠(兔)害发生2374.95万亩，同比下降7.84%；有害植物发生264.85万亩，同比持平(图1-1、图1-2)。主要表现：松材线虫病、美国白蛾等重大外来入侵物种快速扩散蔓延态势得到初步遏制，但局部地区仍有新扩散；松树钻蛀类害虫发生面积略有下降，但整体危害仍然严重，多地偏重成灾；松树病害、林业鼠(兔)害在

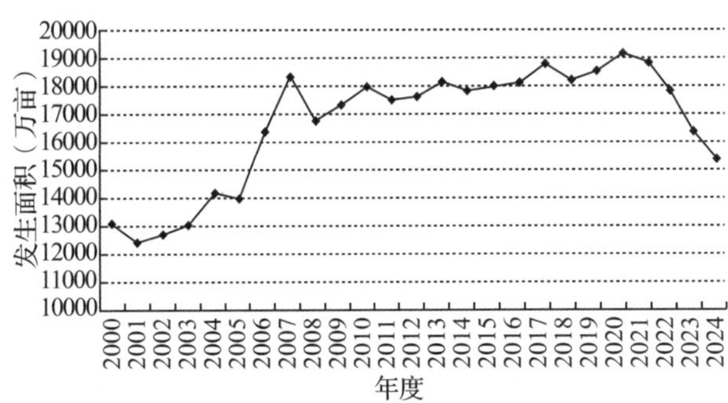

图1-1　2000—2024年全国主要林业有害生物发生面积

* 1亩≈667m²。下同。

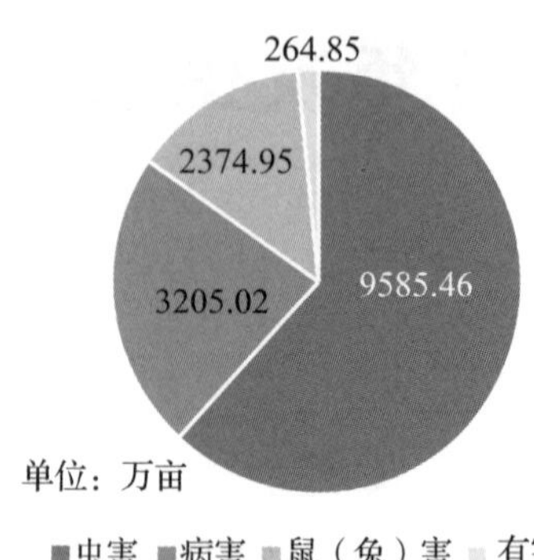

图 1-2　2024 年全国主要林业有害生物类别发生面积

“三北”地区危害偏重；食叶害虫、经济林病虫等其他本土常发性林业有害生物整体平稳发生，局部地区偏重。

(一)主要有害生物种类发生情况

1. 松材线虫病

疫情防控成效显著，攻坚行动目标提前完成，但疫情防控形势依然严峻。疫情发生 1583.45 万亩，同比下降 13.66%；病死松树 571.68 万株，同比下降 24.77%(图 1-3、图 1-4)。全国共计 18 个省(自治区、直辖市)、622 个县(区、市)、4261 个乡(镇、街道)、18.71 万个小班中发生松材线虫病疫情；其中，新发 1 个省级、4 个县级、39 个乡级疫情。

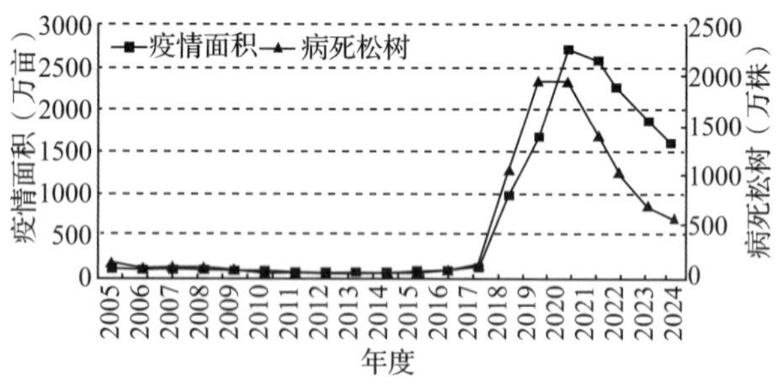

图 1-3　2005—2024 年全国松材线虫病发生情况

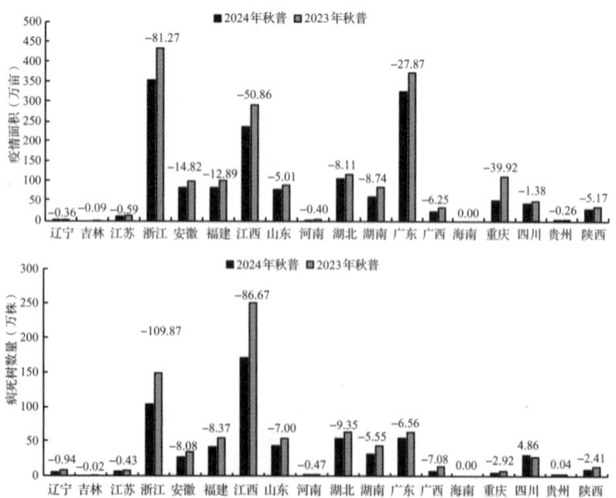

图 1-4　2023—2024 年松材线虫病疫情面积和病死松树对比

(1)疫情防控成效显著。一是疫情分布范围大幅减少。全国县级疫情和乡级疫情数量与 2020 年相比分别净下降 104 个和 1218 个，降幅分别为 14.33% 和 22.23%，已连续 3 年实现“净下降”。二是疫情危害程度下降明显。全国疫情面积和病死松树较 2020 年分别下降 1130.38 万亩和 1369.10 万株，降幅分别为 41.65% 和 70.54%；同比分别下降 13.66% 和 24.77%，连续 4 年实现“双下降”。2024 年全国平均每亩病死树 0.36 株，较 2020 年下降 50.00%。三是疫情快速扩散蔓延趋势大幅减缓。2024 年新发 4 个县级疫情和 39 个乡级疫情，与近 5 年新发的平均数相比分别下降 89.19% 和 91.90%。“十四五”以来，全国平均每年新发 10.25 个县级疫情和 66.25 个乡级疫情，较“十三五”期间平均每年新发数量分别下降 90.75% 和 92.74%。四是重点区域疫情得到有效控制。2024 年，9 个重点区域疫情面积 41.31 万亩，病死松树 15.97 万株，同比分别下降 6.63% 和 30.26%。黄山风景区、张家界景区、庐山核心风景区和泰山林场实现无疫情；梵净山景区仍保持未发生疫情。

(2)松材线虫病疫情基数大、范围广且老疫区片状散发，部分区域危害重，巩固提升疫情防控成果任务依然艰巨。一是疫情基数大、分布范围广。疫情仍在全国约 1/5 的县级行政区、1/10 的乡镇行政区发生(图 1-5)。二是老疫区疫情仍片状散发。攻坚行动以来，80.05% 的新发县级疫情、74.66% 的新发乡级疫情和 92.73% 的新发小班疫情全部集中在老疫区。三是疫情在局部区域危害依然严重。有 9 个疫情省份、245 个疫情县区平均每亩病死松树超过全国水平，有 27 个疫情县区疫情面积和病死松树同比呈“双上升”态

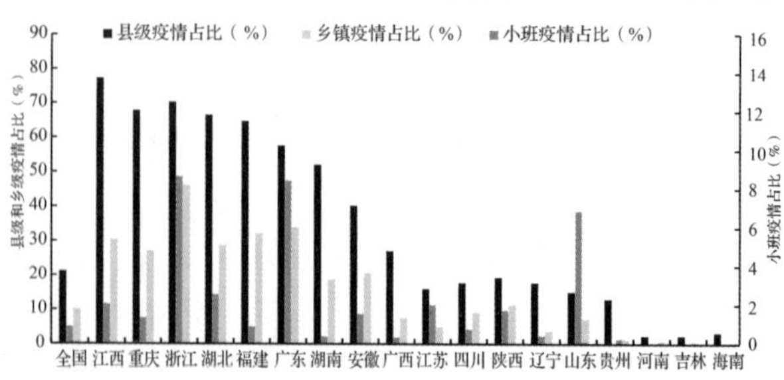

图 1-5　2024 年松材线虫病县级、乡级和小班疫情分布占比

势。四是部分重点生态区位控增量压力依然较大。湖南韶山市新发疫情，疫情距韶山核心风景区直线距离约3km。辽宁抚顺地区、三峡库区湖北宜昌市夷陵区和福建武夷山国家公园疫情危害程度虽有所下降，但仍有扩散，2024年累计新发728个小班疫情，涉及面积8.64万亩。

2. 美国白蛾

疫情扩散势头得到有效遏制，发生面积连续7年下降，整体轻度发生，在华北黄淮地区局部老疫区中重度发生。全年发生857.63万亩，同比下降8.06%(图1-6)。

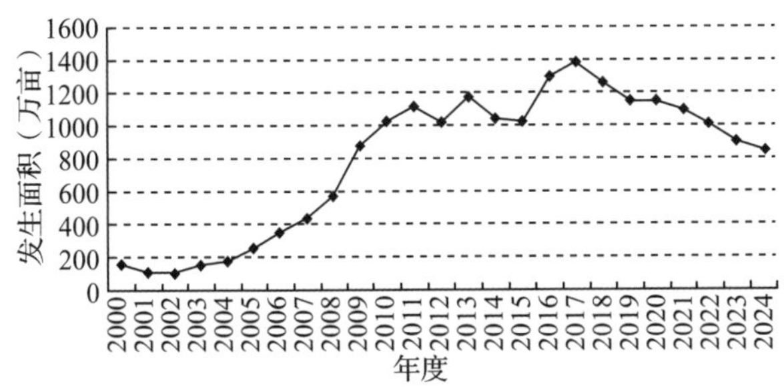

图1-6 2000—2024年美国白蛾发生面积变化

(1)疫情扩散势头得到有效遏制。全国共计13个省(自治区、直辖市)、607个县级行政区发生美国白蛾疫情，撤销辽宁省1个、河南省2个及陕西省全部3个共6个疫区，连续2年未新增县级疫区，2024年仅在吉林(4个)、江苏(11个)、安徽(2个)3省的17个非疫区县监测到成虫。

(2)整体轻度发生，华北黄淮地区局部老疫区中重度发生。2024年美国白蛾全年发生857.63万亩，同比下降8.06%，发生面积连续7年持续下降；轻度发生面积占比99.41%，整体轻度发生，中度和重度发生面积同比分别下降40.18%和41.81%，危害态势进一步减轻。除内蒙古和江苏外，其他省份的发生面积均有不同程度下降。经除治，北京(1个)、河北(8个)、吉林(6个)、上海(7个)、江苏(4个)、浙江(2个)、安徽(17个)、河南(13个)、湖北(3个)的61个县级疫区未发现美国白蛾危害。其中，北京市第三代平均有虫株率仅为0.33‰，上海市全市仅发现1个幼虫网幕，浙江省全省无幼虫危害。第一、二代以轻度发生为主，但第三代在华北黄淮地区危害情况略高于去年同期；河北东北部、内蒙古通辽、江苏北部、山东中部等老疫区局部有点片状中重度危害，内蒙古科左后旗、河北迁西等地局部有成灾现象。

3. 有害植物

薇甘菊等外来入侵植物在华南局地呈扩散和加重危害态势；本土有害植物在常发区总体发生平稳，局地偏重危害。全年累计发生264.85万亩，同比持平(图1-7)。薇甘菊发生104.58万亩，同比下降7.94%，在广东西部和东部地区非林地危害偏重，并向广东北部扩散蔓延，广东潮州、湛江，广西钦州、玉林和海南文昌、儋州等地偏重危害。紫茎泽兰发生19.64万亩，同比上升52.30%，云南红河、文山和贵州黔南等局地呈重度危害。加拿大一枝黄花得到有效控制，全年林地范围仅发生0.88万亩，均为轻度发生。金钟藤发生15.05万亩，同比下降18.66%，在海南热带雨林国家公园中部和天然次生林区危害偏重。葛藤发生107.66万亩，同比持平，主要分布在湖北东部和北部，湖北黄冈、十堰等地局部重度发生。

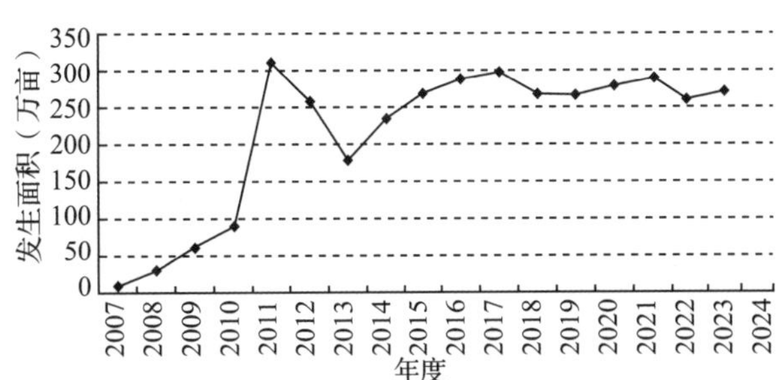

图1-7 2007—2024年有害植物发生面积

4. 林业鼠(兔)害

整体轻度发生，在“三北”地区新植林地和荒漠林地内危害偏重。全年累计发生2374.95万亩，同比下降7.84%(图1-8)。

(1)鼢鼠类在河北北部、内蒙古中部、宁夏南部、甘肃中部和东部、陕西黄土高原北部等局部地区危害偏重。鼢鼠类发生514.58万亩，同比下降7.95%。中华鼢鼠主要在甘肃陇东高原、宁夏南部六盘山区和内蒙古中部大青山南麓新造林地及中幼林等地偏重危害，宁夏固原、中卫和甘肃平凉等地成灾4.95万亩，甘肃武威市凉州区张义镇林木被害株率达18%，内蒙古呼和浩特市和林格尔县调查平均被害株率达13.8%。高原鼢鼠在青海东部脑山地区未成林地和疏林地中等程度危害，民和县局地中度发生，危害株率达11%~15%。甘肃鼢鼠在宁夏吴忠、固原和陕西安康等地局部中重度发生，宁夏泾源县局地被害株率达 13.9%。草原鼢鼠在河北北部坝上地区和内蒙古锡林郭勒盟等地局部危害偏重。

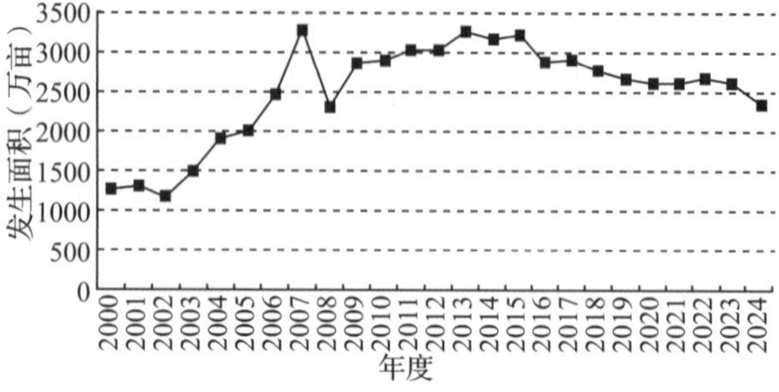

图 1-8　2000—2024 年林业鼠(兔)害发生面积

(2)沙鼠类整体轻度发生，内蒙古西部、新疆北部、甘肃河西走廊局部荒漠植被区中重度发生。以大沙鼠为主的沙鼠类累计发生 954.95 万亩，同比下降 7.31%，在新疆、内蒙古、甘肃、宁夏、青海等地的荒漠植被区整体发生平稳，中重度发生面积占比 5.98%，新疆整体平均被害株率 7.32%，以轻度发生为主。新疆昌吉、内蒙古阿拉善和巴彦淖尔、甘肃武威等局地中度以上发生，内蒙古阿拉善左旗林木平均被害株率 21.8%，乌拉特中旗重度发生区被害株率达 63%、平均鼠洞口密度 210 个/hm^2。子午沙鼠在新疆博尔塔拉、宁夏吴忠等地局部荒漠林缘地带偏重发生。

(3)鼢鼠类在东北地区和华北北部整体中度以下发生，内蒙古森工北部和大兴安岭森工林区局部危害偏重。全年累计发生 451.61 万亩，同比下降 6.13%。大兴安岭森工林区平均林间捕获率 7.36%、林木平均被害率 9.5%，中度发生面积占比达 59.22%，在各林业局新植林地和 7 年生以下的人工林分危害偏重。内蒙古森工满归、根河、阿里河等林业局，河北围场等地局部有重度发生。黑龙江整体中度以下发生。

(4)田鼠类发生 75.69 万亩，根田鼠在新疆环塔里木盆地区域和青海环青海湖地区等常发区整体鼠密度较低，新疆林木平均被害株率为 1.88%，仅在新疆和田、博尔塔拉，新疆兵团 61 团和青海海北等地局部人工新植林地危害偏重。草兔等兔害发生 124.02 万亩，在河北承德坝上地区、山西中部省直林业局、陕西北部黄土高原区和新疆塔里木盆地周缘等局地中重度发生。鼠兔类发生 38.04 万亩，高原鼠兔在青海海北湟源平均捕获率为 15.12%，局地中度以上发生。赤腹松鼠在四川雅安、成都、乐山等地邛崃山脉局部区域对柳杉中幼林造成中度以上危害。

5. 松树钻蛀类害虫

松树钻蛀类害虫发生面积略有下降，但整体危害仍然严重，多地偏重成灾。全年累计发生 2030.31 万亩，同比持平(图 1-9)。

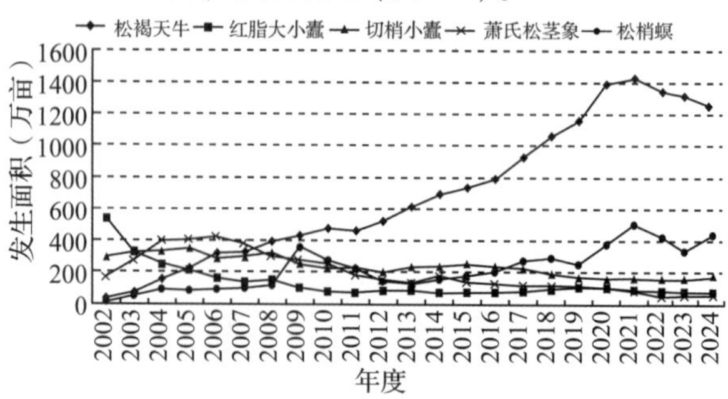

图 1-9　2002—2024 年松树钻蛀性害虫发生面积

(1)松褐天牛在长江以南多地危害严重，局地成灾。全年发生 1246.42 万亩，同比下降 6.51%。重度发生面积同比下降 44.46%，但在长江以南多地仍呈偏重危害态势，在松材线虫病疫区及周边区域虫口基数仍然较大，传播松材线虫病和直接导致树木衰弱风险极高。湖北东北部和西北部、福建东北部、江西南部、浙江西部、四川东北部、广西北部等多地重度发生，江西九江、湖北十堰、湖南湘西等地局部成灾，全国累计成灾 5.63 万亩，致死松树 22.97 万株。

(2)小蠹类害虫在西南、华北和西北等局部地区危害较重。全年累计发生 276.02 万亩，同比持平，中重度发生面积占比达 15.08%。红脂大小蠹发生 67.60 万亩，同比下降 7.41%，河北北部承德坝上地区、山西中部太岳山国有林管理局(简称太岳林局)、辽宁西北部朝阳等地中重度发生，河北保定局地成灾。切梢小蠹发生 167.68 万亩，同比上升 8.86%，在四川西南部、云南西北部和南部等局部地区中重度发生；云南红河、普洱、玉溪、曲靖和四川雅安等局地累计成灾 1.25 万亩。华山松大小蠹发生 49.26 万亩，同比上升 21.59%，重庆东北部危害加重，甘肃小陇山林区、陕西宝鸡、四川巴中等常发区局部仍重度危害，累计成灾 1.51 万亩。八齿小蠹发生 63.85 万亩，同比上升 15.53%；其中，云杉八齿小蠹在新疆天山东部地区暴发危害，在天东林管局南山和吉木萨尔分局、哈密分局等地危害严重，重度发生达 5.52 万亩；光臀八齿小蠹在青海黄南、海北等地中重度发生；落叶松八齿小蠹整体危害减轻，但在黑龙江佳木斯、内蒙古森工绰尔林业局等局地仍中重度发生。

(3)松梢螟类在东北林区局部危害偏重。全年发生 432.71 万亩，同比上升 28.54%，但危害程度趋轻，重度发生面积和成灾面积同比分别下降 82.20%和 70.83%。果梢斑螟发生 318.45 万亩，同比上升 47.35%，其中，仅龙江森工集团林区即发生 169.00 万亩，同比上升 178.78%；中重度占比达 27.14%，黑龙江龙江森工集团、伊春森工集团、牡丹江、鹤岗等多地危害偏重；吉林东部红松球果主产区得到较好控制，未引发灾害和舆情事件。松梢螟发生 74.06 万亩，同比下降 13.89%，在吉林延边、山西中条山林区、内蒙古通辽、河北承德等局部地区中重度发生，辽宁阜新有危害上升趋势。

6. 松毛虫

整体轻度发生，发生面积 5 年持续下降，北方林区危害持续减轻，华中、西南林区危害有所加重。全年累计发生 779.78 万亩，同比下降 13.41%(图 1-10)。

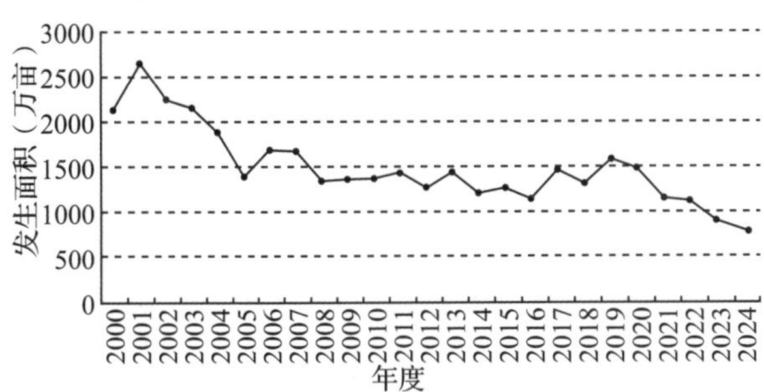

图 1-10　2000—2024 年松毛虫发生面积

(1)北方林区松毛虫危害持续减轻，仅在局部地区危害偏重。落叶松毛虫全年发生 128.26 万亩，同比下降 18.42%，在东北、华北地区整体轻度发生，仅在内蒙古森工伊图里河林业局局地重度发生，新疆天山东部和阿尔泰山北部地区有危害上升趋势。油松毛虫全年发生 96.72 万亩，同比上升 2.84%，轻度发生为主，仅在辽宁朝阳、河北承德和内蒙古赤峰 3 省区交界区域局部中重度发生。

(2)南方地区松毛虫发生面积减退，但华中和西南地区局地危害严重。马尾松毛虫全年发生 431.78 万亩，同比下降 9.28%，河南、江西、福建、湖南、重庆和广西等省份发生面积同比均有不同程度下降，总体轻度发生为主。湖北东北部大别山区有危害加重态势，湖北黄冈、武汉，湖南湘西、怀化，重庆开州，四川达州，广西桂林，福建南平等地中重度发生。云南松毛虫全年发生 75.74 万亩，同比下降 34.35%，云南普洱和四川巴中、绵阳、广元等局部地区中重度发生。

7. 杨树蛀干害虫

杨树蛀干害虫在西北、东北地区局部危害偏重。全国累计发生 309.56 万亩，同比下降 8.72%，发生面积连续 7 年下降(图 1-11)。光肩星天牛全年发生 99.93 万亩，同比下降 8.58%，在“三北”地区整体轻度发生整体轻度危害，但在内蒙古巴彦淖尔、甘肃酒泉、宁夏银川和新疆巴音郭楞等局部地区重度发生，对防护林网造成危害。杨干象全年发生 44.57 万亩，同比下降 12.66%，河北、内蒙古、辽宁、黑龙江发生面积均明显下降，在辽宁西部和北部地区危害偏重。桑天牛在江汉平原，青杨天牛在吉林白城、内蒙古巴彦淖尔、西藏拉萨、新疆博尔塔拉等局地中重度发生。白杨透翅蛾在辽宁西南部等地区局部偏重发生。

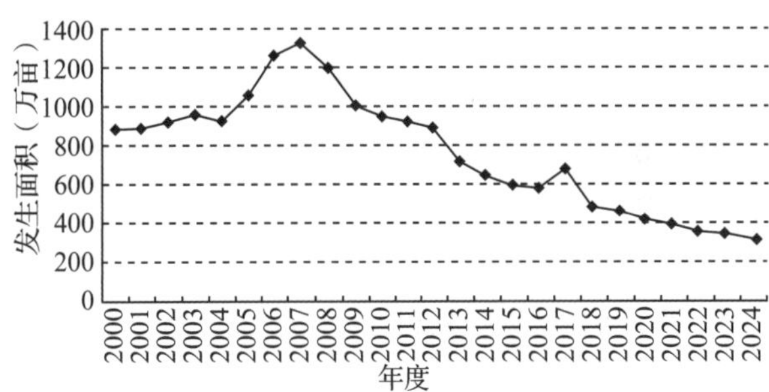

图 1-11　2000—2024 年杨树蛀干害虫发生面积

8. 杨树食叶害虫

杨树食叶害虫总体轻度发生，西北、华北局部常发地危害偏重。全年累计发生 1259.40 万亩，同比下降 15.60%，发生面积连续 12 年下降，中度以下发生面积占比达 97.02%(图 1-12)。

(1)春尺蠖整体轻度发生，西北局地危害偏重。全年发生 515.27 万亩，同比下降 16.87%。轻中度发生面积占比 94.89%，新疆天然胡杨林区危害减轻，但在宁夏北部人工防护林带危害有所反弹等，在新疆喀什、阿克苏、和田、巴音郭楞等环塔里木盆地地区，西藏拉萨至山南高速沿

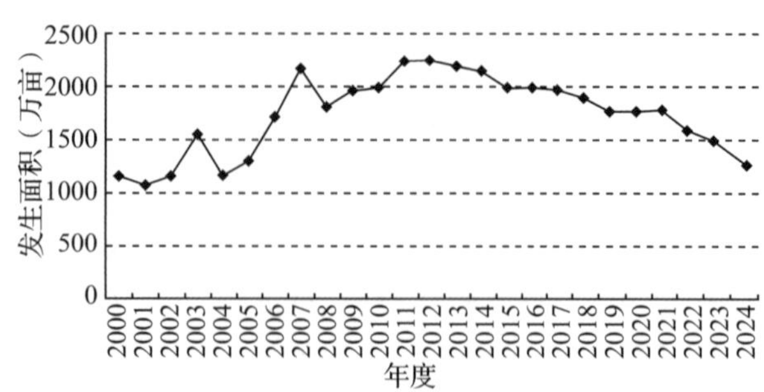

图 1-12　2000—2024 年杨树食叶害虫发生面积

线，宁夏吴忠等局部地区中度偏重度发生。

(2)杨树舟蛾整体发生程度减轻，黄淮中下游地区局部偏重危害。全年发生 520.42 万亩，同比下降 9.22%，中度及以下发生面积占比达 99.09%，杨小舟蛾、杨扇舟蛾等主要种类在华北黄淮主要发生区整体轻度发生。但受夏季高温气候影响，湖北江汉平原，山东济南，河南驻马店、南阳等局部区域发生偏重，河南济源、南阳和湖北江汉平原等地局部有点、片状小面积成灾。

9. 林木病害

林木病害(不含松材线虫病)整体发生平稳，松树病害在东北多地偏重流行。全年累计发生 1566.49 万亩，同比持平(图 1-13)。

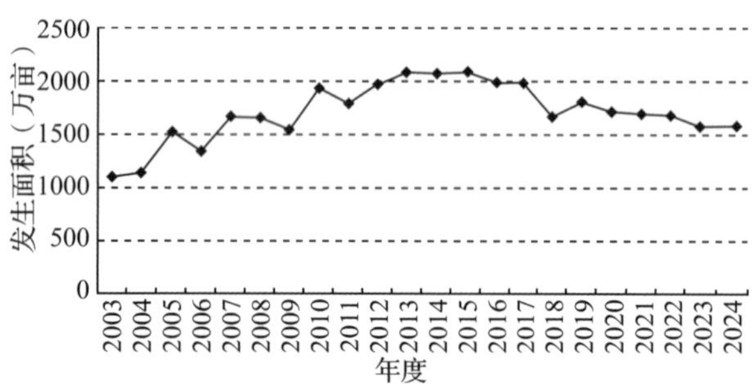

图 1-13　2003—2024 年林木病害(不含松材线虫病)发生面积

(1)杨树病害整体轻度发生，西北、华北地区局部危害偏重。全年发生 432.59 万亩，同比上升 3.78%，中度及以下发生面积占比 97.24%，在杨树分布区以轻度发生为主。但胡杨锈病在新疆喀什天然胡杨林区大发生，发生面积同比增加 45.26 万亩，中重度发生占比达 38.40%。杨树灰斑病在黑龙江哈尔滨，杨树黑斑病在河南周口、商丘，杨树烂皮病在辽宁多地、西藏多地、青海海西，杨树溃疡病在湖北黄冈、内蒙古通辽，青杨叶锈病在青海海东，桦树黑斑病在内蒙古大兴安岭和呼伦贝尔等地局部偏重发生。

(2)松树病害在东北林区多地偏重流行。全年累计发生 345.72 万亩(不含松材线虫病)，同比持平。松针红斑病在大兴安岭林区广泛发生，在内蒙古森工集团北部、龙江森工集团、黑龙江牡丹江等地呈重度发生。枯梢病、落针病等在黑龙江东部危害呈上升趋势，黑龙江牡丹江、鸡西和内蒙古呼伦贝尔等地危害严重，局地发病率达 100%，病情指数 3、4 级占比达 80%。云杉落针病在四川阿坝、甘肃白龙江林区等人工云杉纯林危害严重。油松病害在内蒙古赤峰、河北承德、辽宁朝阳等地局部中重度发生。2024 年早春，因生理性干旱导致的油松松针异常枯黄现象在辽宁朝阳大面积发生，受害面积达 105 万亩，随夏季降水增多，异常枯黄现象已得到明显改善。

10. 竹类等经济林病虫

整体以轻度发生为主，局部地区中重度发生。全年累计发生 2035.94 万亩，同比下降 7.32%(图 1-14)。

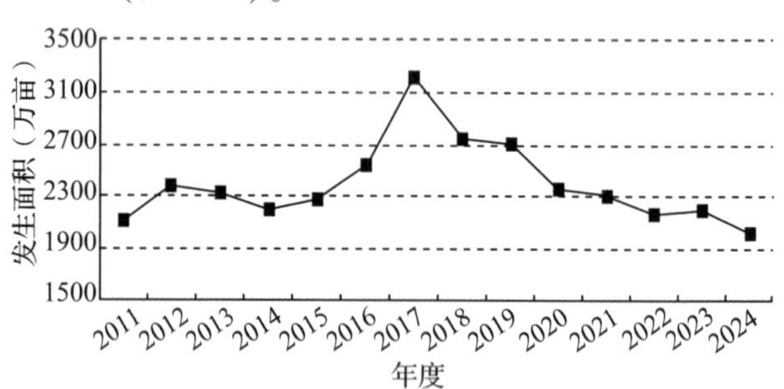

图 1-14　2011—2024 年经济林病虫发生面积

(1)竹类病虫在华中、华南局部地区呈加重危害态势，境外种群小规模迁入云南。全年发生 320.09 万亩，同比上升 16.62%。黄脊竹蝗发生 192.40 万亩，同比上升 40.25%，湖南和四川发生面积同比分别上升 72.45%和 65.68%，在湖南中北部、湖北南部、江西西部、广西东北部、重庆西部、四川南部等多地中重度发生，湖南岳阳、株洲，广西桂林等地成灾。云南勐腊和江城共监测到 3 次境外黄脊竹蝗种群从老挝小规模迁飞入境事件，经及时监测防治，在境内未造成危害。竹镂舟蛾在江西吉安，竹丛枝病在广西桂林等局部地区危害严重。

(2)水果病虫和干果病虫在西北局部地区偏重发生。水果病虫发生 773.00 万亩，同比下降 12.17%。沙棘木蠹蛾在内蒙古鄂尔多斯、宁夏固原等地局部中重度发生。苹果蠹蛾在宁夏中部、梨小食心虫在新疆克孜勒苏柯尔克孜、昌吉和甘肃酒泉等地局部地区重度发生。干果病虫发生630.37万亩，同比下降14.48%。核桃病虫发生328.94万亩，浙江杭州、四川广元、陕西南部、新疆喀什等局部地区偏重发生。板栗病虫发生123.18万亩，在湖北大别山区、陕西商洛、安徽六安等地局部重度发生。枣树病虫发生141.88万亩，新疆巴音郭楞、喀什地区，内蒙古西部，陕西北部等局地中重度发生。枸杞病虫发生36.38万亩，内蒙古巴彦淖尔和甘肃酒泉等局地偏重危害。

(3)油茶病虫和桉树病虫在南方大部分地区轻度发生，局地偏重。油茶病虫发生82.85万亩，同比上升8.10%，整体轻度危害，但在江西中部和湖北东部大别山区油茶主要种植区危害加重，湖北黄冈等地局部重度发生。桉树病虫发生145.44万亩，同比上升34.19%，广西发生面积同比上升55.63%，桉树焦枯病、桉树叶斑病等病害在桂南和桂东局部地区偏重成灾，油桐尺蛾在桂北和桂中地区偏重成灾。

(二)重点区域主要林业有害生物危害情况

1.“三北”工程区

“三北”工程六期(以下简称“三北”工程区)建设范围包括“三北”地区13个省(自治区、直辖市)的775个县(市、区、旗，以下简称县)以及新疆生产建设兵团所属团(场)，总面积448.6万km^2。据统计，“三北”工程区(按涉及的县区统计)能够造成危害的林业有害生物有510种，2024年累计发生5567.30万亩，占全国发生面积的36.08%，呈现出种类多、危害重、面积大、治理难的特点。其中，虫害发生3289.88万亩，林业鼠(兔)害发生1665.73万亩，病害发生605.30万亩，有害植物发生6.39万亩。危害超过百万亩的有大沙鼠、春尺蠖、中华鼢鼠、栗山天牛、美国白蛾、红蜘蛛、黄褐天幕毛虫和高原鼢鼠。主要危害特点：林业鼠(兔)害在新植林地和荒漠林地危害偏重，钻蛀类害虫在局部成过熟林和新成林地持续危害，食叶害虫及区域性分布有害生物灾害时有发生。具体情况如下：

(1)林业鼠(兔)害在新植林地和荒漠林地危害偏重。草原鼢鼠、棕背䶄、中华鼢鼠、草兔、达乌尔黄鼠等在河北北部、辽宁北部和西部、内蒙古中东部的科尔沁和浑善达克沙地歼灭战区域对樟子松、彰武松、油松、云杉等新植针叶林、15年林龄下的幼林地危害较重。中华鼢鼠、甘肃鼢鼠和野兔在山西北部、陕西中北部、宁夏南部的黄河“几字弯”攻坚战区域内对樟子松、沙棘等乔灌木造林地和未成林地偏重发生，常造成缺苗断垅。大沙鼠等在内蒙古西部河西走廊-塔克拉玛干沙漠边缘阻击区、黄河“几字弯”攻坚战和新疆环准噶尔盆地绿洲区域对梭梭、柽柳等啃食严重。

(2)钻蛀类害虫在局部成过熟林和新成林地持续危害。光肩星天牛、白杨透翅蛾、杨干象、青杨天牛、白蜡窄吉丁等杨树蛀干害虫在吉林西北部、黑龙江西部、陕西渭北地区总体呈中度偏重度发生态势；光肩星天牛、白蜡窄吉丁在内蒙古西部河套平原及新疆巴音郭楞、阿克苏、伊犁、昌吉等地和新疆兵团第一、二师等地的中幼林地危害态势未得到根本性遏制；栗山天牛在辽宁东部、吉林东部对栎树类天然次生林危害加重。针叶林蛀干害虫方面，白毛树皮象在河北北部张家口、承德地区对落叶松、云杉、樟子松幼林有偏重发生，松梢螟在陕西中部危害偏重。灌木蛀干及种实害虫方面，沙棘绕实蝇在新疆克孜勒苏柯尔克孜、阿勒泰地区局地中重度发生，沙棘木蠹蛾、柠条豆象等在内蒙古鄂尔多斯和乌兰察布、宁夏中卫等地对沙棘、柠条等灌木林危害较重。

(3)食叶害虫及区域性分布有害生物灾害时有发生。春尺蠖在宁夏北部人工防护林带危害有所反弹。黄褐天幕毛虫在内蒙古赤峰、通辽、兴安盟等地造成山杏林出现“春现秋景”。灰斑古毒蛾、沙蒿金叶甲等在宁夏中部局地的花棒、沙蒿等灌木林严重发生。白刺夜蛾在内蒙古西部阿拉善荒漠区对白刺等荒漠灌木危害严重。侧柏叶枯病在陕西中部宝鸡、咸阳等地对10年生以下侧柏幼林危害偏重。红蜘蛛主要在新疆南疆的塔里木盆地周缘绿洲对水果类经济林造成危害。

2. 国家公园

三江源、大熊猫、东北虎豹、海南热带雨林、武夷山等国家公园保护面积达23万km^2，涉及青藏高原高寒生态系统、秦巴山区野生大熊猫集中分布和主要繁衍栖息地、温带森林生态系统、大陆性岛屿型热带雨林和中亚热带原生性常绿阔叶林生态系统等多种典型生态类型，是开展生物多样性保护和生态价值实现的示范区与先行区。小蠹虫、松材线虫病疫情、有害植物等林业有害生物在国家公园及其周边区域危害，对生态安全和森林资源安全造成威胁。

(1)东北虎豹、大熊猫和三江源国家公园及周边区域枝干类害虫危害偏重。受2020年以来台风影响，东北虎豹国家公园汪清片区内产生大量风折风倒木，吸引八齿小蠹、切梢小蠹等小蠹类害虫危害，发生达15.65万亩，占吉林省全省总发生面积的57.18%，造成针叶树团块状死亡和林分退化；日本松干蚧在虎豹公园周边的延吉市、龙井市暴发危害，发生28.57万亩，中重度发生面积占比近50%。华山松大小蠹在四川东北部和陕西中南部秦巴山区、甘肃小陇山林区等地重度危害，威胁大熊猫国家公园植被资源安全。光臀八齿、云杉八齿小蠹在青海果洛三江源国家公园黄河源园区对天然针叶林危害偏重。

(2)武夷山国家公园松材线虫病疫情存量大，防控形势严峻。2024年新发松材线虫病疫情73个小班、面积0.45万亩，现存疫情面积约6.2万亩，呈现点多面广发生态势，疫情已从原景区区域部分外溢至过渡地带，周边毗邻的县区均为疫区，疫情对武夷山国家公园呈包围之势，控增量压力较大。

(3)海南热带雨林国家公园内有害植物、椰心叶甲等种类造成区域性危害。金钟藤在国家公园范围内发生6.46万亩，占比82.40%，其中，中重度发生2.05万亩，在天然次生林中危害偏重。薇甘菊、红火蚁和椰心叶甲等整体轻度发生。

(三)成因分析

当前，我国林草有害生物发生形势依然严峻复杂，重大林业生物灾害多发频发，外来入侵物种扩散危害形式复杂多样，对我国森林资源安全、生态安全和生物安全构成严重威胁。地方采取有力的监测防控措施使得主要林业有害生物发生面积连续4年总体下降；异常气候条件、有害生物常发区域种群密度偏高、易感树种和退化林分等客观立地条件又导致一些病虫害危害态势居高不下。监测预报、预防性防治的防灾减灾作用未能有效发挥，是我国林业有害生物持续偏重发生的主要原因。

1. 阶段性气象因素对食叶类害虫发生影响显著

2024年3~11月，全国大部林区气温高于2023年和常年同期，大部林区降水明显偏多，其中华北北部、西南地区东部、华南西部等地林区降水增加50%~100%，全年全国各林区水热条件总体利于林木生长，不利于食叶害虫发生；且春季冷空气过程较历史同期偏多3.3次，影响美国白蛾、杨树食叶害虫等有害生物的正常出蛰和发育。但西北干旱半干旱地区总体降水偏少，华中大部、华南北部、江南大部、四川盆地多地等夏季持续遭受高温干旱，是导致黄脊竹蝗、松毛虫等在长江以南地区危害反弹，春尺蠖等杨树食叶害虫在新疆南疆胡杨林区、宁夏北部防护林区等局部偏重发生的主要原因。

2. 东北地区前期高温多雨和后期持续干旱有利于病害发生

2020年前后，东北地区夏季雨水偏多、气温持续偏高，有利于病原菌孢子萌发传播，造成病害多次侵染，导致林木病害在东北多地加重危害。东北林区大面积单一、抗逆性差的成过熟林，在客观上为林木病害的发生提供了条件。2021年以来，河北北部、辽宁西部、内蒙古东部地区持续干旱，导致该区域大量针叶林生理性枯黄。2024年夏季全国平均高温日数为1961年以来历史同期第二，高温过程开始时间较常年偏早，夏季全国平均降水量较常年同期偏多6.2%，有利于北方地区松树病害进一步加重。综合因素导致近年来东北地区病害持续偏重发生。

3. 气候偏暖和寄主植被增加导致“三北”地区鼠(兔)害偏重发生

近年来，冬春季北方地区气温显著偏高，有利于鼠(兔)的繁殖和越冬，林间鼠(兔)口密度偏高。“三北”地区重点生态工程项目，一些造林种草区域属于本土害鼠常发地，寄主面积增加导致害鼠食物源和栖息地增加，种群密度随之上升，容易引发鼠(兔)害灾害。局部地区植树种草与资源管护工作环节衔接不畅，重造林轻管护现象普遍存在，导致鼠(兔)害灾害风险增加。鼠(兔)害多发生在农牧交错带、林草交错带等区域，预防治理职责不清、监测责任落实不明确导致鼠(兔)灾害时有发生。

4. 松材线虫病、美国白蛾等重大外来入侵物种专项治理成效显著

各地将松材线虫病、美国白蛾等重大外来入侵物种防控纳入林长制督查，推动压实防控责任，系统治理成效显著。持续推进松材线虫病疫情防控五年攻坚行动计划，全国疫情总体危害和扩散形势明显减缓，发生面积、病死树数量和疫区疫点数量持续下降。美国白蛾发生面积连续7年下降，连续2年未新增县级疫区，北京市未发生灾情和扰民舆情。

5. 孕灾环境适宜导致钻蛀类害虫严重危害

西北、西南地区等早期造林区域成过熟林和连片人工纯林比例高，树种单一，抗逆性较差，抵御自然灾害能力弱，近几年高温干旱、水涝灾害等异常气候频发，为钻蛀类害虫发生提供了有利环境。2024年2月湖北省接连遭遇两次历史罕见的低温雨雪冰冻灾害，大量树木倒伏、折干，树势衰弱，抗病虫能力下降，诱发天牛、小蠹虫等钻蛀类害虫危害。钻蛀类害虫是次期性害虫，喜危害衰弱木，危害隐蔽，监测和防治难度较大，在短期内难以扭转此类害虫的持续高发态势，发生面积和危害程度将持续上升。

(四)防治成效

2024年采取各类措施防治1.26亿亩，防治作业面积2.18亿亩，无公害防治率达到96.98%。松材线虫病、美国白蛾等重大外来入侵物种扩散趋势减缓，危害态势明显下降；有害植物、食叶害虫、经济林病虫等常发性有害生物得到有效控制，危害整体减轻。一是松材线虫病疫情防控成效显著，通过四年攻坚，实现了县级疫情、乡级疫情、发生面积和病死树数量“四下降”，危害程度大幅降低，“十四五”全国攻坚行动目标已提前实现；全国有44个县级疫区、575个乡级疫点申请拔除，59个县级疫区和500个乡级疫点实现无疫情，全国疫情面积和病死松树同比分别下降13.63%和24.77%；各地统一应用林草生态网络感知系统松材线虫病疫情防控监管平台开展疫情监测普查和疫木除治，实现疫情监测精准到小班、疫木除治精准到单株并落地上图，实现松树异常监测发现、取样检测排查、疫木除治全过程精细化可视化管理。二是美国白蛾发生面积连续7年下降，相比2017年发生高峰下降了38.10%；陕西成功实现拔除全省疫情，疫情发生省份减少到13个；扩散势头得到有效遏制，全国连续2年无新发县级疫情，61个县级疫区未发现幼虫危害；危害程度整体减轻，轻度发生面积占比达99.41%，北京市总体呈零星分散发生态势，局地疫情反弹势头得到有效遏制，未发生灾情和扰民舆情。三是本土常发性有害生物虽在局部地区危害偏重，但全国面上总体得到较好控制，杨树食叶害虫、松毛虫、杨树蛀干害虫、经济林病虫和林业鼠(兔)害等主要种类发生面积分别下降15.60%、13.41%、8.71%、7.32%和7.83%，整体危害减轻。

二、2025年全国主要林业有害生物发生趋势预测

经综合分析，预测2025年全国主要林业有害生物整体仍偏重发生、局地成灾，全年发生1.63亿亩左右，同比上升。其中，虫害发生10500万亩，病害发生3100万亩，林业鼠(兔)害发生2400万亩，有害植物300万亩(表1-1)。

具体发生趋势：一是松材线虫病疫情扩散势头逐步减缓，但仍呈点状散发态势，控增量压力较大。二是美国白蛾疫情扩散势头减缓，长江下游沿江地区有新发疫情风险，整体轻度发生，华北平原及黄淮下游流域局部可能中重度发生。三是林业鼠(兔)害在“三北”地区及青藏高原局部新造林地和荒漠林地将危害严重。四是松树钻蛀类害虫在“三北”、华南、西南地区多地将持续偏重危害。五是松树病害在东北地区将加重危害。六是马尾松毛虫、竹类病虫在长江以南地区危害将有所反弹。七是有害植物、杨树病虫害、落叶松毛虫、经济林病虫等本土常发性林业有害生物在全国大部分发生区整体轻度发生，局部地区可能偏重。

表 1-1　2025 年主要林业有害生物发生面积预测

种类	近年发生趋势	2024 年发生面积（万亩）	2025 年预测发生面积（万亩）	变化趋势
发生总面积	下降	15432.49	16300	上升
虫　害	下降	9585.46	10500	上升
林木病害	下降	3205.02	3100	持平
林业鼠(兔)害	下降	2374.95	2400	上升
有害植物	持平	264.85	300	持平
松材线虫病	下降	1583.45	1400	下降
美国白蛾	下降	857.63	800	下降
松毛虫	下降	779.78	800	持平
松树钻蛀性害虫	上升	2030.31	2500	上升
杨树食叶害虫	下降	1259.40	1300	持平
杨树蛀干害虫	下降	309.56	350	持平
竹类等经济林病虫	下降	2035.94	2100	持平

(一)主要有害生物种类

1. 松材线虫病

松材线虫病疫情扩散势头逐步减缓，但仍呈点状散发态势，控增量消存量压力较大(附表 1-1、附表 1-2)。

(1)松材线虫病疫情扩散将进一步减缓，呈现点状散发态势。利用大数据分析深度学习建模技术，结合松材线虫病传播机理，构建松材线虫病大数据预测模型，面向老疫情周边开展自然扩散风险研判，面向非疫区开展人为传播风险预测，结果表明：疫情在老疫情区连片扩散态势将进一步减缓，扩散高风险区域集中在福建东部、江西南部、广东北部、湖南东部、湖北中部和东部、安徽南部、四川南部和东部、重庆中部。辽宁营口市盖州市、葫芦岛市连山区，福建漳州市华安县，江西萍乡市上栗县，山东淄博市淄川区、烟台市招远市，湖南邵阳市洞口县、常德市石门县、永州市道县，广东江门市恩平市、茂名市茂南区、电白区及信宜市、阳江市阳西县，四川内江市威远县，云南昭通市镇雄县和陕西宝鸡市陈仓区等地新发县级疫情风险较高。

(2)松材线虫病疫情基数大，消存量压力较大。预计县级疫情数量、疫情发生面积和病死树数量同比有所下降，但疫情小班和病死树数量存量较大，短时间内疫情除治任务重、压力大，危害程度依然严重。

2. 美国白蛾

美国白蛾疫情扩散势头减缓，长江下游沿江地区有新发疫情风险，整体轻度发生，华北平原及黄淮下游流域局部可能中重度发生。预测全年发生 800 万亩左右，同比有所下降。

(1)美国白蛾疫情扩散势头减缓，长江下游沿江地区局地可能出现新疫情。在东北、华北及黄淮中下游流域老疫区已基本连片定殖危害，新增县级疫情风险较低，但仍可能出现新扩散乡级疫点。上海、江苏南部、安徽南部等区域的疫情毗邻区及监测到成虫的非疫区有扩散和新发疫情风险。

(2)美国白蛾整体轻度发生，华北平原及黄淮下游流域局部可能中重度发生。整体将以轻度发生为主，第三代危害程度可能重于第一、二代，北京和天津近郊地区、河北东北部和南部平原地区、内蒙古通辽、江苏北部、山东中部和西北部、河南北部和东部等地的飞防避让区及地面防控不力的区域有中重度发生可能，局部漏防难防区域和居民聚居区可能存在成灾风险。

3. 有害植物

外来入侵植物在华南地区持续扩散蔓延，华南沿海地区局部危害较重，本土有害植物预计整体发生平稳。预计发生 280 万亩左右，同比基本持平。薇甘菊在广东西部、东部、北部和广西东南部等区域将继续扩散危害，广东西部、广西东南部及海南北部偏重发生。紫茎泽兰在云南南部局地危害偏重。葛藤在湖北、江苏等主要分布区以轻度发生为主，金钟藤在海南热带雨林国家公园中部偏重发生。

4. 林业鼠(兔)害

林业鼠(兔)害在“三北”地区及青藏高原局部新造林地和荒漠林地将危害严重。预测发生2400万亩左右，同比上升。

(1)在东北、华北北部地区，鼢鼠类、草兔、野兔、达乌尔黄鼠等在“三北”工程科尔沁和浑善达克沙地歼灭战区域的河北北部张家口、承德等坝上地区，山西中部省直林业局林区，内蒙古中东部、辽宁北部和西部等重点项目区域对樟子松、油松、彰武松、油松等新植林地、中幼林地可能危害偏重。䶄鼠类在吉林中东部山区、内蒙古森工北部和中部林区、黑龙江伊春森工林区、大兴安岭森工林区等区域的火烧迹地造林集中区、幼林分布集中区危害将呈加重态势。高原鼠兔、高原鼢鼠等在青海东部农牧交错带的高海拔脑山地区及“三北”工程新造林区局部将偏重发生。

(2)在西北地区，中华鼢鼠、甘肃鼢鼠和野兔在“三北”工程黄河“几字弯”攻坚区的陕西中部和北部、宁夏南部固原等地局部乔灌木造林地、未成林地将有中重度发生。大沙鼠、中华鼢鼠、塔里木兔等在“三北”工程河西走廊—塔克拉玛干沙漠边缘阻击区的内蒙古西部巴彦淖尔、乌海、阿拉善，甘肃河西走廊五市，新疆环准噶尔盆地昌吉、伊犁，新疆兵团第八师、第十师等地局部对新植荒漠灌木林可能重度发生。东方田鼠、子午沙鼠在宁夏库布齐沙漠—毛乌素沙地周缘人工固沙灌木林有中度以上发生。

(3)在西南地区，赤腹松鼠和高原鼠兔在西藏高原、川西高原等局部地区可能偏重发生。

5. 松树钻蛀类害虫

“三北”、华南、西南地区多地将持续偏重危害。预测发生2500万亩左右，同比上升。

(1)松褐天牛在长江以南多地偏重发生。预测发生1100万亩左右，同比下降。松褐天牛与松材线虫病疫情混合发生，在秦岭淮河以南区域广泛分布，虫口基数较大，预计在福建东北部，江西北部和西南部，山东东部，湖北东部、西北部和三峡库区，湖南西北部，广西东北部，重庆中部和东北部，四川东北部等地危害严重，局部可能偏重成灾。

(2)小蠹类害虫在华北、西北和西南常发区局部仍偏重危害。红脂大小蠹在河北承德、内蒙古通辽和赤峰、辽宁朝阳和阜新3省区交界区域局地危害偏重，在山西省直林区有危害反弹趋势。切梢小蠹和八齿小蠹在吉林东北部的吉林森工林区、长白山保护区、东北虎豹国家公园，黑龙江东部、四川西南部、云南南部和西北部、重庆东北部、青海东部、新疆北疆的天山东部和阿尔泰山南部，内蒙古森工和大兴安岭北部林区等地局部危害严重。华山松大小蠹在秦巴山区的四川东北部、重庆东北部、甘肃小陇山林区和陕西中南部等地重度危害。

(3)松梢螟类在吉林中东部山区、黑龙江南部和西北部、伊春森工等东北林区持续造成偏重危害，局部有危害加重态势。

6. 松毛虫

马尾松毛虫和油松毛虫危害可能加重，落叶松毛虫等轻度发生为主，发生面积预计同比上升，全年发生800万亩左右。

(1)华中、西南地区局部危害可能加重。马尾松毛虫发生面积预计稳中有升，华中地区危害可能有所反弹并加重，福建北部、江西北部信江流域和南部、湖北东部大别山区和西北部、湖南西部、广西东北部等区域局部危害偏重。云南松毛虫在四川东北部、云南南部常发区局地有重度危害。

(2)东北地区整体轻度发生，华北北部地区可能偏重危害。油松毛虫在北京北部、河北北部、山西北部及省直林区、内蒙古中东部、辽宁西北部、陕西南部等地局部区域危害加重。落叶松毛虫在内蒙古森工林区局部仍有偏重发生的可能，新疆哈密天山东部地区危害可能加重。

7. 杨树蛀干害虫

整体发生平稳，“三北”地区局部偏重发生。预计发生350万亩左右，同比基本持平。光肩星天牛在天津北部、辽宁西北部、内蒙古西部、甘肃西部、新疆和新疆兵团绿洲地带局地农田防护林、道路绿化林有中重度发生。杨干象在河北东北部、内蒙古东部、辽宁西北部等地局部有中度以上发生。桑天牛等在湖北江汉平原偏重发生。

8. 杨树食叶害虫

杨树食叶害虫整体轻度发生，西北、黄淮下

游局部发生区有中重度发生。预测全年发生1300万亩左右，同比基本持平。春尺蠖整体以轻度发生为主，在京冀毗邻区域局部、河北中部、内蒙古河套平原、山东沿黄河地带、西藏拉萨和山南地区、新疆塔里木盆地周边地区有中度以上发生，新疆天然胡杨林区危害将进一步减轻。杨树舟蛾夏末秋初时期在河北中部和南部、山东中部和南部、江苏中部和北部、湖北江汉平原等地区交通林网、杨树片林内虫口密度较大，容易出现点、片状成灾情况。

9. 林木病害

林木病害(不含松材线虫病)整体发生平稳，松树病害在东北地区的危害可能加重。预计全年发生1800万亩左右，同比略有上升。杨树病害整体轻度危害，在河北冀中平原东部、山西中部、内蒙古中部、黑龙江东部、安徽北部、山东西南部、湖北江汉平原、西藏雅江河谷地区等区域局部中重度危害，胡杨锈病在新疆南疆危害范围可能扩大。松树病害(不含松材线虫病)在东北地区将偏重流行，内蒙古东部、内蒙古森工和龙江森工林区、黑龙江东部等地区危害将呈上升态势，发生范围和危害面积预计进一步上升。

10. 竹类等经济林病虫

竹类等经济林病虫发生平稳，整体轻度发生，局部地区偏重危害。预测发生2100万亩左右，同比基本持平。竹类病虫发生面积预计略有上升，在湖南中北部、江西西南部、四川东南部和广西东北部等局地偏重发生，黄脊竹蝗仍有境外迁入风险。水果病虫在内蒙古西部、宁夏中南部和新疆南部等局部地区可能偏重发生。干果病虫在陕西南部、浙江西北部和新疆南疆西部等局部地区偏重发生。桉树病虫在广西东部和南部桉树主产区危害偏重。油茶病虫在江西中部、南部和湖北东部主要种植区有危害加大趋势。

(二)重点区域主要林业有害生物灾害风险研判

1.“三北”工程区

随“三北”六期工程的全面推进，“三北”地区人工林种植面积不断增加，森林生态系统脆弱的问题短期内难以有效解决，全球气候变暖趋势导致北方地区湿热条件为寄主生长和病虫害大发生提供客观因素。“三北”工程项目造林规模、种苗需求及调运量巨大，源头防控、系统治理任务繁重，苗木不经检疫调运事件频发，病虫害人为传播风险很大，“带病”种苗造林隐患高。综合研判“三北”工程区林业有害生物将延续当前发生特点：鼠(兔)害在局部新植林地和荒漠林地危害加重，钻蛀类害虫对成过熟人工及天然次生林和局部中幼林危害严重，其他本土常发性有害生物灾害多点散发等灾害风险。聚焦三大战役核心攻坚区，提出以下风险形势。

(1)在科尔沁和浑善达克沙地歼灭战区域。鼢鼠类、草兔、野兔、达乌尔黄鼠等鼠(兔)害在河北北部、山西北部、内蒙古中东部、辽宁北部和西部对樟子松、油松、彰武松、油松等新植林地、中幼林地可能危害偏重。杨树蛀干害虫、樟子松梢斑螟在吉林西北部、黑龙江西部局部地区对杨、柳、榆及樟子松人工中幼林将危害严重。双条杉天牛在北京、天津等地山区局地侧柏、圆柏将偏重发生；白毛树皮象在河北北部张家口、承德地区落叶松、云杉、樟子松幼林将偏重发生。柠条豆象、黄褐天幕毛虫、杨潜叶跳象等灌木蛀干及阔叶食叶害虫可能严重危害内蒙古东部新植林地。针叶树锈病、红斑病病害等在河北北部到内蒙古东部地区广泛发生，将影响樟子松、云杉新植林生长。

(2)黄河“几字弯”攻坚战区域。中华鼢鼠、甘肃鼢鼠和野兔等鼠(兔)害在山西北部、陕西中部和北部、宁夏南部等局部地区对樟子松、沙棘等乔灌木造林地、未成林地危害将偏重。光肩星天牛、青杨天牛等杨树蛀干害虫在陕西中部和内蒙古河套平原地区整体中度偏重危害，对局部阔叶树中幼林将造成危害；松梢螟在陕西中部局地针叶树幼林将偏重发生。沙棘木蠹蛾、柠条豆象等灌木蛀干害虫和灰斑古毒蛾、沙蒿金叶甲等食叶害虫在库布其—毛乌素沙地周缘地带对沙棘、柠条、花棒、沙蒿等荒漠灌木林将严重危害。黄褐天幕毛虫在内蒙古中东部有暴发风险，对山杏等山坡造林树种造成威胁。侧柏叶枯病等针叶林病害在陕西中部将危害偏重。

(3)河西走廊—塔克拉玛干沙漠边缘阻击战区域。大沙鼠在内蒙古西部、新疆昌吉准噶尔盆地绿洲区域内对梭梭、柽柳等新植灌木林将危害严重。光肩星天牛在新疆塔里木盆地北缘绿洲地带危害杨树、榆树等主要寄主；白蜡窄吉丁在新疆北疆环准噶尔盆地周缘对大叶白蜡等寄主危害偏重；沙棘绕实蝇在新疆克孜勒苏柯尔克孜和阿勒泰地区将危害固沙沙棘林。

2. 国家公园

国家公园生态系统原真性高，多分布有原生性森林生态系统，森林群落复杂程度高，自我调控能力强。同时，国家公园主体多由原有各类自然保护地及周边区域整合建立而成，划入的自然保护地经多年保护，森林生态系统较为健康，对本土常发性林业有害生物灾害抵御能力较强。但如东北虎豹国家公园森林资源以天然次生林为主，部分地区近成过熟林占比较大，抵御林业有害生物灾害能力有所减弱。国家公园内林业有害生物将呈现外来物种侵入扩散风险持续存在，本土常发性林业有害生物灾害局地多发的发生态势。

(1)松材线虫病疫情和其他外来入侵物种传播扩散风险大。武夷山国家公园福建片区范围涉及的4个县区均为松材线虫病疫区，疫情发生形势短时间内难以扭转。武夷山国家公园江西片区、东北虎豹国家公园、大熊猫国家公园距疫情发生地均不到100km；海南省2024年新发疫情，虽实现当年无疫情，但热带雨林国家公园仍存在传入风险。海南热带雨林国家公园已有薇甘菊、椰心叶甲、红火蚁等外来物种侵入，存在扩大危害的风险。

(2)枝干类害虫等本土常发性林业有害生物灾害局地多发。受气候异常及近成过熟林占比大等叠加影响，东北虎豹国家公园内八齿小蠹、切梢小蠹等小蠹虫等次期性有害生物有暴发成灾风险；日本松干蚧在吉林东部长白山林区大面积发生，对东北虎豹国家公园松林将造成威胁。华山松大小蠹在四川东北部和陕西中南部的秦巴山区、甘肃小陇山林区等多地危害严重，向大熊猫国家公园扩散风险较大。光臀八齿小蠹、云杉八齿小蠹在三江源国家公园黄河源园区对天然针叶林危害可能加重。武夷山国家公园内马尾松毛虫周期性暴发明显，松墨天牛、黄脊竹蝗等有害生物局地偏重发生。

在其他重点生态区位，黑龙江龙江森工林区果梢斑螟发生面积激增，虫口逐年累积有中度发生的可能。黄山风景区及周边“八镇一场”已连续2年实现无疫情，但黄山风景区守住生态安全底线任务仍十分艰巨，周边疫情存在反复或反弹风险。2024年年初湖北省遭遇两次历史罕见低温雨雪冰冻灾害，大量树木倒伏、折干，天牛类、小蠹类害虫在三峡库区、丹江口库区、神农架林区危害加重可能性极大。光肩星天牛、白蜡窄吉丁等阔叶树蛀干害虫在陕西关中、甘肃多地、宁夏南部、新疆和新疆生产建设兵团绿洲地带等局部地区可能偏重危害，西北防护林成过熟林局部区域可能成灾。

(三)2025年重要防控风险点

1. 松树病害在华北北部和东北林区存在致害风险

樟子松、落叶松、油松病害在内蒙古东部的呼伦贝尔、兴安盟和赤峰，黑龙江东部的佳木斯、牡丹江、鹤岗，内蒙古森工地区危害持续偏重，松树针叶枯黄现象自辽宁朝阳出现，又在沈阳、阜新、葫芦岛、大连等多地陆续出现，疑似生理灾害叠加松梢螟等枝梢害虫危害导致，在辽宁省多地有扩散蔓延及暴发风险。东北林区松树病害发生范围和危害面积可能进一步上升，易造成树势衰弱引发小蠹虫、天牛等蛀干害虫次生灾害。

2. 食叶类害虫和竹类病虫有局部突发、暴发风险

一是华北平原和黄淮下游地区需警惕春夏季杨树食叶害虫危害。4月上旬春尺蠖等春季杨树食叶害虫，5月下旬至6月上旬第一代美国白蛾，8月下旬至9月上旬第三代美国白蛾和第四、五代杨树舟蛾在华北平原、黄淮下游地区造成危害，虫源地及飞防避让区和漏防难防区域易积累虫口数量，造成“吃花吃光”现象和点、片状灾情。要加强上述区域监测调查，以压低虫口密度为目标，打早打小，降低灾害风险。二是马尾松毛虫在长江以南地区有周期性暴发风险。湖南西部、江西中部和南部等地处于马尾松毛虫的增殖期，局地已有偏重成灾现象，随虫口累积，出现虫害暴发的风险较大，要密切关注马尾松毛虫恢复取食期的发生和危害情况。三是竹类病虫害在华南地区危害加剧的风险。竹类病虫害在江西抚州、吉安，湖南益阳、常德，广西桂林，贵州遵义、黔东南及四川南部等区域发生面积逐年增加、种群密度较大、还发生黄脊竹蝗、竹镂舟蛾、丛枝病等竹类病虫害暴发情况，有进一步加重危害的风险，需加强监测调查，掌握发生动态并及时实施防治。

3. 迁飞害虫或检疫性害虫的跨境、跨域传播和危害风险

一是西南边境地区黄脊竹蝗等迁飞害虫有入侵风险，境外黄脊竹蝗种群已在老挝和我国云南普洱之间形成迁飞通道，近年来连续多次从老挝迁飞入我国云南普洱、西双版纳等地，每年7～8月受风向、降水影响易迁飞入境造成区域性危害；近年还出现沙漠蝗、白蛾蜡蝉等迁入西藏、云南等地案例。二是各地引进苗木携带外来林业有害生物的风险逐年加大，如外来入侵物种西部喙缘蝽在山东烟台和青岛、北京、辽宁大连等地先后发现，天津、江苏南京等地海关也有检疫截获该害虫的报道，虽尚未在国内造成危害，但各类外来物种随寄主人为传入境内并暴发灾害风险较高。

（四）预测依据

1. 数据来源

全国林业有害生物防治信息管理系统数据、松材线虫病疫情防控精细化监管平台数据、国家气象中心气象信息数据、林业有害生物发生历史数据、测报站点越冬前有害生物基数调查数据。

2. 地方预测情况

各省级林业有害生物防治管理机构2025年林业有害生物发生趋势预测报告，主要林业有害生物历年发生规律。

3. 松材线虫病大数据预测模型

运用大数据分析与预测技术，面向老疫区周边，构建疫情在景观尺度下连续型扩散的POPS病虫害动力学模型，面向非疫区，构建大尺度下疫情跳跃式传播的随机森林分类预测模型。在数据处理上，将距老疫情小班的距离、距最近道路的距离、亩均病死数、松木调运、气候等6项时序变化数据，用高幂函数拟合出2024年数据集，并与林分条件、地形地貌、海拔、道路密度、木材加工厂密度等6项非时序数据，对松材线虫病扩散风险进行精细化预测分析。

4. 气象因素

据国家气候中心气象预测意见，2024/2025年冬季(2024年12月至2025年2月)，我国大部分林区气温较常年同期偏高，降水呈北多南少分布，但东北地区北部、内蒙古东北部、华南西部、西南地区东南部等地气温较常年同期偏低，其中黑龙江西北部、内蒙古东北部偏低1～2℃，加之降水偏多，可能出现低温雪灾，造成林木冻害。

三、对策建议

（一）锚定任务目标，打好松材线虫病疫情五年攻坚行动“收官战”

严格落实松材线虫病疫情防控五年攻坚行动目标任务，紧盯2025年攻坚行动目标，按照“控制增量，消减存量”的总体要求，在提前完成“十四五”攻坚行动目标任务的前提下，巩固提升现有工作成效。一是强化疫情防控督促指导，推进除治质量提升行动，密切关注疫情发生动态，加强新发疫情的应急防控指导，持续开展松材线虫病疫情有奖征集线索核实，强化防治试点工作的跟踪指导。二是联防联控锁边和重点区域攻坚，持续做好9个重点区域和疫木集中除治期等关键时期疫情防控深度蹲点调研指导，推进皖浙赣环黄山等4个联防联控机制运行，巩固吉林、云南、海南、甘肃等新发疫情区以及黄山、泰山等重点生态区位防控成果。三是加强疫木源头管控，持续开展“护松2025”涉松材线虫病疫木违法犯罪行为专项整治行动，深入溯源查找疫情山场及处置环节疫木流失源头和监管漏洞，推动优化疫情源头管控工作，有效解决疫木流失顽疾。四是扎实推进松材线虫病疫情精准监测，优化完善并持续推进林草感知系统松材线虫病疫情防控监管平台建设和行业应用，推进疫情防控辅助技术措施信息数据落地上图。五是强化松材线虫病疫情数据管理，利用卫星遥感、地面调查、社会举报等方式，常态化开展疫情数据抽样调查，确保疫情数据真实可信。六是开展“十四五”攻坚行动评估总结，评估防控工作成效，以“十四五”防控成效为基础，谋划松材线虫病疫情防控“十五五”工作路径。

（二）持续深入推进“三北”工程重点项目林草有害生物防控“护绿”行动

2024年以来，“三北”工程区各级林草有害生物防治管理机构聚焦防范“带病”造林、新植林地预防措施缺乏、工程区易受生物灾害胁迫但防控能力不足等主要风险隐患，已深入开展了种苗检疫检验服务保障、林草生物灾害精准监测与治理、林草生物灾害防控技术服务等3项行动，积极主动防范化解了相关风险。2025年继续实施“护绿2025”行动：一是开展重点项目生物灾害风险综合防控。二是实施工程区生物灾害精准监测与治理。三是突出林草生物灾害防控技术服务能力提升。同时，强化顶层设计，将有害生物防治纳入工程建设全过程管理，推动解决3项重点工作：一是争取由国家林业和草原局“三北”工程攻坚战专班对“护绿”行动作出统一安排部署，畅通项目建设单位、实施单位及防治机构的沟通协作机制，为有效防范化解林草生物灾害风险提供制度保障。二是将检疫要求纳入造林绿化合同约定，明确将植物检疫证书作为项目验收重要依据，从种苗使用末端堵住逃检违法违规行为。三是将鼠（兔）害预防性防治纳入新造林地、新种（改良）草地管护抚育内容，并推动项目实施区建设单位与施工单位在签订的招标合同中对鼠（兔）害预防性防治工作任务及资金预算安排予以明确。

（三）实施松树钻蛀类害虫专项调查和系统治理工程

松树钻蛀类害虫在我国多地持续偏重危害，“十四五”期间年均危害面积超过2000万亩，东北虎豹国家公园等重点生态区位松林资源受到严重威胁。本底不掌握、危害趋势和风险不清、不能开展科学精准防控是当前行业工作中的瓶颈。一是计划于2025—2026年开展全国松树钻蛀类害虫专项调查工作，以危害为导向，全面查清并准确掌握我国松树钻蛀类害虫主要危害种类本底情况及其天敌昆虫资源，评估主要危害种类灾害损失、危害风险及发生趋势，为科学区划全国松树钻蛀类害虫防控工作重心，开展科学精准防控提供基础数据支撑。二是借助专项调查工作，实践锻炼培育基层监测队伍、优化松树钻蛀类害虫监测预报技术体系、建立适合各地特色的监测预报工作机制及基层监测工作组织模式。三是在已遭受松树钻蛀类害虫危害的区域，开展小蠹虫等钻蛀类害虫综合治理，科学开展风折风倒木、虫害木、衰弱木等灾害木清理，实施以化学生态学、绿色防治为主的综合防治措施。

（四）加强重大林业生物灾害风险隐患排查和防范治理

树立林草生物灾害风险防范意识，紧盯各类生物灾害发生关键时期和重点区域，及时提早开展灾害风险隐患排查，密切关注重大林业有害生物、重点区域和成灾风险点，加强主要危害种类防控，做好应急防控储备，确保灾情及时处置，降低灾害损失。一是切实抓好美国白蛾防控，以林长制为抓手，压实各级林长病虫害防治主体责任，加强北京及周边区域监测调查和防治指导，强化区域协同、部门联动，营造群防群治工作氛围，实施精细化监测和精准防控策略，确保首都地区不发生扰民事件和重大灾害。二是加强东北地区病害动态监测，采取飞防等面上防治措施，控制松树病害大面积蔓延，结合松材线虫病疫情普查，做好取样检测和隐患排查，严防病害进一步蔓延。三是紧盯境外蝗虫种群迁飞关键期，加强动态监测，强化值班值守，严防境外黄脊竹蝗大规模迁飞入境危害，密切关注和积极引导有关舆情，并加强国内主要发生区虫害监测和预防工作。四是积极应对极端气候对林业有害生物的影响，加大对长江以南地区马尾松毛虫、油茶病虫害等周期性暴发病虫害的监测防治，推广无公害防治措施，指导重点预防区和发生区提前制定防治预案、做好防治药剂药械准备，一旦出现灾情及时开展应急处置。

（五）加强科技支撑和协同创新

聚焦国家重大战略需求和林草高质量发展实际需求，立足于林草有害生物、外来入侵物种防控创新发展和行业亟需，开展科技协同攻关，强化产学研深度融合，推进科技成果的研发和业务化应用。以数智防控、绿色防控、精准防控为发展方向，以多学科交叉融合为推动科技创新突破口，重点围绕复杂生境重大林业有害生物智能识别、重大林业有害生物智能化监测和数值化预报、重大林业有害生物防控急需技术、国家公园等典型生态系统重大有害生物动态监测评估和前哨预警以及“三北”工程区苗木草种调运检疫关键技术等开展科技攻关，提升重大林业生物灾害防控能力。在科技管理方面，发挥行业引领作用，坚持以行业需求为导向完善管理机制；建立以行业应用实效为导向、行业应用机构评估为主体的科技成果评价、推广、应用机制，促进科技成果集成与转化应用；加强科技平台布局和培育，按照“一综多专”模式布局局重点实验室，打造并培育具有林草有害生物行业特点的国家级创新科研平台，发挥科技平台在引领科技创新、服务行业发展中的作用。

（主要起草人：周艳涛　王越　张晨书　孙红　陈怡帆　刘冰　闫佳钰　于治军；主审：方国飞）

附表 1-1　松材线虫病老疫区周边中高风险小班调查结果统计表

序号	区划代码	省份名称	地市名称	县区名称	乡镇名称	中高风险松林小班数量(个)
1	210403100	辽宁省	抚顺市	东洲区	章党镇	47
2	210403103	辽宁省	抚顺市	东洲区	哈达镇	29
3	210423102	辽宁省	抚顺市	清原县	南口前镇	92
4	211282117	辽宁省	铁岭市	开原市	黄旗寨镇	16
5	320115100	江苏省	南京市	江宁区	麒麟街道	51
6	330327035	浙江省	温州市	苍南县	岱岭乡	22
7	330329107	浙江省	温州市	泰顺县	仕阳镇	60
8	330329230	浙江省	温州市	泰顺县	大安乡	29
9	330702205	浙江省	金华市	婺城区	长山乡	40
10	330723107	浙江省	金华市	武义县	桃溪镇	54
11	330727107	浙江省	金华市	磐安县	尚湖镇	25
12	330781202	浙江省	金华市	兰溪市	柏社乡	42
13	330783016	浙江省	金华市	东阳市	千祥镇	64
14	330784114	浙江省	金华市	永康市	花街镇	11
15	330881002	浙江省	衢州市	江山市	虎山街道	10
16	331003202	浙江省	台州市	黄岩区	富山乡	28
17	331082105	浙江省	台州市	临海市	河头镇	30
18	331083105	浙江省	台州市	玉环市	沙门镇	46
19	331121105	浙江省	丽水市	青田县	海口镇	27
20	331124104	浙江省	丽水市	松阳县	大东坝镇	29
21	331181002	浙江省	丽水市	龙泉市	西街街道	16
22	340506101	安徽省	马鞍山市	博望区	丹阳镇	13
23	340722100	安徽省	铜陵市	枞阳县	枞阳镇	28
24	340822105	安徽省	安庆市	怀宁县	茶岭镇	111
25	340825103	安徽省	安庆市	太湖县	小池镇	50
26	340826202	安徽省	安庆市	宿松县	九姑乡	6
27	340881002	安徽省	安庆市	桐城市	龙眠街道	16
28	340882100	安徽省	安庆市	潜山市	梅城镇	49
29	341022103	安徽省	黄山市	休宁县	五城镇	48
30	341124108	安徽省	滁州市	全椒县	西王镇	16
31	341125201	安徽省	滁州市	定远县	拂晓乡	17
32	341182107	安徽省	滁州市	明光市	桥头镇	20

（续）

序号	区划代码	省份名称	地市名称	县区名称	乡镇名称	中高风险松林小班数量(个)
33	341523022	安徽省	六安市	舒城县	高峰乡	65
34	341523030	安徽省	六安市	舒城县	庐镇乡	27
35	341524109	安徽省	六安市	金寨县	南溪镇	15
36	341524203	安徽省	六安市	金寨县	长岭乡	7
37	341524204	安徽省	六安市	金寨县	槐树湾乡	29
38	341525102	安徽省	六安市	霍山县	下符桥镇	11
39	341702003	安徽省	池州市	贵池区	里山街道	6
40	341802107	安徽省	宣城市	宣州区	孙埠镇	6
41	341824402	安徽省	宣城市	绩溪县	扬溪林场临溪	6
42	350121206	福建省	福州市	闽侯县	小箬乡	12
43	350122203	福建省	福州市	连江县	安凯乡	13
44	350123101	福建省	福州市	罗源县	松山镇	55
45	350125200	福建省	福州市	永泰县	塘前乡	16
46	350212105	福建省	厦门市	同安区	莲花镇	6
47	350303105	福建省	莆田市	涵江区	萩芦镇	36
48	350423102	福建省	三明市	清流县	嵩口镇	16
49	350427201	福建省	三明市	沙县	南霞乡	10
50	350428103	福建省	三明市	将乐县	白莲镇	11
51	350702102	福建省	南平市	延平区	夏道镇	31
52	350702112	福建省	南平市	延平区	炉下镇	11
53	350782003	福建省	南平市	武夷山市	洋庄乡	18
54	350782004	福建省	南平市	武夷山市	新丰街道	15
55	350902002	福建省	宁德市	蕉城区	漳湾镇	18
56	350902003	福建省	宁德市	蕉城区	八都镇	81
57	350921002	福建省	宁德市	霞浦县	柏洋乡	173
58	350921014	福建省	宁德市	霞浦县	松城街道	27
59	350924103	福建省	宁德市	寿宁县	武曲镇	43
60	350925101	福建省	宁德市	周宁县	咸村镇	45
61	350926005	福建省	宁德市	柘荣县	东源乡	25
62	350981106	福建省	宁德市	福安市	溪潭镇	45
63	360123103	江西省	南昌市	安义县	新民乡	70
64	360124100	江西省	南昌市	进贤县	民和镇	21
65	360281108	江西省	景德镇市	乐平市	塔前镇	11
66	360424118	江西省	九江市	修水县	宁州镇	11
67	360428100	江西省	九江市	都昌县	都昌镇	20
68	360483102	江西省	九江市	庐山市	温泉镇	35
69	360603119	江西省	鹰潭市	余江区	龙虎山镇	9
70	360703200	江西省	赣州市	南康区	浮石乡	35
71	360703203	江西省	赣州市	南康区	朱坊乡	58
72	360703211	江西省	赣州市	南康区	隆木乡	13

（续）

序号	区划代码	省份名称	地市名称	县区名称	乡镇名称	中高风险松林小班数量（个）
73	360704103	江西省	赣州市	赣县区	江口镇	34
74	360723103	江西省	赣州市	大余县	池江镇	25
75	360728101	江西省	赣州市	定南县	岿美山镇	17
76	360731202	江西省	赣州市	于都县	利村乡	15
77	360731204	江西省	赣州市	于都县	靖石乡	78
78	360732209	江西省	赣州市	兴国县	均村乡	61
79	360781104	江西省	赣州市	瑞金市	沙洲坝镇	14
80	360803103	江西省	吉安市	青原区	富滩镇	9
81	360821103	江西省	吉安市	吉安县	横江镇	40
82	360821105	江西省	吉安市	吉安县	万福镇	52
83	360827101	江西省	吉安市	遂川县	雩田镇	86
84	361002105	江西省	抚州市	临川区	龙溪镇	32
85	361002206	江西省	抚州市	临川区	鹏田乡	38
86	361003203	江西省	抚州市	东乡区	瑶圩乡	9
87	361021107	江西省	抚州市	南城县	新丰街镇	145
88	361022200	江西省	抚州市	黎川县	潭溪乡	30
89	361022207	江西省	抚州市	黎川县	中田乡	20
90	361023105	江西省	抚州市	南丰县	桑田镇	18
91	361025005	江西省	抚州市	乐安县	牛田镇	18
92	361027202	江西省	抚州市	金溪县	陆坊乡	8
93	361124101	江西省	上饶市	铅山县	永平镇	15
94	361126209	江西省	上饶市	弋阳县	朱坑镇	12
95	361126212	江西省	上饶市	弋阳县	圭峰镇	9
96	361181106	江西省	上饶市	德兴市	新岗山镇	7
97	370211003	山东省	青岛市	黄岛区	薛家岛街道	13
98	370211011	山东省	青岛市	黄岛区	灵山卫街道	20
99	370602008	山东省	烟台市	芝罘区	芝罘岛街道	18
100	370612004	山东省	烟台市	牟平区	姜格庄街道	290
101	370613007	山东省	烟台市	莱山区	马山街道	6
102	371002004	山东省	威海市	环翠区	孙家疃街道	50
103	371002005	山东省	威海市	环翠区	皇冠街道	32
104	371002006	山东省	威海市	环翠区	凤林街道	7
105	371003103	山东省	威海市	文登区	高村镇	17
106	371003110	山东省	威海市	文登区	米山镇	54
107	371082002	山东省	威海市	荣成市	斥山街道	58
108	371083111	山东省	威海市	乳山市	诸往镇	42
109	420116103	湖北省	武汉市	黄陂区	李家集街	33
110	420281031	湖北省	黄石市	大冶市	灵乡镇	38
111	420302201	湖北省	十堰市	茅箭区	茅塔乡	33
112	420381015	湖北省	十堰市	丹江口市	三官殿	11

（续）

序号	区划代码	省份名称	地市名称	县区名称	乡镇名称	中高风险松林小班数量（个）
113	420381104	湖北省	十堰市	丹江口市	六里坪镇	15
114	420381207	湖北省	十堰市	丹江口市	官山镇	10
115	420506008	湖北省	宜昌市	夷陵区	邓村乡	33
116	420581008	湖北省	宜昌市	宜都市	松木坪镇	47
117	420624010	湖北省	襄阳市	南漳县	李庙镇	17
118	420683113	湖北省	襄阳市	枣阳市	吴店镇	107
119	420882108	湖北省	荆门市	京山市	石龙镇	47
120	421087106	湖北省	荆州市	松滋市	王家桥镇	106
121	421087109	湖北省	荆州市	松滋市	纸厂河镇	23
122	421126009	湖北省	黄冈市	蕲春县	横车镇	9
123	422822100	湖北省	恩施土家族苗族自治州	建始县	业州镇	8
124	422827007	湖北省	恩施土家族苗族自治州	来凤县	三胡乡	7
125	430626108	湖南省	岳阳市	平江县	梅仙镇	15
126	430923212	湖南省	益阳市	安化县	古楼乡	6
127	431028207	湖南省	郴州市	安仁县	平背乡	14
128	431103001	湖南省	永州市	冷水滩区	梅湾街道	7
129	431322102	湖南省	娄底市	新化县	洋溪镇	14
130	433127238	湖南省	湘西土家族苗族自治州	永顺县	颗砂乡	70
131	440114107	广东省	广州市	花都区	炭步镇	12
132	440114109	广东省	广州市	花都区	狮岭镇	56
133	440117107	广东省	广州市	从化区	吕田镇	135
134	440117113	广东省	广州市	从化区	鳌头镇	57
135	440118104	广东省	广州市	增城区	正果镇	109
136	440608107	广东省	佛山市	高明区	明城镇	28
137	441224103	广东省	肇庆市	怀集县	汶朗镇	14
138	441322404	广东省	惠州市	博罗县	水东陂林场	14
139	441323106	广东省	惠州市	惠东县	平海镇	8
140	441324119	广东省	惠州市	龙门县	龙江镇	10
141	441403501	广东省	梅州市	梅县区	梅南林场	11
142	441423128	广东省	梅州市	丰顺县	留隍镇	66
143	441424138	广东省	梅州市	五华县	横陂镇	10
144	441602101	广东省	河源市	源城区	埔前镇	6
145	441621109	广东省	河源市	紫金县	临江镇	33
146	441622103	广东省	河源市	龙川县	佗城镇	98
147	441622109	广东省	河源市	龙川县	登云镇	9
148	441622112	广东省	河源市	龙川县	铁场镇	39
149	441622117	广东省	河源市	龙川县	黄石镇	37
150	441623101	广东省	河源市	连平县	上坪镇	31
151	441623109	广东省	河源市	连平县	油溪镇	25
152	441624107	广东省	河源市	和平县	古寨镇	54

（续）

序号	区划代码	省份名称	地市名称	县区名称	乡镇名称	中高风险松林小班数量（个）
153	441625100	广东省	河源市	东源县	仙塘镇	43
154	441625105	广东省	河源市	东源县	上莞镇	53
155	441625108	广东省	河源市	东源县	义合镇	20
156	441823119	广东省	清远市	阳山县	阳城镇	101
157	441881131	广东省	清远市	英德市	水边镇	13
158	450324113	广西壮族自治区	桂林市	全州县	枧塘镇	12
159	450881104	广西壮族自治区	贵港市	桂平市	油麻镇	124
160	450881118	广西壮族自治区	贵港市	桂平市	西山镇	44
161	500101141	重庆市	市辖区	万州区	熊家镇	115
162	500101142	重庆市	市辖区	万州区	高梁镇	75
163	500101151	重庆市	市辖区	万州区	龙驹镇	122
164	500102003	重庆市	市辖区	涪陵区	荔枝街道	128
165	500102100	重庆市	市辖区	涪陵区	百胜镇	89
166	500113009	重庆市	市辖区	巴南区	南彭街道	211
167	500113119	重庆市	市辖区	巴南区	石龙镇	299
168	500115012	重庆市	市辖区	长寿区	江南街道	37
169	500230202	重庆市	县辖区	丰都县	青龙乡	48
170	500233103	重庆市	县辖区	忠县	白石镇	119
171	500235131	重庆市	县辖区	云阳县	江口镇	124
172	500235132	重庆市	县辖区	云阳县	高阳镇	48
173	510302101	四川省	自贡市	自流井区	仲权镇	8
174	510322117	四川省	自贡市	富顺县	兜山镇	26
175	510322118	四川省	自贡市	富顺县	板桥镇	14
176	511502118	四川省	宜宾市	翠屏区	白花镇	174
177	511504104	四川省	宜宾市	叙州区	柳嘉镇	637
178	511504112	四川省	宜宾市	叙州区	合什镇	32
179	511525116	四川省	宜宾市	高县	庆岭镇	26
180	511603108	四川省	广安市	前锋区	龙滩镇	6
181	511623108	四川省	广安市	邻水县	坛同镇	25
182	511623120	四川省	广安市	邻水县	两河镇	6
183	511623124	四川省	广安市	邻水县	复盛镇	13
184	511703100	四川省	达州市	达川区	亭子镇	48
185	511703110	四川省	达州市	达川区	管村镇	70
186	511703127	四川省	达州市	达川区	罐子镇	23
187	511724112	四川省	达州市	大竹县	文星镇	21
188	610926103	陕西省	安康市	平利县	大贵镇	19
189	611025113	陕西省	商洛市	镇安县	云盖寺镇	11

附表 1-2　松材线虫病非疫区中高风险小班调查结果统计表

序号	区划代码	省份名称	地市名称	县区名称	乡镇名称	中高风险松林小班数量(个)
1	210881005	辽宁省	营口市	盖州市	西城街道办	3
2	210881102	辽宁省	营口市	盖州市	高屯镇	1
3	210881110	辽宁省	营口市	盖州市	杨运镇	1
4	211402009	辽宁省	葫芦岛市	连山区	锦郊街道	2
5	211402201	辽宁省	葫芦岛市	连山区	沙河营乡	2
6	350629103	福建省	漳州市	华安县	新圩镇	3
7	350629105	福建省	漳州市	华安县	仙都镇	4
8	350629203	福建省	漳州市	华安县	湖林乡	5
9	360322101	江西省	萍乡市	上栗县	上栗镇	18
10	360322102	江西省	萍乡市	上栗县	桐木镇	17
11	360322103	江西省	萍乡市	上栗县	金山镇	32
12	360322104	江西省	萍乡市	上栗县	福田镇	29
13	360322105	江西省	萍乡市	上栗县	彭高镇	16
14	360322106	江西省	萍乡市	上栗县	赤山镇	24
15	360322200	江西省	萍乡市	上栗县	鸡冠山乡	11
16	360322201	江西省	萍乡市	上栗县	长平乡	25
17	360322202	江西省	萍乡市	上栗县	东源乡	18
18	360322204	江西省	萍乡市	上栗县	杨岐乡	15
19	370302103	山东省	淄博市	淄川区	罗村镇	11
20	370302117	山东省	淄博市	淄川区	太河镇	13
21	370685001	山东省	烟台市	招远市	罗峰街道	17
22	370685004	山东省	烟台市	招远市	温泉街道	28
23	370685103	山东省	烟台市	招远市	金岭镇	12
24	370685106	山东省	烟台市	招远市	张星镇	38
25	370685109	山东省	烟台市	招远市	阜山镇	21
26	430525002	湖南省	邵阳市	洞口县	雪峰街道	27
27	430525003	湖南省	邵阳市	洞口县	花古街道	23
28	430525102	湖南省	邵阳市	洞口县	毓兰镇	30
29	430525103	湖南省	邵阳市	洞口县	高沙镇	57
30	430525104	湖南省	邵阳市	洞口县	竹市镇	46
31	430525105	湖南省	邵阳市	洞口县	石江镇	29
32	430525106	湖南省	邵阳市	洞口县	黄桥镇	45
33	430525107	湖南省	邵阳市	洞口县	山门镇	14
34	430525109	湖南省	邵阳市	洞口县	花园镇	24
35	430726101	湖南省	常德市	石门县	蒙泉镇	127
36	430726102	湖南省	常德市	石门县	夹山镇	81
37	430726106	湖南省	常德市	石门县	维新镇	38
38	430726107	湖南省	常德市	石门县	太平镇	41
39	430726108	湖南省	常德市	石门县	磨市镇	36
40	430726111	湖南省	常德市	石门县	白云镇	51

（续）

序号	区划代码	省份名称	地市名称	县区名称	乡镇名称	中高风险松林小班数量（个）
41	430726201	湖南省	常德市	石门县	新铺镇	45
42	430726205	湖南省	常德市	石门县	所街乡	64
43	430726206	湖南省	常德市	石门县	雁池乡	80
44	431124006	湖南省	永州市	道县	富塘街道	13
45	431124102	湖南省	永州市	道县	寿雁镇	22
46	431124105	湖南省	永州市	道县	祥霖铺镇	14
47	431124107	湖南省	永州市	道县	四马桥镇	14
48	431124111	湖南省	永州市	道县	白芒铺镇	13
49	440785001	广东省	江门市	恩平市	恩城街道	32
50	440785103	广东省	江门市	恩平市	沙湖镇	25
51	440785106	广东省	江门市	恩平市	大田镇	13
52	440785108	广东省	江门市	恩平市	大槐镇	43
53	440785109	广东省	江门市	恩平市	东成镇	35
54	440902004	广东省	茂名市	茂南区	露天矿街道	2
55	440902100	广东省	茂名市	茂南区	金塘镇	37
56	440902101	广东省	茂名市	茂南区	公馆镇	51
57	440902102	广东省	茂名市	茂南区	新坡镇	1
58	440902103	广东省	茂名市	茂南区	镇盛镇	27
59	440902104	广东省	茂名市	茂南区	鳌头镇	6
60	440902105	广东省	茂名市	茂南区	袂花镇	1
61	440902107	广东省	茂名市	茂南区	山阁镇	6
62	440902108	广东省	茂名市	茂南区	茂南区辖区	2
63	440904104	广东省	茂名市	电白区	树仔镇	34
64	440904106	广东省	茂名市	电白区	麻岗镇	123
65	440904108	广东省	茂名市	电白区	羊角镇	27
66	440904115	广东省	茂名市	电白区	霞洞镇	48
67	440904116	广东省	茂名市	电白区	观珠镇	144
68	440904117	广东省	茂名市	电白区	沙琅镇	48
69	440904118	广东省	茂名市	电白区	黄岭镇	27
70	440904119	广东省	茂名市	电白区	望夫镇	13
71	440904123	广东省	茂名市	电白区	水东镇	34
72	440983001	广东省	茂名市	信宜市	东镇街道	36
73	440983101	广东省	茂名市	信宜市	镇隆镇	23
74	440983102	广东省	茂名市	信宜市	水口镇	27
75	440983105	广东省	茂名市	信宜市	丁堡镇	25
76	440983106	广东省	茂名市	信宜市	池洞镇	27
77	440983113	广东省	茂名市	信宜市	怀乡镇	12
78	440983116	广东省	茂名市	信宜市	白石镇	32
79	440983123	广东省	茂名市	信宜市	金垌镇	22
80	440983124	广东省	茂名市	信宜市	朱砂镇	18
81	441721100	广东省	阳江市	阳西县	织篢镇	53

（续）

序号	区划代码	省份名称	地市名称	县区名称	乡镇名称	中高风险松林小班数量（个）
82	441721101	广东省	阳江市	阳西县	程村镇	51
83	441721102	广东省	阳江市	阳西县	塘口镇	28
84	441721103	广东省	阳江市	阳西县	上洋镇	7
85	441721104	广东省	阳江市	阳西县	溪头镇	36
86	441721105	广东省	阳江市	阳西县	沙扒镇	5
87	441721106	广东省	阳江市	阳西县	儒洞镇	25
88	441721107	广东省	阳江市	阳西县	新圩镇	35
89	511024111	四川省	内江市	威远县	山王镇	78
90	511024113	四川省	内江市	威远县	观英滩镇	135
91	511024114	四川省	内江市	威远县	新场镇	22
92	511024115	四川省	内江市	威远县	连界镇	192
93	511024116	四川省	内江市	威远县	越溪镇	19
94	511024119	四川省	内江市	威远县	小河镇	18
95	511528100	四川省	宜宾市	兴文县	古宋镇	83
96	511528101	四川省	宜宾市	兴文县	僰王山镇	13
97	511528105	四川省	宜宾市	兴文县	莲花镇	110
98	511528107	四川省	宜宾市	兴文县	九丝城镇	22
99	511528108	四川省	宜宾市	兴文县	石海镇	12
100	511528111	四川省	宜宾市	兴文县	五星镇	13
101	511528203	四川省	宜宾市	兴文县	大坝苗族乡	2
102	511528205	四川省	宜宾市	兴文县	大河苗族乡	4
103	511528206	四川省	宜宾市	兴文县	麒麟苗族乡	11
104	530627003	云南省	昭通市	镇雄县	旧府街道	26
105	610304106	陕西省	宝鸡市	陈仓区	周原镇	1

02 北京市林业有害生物2024年发生情况和2025年趋势预测

北京市园林绿化资源保护中心(北京市园林绿化局审批服务中心)

【摘要】2024年，北京市林业有害生物发生38.24万亩，比2023年(43.98万亩)减少5.74万亩(13.06%)，全市没有发生美国白蛾、松材线虫病等重大林业有害生物灾害。预计2025年林业有害生物发生39.41万亩，比2024年增加1.17万亩(3.07%)，总体呈轻度发生，局地防控压力较大。其中，松材线虫病等外来有害生物入侵风险依然严峻；美国白蛾、悬铃木方翅网蝽等检疫性、危险性有害生物发生面积将有明显上升；春尺蠖、国槐尺蠖、油松毛虫、黄连木尺蠖等食叶害虫局地可能偏重发生；草履蚧、蚜虫、榆蓝叶甲、斑衣蜡蝉等存在较大扰民风险；小线角木蠹蛾、槐小卷蛾、纵坑切梢小蠹等蛀干害虫呈现上升趋势；杨树烂皮病、黄栌枯萎病、黄栌白粉病等病害需高度重视；桧柏臀纹粉蚧、白蜡敛片叶蜂等新发现物种仍需持续关注。

一、2024年林业有害生物发生情况

(一)发生特点

发生期有所延后。与2023年同期相比，春季林业有害生物的首发日期有所延后，其中，春尺蠖成虫羽化延后2天，双条杉天牛成虫羽化延后5天，油松毛虫出蛰延后6天，美国白蛾越冬代成虫羽化延后5天。

检疫性、危险性有害生物发生面积持续下降，为3.82万亩，较2023年减少0.29万亩(7%)，其中，美国白蛾2024年1.18万亩，较2023年减少0.21万亩(14.96%)，总体轻度发生，但在局部社区及村点反弹明显。

常发性有害生物发生面积较去年下降较为明显，发生面积为34.42万亩，较2023年减少5.46万亩(13.69%)。国槐尺蠖、油松毛虫及春尺蠖等在局地发生偏重，存在吃花吃光现象。

杨树锈病、杨树炭疽病等病害发生面积明显上升，病害总计发生2.95万亩，较2023年增加1.02万亩(52.87%)，总体呈轻度发生。

(二)主要林业有害生物发生情况

1. 常发性林业有害生物发生情况

(1)虫害发生情况

发生31.47万亩，占林业有害生物发生总面积的82.29%，比2023年减少6.48万亩(17.08%)。

食叶害虫　发生22.17万亩，占林业有害生物发生总面积的57.97%，比2023年减少4.67万亩(17.39%)。主要表现：一是杨树食叶害虫，主要包括春尺蠖、杨潜叶跳象、杨扇舟蛾、柳毒蛾和杨小舟蛾等，发生11.37万亩，占林业有害生物发生总面积的29.75%，比2023年减少3.15万亩(21.66%)。其中，春尺蠖6.40万亩，较2023年减少0.43万亩(6.23%)；杨潜叶跳象1.99万亩，较2023年减少0.15万亩(6.85%)；柳毒蛾0.64万亩，较2023年减少1.15万亩(64.06%)；杨扇舟蛾1.22万亩，较2023年减少0.88万亩(41.96%)；杨小舟蛾1.07万亩，较2023年减少0.53万亩(33.10%)。二是松树食叶害虫，主要包括油松毛虫、延庆腮扁叶蜂、落叶松红腹叶蜂、黑胫腮扁叶蜂等，发生3.59万亩，占林业有害生物发生总面积的9.38%，比2023年减少0.60万亩(14.42%)。三是山区食叶害虫，主要包括栎粉舟蛾、栎掌舟蛾、黄连木尺蠖和缀叶丛螟等，发生2.33万亩，占林业有害生物发生总面积的6.10%，比2023年减少1.16万亩(33.20%)。四是其他食叶害虫，主要包括国槐尺蠖、黄栌胫跳甲、柳蜷叶蜂等，发生4.87万亩，占林业有害生物发生总面积的12.74%，比2023年增加0.24万亩(5.23%)。

蛀干害虫　主要包括双条杉天牛、槐小卷蛾、光肩星天牛、柏肤小蠹、松梢螟及纵坑切梢小蠹等，发生 8.44 万亩，占林业有害生物发生总面积的 22.08%，比 2023 年减少 1.60 万亩(15.95%)。

刺吸类害虫　主要为草履蚧，发生 0.86 万亩，占林业有害生物发生总面积的 2.24%，比 2023 年减少 0.21 万亩(19.64%)。

(2)病害发生情况

主要包括杨树溃疡病、杨树烂皮病、杨树炭疽病和杨树锈病等，发生 2.95 万亩，占林业有害生物发生总面积的 7.72%，比 2023 年增加 1.02 万亩(52.87%)。

2. 检疫性、危险性林业有害生物发生情况

检疫性、危险性林业有害生物发生形势依然严峻。

松材线虫病　实现 174 万亩松林资源监测普查全覆盖，对疑似发黄及死亡松树取样检测 6200 余份样品，均未发现松材线虫病。

美国白蛾　发生 1.18 万亩，较 2023 年减少 0.21 万亩(14.96%)，总体呈轻度发生，局地发生偏重。

白蜡窄吉丁　发生 1.13 万亩，较 2023 年减少 0.10 万亩(7.66%)，在通州、大兴、延庆等区局地危害偏重。

悬铃木方翅网蝽　发生 1.32 万亩，与 2023 年基本持平。昌平、顺义、通州、大兴、房山、海淀等区局地危害偏重。

红脂大小蠹　发生 0.18 万亩，较 2023 年减少 0.015 万亩(7.49%)，总体呈现零星、轻度发生。主要发生在延庆、怀柔及门头沟区。

(三)成因分析

1. 气候因素

2023/2024 年冬春季(2023 年 12 月至 2024 年 3 月)北京地区平均气温为-0.5℃，较 2023 年同期低 0.3℃；降水量为 26.8mm，是 2023 年同期的 1.4 倍。其中，2024 年 2 月北京地区平均气温为-1.0℃，与 2023 年同期相比低 0.8℃；降水量 5.7mm，比 2023 年同期减少 20%。3 月北京地区平均气温为 7.6℃，与 2023 年同期相比低 1.3℃；降水量 7mm，比 2023 年同期偏多近 5 倍。

2. 生物因素

一是油松毛虫、栎粉舟蛾、栎掌舟蛾等有害生物存在暴发周期，暴发周期约 10 年。二是因 2023 年防控力度较大，2023/2024 年部分有害生物越冬虫口基数呈偏低水平。

3. 防控因素

(1)加强组织领导

一是国家林业和草原局高度重视北京防控工作，主要领导多次作出指示、专题会议研究，生态司、生物灾害防控中心、北京专员办持续推进蹲点服务指导工作。二是充分利用林长制体制机制优势，将监测覆盖率等指标纳入年度考核指标，进一步确保监测巡查落实落细，推进市区测报一体化。三是北京市政府建立生物安全风险监测预警机制，定期组织召开监测预警调度会，重点听取有害生物监测预警及防治情况。四是北京市园林绿化局通过组织召开全市林业有害生物防治检疫工作会、美国白蛾防控工作部署会暨“护松 2024”专项行动部署会等会议，强化高位推动，向各区传达防控压力，压实属地责任。五是通过“北京市防控危险性林木有害生物部门联席会议”平台向各区人民政府及各相关单位及时发布林业有害生物发生趋势及防控对策，共享生产性监测预警信息，并辐射覆盖京津冀毗邻区域，不断强化联防联控机制建设，共建环首都生态安全环。

(2)精准监测预报

一是推进市区测报一体化进程。组织全市各区将区级测报点的监测巡查数据全部纳入“智慧资源保护平台”进行标准化、信息化管理，丰富数据积累，密切监测虫情。二是加大监测巡查力度。不断健全国家、市、区 3 级测报网络体系建设，共布设 3 级监测测报点 6746 个，其中国家级 10 个，市级 440 个，区级 6296 个。以点成线、以线带面，开展全域网格化巡查，同时利用“有害生物精准防控大脑”和“拍照识虫”等信息化手段，采集监测巡查数据 17.4 余万条。三是及时发布监测预警信息。以专题简报形式发布分类分级监测预警信息 67 条，发布监测防治月历 8 期，累计覆盖京津冀 14 万余人次；联合气象部门在北京电视台发布美国白蛾第一代、第三代网幕期预警信息 2 期。四是不断创新监测技术手段。运用无人机、卫星遥感等设施设备资源，开展异常松木识别与监测、重大林业有害生物发生风险预测与灾损分析等应用研究。

(3)科学综合施策

一是科学精准开展飞防作业。全市共计完成飞防作业737架次，累计作业110.55万亩次。启用飞机防治精准化作业监管平台，对飞防作业全环节实行全程实时监管。二是持续开展绿色防控示范区建设。建立7个市级绿色防控示范区，实行一地一策分级分类开展绿色防控，通过生物、物理和人工防治方法，向市民科普绿色防控概念，促进人与自然和谐共生。三是科学开展防控效果和影响调查评价。针对飞防作业区域、绿色防控区域和平原生态林常规养护区域开展土壤微生物群落调查、地表节肢动物调查、昆虫多样性调查以及有害生物防控效果调查，以生物多样性为指标，科学评价有害生物防控效果及其影响，为飞机防治林业有害生物、平原生态林用药安全和推广绿色防控技术提供数据支撑。四是聚焦热点难点问题。在海淀、丰台和通州建立3个重点扰民害虫蚜虫的综合防控试验区，通过设置生物天敌和开展多梯度药剂防控试验，有效控制蚜虫危害，减少扰民隐患。围绕首都花园城市和“观彩赏红”主题品牌建设，开展黄栌枯萎病综合防治技术应用研究。五是强化宣传培训工作。成功举办2024年林业有害生物防治员技能大赛、林业有害生物防控创新产品和技术展示推介会、新型集体林场管护技术人员林业有害生物防控基础知识和技能培训、园林绿化资源保护能力提升培训、首届越冬基数调查比武大会等宣传培训及技能大赛活动，进一步提高全市林业有害生物防控队伍业务知识水平和应急处置能力。

(4)严防松材线虫入侵

一是完成松材线虫病春秋两季普查，全市投入专业人员2.1万人次，设置春季巡查路线4264条、秋季巡查路线2523条，共普查小班4.3621万个，实现全市174万余亩松林全覆盖，未监测普查到松材线虫病。二是加大日常监测巡查力度。全市布设松褐天牛及墨天牛属监测测报点963个(市级114个、区级849个)，监测发现松褐天牛0头，墨天牛属421头，清理死亡松树5565株。三是利用卫星、无人机等航空航天遥感技术手段开展监测普查核查，不断完善“空天地人”一体化监测普查网络体系。四是强化疫情防控能力建设。目前全市建立松材线虫病检测实验室10处(2处实验室获得资金支持正在改造提升)、应急队伍106支(1388人)、疫木无害化处理场所18处，配备符合疫木粉碎(削片)要求的处理设备23台，基本满足现阶段疫情防控需求。

(5)基层防控工作依然有薄弱环节

一是国家、市、区三级联动，狠抓落实落细防控主体责任，但在个别社区村点、街巷胡同、拆迁腾退地、城乡接合部、失管(弃管)果园苗圃等地依然存在防控盲区死角。二是对检疫性、危险性、扰民性林业有害生物防控意识不够，舆情研判及科学处置的能力有短板。三是防范外来物种入侵能力有待提升。通过外来入侵物种普查发现了北京市一些新记录外来入侵物种，但是对其具体发生规律及风险评价等情况的了解掌握还不够系统全面，距离“底数清、情况明”的防控目标尚存差距。

二、2025年林业有害生物发生趋势预测

预计2024/2025年冬季(2024年12月至2025年2月)，北京市大部分地区降水量为9~12mm，常年同期为8.9mm，较常年同期略多；平均气温为-2℃左右，比常年同期(-2.9℃)略高。预计2025年春季(3~5月)，大部分地区降水量为60~80mm，接近常年同期(69.2mm)；平均气温为14℃左右，比常年同期(13.2℃)略高。

预计2025年全市林业有害生物发生面积总体与2024年实际发生面积基本持平。其中，呈上升趋势的种类主要有美国白蛾、悬铃木方翅网蝽、杨小舟蛾、落叶松腮扁叶蜂、槐小卷蛾、小线角木蠹蛾、杨树烂皮病等；呈下降趋势的种类主要有红脂大小蠹、白蜡窄吉丁、柳毒蛾、杨扇舟蛾、栎粉舟蛾、栎掌舟蛾、黄栌胫跳甲、柳蓝叶甲、草履蚧、杨树炭疽病、杨树锈病等；基本持平的种类主要有春尺蠖、油松毛虫、黄连木尺蠖、刺蛾、缀叶丛螟、国槐尺蠖、光肩星天牛、双条杉天牛、松梢螟、臭椿沟眶象、杨树溃疡病等(图2-1)。

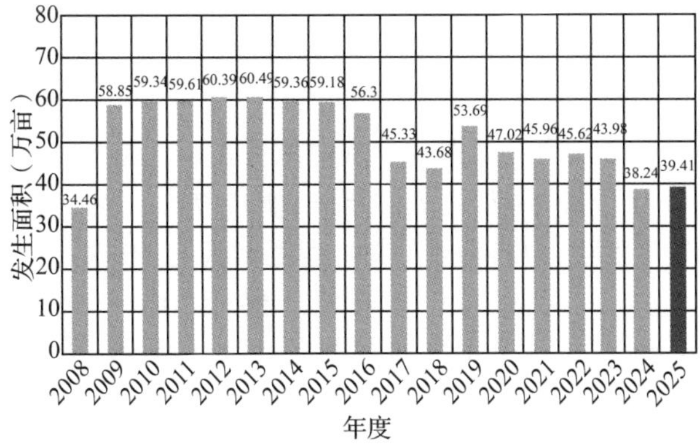

图 2-1　2008—2024 年林业有害生物发生面积与 2025 年预测面积

(一) 检疫性、危险性林业有害生物发生趋势

预计 2025 年发生的检疫性、危险性林业有害生物主要包括美国白蛾、红脂大小蠹、白蜡窄吉丁和悬铃木方翅网蝽等，发生 5.03 万亩，比 2024 年增加 1.22 万亩(31.84%)(图 2-2)。

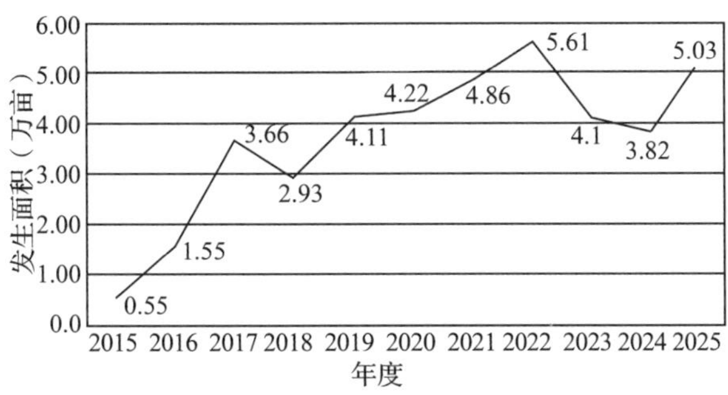

图 2-2　2015—2024 年检疫性、危险性林业有害生物发生面积及 2025 年趋势预测

1. 美国白蛾

根据越冬基数调查显示，越冬蛹平均虫口密度为 0.7 头/株，属轻度发生，局部地区虫口密度最高达 220 头/株，极易出现灾情。预计，2025 年发生 1.87 万亩，比 2024 年实际发生面积增加 0.69 万亩(58.41%)。除延庆外，各区均有发生，其中在密云、平谷、顺义、大兴、通州、房山、昌平等区发生范围较大，海淀、朝阳等城六区扰民风险较高(图 2-3、图 2-4)。

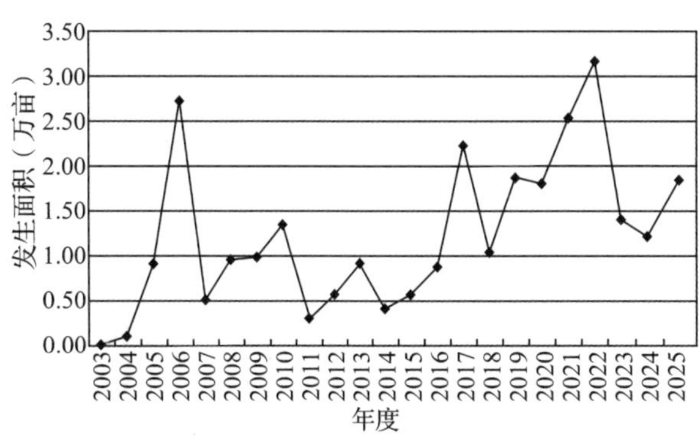

图 2-3　2003—2024 年美国白蛾发生面积及 2025 年趋势预测

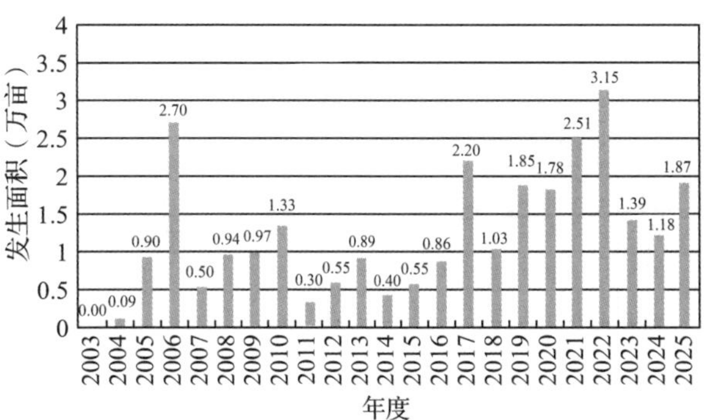

图 2-4　2003—2024 年美国白蛾发生面积与 2025 年预测面积对比

2. 白蜡窄吉丁

根据越冬基数调查显示，平均有虫株率为 13.13%，总体呈轻度发生，局地发生偏重。预计，2025 年发生 1.05 万亩，比 2024 年实际发生面积减少 0.09 万亩(7.63%)，主要发生在近年来造林地块，在通州、大兴、密云、门头沟、昌平等区局部可能有虫株率较大、危害较重。

3. 红脂大小蠹

越冬基数调查显示，平均有虫株率为 0.55%。预计 2025 年发生 0.15 万亩，比 2024 年实际发生面积减少 0.03 万亩(19.01%)，在延庆、怀柔、门头沟等山区部分区域防控压力依然较大。

4. 悬铃木方翅网蝽

据越冬基数调查显示，越冬成虫平均虫口密度为 3.41 头/株，平均有虫株率达 31.96%，属轻度发生，局部地区成虫密度最高达 1522 头/株，极易出现灾情。预计 2025 年发生 1.97 万亩，比 2024 年实际发生面积增加 0.65 万亩(48.93%)，在昌平、房山、门头沟、顺义、通州、大兴、密云、海淀、朝阳等区局部成灾风险较高。

5. 松材线虫病

监测调查数据显示，北京西部、北部山区墨天牛属天牛呈现明显上升趋势，平均 0.44 头/点，与 2023 年相比，增幅达 163.22%，松材线虫病防控形势日趋严峻，全市平原生态林区、电力通信工程项目实施区域、主要交通干线周边等区域及门头沟、怀柔、昌平、延庆、密云等媒介昆虫发生区域需要重点关注。

(二)常发性林业有害生物发生趋势

预计2025年常发性有害生物发生34.38万亩，与2024年基本持平。其中，食叶害虫21.75万亩，与2024年基本持平；蛀干害虫9.23万亩，比2024年增加0.79万亩(9.33%)；刺吸类害虫0.80万亩，比2024年减少0.05万亩(6.30%)。病害2.60万亩，比2024年减少0.35万亩(11.96%)(图2-5、图2-6)。

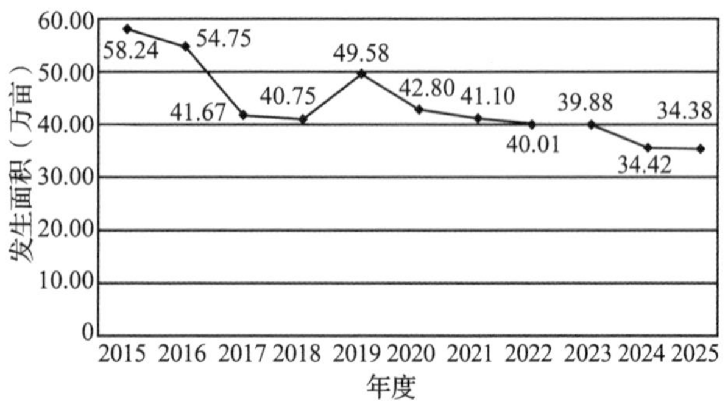

图2-5　2015—2024年常发性林业有害生物发生面积及2025年趋势预测

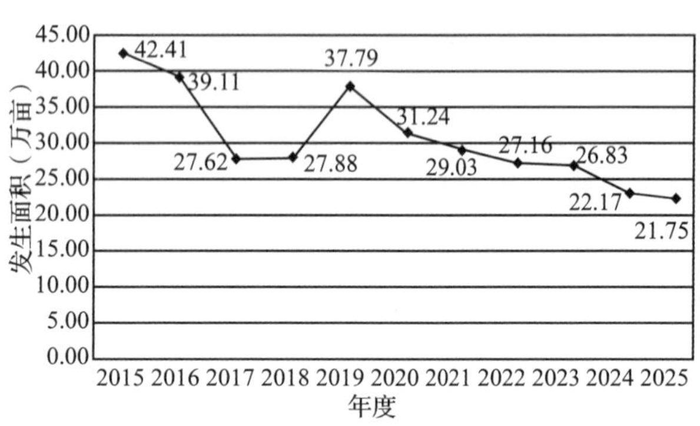

图2-6　2015—2024年食叶害虫发生面积及2025年趋势预测

1. 食叶害虫发生面积基本持平

主要包括杨树食叶害虫、松树食叶害虫、山区食叶害虫和其他食叶害虫，其中，杨树食叶害虫11.16万亩，松树食叶害虫3.69万亩，山区食叶害虫2.22万亩，国槐尺蠖等其他食叶害虫4.68万亩，与2024年发生面积相比均基本持平。

(1)杨树食叶害虫

主要包括春尺蠖、杨扇舟蛾、杨潜叶跳象、柳毒蛾、杨小舟蛾和梨卷叶象等。

春尺蠖　根据越冬基数调查显示，越冬蛹平均为1.11头/株，有虫株率为17.74%，总体呈轻度发生，局部地区虫口密度最高达50头/株，如防治不及时易出现灾情。预计2025年发生6.46万亩，与2024年发生面积基本持平，主要发生在房山、大兴、顺义、通州、昌平、平谷、怀柔、朝阳、延庆、密云、丰台等区，在大兴、房山、顺义、通州、昌平等区部分乡镇发生较重，尤其是与河北省毗邻区域需重点关注(图2-7、图2-8)。

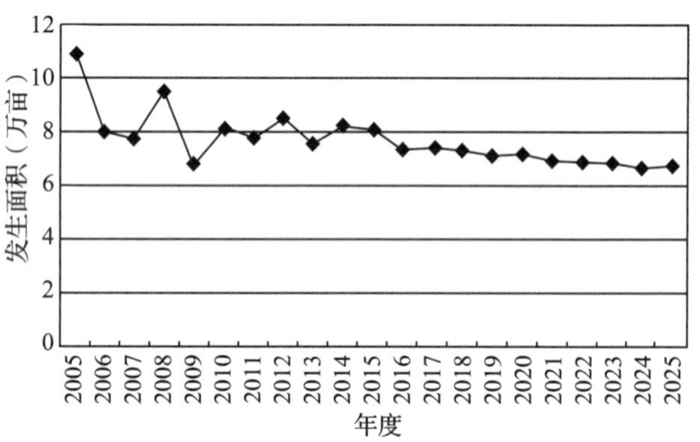

图2-7　2005—2024年春尺蠖发生情况及2025年趋势预测

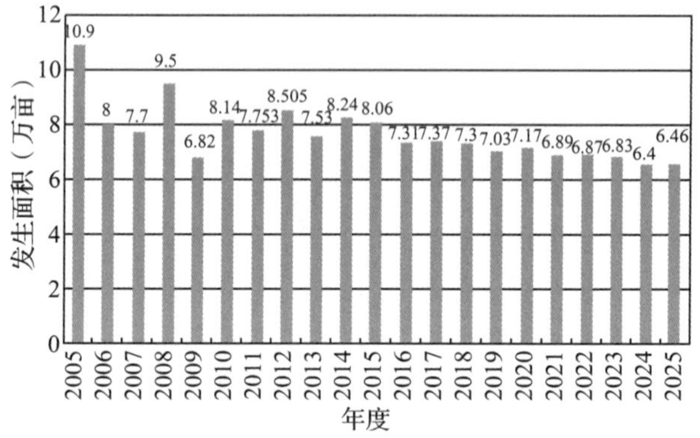

图2-8　2005—2024年春尺蠖发生面积与2025年预测面积对比

杨扇舟蛾　根据越冬基数调查显示，越冬蛹平均虫口密度为0.27头/株，平均有虫株率7.21%，总体呈轻度发生，局部地区最高虫口密度为8头/株。预计2025年发生0.98万亩，比2024年实际发生面积减少0.24万亩(19.70%)，主要发生在顺义、房山、昌平、大兴、通州、门头沟等区(图2-9、图2-10)。

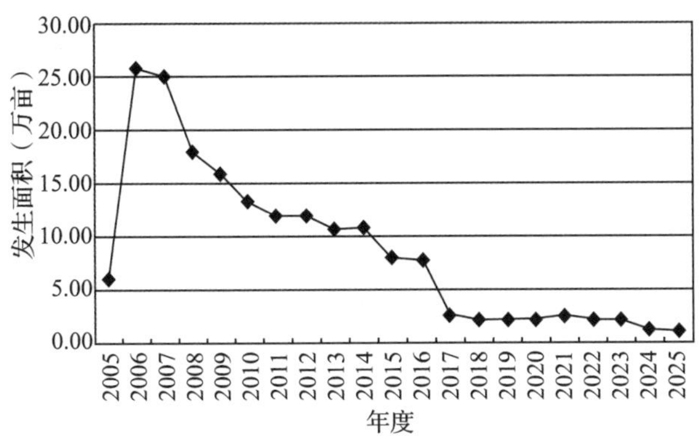

图 2-9　2005—2024 年杨小舟蛾发生情况及 2025 年趋势预测

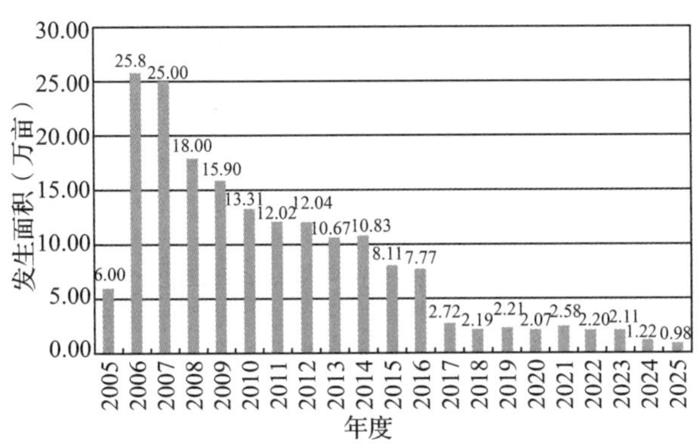

图 2-10　2005—2024 年杨小舟蛾发生面积与 2025 年预测面积对比

杨小舟蛾　根据越冬基数调查显示，越冬蛹平均虫口密度为 0.31 头/株，平均有虫株率 4.61%，属轻度发生，局部地区虫口密度最高达到 50 头/株，易出现灾情，尤其是 8 月下旬后要密切关注虫情动态。预计 2025 年发生 1.25 万亩，比 2024 年实际发生面积增加 0.18 万亩(16.60%)，主要发生在昌平、怀柔等区(图 2-11、图 2-12)。

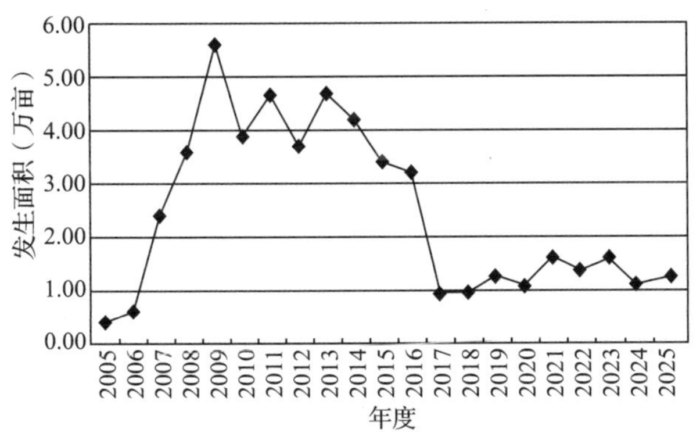

图 2-11　2005—2024 年杨扇舟蛾发生情况及 2025 年趋势预测

杨潜叶跳象　根据越冬基数调查显示，越冬成虫平均虫口密度为 1.96 头/株，有虫株率

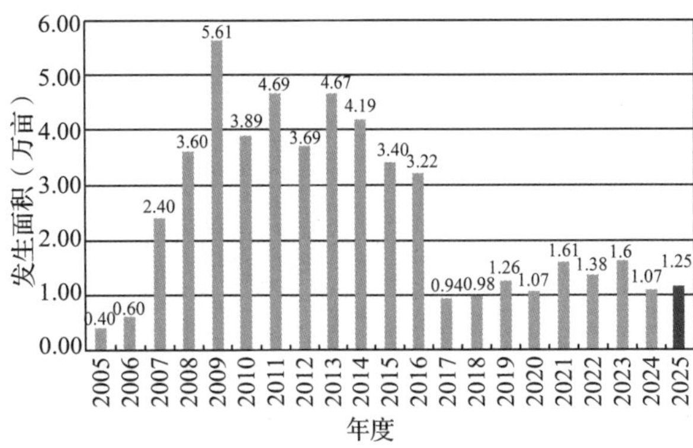

图 2-12　2005—2024 年杨扇舟蛾发生面积与 2025 年预测面积对比

9.66%，属轻度发生。预计 2025 年发生 1.89 万亩，比 2024 年实际发生面积减少 0.11 万亩(5.39%)，主要发生在房山、昌平、怀柔、海淀和延庆等区。

柳毒蛾　根据越冬基数调查显示，越冬幼虫平均虫口密度为 0.11 头/株，局部地区虫口密度达 3 头/株，平均有虫株率 7.07%，属轻度发生。预计 2025 年发生 0.53 万亩，比 2024 年实际发生面积减少 0.12 万亩(18.50%)，主要发生在昌平、大兴、延庆、房山、门头沟和怀柔等区。

(2)松树食叶害虫

主要包括油松毛虫、延庆腮扁叶蜂、落叶松红腹叶蜂、黑胫腮扁叶蜂和落叶松腮扁叶蜂等。

油松毛虫　根据越冬基数调查显示，平均虫口密度为 1.11 头/株，有虫株率 13.22%，总体属轻度发生，局部地区虫口密度达 20 头/株，易出现灾情。预计 2025 年发生 1.80 万亩，与 2024 年实际发生面积基本持平，主要发生在密云、昌平、怀柔、平谷和延庆等区，在密云区不老屯镇、石城镇、巨各庄镇、溪翁庄镇、太师屯镇等区域部分地块发生偏重(图 2-13、图 2-14)。

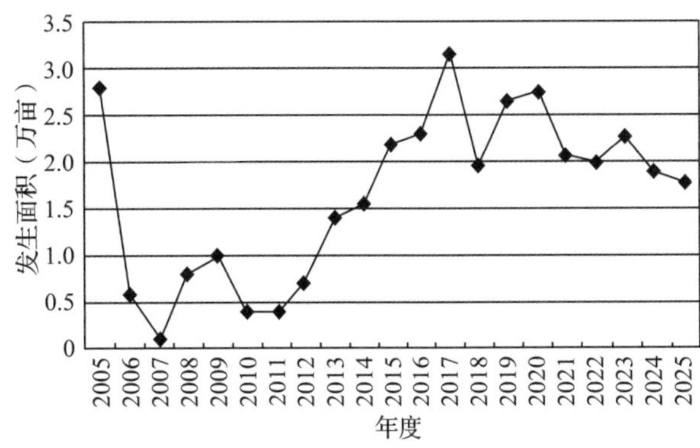

图 2-13　2005—2024 年油松毛虫发生情况及 2025 年趋势预测

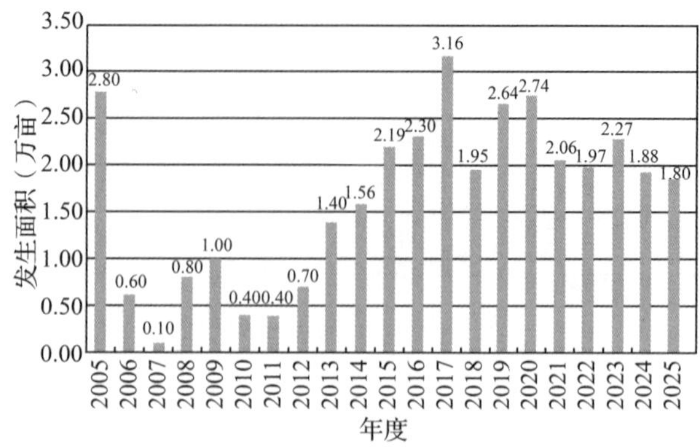

图 2-14　2005—2024 年油松毛虫发生面积与 2025 年预测面积对比

延庆腮扁叶蜂　越冬基数调查显示，越冬幼虫平均虫口密度为 3.3 头/株，有虫株率 40%，属轻度发生。预计 2025 年发生 1.3 万亩，比 2024 年实际发生面积增加 0.16 万亩(14.04%)，主要发生在延庆区香营、四海和刘斌堡等乡镇。

黑胫腮扁叶蜂　据越冬基数调查显示，越冬幼虫平均虫口密度为 1 头/株，最高虫口密度为 3 头/株，有虫株率 30%，属轻度发生。预计 2025 年发生 0.3 万亩，比 2024 年实际发生面积略增加 0.015 万亩(5.26%)，主要分布在延庆区香营、旧县等乡镇。

(3)山区食叶害虫

主要包括栎粉舟蛾、栎掌舟蛾、黄连木尺蠖、缀叶丛螟、榆掌舟蛾、刺蛾及苹掌舟蛾等。

栎粉舟蛾　根据越冬基数调查显示，越冬蛹平均虫口密度为 0.07 头/株，平均有虫株率 2.56%，总体呈轻度发生。局部地区虫口密度最高达 24 头/株，易出现灾情。预计 2025 年发生 0.63 万亩，比 2024 年实际发生面积减少 0.055 万亩(8.12%)，主要分布在怀柔、平谷、昌平和延庆等山区。

栎掌舟蛾　根据越冬基数调查显示，越冬蛹平均虫口密度为 0.64 头/株，平均有虫株率 4.96%，总体呈轻度发生。局部地区虫口密度最高达 56 头/株，易出现灾情。预计 2025 年发生 0.76 万亩，比 2024 年实际发生面积减少 0.04 万亩(5.53%)，主要发生在怀柔和延庆等区。

黄连木尺蠖　根据越冬基数调查显示，越冬蛹平均虫口密度为 0.25 头/株，最高虫口密度为 4 头/株，平均有虫株率 4.41%，总体呈轻度发生。预计 2025 年发生 0.39 万亩，与 2024 年实际发生面积相比基本持平，主要发生在门头沟、怀柔、昌平和延庆等区(图 2-15、图 2-16)。

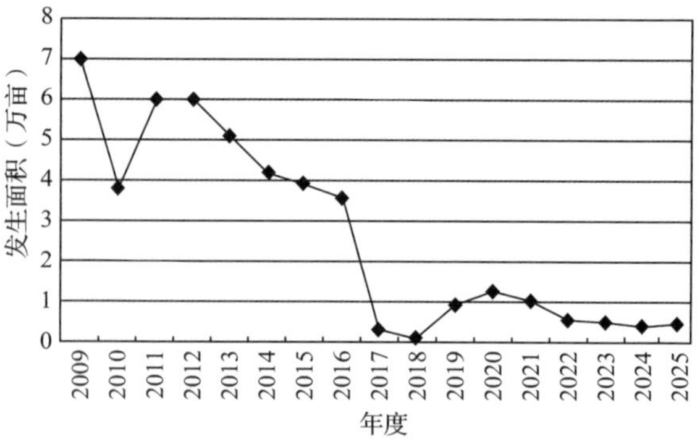

图 2-15　2009—2024 年黄连木尺蠖发生情况及 2025 年趋势预测

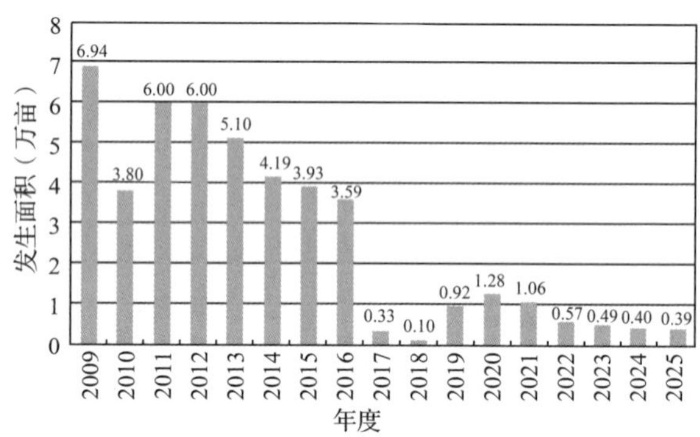

图 2-16　2009—2024 年黄连木尺蠖发生面积与 2025 年预测面积对比

(4)其他食叶害虫

主要包括国槐尺蠖、黄栌胫跳甲、榆蓝叶甲、柳蜷叶蜂、柳蓝叶甲等。

国槐尺蠖　根据越冬基数调查显示，越冬蛹平均虫口密度为 1.39 头/株，有虫株率 16.14%，属轻度发生，局部地区虫口密度最高达 34 头/株，易出现灾情。预计 2025 年发生 3.66 万亩，其中，中度发生 0.221 万亩，重度发生 0.01 万亩，与 2024 年实际发生面积基本持平。主要发生在顺义、昌平、大兴、通州、房山、海淀、门头沟、朝阳、密云、延庆、丰台、平谷和怀柔等区(图 2-17、图 2-18)。

黄栌胫跳甲　根据越冬基数调查显示，平均虫口密度为 1.66 个卵块/株，有虫株率 28.82%，属轻度发生。预计 2025 年发生 0.68 万亩，比 2024 年实际发生面积减少 0.05 万亩(6.59%)，主要发生在昌平、密云、门头沟、房山和延庆等区。

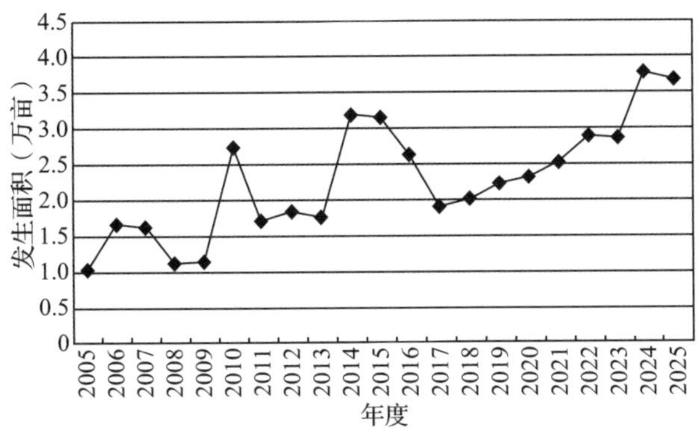

图 2-17　2005—2024 年国槐尺蠖发生情况及 2025 年趋势预测

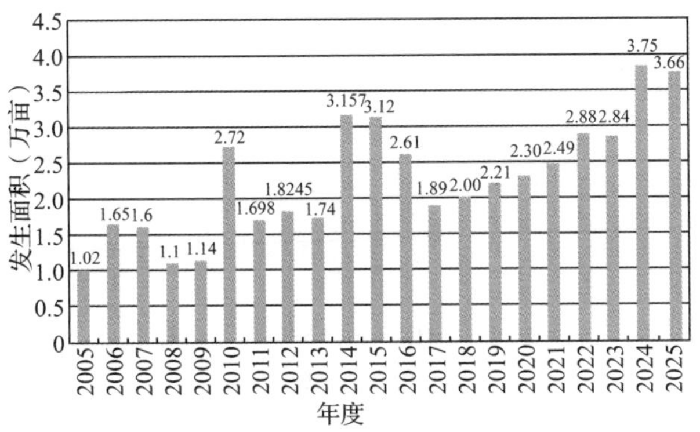

图 2-18　2005—2024 年国槐尺蠖发生面积与 2025 年预测面积对比

2. 蛀干害虫发生面积有所上升

预计 2025 年发生 9. 23 万亩，比 2024 年实际发生面积增加 0. 79 万亩(9. 33%)，主要包括双条杉天牛、槐小卷蛾、光肩星天牛、柏肤小蠹、松梢螟、纵坑切梢小蠹、小线角木蠹蛾和臭椿沟眶象等(图 2-19)。

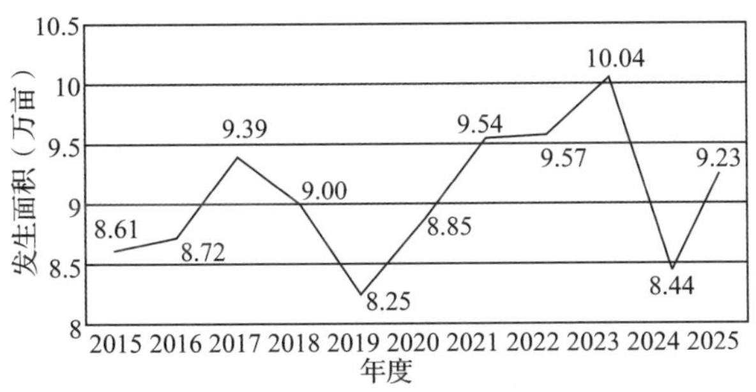

图 2-19　2015—2024 年蛀干害虫发生情况及 2025 年趋势预测

光肩星天牛　根据越冬基数调查显示，平均有虫株率为 17. 81%。预计 2025 年发生 1. 51 万亩，与 2024 年实际发生面积基本持平，总体呈轻度发生，主要发生在大兴、房山、密云、通州和门头沟等区(图 2-20、图 2-21)。

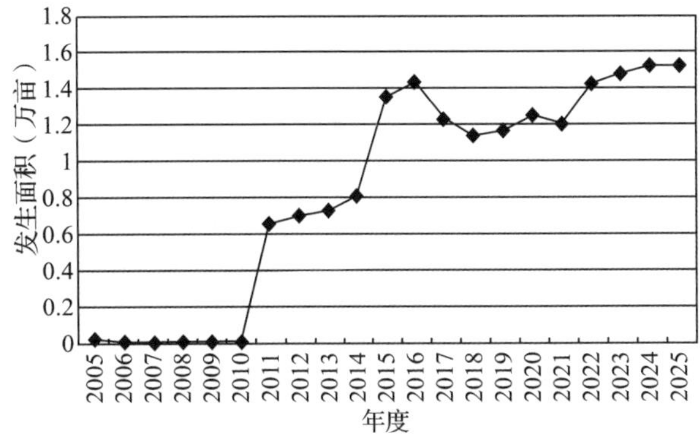

图 2-20　2005—2024 年光肩星天牛发生情况及 2025 年预趋势预测

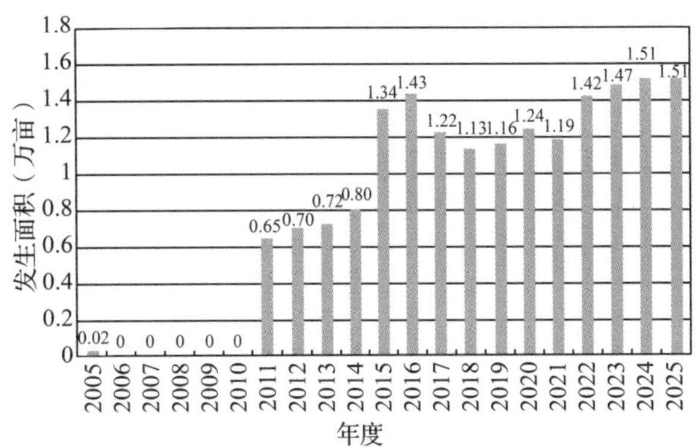

图 2-21　2005—2024 年光肩星天牛发生面积与 2025 年预测面积对比

槐小卷蛾　根据越冬基数调查显示，平均有虫株率为 29. 25%。预计 2025 年发生 2. 12 万亩，比 2024 年实际发生面积增加 0. 28 万亩(15. 15%)，总体呈轻度发生，主要发生在海淀、大兴、丰台、昌平、通州、密云等区(图 2-22、图 2-23)。

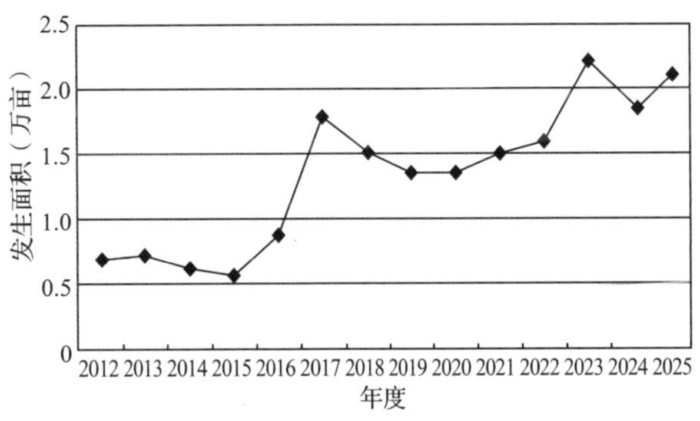

图 2-22　2012—2024 年槐小卷蛾发生情况及 2025 年趋势预测

双条杉天牛　根据越冬基数调查显示，平均有虫株率为 3. 18%，预计 2025 年发生 3. 44 万亩，与2024年实际发生面积相比基本持平，呈轻度发生，主要发生在房山、密云、昌平、怀柔、门头沟、大兴、延庆等区。

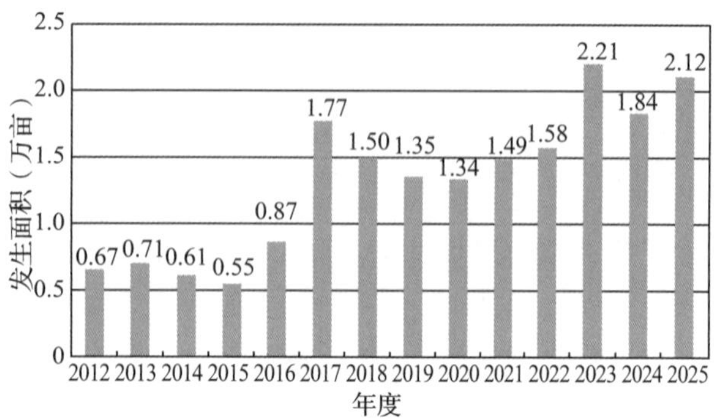

图 2-23　2012—2024 年国槐小卷蛾发生面积与 2025 年预测面积对比

纵坑切梢小蠹　根据越冬基数调查显示，平均有虫株率为19.50%，预计2025年发生0.7万亩，比2024年实际发生面积增加0.1万亩(16.67%)，总体呈轻度发生，主要发生在延庆等区。

柏肤小蠹　根据越冬基数调查显示，平均有虫株率在1.00%以下，预计2025年发生0.23万亩，与2024年实际发生面积相比基本持平，呈轻度发生，主要发生在门头沟等区。

小线角木蠹蛾　根据越冬基数调查显示，平均有虫株率为7.10%，预计2025年发生0.43万亩，比2024年实际发生面积增加0.18万亩(73.66%)，总体呈轻度发生，主要发生在通州、密云、门头沟、房山和丰台等区。

3. 刺吸类害虫发生面积略有下降

预计2025年发生0.80万亩，比2024年实际发生面积减少0.05万亩(6.30%)，主要包括草履蚧、白蜡绵粉蚧等，在居民小区、胡同、街巷、公园等局部地区容易污染下木及地面环境卫生，虫口密度大时易引发扰民现象(图2-24)。

草履蚧　预计2025年发生0.76万亩，比2024年实际发生面积减少0.09万亩(10.97%)，主要发生在昌平、丰台、门头沟和通州等区。

4. 病害发生面积有所下降

主要包括杨树溃疡病、杨树烂皮病、杨树炭疽病、杨树锈病及黄栌枯萎病等。预计2025年发生2.60万亩，比2024年实际发生面积减少0.35万亩(11.96%)(图2-25)。

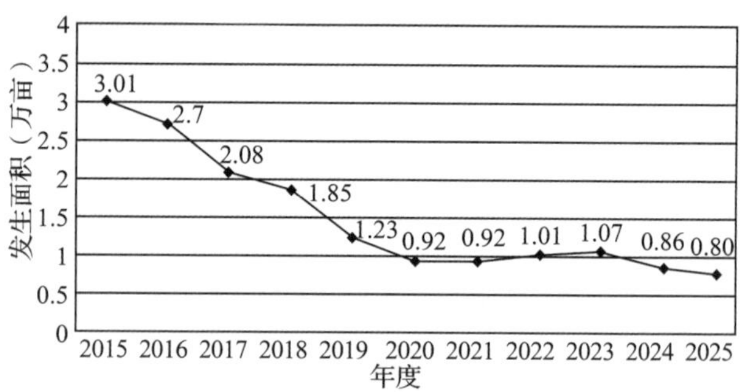

图 2-24　2015—2024 年刺吸类害虫发生情况及 2025 年趋势预测

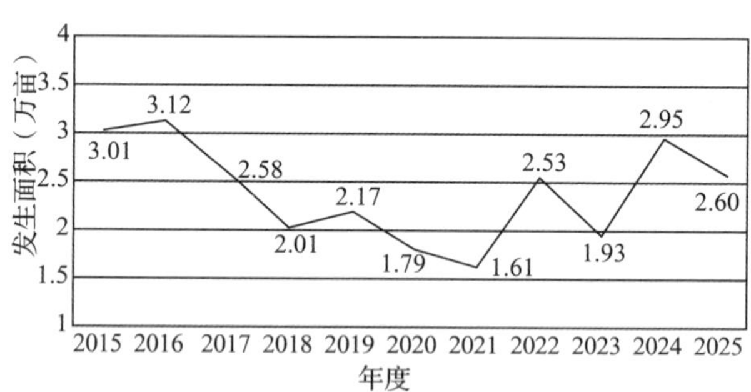

图 2-25　2015—2024 年病害发生情况及 2025 年趋势预测

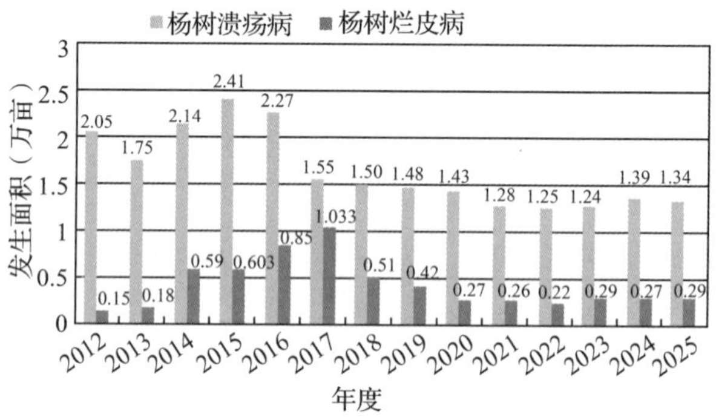

图 2-26　2012—2024 年杨树干部病害发生情况及 2025 年趋势预测

杨树炭疽病　根据越冬基数调查显示，平均感病株率为9.39%，预计2025年发生0.38万亩，其中中度发生0.01万亩，比2024年实际发生面积减少0.33万亩(46.63%)，总体呈轻度发生。主要发生在房山、昌平、延庆、怀柔、顺义等区局部地区。

杨树烂皮病　根据越冬基数调查显示，平均感病株率为5.27%，预计2025年发生0.29万亩，比2024年实际发生面积增加0.02万亩(5.99%)。主要发生在昌平、通州、顺义和怀柔等区平原造林等易发生干旱缺水的地块(图2-26)。

杨树锈病　根据越冬基数调查显示，平均感病株率为 5.80%，预计 2025 年发生 0.35 万亩，比 2024 年实际发生面积减少 0.23 万亩(39.91%)，主要发生在房山、顺义等区局部地区，在河流及水源地周边易引发扰民现象。

杨树溃疡病　根据越冬基数调查显示，平均感病株率为 12.80%，预计 2025 年发生 1.34 万亩，与 2024 年实际发生面积相比基本持平，呈轻度发生。主要发生在房山、昌平、顺义、大兴、门头沟、通州和怀柔等区平原造林地块(图 2-26)。

5. 部分有害生物在局部地区表现突出

一是云杉小墨天牛等墨天牛属天牛发生量有持续上升趋势，尤其是在北京西部、北部山区诱集到的成虫头数相对较多。二是桧柏臀纹粉蚧、白蜡敛片叶蜂等北京的新记录种，在全市多个区发现，部分害虫已对园林绿化植物造成一定危害。三是白蜡绵粉蚧、日本双棘长蠹等本土种类近年来危害程度日益突出。四是黄栌枯萎病、黄栌白粉病等在海淀、房山、门头沟等区局地偏重发生，已成为影响红叶景观的重要因素。五是槐蚜、栾多态毛蚜、桃蚜、杨白毛蚜、槐豆木虱、斑衣蜡蝉等刺吸性害虫在居民小区、街道及公园绿地等区域极易引发扰民现象。六是因栽植不当、土壤问题、养护欠妥等因素引起的银杏小叶焦叶、法桐枯梢小叶、雪松枯梢枯死、白皮松针叶发黄等林木生理性病害在行道树中较为常见。七是扶桑绵粉蚧入侵风险较高。

三、对策建议

2025 年，林业有害生物防控工作以习近平新时代中国特色社会主义思想为指导，深入学习贯彻落实党的二十大精神，以贯彻新发展理念、推动新时代首都园林绿化高质量发展为主题，以重点区域、重大项目及重大活动服务保障为核心，突出松材线虫病、美国白蛾及城市建成区蚜虫等扰民害虫的常态化和系统化治理，坚持“预防为主、科学治理、依法监管、强化责任”的防治方针，进一步着力“六个转变”，全面推进林业有害生物防控工作科学化、规范化、精准化、精细化、智慧化，为建设国际一流和谐宜居之都、森林围绕的花园城市、生物多样性之都、实现人与自然和谐共生奠定坚实的生态基础。

（一）坚决严防松材线虫等外来物种侵害

一是严格落实松材线虫病疫情防控五年攻坚行动目标任务，发挥好一长两员作用，确保疫情早发现、早报告、早拔除，松林资源监测普查覆盖率达到 100%。二是积极探索京津冀毗邻区域枯死松树遥感联测联防新机制。三是加大日常监测巡查力度，健全“空天地人”一体化监测网络体系，开展松材线虫病春秋两季专项普查和疑似疫木样品检测鉴定管理工作。四是推进市区两级松材线虫病分子检测鉴定体系的标准化建设，不断提升检测鉴定能力。五是在松树及松木制品的生产、经营、运输、使用环节，加大检疫监管力度，打击违法违规行为，切断疫情人为传播途径，守牢首都生态安全红线。六是运用好北京市园林绿化外来入侵物种普查成果，加大对国家级外来入侵物种监测站的督查指导力度，为贯彻新发展理念，促进入侵物种可持续防控，维护生态平衡及推动园林绿化高质量发展提供数据支撑。

（二）切实抓好美国白蛾等重大及扰民有害生物防控

一是突出防控要点。组织做好美国白蛾、春尺蠖、小线角木蠹蛾等主要有害生物发生趋势预测，及时发布全市林草有害生物监测预警信息，制定主要绿色防控措施应用指南。二是关注民生热点。提前做好重点敏感及人口密集区域扰民有害生物舆情研判，认真做好监测预警和科普宣传，积极开展分区分类防治技术示范研究。三是重视有害生物新特点。对桧柏臀纹粉蚧、刺槐突瓣细蛾、白蜡敛片叶蜂等新发现物种持续做好调查监测工作，防止其暴发成灾。四是攻关防控难点。抓好黄栌枯萎病生产调研，深化基础研究及综合防治技术应用研究，逐步实现黄栌枯萎病“可防”“可控”“可治”和全程防控“绿色化”，助力花园城市建设。五是打造创新亮点。继续推进市区测报点的一体化建设管理，推广智慧资源保护 App 广泛应用，进一步完善测报体系建设。

（三）持续提升检疫监督管理和审批服务水平

一是深化“放管服”改革，不断提升检疫审批服务水平。规范开展国外引种和国内调运的检疫审批及事中事后监管，加快推进检疫监管信息化建设工作，进一步简化审批程序，优化营商环境。二是强化源头管理，完善检疫政策制度。推进将检疫管理贯穿造林绿化全过程，实现生物安全风险源头预防、过程监管及灾害除治闭环管理。三是强化国外引种试种技术指导。为进一步严格规范开展国外引种试种工作提供坚实技术支撑。

（四）不断强化有害生物防控能力建设

一是组织指导各区完成国家林业和草原局下达的重大有害生物防治任务。二是提升测报精细化水平。以国家级中心测报点为统领，健全国家、市、区三级测报体系建设，及时对主要林业有害生物的长、中和短期发生趋势进行预测研判，服务好防治工作。三是提高测报工作规范化水平。协助国家林业和草原局做好国家级中心测报点的督导检查及评估工作；加大新修订《北京市林业有害生物监测预报管理办法》宣贯力度。四是提升防治精准化水平。组织开展全年442架次飞机防治作业，为保障飞防工作安全性、科学性和精准性，开展空中安全视察、作业监管、自动混药设备租赁、飞防效果调查等保障工作。五是推进绿色防控，持续推进绿色防控示范区建设，计划在市级建立7个绿控区，通过生物、物理和人工等防治方法防控林业有害生物，同时对试点区的防治效果进行调查。六是按照国家林业和草原局部署安排，组织开展油松蛀干害虫普查工作。七是密切关注北京市“三北”工程建设实施进度，结合北京实际，加强各方面工作统筹和协调，切实为“三北”工程六期顺利实施奠定良好的绿化资源基础，保护绿化造林成果。

（五）发挥京津冀林业有害生物联防联控机制作用

一是党建引领京津冀生态建设协同发展，依托资源保护中心党总支、河北省林业和草原有害生物防治检疫站党支部结对共建机制，有力推动京冀联防联控工作再上新台阶。二是落实好《京津冀协同发展 林业和草原有害生物防控协同联动工作方案（2021—2025年）》，全面梳理总结京津冀协同工作经验。三是统筹做好“通武廊”等绿色防控联合示范区建设。四是联合开展监测调查，加强预测预报信息共享交流；联合开展“5.25”林业植物检疫检查专项行动；组织开展京津冀趋势会商、应急演练和专家巡诊、联合培训等活动；推进京津冀三地产地检疫互认制度，加快实现林木有害生物防控一体化；做好每年支援河北省的500万元物资、服务的移交工作。

（六）充分调动社会力量构建全民防控新格局

一是联合林业有害生物防控协会，组织会员企业做好新技术、新产品的研发及试验示范。二是谋划筹办好以京津冀为主辐射全国的“双新”推介会。三是积极融入全域森林城市及花园城市建设等重点工作，做好家庭花卉病虫害防治等科普研究，提升市民生态福祉。四是创新“三进”科普宣传活动载体和形式，广泛普及有害生物和检疫法律知识。五是用好电视、新媒体等各种新闻传播手段，重点针对市民关注的扰民害虫，多渠道多途径发布预警信息，进一步扩大宣传范围，增强社会影响力，呼吁号召各界力量共建全民监测的良好格局。

（主要起草人：杨丝涵　郭蕾；主审：周艳涛　李硕）

03 天津市林业有害生物2024年发生情况和2025年趋势预测

天津市规划和自然资源局林业事务中心

【摘要】天津市2024年林业有害生物发生65.46万亩，较2023年有所下降。其中，病害发生5.19万亩，虫害发生60.27万亩，成灾面积0.019万亩，成灾率0.09‰。根据天津市近年来主要林业有害生物发生趋势以及林业发展情况、气象等因素，预测2025年林业有害生物发生面积较2024年有所下降，在63.02万亩左右，其中，病害发生4.65万亩，虫害发生58.37万亩。

一、2024年林业有害生物发生情况

据统计，天津市2024年林业有害生物发生65.46万亩，其中，轻度发生62.17万亩，中度发生2.24万亩，重度发生1.05万亩，全部进行了有效防治，无公害防治率为100%，成灾率0.09‰。各类有害生物发生情况：松材线虫病未发生新疫情；美国白蛾发生34.45万亩，较2023年下降7%；其他食叶害虫发生23.08万亩，较2023年下降6%；枝干害虫发生2.74万亩，较2023年下降31.5%；杨树病害发生5.19万亩，较2023年下降19%。

（一）发生特点

总体看来，2024年天津市林业有害生物发生面积较2023年下降10%（图3-1、图3-2）。主要表现为以下特点：一是2022年蓟州区新发现3棵松材线虫病染病白皮松后未新发现染病松科植物。二是美国白蛾发生面积持续下降。2024年全市美国白蛾发生34.45万亩，较2023年下降7%，轻度发生比例98%，中度发生比例2%，无重度发生。三是枝干害虫总体发生面积有所增长。主要蛀干害虫光肩星天牛2024年发生1.03万亩，较2023年增长17%，有上升趋势，小线角木蠹蛾及国槐小卷蛾发生面积仍呈增长态势。主要枝梢害虫松梢螟2024年以低虫低感发生，仍需重视。四是杨树食叶害虫发生面积总体仍呈下降趋势。2024年春尺蠖发生8.35万亩，较2023年下降6%，但中重度比例达到14.4%，其中成灾面积0.019万亩，杨树舟蛾发生8.37万亩，较2023年下降23%。五是国槐尺蠖危害程度持续增强。2024年国槐尺蠖发生5.67万亩，较2023年增长44%（图3-1、图3-2）。

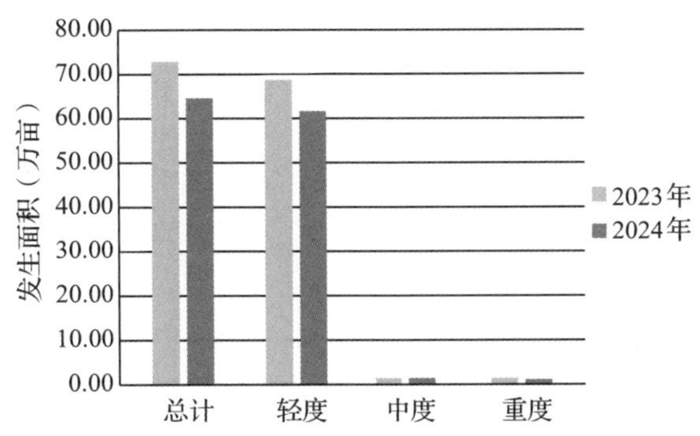

图3-1 2023、2024年林业有害生物发生程度对比

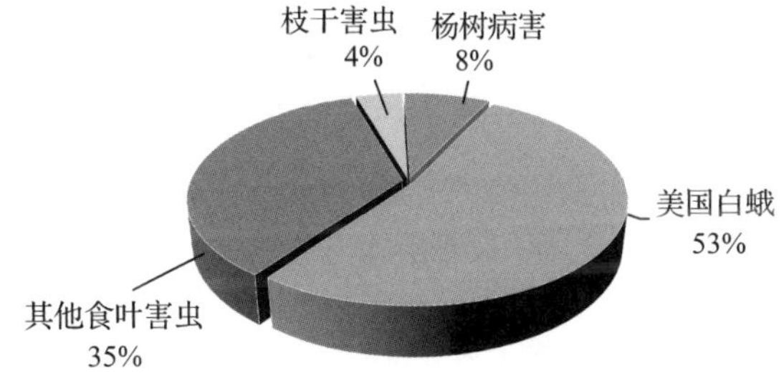

图3-2 2024年各类林业有害生物发生比例

（二）主要林业有害生物发生情况分述

1. 松材线虫病

2022年7月，蓟州区组织2022年度松材线虫病普查过程中发现3棵染病白皮松，取样及检测结果表明白皮松处于发病初期，后采取有针对

性的防治措施没有造成大面积暴发。2024年秋季普查未发现新增感染松材线虫病松科植物。

2. 美国白蛾

2024年美国白蛾发生34.45万亩，较2023年下降2.7万亩，其中，轻度发生33.75万亩，占全部发生面积的98%，中度发生0.7万亩，占全部发生面积的2%，无重度发生，无成灾面积。各区均有发生，其中静海区有中度发生，防治率为100%，无公害防治率100%。

3. 其他食叶害虫

包括春尺蠖、杨扇舟蛾、杨小舟蛾、国槐尺蠖、榆蓝叶甲和刺吸式害虫悬铃木方翅网蝽、斑衣蜡蝉等，发生23.08万亩，其中，轻度发生20.64万亩，中度发生1.41万亩，重度发生1.03万亩。发生面积大、分布范围广的有春尺蠖、杨扇舟蛾、杨小舟蛾、国槐尺蠖4种。

春尺蠖主要发生区为武清区、蓟州区、宝坻区、静海区。2024年发生8.35万亩，较2023年下降6%，以轻度发生为主，中度发生面积较2023年下降14%，重度发生面积较2023年下降22%，成灾面积0.019万亩。

杨扇舟蛾主要发生区为宝坻区、宁河区、武清区。2024年发生2.66万亩，较2023年下降13%，全部为轻度发生。

杨小舟蛾发生于蓟州区、静海区、宝坻区。2024年发生5.71万亩，较2023年下降26.4%，轻度发生面积占全部发生面积的95%，重度发生0.1万亩，占全部发生面积的1.7%，较2023年略有上升。

国槐尺蠖主要发生区为蓟州区、静海区、武清区、宁河区。2024年发生5.67万亩，较2023年增长44%，中重度发生比例16%，较2023年有所下降。

悬铃木方翅网蝽2024年武清区轻度发生0.5万亩，较2023年下降7%。

其他种类发生情况：斑衣蜡蝉发生0.03万亩，榆蓝叶甲发生0.003万亩，枣尺蠖发生0.16万亩。

4. 其他枝干害虫

枝干害虫包括光肩星天牛、白杨透翅蛾、白蜡窄吉丁、六星黑点豹蠹蛾、小线角木蠹蛾、国槐小卷蛾、日本双棘长蠹、沟眶象8种，以光肩星天牛和小线角木蠹蛾为主，占全部发生量的81%(图3-3)。

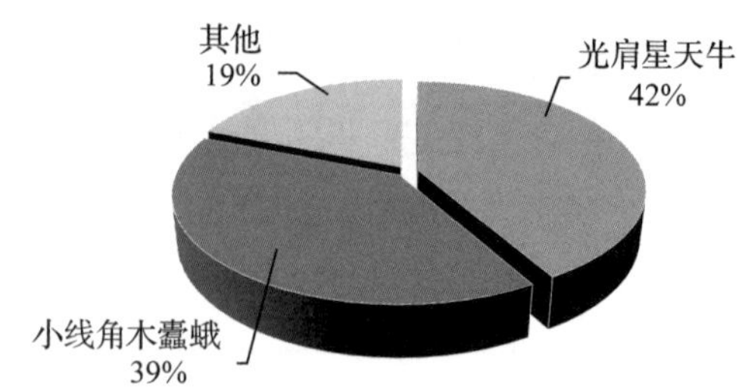

图3-3 各种枝干害虫发生比例

光肩星天牛重点发生区为武清区、宝坻区、静海区。2024年发生1.03万亩，较2023年上升17%，有危害加重趋势，危害程度以轻度为主，占全部发生面积的94%。

小线角木蠹蛾发生于武清区、滨海新区、津南区。2024年发生0.97万亩，较2023年大幅上升，以轻度发生为主，占全部发生面积的98.6%。

其他种类发生情况：六星黑点豹蠹蛾发生0.086万亩，国槐小卷蛾发生0.26万亩，日本双棘长蠹发生0.27万亩，白蜡窄吉丁发生0.02万亩，白杨透翅蛾0.015万亩。

5. 杨树病害

包括杨树溃疡病和杨树烂皮病两种。2024年发生5.19万亩，较2023年下降19%。其中轻度发生占全部发生面积的98.5%。杨树溃疡病主要分布于宝坻区、宁河区，杨树烂皮病主要分布于宝坻区及静海区。

(三)原因分析

(1)2021年3月24日，国家林业和草原局第6号公告确定天津市撤销蓟州区松材线虫病疫区。2023年7月，蓟州区组织2023年度松材线虫病普查过程中发现3棵染病白皮松，取样及检测结果表明，白皮松处于发病初期，后在重点区域喷洒噻虫啉微胶囊剂对媒介昆虫进行有效防治，对区域内有保留价值的松科植物微孔注药，没有造成大面积暴发。2024年松材线虫病秋季普查中，未发现感染松材线虫病松科植物。

(2)美国白蛾发生面积持续下降，发生程度仍以轻度为主，无重度发生。究其原因，一是2023年第三代美国白蛾各区及时进行了补防，控制了越冬代虫口基数。二是受气候等因素影响，2024年越冬蛹成活率偏低，幼虫孵化率低于往年平均水平，加之各级政府高度重视，抓实了防治效果。三是加强了与农业、城建、交通、水利等责任部门信息共享，实现联防联治。

(3)国槐尺蠖发生面积持续增长。2023年成灾林地系无人管护苗圃内国槐尺蠖传入引发，加之新造林以国槐纯林为主，增加了寄主面积，各地仍需高度重视，加强监测防治力度。

(4)杨树舟蛾类发生面积有所下降。杨扇舟蛾近几年在天津以轻度发生为主，杨小舟蛾具周期性暴发特点，2023年发生面积较往年增长明显，各区加强监测防治，压低了虫口基数。

(5)主要枝干害虫开始变化。2024年光肩星天牛发生有反弹趋势；松梢螟发生以低虫低感为主，蓟州区采取了有效防治，并进一步加强监测，小线角木蠹蛾发生面积增长明显，有转变为主要枝干害虫趋势，需加强监测。

二、2025年林业有害生物发生趋势预测

(一)2025年总体发生趋势预测

根据近年来主要林业有害生物发生趋势、林业资源发展情况，结合近年气象条件、最后一代有害生物发生和防治情况、越冬基数调查以及有害生物发生规律等，预测天津市2025年主要林业有害生物发生面积较2024年有所下降，在63.02万亩左右，总体仍以轻、中度发生为主。其中，病害发生4.65万亩，虫害发生58.37万亩，松材线虫病无新发生。主要种类包括美国白蛾、杨树病害、春尺蠖、杨扇舟蛾、杨小舟蛾、国槐尺蠖、光肩星天牛、小线角木蠹蛾、松梢螟以及悬铃木方翅网蝽，从大类来看，食叶害虫发生面积呈下降趋势，而蛀干害虫发生面积仍呈增长态势。

(二)分种类发生趋势预测

1. 松材线虫病

预测2025年无发生。预测依据：2022年7月发现染病白皮松后，立即采取了防治措施，及时对染病白皮松周边长势衰弱的松科植物进行了检测清理，并开展全域松科植物普查工作，未新发现松材线虫病致死松科植物。2024年松材线虫病秋季普查中，未发现松材线虫病致死松科植物。

2. 美国白蛾

预测发生34.09万亩，较2024年有所下降，发生程度仍以轻、中度为主，但不排除铁路沿线、村庄、养殖场周边会出现点状零散重度发生。预测依据：2024年美国白蛾防治效果较好，控制了越冬虫口基数，且各区提高了监测及防治重视程度，基本可以控制其扩散蔓延(图3-4)。

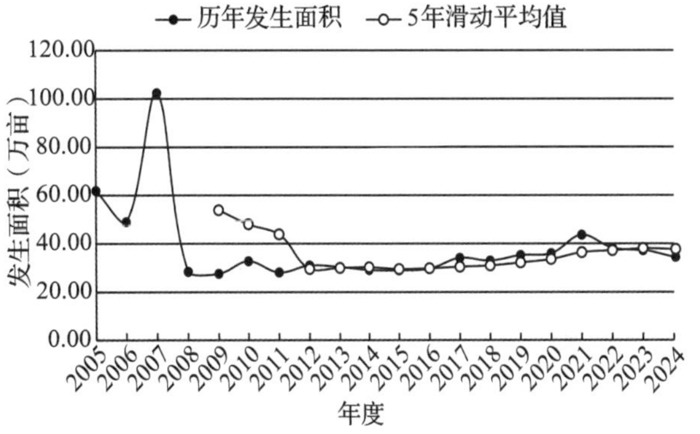

图3-4 美国白蛾发生趋势

3. 春尺蠖

预测发生6.85万亩，较2024年减少1.5万亩，主要发生区为武清区、宝坻区、蓟州区。预测依据：2024年春尺蠖发生面积较2023年有所下降，中度发生面积减少明显，加之2024年局地成灾，各区加大了监测防治力度，可控制虫口基数(图3-5)。

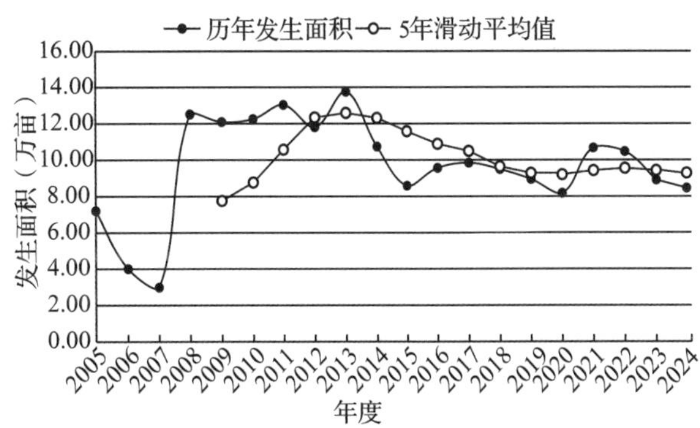

图3-5 春尺蠖发生趋势

4. 杨扇舟蛾

预测发生4.46万亩，较2024年有所上升，主要发生在蓟州区、宝坻区。预测依据：近几年杨扇舟蛾基本以轻度发生为主，总体危害程度呈下降趋势，仍存在5年周期性危害风险，需加强

监测防治，控制危害面积(图 3-6)。

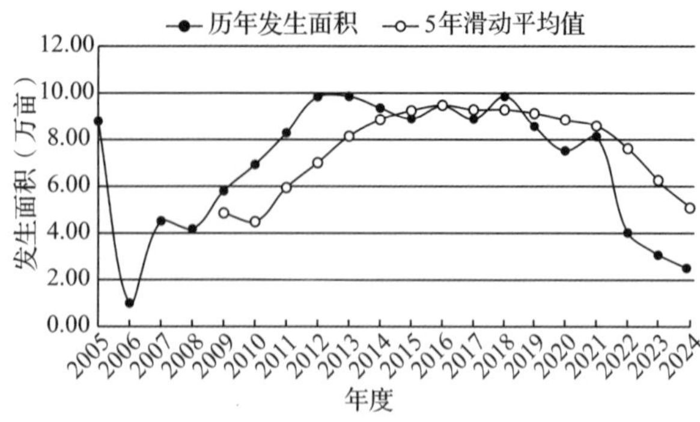

图 3-6　杨扇舟蛾发生趋势

5. 杨小舟蛾

预测发生 2.73 万亩，较 2024 年下降约 3 万亩。主要发生在蓟州区、静海区、宝坻区、武清区，轻度发生为主。预测依据：2024 年发生面积下降明显，各区加强监测，及时除治，虫害得到有效控制(图 3-7)。

图 3-7　杨小舟蛾发生趋势

6. 国槐尺蠖

预测发生 4.64 万亩，较 2024 年略有增加，主要发生在静海区、蓟州区、宁河区、武清区，其余各区零星分布。预测依据：新增国槐纯林致使虫口基数依然较大，寄主相对集中，无人管护的苗圃，都为国槐尺蠖的发生创造了条件(图 3-8)。

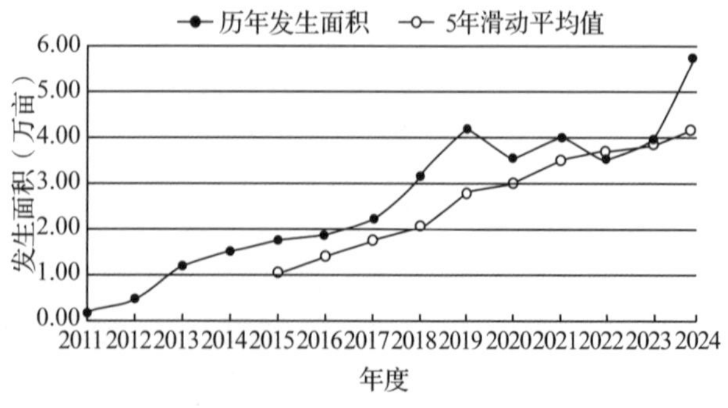

图 3-8　国槐尺蠖发生趋势

7. 光肩星天牛

预测发生 1.12 万亩，较 2024 年略有上升，主要发生区为宝坻区、武清区、静海区。预测依据：主要发生区宝坻区柳树进行更新，未更新部分林分老化，仍需重视监测防治(图 3-9)。

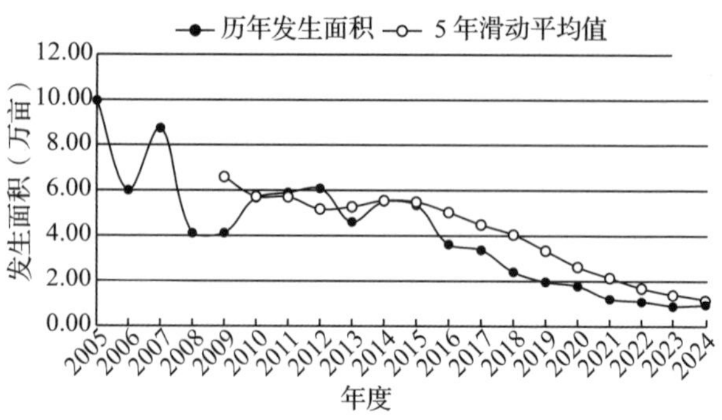

图 3-9　光肩星天牛发生趋势

8. 小线角木蠹蛾

预测发生 1.67 万亩，仍然呈上升趋势。预测依据：生态储备林新栽植的白蜡、国槐等是小线角木蠹蛾喜食树种，近年来，发生面积呈上升趋势，需加强监测防治(图 3-10)。

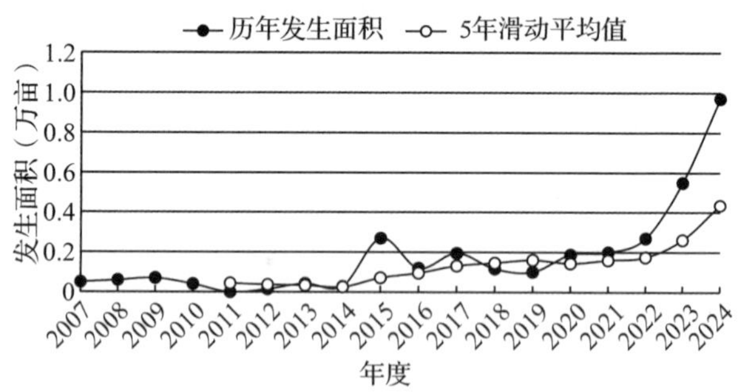

图 3-10　小线角木蠹蛾发生趋势

9. 杨树病害

包括杨树溃疡病和杨树烂皮病，预测发生 4.65 万亩，较 2024 年有所下降。预测依据：杨树幼株易感染病害，近几年杨树面积呈减少趋势，无新植杨树，发生面积随之减少(图 3-11)。

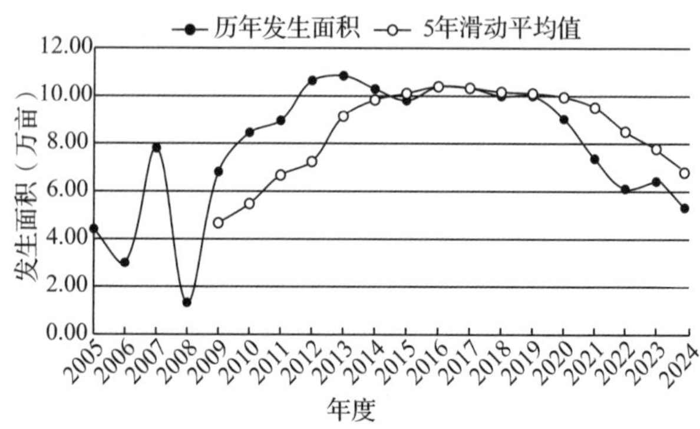

图 3-11　杨树病害发生趋势

10. 松梢螟

预测发生2万亩。预测依据：松梢螟在天津的危害周期为4~5年，2018年危害较重，及时采取了防治措施，短期内将维持相近的发生面积，2024年主要表现为低虫低感，仍需重视。

11. 悬铃木方翅网蝽

预测2025年发生0.35万亩，较2024年有所下降，主要发生区为武清区。预测依据：悬铃木方翅网蝽飞行能力强，传播速度快，危害状不明显，2024年防治效果良好，仍需加强监测防治。

12. 其他虫害

预测2025年发生0.46万亩左右，主要包括榆蓝叶甲等食叶害虫以及六星黑点豹蠹蛾、国槐小卷蛾、日本双棘长蠹、白蜡窄吉丁、沟眶象等枝干害虫及斑衣蜡蝉。

三、对策建议

（一）强化政府主导，加强属地属事管理，压实防治责任

按照天津市林长办公室印发《市林长办关于进一步加强2024年美国白蛾等林业有害生物防治工作的通知》要求，充分发挥林长制统筹协调作用，层层划定防治网络，将防治责任压实到区、街道（镇）、社区（村）、单位，做到全面防控、不留死角。加大防治资金投入，提高资金拨付效率，加强防控应急药剂药械储备，防范发生重大灾害风险。

（二）加强检疫，科学防控，防止重大外来有害生物传播

一是全面做好松材线虫病疫情防控，对调出、调入天津的松科植物及其制品严格检疫和复检，加大对辖区内松科植物和流通、贮存的松木及其制品的监测力度，一经发现不明原因死亡松树，及时检测、处理。二是持续开展美国白蛾监测防治，严防疫木调入，防止疫情扩散。三是加强外来入侵物种监测，维护生物多样性和生态平衡。

（三）加强小线角木蠹蛾等蛀干害虫的监测防治

蛀干害虫中，小线角木蠹蛾发生危害近几年呈上升趋势。为此，一是提高重视程度，加强监测调查，全面掌握其分布范围、发生面积和危害程度，及时发布虫情动态和预警信息。二是科学防治，降低危害损失。针对其发生、危害特点，科学制定监测和防治方案，适时开展防治，遏制其扩散势头。

（四）加强科技支撑，提高防治效率

继续加强防治措施的研究试验，加强与科研机构、高校合作，不断探索高效、低成本、低污染的防治方法。做好监测预报，确定防治适期，科学精准防治。对发生危害较重的有害生物，引进先进的防治措施，进一步提高防治效果，降低危害程度。

（主要起草人：宋东　杨立红；主审：周艳涛　李硕）

04 河北省林业有害生物2024年发生情况和2025年趋势预测

河北省林业和草原有害生物防治检疫站

【摘要】2024年全省林业有害生物发生面积较去年有明显下降，全年林业有害生物发生490万亩，以轻度发生为主。预测2025年全省林业有害生物发生540万亩左右。比2024年发生面积有所上升，其中，虫害480万亩，病害30万亩，鼠(兔)害30万亩。2025年要严格检疫监管，加强监测预警，做好物资储备，科学防治，加大联防联治等区域合作，强化重点区域部位的重大危险性林业有害生物预防和治理。

一、2024年林业有害生物发生情况

全省主要林业有害生物发生490万亩，同比下降14%。其中，病害发生26万亩，同比下降16%；森林虫害发生436万亩，同比下降13.7%；鼠(兔)害发生28万亩，同比下降17.2%(图4-1)。全省林业有害生物测报准确率为85%。全年共防治1073万亩次，成灾率控制在0.17‰。对全省1115万亩松林实施普查监测，发现枯死松树13832株，取样检测611株，未发现松材线虫病。

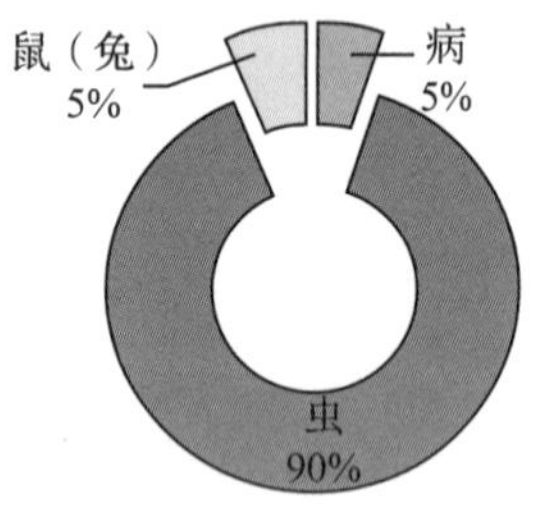

图4-1　河北省林业病、虫、鼠(兔)害份额

(一)发生特点

2024年河北省林业有害生物发生特点：发生面积较去年同比大幅下降，危害程度总体为轻度发生，未出现突发情况和大面积成灾现象。主要表现：一是越冬代美国白蛾羽化比去年偏晚，较常年持平，越冬蛹平均死亡率普遍偏高，整体轻度发生，未出现暴发状况。二是春尺蠖整体以轻度、中度发生为主，在京冀交界地区有严重发生地块，杨树舟蛾等杨树食叶害虫虫口密度偏低，发生面积同比下降明显。三是以松毛虫为主的针叶树害虫发生面积、发生程度也在下降。四是经济林病虫害得到控制，经过几年来不断提高防控能力，发生面积、危害程度得到控制，栎粉舟蛾连续两年在太行山、燕山山区板栗产区发生面积减少，危害程度大大降低。五是外来入侵有害生物的危害性增大，悬铃木方翅网蝽在法国梧桐绿化带持续严重危害。

(二)主要林业有害生物发生情况

河北省林业有害生物12月至翌年3月为越冬期，除鼠、兔危害外，其他林业有害生物基本无危害；4~11月为病虫危害期，最早危害的是春尺蠖、松毛虫等；6月，第一代美国白蛾幼虫和杨树食叶害虫危害、发生面积较大，也是全年新增有害生物危害面积较大的一个月；7~10月，第二、三、四代杨树食叶害虫和第二、三代美国白蛾幼虫在第一代基础上都有所增加，各种经济林有害生物亦多在此时间段危害。具体情况如下。

1. 松毛虫

发生16.43万亩，同比下降36.9%，下降明显。其中，油松毛虫发生10.93万亩、赤松毛虫发生0.49万亩、落叶松毛虫发生5万亩。落叶松毛虫主要发生在张家口市、承德市坝上和接坝地区。油松毛虫发生面积较多的地区主要是石家庄、张家口和承德的坝下县区。

2. 森林鼠(兔)

发生28万亩，同比下降17.2%。棕背䶄、鼢鼠等在坝上地区危害，野兔在承德的围场、丰宁和张家口的沽源等地危害。主要原因：一是春季化雪正常，林下植被丰富，给鼠类提供了食物，减少了对林木的危害。二是卫生部门和草原鼠害均加强了防治，林草交汇处的鼠害发生程度也有所降低。

3. 杨树虫害

发生96万亩，同比下降7%。杨树食叶害虫发生91.2万亩，同比下降5%。其中，春尺蠖发生47万亩，同比下降10.8%。主要发生在廊坊、衡水、保定、邢台、邯郸、唐山等市的部分县(市、区)，危害较2023年轻。由于河北省开展大面积飞机防治和阻隔法防治技术防效明显，除与北京交界处的个别地块外，基本没有出现大面积严重危害现象。杨扇舟蛾发生24万亩，同比下降20%，杨小舟蛾发生8.6万亩，同比下降9.5%。进入8月中下旬后，杨树舟蛾等在部分道路路段、高速公路两侧和片林均有发生，没有出现“吃糊”“吃花”现象。杨、柳毒蛾发生8.8万亩，在张家口、承德、保定、秦皇岛等市发生，一些偏远村庄有严重发生地块。杨树蛀干(梢)害虫发生4.8万亩，同比下降34.3%，杨干象发生2.1万亩、光肩星天牛发生1.7万亩，杨干象主要发生在唐山、承德、秦皇岛3市的部分县(市、区)；光肩星天牛主要发生在廊坊、沧州、衡水、邯郸等市部分县(市、区)。

4. 杨树病害

发生18.6万亩，同比下降6.7%，其中，杨树烂皮病发生6.8万亩，杨树溃疡病发生3.5万亩，杨树细菌性溃疡病发生4.1万亩。以中部平原地区发生较多。由于一些低洼地的杨树林，受去年夏秋季洪涝灾害影响，易发病。

5. 美国白蛾

发生209万亩，同比下降11.4%。发生范围涉及除张家口外的10个设区市、2个省直管县级市和雄安新区，共124个县(市、区)、1221个乡(镇、街道办事处、林场、农场)、18568个疫点村(街道、小区)，同比减少8个县(区)、107个乡(镇)、2069个疫点村。整体轻度发生，基本实现持续稳定控制。

6. 红脂大小蠹

发生14万亩，同比持平，涉及邯郸、邢台、保定、张家口、承德、秦皇岛等市的部分县(市、区)。整体危害程度轻，在承德市与内蒙古、辽宁交界的县(市)，发生程度也有所下降，塞罕坝机械林场、木兰林场有零星发生。

7. 舞毒蛾

发生5.7万亩，同比下降45.1%。主要发生在承德、张家口两市部分县。主要原因是该虫2018年从发生衰弱期逐渐开始向发生高峰期挺进，2021年是这个周期的最高峰，2022年开始进入下降期，发生面积大幅度减少。

8. 栎粉舟蛾

发生17.4万亩，同比下降29.3%。主要发生在承德、邢台、保定等市部分山区县。发生面积连续2年大幅度下降，但仍不可掉以轻心，应继续加强监测。

(三)“三北”区域发生情况

河北省“三北”区主要涉及坝上地区、燕山山区、太行山区和雄安新区，主要发生种类为鼠(兔)害、红脂大小蠹、松毛虫、落叶松鞘蛾、栎粉舟蛾和美国白蛾等林业有害生物，发生面积和危害程度均比去年有所降低，以中度以下发生为主，没有造成大的危害。

(四)成因分析

河北省2024年冬季(2023年12月至2024年2月)较常年同期偏低0.6℃，气温阶段性起伏大，“冷暖急转”事件频繁出现，寒潮发生站次为历史同期(冬季)第三多，降雪发生站次为近10年来同期最多。春季气温显著偏高，季内降水总体偏少，且时空分布不均，部分地区出现阶段性干旱，5月中下旬多地出现高温天气。夏季气温显著偏高，降水偏多，全省平均气温26.8℃，较常年偏高1.6℃，与去年同期持平，为历史同期最高，全省平均降水量436.1mm，较常年同期偏多31%，接近去年同期，呈现南少北多、前少后多的特征，高温日数异常偏多，过程强度强，40℃以上高温站次，较常年同期偏多4.4倍，6个国家气象站的日最高气温达到或突破本站历史最高纪录。

分析2024年全省林业有害生物发生的主要原因。

美国白蛾、杨树食叶害虫2024年以轻度发生为主，没有出现严重危害。主要原因：一是去年冬季气温偏低，气温阶段性起伏大，“冷暖急转”事件频繁出现，寒潮发生次数多，今春气温高，少雨气候干燥，不利于美国白蛾、杨树食叶害虫发育越冬，越冬死亡率比常年普遍偏高，第一代美国白蛾危害以轻度发生为主。二是采取飞机防治与地面防治相结合的综合防控措施，抓住低龄幼虫防治关键期，分区治理，分类施策，开展美国白蛾第一代幼虫防治，全面压低了虫口基数，第二代、第三代美国白蛾发生程度明显降低，有效控制了美国白蛾的蔓延和危害。三是美国白蛾在河北省基本完成本土化，与美国白蛾的天敌形成了相对稳定的“食物链”，疫情逐渐趋于稳定。四是按照耕地“非农化”“非粮化”要求，河北省一些平原地区在有序“退林还耕”，寄主面积减少，美国白蛾、杨树食叶害虫发生面积也有所减少。五是推广应用阻隔法和喷洒生物、生物源、仿生药剂等绿色无公害方法防治春尺蠖、美国白蛾、杨树舟蛾等，防效明显。

栎粉舟蛾危害减轻，主要是因为监测预报及时，采用防控技术得当，发生面积、危害连续两年下降，危害得到有效控制。

悬铃木方翅网蝽持续危害，主要原因是悬铃木作为行道树及小区绿化主要树种，种植面积越来越大，为其传播提供了场所，该虫1年多代，繁殖量大，加上对其重视不够，发生面积有扩大趋势。

二、2025年林业有害生物发生趋势预测

(一) 2025年总体发生趋势预测

根据全省2024年林业有害生物发生与防治情况，结合各市预测数据、国家级林业有害生物中心测报点、省级测报点越冬基数，通过对林业有害生物发生规律、气象资料以及自回归模型预测综合分析，预测2025年河北省林业有害生物发生540万亩左右，与2024年实际发生面积相比有所增加。其中，虫害发生480万亩，病害发生30万亩，鼠(兔)害发生30万亩，危害程度以中度以下发生为主(表4-1)。

表4-1　河北省2025年主要病虫害预测结果　　单位：万亩

病虫鼠名称	2024年发生	回归预测	综合预测
病虫害总计	490	585	540
病害合计	26	36	30
虫害合计	436	518	480
鼠(兔)害合计	28	33	30
松毛虫	16.4	21	25
杨树蛀干害虫	4.8	7	7
杨树食叶害虫	91.6	100	95
美国白蛾	209	206	220
红脂大小蠹等	14	14	18

(二) 分种发生趋势预测

1. 美国白蛾

预测发生220万亩(图4-2)，比2024年实际发生略有上升。主要发生在唐山、秦皇岛、廊坊、沧州、石家庄、保定、承德、衡水、邢台、邯郸等市和雄安新区及定州、辛集2个省管县级市。虫口密度、危害程度与2024年持平，疫区、疫点数不会有大的变动，整体为轻度发生。一旦

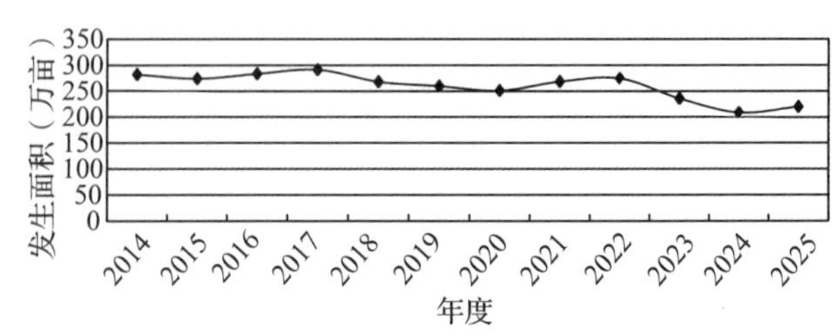

图4-2　2025年美国白蛾发生趋势预测

防控不力，出现局地疫情反弹，个别村庄、零星

树木仍将严重发生危害，防控形势依然严峻。各发生区要加大监测点设置密度，抓住第一代防治关键期，降低虫口基数，严控第二代，严防第三代暴发危害。张家口市等非疫区一定要加强监测，严防美国白蛾传入。

2. 松毛虫

预测发生 30 万亩(图 4-3)，其中，中度以上发生 10 万亩左右，严重发生面积比 2024 年有所增加。据燕山山区、太行山山区的虫情监测调查情况综合分析，油松毛虫开始逐渐进入下一个发生周期，发生面积可能将逐渐加大，需加强监测。冀北坝上地区的落叶松毛虫和承德市部分县、张家口市的赤城、尚义，石家庄的平山等县油松毛虫亦有抬头加重趋势。需防面积 10 万亩左右。

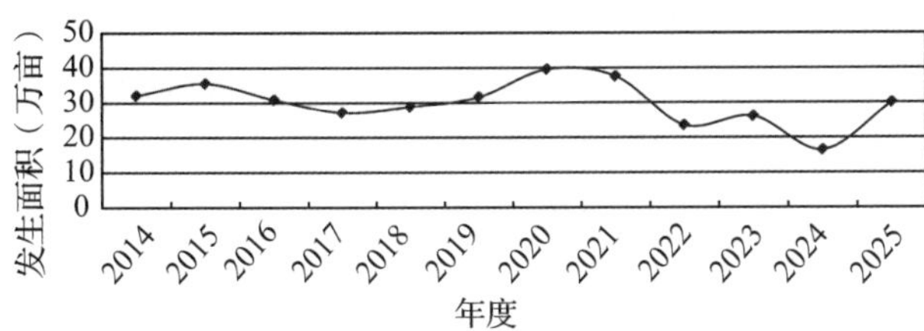

图 4-3　2025 年松毛虫发生趋势预测

3. 红脂大小蠹等松树钻蛀性害虫

预测发生 18 万亩(图 4-4)，比 2024 年实际发生略有上升。红脂大小蠹的危害，整体不会加重，但局部危害可能加重，特别是承德各县不容忽视，一定要加强监测。其他一些钻蛀类害虫，如八齿小蠹、梢小蠹等发生呈平稳趋势，主要涉及燕山、太行山一带的市县区，承德、张家口、邢台、石家庄、保定、邯郸等市的部分县。

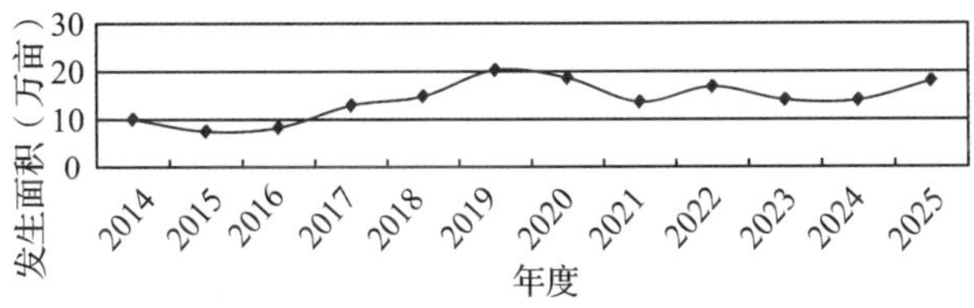

图 4-4　2025 年红脂大小蠹发生趋势预测

4. 杨树蛀干害虫

预测发生 7 万亩(图 4-5)。主要虫种为杨干象、桑天牛、光肩星天牛、青杨天牛等，呈平稳趋势，近年来杨干象危害在承德、唐山、秦皇岛等市有蔓延的趋势，不可掉以轻心。光肩星天牛、桑天牛等在沧州、衡水、廊坊、石家庄、保定、邢台等市零星发生。

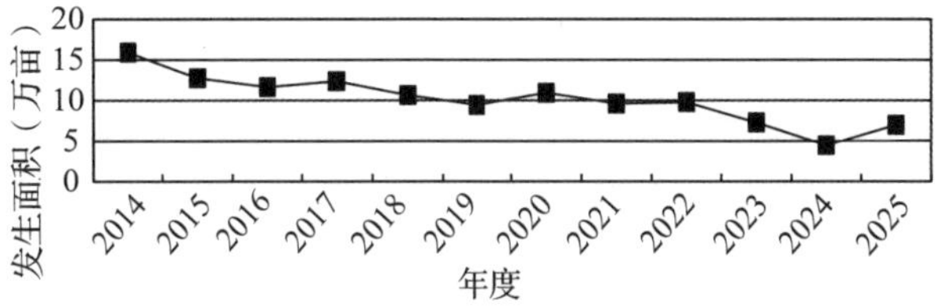

图 4-5　2025 年杨树蛀干害虫发生趋势预测

5. 杨树食叶类害虫

预测发生 95 万亩(图 4-6)。与 2024 年实际发生持平，春季和 9 月存在局部小面积成灾可能。主要种类为春尺蠖、杨扇舟蛾、杨小舟蛾、杨毒蛾、杨白潜叶蛾及杨叶甲等。春季，春尺蠖在廊坊、保定、衡水、沧州、邢台等市部分县(市、区)危害，7 月以后杨扇舟蛾、杨小舟蛾、杨毒蛾类等害虫将在平原及低山区的公路两侧，村庄、农田林网大面积发生，要重点抓好 5、6 月的第一代防治工作，以避免因前期防治不到位，可能造成的局部成灾。

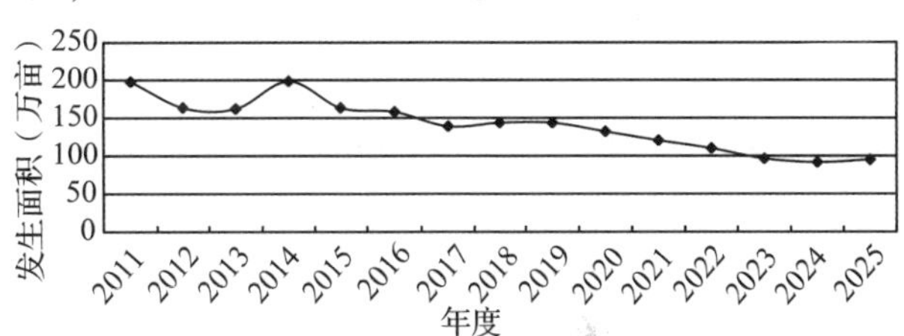

图 4-6　2025 年杨树食叶类害虫发生趋势预测

6. 天幕毛虫

预测发生 8 万亩(图 4-7)，相比 2024 年实际发生基本持平，主要发生在张家口、承德的山杏产区。

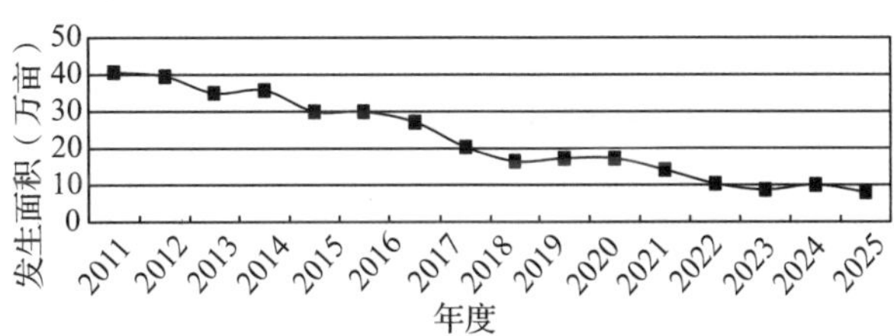

图 4-7　2025 年天幕毛虫发生趋势预测

7. 舞毒蛾

预测发生 5 万亩左右(图 4-8)，与 2024 年实际发生基本持平。主要发生在张家口、承德、唐山市部分县。2012 年是舞毒蛾自 1998 年以来的一个高峰期，2015 年下降到最低谷，2018 年开始逐渐攀升，2021 年到达一个小高峰期，2022

年开始下降，预测明年将在低谷徘徊，逐渐趋于稳定。

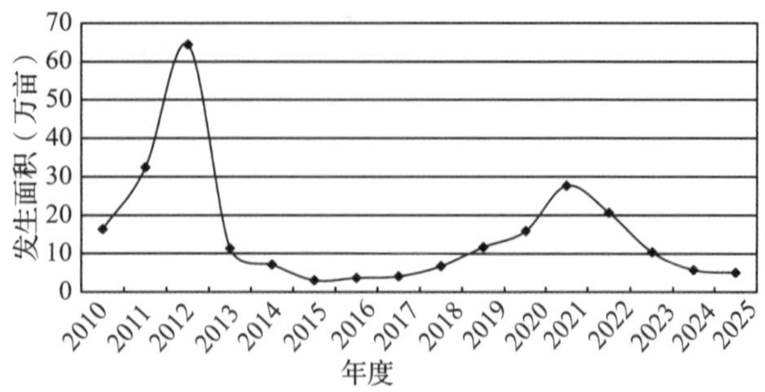

图 4-8　2025 年舞毒蛾发生趋势预测

8. 松叶蜂类

预测发生 6 万亩，比 2024 年发生有所上升。包括落叶松腮扁叶蜂、红腹叶蜂、锉叶蜂、阿扁叶蜂等，主要发生在承德和张家口的坝上地区及中南部太行山区松林。但是该类害虫发育龄期不整齐，又有滞育现象，防治困难，难于全面控制。必须加强监测，严防大面积发生。

9. 鼠(兔)害

预测发生 30 万亩(图 4-9)。主要是棕背䶄、草原鼢鼠、花鼠、托氏兔等种类，整体呈平稳态势，不同地区发生的重点种类不同，主要发生在承德、张家口北部和坝上地区。要加强监测，做好物资储备，严防暴发。影响鼠害发生的因素：一是大面积的风电扇叶转动影响猛禽天敌的活动范围，致使局部种群数量上升。二是入冬以后如果降雪较多，会诱发棕背䶄发生危害加重。

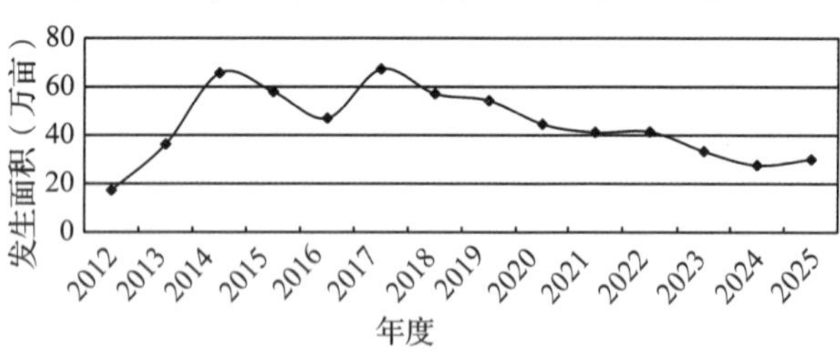

图 4-9　2025 年鼠(兔)害发生趋势预测

10. 林木病害

预测发生 30 万亩。主要包括杨树溃疡病、杨树烂皮病、杨树黑斑病等，主要发生在平原农田林网，主要危害幼龄林，特别是冀中平原的东部地区，有可能局部发生较重。

11. 其他主要虫害

预测发生 91 万亩。主要包括栎粉舟蛾、落叶松尺蛾、松针小卷蛾、松针卷叶蛾、金龟子、榆蓝叶甲、黄连木尺蛾、樗蚕、板栗红蜘蛛、核桃举肢蛾、沙棘木蠹蛾、悬铃木方翅网蝽等病虫害。

(三)2025 年重点防控风险点

1. 松材线虫病的传入风险

据国家林业和草原局公告(2023 年第 7 号)，与河北省交界的辽宁、山东、河南 3 省 15 个地级市 45 个县(市、区)均有松材线虫病发生，2022 年，北京市通州区、天津市蓟州区也发生了偶发性传入事件，疫情传入河北省风险很高。

2. 美国白蛾的暴发风险

美国白蛾涉及 10 个设区市、雄安新区、2 个省直管县级市的 124 个县(市、区)、1221 个乡(镇、街道办事处、林场、农场)、18568 个疫点村(街道、小区)，呈点多面广的发生态势，极易反弹、暴发，要加强疫情监测，及时发现风险苗头，采取防控措施，控制疫情扩散暴发。

3. 春尺蠖的暴发风险

春尺蠖发生期早，春节前后是其重要的监测调查节点，也是防治准备重要阶段，稍有不慎，就会点片状暴发，形成灾害。

三、对策建议

(一)强化组织领导，落实防控责任

一是要以“林长制”为抓手，建立责任制度，将松材线虫病、美国白蛾等重大林业有害生物防控目标列入林长制考核。二是要加强部门协调配合，形成“属地管理、政府主导、部门协作、社会参与”的工作机制。

(二)加强监测预警，严格检疫监管

一是进一步加密监测网点，健全省、市、县三级测报网络，抓好国家级、省级测报点体系建设，提升监测调查数据准确性、预测的科学性和预报时效性，及时发现灾情，发布预警信息和短期趋势预测的信息发布工作，指导防治工作。二是充分发挥村级查防员的作用，做好虫情监测和疫情巡查。三是利用遥感、信息素等新技术开展监测，逐步形成有害生物立体监测体系，提高监测成效。四是强化检疫监管，严防外来有害生物

的传入，依法依规开展产地检疫、调运检疫和复检，防止检疫性、危险性林业有害生物扩散蔓延。

（三）突出防控重点，科学精准防治

突出环首都周边、北戴河、雄安新区、塞罕坝机械林场、主要风景名胜区、通道两侧、集中片林等重点区域，采取飞机防治和地面防治相结合、生物防治和物理防治相结合，抓住防治关键期，科学开展防治。积极做好各项应急准备，制定统一领导、分级联动、部门协作、应对有力的专项应急预案，提早筹备防治资金，做好药剂、药械等应急防控物资储备，快速应对突发林业有害生物灾害。

（四）加强联防联治，保证整体防效

加大联防联治、联防联检区域合作，加强京津冀、冀蒙辽、晋冀豫陕蒙等重大有害生物的联防联控，确保区域整体防效。

（五）广泛宣传动员，加强技术培训

不断创新宣传形式、拓展宣传途径、提升宣传效果。充分利用广播、电视、报纸、网络、短视频、公众号等广泛深入地宣传，增强全民防控减灾意识，营造良好的社会氛围。利用线上、线下多途径开展重大有害生物防控技术培训，提高基层森防人员的技术水平。

（主要起草人：屈金亮　郝建清　王宇；主审：周艳涛　李硕）

05 山西省林业有害生物 2024 年发生情况和 2025 年趋势预测

山西省林业和草原有害生物防治检疫总站

【摘要】2024 年山西省林业有害生物发生面积及危害程度均有所下降，局部地区偏重发生，全年发生 297.43 万亩(轻度发生 255.04 万亩、中度发生 39.99 万亩、重度发生 2.40 万亩)，比 2023 年(310.61 万亩)下降 4.24%。根据山西省当前森林资源状况、主要林业有害生物发生特点及防治情况、今冬有害生物越冬基数调查，结合气象部门预报资料，经综合研判，预测 2025 年山西省主要林业有害生物发生整体呈平稳态势，全年发生面积约 300 万亩，松材线虫病、美国白蛾入侵风险仍然巨大。2025 年山西省将继续加强松材线虫病、美国白蛾等重大林业有害生物监测预防工作，严格落实防控责任，强化检疫御灾手段，完善监测预警体系，提升防控减灾能力，严防林业有害生物灾害发生。

一、2024 年林业有害生物发生情况

山西省林业有害生物 2024 年发生 297.43 万亩。其中，虫害发生 195.47 万亩(同比下降 5.84%)，病害发生 20.80 万亩(同比上升 3.07%)，鼠(兔)害发生 77.38 万亩(同比下降 4.39%)，有害植物发生 3.77 万亩(同比上升 98.42%)(图 5-1)。

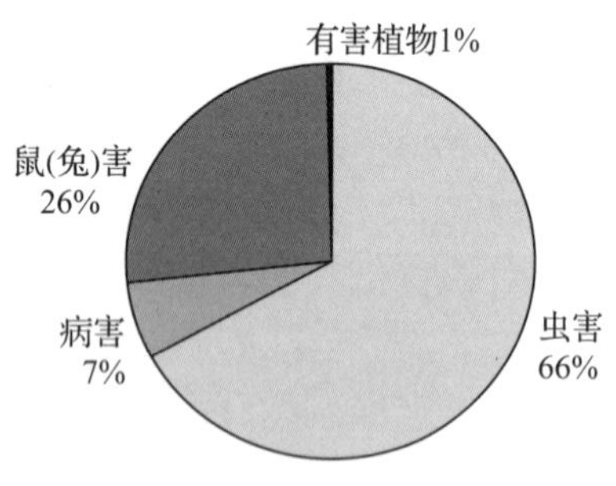

图 5-1　2024 年各类林业有害生物发生面积比例

全省林业有害生物监测面积 8757.64 万亩，监测覆盖率 100%。全年防治面积共计 236.56 万亩，其中无公害防治面积 229.44 万亩，无公害防治率 96.99%。

(一)发生特点

2024 年，山西省林业有害生物发生面积小幅下降，同比下降 4.24%，总体呈轻度发生，少数地区局部危害较重。其中，轻度发生 255.04 万亩，中度发生 39.99 万亩，重度发生 2.40 万亩(图 5-2)。

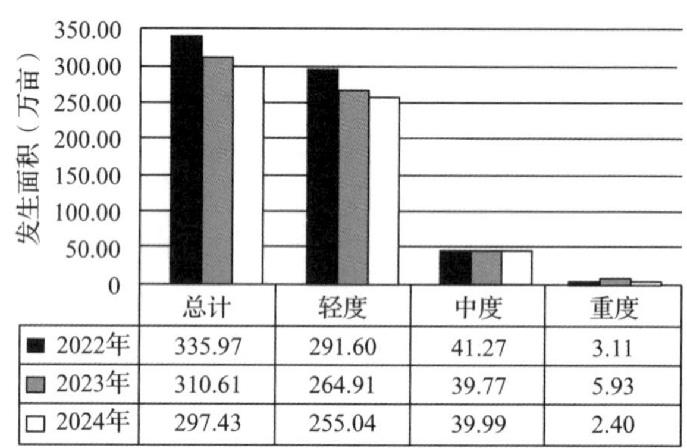

	总计	轻度	中度	重度
2022年	335.97	291.60	41.27	3.11
2023年	310.61	264.91	39.77	5.93
2024年	297.43	255.04	39.99	2.40

图 5-2　2022—2024 年林业有害生物发生程度对比

主要林业有害生物总体发生平稳，没有出现大的灾情。松树食叶害虫发生总体呈下降趋势，油松毛虫、靖远松叶蜂、落叶松红腹叶蜂发生面积减少，危害减轻，个别种类在局部地区偏重发生，如松阿扁叶蜂、落叶松鞘蛾等；松树钻蛀害虫发生稳中有降，红脂大小蠹发生同比下降 7.98%，松梢螟在晋城、运城稷山、临汾安泽以及中条山国有林管理局(简称中条林局)等地偏重发生；杨树食叶害虫和蛀干害虫发生面积和程度均有所下降；经济林病虫害发生呈平稳态势，整体发生面积较大、分布较广；林木病害发生面积有所反弹，但整体危害较轻，侧柏和杨树类病害

危害较重；以菟丝子为主的有害植物发生面积显著上升，危害呈加重态势，同比上升 98.42%；重大外来林业有害生物松材线虫病、美国白蛾入侵风险仍然巨大，防控形势依然严峻(图 5-3)。

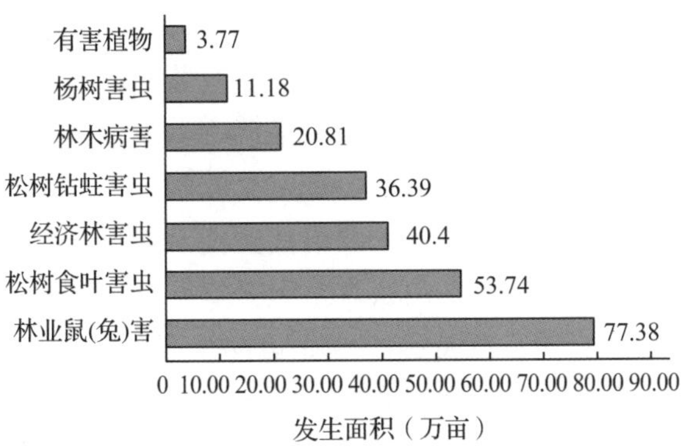

图 5-3 2024 年主要林业有害生物种类发生面积对比

(二)主要林业有害生物发生情况分述

1. 松树食叶害虫

2024 年发生 53.74 万亩，同比下降 17.93%。

油松毛虫 2024 年呈明显下降趋势，发生 7.69 万亩，同比下降 52.45%。主要分布在大同、长治、晋城、朔州、忻州、临汾，以及中条林局、五台山国有林管理局(简称五台林局)和太岳林局等地。

松叶蜂类害虫 发生合计 26.46 万亩，同比下降 10.37%。其中，靖远松叶蜂发生 2.34 万亩，同比下降 53.38%，主要分布在太原市古交、关帝山国有林管理局(简称关帝林局)等地；松阿扁叶蜂发生 19.40 万亩，同比上升 6.96%，主要分布在阳泉，晋城沁水、泽州，运城盐湖、万荣、平陆、夏县、闻喜，长治壶关以及中条林局等地；落叶松红腹叶蜂发生 3.42 万亩，同比下降 33.59%，在大同的灵丘、忻州代县以及太行山国有林管理局(简称太行林局)、五台林局、关帝林局部分林场危害。

落叶松鞘蛾 发生 15.79 万亩，同比上升 12.36%。在朔州应县，大同浑源，忻州代县、繁峙以及黑茶山国有林管理局(简称黑茶林局)、太岳林局、五台林局、管涔山国有林管理局(简称管涔林局)、关帝林局等地发生。

2. 松树钻蛀害虫

2024 年发生 36.39 万亩，同比下降 2.71%。其中，红脂大小蠹全年发生 30.44 万亩，同比下降 7.98%，主要发生在晋城陵川、沁水、阳城、泽州，晋中和顺、昔阳、寿阳，临汾吉县以及黑茶林局、关帝林局、太岳林局、太行林局、吕梁山国有林管理局(简称吕梁林局)、中条林局等地；松梢螟发生 10.87 万亩，同比上升 11.49%，主要分布在晋城泽州、陵川、沁水、高平，运城稷山，临汾安泽以及中条林局等地；松果梢斑螟发生在太原、长治、晋中和临汾部分县区，面积为 12.28 万亩，同比上升 35.99%；松纵(横)坑切梢小蠹全年发生 3.20 万亩，同比上升 3.56%，在关帝林局和晋城陵川，长治沁源发生。

3. 杨树害虫

杨树食叶害虫 2024 年发生 9.02 万亩，发生稳中有降，同比下降 3.1%。春尺蠖发生 0.76 万亩，主要发生在临汾洪洞、尧都区以及晋中和吕梁的个别县区；杨、柳毒蛾发生 1.92 万亩，与去年基本持平，主要发生在大同、临汾、晋城、运城的部分县区。

杨树蛀干害虫发生 2.16 万亩，同比下降 22.55%。其中，光肩星天牛明显下降，全年发生 0.75 万亩，在朔州、晋城、运城、大同等地均有发生；桑天牛全年发生 0.67 万亩，主要在运城稷山、垣曲等县发生。

4. 经济林害虫

经济林病虫害发生持续呈现平稳下降趋势，2024 年发生 40.40 万亩，同比下降 9.94%。核桃举肢蛾发生 6.04 万亩，同比下降 13.59%，主要发生在大同、阳泉、临汾、晋城、运城、吕梁等地部分县区；桃小食心虫发生 4.95 万亩，同比下降 24.54%，主要发生在运城稷山、吕梁临县和柳林等地；枣飞象全年发生 4.41 万亩，同比上升 4.25%，主要在吕梁临县、柳林，临汾永和、尧都区，忻州保德和晋中太谷等地发生；沙棘木蠹蛾发生 3.97 万亩，同比上升 12.78%，主要分布在朔州右玉和忻州岢岚等地。

5. 鼠(兔)害

2024 年共发生 77.38 万亩，同比下降 4.39%。中华鼢鼠整体轻度发生，面积 40.13 万亩(轻度 34.90 万亩，中度 5.03 万亩，重度 0.20 万亩)，主要分布在大同、朔州、忻州、太原、临汾以及杨树局、管涔林局、五台林局、黑茶林局、关帝林局、吕梁林局等地。草兔发生 33.95 万亩(轻度 31.16 万亩，中度 2.76 万亩，重度 0.03 万亩)，发生范围涉及大同、阳泉、朔州、晋中、运城、忻州和管涔林局、黑茶林局、关帝林局、太行林局、太岳林局、吕梁林局、中条林局等地。

6. 林木病害

2024年发生20.81万亩，同比上升3.12%。侧柏叶枯病、杨树黑斑病和核桃腐烂病在局部地区发生较为严重，侧柏叶枯病发生6.68万亩，同比上升14.12%，主要发生在长治、晋城、晋中、运城、临汾、吕梁部分县区和关帝林局；核桃腐烂病发生2.91万亩，同比下降10.46%，在阳泉、长治、晋城、晋中、运城、临汾等核桃产区发生较为严重。

7. 有害植物

2024年发生3.77万亩，呈显著上升趋势，主要为菟丝子和日本菟丝子危害，同比上升98.42%，在临汾蒲县、汾西、侯马，吕梁交城县，晋中山区和中条林局等地局部地区发生较为严重。

（三）重点区域主要林业有害生物发生情况

山西省“三北”工程区包括太原、大同、朔州、忻州、晋中、阳泉、吕梁、临汾、运城9市69县和杨树丰产林实验局、管涔林局、黑茶林局、五台林局、关帝林局、太行林局、吕梁林局7个省直林局，2024年主要林业有害生物发生与去年基本持平，发生面积共计179.02万亩，占全省林业有害生物发生面积的60.19%，是山西省林业有害生物发生危害的重要区域，存在种类多、面积大、危害重等特点，主要危害种类包括鼠（兔）害、松蛀干害虫和食叶害虫等。

（四）成因分析

1. 气候因素变化影响

2024年春季干旱，雨水缺乏，再有暖冬气候，在一定程度上提高了害虫的越冬存活率，成为影响山西省林业有害生物发生危害的因素之一。

2. 林木经营管理状况

早年造林树种结构单一，增加病虫害集中连片暴发的可能，加之抚育管理措施不科学，林分健康程度较差，林业有害生物容易发生扩散蔓延；部分新造林地、灌木林地等生态环境差，林牧矛盾突出，鼠（兔）害缺少天敌制约，种群密度仍较大；经济林面积大、分布广，普遍管理水平较低，病虫害发生面积仍较大。

3. 监测防治工作现状

全省网络监测体系日益完善，监测技术和手段有效提高，监测覆盖率和准确率得到保障，但部分地区存在测报队伍不稳定，技术水平参差不齐，日常监测和普查未严格按照技术规程开展等情况；林草防检部门认真组织开展综合治理，实施联防联治，以及飞防等先进防治手段的应用，提高了防治面积和成效，一些主要有害生物灾情得到有效控制，但是由于有害生物发生区域涉及绿化、城建、水利、公路等多个部门，防治责任主体不明确，各部门重视程度、防治水平不一，造成防治不及时、不到位，难以取得理想的防治效果。

4. 跨区域苗木调运频繁

尤其在“三北”工程区、国家公园、重要风景名胜区等地，物流人流跨区域流动频繁，苗木跨区调运量大，检疫复检工作量大，基层森防人员不足，检疫技术水平落后，增加了外来林业有害生物入侵扩散风险。

二、2025年林业有害生物发生趋势预测

（一）2025年总体发生趋势预测

根据山西省气象局2025年的气候趋势预测，参考历年资料、森林状况和有害生物发生发展特点，结合各地越冬基数调查结果和防治现状，运用自回归模型、有效虫口基数预测法和逐步回归分析等方法，经综合分析预测，2025年山西省林业有害生物发生300万亩左右，总体轻度发生，局部地区部分病虫鼠（兔）害危害仍较重。其中，食叶害虫发生面积略有上升；钻蛀害虫发生整体呈上升趋势，个别种类在局部地区偏重发生；经济林病虫害发生总体平稳，局部地区可能出现灾情；鼠（兔）害发生呈上升趋势，个别地区危害仍较重；有害植物发生呈稳中有降态势。

(二)分种类发生趋势预测

1. 松树食叶害虫

预测2025年松树类食叶害虫发生呈上升趋势，局部地区危害加重，预测面积65万亩。

油松毛虫　越冬虫口基数较大，加之周期性发生特点，发生将呈触底反弹的一个上升趋势，预测2025年发生10万亩(图5-4)，主要在大同、忻州、临汾、晋城以及五台林局、中条林局、太岳林局等地。

松阿扁叶蜂、落叶松红腹叶蜂、靖远松叶蜂等松叶蜂　发生稳中有升，预测2025年发生30万亩，局部地区可能出现灾情。

华北落叶松鞘蛾　发生与2024年基本持平，预测2025年发生16万亩左右，主要分布在管涔林局、五台林局、黑茶林局、关帝林局的部分林场。

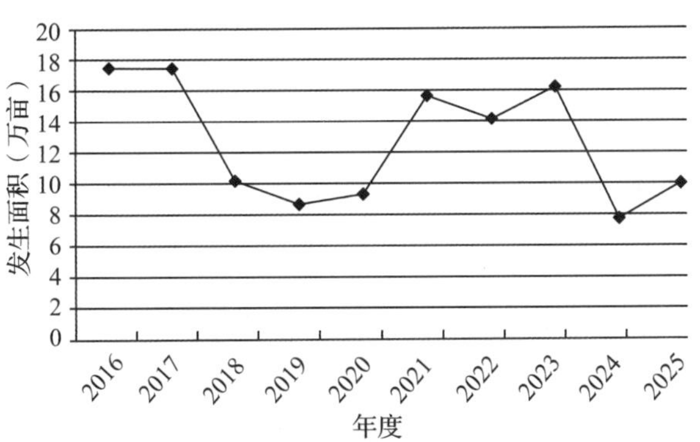

图5-4　油松毛虫发生趋势预测

2. 松树钻蛀害虫

松树钻蛀害虫发生略有上升，个别种类在局部地区将偏重发生，预测2025年发生约45万亩。

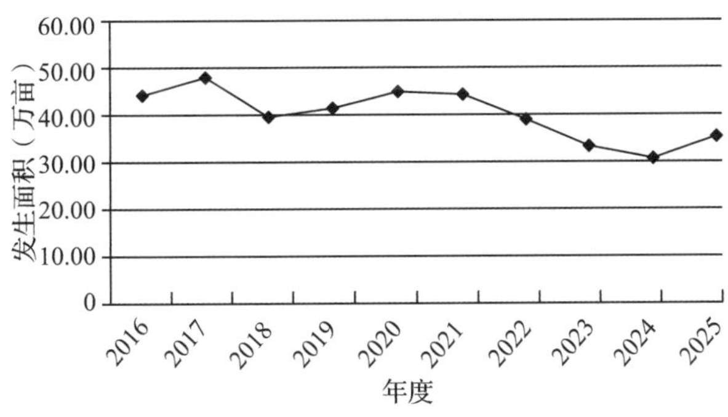

图5-5　红脂大小蠹发生趋势预测

红脂大小蠹　发生基本稳定，个别地区有偏重发生的可能，预测发生35万亩(图5-5)，主要分布在太原、晋中、晋城、临汾、忻州、长治和关帝林局、吕梁林局、太岳林局、黑茶林局、中条林局等地。

3. 杨树害虫

杨树害虫发生与2024年基本持平，预测食叶害虫发生约10万亩，杨树蛀干害虫预测发生2万亩。

光肩星天牛、桑天牛在临汾、运城、晋城等地发生平稳，危害程度将有所减缓，预测发生1.5万亩；杨柳毒蛾预测发生2万亩，不会形成大的灾情；舞毒蛾发生稳中有升，分布在大同广灵、朔州朔城、晋中左权和吕梁林局等地，预测发生3万亩。

4. 经济林害虫

经济林害虫种类多、分布广，遍及全省红枣、核桃等经济林产区，近年来随着集约化程度的日益提高，管理水平不断加强，经济林虫害得到有效控制，发生和危害程度有所减轻，但在局部地区仍将偏重发生，预测2025年发生总体平稳，面积约45万亩。

沙棘木蠹蛾、杏球坚蚧、桑白蚧、日本龟蜡蚧发生稳中有降；枣尺蛾发生呈稳定态势；桃小食心虫、枣飞象、核桃举肢蛾发生呈上升趋势。

5. 鼠(兔)害

随着山西省造林绿化力度加大，未成林地面积逐年增加，尤其“三北”工程重点项目区，野兔、中华鼢鼠等鼠兔种群密度较大，发生呈上升趋势，在局部地区危害较重。预测2025年鼠(兔)害发生80万亩(图5-6)。种类以中华鼢鼠、棕背䶄和草兔为主，主要分布在大同、朔州、忻州、晋中、临汾和各省直林局，北部地区较南部地区偏重发生，退耕还林后栽植的新造林地易受危害。

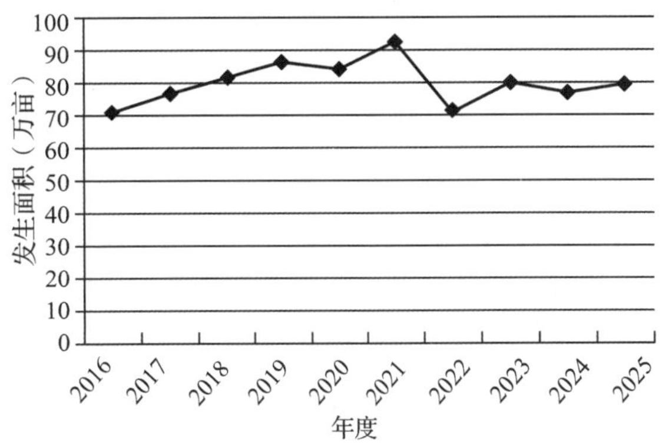

图5-6　鼠(兔)害发生趋势预测

6. 林木病害

根据2025年山西省气候预测分析，夏季降水局部地区较往年偏多，林木病害整体发生平稳，与2024年基本持平，预测2025年发生约20万亩。其中，侧柏叶枯病7万亩，个别地区偏重发生；杨树腐烂病、松苗立枯病发生呈下降趋势，在局部地区危害仍较重；杨树黑斑病发生稳中有升，预测发生4万亩，主要分布在朔州右玉等地。核桃腐烂病、核桃黑斑病、枣疯病等经济林病害总体发生平稳，但在个别地区仍然危害严重。

7. 有害植物

这几年各地对有害植物的重视不够，防治不彻底，导致蔓延迅速，对一些灌木林地造成一定危害，预测2025年发生3万亩。发生种类主要为菟丝子和日本菟丝子，分布较广，主要以临汾、晋中、吕梁等地发生较重。

8. 其他有害生物

预测2025年发生30万亩。

栎旋木柄天牛预测发生10万亩；木橑尺蠖、春尺蠖发生呈稳定态势，与2024年基本持平；国槐尺蛾、白蚁等越冬基数较大，发生呈上升趋势；蚜虫、草履蚧、牡蛎盾蚧、大青叶蝉、悬铃木方翅网蝽等刺吸性害虫发生频次高，发生程度轻度至中度，全省范围均有分布，预测发生约15万亩。

9. 重大外来有害生物

美国白蛾在山西省周边的北京、河北、河南、内蒙古均有发生，对山西形成包围态势；松材线虫病在周边陕西、河南发生，呈半包围态势，随着贸易往来，入侵概率不断加大，在山西省发生疫情的可能性增大，防控形势极其紧迫和严峻，需引起高度重视。

（三）下半年重要防控风险点

2025年随着“三北”重点生态工程建设项目的陆续开展，造林面积不断加大，苗木调运量不断增加，加之山西省“三北”地区大多气候干燥、土壤瘠薄、水肥条件差，树木长势衰弱，极易受到有害生物侵袭危害。据预测，“三北”地区主要林业有害生物发生危害将呈加重趋势，外来有害生物美国白蛾、松材线虫病入侵扩散风险较大。尤其是五台山和恒山等著名的风景名胜区，森林资源丰富且松科植物较多，外来物资和人员交流往来繁杂，松材线虫病入侵风险巨大。

三、对策建议

（一）加强组织领导，落实防控责任

以全面推行林长制为抓手，将主要林业有害生物防控工作纳入省、市、县和省直林局各级林长制督查考核体系，建立健全由各级政府牵头、有关部门参加的松材线虫病等重大林业有害生物防控领导机构，层层加强领导，明确防控责任，加强相关部门和单位的协调配合，各司其职，共同开展林业有害生物防控工作。

（二）加强监测预报，提升预警能力

一要进一步建立健全省、市、县、乡四级监测网络，落实监测责任，实施护林员巡查、森防专业人员重点核查的监测网格化管理，全面推行护林员监测日志制度，划定责任区，建立责任人名录，实施日常化巡查，定时观察、记录，及时采集、报告监测数据，做到疫情监测全覆盖、普查无盲区。二要开展监测预警“天空地”立体网络体系建设，动态监控虫情发生动态，提高监测覆盖面，促进主要林业有害生物监测的规范化、数字化及科学化。三要加强测报点管理，及时发布灾情预警信息，为科学控灾提供决策依据，全面提升林业有害生物监测预报水平。

（三）加强检疫阻截，防止入侵危害

一要做好产地、调运及复检工作，强化对苗木、松材制品的流通监管，加大检疫执法力度，严厉打击违法违规调运。二要落实各项防控措施，加强检疫阻截，认真组织开展秋季疫情普查和日常监测工作，严防松材线虫病、美国白蛾等重大林业有害生物入侵危害。三要依法落实林业植物检疫监管制度，加快建设检疫监管追溯平台，加强和规范报检员制度，严格开展产地检疫、调运检疫和复检工作，强化源头管理，严防人为传播。

（四）强化科技支撑，提高防治水平

一要加大林业有害生物防控科研和新技术推

广力度，积极了解林业有害生物防治技术的发展，总结示范推广适合山西省的防治新技术。二要大力推行人工、物理、天敌、引诱等无公害防治措施，加强林木抚育管理，通过修剪、平茬、间伐等措施，增强树势，保护生物多样性，提高抵抗病虫的能力。三要构建以“监测互动、防治互帮、执法互助、信息互通”为主要内容的联防联控机制，建立合作机制，整体推进林业有害生物防控工作，全面提高防控成效。四要积极推动政府购买防治服务，鼓励、扶持、引导社会化防治专业队伍参与林业有害生物防治任务。

(五) 开展宣传培训，提高防控意识

充分利用广播、电视、报刊、简报、宣传栏、宣传车等媒介途径，采取多种形式开展森防检疫法规及主要林业有害生物防治技术科普知识宣传，切实提高公众对林业有害生物危害性和危险性的认识，激发群众的参与主动性和积极性，增强全社会的防治意识；定期对基层森防人员开展业务培训，建立常态化培训机制，进一步提升一线业务人员监测、防治技术能力和业务水平，加强森防基础设施建设，强化队伍建设，提高森防队伍的整体素质。

（主要起草人：高洁　郭春苗　王晓俪；主审：周艳涛　李硕）

06 内蒙古自治区林业有害生物2024年发生情况和2025年趋势预测

内蒙古自治区林业和草原有害生物防治检疫总站

【摘要】2024年，内蒙古自治区林业有害生物发生1072.99万亩，较2023年呈下降趋势。其中，轻度发生659.18万亩，中度发生367.83万亩，重度发生45.98万亩，发生程度以轻度为主。病害发生190.93万亩，虫害发生712.5万亩，鼠(兔)害发生169.56万亩，病害呈上升趋势，虫害、鼠(兔)害呈下降趋势。成因主要为治理成效显现、气候因素影响、有害生物周期性以及寄主纯林较多。综合2024年内蒙古自治区林业有害生物发生防治情况、今冬明春的气候预测、林业有害生物发生规律和各地越冬基数调查分析，预测2025年全区林业有害生物发生942万亩，呈下降趋势，发生程度以轻度为主。为有效监测、防控林业有害生物，应加强组织领导，严格落实责任；加强检疫执法，严防疫情传入；规范预测预报，提升预警能力；加强物资储备，科学精准防治；开展科普宣传，提高公众意识；加大培训力度，提升队伍素质。

一、2024年林业有害生物发生情况

2024年，内蒙古自治区林业有害生物发生1072.99万亩，同比下降11%。其中，轻度发生659.18万亩，中度发生367.83万亩，重度发生45.98万亩，发生程度以轻度为主。病害发生190.93万亩，同比上升19%，虫害发生712.5万亩，同比下降15%，鼠(兔)害发生169.56万亩，同比下降17%(图6-1)。

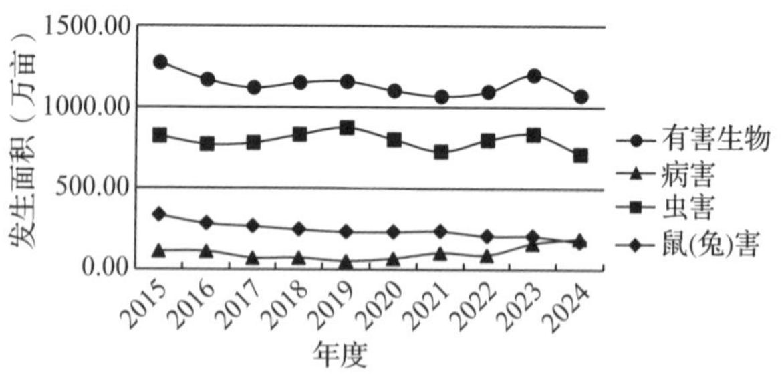

图6-1 近10年林业有害生物发生趋势

全区林业有害生物防治668.91万亩，防治率62%，无公害防治率达到99.87%。主要林业有害生物成灾率为0.26‰(不包含内蒙古森工)。测报准确率98.29%。

(一)发生特点

2024年，全区林业有害生物偏轻发生，发生面积较2023年有所下降。病害发生面积上升，检疫性林业有害生物发生面积趋于平稳，其他主要林业有害生物此消彼长。主要表现为以下特点：①美国白蛾发生面积有所上升，发生范围扩大、新增2个疫点；②榆紫叶甲发生面积在赤峰市翁牛特旗有所增加；③松树病害发生面积在赤峰市南部旗县大幅上升；④鼢鼠类发生面积在兴安盟五岔沟林业局上升。

(二)主要林业有害生物发生情况分述

1. 虫害

2024年，全区虫害发生157种。发生面积50万亩以上的2种，20万~50万亩的4种，10万~20万亩的16种，1万~10万亩的35种，1万亩以下的73种。

林业虫害在全区12个盟(市)108个旗(县、市、局)均有不同程度发生。其中，发生面积100万亩以上的2个市，60万~100万亩的5个盟(市)，10万~60万亩的4个盟(市)，10万亩以下1个市(图6-2)。

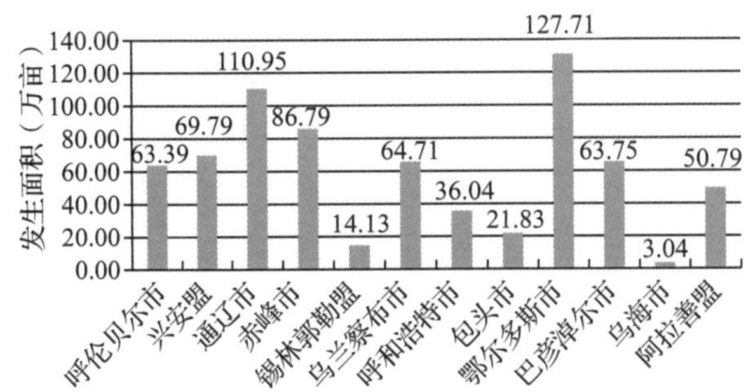

图 6-2　2024 年林业虫害各盟(市)发生情况

(1)检疫性害虫

美国白蛾　发生 3.53 万亩，同比上升 28%。其中，轻度发生 2.49 万亩，中度发生 0.5 万亩，重度发生 0.54 万亩，发生程度以轻度为主。发生范围为通辽市科左中旗 4 个乡镇和科左后旗 6 个乡镇，新增疫点为科左后旗金宝屯镇和科左中旗努日木镇。全年共诱捕美国白蛾成虫 465 头，其中科左后旗 397 头、科左中旗 68 头(图 6-3)。

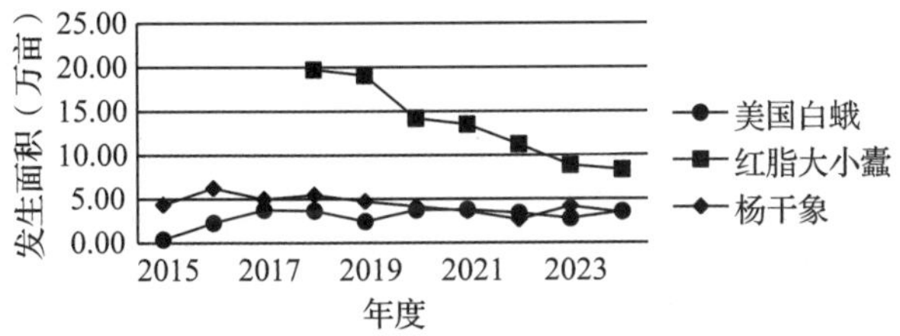

图 6-3　近 10 年林业检疫性害虫发生趋势

红脂大小蠹　发生 8.29 万亩，同比下降 6%。其中，轻度发生 6.81 万亩，中度发生 1.48 万亩，发生程度以轻度为主。发生范围为通辽市科左后旗、库伦旗、奈曼旗和赤峰市松山区、喀喇沁旗、敖汉旗、宁城县。其中，通辽市发生 3.34 万亩，较 2023 年增加 0.28 万亩，诱捕成虫 268 头，较 2023 年增加 183 头；赤峰市发生 4.95 万亩，较 2023 年减少 0.81 万亩，诱捕成虫 31128 头，较 2023 年增加 29295 头。

杨干象　发生 3.42 万亩，同比下降 18%。其中，轻度发生 2.53 万亩，中度发生 0.86 万亩、重度发生 0.03 万亩，发生程度以轻度为主。发生范围为通辽市 3 个旗和赤峰市 5 个旗(区)。

(2)常发性食叶害虫

2024 年，全区常发性食叶害虫有黄褐天幕毛虫、栎尖细蛾、春尺蠖、柳毒蛾 、榆紫叶甲、松毛虫等，总体发生面积略有下降，发生程度以轻度为主(图 6-4)。

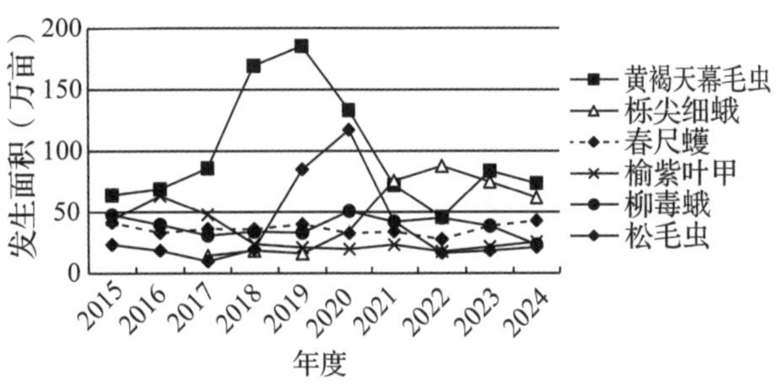

图 6-4　近 10 年常发性食叶害虫发生趋势

黄褐天幕毛虫　发生 73.58 万亩，同比下降 12%。其中，轻度发生 44.62 万亩，中度发生 27.66 万亩，重度发生 1.3 万亩，发生程度以轻度为主。发生范围为兴安盟、通辽市、赤峰市、乌兰察布市、呼和浩特市、包头市、鄂尔多斯市、巴彦淖尔市 8 个盟(市)的 35 个旗(县、区)。

栎尖细蛾　发生 61.69 万亩，同比下降 18%。其中，轻度发生 24.21 万亩，中度发生 33.72 万亩，重度发生 3.76 万亩，发生程度以中度为主。发生范围为呼伦贝尔市 4 个旗(市、局)和兴安盟 4 个旗(局)。

春尺蠖　发生 42.9 万亩，同比上升 11%。其中，轻度发生 22.68 万亩，中度发生 18.57 万亩，重度发生 1.65 万亩，发生程度以轻度为主。发生范围为呼伦贝尔市、通辽市、锡林郭勒盟、乌兰察布市、包头市、鄂尔多斯市、巴彦淖尔市、乌海市和阿拉善盟 9 个盟(市)的 23 个旗(县、区)，其中鄂尔多斯市和巴彦淖尔市的发生面积占全区的 71%。

榆紫叶甲　发生 25.64 万亩，同比上升 19%。其中，轻度发生 11.5 万亩，中度发生 11.8 万亩，重度发生 2.34 万亩，发生程度以轻、中度为主。发生范围为呼伦贝尔市、兴安盟、通辽市、赤峰、巴彦淖尔市 5 个盟(市)的 11 个旗县，其中通辽市科左中旗发生面积占全区的 41%。

柳毒蛾　发生 23.36 万亩，同比下降 40%。其中，轻度发生 12.38 万亩，中度发生 9.69 万亩，重度发生 1.29 万亩，发生程度以轻度为主。发生范围为呼伦贝尔市、通辽市、锡林郭勒盟、乌兰察布市、鄂尔多斯市 5 个盟(市)18 个旗(区、市)。其中鄂尔多斯市发生面积占全区的 64%。

松毛虫　发生 21.25 万亩，同比上升 14%。

其中，轻度发生15.84万亩，中度发生5.4万亩，发生程度以轻度为主。发生范围为呼伦贝尔市、兴安盟、通辽市、赤峰市、锡林郭勒盟、乌兰察布市、包头市和鄂尔多斯市8个盟(市)的23个旗(县、区、市、局)。其中赤峰市发生面积占全区的60%。

(3)常发性钻蛀害虫

2024年，全区常发性钻蛀害虫有光肩星天牛、青杨天牛、红缘天牛、柳脊虎天牛、沙棘木蠹蛾等。发生面积稍有下降，发生程度以轻度为主(图6-5)。

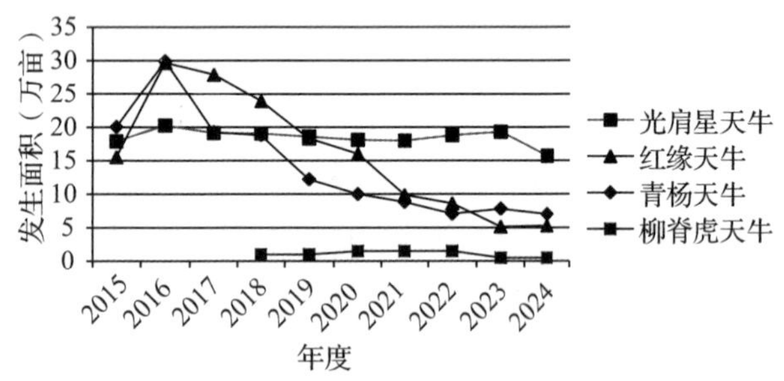

图6-5　近10年4种天牛发生趋势

光肩星天牛　发生15.68万亩，同比下降19%。其中，轻度发生13万亩，中度发生1.97万亩，重度发生0.7万亩，发生程度以轻度为主。发生范围为通辽市、乌兰察布市、呼和浩特市、包头市、鄂尔多斯市、巴彦淖尔市、乌海市、阿拉善盟8个市的28个旗(县、区)，其中巴彦淖尔市发生面积占全区的72%。

青杨天牛　发生7万亩，同比下降10%。其中，轻度发生6.3万亩，中度发生0.7万亩，发生程度以轻度为主。发生范围为兴安盟、通辽市、赤峰市、鄂尔多斯市、巴彦淖尔市5个盟(市)的16个旗(县、区)，其中鄂尔多斯市发生面积占全区的45%。

红缘天牛　发生5.3万亩，同比上升3%。其中，轻度发生4.1万亩，中度发生1.2万亩，发生程度以轻度为主。发生范围为鄂尔多斯市、乌海市2个市的5个旗(区)，其中鄂尔多斯市鄂托克旗发生面积占全区的51%。

柳脊虎天牛　发生0.5万亩，与2023年持平。其中，轻度发生0.3万亩，中度发生0.17万亩，重度发生0.03万亩，发生程度以轻度为主。仅在阿拉善盟额济纳旗发生。

沙棘木蠹蛾　发生16.51万亩，同比下降3%。其中，轻度发生8.52万亩，中度发生6.19万亩，重度发生1.8万亩，发生程度以轻度为主。发生范围为赤峰市、乌兰察布市、呼和浩特市、鄂尔多斯市4个市的7个旗县。其中鄂尔多斯市准格尔旗发生面积占全区的62%(图6-6)。

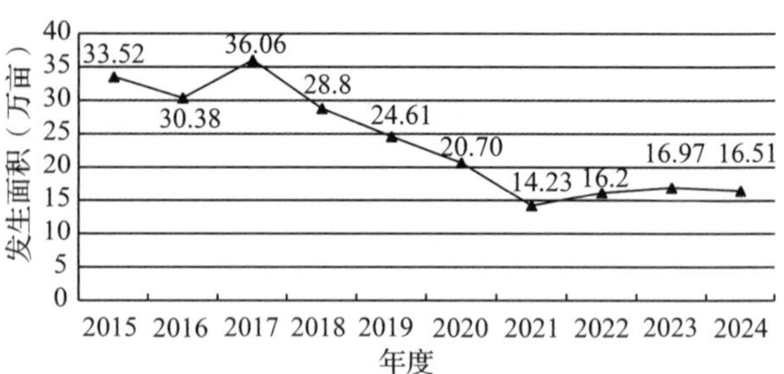

图6-6　近10年沙棘木蠹蛾发生趋势

(4)常发性种实害虫

柠条豆象　发生23.51万亩，同比下降47%。其中，轻度发生18.59万亩，中度发生4.92万亩，发生程度以轻度为主。发生范围为乌兰察布市、呼和浩特市、包头市3个市的14个旗(县)，其中乌兰察布市的发生面积占全区的89%。

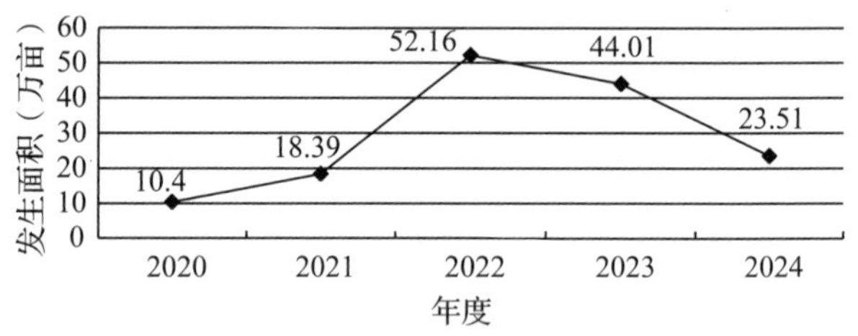

图6-7　近5年柠条豆象发生趋势

2. 病害

未发现松材线虫病疫情(包含内蒙古森工)。秋季普查松林面积6998.64万亩，监测普查小班415647个，监测普查覆盖率100%。调查濒死、枯死松树87015株，取样株树7329株，均未检测出松材线虫。

2024年，全区病害发生28种，发生面积上升，发生程度以轻度为主。主要有杨树病害、松树病害、柳树病害(图6-8)。

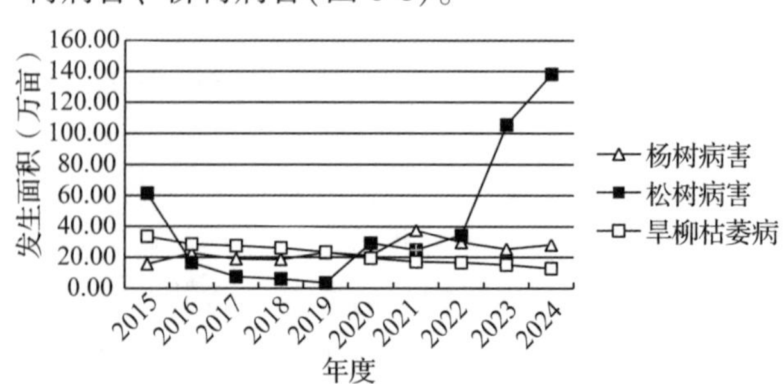

图6-8　近10年主要病害发生趋势

松树病害　发生 138.09 万亩，同比上升 31%。其中，轻度发生 83.48 万亩，中度发生 49.03 万亩，重度发生 5.58 万亩，发生程度以轻度为主。发生范围为呼伦贝尔市、兴安盟、通辽市、赤峰市、乌兰察布市 5 个盟(市)的 23 个旗县。其中，油松叶枯病发生 82.9 万亩、樟子松枯梢病 34.04 万亩、落叶松早期落叶病 15.61 万亩。油松叶枯病在赤峰市南部旗(县、区)发生，占全区发生面积的 60%；樟子松枯梢病在呼伦贝尔市红花尔基林业局发生面积最大，占全区樟子松枯梢病发生面积的 90%；落叶松早期落叶病主要在兴安盟五岔沟林业局发生，占全区落叶松早期落叶病发生面积的 65%。

杨树病害　发生 24.02 万亩，同比下降 5%。其中，轻度发生 17.27 万亩，中度发生 6.54 万亩，重度发生 0.21 万亩，发生程度以轻度为主。主要发生种类为杨树腐烂病、杨树锈病、冠瘿病等，其中杨树腐烂病发生 13.28 万亩。发生范围为呼伦贝尔市、兴安盟、通辽市、赤峰市、锡林郭勒盟、乌兰察布市、呼和浩特市、包头市、鄂尔多斯市、乌海市 10 个盟(市)的 34 个旗县。

旱柳枯萎病　发生 12.73 万亩，同比下降 16%。其中，轻度发生 5.85 万亩，中度发生 6.28 万亩，重度发生 0.6 万亩，发生程度以中度为主。发生范围为鄂尔多斯市的 6 个旗(区)。

3. 鼠(兔)害

2024 年，林业鼠(兔)害在全区 11 个盟(市)的 41 个旗(县、区、局)有不同程度发生。整体发生面积有所下降。(图 6-9)。

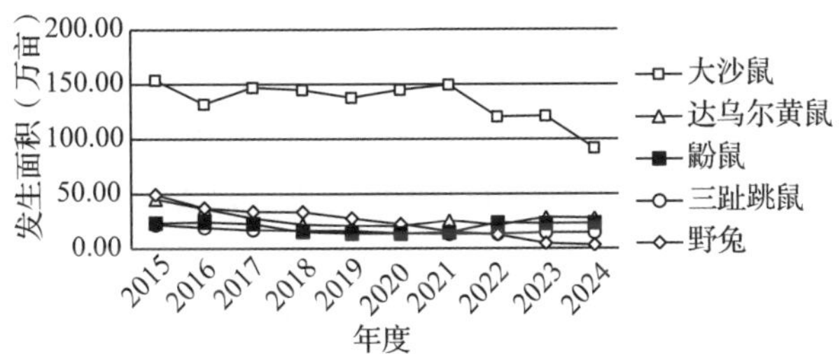

图 6-9　近 10 年主要鼠(兔)害发生趋势

大沙鼠　发生 91.83 万亩，同比下降 28%。其中，轻度发生 67.63 万亩，中度发生 18.22 万亩，重度发生 5.98 万亩，发生程度以轻度为主。主要在西部巴彦淖尔市、乌海市、阿拉善盟 3 个盟(市)的 9 个旗(区)发生。

达乌尔黄鼠　发生 27.85 万亩，同比下降 2.5%。其中，轻度发生 8.12 万亩，中度发生 19.42 万亩，重度发生 0.31 万亩。发生程度以中度为主。主要在锡林郭勒盟、乌兰察布市、包头市 3 个盟(市)的 12 个旗(县、市)发生。

鼢鼠类　发生 23.13 万亩，同比上升 1.3%。其中，轻度发生 14.51 万亩，中度发生 6.7 万亩，重度发生 1.92 万亩。发生程度以轻度为主。东北鼢鼠在呼伦贝尔市、兴安盟 2 个盟(市)的 3 个市(局)发生；草原鼢鼠在通辽市、锡林郭勒盟 2 个盟(市)的 4 个旗(区)发生；中华鼢鼠在乌兰察布市、呼和浩特市、鄂尔多斯市 3 个盟(市)的 5 个旗(县)发生。

三趾跳鼠　发生 14.4 万亩，与 2023 年基本持平。其中，轻度发生 9.8 万亩，中度发生 3.9 万亩，重度发生 0.7 万亩。发生程度以轻度为主。主要在鄂尔多斯市的 4 个旗(场)发生。

野兔　发生 3.1 万亩，均为轻度发生，同比下降 33%。主要发生在鄂尔多斯市的 3 个旗(场)。

(三)重点区域主要林业有害生物发生情况

红花尔基林业局樟子松，受异常气候环境、树势衰弱等综合因素影响，遭受枯梢病危害。2024 年樟子松枯梢病发生 30.65 万亩，同比下降 25%。

大青山自然保护区落叶松林内发生落叶松尺蛾 2 万亩，落叶松鞘蛾 0.15 万亩。

额济纳旗胡杨林区虫害发生 17.9 万亩，主要发生种类为褛裳夜蛾、胡杨木虱、小板网蝽、柳脊虎天牛和十斑吉丁，其中褛裳夜蛾发生 6 万亩，胡杨木虱发生 6 万亩。

贺兰山保护区虫害发生 10.6 万亩，其中，异色卷蛾、云杉梢斑螟混合发生 8.27 万亩。

(四)成因分析

1. 治理取得成效

各地压实防控工作主体责任，真抓实干，有序开展林业鼠(兔)害防控工作，综合治理成效显著，发生面积和范围得到有效控制。

2. 气候因素

高温多雨利于真菌病害发病、扩散，造成赤峰市南部旗县油松病害大面积发生；前期高温干旱后期持续降雨，引起东部区春尺蠖、柳毒蛾、舞毒蛾、落叶松尺蛾、天幕毛虫、松毛虫等羽化期(孵化期)提前5~7天。

3. 周期性

部分虫种存在周期性发生规律。

4. 纯林较多

人工纯林较多，树种单一、管理粗放，自然调控能力弱，局部地区危害较重。

二、2025年林业有害生物发生趋势预测

(一)2025年总体发生趋势预测

综合2024年内蒙古自治区林业有害生物发生防治情况、今冬明春的气候预测、林业有害生物发生规律和各地越冬基数调查分析，预测2025年全区林业有害生物发生面积942万亩，呈下降趋势，发生程度以轻度为主。其中，病害预计发生113万亩，虫害预计发生676万亩，鼠(兔)害预计发生152万亩(图6-10)。

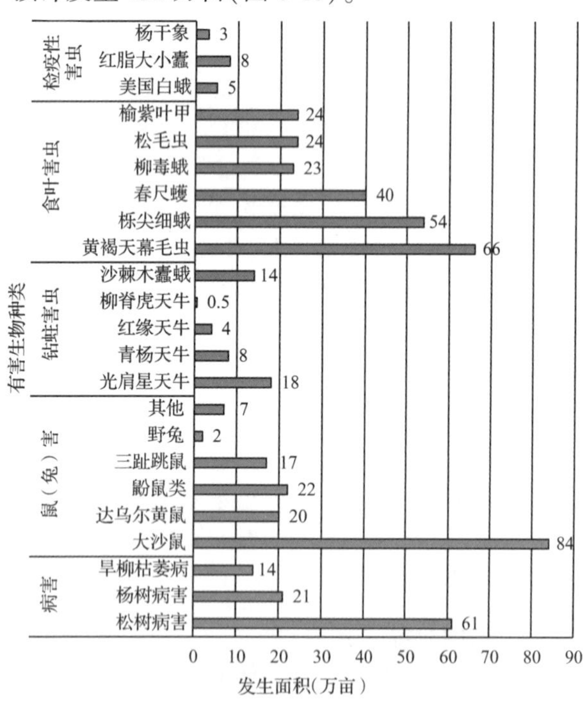

图6-10 2025年主要林业有害生物发生预测

2025年，需重点监测松材线虫病、美国白蛾、红脂大小蠹等检疫性林业有害生物，松树病害和其他暴发性林业有害生物，加强“三北”重点工程区、荒漠植被林业有害生物监测，掌握林业有害生物发生发展动态，及时发布灾情信息，提前做好防控准备，适时开展防治工作，有效降低灾害损失。

(二)分种类发生趋势预测

1. 检疫性林业有害生物

松材线虫病　目前，松材线虫病疫区的疫木及其制品非法调运现象屡禁不止，松材线虫病寄主和媒介昆虫同时存在，与内蒙古毗邻的辽宁、吉林、陕西和甘肃均是疫区，防控形势非常严峻。

美国白蛾　预计发生5万亩，发生面积呈上升趋势，发生程度轻度为主，发生范围为通辽市科左中旗和科左后旗。越冬基数调查结果显示，美国白蛾越冬平均虫口密度2头/株。预计扩散势头减缓，局地可能出现新疫情。

红脂大小蠹　预计发生8万亩，发生面积相对平稳，发生程度以轻度为主，发生范围为通辽市奈曼旗、科左中旗、科左后旗和赤峰市松山区、喀喇沁旗、宁城县、敖汉旗。越冬基数调查结果显示，通辽市有虫株率在1.5%~4%，赤峰市有虫株率6.4%。

杨干象　预计发生3万亩，发生面积稳中有降，发生程度轻度为主，发生范围为通辽市科左中旗、科左后旗、库伦旗和赤峰市松山区、红山区、敖汉旗、巴林右旗。

2. 食叶害虫发生预测

黄褐天幕毛虫　预计发生66万亩，发生面积持续下降，发生程度以轻度为主，主要发生范围为兴安盟、赤峰市2个盟(市)的12个旗(县、区、市)。赤峰市越冬调查显示，最大虫口密度120粒卵/株，平均虫口密度98粒卵/株，有虫株率9.1%。

栎尖细蛾　预计发生54万亩，发生面积呈下降趋势，兴安盟局部地区偏重发生，发生程度以中度为主，主要发生范围为呼伦贝尔市5个旗(局)和兴安盟的4个旗(局)。越冬基数调查显示，呼伦贝尔市平均虫口密度4~6头/m^2；兴安盟平均虫口密度13头/m^2，平均有虫株率29%。

春尺蠖　预计发生40万亩，危害趋于平稳，发生程度以轻度为主，主要在鄂尔多斯市、巴彦淖尔市2个市的9个旗发生。

柳毒蛾　预计发生23万亩，发生程度以中度为主，主要发生范围为鄂尔多斯市8个旗(区)。其中，伊金霍洛旗、东胜区、乌审旗、鄂托克旗有进一步扩散和加重危害的态势，需重点监测。

松毛虫　预计发生24万亩，发生面积呈上升趋势，发生程度以轻度为主，主要在赤峰市10个旗(县、区)发生，北部旗县危害偏重。赤峰市越冬基数调查结果显示，落叶松毛虫平均虫口密度39头/株，有虫株率11%；油松毛虫平均虫口密度22头/株，有虫株率17.5%。

榆紫叶甲　预计发生24万亩，发生面积稳中有降，发生程度以轻、中度为主。主要在通辽市5个旗(区)发生，科左中旗危害可能加重。越冬基数调查结果显示，通辽市平均虫口密度8头/株。

3. 林业钻蛀害虫

光肩星天牛　预计发生18万亩，发生面积同比上升，发生程度以轻度为主，主要在巴彦淖尔市6个旗(县、区)发生。

青杨天牛　预计发生8万亩，发生面积略呈上升趋势，发生程度以轻度为主，主要发生范围为鄂尔多斯市6个旗(区)和巴彦淖尔市5个旗(县、区)。

红缘天牛　预计发生4万亩，发生面积呈下降趋势，发生程度以轻度为主，主要在鄂尔多斯市3个旗发生。

柳脊虎天牛　预计发生0.5万亩，整体发生趋于平稳，发生程度以轻度为主，仅在阿拉善盟额济纳旗发生。

沙棘木蠹蛾　预计发生14万亩，发生面积持续下降，发生程度以轻度为主，主要在鄂尔多斯市3个旗(区)发生。

4. 鼠(兔)害发生预测

大沙鼠　预计发生84万亩，发生面积呈下降趋势，发生程度以轻度为主。对巴彦淖尔市、乌海市、阿拉善盟3个盟(市)的9个旗(区)荒漠植被造成危害，巴彦淖尔市2个旗和阿拉善盟3个旗局部地区可能危害较重。

达乌尔黄鼠　预计发生20万亩，发生面积呈下降趋势，发生程度以中度为主。在锡林郭勒盟、乌兰察布市、包头市3个盟(市)的10个旗(县、区)发生。

鼢鼠类　预计发生22万亩，整体发生程度以轻度为主。其中，东北鼢鼠在呼伦贝尔市和兴安盟2个盟(市)的6个旗(市、局)预计发生8万亩；草原鼢鼠在通辽市和锡林郭勒盟2个盟(市)的3个旗(区)预计发生9万亩；中华鼢鼠在乌兰察布市、呼和浩特市、鄂尔多斯市3个盟(市)的5个旗(县)预计发生5万亩。

三趾跳鼠　在鄂尔多斯市的4个旗预计发生17万亩，发生趋于平稳，发生程度以轻度为主。

野兔　在鄂尔多斯市的3个旗预计发生2万亩，轻度发生。

长爪沙鼠、棕背䶄等其他鼠害预计发生7万亩，发生面积呈下降趋势，发生程度以轻度为主。

5. 病害发生预测

松树病害　主要病害种类有樟子松枯梢病、落叶松早期落叶病、油松叶枯病等。预计发生61万亩，发生面积将有明显回落，发生程度以轻度为主。其中，樟子松枯梢病、落叶松早期落叶病主要在呼伦贝尔市和兴安盟发生，油松叶枯病在赤峰市发生，需重点监测。

杨树病害　主要种类有杨树腐烂病、杨树锈病等。预计发生21万亩，发生面积大幅下降，发生程度以轻度为主，在全区11个盟(市)的33个旗(县、区)均有不同程度发生。

旱柳枯萎病　预计发生14万亩，发生面积呈上升趋势，发生程度以中度为主，主要在鄂尔多斯市6个旗(区)发生，其中，乌审旗和伊金霍洛旗可能偏重发生。

(三)重点防控风险点

(1)认真做好松材线虫病疫情日常监测、专项普查以及媒介昆虫调查工作，严密防范松材线虫病入侵。重点监测通辽市和赤峰市与辽宁、吉林疫区毗邻地区。

(2)密切关注樟子松、油松病害的发生发展趋势，及时开展防治。

(3)近年来，红花尔基、大青山、贺兰山等自然保护区，病虫害呈上升态势，需密切监测。

(4)额济纳胡杨林区出现胡杨木虱危害严重的现象，需要重点关注。

三、对策建议

(一)加强组织领导，严格落实责任

切实加强组织领导，提高政治站位，从保护“我国北方生态安全屏障”的高度，充分发挥林长制作用，压实各级政府防治重大林业有害生物灾害的主体责任，明确工作职责、细化防控措施，坚持“预防为主、科学治理、依法监管、强化责任”方针，健全“政府主导、属地管理、部门协作、社会参与”机制，加大对重点生态区位、重点种类的治理力度，加强联防联治，扎实做好林业有害生物监测和防控工作。

(二)加强检疫执法，严防疫情传入

进一步加强检疫执法，严格执行《植物检疫条例》，认真开展产地检疫、调运检疫和复检工作，持续推进松材线虫病五年攻坚行动，加强与公安、海关、市场监管等部门紧密合作，相互配合，各负其责，齐抓共管，构建全方位、多层次的监测与防控体系，统筹做好专项普查工作，一经发现不明原因死亡松树，及时检测、处理。严防美国白蛾、红脂大小蠹等检疫性有害生物扩散蔓延和松材线虫病传入。

(三)规范预测预报，提升预警能力

加强国家级林业有害生物中心测报点管理，认真落实工作任务评价办法，完善有害生物监测预警体系，优化监测预警流程，加强技术更新和培训，规范数据管理，严格执行林业有害生物应急周报、月报和国家级中心测报点直报制度，提高监测数据采集质量。充分发挥测报点作用，及时发布主测对象等重大林业有害生物监测预报信息，指导生产性防治。推动林业有害生物智能化监测，加强基础设施和测报队伍建设，有效提升监测预警能力。

(四)加强物资储备，科学精准防治

各地积极筹措资金、科学统筹资金使用，及时储备药品、防护用品、检修及购置机械设备，为防灾减灾提供物质保障。加强科技支撑与技术服务工作，预防和治理一体推进，推广高效便捷的监测和防治技术，统筹推进群防群治、社会化防治，持续提高生物防治、无公害防治和营林措施比重，发挥生态系统自我调控能力，提升林业有害生物防治科学化水平。

(五)开展科普宣传，提高公众意识

充分利用广播、电视、报纸、网络等多种途径，采取进学校、进社区、进林场、进商圈等多种形式，广泛深入宣传林业有害生物识别、监测防治技术科普知识、相关法律法规，切实提高公众对林业有害生物危害性和危险性的认识，激发群众参与的主动性和积极性，增强全社会的防范意识，营造良好的社会氛围。

(六)加大培训力度，提升队伍素质

建立常态化培训机制，定期开展分级业务培训，不断提升各级业务人员监测、防治技术能力和业务水平，加强监测、防治队伍建设，提高队伍的整体素质。建立健全应急防治队伍，及时有效处置突发林业有害生物，最大限度减少灾害损失，进一步提高灾害应急处置能力。

(主要起草人：嘎丽娃　刘欢　刘东力　陈凯玥；主审：王越)

辽宁省林业有害生物2024年发生情况和2025年趋势预测

辽宁省林业有害生物防治检疫站

【摘要】2024年辽宁省林业有害生物发生744.10万亩，其中，轻度发生636.43万亩，中度发生90.74万亩，重度发生16.93万亩，比2023年的753.30万亩，发生面积有所下降。总体发生特点为松材线虫病等重大入侵林业有害生物呈多发蔓延态势，常发性林业有害生物发生面积总体呈平稳下降态势，美国白蛾和松毛虫等常发性害虫和突发性害虫在部分地区的个别地块危害较重，外来入侵物种的风险性依然严峻。根据2024年全省林业有害生物发生与防治情况及主要林业有害生物发生发展规律，结合气象资料，综合分析预测，2025年全省主要林业有害生物发生面积与2024年相比总体呈平稳趋势，线虫病和红脂大小蠹有出现新疫点的可能，松毛虫在辽西和辽北局部地区可能造成危害，松沫蝉、松梢螟等松树次要害虫有抬头趋势。预测2025年发生742万亩左右，危害程度总体呈轻中度，成灾面积变化平稳。

一、2024年林业有害生物发生情况

2024年全省发生面积为744.10万亩，同比2023年发生面积减少8.9万亩，重度发生面积增加0.23万亩。全省成灾面积6.38万亩，成灾率为0.71‰，较去年相比略有下降。其中病害发生53.49万亩，虫害发生680.34万亩，鼠兔害发生10.27万亩。防治作业面积达1040.44万亩，无公害防治作业率达99.38%(图7-1)。

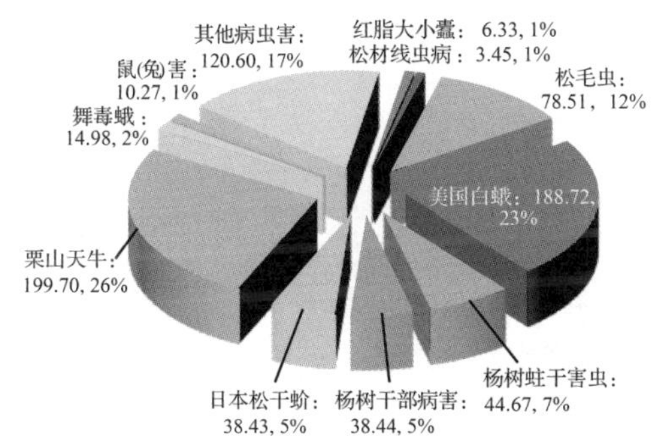

图7-1　2024年主要林业有害生物发生面积(万亩)

(一)发生特点

松材线虫病实现疫情发生面积和株数双下降。现有疫区17个，分别为沈阳市浑南区；大连市的沙河口区、甘井子区、中山区、西岗区和长海县；抚顺市的新宾县满族自治县(简称新宾县)、清原满族自治县(简称清原县)、东洲区、抚顺县和顺城区；本溪市的明山区、溪湖区；辽阳市的辽阳县和灯塔市；铁岭市的铁岭县和开原市。实现无疫情疫区6个，分别是沈阳市浑南区，大连市中山区、西岗区、沙河口区、甘井子区、长海县。其中，沙河口区连续3年实现无疫情，已具备拔除条件正在走疫区撤销程序。

全省没有新增疫区，新增4个疫点(分别是铁岭市开原市靠山镇、松山镇、上肥地镇，本溪市明山区新明街道)。大连市沙河口区1个疫区和4个疫点(分别是抚顺市抚顺县汤图乡、清原县红透山镇、新宾县南杂木镇、东洲区章党街道)具备拔除条件，正在走撤销疫点程序。实现无疫情疫点15个(浑南区满堂街道，中山区人民路街道、桃源街道、老虎滩街道、葵英街道，西岗区白云街道、八一街道，沙河口区南沙街道，甘井子区红旗街道、凌水街道，长海县獐子岛，抚顺县汤图乡，清原县红透山镇，新宾县南杂木镇，东洲区章党街道)。

红脂大小蠹目前在朝阳市7个县区，锦州市1个县区，阜新市2个县区，葫芦岛市2个县区均有分布，分布特点为零星分布。目前红脂大小蠹危害呈下降趋势，但扩散蔓延趋势不减，锦州和葫芦岛的其他县区以及周边的沈阳地区存在较

高的入侵风险。

栗山天牛危害的天然次生林分质量逐年下降。由于栗山天牛危害的不可逆性，目前全省的栗山天牛对栎树类的危害将逐渐加重，天然次生林分的质量逐渐下降，枯死木将逐年增加。同时由于天然林和水源涵养林的禁采禁伐，无法对已经死亡或濒死林木进行抚育更新，造成虫原地的保留。

全省松毛虫危害个别地区已经不遵循大发生周期的规律，虽然多数地区进入平稳期，但在辽西和辽北局部地区可能造成危害，有可能缩短大发生周期。

松沫蝉、松梢螟、松毒蛾和松针异常枯黄等松树病虫害有危害加重的趋势。2024 年辽宁地区的松林都面临松针异常枯黄、枝梢害虫加重的困扰。

6. 外来有害生物入侵风险性依然严峻。目前，已经在大连和沈阳地区发现高度疑似外来入侵物种——西部喙缘蝽。

(二)主要林业有害生物发生情况

1. 松材线虫病

截至 2024 年年末，全省共普查松林 2325 万亩，监测覆盖率 100%；发现枯死松木 457085 株，取样检测 17252 株，检测发现感病松木 11947 株。松材线虫病疫情发生小班 807 个，疫情发生 3. 04 万亩，病死松树 62402 株。

与 2023 年相比，疫点由 36 个增加到 40 个；疫情发生小班数量由 749 个增加到 807 个；疫情发生面积由 3. 41 万亩下降到 3. 04 万亩；疫木株数由 7. 18 万株下降到 6. 24 万株。实现疫情发生面积和株数双下降。

2. 红脂大小蠹

2024 年全省完成了春季、秋季两次松林排查工作。普查结果表明，目前全省红脂大小蠹疫情分布在朝阳、阜新、葫芦岛、锦州 4 个市的 12 个县区，面积为 6. 33 万亩。其中，阜新市在 2 个县区分布面积为 1. 13 万亩，朝阳市涉及全市 7 个县(市)区分布面积 4. 03 万亩；锦州市 1 个县区分布面积 0. 13 万亩；葫芦岛市 2 个县区分布面积 1. 05 万亩。

3. 美国白蛾

2024 年全省美国白蛾发生面积总体呈下降态势，但危害程度有所加重，美国白蛾发生 188. 72 万亩，占全省林业有害生物发生总面积的 25. 3%，比 2023 年(195. 91 万亩)减少 7. 19 万亩。其中，轻度发生 188. 46 万亩，中度发生 0. 25 万亩，重度发生 0. 01 万亩。全省除朝阳外，其他各市均有发生，大连、丹东发生面积较大，为轻度发生，2024 年全省没有出现新疫点。总体上二代发生不整齐，二代较一代发生程度偏重(图 7-2)。

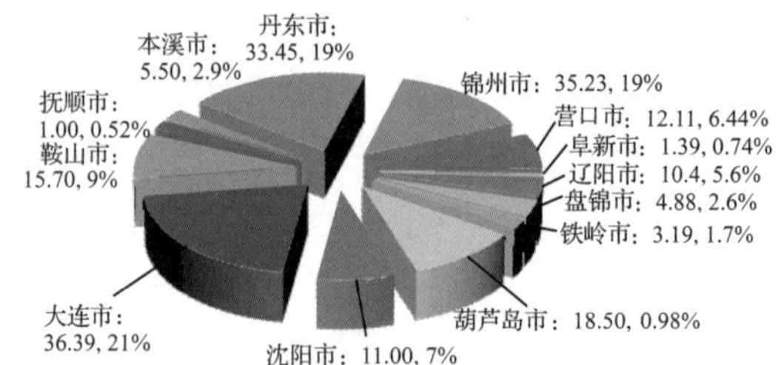

图 7-2　2024 年全省市级美国白蛾发生面积(万亩)

4. 松毛虫

2024 年全省松毛虫发生危害面积有所上升，松毛虫发生面积 78. 51 万亩，占全省林业有害生物发生总面积的 10. 55%，比 2023(67. 10 万亩)增加 11. 41 万亩。松毛虫包括落叶松毛虫、赤松毛虫、油松毛虫。主要发生区域在朝阳和葫芦岛两地。朝阳发生 55. 04 万亩，其中，轻度发生 35. 84 万亩，中度发生 16. 18 万亩，重度发生 3. 02 万亩。葫芦岛发生 9. 60 万亩，其中，轻度发生 9. 40 万亩，中度发生 0. 2 万亩。铁岭市发生面积 6. 90 万亩，轻度发生 6. 68 万亩，中度发生 0. 22 万亩。沈阳、鞍山、营口、抚顺、丹东的部分地区均有发生(图 7-3)。

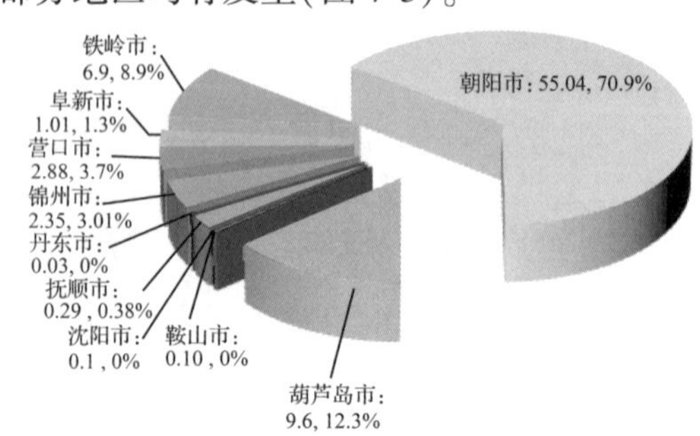

图 7-3　2024 年全省市级松毛虫发生面积(万亩)

5. 杨树蛀干害虫

2024 年全省杨树蛀干害虫发生有所下降，发生 44. 67 万亩，占全省林业有害生物发生总面积的 6%，比 2023 年(48. 70 万亩)减少 4. 03 万亩。

其中，轻度发生 38.06 万亩，中度发生 6.15 万亩，重度发生 0.45 万亩。杨树蛀干害虫包括杨干象、白杨透翅蛾、光肩星天牛、青杨天牛。杨干象全省发生 32.38 万亩，其中，轻度发生 27.00 万亩，中度发生 4.39 万亩，重度发生 0.45 万亩。沈阳、朝阳地区发生面积均在 4 万~6 万亩。锦州地区的发生面积 8 万亩左右。阜新地区的发生面积较比去年有所下降。大连、鞍山、丹东、营口、盘锦、铁岭、葫芦岛均有发生(图 7-4)。

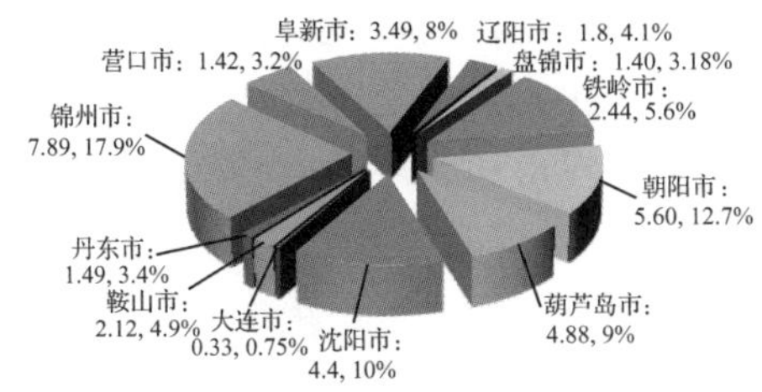

图 7-4　2024 年全省市级杨树蛀干害虫发生面积(万亩)

6. 日本松干蚧

2024 年全省日本松干蚧发生面积与去年基本持平，发生 38.43 万亩，占全省林业有害生物发生总面积的 5.16%，比 2023 年(38.37 万亩)增加 0.06 万亩。其中，轻度发生 37.66 亩，中度发生 0.77 万亩，无重度发生。主要发生在鞍山、抚顺、本溪、丹东、营口、辽阳、铁岭地区。其中，丹东市轻度发生 19.68 万亩；辽阳轻度发生 7.79 万亩；抚顺轻度发生 4.02 万亩；鞍山轻度发生 0.10 万亩；本溪轻度发生 3.12 万亩，铁岭轻度发生 3.00 万亩，营口轻度发生 0.72 万亩(图 7-5)。

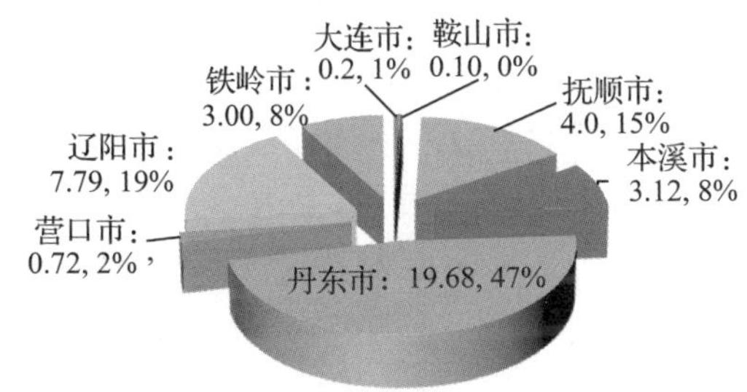

图 7-5　2024 年全省市级日本松干蚧发生面积(万亩)

7. 栗山天牛

2024 年全省栗山天牛发生与去年基本持平。发生 199.70 万亩，占全省林业有害生物发生总面积的 26.8%，比 2023 年(201.89 万亩)2.19 万亩。其中，轻度发生 151.86 万亩，中度发生 39.96 万亩，重度发生 7.88 万亩。重点发生区域为丹东，发生 123.23 万亩，占全省栗山天牛发生面积的 61.7%(图 7-6)。

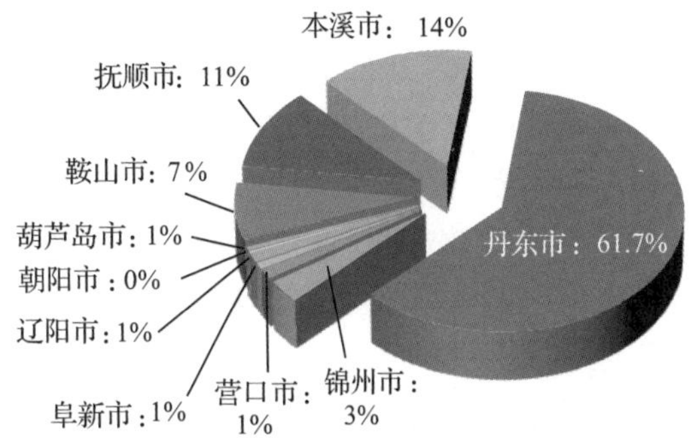

图 7-6　2024 年全省市级栗山天牛发生面积占比

8. 舞毒蛾

2024 年全省舞毒蛾发生面积略有下降，全省发生 14.98 万亩，占全省林业有害生物发生总面积的 2%，比 2023 年(15.58 万亩)减少 0.60 万亩。其中，轻度发生 13.60 万亩，中度发生 1.38 万亩，无重度发生面积。阜新、辽阳地区发生面积较大。阜新发生 9.10 万亩，其中，轻度发生 8.33 万亩，中度发生 0.77 万亩。辽阳轻度发生 2.30 万亩。此外，大连、锦州、丹东、营口、朝阳、葫芦岛等地区均有发生(图 7-7)。

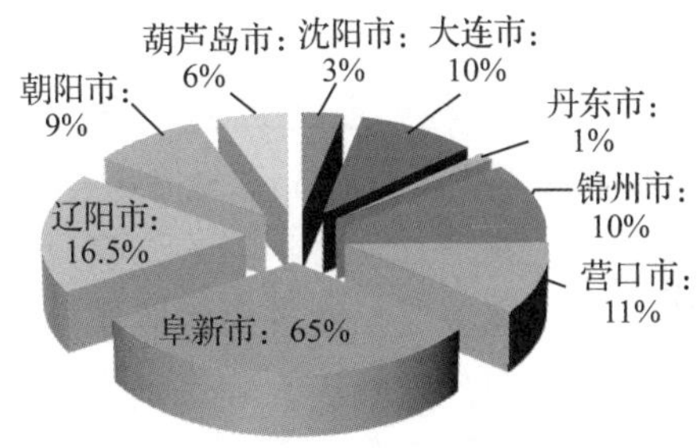

图 7-7　2024 年全省市级舞毒蛾发生面积占比

9. 杨树干部病害

2024 年全省杨树干部病害发生略有下降趋势，发生 38.44 万亩，占全省林业有害生物发生总面积的 5.16%，比 2023 年(38.74 万亩)减少 0.30 万亩。杨树干部病害包括杨树溃疡病、杨树

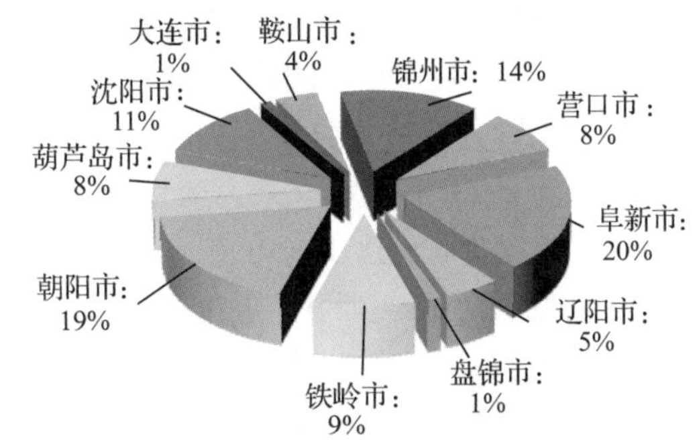

图 7-8　2024 年全省市级杨树干部病害发生面积占比

烂皮病、杨树细菌性溃疡病、杨棒盘孢溃疡病。其中，轻度发生 31.62 万亩，中度发生 5.94 万亩，重度发生 0.89 万亩。除抚顺、本溪、丹东之外，其他地区均有发生(图 7-8)。

10. 森林鼠(兔)害

2024 年全省森林鼠(兔)害发生面积略有上升，全省鼠(兔)害共发生 10.27 万亩，占全省林业有害生物发生总面积的 1.38%，比 2023 年(13.48 万亩)减少 3.21 万亩。其中，轻度发生 8.91 万亩，中度发生 1.26 万亩、重度发生 0.10 万亩。主要分布在鞍山、抚顺、本溪、丹东、朝阳、葫芦岛。其中，朝阳发生 4.70 万亩，本溪发生 1.91 万亩，丹东发生 1.79 万亩(图 7-9)。

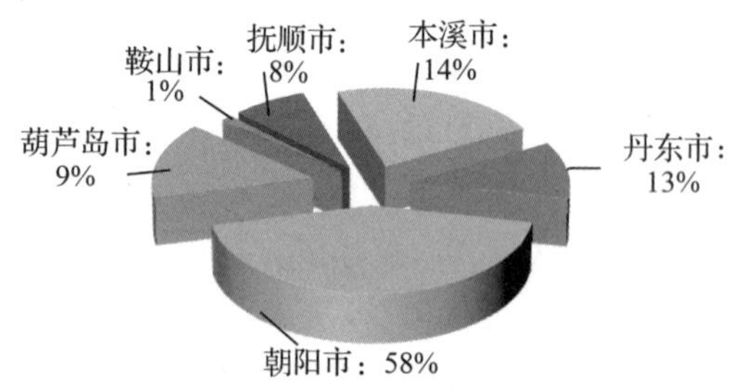

图 7-9　2024 年全省市级森林鼠(兔)害发生面积占比

11. 其他林业有害生物

2024 年全省其他林业有害生物发生略有下降，发生 120.62 万亩，占全省林业有害生物发生总面积的 16.2%，比 2023 年(123.52 万亩)减少 2.9 万亩。虫害以突发性害虫伊榛实象、松梢螟、杨毒蛾、藤厚丝叶蜂、天幕毛虫为主；病害以松枯梢病和松针褐斑病为主。

(三)重点区域主要林业有害生物发生情况

2024 年辽宁重点区域主要林业有害生物发生的情况：一是以辽西地区为代表的因气候因素引起的油松松针异常枯黄现象。二是以阜新和本溪地区为代表的松沫蝉、松梢螟、松球果螟等松树枝梢类虫害加重发生。三是个别地区的杨树、柳树的烂皮病和腐烂病有加重的趋势。

1. 油松松针异常枯黄现象

朝阳市自 2023 年入冬以来，全市发生针叶枯黄现象的松林总面积达 105 万亩，主要发生在建平县和凌源市两地，其中，重度受害 78.5 万亩，轻度受害 26.5 万亩。后经专家研判，并从症状表现、发生规律、时间节点、生理干旱四方面进行解读，得出初步判断，油松针叶异常枯黄大概率不是松材线虫病危害，疑似生理灾害。经过雨季之后，目前已基本恢复如初。全省其他地区也不同程度地出现了非松材线虫病引起的油松黑松等松树针叶异常枯黄现象，如沈阳、大连、葫芦岛的绥中和兴城等地。

2. 松树枝梢类虫害危害加重

阜新市的阜新蒙古族自治县(简称阜新县)和彰武县均有松梢螟和松沫蝉的混合发生，初步估计发生 20 多万亩。其中阜新县的东部、北部、西部危害较为严重，南部危害略轻；彰武县的危害与阜新县相比略轻，危害程度与阜新县的南部地区相近。本溪市和葫芦岛市的松树枝梢类虫害预测也都在 20 万亩以上。

综上所述，目前辽宁松梢螟和松球果螟的危害有越来越严重的趋势，2024 年发生面积超过 50 万亩。松干蚧和松沫蝉这两种危害松树的害虫，也有潜在的暴发趋势。

3. 杨、柳树病害发生严重

因 2024 年降水偏多，辽宁部分地区的行道树出现柳树烂皮(腐烂)病，现已知发生在沈阳、鞍山、抚顺、铁岭、阜新等地区。严重地块出现整株枯死现象。

(四)成因分析

1. 松材线虫病实现疫情发生面积和株数双下降

主要原因有以下几个方面。

(1)提高认识，落实责任，强化业务指导。为保障松材线虫病防控工作顺利进行，要求各地严格按照《辽宁省人民政府办公厅转发省林业和草原局关于松材线虫病疫情防控专项行动方案(2023—2024 年度)的通知》要求，开展松材线虫病秋季普查。各地全面落实定人、定责、定点、定线、定频的“五定”监测措施，科学制定普查方案，将普查责任落实到具体单位和人员。明确要求加强普查人员培训指导，规范踏查路线、普查内容、取样对象、取样部位、取样方法、取样数量，及时登记普查数据，并做好普查数据分析汇总和上报。

(2)统筹力量，全面覆盖，形成防控合力。各地充分发动护林员、监管员、社会化组织、林草资源监测机构等力量，统筹组织各方人员力量，形成防控合力，确保松材线虫病监测普查工作有效开展实行“网格化”管理模式，细化普查区域，突出重点、落实责任，将松树枯死木普查任务以小班为单位落实到人头，确保普查工作“全口径、无遗漏”，做到早发现、早部署、早除治。在普查中突出重点区位，对部队营区、风景名胜区和旅游景区加大普查和病死松树的抽样强度，提高普查工作质量。

(3)应用平台，规范管理，确保成果质量。辽宁省2024年松材线虫病疫情普查工作应用监管平台规范管理。通过平台统计、汇总、监督、调度各地区的普查工作进度，发现问题及时纠正。同时，将普查结果上传至辽宁省松材线虫病疫情精细化监管平台，保证普查工作进度与质量。辽宁省监管平台与国家局松材线虫病疫情防控监管平台成功对接，普查结果直接转入到国家平台，减少了人为干扰，保证结果的真实性，确保成果质量。

2. 栗山天牛发生危害的形势依然严峻

一是由于栗山天牛的生活史周期为三年一代，幼虫在树干的木质部内危害时期长，对树木干部危害极大。二是由于栗山天牛为蛀干类害虫，对树木造成的危害不可逆。三是栗山天牛在全省分布范围广，除沈阳、大连、铁岭、盘锦之外的10个市均有分布。四是由于防治资金有限，无法展开大规模有效防控。

3. 松树虫害有发生严重的趋势

近几年辽宁省多数地区持续出现暖冬，松树害虫越冬死亡率低，加之其孵化期降水量少，孵化率增高，导致种群数量增加较快，缩短了大发生周期，经历多年的潜育，松树虫害的大发生时期已来临。一是以朝阳地区为代表，松毛虫将会缩短大发生周期，局部地块不及时防治将会出现大暴发。二是以葫芦岛地区为代表，松梢螟将会扩大发生面积，出现逐步加重的趋势。三是以铁岭市昌图地区为代表，松毒蛾和松沫蝉呈突然暴发的态势，并且出现多种松树虫害混合发生情况。

4. 发达的物流运输和薄弱的检疫手段

随着经济的不断发展，物流运输必然越多越频繁，外来物种入侵的概率越来越大，种类越来越多。因此外来有害物种的入侵风险也越来越高。

二、2025年林业有害生物发生趋势预测

(一)2025年总体发生预测趋势

根据2024年全省林业有害生物发生与防治情况及主要林业有害生物发生发展规律，综合分析预测，2025年全省主要林业有害生物发生面积与2024年相比总体略有下降趋势，发生面积在742万亩左右，其中，预测病害发生39万亩，虫害发生580万亩，鼠(兔)害发生11万亩，其他病虫害120万亩。危害程度总体呈轻中度发生，但成灾面积同去年比仍然持平。松材线虫病发生趋势趋于平缓；红脂大小蠹发生范围有所扩大；松毛虫的大发生周期开始回落，但在局部地区仍会造成较重危害；美国白蛾发生面积比上一年有所下降，个别常发性害虫在部分地区危害加重；突发性虫害在部分地区有暴发成灾的可能(图7-10)。

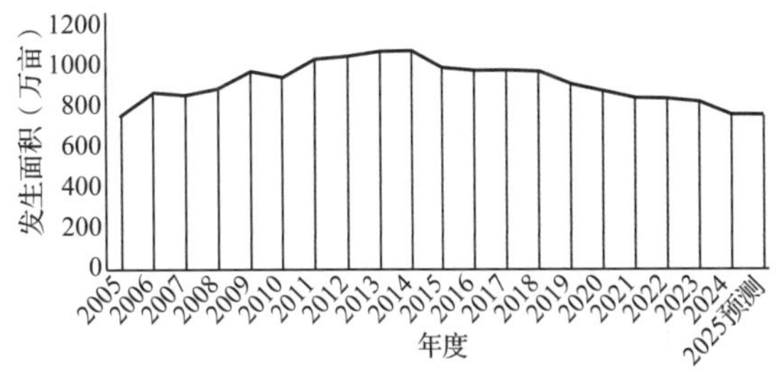

图7-10 2005—2024年全省有害生物发生面积及2025年预测值

(二)分种类发生预测趋势

1. 松材线虫病

预测2025年全省松材线虫病发生面积与2024年相比总体呈平稳态势，发生面积在3.5万亩左右。发生区域为沈阳(已实现无疫情)、大连、抚顺、本溪、辽阳、铁岭等地区。经过2017—2024年8年的积极除治，松材线虫病发生趋势已经趋于平缓。由于松材线虫病除治技术局限性和传播特点，周边地区面临随时传入的可能，全省各地仍有发生新疫点的可能，特别是抚顺地区更易出现疫情反复的情况。

2. 红脂大小蠹

预测2025年全省红脂大小蠹的扩散蔓延呈高危态势，发生面积在6.3万亩左右。发生区域为朝阳市的五县两区，阜新市的阜新县、彰武

县，锦州市的北镇市，葫芦岛市的建昌县和绥中县。疫区接壤县区的过火林地应作为重点监测排查区域。

3. 美国白蛾

预测2025年全省美国白蛾发生与危害略有下降趋势，发生面积在185万亩左右。发生区域为养殖场周边、村屯道路两侧新植绿化带、市区及郊区接壤地区等。根据2024年发生防治情况，部分地区的局部有可能危害程度有所加重。个别防治死角和防控不到位的地区要加强监测，以免出现大发生的状况。虫害主要发生在沈阳、大连、营口、辽阳、鞍山、丹东、本溪、抚顺、锦州、葫芦岛、盘锦、铁岭等地。阜新、朝阳地区可能会出现新疫点(图7-11)。

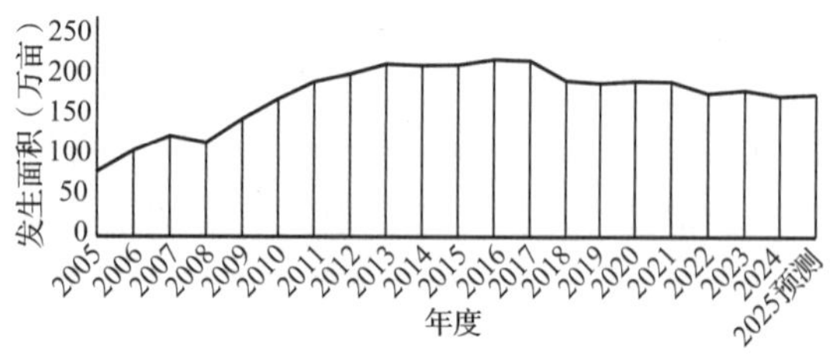

图7-11　2005—2024年全省美国白蛾发生面积及2025年预测值

4. 松毛虫

预测2025年全省松毛虫发生危害呈下降趋势，但不排除个别地块有成灾的情况，发生面积在73.2万亩左右。朝阳市的凌源市、建平县、喀喇沁左翼蒙古族自治县和朝阳县发生面积可能有所增加，局部地块危害可能有所加重；铁岭市的昌图县和西丰县，葫芦岛市的绥中县和建昌县的个别地块危害程度有可能加重；锦州市的北镇市，营口的盖州市及沈阳市、大连市、鞍山市等地预测轻度发生。落叶松毛虫在辽东地区的抚顺清原县和新宾县，本溪市桓仁满族自治县(简称恒仁县)，已不造成危害(图7-12)。

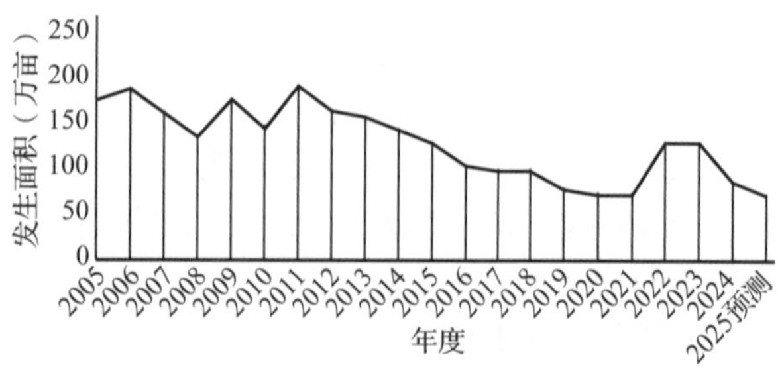

图7-12　2005—2024年全省松毛虫发生面积及2025年预测值

5. 日本松干蚧

预测2025年日本松干蚧发生危害总体呈平稳态势，发生面积在39万亩左右。主要发生在大连、鞍山、抚顺、本溪、丹东、营口、辽阳、铁岭地区，均以轻度发生危害为主(图7-13)。

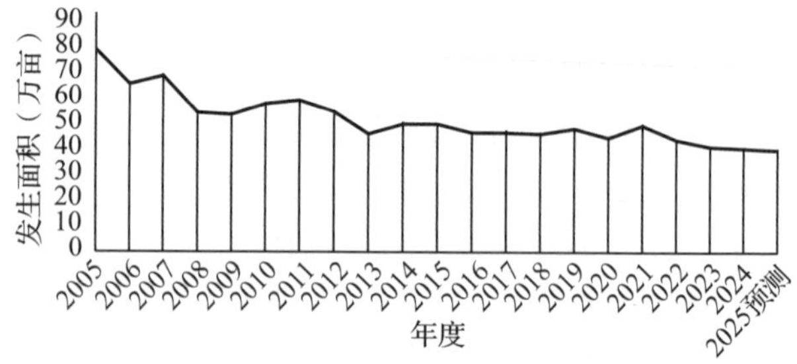

图7-13　2005—2024年全省日本松干蚧发生面积及2025年预测值

6. 杨树蛀干害虫

预测2025年杨树蛀干害虫发生面积略有下降趋势，发生面积在44万亩左右。杨树蛀干害虫以杨干象、白杨透翅蛾、光肩星天牛等天牛类为主。该类害虫在沈阳、锦州、阜新、铁岭、朝阳发生危害面积较大，大连、鞍山、本溪、丹东、营口、辽阳、盘锦、葫芦岛等地区以轻度发生危害为主(图7-14)。

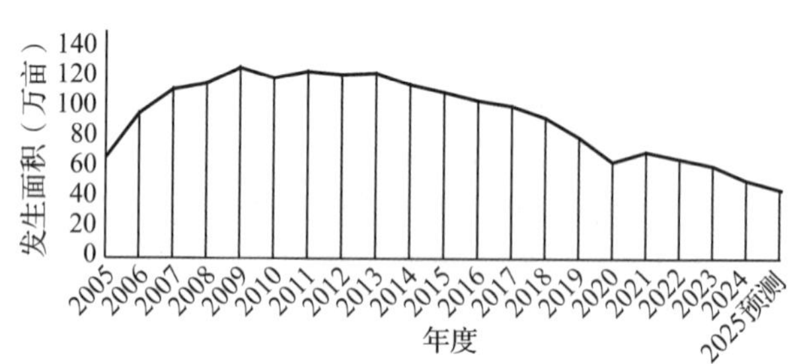

图7-14　2005—2024年全省杨树蛀干害虫发生面积及2025年预测值

7. 杨树干部病害

预测2025年杨树溃疡(烂皮)病等杨树干部病害发生危害呈平稳态势，发生面积在38万亩

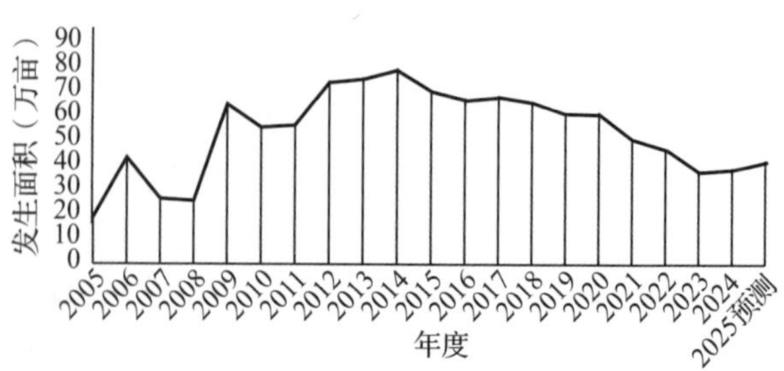

图7-15　2005—2024年全省杨树干部病害发生面积及2025年预测值

左右。在沈阳、锦州、营口、阜新、铁岭、朝阳、葫芦岛地区发生危害面积较大，大连、鞍山、辽阳、盘锦等地以轻度发生危害为主(图 7-15)。

8. 栗山天牛

预测 2025 年栗山天牛发生危害呈平稳趋势，发生面积在 198.7 万亩左右。栗山天牛在辽宁省三年一代，2025 年东部山区的栗山天牛开始进入幼虫期，因此危害面积不会出现较大的增长。由于栗山天牛危害的不可逆性，造成目前全省的栗山天牛危害的林分质量将逐年下降，枯死木将逐年增加。其主要发生区域在丹东市的宽甸满族自治县和凤城市、鞍山市的岫岩满族自治县、抚顺市的抚顺县、铁岭市、本溪的本溪满族自治县和桓仁县。除沈阳、盘锦之外的 12 个市均有分布(图 7-16)。

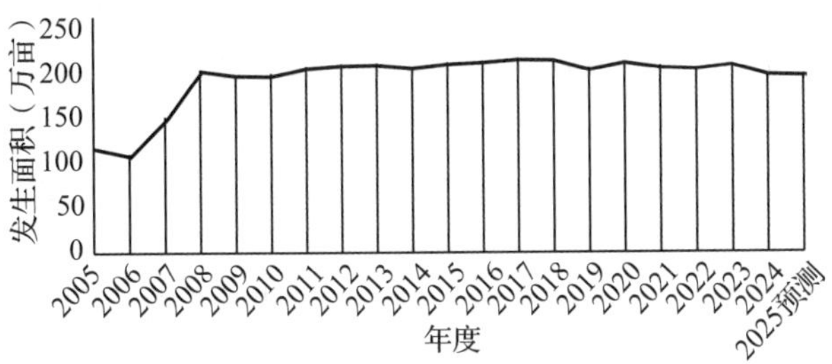

图 7-16　2005—2024 年全省栗山天牛发生面积及 2025 年预测值

9. 舞毒蛾

预测 2025 年舞毒蛾发生危害呈平稳态势，发生面积在 15.6 万亩左右，阜新、营口、锦州、辽阳等地的发生的面积较大，大连、丹东、朝阳、葫芦岛等地以轻度发生危害为主(图 7-17)。

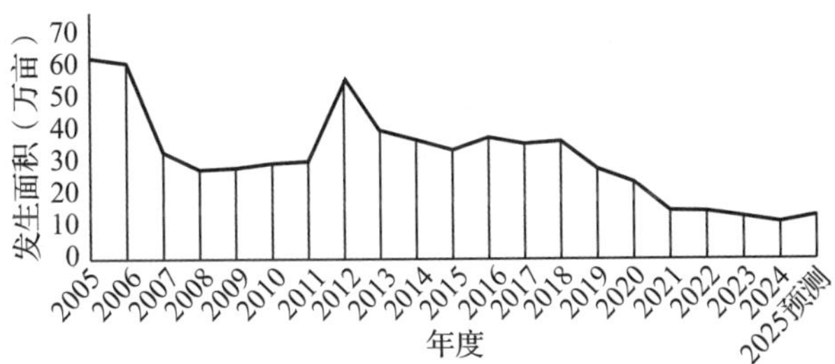

图 7-17　2005—2024 年全省舞毒蛾发生面积及 2025 年预测值

10. 森林鼠(兔)害

预测 2025 年森林鼠(兔)害发生面积略有上升趋势，发生面积在 11 万亩左右。鼠害主要在鞍山、抚顺、本溪、丹东、阜新地区发生。兔害其主要发生在朝阳和阜新地区，葫芦岛也有少量分布(图 7-18)。

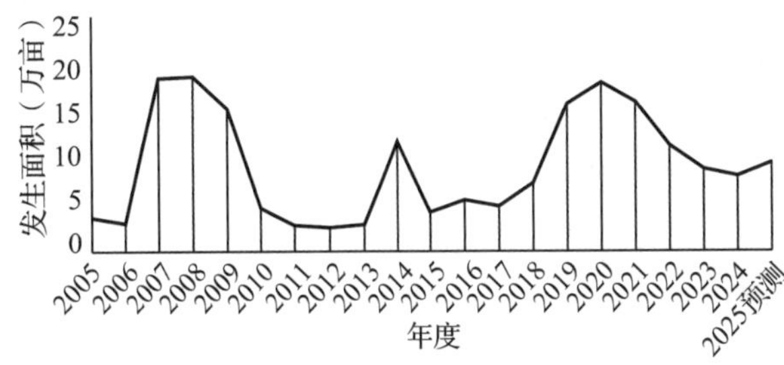

图 7-18　2005—2024 年全省森林鼠(兔)害发生面积及 2025 年预测值

11. 其他病虫害

预测 2025 年发生面积 120 万亩左右。病害主要是落叶松枯梢病和松林衰退病等；虫害主要是黄褐天幕毛虫、银杏大蚕蛾、松梢螟、杨毒蛾、杨树舟蛾类、榛实象、栗实象等(图 7-19)。

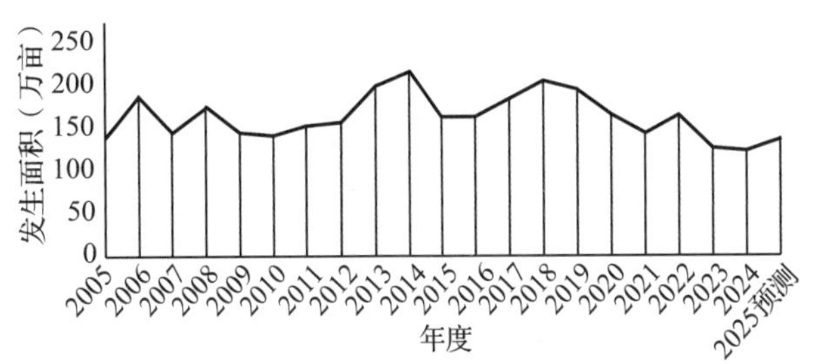

图 7-19　2005—2024 年全省其他病虫害发生面积及 2025 年预测值

(三)2025 年重要防控风险点

严防外来疫区疫木进入和本地区疫点疫木流出，及时做到松材线虫病疫木的即死即清，规范松材线虫病的日常监测和调查取样，甄别由于气候异常和其他病虫害引起的松树枝叶枯黄，及时检测，避免草木皆兵。

加强松林火烧迹地和采伐迹地的监测，及时掌握红脂大小蠹的种群数量动态，观测虫口密度变化规律，疫区周边的沈阳市、鞍山市、盘锦市为重点监测区；全省其他地区为一般监测区。

密切关注松树针叶异常枯黄现象，各地区结合松材线虫病日常监测，加强对本地区松林健康状况的实时监测。一旦发现松针异常枯黄，应立即调查原因，除病虫害引起的之外，气候异常也会引起松树枯黄，也需密切关注，均要及时上报。

高度重视松梢螟、松球果螟、针叶小爪螨引起的松树枝梢枯黄，以及松干蚧、松沫蝉引起的松树树势衰弱等问题。各地区在发现松树枯枝、枯梢等现象时，在排除气象因素和松材线虫引起的危害后，要明确是何种病虫害引起的危害，防止出现扩散蔓延。

不能放松以美国白蛾为主的食叶害虫监测，特别是杨树食叶害虫(如杨小舟蛾等)极易造成短时暴发成灾。

三、对策建议

(一)松材线虫病防控工作方面

一是组织各地区编制松材线虫病普查方案和防治方案。非疫区要严格按照普查方案完成本辖区的普查工作，疫区在完成普查的同时，按要求编制松材线虫病防治方案(2024—2025 年度)，经审定后予以实施。

二是及时开展疫木集中除治工作。督促各疫区按照审定的方案，及时开展疫木集中除治工作，确保按时保质完成今冬明春疫木集中除治任务，同时按照监管方案的要求，组织好省、市、县林业有害生物防治检疫部门，做好疫木集中除治的监管工作。

三是开展松材线虫病疫木整治专项行动和打击疫木违法犯罪行为专项行动。在 2024 年 12 月至 2025 年 4 月，开展松材线虫病疫木整治专项行动，以抚顺为重点，全面排查各涉松木单位、个人、工程项目等，加大整治力度。同时，开展打击疫木违法犯罪行为专项行动，由公安部门牵头，林草部门配合，对妨碍动植物防疫、检疫违法行为依法进行严厉打击，对涉嫌犯罪的将移送司法机关，依法追究刑事责任。

(二)测报点和测报队伍建设方面

一是资金方面：调整国家级中心测报点补助经费下拨方式，提高资金额度。自 2021 年国家级中心测报点补助经费的下拨方式有了大调整，从独立账户直接下拨到测报点账户改为合并到防治经费中一起下拨到地方财政。这种经费下拨方式不利于测报点补助资金的使用，建议再更改回原来下拨方式。这样可提高测报点补助资金的使用效率，调动国家级中心测报点工作的积极性。另外，随着物价上涨和人工费提高，原有的资金额度也无法满足当前工作需要，建议增加补助经费额度。

二是体系方面：理顺关系，减轻机构改革对森防体系带来巨大冲击。受前期机构改革影响，除了机构合并、职能划分带来的工作不便外，森防体系的安排调动对基层监测工作带来了很大冲击。建议从国家层面出台相应政策，积极稳定基层监测机构和队伍，最大程度上减少因机构改革带来的影响。理顺自上而下的森防体系，保障监测预报工作的正常开展。

三是人员队伍方面：稳定测报队伍和人才。完善的监测队伍和高素质的监测人员是高科技能否发挥作用的先决条件，而监测调查数据的科学性、准确性、及时性、连续性也都离不开人的影响因素，如何确保监测队伍的完整性和提高监测人员业务水平是急需解决的问题。但是前期机构改革，造成了大量原有专业技术人员流动，岗位变动，打乱了原有的监测预报队伍，造成了大量专业技术人员的流失。

四是岗位培训方面：专兼职测报人员需要开展岗位培训。随着人员流动和岗位的变迁，目前基层从事监测预报工作的同志大多数没有经过国家局防控中心的岗位培训。建议国家恢复专兼职测报员培训工作，使得基层一线的监测预报调查人员真正做到持证上岗。

(主要起草人：柴晓东；主审：王越)

吉林省林业有害生物2024年发生情况和2025年趋势预测

吉林省森林病虫防治检疫总站

【摘要】2024年吉林省林业有害生物发生370.66万亩，其中，轻度发生312.32万亩，中度发生45万亩，重度发生13.34万亩，较去年同期下降0.61%。总体呈轻度发生，局部有成灾，发生形势呈危害种类多样化，松材线虫病实现当年无疫情，美国白蛾总发生面积小，整体呈零星分布，小蠹虫类在国家虎豹公园内持续危害，日本松干蚧在延边发生面积较大，食叶害虫发生面积总体下降，其中，落叶松毛虫、分月扇舟蛾、柳毒蛾、杨潜叶跳象发生面积下降趋势明显。根据各地对主要林业有害生物越冬前的调查结果，结合2024年吉林省各国家级林业有害生物中心测报点监测数据分析，预测2025年吉林省林业有害生物发生面积有所上升，预测发生面积为378.73万亩。

一、2024年林业有害生物发生情况

2024年吉林省应施调查监测的林业有害生物种类为67种，通过调查监测发生的种类有55种，吉林省应施调查监测面积为26016.03万亩，实施调查监测面积为26005.27万亩，平均调查监测覆盖率99.96%。2024年吉林省林业有害生物发生370.66万亩，较去年同期下降0.61%。按发生程度统计，轻度发生312.32万亩，中度发生45万亩，重度发生13.34万亩。按发生类别统计，虫害发生285.78万亩，占总发生面积的77.1%；病害发生23.98万亩，占总发生面积的6.47%；鼠害发生60.9万亩，占总发生面积的16.43%。吉林省有林地12401.18万亩，成灾面积为4.74万亩，成灾率0.38‰(图8-1)。

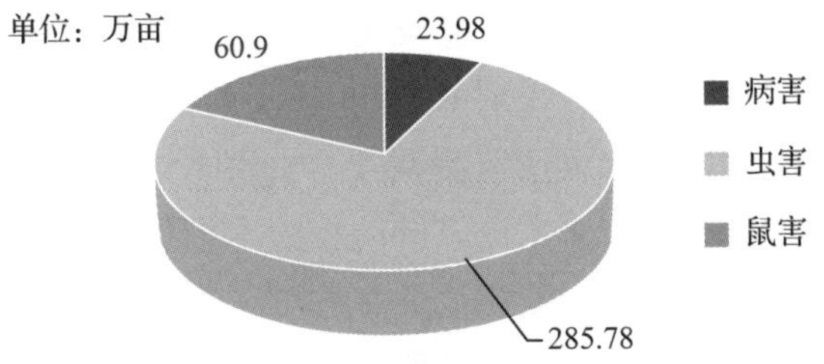

图8-1 2024年吉林省林业有害生物发生面积

(一)发生特点

2024年吉林省大部分林业有害生物发生形势较稳定，发生程度以轻度为主，主要表现出以下特点。

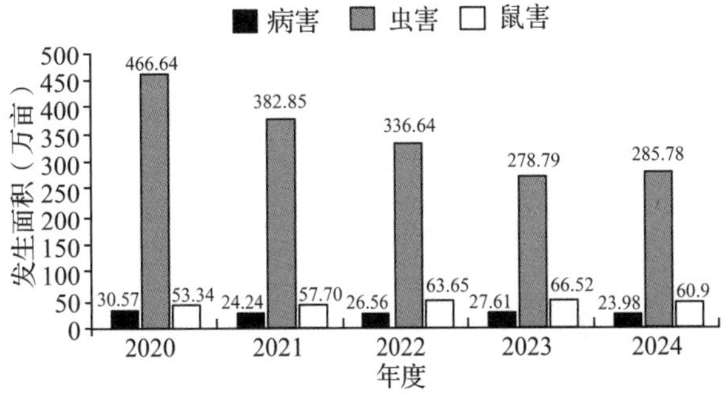

图8-2 2020—2024年吉林省林业有害生物发生面积对比

1. 发生种类以虫害为主

主要林业有害生物发生种类以虫害为主，发生面积占总发生面积的77.1%，鼠害发生面积次之，病害发生面积最少(图8-2)。发生形势呈覆盖范围广、防控难度大、整体发生危害种类多样化的特点。

2. 发生种类区域性明显

吉林省中、东部山区发生种类主要有落叶松毛虫、红松球果害虫、小蠹虫类、日本松干蚧等寄主为松科树种的有害生物，西部平原地区发生种类主要为黄褐天幕毛虫、杨潜叶跳象、黑绒金龟子、杨毒蛾、柳毒蛾、分月扇舟蛾、白杨透翅蛾、青杨天牛、榆紫叶甲等寄主为杨、榆属的有害生物。

3. 重大林业有害生物整体控制良好

松材线虫病全部实现无疫情。美国白蛾总发生面积较小，除梅河口市以外，其他疫区发生面积有下降趋势。鼠害除白城、松原西部平原地区以外全省均有发生，以轻度发生为主，轻度发生占总发生面积的 99.08%，发生林分既有人工林也有天然林，主要危害幼、中龄林，特别是对冠下更新的红松和云杉危害较重。

4. 食叶害虫防治效果显著

食叶害虫发生面积总体下降，其中落叶松毛虫、分月扇舟蛾、柳毒蛾、杨潜叶跳象发生面积下降趋势明显。因天气影响，银杏大蚕蛾、舞毒蛾发生面积略有上升。

5. 枝干害虫局部发生仍较重

小蠹虫类、青杨天牛、白杨透翅蛾下降趋势明显。日本松干蚧在延边朝鲜族自治州(简称延边州)均有发生，其中延吉市、图们市、龙井市、和龙市有重度发生。落叶松球蚜主要发生在白山地区，发生面积同比增长较大。

6. 红松球果害虫危害减轻

主要为梢斑螟类，经过有效防控，吉林省松梢斑螟类害虫发生实现连续 5 年下降。

(二)主要林业有害生物发生情况分述

1. 森林虫害

(1)枝干害虫

主要包括栗山天牛、白杨透翅蛾、小蠹虫类、日本松干蚧。

栗山天牛　发生 26.43 万亩，与去年基本持平(图 8-3)。按发生程度统计，轻度发生 11.72 万亩，中度发生 9.61 万亩，重度发生 5.1 万亩。主要分布于吉林市龙潭区、丰满区、永吉县、蛟河市、桦甸市、舒兰市、磐石市，辽源市东丰县，通化市辉南县、柳河县、梅河口市、集安市，吉林长白山森工集团红石林业有限公司。

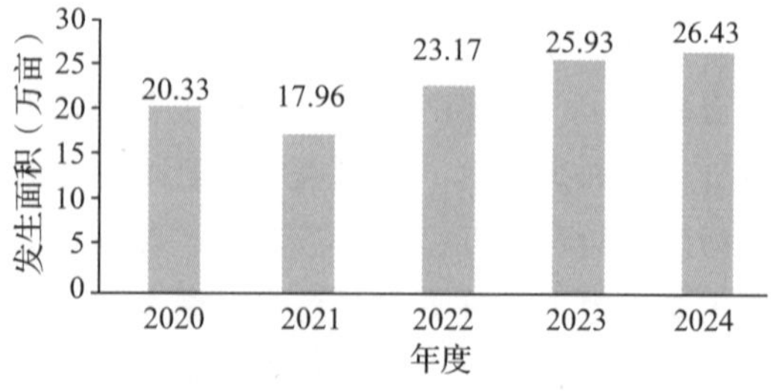

图 8-3　2020—2024 年吉林省栗山天牛发生面积

白杨透翅蛾　发生 4 万亩，同比下降 10.31%(图 8-4)。按发生程度统计，轻度发生 3.98 万亩，中度发生 0.22 万亩，无重度发生。主要分布于四平市双辽市，松原市长岭县、扶余市，白城市洮北区、镇赉县、通榆县、大安市。其中，松原市长岭县有中度发生，其他地区发生程度较轻，6 月下旬成虫羽化期采取性诱和喷洒溴氰菊酯喷雾防治。

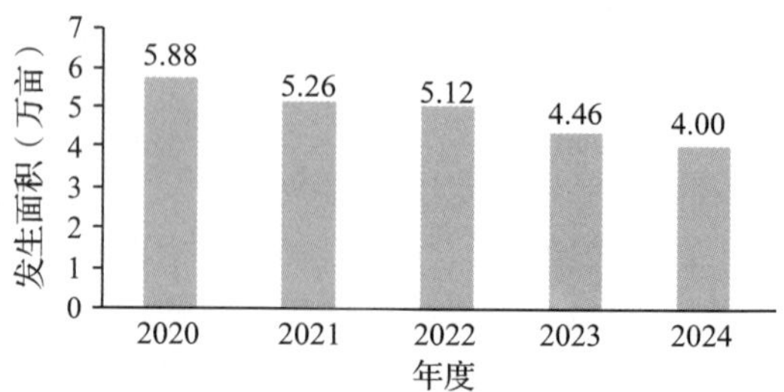

图 8-4　2020—2024 年吉林省白杨透翅蛾发生面积

小蠹虫类　包括落叶松八齿小蠹、云杉八齿小蠹、多毛切梢小蠹、纵坑切梢小蠹、冷杉四眼小蠹，发生面积合计 27.37 万亩，同比下降 13.98%(图 8-5)。主要分布于吉林省的东中部地区，包括长春市净月区，通化市通化县，白山市抚松县、长白森经局，延边州龙井市、汪清县，吉林长白山森工集团白河林业分公司、黄泥河林业有限公司、八家子林业有限公司、汪清林业分公司、天桥岭林业有限公司、松江河林业有限公司、红石林业有限公司，长白山国家级自然保护区管理局，其中，东北虎豹国家公园内吉林长白山森工集团汪清林业分公司、汪清县发生 14.5 万亩，占全省发生面积的 52.98%，且有中度和重度发生，全省其他地区的小蠹虫类均为轻度发生。发生较重的汪清林业分公司，2024 年采取聚集信息素诱捕、设立饵木等综合防治措施，虫害发生程度有所下降，蔓延速度减缓，新发生地块多为轻度发生，计划从 2025 年年初到 2026 年年底，通过采取虫情监测调查、虫害木清理、聚集信息素诱捕、饵木诱杀等防控技术措施，持续压缩发生面积，不断降低危害程度，通过小蠹虫灾害系统治理和退化林的科学修复，及时有效遏制森林生态系统退化趋势，最大限度保护东北虎豹及其猎物的栖息地，确保东北虎豹国家公园森林生态安全。

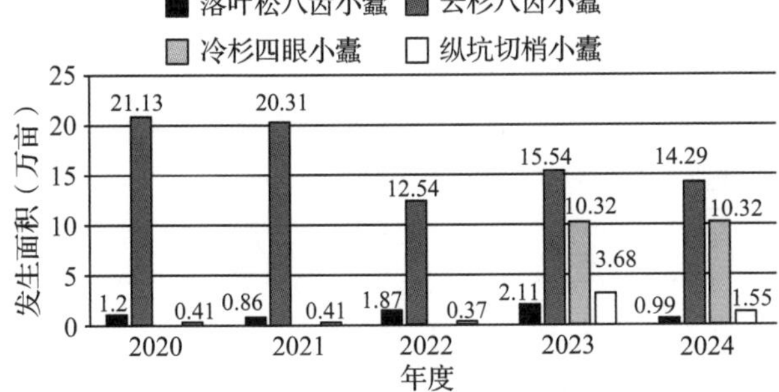

图 8-5　2020—2024 年吉林省小蠹虫发生面积

(2)枝梢害虫

主要包括青杨天牛、松树球蚜类。

青杨天牛　发生 10.01 万亩，同比下降 17.55%(图 8-6)。其中，轻度发生 9.43 万亩，中度发生 0.58 万亩，无重度发生，轻度发生面积占比为 94.21%。主要分布于吉林省中、西部地区，包括四平市梨树县、双辽市，松原市宁江区、前郭尔罗斯蒙古族自治县(简称前郭县)、长岭县、乾安县、扶余市，白城市洮北区、镇赉县、通榆县、洮南市、大安市。其中四平市梨树县、双辽市，松原市宁江区、长岭县，白城市洮北区有中度发生，其他地区的均为轻度发生。应用物理防治和生物防治相结合的防治措施，各单位积极组织人力物力对发生林分在早春进行人工剪虫瘿，并集中烧毁；7~8 月施放管氏肿腿蜂防治幼虫或招引啄木鸟等方法进行防治。

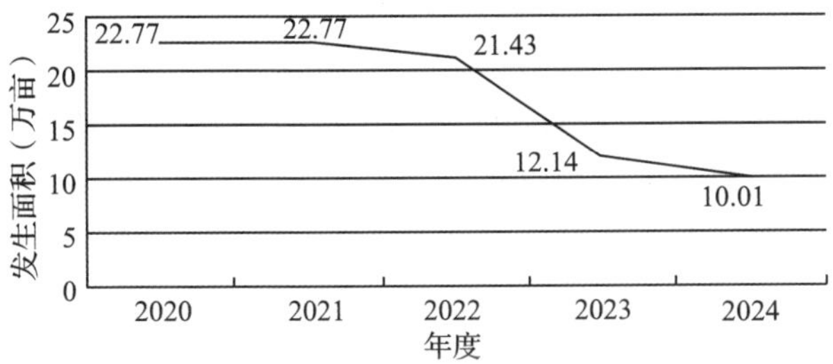

图 8-6　2020—2024 年吉林省青杨天牛发生面积

松树球蚜类　包括落叶松球蚜、红松球蚜，发生 6.27 万亩，同比上升 80.69%。红松球蚜发生面积与去年基本持平。落叶松球蚜发生 4.87 万亩，轻度发生面积占 95.69%，无重度发生(图 8-7)。主要分布于白山市浑江区、抚松县、靖宇县、长白朝鲜族自治县(简称长白县)、长白森经局，以及吉林长白山森工集团松江河林业有限公司、临江林业有限公司、三岔子林业有限公司、泉阳林业有限公司。吉林长白山森工集团松江河林业有限公司、临江林业有限公司、三岔子林业有限公司、泉阳林业有限公司落叶松球蚜发生面积同比增加。

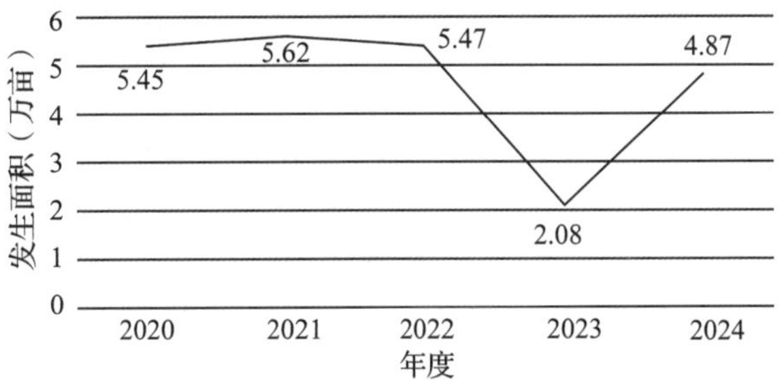

图 8-7　2020—2024 年吉林省松树球蚜发生面积

(3)食叶害虫

主要包括杨树食叶害虫、落叶松毛虫、银杏大蚕蛾、榆紫叶甲、美国白蛾等。

杨树食叶害虫　发生面积合计 49.41 万亩，同比下降 20.15%，以轻、中度发生为主。其中，分月扇舟蛾发生 3.37 万亩，同比上升 11.58%，主要分布于长春市公主岭市，白城市大安市，吉林长白山森工集团湾沟林业有限公司、泉阳林业有限公司、露水河林业有限公司(图 8-8)；杨毒蛾发生 7.19 万亩，发生面积与去年基本持平，主要分布于白城市洮北区、镇赉县、洮南市及白城市县级单位；柳毒蛾发生 2.58 万亩，发生面积与去年基本持平，主要分布于白城市洮北区、大安市及白城市县级单位，全部为轻、中度发生；杨小舟蛾发生 0.2 万亩；杨扇舟蛾发生 0.05 万亩；杨潜叶跳象发生 6.54 万亩，较去年同期下降了 44.81%，其中，轻度发生 5.87 万亩，中度发生 0.67 万亩，无重度发生，主要分布于松原市市辖区、前郭县、乾安县，白城市县级单位、通榆县；黑绒金龟子发生 9.82 万亩，同比下降 3.63%，其中，轻度发生 9.64 万亩，中度发生 0.18 万亩，无重度发生，主要分布于吉林省西部地区，包括松原市辖区，白城市的镇赉县、通榆县、洮南市、大安市及白城市县级单位；黄褐天幕毛虫发生 19.66 万亩，同比下降 3.86%，其中，轻度发生 19.05 万亩，中度发生 0.61 万亩，无重度发生，主要分布于松原市宁江区、乾安县，白城市洮北区、镇赉县、通榆县、洮南市、大安市及白城市县级单位。

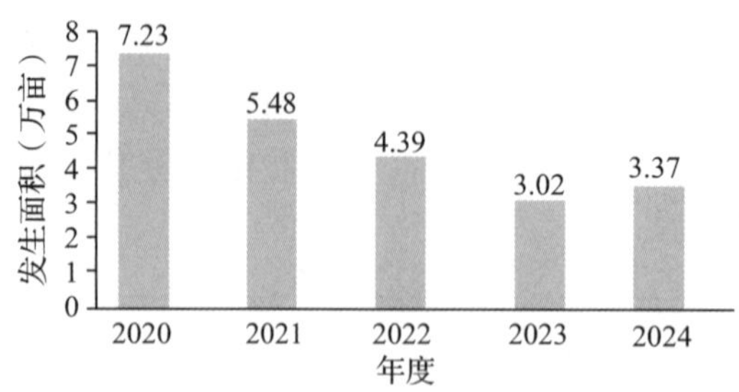

图 8-8　2020—2024 年吉林省分月扇舟蛾发生面积

落叶松毛虫　吉林省 2019、2020、2021 年对落叶松毛虫采取“飞机防治为主、地面防治为辅”的无公害防控对策，通过近年积极防治，实现发生面积连续 5 年下降，2024 年落叶松毛虫发生 13.51 万亩，同比下降 26.13%（图 8-9）。其中，轻度发生 13.49 万亩，中度发生 0.02 万亩，无重度发生，主要分布于吉林省中东部山区，长春市双阳区、农安县、净月经济开发区，吉林市昌邑区、丰满区、船营区、永吉县、上营森经局，辽源市东丰县、东辽县，白山市长白县、长白森经、白山市县级单位，松原市前郭县、长岭县、扶余市，延边州图们市，吉林长白山森工集团大部分单位，吉林省林业实验区国有林保护中心、吉林省辉南国有林保护中心、松花江自然保护区管理局。以轻度发生为主，占总发生面积 99%。

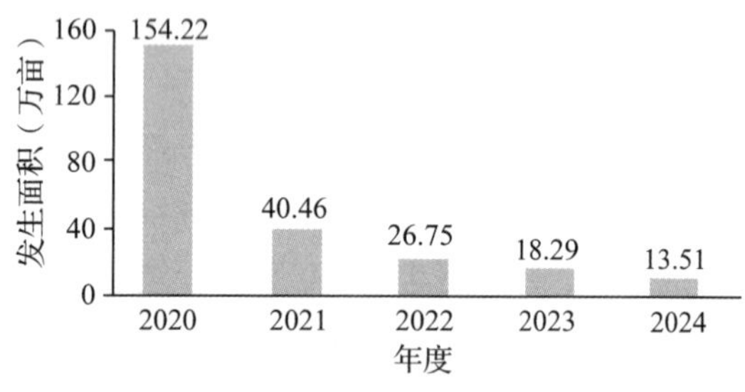

图 8-9　2020—2024 年吉林省落叶松毛虫发生面积

银杏大蚕蛾　发生 10.41 万亩，同比上升 23.04%（图 8-10）。其中，轻度发生 10.23 万亩，中度发生 0.18 万亩，无重度发生。主要分布于吉林市的上营森经局，白山市县级单位，吉林长白山森工集团湾沟林业有限公司、泉阳林业有限公司、露水河林业有限公司、红石林业有限公司、白石山林业有限公司，吉林省辉南国有林保护中心。由于各发生的森林经营单位高度重视，积极防治，特别是采取人工收拣卵块和蛹等有效措施，降低了发生林分的种群密度。

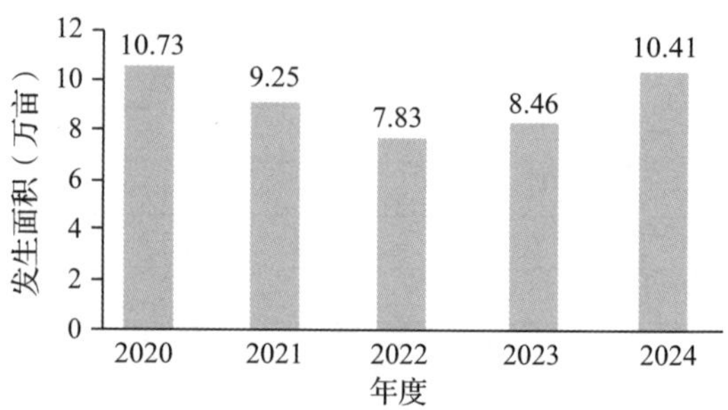

图 8-10　2020—2024 年吉林省银杏大蚕蛾发生面积

榆紫叶甲　发生 12.13 万亩，同比下降 4.49%（图 8-11）。其中，轻度发生 8.99 万亩，中度发生 1.64 万亩，重度发生 1.5 万亩。主要分布于吉林省西部地区，具体地区为松原市前郭县、乾安县，白城市通榆县、洮南市，向海国家级自然保护区管理局。

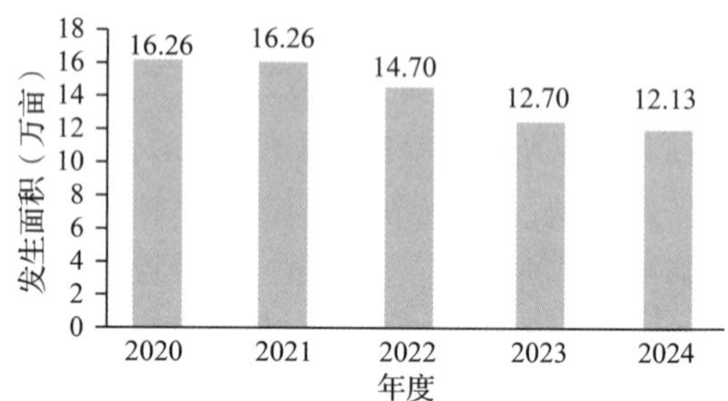

图 8-11　2020—2024 年吉林省榆紫叶甲发生面积

美国白蛾　吉林省美国白蛾疫情呈现多点散发的状态，总发生面积较小，发生程度以轻度为主。2024 年除梅河口市以外，其他疫区发生面积有下降趋势，但仍存在疫情“外溢”的风险。2024 年全省发生 2139 亩，较 2023 年上升 127.15%，其中，轻度发生 2098.5 亩，中度发生 40.5 亩，主要分布于长春、四平、辽源、梅河口地区。为全面掌握吉林省诱捕情况，全省各地在规定时间内对美国白蛾越冬代和第一代成虫进行日报告监测。2024 年吉林省共挂置美国白蛾性诱捕器 4982 套，其中越冬代挂置 2460 套，第一代挂置 2522 套。4 月 18 日在集安市诱捕到 2024 年第一头越冬代成虫，截至 6 月 26 日，全省共诱到美国白蛾越冬代成虫 1646 头，较去年同期上升 59.19%。7 月 9 日诱捕到第一头第一代成虫，截至 9 月 6 日，全省共诱到美国白蛾第一代成虫 6229 头，同比下降 12.66%。各单位对发现的幼虫都采取了及时有效的防治措施。实际完成防治作业面积 6.14 万亩，取得了较好的防治成效，没有成灾面积，没有扰民事件。

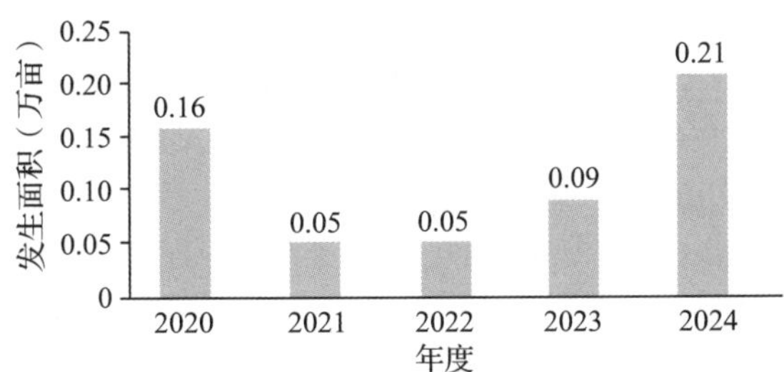

图 8-12　2020—2024 年吉林省美国白蛾发生面积

(4)红松球果害虫

主要包括梢斑螟类。

梢斑螟类　包括果梢斑螟、松梢螟，发生面积合计 85.21 万亩，同比下降 6.2%。其中，果梢斑螟发生 76.87 万亩，同比下降 7.09%，轻度发生 76.63 万亩，中度发生 0.24 万亩，无重度发生(图 8-13)。主要分布于通化市柳河县，白山市江源区、浑江区、抚松县、临江市，延边州图们市、珲春市、龙井市、龙和市，吉林长白山森工集团大部分单位及辉南国有林保护中心、林业实验区国有林保护中心。红松作为吉林省东部长白山区天然林的优势树种，也是林业重要的经济资源，自 2022 年开展《吉林省红松球果害虫防治试点方案》开始，探索最佳防治时期及技术措施，形成响应防控技术模式，通过近年科学有效防治，吉林省红松球果害虫严重危害情况得到了有效的控制，红松种食的产量和质量大大提高，红松果林产业的健康发展。

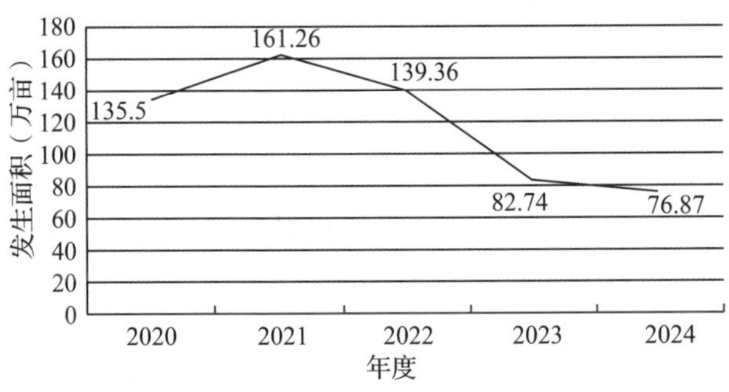

图 8-13　2020—2024 年吉林省梢斑螟发生面积

2. 森林病害

松材线虫病　全省应监测松林面积 6039.39 万亩，实际监测面积 6039.39 万亩，完成监测覆盖率达到 100% 的目标。2024 年撤销延边州汪清县、吉林市船营区疫区，全省现有通化市东昌区、二道江区 2 个松材线虫病疫区，东昌区金厂镇、环通乡，二道江区二道江乡 3 个疫点，54 个疫情小班。为实现五年攻坚行动目标，通化市制定了松材线虫病疫情除治三年攻坚方案(2023—2025 年)，2024 年秋季普查结果显示，吉林省松材线虫病疫情小班全部实现无疫情，实现无疫情面积合计 2193.49 亩，松材线虫病疫情防控取得阶段性成效。

其他松树病害　主要有落叶松落叶病、松落针病、落叶松枯梢病，发生面积合计 19.85 万亩，同比下降 15.21%，其中，轻度发生 18.91 万亩，中度发生 0.94 万亩，重度发生 0.001 万亩。落叶松落叶病发生 11.11 万亩，占全年其他松树病害发生面积的 55.97%(图 8-14)；松落针病发生 7.95 万亩，占全年其他松树病害发生面积的 40.05%；落叶松枯梢病发生 0.79 万亩，占全年其他松树病害发生面积的 3.98%。其他松树病害发生区主要分布于吉林省东南部地区，包括长春市二道区，吉林市丰满区、龙潭区、永吉县、磐石市、蛟河市、桦甸市、上营森经局，通化市通化县、集安市，白山市浑江区、临江市，延边州图们市、敦化市，吉林长白山森工集团安图森林经营局、大石头林业有限公司、和龙林业有限公司、八家子林业有限公司、天桥岭林业有限公司、三岔子林业有限公司、湾沟林业有限公司、泉阳林业有限公司、露水河林业有限公司、红石林业有限公司、白石山林业有限公司，吉林省辉南国有林保护中心、吉林省林业实验区国有林保护中心、松花江自然保护区管理局。

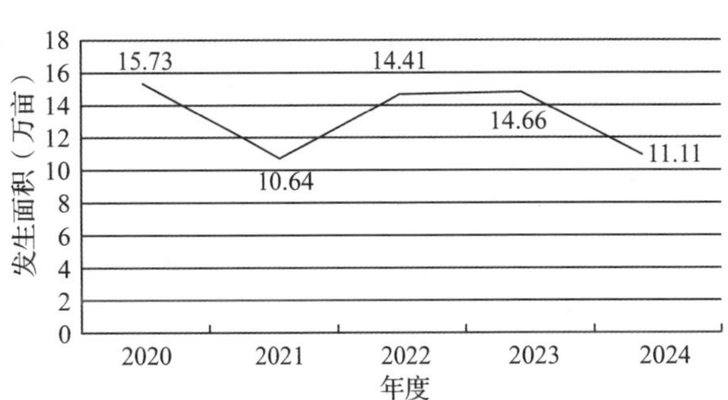

图 8-14　2020—2024 年吉林省落叶松落叶病发生面积

杨树病害　杨树烂皮病发生 3.43 万亩，其中，轻度发生 3.25 万亩，中度发生 0.11 万亩，重度发生 0.07 万亩；杨树溃疡病发生 0.69 万亩，全部为轻度发生。主要分布于吉林省的中西部地区。

3. 森林鼠害

森林鼠害发生 60.9 万亩，同比下降 8.45%，发生种类主要为棕背䶄、红背䶄、东方田鼠、大林姬鼠(图 8-15)。其中，轻度发生 60.34 万亩，中度发生 0.47 万亩，重度发生 0.09 万亩。以轻度发生为主，占总发生面积的 99.08%。除松原、白城西部平原以外，吉林省大部分地区均有发生。

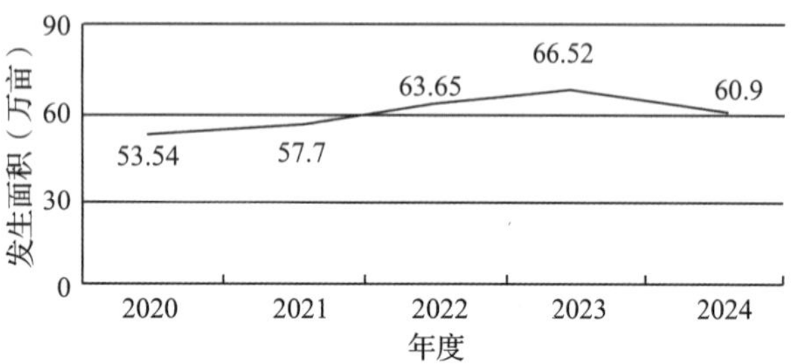

图 8-15　2020—2024 年吉林省森林鼠害发生面积

(三)重点区域主要林业有害生物发生情况

1. 东北虎豹国家公园主要林业有害生物发生情况

受 2020 年台风影响，大量风倒风折木腐朽，导致危害针叶树的次期性小蠹虫滋生繁衍，威胁东北虎豹国家公园森林生态系统稳定性、生态服务功能和生态安全。东北虎豹国家公园内小蠹虫发生 15.65 万亩，占全省总发生面积的 57.18%，主要分布在汪清县林业局和吉林长白山集团汪清林业局，主要种类有云杉八齿小蠹、落叶松八齿小蠹、冷杉四眼小蠹、纵坑切梢小蠹，轻度发生 9.73 万亩，中度发生 4.03 万亩，重度发生 1.89 万亩。2024 年东北虎豹国家公园内小蠹虫灾害防控工作坚持生态保护优先原则，通过悬挂诱捕器、设立饵木的方式综合治理，虫害发生程度有所下降，蔓延速度减缓，新发生地块多为轻度发生。为及时有效遏制森林生态系统退化趋势，最大限度保护好东北虎豹及其猎物的栖息地，确保东北虎豹国家公园森林生态安全。下一步东北虎豹国家公园小蠹虫防治通过灾害系统治理和退化林科学修复，将采取虫情监测调查、虫害木清理、聚集信息素诱捕、饵木诱杀等防控技术措施，持续压缩发生面积，不断降低危害程度，确保实现小蠹虫的发生危害得到及时有效控制。

2. “三北”工程区主要林业有害生物发生情况

(1)林业鼠害发生情况

吉林省林业鼠害主要发生在中东部山区和半山区，全省除松原、白城地区外均有发生，危害形式均为地上危害型，发生种类以棕背䶄、红背䶄为主，人工林和天然林均有危害，寄主林分为油松、五针松、水曲柳、黄檗、云杉、杨树及落叶松幼龄林、未成林造林地。

吉林省“三北”重点项目实施核心攻坚区，包括松原、白城、四平 3 个市的 12 个县级单位，已连续 5 年无鼠害发生，且“三北”重点项目实施核心攻坚区松原、白城、四平位于吉林省中西部，地形以平原为主，不适合吉林省主要的林业鼠害生存，根据历史数据记载，无林业鼠害发生，不影响“三北”重点项目实施核心攻坚区造林成果；吉林省“三北”重点项目实施协同推进区，包括延边、通化、白山 3 个市(州)的 12 个县级单位，2024 年鼠害发生 12.11 万亩，占全省总发生面积的 19.88%，以轻度发生为主，种类为棕背䶄。按发生程度统计，轻度发生 11.89 万亩，中度发生 0.22 万亩，无重度发生。近年来冬季极易出现极寒天气现象，鼠害生存环境较往年不利，“三北”重点项目实施协同推进区持续实施综合防治措施，积极采取物理防治、无公害化学防治、人工防治、天敌防治等多样化绿色防治手段，有效控制鼠密度，林业鼠害发生不会影响“三北”工程重点项目协同推进区项目建设质量及造林成果。

(2)其他林业有害生物发生情况

“三北”工程六期核心攻坚区涉及吉林省重点项目两个，分别是吉林西部生态综合治理项目、嫩江中游退化草原湿地综合治理项目。涉及四平、松原、白城三个行政区的 12 个县级单位，该区大陆性气候比较显著，蒸发量明显大于降水量，是国家“三北”防护林的重要组成部分。“三北”工程六期核心攻坚区项目主要造林树种为杨树，部分造林树种为樟子松、柳树。杨树病虫害发生较多，2024 年杨树干部害虫、枝梢害虫、食叶害虫，较去年同期有所下降，以轻、中度发生为主，项目实施未对实施区内林业有害生物发生造成影响，项目实施区也没有因苗木跨区域调运传入新的林业有害生物。

(3)延边州日本松干蚧发生情况

2023 年 6 月延边州延吉市、龙井市发生日本松干蚧危害，2024 年 5 月，吉林省组织开展了全面的日本松干蚧危害专项调查，经过两代调查，结果显示延边州发生28.57万亩，占全省发生面积的96.48%。赤松、油松、长白松是延边州多年来造林的重要树种，已经形成显著造林绿化成果，且龙井市的天佛指山国家级自然保护区、安图县的明月松茸省级自然保护区分布着大面积天然赤松林，在长白山脚下的二道白河镇，分布着极其珍贵的散生长白松(也称美人松)林木，是长白山标志性遗存濒危树种，延边州日本松干蚧发生直接威胁延边州林区森林资源及生态安全。延边州根据制定的《2024—2027年日本松干蚧疫情防控实施方案》，有序开展防控工作，基本遏制灾情扩散蔓延势头。

(四)成因分析

1. 气候条件的变化，影响林业有害生物发生较为明显

全球变暖的趋势已经日益明显，气候变化使很多植物的生长环境都发生了一定的转变，也给林业有害生物的发生提供了有利的气候条件，林业有害生物更加容易生存及繁衍。台风等极端天气频发，造成大量风倒风折木，吸引次期性害虫，大大增加了突发性、暴发性灾害的发生概率。2月吉林省气温较常年高6.2℃，居历史同期气温偏高第2位，降水略少，林间可食用食物较多，害鼠啃食树根、树皮有所下降，发生面积减小。

2. 人为活动日益频繁，林业有害生物的传播和危害风险加大

一是随着经济快速发展，物流频繁，工程类建设较多，从而增加了林业有害生物的传播概率。二是人为活动的日益频繁，对森林生态环境造成严重破坏，林间天敌数量的减少，大大降低了森林系统的自身防御能力，从而导致林业有害生物的发生。以红松球果害虫为代表，人工采摘方式和粗放管理严重破坏了自然的平衡和调节功能，在天然林中体现得尤其明显。

3. 造林树种单一，生态系统脆弱

营林方式不科学，林分结构相对简单、树种搭配不合理，抵抗林业有害生物灾害的能力不强，易受有害生物危害。人工林中的落叶松林和云杉林大多毗邻，这种营造林方式恰好给转主寄生的落叶松球蚜创造了良好的繁衍基地，使危害连年发生，落叶松球蚜发生面积与去年同期增加134%。吉林省西部几乎都是杨树人工纯林，为杨树食叶害虫提供了广阔的生存和繁育环境，抵御能力减弱，是导致林业有害生物连年发生的原因。

4. 科学防控，使林业有害生物高发态势有所缓解

制定松材线虫病疫情防控三年攻坚方案，有效遏制通化地区疫情扩散势头。开展松毛虫特大灾情应急处置工作，采取微生物源、植物源和昆虫生长调节剂三类无公害防治药剂，使松毛虫发生面积大幅度下降。组织红松球果害虫防治试点方案，探索最佳防治时期及技术措施，有效控制红松球果害虫严重危害情况。制定日本松干蚧、小蠹虫防治方案，遏制灾情扩散蔓延势头。经过多年连续对林业有害生物的预防、综合措施防治，使突发性和常发性林业有害生物种群数量控制在安全、平衡的程度范围内，发生较为平稳，危害呈现下降趋势。

二、2025年林业有害生物发生趋势预测

(一)2025年总体发生趋势预测

依据全国林业有害生物防治信息管理系统数据、吉林省气象中心气象信息数据，结合各地对主要林业有害生物越冬前的调查结果、吉林省各国家级林业有害生物中心测报点监测数据分析，预测2025年吉林省主要林业有害生物发生与2024年基本持平，预测发生378.73万亩。

(二)分种类发生趋势预测

1. 梢斑螟类

包括果梢斑螟、松梢螟，预测发生88.61万亩，发生的区域主要分布在中东部山区，包括延边州敦化市、龙井市、和龙市、图们市，白山市江源区、抚松县、临江市，吉林长白山森工集团大部分单位、吉林省辉南国有林保护中心，预测发生程度以轻度发生为主。

2. 落叶松毛虫

预测落叶松毛虫发生17.03万亩。吉林省大部分地区均有发生，根据落叶松毛虫周期性发生

规律，预测发生面积较去年有小幅上升，发生程度以轻度发生为主。

3. 小蠹虫类

包括云杉八齿小蠹、落叶松八齿小蠹、纵坑切梢小蠹、多毛切梢小蠹、冷杉四眼小蠹。预测发生42.44万亩。发生的区域主要分布在白山市县级单位、长白森林经营局，延边州汪清县，吉林长白山森工集团汪清林业分公司、黄泥河林业有限公司、八家子林业有限公司、珲春林业有限公司、大兴沟林业局、天桥岭林业有限公司、松江河林业有限公司、红石林业有限公司，长白山国家级自然保护区管理局。其中东北虎豹国家公园内吉林长白山森工集团汪清林业分公司、珲春林业有限公司，汪清县林业局及长白山保护区小蠹虫虫口密度较大，如不及时清理虫害木，小蠹虫将危害健康木，虫害发生面积会进一步扩大，重度发生及成灾的危险性较大。

4. 日本松干蚧

预测日本松干蚧发生24.49万亩。发生区域主要分布在吉林市永吉县、蛟河市，辽源市东辽县，通化市的通化县，延边州大部分地区，其中延边州安图县、和龙市、龙井市、图们市发生较重，延边州已启动应急预案，进行灾害除治工作，预测发生面积较今年有所下降，但仍有重度发生。

5. 栗山天牛

栗山天牛在吉林省3年1代，2025年为栗山天牛幼虫期，预测危害面积不会出现较大增长，与2024年基本持平，预测发生26.37万亩。发生的区域主要分布在吉林市龙潭区、丰满区、蛟河市、桦甸市、舒兰市、磐石市、永吉县、松花湖林场，辽源市东丰县，通化市的集安市、柳河县辉南县，梅河口市，吉林长白山森工集团红石林业有限公司，预测发生程度以轻中度为主。

6. 松树球蚜类

包括落叶松球蚜和红松球蚜，预测发生5.87万亩。主要分布在白山市大部分地区，吉林长白山森工集团临江林业有限公司、三岔子林业有限公司、泉阳林业有限公司，预测发生程度以轻中度为主。

7. 杨树枝干害虫

预测青杨天牛发生9.35万亩、白杨透翅蛾发生2.85万亩、杨干象发生3.95万亩。主要分布于吉林省的中西部地区，预测发生程度以轻中度为主。

8. 杨树食叶害虫

主要包括黄褐天幕毛虫、黑绒金龟子、杨潜叶跳象、分月扇舟蛾、杨扇舟蛾、杨小舟蛾、杨毒蛾、柳毒蛾、舞毒蛾、黄刺蛾，预测发生39.96万亩。主要分布在吉林省中西部地区，预测除杨潜叶跳象发生面积有所增加，其他杨树食叶害虫发生面积均有所下降，以轻、中度发生为主，危害程度较轻。黄褐天幕毛虫预测发生15.21万亩。发生区域主要分布于白城市所有县级单位，松原市的乾安县；黑绒金龟子预测发生7.98万亩。发生区域主要分布在白城市、松原地区；杨潜叶跳象预测发生10.31万亩。发生区域主要分布在吉林省西部地区；分月扇舟蛾预测发生1.47万亩，发生区域在吉林长白山森工集团泉阳林业有限公司、露水河林业有限公司、湾沟林业有限公司；杨毒蛾预测发生3.35万亩；柳毒蛾预测发生1.31万亩；舞毒蛾预测发生0.27万亩；黄刺蛾预测发生0.06万亩。

9. 银杏大蚕蛾

预测银杏大蚕蛾发生9.13万亩。发生的区域主要分布在上营森经局，白山市的市直单位，吉林长白山森工集团湾沟林业有限公司、泉阳林业有限公司、露水河林业有限公司、红石林业有限公司、白石山林业有限公司，吉林省辉南国有林保护中心。

10. 美国白蛾

预测发生0.125万亩，发生区域与2024年重合，发生程度以轻度为主。2025年吉林省将继续加大对美国白蛾的监测力度，在越冬代和第一代成虫期做好性诱监测；在第一代和第二代幼虫期做好调查工作，一旦新发现幼虫及时采取除治措施，确保不发生扩散。对满足拔除疫区条件的疫区，积极申请拔除疫区，对于其他疫区，要紧盯常发地点，采取人工和化学防治相结合的方式逐年压缩发生面积，控制发生程度，争取早日实现无疫情。

11. 榆紫叶甲

预测发生11.03万亩。发生区域主要分布于松原市前郭县、乾安县，白城市洮南市、通榆县，向海国家级自然保护区管理局，预测发生程度以轻中度为主。

12. 松树病害

预测松树病害发生20.74万亩；其中，松落针病预测发生8.54万亩，落叶松落叶病预测发生11.77万亩，落叶松枯梢病预测发生0.43万亩。主要分布于吉林省中东部山区，预测发生程度以轻中度为主。

13. 杨树病害

包括杨树烂皮病、杨树溃疡病，预测发生趋势较平稳，发生3.73万亩。发生区域主要分布于中西部地区，预测对杨树幼林和新植林造成一定的危害，影响造林的成活率，对中幼龄林也会造成危害，预测发生程度以轻中度为主。

14. 森林鼠害

预测森林鼠害发生65.22万亩，吉林省大部分地区均有发生，根据吉林省气象条件实况分析，2025年越冬期雨雪偏多，害鼠活动范围受限，造成食物匮乏，啃食树根，预测林业鼠害发生面积有所上升，发生程度以轻中度为主。

三、对策建议

(一)压紧压实责任，加强组织领导

坚持“政府领导、属地管理”原则，落实重大林业有害生物防治地方政府责任，确保高质量完成年度防治任务。通过发布林长令等方式，层层分解落实政府目标责任，建立考核评价制度，纳入林长制考核体系，实行林业有害生物防治目标责任，使各级领导在保护生态安全的高度上认识林业有害生物防治工作，是切实加大林业有害生物防控力度、遏制重大林业有害生物扩散蔓延的重要举措。

(二)健全监测体系，提高测报水平

进一步强化市级、县级测报体系建设，保障测报队伍稳定性；规范测报点测报工作，确保高质量完成数据采集和上报，强化林业有害生物踏查和林业有害生物灾情报告管理制度，全面掌握林业有害生物发生情况，及时发布预警信息，对突发性有害生物，第一时间掌握疫情，及时上报，适时启动应急预案；加大对基层测报人员的培训力度，提高测报水平，做到及时准确地掌握有害生物的虫情动态，适时发布趋势预测。

(三)坚持综合治理，不断提升防控能力

推进社会化防治服务，探索社会化防治服务新模式，吸引社会化防治组织为林业有害生物防治工作提供专业服务。采取切实措施有效遏制灾情，减轻灾害损失。抓紧抓实松材线虫病疫情普查排查，严防疫情扩散蔓延。在总结经验的基础上，大胆创新防控手段。充分运用卫星优势，推广应用大数据，改进监测方式，持续推进“天空地”一体化监测，全面实时掌握森防形势动态，提高处置能力。

(四)切实履职尽责，深入开展检疫执法

围绕“外防输入、内防扩散”要求，抓实林业有害生物检疫执法。坚持依法行政，加大应施检疫植物及其产品的检疫及执法力度，严禁违规调运松科植物及其制品，禁止从美国白蛾疫区调入带土坨的造林绿化苗木，禁止使用未经检疫的苗木进行造林绿化。加强执法队伍建设，统筹执法力量开展林业植物检疫执法工作，真正发挥检疫执法在封锁阻截重大植物疫情中的重要作用。加强重点区域检疫监管力度，防止疫情人为传播。持续开展辖区林业植物检疫联合执法专项行动，落实检疫封锁制度，建立健全长效监管机制，震慑各种违规调运、经营森林植物行为。

(主要起草人：曲莹莹　王鑫；主审：王越)

09 黑龙江省林业有害生物2024年发生情况和2025年趋势预测

黑龙江省森林病虫害防治检疫站

【摘要】2024年全省林业有害生物发生631.13万亩，同比上升19%。其中，轻度发生394.54万亩，中度发生228.74万亩，重度发生7.85万亩，成灾1.08万亩。已实施防治453.65万亩。其中，病害发生71.57万亩，虫害发生361.42万亩，林业鼠害发生198.14万亩。依据黑龙江省各地秋季调查，结合冬春气候趋势，综合分析预测2025年全省林业有害生物发生580万亩，比2024年实际发生面积下降8%。其中，病害发生约60万亩，虫害发生约339万亩，林业鼠害发生约181万亩。从预测数据分析，2025年黑龙江省林业有害生物发生面积整体有下降趋势。杨树灰斑病在哈尔滨和绥化局部地区有重度发生的可能。杨潜叶跳象在哈尔滨和大庆发生面积有上升的趋势。分月扇舟蛾在大庆会有中度危害。杨黑点叶蜂在哈尔滨局部地区危害有加重的可能。松针红斑病在佳木斯和鹤岗地区有扩散的态势。松树枯梢病在牡丹江地区发生面积上升趋势明显，在哈尔滨和大庆呈现扩散态势，在尚志国有林管理局局部地区危害有加重的可能。松树蜂在佳木斯和鸡西地区有扩散趋势，佳木斯富锦有重度危害的可能。松钻蛀类害虫危害整体有上升趋势。云杉八齿小蠹和纵坑切梢小蠹在佳木斯局部地区有扩散态势，云杉花墨天牛和云杉小墨天牛在绥化海伦发生面积有上升的可能，云杉大墨天牛在龙江森工局地会有中度新发生。林业鼠害在绥化北部和伊春地区危害程度有加重的可能。

一、2024年主要林业有害生物发生情况

2024年全省林业有害生物发生631.13万亩，同比上升19%。其中，轻度发生394.54万亩，中度发生228.74万亩，重度发生7.85万亩，成灾1.08万亩。病害发生71.57万亩，虫害发生361.42万亩，林业鼠害发生198.14万亩。已实施防治453.65万亩(图9-1、图9-2)。

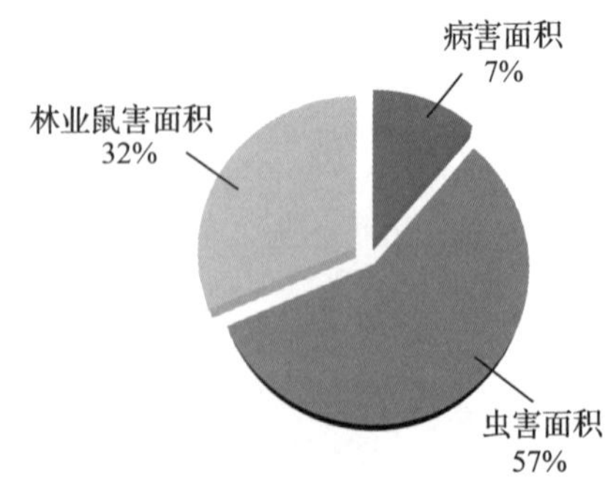

图9-1 黑龙江省全省2024年林业有害生物发生情况

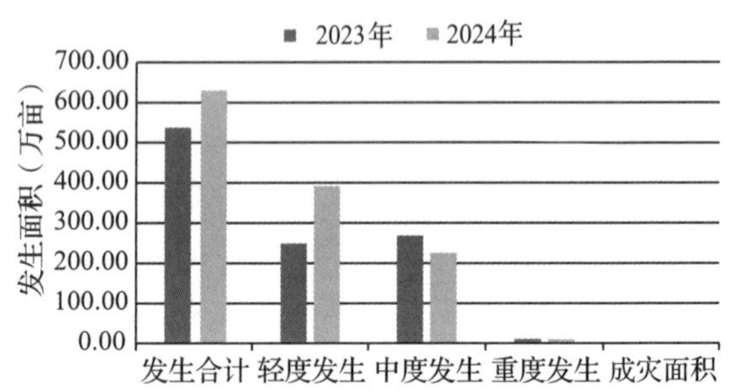

图9-2 黑龙江省2024年和2023年林业有害生物发生情况比较

2024年黑龙江省地方林业有害生物发生266.6万亩，同比下降4%。其中，轻度发生189.25万亩，中度发生70.16万亩，重度发生7.19万亩，成灾1.08万亩。病害发生56.2万亩，同比上升62%。虫害发生137.67万亩，同比下降15%。林业鼠害发生72.73万亩，同比下降10%。已实施防治218.98亩(图9-3)。

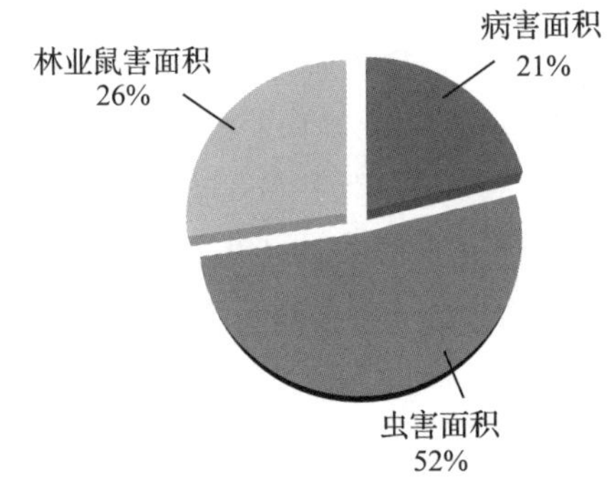

图 9-3　黑龙江省地方 2024 年林业有害生物发生情况

2024 年龙江森工集团林业有害生物发生 265.51 万亩，同比上升 65%。其中，病害发生 15.37 万亩，虫害发生 180.58 万亩，林业鼠害发生 69.56 万亩。已实施防治 139.14 万亩。

2024 年伊春森工集团林业有害生物发生 99 万亩，同比上升 9%。其中，虫害发生 43.15 万亩，林业鼠害发生 55.85 万亩。已实施防治 95.53 万亩。

(一)发生特点

1. 杨树病害

发生面积总体呈下降趋势，杨树烂皮病连续两年发生面积呈下降趋势，杨树灰斑病在哈尔滨局地有重度危害发生。松树病害在东部地区发病呈现上升趋势，在牡丹江和鸡西等地危害樟子松、红松较为严重，局部地区针叶出现枯黄断斑，甚至大面积枯黄的情况。松树病害全省重度发生 2.89 万亩，其中牡丹江地区重度发生 2.2 万亩。经对部分林区针叶林受害严重的情况调查、取样，松树病害种类鉴定主要为枯梢病、落针病、樟子松红斑病以及樟子松衰退病等。

2. 松钻蛀害虫

发生面积整体呈上升趋势。樟子松梢斑螟发生 21.47 万亩，同比上升 14%，在牡丹江地区有扩散态势。落叶松八齿小蠹和多毛切梢小蠹在佳木斯、鸡西发生面积上升趋势明显。灰长角天牛在黑河市直属林场樟子松林中出现重度新发生。松树蜂在佳木斯富锦樟子松人工林中危害较为严重，危害隐蔽。

3. 杨树食叶害虫

危害总体情况基本平稳，个别种类危害有所加重。舞毒蛾在伊春、龙江森工和伊春森工发生面积有上升趋势，在黑河爱辉有重度发生。杨黑点叶蜂主要分布于哈尔滨局部地区公路和防护林，幼虫具有群集性，虫口数量较大，危害严重。杨扇舟蛾在大庆肇源危害程度有所加重。

4. 松树食叶害虫

危害有所减轻。受生物学特性影响，常发性林业有害生物落叶松毛虫发生面积连续 5 年呈下降趋势，目前处于有虫不成灾的状态。暮尘尺蛾种群密度连续两年呈现下降趋势，危害趋于减轻。

(二)主要林业有害生物发生情况

1. 杨树病害

杨树病害发生情况整体呈下降趋势，杨树烂皮病发生面积连续两年呈下降趋势，杨树灰斑病在哈尔滨局地有重度危害发生。杨树病害全省发生 25.11 万亩，其中，轻度发生 19.32 亩，中度发生 4.72 万亩，重度发生 1.07 万亩，同比下降 8%。发生的种类主要为杨树灰斑病、杨树烂皮病和杨树溃疡病等。杨树灰斑病发生 14.23 万亩，同比上升 16%，在大庆和绥化呈上升趋势，在哈尔滨双城有 1 万亩重度发生。杨树烂皮病发生 7.59 万亩，同比下降 19%，主要发生于大庆、佳木斯和绥化地区，在大庆和绥化呈下降趋势，在绥化有小面积重度发生。杨树破腹病发生 2.2 万亩，同比下降 40%，主要发生于绥化和哈尔滨地区。杨树溃疡病发生 1.1 万亩，同比下降 30%，在佳木斯和绥化局部地区呈下降趋势，在绥化望奎有加重的态势(图 9-4)。

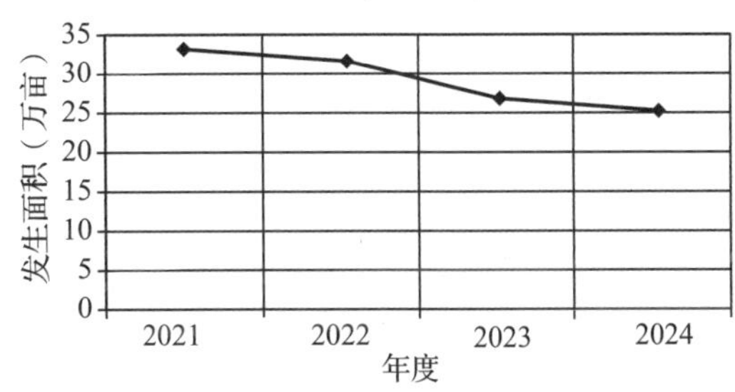

图 9-4　黑龙江省 2021—2024 年杨树病害发生情况

2. 杨树食叶害虫

杨树食叶害虫危害总体情况基本平稳，舞毒蛾和杨黑点叶蜂等个别虫种危害有所加重。杨树食叶害虫全省发生 34.86 万亩，其中，轻度发生 23.37 万亩，中度发生 12.06 万亩，重度发生 1.42 万亩，同比上升 6%。发生的种类主要有杨潜叶跳象、梨卷叶象、分月扇舟蛾、杨小舟蛾、舞毒蛾、白杨叶甲和杨黑点叶蜂等，主要以轻、中度发生于哈尔滨、绥化和大庆等中西部地区。杨潜叶跳象发生 10.51 万亩，与去年基本持平，在齐齐哈尔和大庆地区发生面积呈下降趋势，在绥化安达有 1000 亩重度发生。杨扇舟蛾发生 1.47 万亩，以中度危害发生于大庆肇源，呈大幅度上升趋势。分月扇舟蛾发生 7500 亩，同比下降 21%，以轻、中度发生于哈尔滨和大庆局部地区，在哈尔滨呈下降趋势。杨小舟蛾发生 2.23 万亩，同比下降 20%，以轻、中度发生于哈尔滨和齐齐哈尔地区，在哈尔滨呈下降趋势。梨卷叶象发生 4.19 万亩，同比下降 12%，主要发生于哈尔滨和绥化地区，在哈尔滨双城有 4000 亩重度发生。舞毒蛾发生 13.52 万亩，其中重度发生 3100 亩，同比上升 27%，主要发生于齐齐哈尔、双鸭山、伊春、黑河、龙江森工和伊春森工集团。其中发生面积较大的地区有龙江森工的桦南林业局和伊春森工的红星林业局、汤旺河林业局，在龙江森工、伊春森工和伊春地区呈现上升趋势，在黑河爱辉有重度发生。杨黑点叶蜂发生 2.01 万亩，其中，重度发生 6100 亩，同比上升 57%，全部发生于哈尔滨双城。白杨叶甲发生 8000 亩，同比下降 47%，主要发生于哈尔滨和绥化地区(图 9-5)。

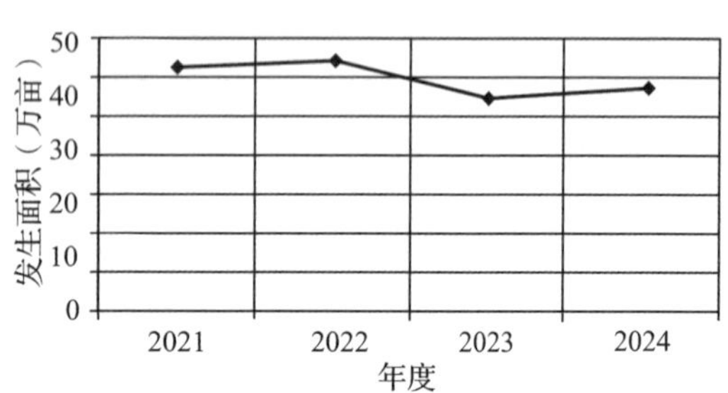

图 9-5　黑龙江省 2021—2024 年杨树食叶害虫发生情况

3. 杨树蛀干害虫

杨树蛀干害虫发生情况整体呈下降趋势，杨干象和白杨透翅蛾下降趋势明显，青杨脊虎天牛在中部哈尔滨地区呈上升趋势。杨树蛀干害虫全省发生 6.67 万亩，其中，轻度发生 4.36 万亩，中度发生 1.68 万亩，重度发生 6300 亩，同比下降 25%。发生的种类主要有杨干象、白杨透翅蛾、青杨脊虎天牛和青杨天牛。杨干象发生 2.9 万亩，同比下降 31%，主要发生于哈尔滨、齐齐哈尔、绥化和大庆地区，在各地发生面积有不同程度的下降，在哈尔滨双城和绥化安达有小面积重度发生。白杨透翅蛾发生 3.02 万亩，同比下降 27%，主要以轻度发生于齐齐哈尔、大庆和绥化地区。青杨脊虎天牛发生 6963 亩，同比上升 57%，主要发生于哈尔滨和大庆等地，在哈尔滨五常呈上升趋势，在哈尔滨双城和五常有面积重度发生。青杨天牛发生 600 亩，同比下降 40%，主要发生于绥化安达(图 9-6)。

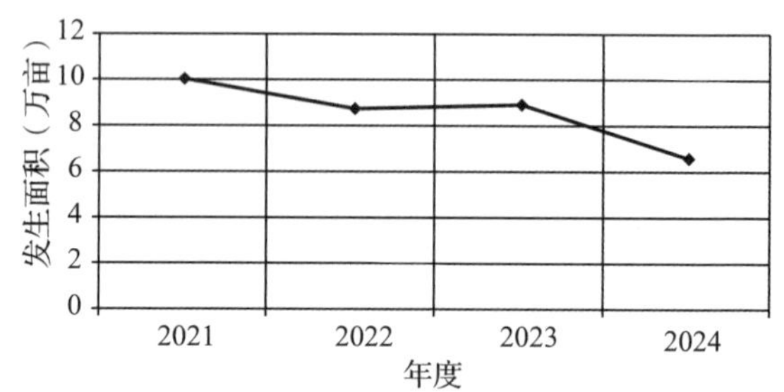

图 9-6　黑龙江省 2021—2024 年杨树蛀干害虫发生情况

4. 松树病害

松树病害总体呈上升趋势，东部地区危害较为严重。松树病害全省发生 46.44 万亩，其中，轻度发生 32.93 万亩，中度发生 10.6 万亩，重度发生 2.91 万亩，与去年同期比较有大幅度上升趋势。发生的种类主要有落叶松落叶病、樟子松红斑病、樟子松瘤锈病、落叶松枯梢病和松落针病等，主要以轻、中度危害发生于鸡西、牡丹江、佳木斯、大庆、黑河和龙江森工集团。落叶松落叶病发生 10.18 万亩，呈大幅度上升趋势，主要发生于哈尔滨、鸡西、佳木斯及鸡西绿海地区，在哈尔滨发生面积相对较大，为新发生。樟子松红斑病发生 20.63 万亩，呈大幅度上升趋势，主要发生于龙江森工、牡丹江、大兴安岭、佳木斯和哈尔滨地区，在龙江森工集团和牡丹江发生面积上升幅度明显，在林口林业局、八面通林业局和海林林业局发生面积相对较大，在牡丹江海林有 2000 亩重度发生。松落针病发生 5.79 万亩，呈大幅度上升趋势，主要发生于大庆、牡丹江、龙江森工集团和哈尔滨地区，牡丹江、龙江森工集团和哈尔滨为新发生，在牡丹江东宁有重度发生。樟子松瘤锈病发生 5085 亩，其中重度发生 1850 亩，同比上升 36%，主要发生于牡丹江东宁和黑河逊克等地区。松树枯梢病发生 3.32 万亩，与去年同期比较呈大幅度上升趋势，牡丹江和鸡西局部地区有新发生，在牡丹江东宁和尚志国有林管理局(简称尚志管局)有重度危害发生。落叶松枯梢病发生 3.26 万亩，主要新发生于佳木斯和牡丹江地区(图 9-7)。

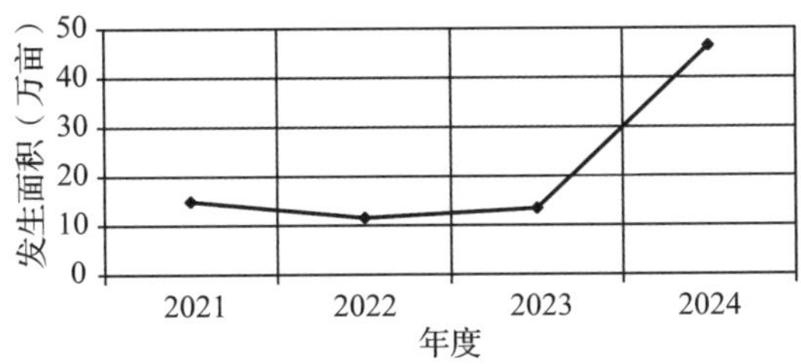

图 9-7　黑龙江省 2021—2024 年松树病害发生情况

5. 松树食叶害虫

松树食叶害虫除落叶松毛虫外，落叶松鞘蛾、落叶松红腹叶蜂和松阿扁叶蜂发生面积均呈上升趋势。松树食叶害虫全省发生 56.77 万亩，其中，轻度发生 49.85 万亩，中度发生 6.6 万亩，重度发生 3200 亩，同比下降 18%。发生的种类有落叶松毛虫、落叶松鞘蛾、落叶松红腹叶蜂、伊藤厚丝叶蜂、暮尘尺蛾和松阿扁叶蜂等。落叶松毛虫发生 43.7 万亩，同比下降 16%，主要发生于哈尔滨、齐齐哈尔、鹤岗、双鸭山、伊春、佳木斯和伊春森工集团，除齐齐哈尔以外，其他地区均呈下降趋势。落叶松鞘蛾发生 6 万亩，同比上升 68%，主要发生于哈尔滨、牡丹江、黑河和伊春森工集团，在牡丹江市直属林场和黑河爱辉有重度危害发生。松阿扁叶蜂发生 3.54 万亩，同比上升 11%，主要发生于佳木斯和哈尔滨地区，在佳木斯郊区呈上升趋势。落叶松红腹叶蜂发生 3950 亩，同比上升 23%，主要发生于哈尔滨和齐齐哈尔地区，在齐齐哈尔呈上升趋势。伊藤厚丝叶蜂发生 910 亩，全部以中度危害发生于齐齐哈尔富裕县。暮尘尺蛾发生 1.03 万亩，与去年同期比较呈大幅度下降趋势，全部为轻度发生，危害程度连续两年减轻，主要发生于佳木斯桦南和桦川地区(图 9-8)。

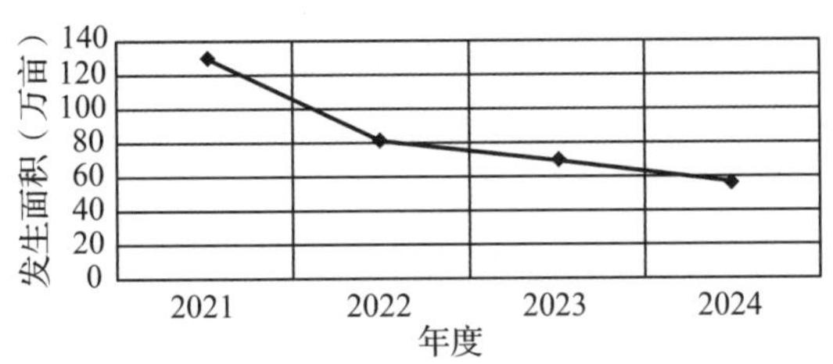

图 9-8　黑龙江省 2021—2024 年松树食叶害虫发生情况

6. 松钻蛀害虫

松钻蛀害虫危害整体呈现加重趋势，樟子松梢斑螟、落叶松八齿小蠹和多毛切梢小蠹危害在东部地区均呈上升趋势。松钻蛀害虫全省发生 248.17 万亩，较去年增加了 103.17 万亩，其中，轻度发生 152.21 万亩，中度发生 95.14 万亩，重度发生 8200 亩，发生的种类有果梢斑螟、樟子松梢斑螟、落叶松八齿小蠹、纵坑切梢小蠹和云杉花墨天牛等。果梢斑螟发生 219.53 万亩，主要发生于龙江森工、牡丹江、伊春森工、鹤岗、佳木斯、哈尔滨和七台河等地，在佳木斯桦川、牡丹江穆棱和龙江森工清河林业局有重度发生。其中，龙江森工集团果梢斑螟发生 169 万亩，发生面积相对较大。樟子松梢斑螟发生 21.47 万亩，同比上升 14%，主要发生于齐齐哈尔、大庆、佳木斯、牡丹江和绥化地区，在鸡西和大庆局部地区呈现上升趋势，牡丹江海林有新发生，在齐齐哈尔泰来和拜泉有重度发生。落叶松八齿小蠹发生 3.84 万亩，同比上升 31%，主要发生于佳木斯、牡丹江、七台河和齐齐哈尔地区，在鸡西和佳木斯局部地区呈上升趋势。纵坑切梢小蠹发生 3600 亩，同比下降 53%，主要发生于哈尔滨呼兰和牡丹江海林地区。横坑切梢小蠹发生 1500 亩，同比下降 47%，主要以轻度发生于佳木斯汤原和同江地区。多毛切梢小蠹发生 8734 亩，比去年增加了 5209 亩，在佳木斯桦南和鸡西直属林场均呈上升趋势。云杉花墨天牛发生 2400 亩，以轻、中度危害发生于绥化海伦地区。云杉小墨天牛发生 1100 亩，同比上升 18%，以轻度危害发生于绥化海伦地区。灰长角天牛发生 1800 亩，主要以中、重度发生于黑河市直属林场(图 9-9)。

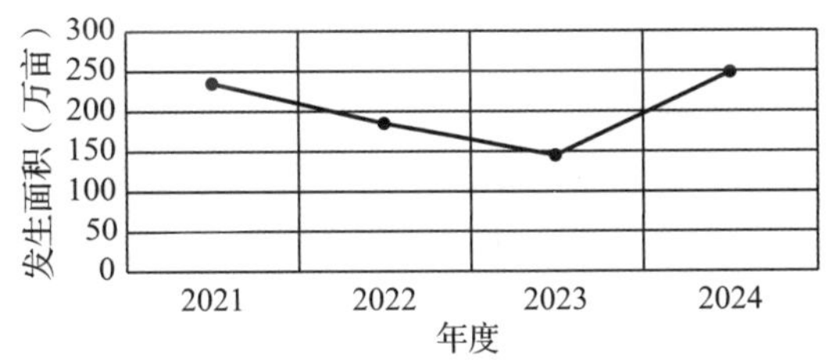

图 9-9　黑龙江省 2021—2024 年松钻蛀害虫发生情况

7. 栎树虫害

栎树虫害整体发生面积呈下降趋势。栎树虫害全省发生 3.51 万亩，其中，轻度发生 1.87 万亩，中度发生 1.64 万亩。发生的种类主要有栗山天牛、柞褐叶螟和花布灯蛾。栗山天牛发生 3.04 万亩，与去年同期比较呈大幅度下降趋势，轻、中度危害发生于双鸭山、龙江森工、哈尔滨和鸡西地区。柞褐叶螟发生 2000 亩，同比下降 50%，全部发生于佳木斯郊区。花布灯蛾发生 2800 亩，同比下降 7%，主要发生于哈尔滨呼兰（图 9-10）。

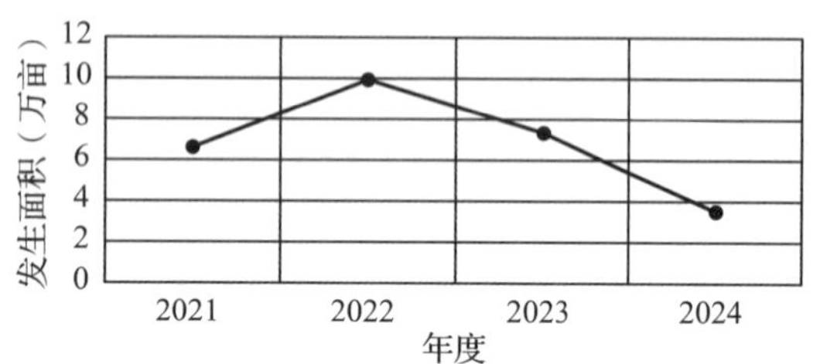

图 9-10　黑龙江省 2021—2024 年栎树虫害发生情况

8. 其他害虫

榆紫叶甲发生 7000 亩，同比下降 12%，主要以轻、中度发生于齐齐哈尔和大庆地区。黄褐天幕毛虫发生 2.57 万亩，同比下降 27%，主要发生于哈尔滨、齐齐哈尔、黑河和绥化地区，在黑河爱辉有 1700 亩重度发生。松沫蝉发生 1.44 万亩，同比上升 48%，发生于哈尔滨、佳木斯和龙江森工地区，在哈尔滨和佳木斯地区为新发生。柳沫蝉发生 4490 亩，以轻、中度发生于哈尔滨和大兴安岭地区。红木蠹象发生 8300 亩，全部以轻度发生于伊春森工上甘岭林业局。

9. 林业鼠害

林业鼠害在地方林业和龙江森工呈下降趋势，在伊春森工朗乡林业局有重度危害发生。林业鼠害全省发生 198.15 万亩，同比下降 8%，其中，轻度发生 105.72 万亩，中度发生 92.02 万亩，重度发生 4100 亩。发生的种类主要有棕背䶄、红背䶄和大林姬鼠。全省除齐齐哈尔和大庆外均有不同程度的发生，在七台河市直属林场和中部伊春森工朗乡林业局有小面积重度发生。地方林业鼠害发生 72.74 万亩，同比下降 10%，其中，轻度发生 53.56 万亩，中度发生 19.17 万亩，重度发生 100 亩，在哈尔滨、双鸭山、佳木斯和黑河地区发生面积较大，七台河市直属林场有小面积重度危害发生（图 9-11）。

龙江森工林业鼠害发生 69.56 万亩，同比下降 16%，以轻、中度发生为主，其中，方正、桦南和兴隆林业局地区发生面积较大。伊春森工林业鼠害发生 55.85 万亩，同比上升 8%，以轻、中度发生为主，其中，朗乡、汤旺河和铁力林业局地区发生面积较大，朗乡林业局有 4000 亩重度发生。

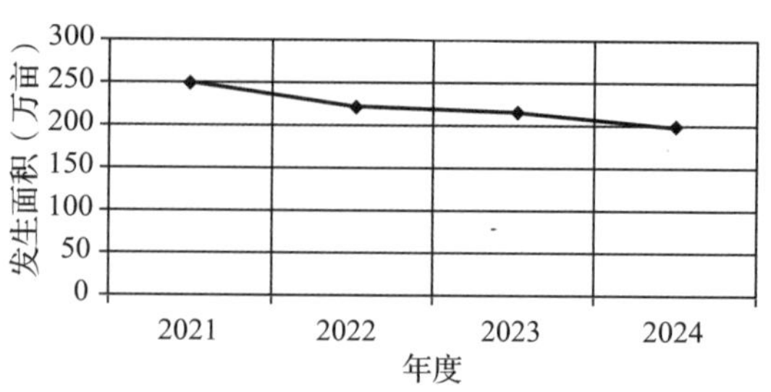

图 9-11　黑龙江省 2021—2024 年林业鼠害发生情况

（三）成因分析

气象条件对林业有害生物影响较大。2024 年春季回暖晚，杨扇舟蛾蛹化期较往年延后 3～5 天，6 月末 7 月初气温骤升，对杨扇舟蛾成虫羽化量影响明显，在大庆肇源地区危害有所加重。6 月全省平均降水量相对较大，比常年同期多 72%，中东部大部分地区较常年多 1 倍以上，降雨量骤增，对温湿度影响较大，高温高湿适宜病菌孢子萌发、侵染和繁育，持续高温多雨天气，可连续发生多次侵染循环，是加重松树病害发生的主要原因之一，促使落叶松落叶病、松落针病、松针红斑病和松树枯梢病等松树病害处于高发态势。

林分结构单一，适于有害生物发生。黑龙江省人工林面积较大，西部地区多为杨树纯林，东部地区多为针叶林，容易造成单一病虫害常年集中连片发生。林间堆积病枝病叶，为病菌侵染创造了有利条件，土壤黏重板结积水、林分郁闭度大、通风差、树木生长衰弱容易引发林业有害生物发生。部分地区人工林树势衰弱，佳木斯富锦樟子松人工林发生松树蜂危害，危害较为隐蔽，部分地区未及时清理病死木，为病虫害发生创造了客观环境，同时，衰弱木和病死木容易引发小蠹虫和天牛等次期性虫害发生。

舞毒蛾处于有害生物发生周期的上升阶段，在伊春、龙江森工和伊春森工发生面积有上升趋势，黑河仍有重度发生。

受生物发生周期影响，落叶松毛虫等主要林业有害生物发生面积连续 5 年呈下降趋势，处于有虫不成灾的状态。暮尘尺蛾自2021年起经历了虫害发生的增殖期、猖獗期，目前逐渐进入衰退期，在佳木斯局部地区的天然次生林中虫口密度降低。

二、2025年林业有害生物发生趋势预测

(一)2025年总体发生趋势预测

据国家气候中心发布，黑龙江省初冬气温较往年偏高，降水量偏多，受寒潮天气影响，冷暖起伏明显，2024年11月25~27日，黑龙江省入冬首场大范围强降雪，降水相态复杂，为1961年以来历史同期最多。局部地区降水极端性强，鹤岗降雪量49.7mm，突破当地11月单日降水量历史记录。12月全省平均降水量多于常年，平均气温低于常年。依据黑龙江省各地秋季调查，结合今冬明春气候因素，预测2025年全省林业有害生物发生580万亩，与2024年实际发生面积相比下降8%。预测病害发生60万亩，比2024年下降16%，预测虫害发生339万亩，比2024年下降6%，预测林业鼠害发生181万亩，比2024年下降9%。预测2025年林业有害生物发生面积整体呈现下降趋势，危害以轻、中度为主。

杨树灰斑病在哈尔滨和绥化局部地区有重度发生的可能。杨潜叶跳象在哈尔滨和大庆发生面积有上升的趋势。分月扇舟蛾在大庆会有中度危害。杨黑点叶蜂在哈尔滨局部地区危害有加重的可能。松针红斑病在佳木斯和鹤岗地区有扩散的态势。松树枯梢病在牡丹江地区发生面积上升趋势明显，在哈尔滨和大庆呈现扩散态势，在尚志管局局部地区危害有加重的可能。松树蜂在佳木斯和鸡西地区有扩散趋势，佳木斯富锦有重度危害的可能。松钻蛀类害虫危害整体有上升趋势。云杉八齿小蠹和纵坑切梢小蠹在佳木斯局部地区有扩散态势，云杉花墨天牛和云杉小墨天牛在绥化海伦发生面积有上升的可能，云杉大墨天牛在龙江森工局地会有中度新发生。林业鼠害在绥化北部和伊春地区危害程度有加重的可能。

黑龙江省2025年主要林业有害生物预测发生面积与2024年发生面积比较

林业有害生物种类	2024年发生面积(万亩)	2025年预测发生面积(万亩)	同比情况(%)
林业有害生物合计	631.13	580	-8
病害合计	71.57	60	-16
虫害合计	361.42	339	-6
林业鼠害合计	198.14	181	-9
杨树病害	25.11	23	-8
杨树食叶害虫	36.85	32	-13
杨树蛀干害虫	6.67	4	-40
松树病害	46.44	37	-20
松树害虫	307.51	298	基本持平
栎树害虫	3.51	2	-43
其他害虫	7.39	4	-46

(二)主要林业有害生物发生趋势预测

1. 杨树病害

杨树病害危害情况整体稳中有降，杨树灰斑病和杨树烂皮病发生面积均有下降趋势。杨树病害预测全省发生23万亩，同比下降8%。发生的种类主要有杨树灰斑病、杨树烂皮病、杨树溃疡病和杨树破腹病，主要以轻、中度危害发生于哈尔滨、大庆和绥化地区。杨树灰斑病预测发生13万亩，同比下降9%，在佳木斯和绥化地区发生面积有下降趋势，哈尔滨和绥化局部地区有重度发生的可能。杨树烂皮病预测发生7万亩，同比

下降 8%，在大庆和绥化发生面积有下降趋势，绥化安达和海伦有小面积重度发生。杨树破腹病预测发生 2 万亩，同比下降 9%，主要发生于哈尔滨、绥化和鹤岗地区。杨树溃疡病预测发生 1 万亩，在绥化地区发生面积有下降趋势。

2. 杨树食叶害虫

杨树食叶害虫发生面积整体有下降趋势，杨潜叶跳象和梨卷叶象发生情况平稳，舞毒蛾和杨小舟蛾发生面积有下降趋势，分月扇舟蛾在大庆会有中度发生，杨黑点叶蜂在哈尔滨危害加重。预测杨树食叶害虫全省发生 32 万亩，同比下降 13%。发生的种类主要有杨潜叶跳象、舞毒蛾、梨卷叶象、杨扇舟蛾、杨小舟蛾、白杨叶甲和杨黑点叶蜂等。杨潜叶跳象预测发生 10 万亩，同比基本持平，主要发生于哈尔滨、齐齐哈尔、大庆和绥化地区，在哈尔滨和大庆发生面积有上升趋势，哈尔滨双城或有重度危害的可能。梨卷叶象预测发生 4 万亩，同比基本持平，主要发生于哈尔滨和绥化地区，哈尔滨双城会有 4000 亩重度发生。杨小舟蛾预测发生 2 万亩，在哈尔滨和齐齐哈尔部分地区发生面积有下降趋势。分月扇舟蛾预测发生 3 万亩，在大庆杜蒙发生面积上升趋势明显，增加 2 万亩。舞毒蛾预测发生 8 万亩，同比下降 41%，主要以轻、中度发生于齐齐哈尔、绥化、双鸭山、黑河、龙江森工和伊春森工集团，在各地发生面积均有下降趋势。杨黑点叶蜂预测发生 3 万亩，重度发生 1 万亩，同比上升 49%，主要发生于哈尔滨双城，危害有加重的可能。赤杨扁叶甲预测在龙江森工柴河林业局会有 5000 亩中度发生。

3. 杨树蛀干害虫

杨树蛀干害虫发生面积整体有下降趋势，杨干象和白杨透翅蛾在西部地区下降趋势明显。杨树蛀干害虫预测发生 4 万亩，同比下降 40%。发生的种类主要有杨干象、白杨透翅蛾、青杨天牛和青杨脊虎天牛，主要发生于哈尔滨、绥化和大庆等地。杨干象预测发生 2 万亩，同比下降 31%，主要发生于哈尔滨、齐齐哈尔、大庆和绥化地区，在哈尔滨、齐齐哈尔和绥化发生面积有下降趋势，绥化地区下降趋势明显，在哈尔滨双城有小面积重度发生。白杨透翅蛾预测发生 2 万亩，同比下降 33%，在齐齐哈尔、大庆和绥化危害趋于减轻。青杨脊虎天牛预测发生 4000 亩，主要发生于哈尔滨和大庆局部地区，在哈尔滨五常危害程度趋于减轻。青杨天牛在绥化安达会有轻中度危害发生。

4. 松树病害

松树病害发生面积总体有下降趋势，落叶松落叶病发生面积局部地区下降趋势明显，松针红斑病在东部佳木斯和鹤岗有扩散的可能，松树枯梢病在局地危害可能会加重。松树病害预测全省发生 37 万亩，同比下降 20%。发生的种类主要为落叶松落叶病、松针红斑病、松落针病和松树枯梢病等。落叶松落叶病预测发生 6 万亩，同比下降 40%，主要发生于哈尔滨、牡丹江、佳木斯、鸡西、七台河、黑河和鸡西绿海，哈尔滨和牡丹江等地发生面积下降趋势明显，牡丹江海林有重度发生。松针红斑病预测发生 19 万亩，同比基本持平，在佳木斯、鸡西、伊春和尚志管局发生面积有上升趋势，在佳木斯和鹤岗局地会有新发生。松树枯梢病预测发生 8 万亩，发生面积有大幅度上升趋势，主要发生于哈尔滨、牡丹江、大庆、鸡西、七台河和尚志管局，牡丹江地区发生面积上升趋势明显，尚志管局局地危害有加重的可能，哈尔滨和大庆呈扩散态势。落叶松枯梢病预测发生 3000 亩，主要发生于佳木斯和哈尔滨，发生面积有大幅度下降趋势，在哈尔滨直属林场有中度新发生的可能。松瘤锈病预测在牡丹江和黑河地区发生面积下降，危害程度趋于减轻。

5. 松树食叶害虫

松树食叶害虫全省总体危害平稳，落叶松毛虫和松阿扁叶蜂发生面积有下降趋势，落叶松鞘蛾和落叶松红腹叶蜂发生情况平稳，松树蜂在佳木斯富锦或有重度发生。松树食叶害虫预测发生 45 万亩，同比基本持平。发生的种类主要有落叶松毛虫、落叶松鞘蛾、落叶松红腹叶蜂、松阿扁叶蜂和松树蜂等。落叶松毛虫预测发生 37 万亩，同比下降 15%，主要发生于哈尔滨、齐齐哈尔、牡丹江、佳木斯、双鸭山、伊春和伊春森工等地，其中伊春森工发生 21 万亩，仅在伊春和佳木斯发生面积有上升的可能。落叶松鞘蛾预测发生 3 万亩，同比基本持平，主要发生于哈尔滨和伊春森工地区，在哈尔滨地区发生面积有上升趋势。松阿扁叶蜂预测发生 2 万亩，同比下降 44%，主要发生于哈尔滨和佳木斯地区，在佳木斯发生面积下降趋势明显。落叶松红腹叶蜂预测在哈尔滨发生情况平稳，在齐齐哈尔危害趋于减轻。松树蜂预测发生 1 万亩，在佳木斯和鸡西发生面积上升趋势明显，佳木斯富锦或有重度发生。

6. 松树钻蛀害虫

松钻蛀害虫危害总体有上升趋势。果梢斑螟全省发生情况平稳，仅在伊春森工发生面积有上升趋势。云杉八齿小蠹和纵坑切梢小蠹在佳木斯局部地区有扩散态势，云杉花墨天牛和云杉小墨天牛在绥化海伦发生面积有上升趋势，云杉大墨天牛在龙江森工局地会有新发生。松钻蛀害虫预测全省发生 251 万亩，同比基本持平。发生的种类为果梢斑螟、樟子松梢斑螟、落叶松八齿小蠹、云杉花墨天牛、纵坑切梢小蠹和多毛切梢小蠹等。果梢斑螟预测发生 221 万亩，同比基本持平，在牡丹江、佳木斯、绥化和伊春森工集团有重度发生的可能。龙江森工预测发生 170 万亩，同比基本持平。地方林业预测发生 38 万亩，同比下降 7%。伊春森工预测发生 13 万亩，同比上升 37%。樟子松梢斑螟预测发生 19 万亩，同比下降 12%，主要以轻、中度发生于哈尔滨、齐齐哈尔、牡丹江、大庆、绥化、佳木斯和鸡西等地，除哈尔滨和齐齐哈尔外，发生面积均有下降趋势，危害程度有所减轻。落叶松八齿小蠹预测发生 3 万亩，同比下降 22%，主要发生于齐齐哈尔、牡丹江、佳木斯、鸡西和七台河等地，除鸡西外，其他地区发生面积均有下降趋势，危害程度减轻。云杉八齿小蠹预测发生 2 万亩，主要以轻、中度发生于佳木斯和龙江森工地区，发生面积有上升趋势，在佳木斯会有新发生。纵坑切梢小蠹预测发生 1 万亩，发生面积有大幅度上升趋势，主要发生于哈尔滨、牡丹江和佳木斯，在中部哈尔滨和东部佳木斯局部地区有扩散态势，牡丹江海林有小面积重度发生的可能。横坑切梢小蠹预测在佳木斯汤原会有小面积轻度发生。云杉花墨天牛预测发生 2 万亩，主要发生于绥化和龙江森工地区，在绥化海伦发生面积有上升趋势，在龙江森工东京城有新发生的可能。云杉大墨天牛预测在龙江森工绥棱林业局会有 1 万亩中度新发生。云杉小墨天牛预测在绥化海伦局部地区发生面积有上升趋势，危害程度加重。多毛切梢小蠹预测发生 7000 亩，主要发生于佳木斯桦南，发生面积有下降趋势。灰长角天牛预测在黑河卡伦山林场有小面积中重度发生。

7. 栎树害虫

栎树害虫全省总体有下降趋势。栎树害虫预测发生 2 万亩，与 2024 年比较有大幅度下降趋势。发生的种类有花布灯蛾、栗山天牛和柞褐叶螟。栗山天牛预测发生 1 万亩，发生面积有下降趋势，主要发生于哈尔滨和双鸭山地区。花布灯蛾预测发生 2200 亩，以中度危害发生于哈尔滨呼兰区，发生面积有小幅度下降趋势。柞褐叶螟预测在佳木斯郊区发生面积有下降趋势。

8. 其他害虫

其他害虫预测全省发生 4 万亩，发生的种类主要有黄褐天幕毛虫、榆紫叶甲、红木蠹象和榛实象等。黄褐天幕毛虫预测发生 2 万亩，主要发生于哈尔滨、齐齐哈尔、绥化和黑河地区，除哈尔滨外，其他地区发生面积均有下降趋势，黑河和齐齐哈尔地区有重度发生的可能。榆紫叶甲预测发生 3300 亩，发生面积有下降趋势，危害范围缩小，主要发生于大庆和绥化地区。稠李巢蛾预测发生 2200 亩，主要发生于大兴安岭地区，危害程度趋于减轻。光肩星天牛可能会在哈尔滨双城有小面积重度危害。

9. 林业鼠害

林业鼠害发生面积总体有下降趋势，危害程度局地可能会加重。林业鼠害预测发生 174 万亩，呈下降趋势。发生的种类主要为棕背䶄和红背䶄，全省除齐齐哈尔和大庆市外均有分布，危害以轻、中度为主，除绥化和黑河局部地区发生面积有小幅度上升以外，其他地区均有下降趋势。结合今年林产品丰年、雪被形成晚以及平均温度高于往年同期等因素，不排除在绥化、北部伊春和伊春森工局部地区有重度危害的可能。

三、对策建议

（一）加强组织领导，提高基层人员工作积极性

要加强各级林业主管部门对林业有害生物监测工作的重视程度，将监测预报工作列为重点工作内容，深刻认识林业有害生物监测工作的重要性，同时加大资金投入力度，切实解决基层工作人员在监测过程中遇到的问题和难题，提高专

(兼)职测报员的待遇，提高基层人员工作积极性。

(二)健全监测预报体系，提升监测调查能力

进一步建立健全监测预报管理体系，以护林员和管护员为依托，持续推动网格化监测预警体系运行，保证监测队伍稳定性和持续性。规范监测调查工作，加强日常巡查，确保监测调查数据真实性、及时性、科学性，高质量完成数据采集和报送，全面掌握林间有害生物发生情况，强化灾害报告管理，确保一经发现突发性林业有害生物，第一时间报告，及时开展调查，发布生产性预报，提出切实可行的防治措施，指导防治工作。

(三)重视基层监测队伍培训，加强与高等院校合作

建立常态化培训机制，定期对基层森防业务人员培训，结合辖区内林业有害生物发生情况，有针对性地开展专题培训，进一步提升一线业务人员监测调查能力，更新知识结构，适应发展。深化与东北林业大学等高等院校合作，充分发挥专家作用，根据需求邀请专家深入林间调查林业有害生物发生情况，科学研判发生趋势，提出有效的防治措施。

(主要起草人：宋敏　陈晓洋；主审：王越)

10 上海市林业有害生物 2024 年发生情况和 2025 年趋势预测

上海市林业病虫防治检疫站

【摘要】2024 年上海市主要林业有害生物发生 13.4230 万亩，同比下降 4.4%。林业有害生物防治 13.3796 万亩，绿色防控覆盖率 87.8%；美国白蛾防治作业 33.5000 万亩次。林业有害生物发生特点：林业有害生物发生总面积小幅下降，各种类发生不均衡；美国白蛾发生呈下降趋势，全市未新增街镇级疫点；红火蚁点状发生，呈由点向面扩散趋势。根据 2024 年林业有害生物发生情况和天气趋势，预测 2025 年全市林业有害生物发生 13.3500 万～14.5500 万亩，发生程度总体轻度。检疫性有害生物传播风险加大，外来入侵物种防控形势严峻；常规性有害生物发生总体呈稳定态势，部分种类有扩散加重趋势。

一、2024 年林业有害生物发生情况

2024 年全市林业有害生物发生 13.4230 万亩，同比下降 4.4%。按发生程度划分，轻度、中度和重度分别为 12.8227 万亩、0.5800 万亩、0.0203 万亩。按有害生物类型划分，病害发生 2.0811 万亩、虫害发生 11.3419 万亩。

2024 年全市林业有害生物防治 13.3796 万亩，绿色防控覆盖率 87.8%，其中生物及仿生措施、人工及物理措施、营林措施防治面积占比分别为 74.0%、10.1%、3.7%（图 10-1）。全市美国白蛾防治作业 33.5000 万亩次。

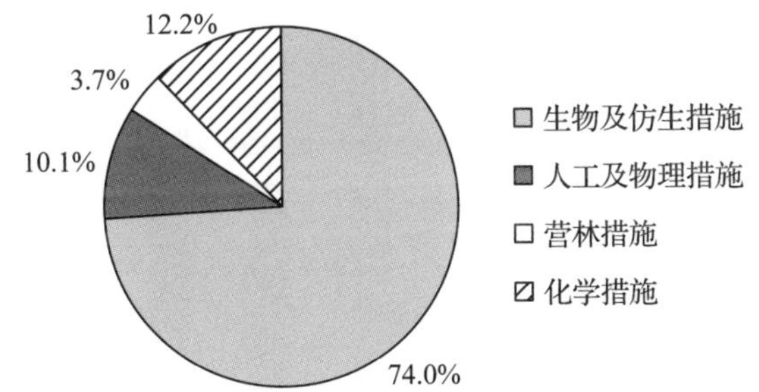

图 10-1　2024 年各类措施防治面积占防治总面积百分比

（一）发生特点

1. 林业有害生物发生总面积小幅下降，各种类发生不均衡

发生面积同比下降 4.4%，比前 5 年均值下降 22.4%；中重度发生面积占比 4.5%，低于前五年均值（6.1%）（图 10-2）。

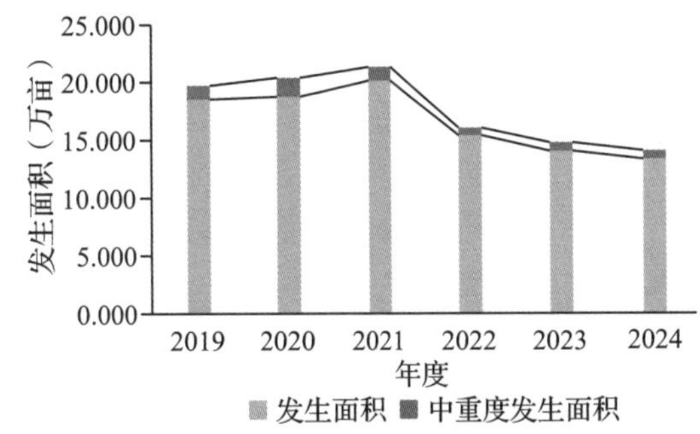

图 10-2　2019—2024 年林业有害生物发生面积

食叶性害虫中杨树舟蛾、重阳木锦斑蛾发生量下降，樟巢螟、黄杨绢野螟发生量上升；刺吸性害虫中蚧虫类发生量下降，柿广翅蜡蝉发生量上升；蛀干性害虫中天牛类发生量下降，香樟齿喙象发生量下降。

2. 美国白蛾发生呈下降趋势，全市未新增街镇级疫点

美国白蛾的发生面积、成虫诱捕量、发生街镇数呈下降趋势。全年全市共诱捕到美国白蛾成虫 93 头，同比下降 50.8%。全市仅青浦区朱家角镇发现一个第一代低龄幼虫网幕。全市未新增街镇级疫点，但成虫诱捕数据表明，青浦区金泽镇、朱家角镇各有一个新增成虫点位。

3. 红火蚁点状发生，呈由点向面扩散趋势

频繁的贸易往来导致上海市各类检疫性、危

险性林业有害生物潜在传入风险逐渐加大，松江区林业部门在日常踏查中，在松江区新桥镇和车墩镇林地发现红火蚁，发生面积共计 0.0091 万亩。

(二)林业有害生物发生情况分述

1. 检疫性、危险性林业有害生物

(1)松材线虫病

全市范围内未监测到松材线虫病发生。全市开展松材线虫病日常巡查和秋季普查工作，完成日常巡查 4 次，每次平均巡查 317 个小班、405 个采集点；普查涉及全市 9 个区 708 个小班 999 个采集点，面积 0.8850 万亩。树种主要为雪松、湿地松、马尾松、黑松、落叶松等，少量白皮松和樟子松。普查地点主要为林地、苗圃、盆景园、绿地、主干道沿线针叶林、生态廊道等。调查发现 256 株枯死松树，经实地勘察，多为台风所致，部分为干旱或水淹造成。

(2)美国白蛾

2024 年全市林业条线共布设美国白蛾诱捕器 2208 个。4 月 25 日，在浦东新区康桥镇首次诱捕到 3 头美国白蛾越冬代成虫，较 2023 年推迟 19 天。本年度全市共诱捕到美国白蛾成虫 93 头，其中越冬代成虫 83 头，第一代成虫 8 头，第二代成虫 2 头。涉及闵行区、宝山区、浦东新区、松江区、青浦区、奉贤区等 6 个区 12 个街镇，较去年减少 2 个区 24 个街镇。青浦区发现一个第一代低龄幼虫网幕。全市未新增区级疫区。

(3)舞毒蛾

2024 年布设亚洲型舞毒蛾监测点 300 个。6 月 4~18 日在浦东新区祝桥镇测报点共诱捕到舞毒蛾成虫 7 头，6 月 14 日在浦东新区张江镇诱捕到舞毒蛾成虫 1 头，在发现点附近未发现幼虫和卵块。

(4)红火蚁

2024 年全市布设红火蚁采集监测器 3892 套。松江区车墩镇和新桥镇的 4 块林地发生红火蚁危害，危害面积 0.0091 万亩，其中车墩镇红火蚁危害地块 1 块、危害面积 0.0071 万亩，新桥镇红火蚁危害地块 3 块、危害面积 0.0020 万亩，其余地区未监测到红火蚁。

(5)锈色棕榈象

在浦东新区张江镇、川沙新镇共计诱捕到锈色棕榈象成虫 40 头。在外来入侵有害生物监测点中山公园监测到锈色棕榈象成虫 1 头。

(6)扶桑绵粉蚧

结合产地检疫、外来入侵物种国家级监测站等工作，2024 年未发现扶桑绵粉蚧危害。

2. 常发性林业有害生物

(1)公益林病害

水杉赤枯病　发生 1.8470 万亩，与 2023 年基本持平，比前 5 年均值上升 37.9%(图 10-3)。其中轻度发生占比 78.6%，中度发生占比 21.3%，重度发生占比 0.1%。全市各区均有分布。

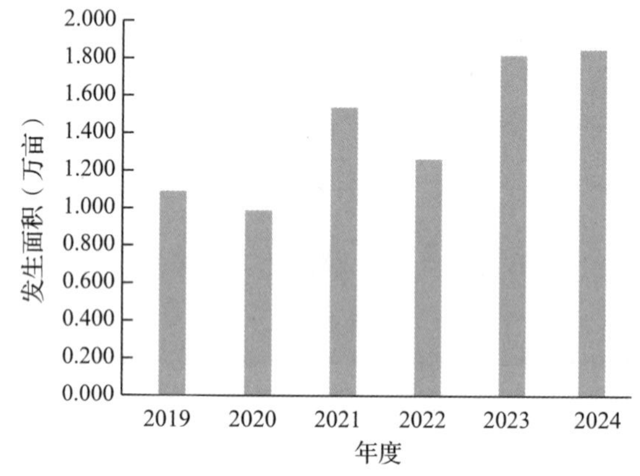

图 10-3　2019—2024 年水杉赤枯病发生面积

(2)公益林食叶性害虫

刺蛾类　发生 2.7997 万亩，与 2023 年、前 5 年均值基本持平(图 10-4)。其中，轻度发生占比 98.4%，中度发生占比 1.3%，重度发生占比 0.3%。全市各区均有分布。

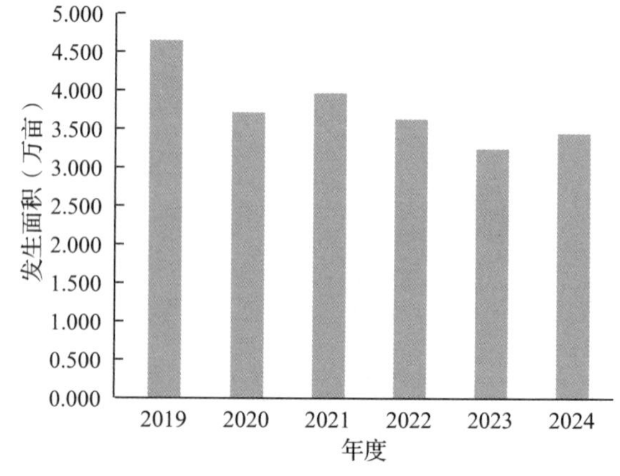

图 10-4　2019—2024 年刺蛾类发生面积

樟巢螟　发生 3.4459 万亩，同比上升 6.2%，比前 5 年均值下降 10.3%(图 10-5)。其中，轻度发生占比 99.4%，中度发生占比 0.5%，

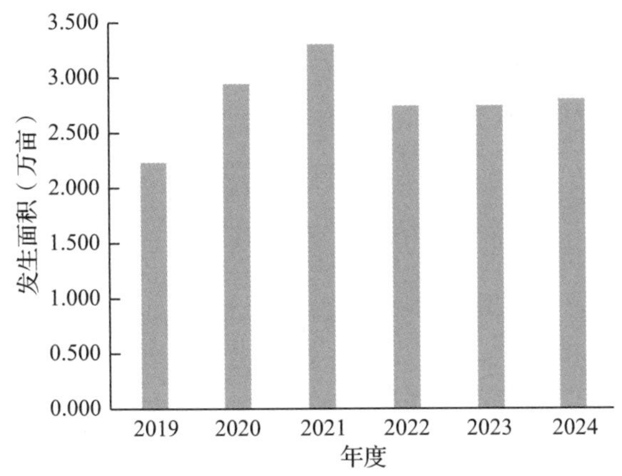

图 10-5　2019—2024 年樟巢螟发生面积

重度发生占比 0.1%。全市各区均有分布。

杨树舟蛾　发生 0.4657 万亩，同比下降 28.0%，比前 5 年均值上升 19.3%(图 10-6)。轻度发生。主要分布于闵行区、宝山区、嘉定区、浦东新区、金山区、松江区、青浦区和崇明区。

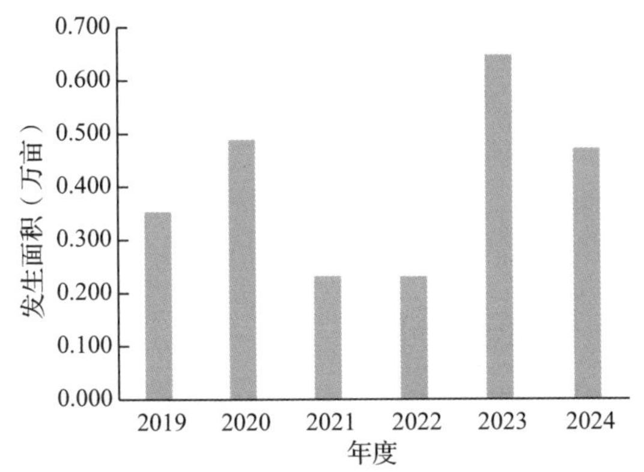

图 10-6　2019—2024 年杨树舟蛾发生面积

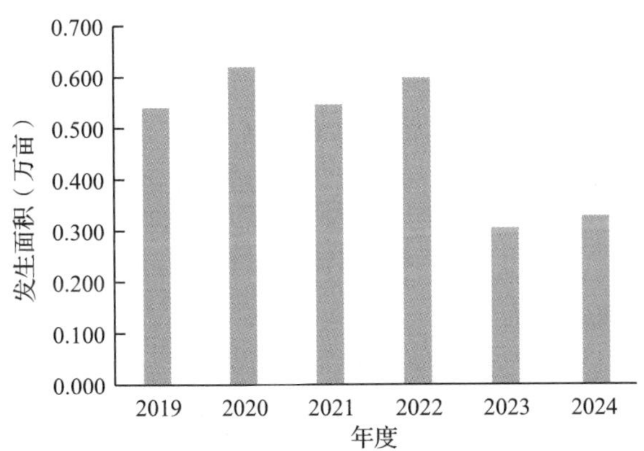

图 10-7　2019—2024 年黄杨绢野螟发生面积

黄杨绢野螟　发生 0.3190 万亩，同比上升 4.6%，比前 5 年均值下降 38.9%(图 10-7)。其中，轻度发生占比 97.3%，中度发生占比 2.7%。全市各区均有分布。

重阳木锦斑蛾　发生 0.6675 万亩，与 2023 年基本持平，比前 5 年均值下降 12.2%(图 10-8)。其中，轻度发生占比 92.6%，中度发生占比 6.8%，重度发生占比 0.6%。全市各区均有分布。

小蜻蜓尺蛾　发生 0.0160 万亩。轻度发生。主要分布在金山区。

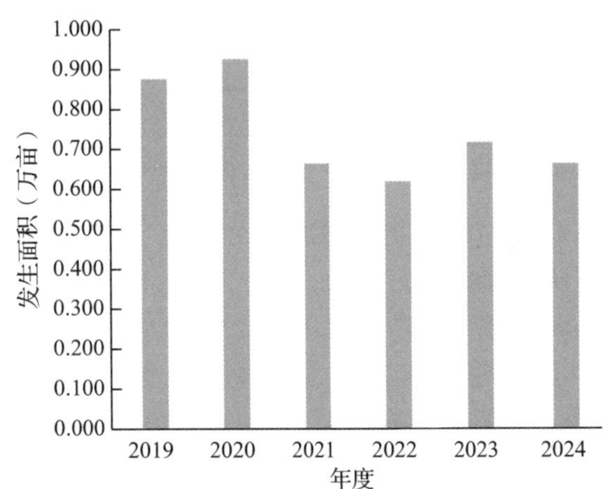

图 10-8　2019—2024 年重阳木锦斑蛾发生面积

(3)公益林刺吸性害虫

蚧虫类　发生 0.4635 万亩，同比下降 65.1%，比前 5 年均值下降 72.7%(图 10-9)。其中，轻度发生占比 97.6%，中度发生占比 2.4%。主要种类有红蜡蚧(0.1965 万亩)、藤壶蚧(0.2670 万亩)。主要分布于闵行区、宝山区、嘉定区、浦东新区、松江区、青浦区和崇明区。

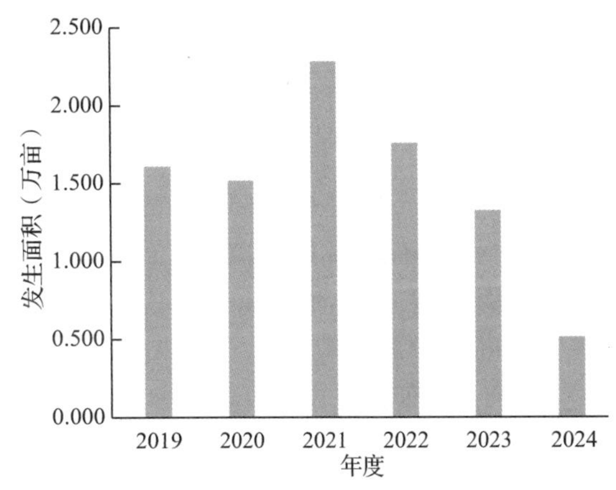

图 10-9　2019—2024 年蚧虫类发生面积

柿广翅蜡蝉　发生 0.6210 万亩，同比上升 3.9%，与前 5 年均值持平(图 10-10)。其中，轻度发生占比 98.9%，中度发生占比 1.1%。主要分布于金山区、松江区、崇明区和青浦区。

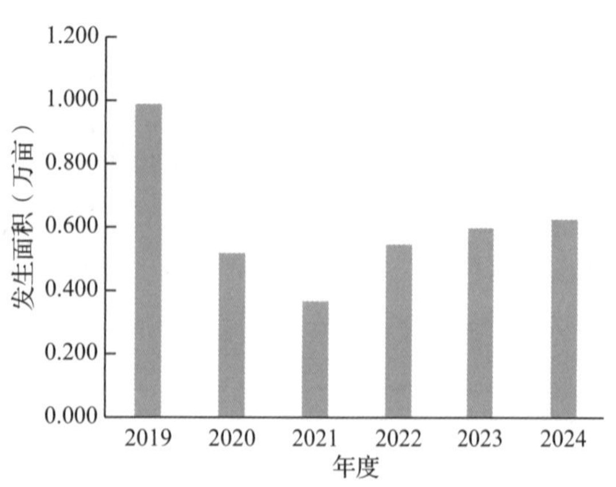

图 10-10　2019—2024 年柿广翅蜡蝉发生面积

(4)公益林蛀干性害虫

天牛类　发生 0.9109 万亩，同比下降 10.4%，比前 5 年均值下降 23.1%(图 10-11)。其中，轻度发生占比 98.7%，中度发生占比 1.3%。主要种类有星天牛(0.4968 万亩)、桑天牛(0.0624 万亩)、云斑白条天牛(0.3517 万亩)。全市各区均有分布。

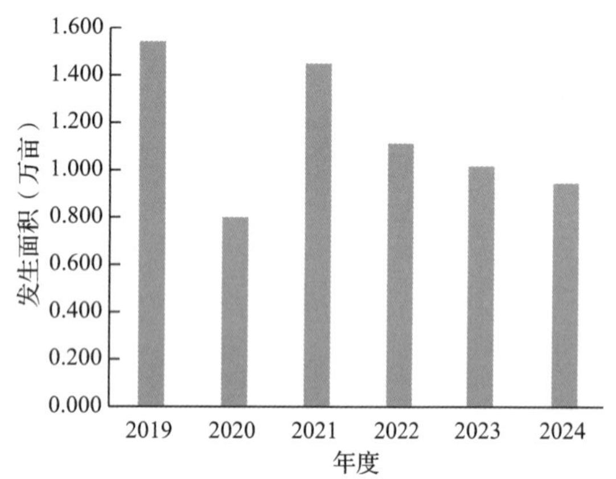

图 10-11　2019—2024 年天牛类发生面积

香樟齿喙象　发生 0.6365 万亩，同比下降 16.1%，比前 5 年均值上升 36.2%(图 10-12)。其中，轻度发生占比 97.2%，中度发生占比 2.7%，重度发生占比 0.1%。主要分布于闵行区、宝山区、浦东新区、金山区、松江区、崇明区和奉贤区。

咖啡木蠹蛾　发生 0.0411 万亩。轻度发生。主要分布在金山区。

(5)经济林有害生物

梨锈病　发生 0.1721 万亩。轻度发生。主要分布于浦东新区、奉贤区、嘉定区、青浦区、宝山区、金山区。

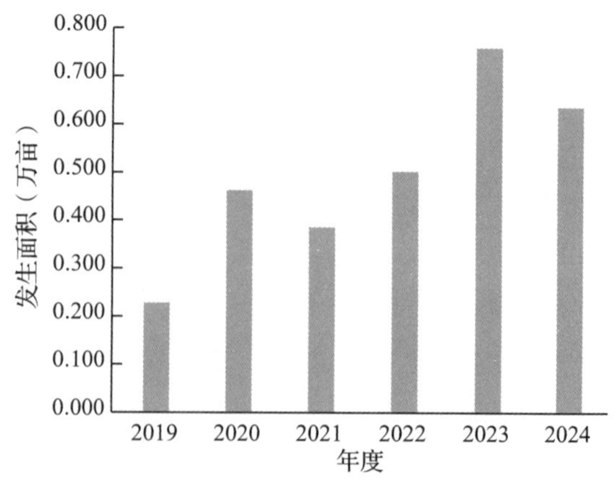

图 10-12　2019—2024 年香樟齿喙象发生面积

桃炭疽病　发生 0.0620 万亩。轻度发生。主要分布于奉贤区、松江区。

梨小食心虫　发生 0.5678 万亩。其中，轻度发生占比 97.8%，中度发生占比 2.2%。主要分布于浦东新区、奉贤区、松江区。

桃蛀螟　发生 0.2036 万亩。轻度发生。主要分布于奉贤区、松江区。

桃红颈天牛　发生 0.1837 万亩。其中，轻度发生占比 88.7%，中度发生占比 8.7%，重度发生占比 2.6%。主要分布于浦东新区、奉贤区、金山区、青浦区、松江区、嘉定区。

(三)成因分析

1. 压实防控责任，加强区域合作，规范监测防控流程，使林业有害生物得到有效控制

充分发挥林长办平台优势，进一步压实各级林长责任，相关区通过林长制指导区域内林业有害生物防治工作，有效控制林业有害生物的发生。上海市绿化和市容管理局印发《上海市美国白蛾疫情防控攻坚行动工作方案》，市林业局制定《上海市“护松 2024”行动方案》，压实防控责任，确保防控工作落实到位。

2. 强入侵性及贸易频繁，导致红火蚁蔓延扩散风险加大

红火蚁可以随带土的花卉苗木、草皮等植物调运进行长距离传播，也可通过生殖蚁飞行或河水流动等自然扩散，随着各类贸易往来越来越频繁，尤其是大量苗木调运，为红火蚁跨区域、大范围传播蔓延提供了入侵条件，且其危害具有隐蔽性，进一步加大了红火蚁在上海市扩散蔓延、局部成灾的风险。

3. 极端高温、较多降雨等气象因素，影响了林业有害生物的生长发育

2024年1~9月全市平均气温19.4℃，比常年均值偏高1.3℃(图10-13)，8、9月月平均气温均创历史同期最高纪录，全年日最高气温≥35℃的高温日数为51天，其中37℃以上23天，40℃及以上天气3天，创历史最多纪录；1~9月全市总降水量1307.7mm，较常年增加13.2%(图10-16)，尤其是6~9月降水量明显增加。美国白蛾等食叶性害虫的生长发育受温度影响较大，极端高温在一定程度上会抑制其生长发育甚至导致死亡；水杉赤枯病发生受温度和湿度的影响较大，温度高、湿度大有利于水杉赤枯病发生，因此，2024年水杉赤枯病的发生较常年有所上升。

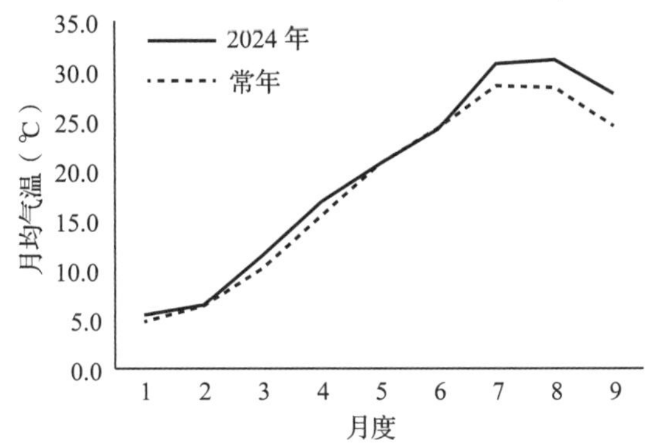

图10-13　2024年和常年1~9月气温趋势图

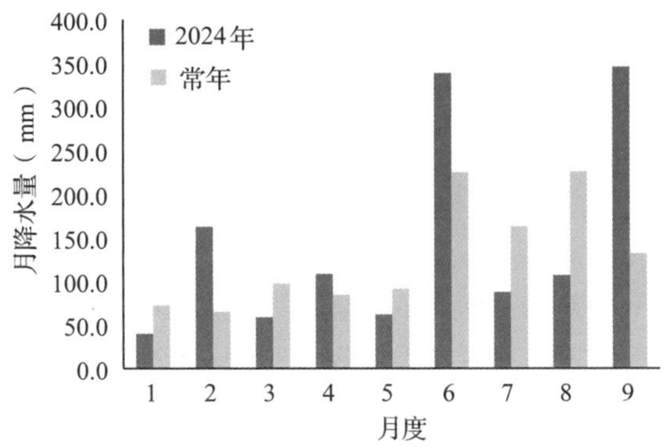

图10-14　2024年和常年1~9月降水量对比图

4. 重点盯防，强化了对蛀干性、刺吸性害虫的监测及防治，有效控制了两类害虫的发生

2024年开展专项林业有害生物监测防控工作，结合中央财政林业科技推广示范资金项目，在全市建立了天牛类、蚧虫类、香樟齿喙象监测防治技术示范区，并将监测防治技术在全市进行应用推广，使得2024年天牛类、蚧虫类发生面积较2023年和近5年均值都有所下降。

二、2025年林业有害生物发生趋势预测

(一)总体发生趋势预测

针对全市林地面积增加和林分质量较差、外来有害生物入侵的威胁不断加大等因素，结合天气条件、人为影响以及林业有害生物发生规律等多种因素进行综合分析，预测2025年全市林业有害生物发生呈小幅上升趋势，发生程度总体轻度；用自回归法预测各有害生物发生面积，预测林业有害生物发生13.3500万~14.5500万亩(表10-1)；检疫性有害生物传播风险加大，外来入侵物种防控形势严峻；常发性有害生物发生总体呈稳定态势，部分种类有扩散加重趋势。

表10-1　2025年主要林业有害生物发生趋势预测

有害生物种类	预测2025年发生面积(万亩)	发生趋势	发生程度
美国白蛾	0.1000~0.1500	上升	轻度
水杉赤枯病	1.5000~1.6000	下降	轻度
刺蛾类	2.6000~2.8000	持平	轻度
樟巢螟	3.3000~3.5000	持平	轻度至中度
杨树舟蛾类	0.4000~0.4500	持平	轻度为主 个别中度
黄杨绢野螟	0.3000~0.3500	持平	轻度
重阳木锦斑蛾	0.6000~0.6500	持平	轻度为主 部分中度
蚧虫类	1.0000~1.1000	上升	轻度至中度
柿广翅蜡蝉	0.5000~0.5500	下降	轻度
天牛类	1.0000~1.1000	上升	轻度为主 个别中度至重度
香樟齿喙象	0.6000~0.6500	持平	轻度至中度
有害生物合计	13.3500~14.5500	小幅上升	总体轻度

(二)分种类发生趋势预测

1. 检疫性有害生物传播风险加大，外来入侵物种防控形势严峻

(1)松材线虫病

预测2025年再次传入上海的风险仍然存在。近几年绿化和造林项目引入白皮松、思茅松、日本黑松、马尾松、火炬松、湿地松等松科植物零星种植，以及国外进口松木、跨省市调入松木及

其制品，使得松材线虫病再传入上海市的风险仍然存在，对全市松类林地的生态安全造成严重威胁。

(2)美国白蛾

疫情发展势头减缓，点状分布，有出现新的成虫点位、新的街镇疫点的趋势。根据2024年美国白蛾监测调查结果，预测2025年发生0.1000万~0.1500万亩，轻度发生。青浦区朱家角镇及毗邻区域、2024年监测到成虫的区域发生疫情的风险较高。

(3)舞毒蛾

预测监测到舞毒蛾成虫的点位将会增加，4~5月幼虫发生期需加强对浦东新区祝桥镇、张江镇林地的监测。

(4)红火蚁

预测疫情有从松江区新桥镇、车墩镇发生林地向周边林地、周边街镇自然扩散的趋势。除林地外，红火蚁对于农业、公路、水务等部门所辖区域的危害性也极大。

(5)锈色棕榈象

分散点位发生，随寄主分布情况有限扩散，发生于有棕榈科植物种植的林地。

(6)扶桑绵粉蚧

呈多点零星发生，发生时间主要为9、10月，寄主为马齿苋、朱槿、木槿、蜀葵等植物。

2. 常发性有害生物发生总体呈稳定态势，部分种类有扩散加重趋势

(1)公益林病害发生面积略低于2024年，预测发生1.5000万~1.6000万亩。

水杉赤枯病　预测2025年发生1.5000万~1.6000万亩；上半年发生较轻，6、7月梅雨期后，危害进入高峰期，发生程度中度，同时高温季节水杉螨类也进入发生高峰期；主要分布在水杉种植较多的青浦、崇明、浦东等区。

(2)公益林食叶性害虫发生面积与2024年基本持平，预测发生7.2000万~7.7500万亩。

刺蛾类　预测2025年发生2.6000万~2.8000万亩，主要种类包括黄刺蛾、丽绿刺蛾、褐边绿刺蛾等；发生程度轻度；全市范围内均有分布。

樟巢螟　预测2025年发生3.3000万~3.5000万亩；发生程度轻度至中度；全市范围内均有分布。

杨树舟蛾类　预测2025年发生0.4000万~0.4500万亩，主要种类包括杨小舟蛾、杨扇舟蛾等；发生程度大部分轻度，7、8月害虫世代重叠时部分林地中度发生；全市范围内均有分布。

黄杨绢野螟　预测2025年发生0.3000万~0.3500万亩；发生程度轻度；全市范围内均有分布。

重阳木锦斑蛾　预测2025年发生0.6000万~0.6500万亩；发生程度大部分轻度，局部林地发生程度中度，第三、四代发生量较大，第一、二代若是不注重防治将会导致后期成灾；主要分布于松江、青浦、崇明等区。

(3)公益林刺吸性害虫发生面积比2024年增加，预测发生1.5000万~1.6500万亩。

蚧虫类　预测2025年发生1.0000万~1.1000万亩，主要种类有藤壶蚧、红蜡蚧，需密切关注无患子小棉蚧、樱桃球坚蚧等种类；发生程度轻度至中度；全市范围内均有分布。

柿广翅蜡蝉　预测2025年发生0.5000万~0.5500万亩；发生程度轻度；主要分布于松江、青浦、崇明等区。

(4)公益林蛀干性害虫维持高位发生态势，预测发生1.6000万~1.7500万亩。

天牛类　预测2025年发生1.0000万~1.1000万亩，主要种类有星天牛、桑天牛、云斑白条天牛等；个别林地出现中度至重度的危害；全市范围内均有分布。

香樟齿喙象　预测2025年发生0.6000万~0.6500万亩；发生程度轻度至中度；全市范围内均有分布。

小蠹类　枫香刺小蠹、黑色枝小蠹、坡面方胸小蠹等的发生有扩散和加重的趋势，需加强对北美枫香、广玉兰、悬铃木等寄主植物的监测。

(5)经济林有害生物发生面积比2024年增加，预测发生1.4500万~1.6500万亩。

梨锈病　预测2025年发生0.2000万~0.2300万亩；发生程度轻度至中度；主要分布于浦东、奉贤、嘉定、青浦、宝山、金山等区。

桃炭疽病　预测2025年发生0.0500万~0.0700万亩；发生程度轻度；主要分布于奉贤、松江等区。

梨小食心虫　预测2025年发生0.5500万~0.6000万亩；发生程度轻度至中度；主要分布于

浦东、松江、奉贤等区。

桃蛀螟　预测2025发生0.2500万~0.3000万亩；发生程度轻度；主要分布在松江、奉贤等区。

桃红颈天牛　预测2025年发生0.4000万~0.4500万亩；发生程度轻度至中度；主要分布在浦东、奉贤、金山、松江、青浦等区。

三、对策建议

（一）压实防控职责，提升智慧监测水平

继续以林长制为抓手，明确各部门、各单位在林业有害生物防控工作中的具体职责，确保责任清晰、任务明确。加强对各级测报点检查与考核，进一步扩大完善监测网络。深度探索无人机巡查、物联网传感器等智慧监测技术的应用与推广，逐步推进监测工作的智能化、精准化。建议修订《国家级林业有害生物中心测报点管理规定》。

（二）强化疫源管理，筑牢生物安全屏障

加强对外来入侵物种的监测和管理。对潜在的检疫性、危险性外来入侵有害生物进行溯源调查，明确其来源和传播途径。对已经发生检疫性、危险性外来入侵有害生物地区，采取严格的检疫措施，防止有害生物随人流、物流传播扩散。同时要加强生态修复和生物多样性保护，提高森林生态系统的自我恢复能力。进一步建立健全林业有害生物防控法律法规体系，加强生物安全管理。

（三）实施分类施策，提升精准防控效能

根据有害生物的种类、危害程度、传播方式等因素，实施"一虫一策"防控策略。对危害严重的常发及检疫性林业有害生物，采取重点防控措施；对潜在危害较小的有害生物，采取预防和控制相结合的策略，扩大绿色防控措施的应用范围。结合气象因素，加强林业有害生物发生趋势预测研究，开展防控专题技术培训，提升防控技能水平，确保防控效果最大化。

（四）深化联防联控，形成防控强大合力

进一步强化跨地区、跨部门、跨行业协作，共同研究林业有害生物防控新技术、新方法。深化落实信息共享、资源互补、联合行动的联防联控机制。开展跨区域联合监测和防治行动，实现区域间的协同作战，统筹推进林业有害生物防控工作。通过政策引导、资金扶持等方式，鼓励社会组织、企业等社会力量参与林业有害生物防控工作。形成上下联动、横向协同的工作格局，共同推动林业有害生物防控工作取得实效。

（主要起草人：李秋雨　冯琛　韩阳阳　樊斌琦；主审：张晨书）

11 江苏省林业有害生物2024年发生情况和2025年趋势预测

江苏省林业有害生物检疫防治站

【摘要】2024年全省主要林业有害生物发生面积同比略有上升，总体以轻度发生为主。松材线虫病疫情发生面积、病死树数量、疫情小班实现“三下降”，多个疫区、疫点达到拔除标准，提前一年完成攻坚任务；美国白蛾危害减轻但扩散趋势明显；以舟蛾为主的杨树食叶害虫发生面积稳中有降，其他林业有害生物发生程度各有增减。结合气象、林情、虫情等因素综合分析，预测2025年全省主要林业有害生物发生面积有所上升，局部成灾风险较高。根据当前主要林业有害生物发生特点和形势，建议从打好松材线虫病五年攻坚行动“收官战”、加强监测预报网络体系建设、优化项目资金投入、提高应急防控能力等方面统筹推进防控工作。

一、2024年林业有害生物发生情况

据统计，全省主要林业有害生物发生114.37万亩，同比上升1.5%，总体呈轻度发生，局部成灾(图11-1)。林业病害发生15.54万亩，同比下降9.8%，其中，松材线虫病疫情发生15.15万亩，占林业病害发生面积的97.5%，同比下降4.3%；林业虫害发生96.55万亩，同比增长3.3%，其中，美国白蛾发生46.88万亩，占林业有害生物发生总面积的40.99%，同比上升11.4%，以舟蛾为主的杨树食叶害虫发生24.54万亩，同比持平，黑翅土白蚁发生危害17.1万亩，呈偏重发生；葛藤等有害植物发生2.28万亩，同比增长12.3%(图11-2)。根据各地数据统计，徐州、连云港、镇江、南京等4市主要林业有害生物发生面积超过10万亩，南通、苏州、泰州等3市病虫害发生面积不足万亩。全省主要林业有害生物监测覆盖率99.60%，无公害防治率93.61%，成灾率0.718%，低于国家下达的1.68%的控制指标，全面实现全年防治管理目标。

图11-1　2015—2024年江苏省林业有害生物发生情况

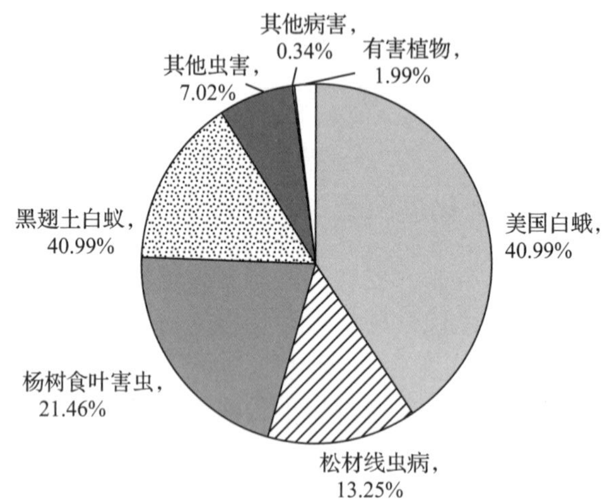

图11-2　2024年江苏省主要林业有害生物发生面积占比

(一)林业有害生物发生特点

全省林业有害生物发生面积同比略有上升，总体偏轻度发生，少数地区局部较重：一是松材线虫病疫情防控攻坚成效显著，疫情发生面积、病死株数、疫情小班数量实现“三下降”，多个疫区疫点达到拔除标准，国家林业和草原局重点关注的中山陵疫点拔除任务进展顺利，成功实现一年无疫情。二是全省美国白蛾危害整体较轻，受气候异常波动等因素影响，世代重叠现象明

显，多个非疫区监测到成虫。三是以舟蛾为主的杨树食叶害虫危害总体可控，第二代危害同比较重，第三、四代同比较轻。四是黄脊竹蝗、茶黄蓟马、天牛类、黑翅土白蚁等病虫害在局部地区危害有加重趋势。五是草履蚧、银杏叶枯病、杨树溃疡病、银杏超小卷叶蛾等病虫害发生面积有下降趋势。六是以葛藤为主的有害植物发生面积略有上升。

(二)主要林业有害生物发生情况分述

1. 松材线虫病

秋季普查结果显示，全省松材线虫病疫情范围涉及南京市、镇江市、常州市、无锡市、淮安市、连云港市，共计 6 个设区市 22 个县(市、区)93 个乡镇级行政区。全省松林监测 87.82 万亩，松材线虫病疫情发生 15.15 万亩，病死松树 5.73 万株(图 11-3)，疫情小班 1915 个(图 11-4)。与 2023 年秋季普查结果相比，2024 年全省松材线虫病疫情发生面积、病死松树数量、疫情小班数量持续实现“三下降”，降幅分别为 4.30%、6.83%、8.68%。

一是全省松材线虫病疫情发生面积、病死株数、疫情小班数量持续实现“三下降”。严格采取以疫木清理为核心的防治措施，去冬今春除治 16.13 万亩，清理疫木 7.27 万株。继续在重点防护区推广树干注药防治 17.4 万株，同比增加 73%。全年实现净无疫情(实现无疫情数量-新发疫情数量)小班 576 个，实现净无疫情小班面积 2.60 万亩(无疫情小班面积-新增小班面积)，其中南京、连云港、无锡实现净无疫情面积最多，分别为 1.60 万亩、0.39 万亩、0.35 万亩。

二是攻坚行动成效显著，5 个县级疫区、12 个乡镇级疫点具备拔除条件，2 个县级疫区、9 个乡镇级疫点实现一年无疫情。连云港市赣榆区、灌云县，淮安市盱眙县，镇江市润州区、高新区等 5 个县级疫区，南京市栖霞区栖霞山公园、六合区冶山街道、溧水区溧水开发区，常州市溧阳市昆仑街道，连云港市赣榆区班庄镇、海州区猴嘴公园、灌云县伊山镇，淮安市盱眙县林总场淮河分场、天泉湖镇，镇江市润州区南山街道、高新区蒋乔街道、句容市茅山镇等 12 个乡镇级疫点具备疫点拔除条件。南京市玄武区、雨花台区等 2 个县级疫区，南京市玄武区中山陵、雨花台区铁心桥街道、高淳区固城街道，无锡市惠山区阳山镇、滨湖区胡埭镇、宜兴市西渚镇，连云港市海州区锦屏镇、朐阳街道，连云区墟沟街道等 9 个乡镇级疫点 2024 全年未发现病死松树，实现全年疫情发生面积为零。全省松材线虫病疫情得到有效遏制，防控形势持续向好，攻坚行动成效不断巩固。

三是局部地区疫情基数大，除治难度大，减存量任务重。从分布区域来看，苏北地区松材线虫病疫情集中分布在连云港海州区、连云区，均为边缘孤立疫区，云台山区域病死树多位于山腰之上、陡峭之处，清理难度较大；苏南地区松材线虫病疫情多分布在丘陵山区，南京、常州、无锡、镇江等地疫区相互毗邻、连片分布，疫情极易自然传播扩散。从发生程度来看，全省平均每亩病死松树 0.38 株，南京市溧水区(4.8 倍)、高淳区(3.1 倍)，无锡市滨湖区(1.67 倍)，镇江市句容市(1.1 倍)等 4 个疫区超过全省平均数。南京市江宁区、无锡市宜兴市、常州市溧阳市、镇江市句容市等 4 个县级疫区松林面积基数大，疫情发生面积超过 1 万亩，其中南京市江宁区发生面积、病死株数分别占全省发生面积、病死株数的 33.62%、32.75%，防控形势依然严峻。

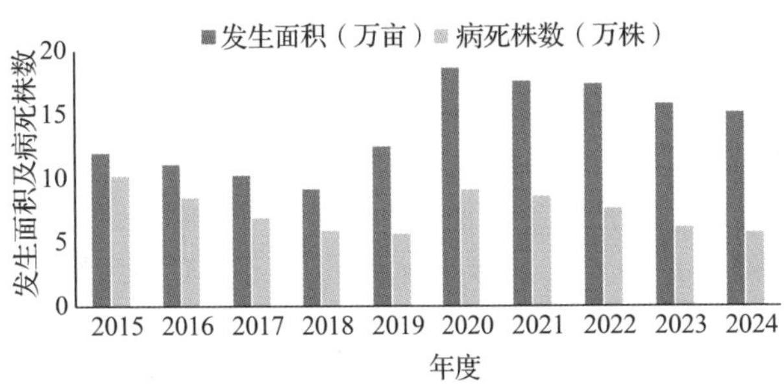

图 11-3 2015—2024 年江苏省松材线虫病发生情况

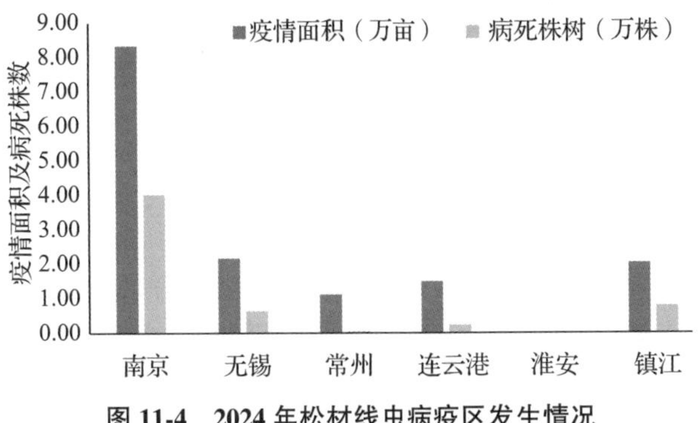

图 11-4 2024 年松材线虫病疫区发生情况

2. 美国白蛾

2024 年美国白蛾疫情以轻度发生为主，发生面积 46. 88 万亩，同比上升 11. 4%(图 11-5)，中重度发生面积仅 1165 亩，与去年相比大幅下降。全省美国白蛾疫情分布在苏北全部、苏中大部、苏南局部，范围涉及连云港、徐州、盐城、宿迁、淮安、扬州、泰州、南京、镇江等 9 个设区市 60 个县(市、区)，疫区数量连续三年"零新增"。徐州、连云港两市是江苏省美国白蛾主要分布区，疫情发生面积占全省总面积的 88%，南京、扬州、镇江、泰州等苏中、苏南疫区危害较轻。近年来美国白蛾疫情危害程度逐渐趋于平稳，发生面积未出现较大幅度变化。

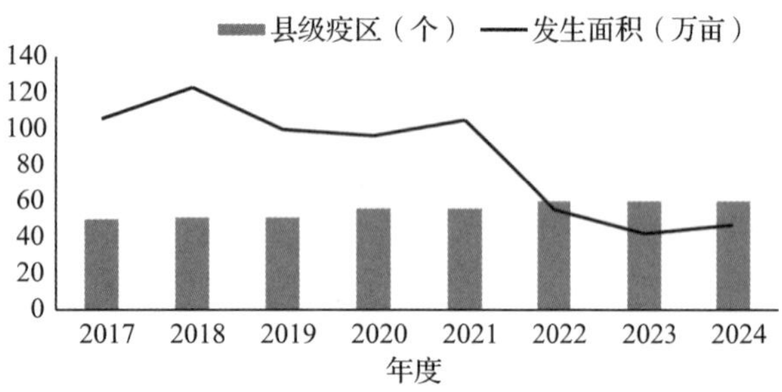

图 11-5　2017—2024 年江苏省美国白蛾发生情况

美国白蛾整体危害较轻。从发育进度分析，全省美国白蛾越冬代成虫始见期为 3 月 31 日，与去年基本一致，但较常年略有推迟，淮北、里下河区域成虫羽化期略有提前，沿海区域成虫羽化期略有延后；美国白蛾二、三代发育进度不整齐，各虫态混合发生，世代重叠现象明显，防治难度较大；受前期春夏季高温干旱天气影响，徐州市等淮北地区美国白蛾发育进度整体加快，邳州市 10 月中下旬零星地段发现疑似美国白蛾第四代幼虫危害。从林间虫口密度分析，早春越冬蛹、发生期成虫诱捕量及幼虫虫口数量普遍偏低，特别是越冬代和一、二代的成虫诱捕量较往年大幅下降，多个美国白蛾疫情发生区的国家级和省级中心测报站点报告未发现第三代幼虫。南京市建邺区、鼓楼区、秦淮区、玄武区等美国白蛾疫区全年未发现幼虫危害，实现一年无疫情。从发生面积分析，第一代发生面积同比增长 13. 1%，经综合治理，第二代发生面积比第一代下降 57. 8%，第三代危害面积与近两年相比基本一致(图 11-6)。近三年江苏省美国白蛾发生趋势平稳，未出现明显暴发、反弹现象，2024 年中重度发生面积仅千余亩，同比下降近 40%。

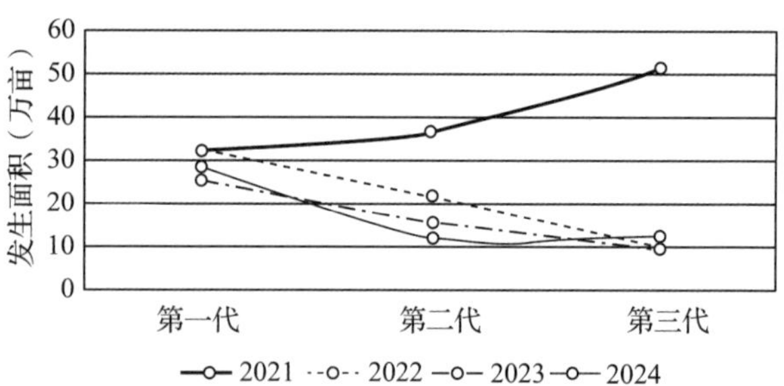

图 11-6　2021—2024 年江苏省美国白蛾第一、二、三代发生情况

扩散风险不容忽视。南京市溧水区、高淳区，泰州市靖江市、泰兴市，常州市金坛区、武进区、溧阳市，镇江市京口区、经开区、丹阳市，南通市海安市等 11 个非疫区陆续监测到美国白蛾成虫，部分非疫区监测点成虫性诱捕数量较多，存在新增疫区风险。

3. 杨树食叶害虫

全省以舟蛾为主的杨树食叶害虫发生较轻，共发生 24. 54 万亩，同比下降 1. 2%(图 11-7)，整体以轻度发生为主，中重度发生 2000 余亩，主要出现在徐州市、淮安市及扬州市局部地段。全年未出现长距离或大范围吃光吃花现象，杨小舟蛾大多呈小片状发生，一至四代幼虫危害程度与 2023 年、2022 年基本一致。6 月初，各地在美国白蛾和其他食叶害虫防治窗口重合期开展综合防治，抑制了林间害虫基数，发生形势得到有

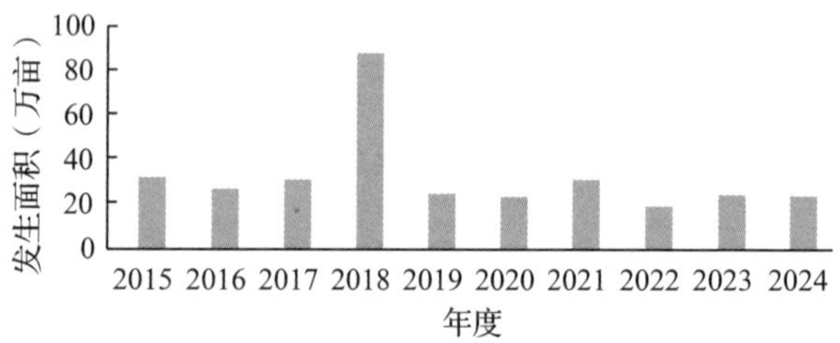

图 11-7　2015—2024 年江苏省舟蛾类杨树食叶害虫发生情况

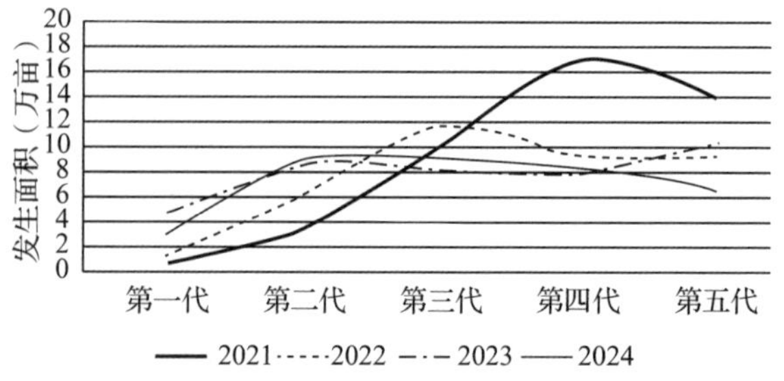

图 11-8　2021—2024 年江苏省杨小舟蛾发生情况

效控制。9月，部分地区受高温少雨气候等因素影响，发生面积较往年有所增长，经应急处置，整体可控(图 11-8)。

4. 枝干害虫

黑翅土白蚁发生 17.1 万亩，比 2023 年上升 0.1 万亩，主要危害林区及城市道路两边香樟、杉木等树种，以镇江市、南京市、苏州市、常熟市为主要发生地。草履蚧发生 0.37 万亩(图 11-9)，同比下降 47.1%，主要发生在徐州、连云港、淮安、盐城、宿迁等地，近几年由于各地严密监测，及时采取胶带阻隔、注干预防等措施，整体危害较轻。天牛类害虫主要危害北方品系杨树、柳树以及近几年新造林地的栾树、红枫、栎树、女贞、薄壳山核桃等树种，发生 0.57 万亩，危害有加重趋势(图 11-10)。

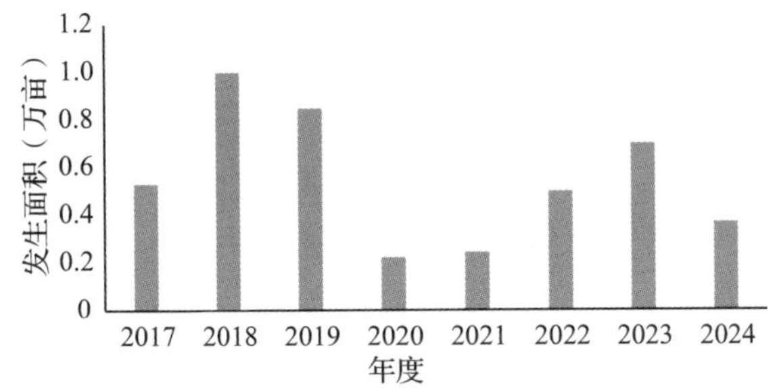

图 11-9　2017—2024 年江苏省草履蚧发生情况

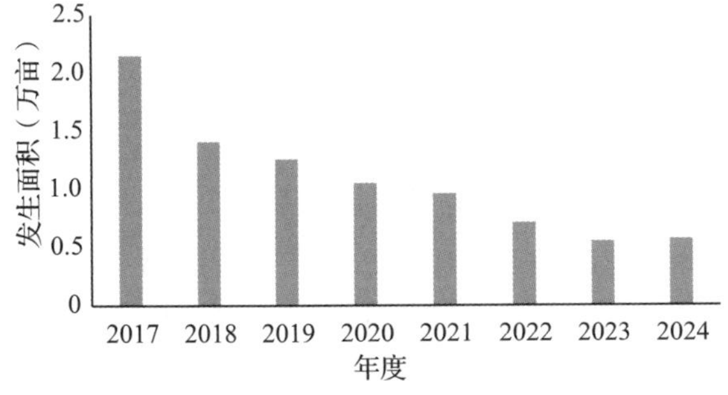

图 11-10　2017—2024 年江苏省天牛类害虫发生情况

5. 其他虫害

以黄脊竹蝗为主的竹类害虫主要在南京地区和宜溧山区发生，主要危害毛竹，其次危害刚竹、水竹等，发生 1.34 万亩(图 11-11)，同比上升 27.6%。

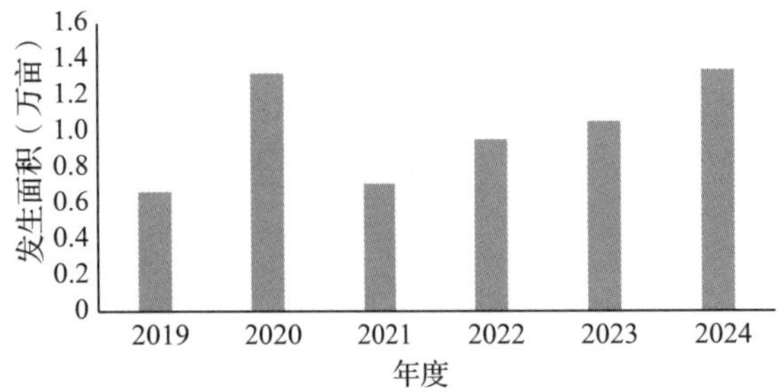

图 11-11　2019—2024 年江苏省黄脊竹蝗发生情况

银杏超小卷叶蛾、茶黄蓟马主要分布在三泰地区和徐州邳州市，其中，银杏超小卷叶蛾发生 0.96 万亩，同比降低 61.0%(图 11-12)，茶黄蓟马发生面积 4.93 万亩，同比略有上升(图 11-13)。马尾松毛虫主要分布在苏州、南京、常州等地，基本处于“有虫无灾”状态，零星发生，危害轻微。

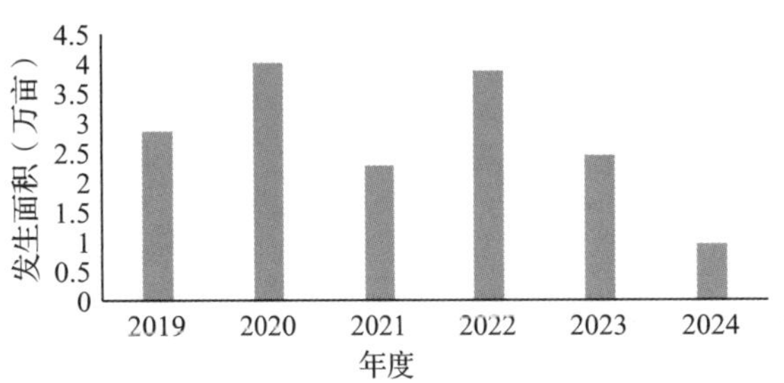

图 11-12　2019—2024 年江苏省银杏超小卷叶蛾发生情况

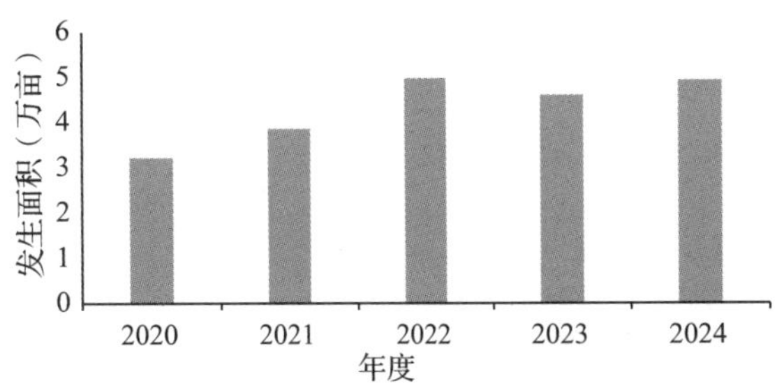

图 11-13　2020—2024 年江苏省茶黄蓟马发生情况

重阳木锦斑蛾属于一类较易暴发的虫害，主要在苏州、淮安、无锡等局部地区发生，发生仅 645 亩。樟巢螟主要危害香樟等树种，以幼虫吐丝缀叶结巢，在巢内取食叶与嫩梢，主要在苏州市等地发生，危害面积 1204 亩。

6. 其他病害

杨树溃疡病发生 0.29 万亩，同比下降 12.1%，主要在盐城、宿迁、扬州等地发生危害(图 11-14)。银杏叶枯病主要发生在泰兴及邳州等银杏种植地区，局部地区零星发生，发生面积仅 0.05 万亩，同比降幅明显(图 11-15)。薄壳山核桃疮痂病在苏北薄壳山核桃种植基地部分片区有发生，可造成果实饱满度下降，局部地区危害较重。杨树黑斑病、锈病，林苗煤污病，园林植物白粉病等病害受春夏季阴雨天气影响，在零星地段危害较重。

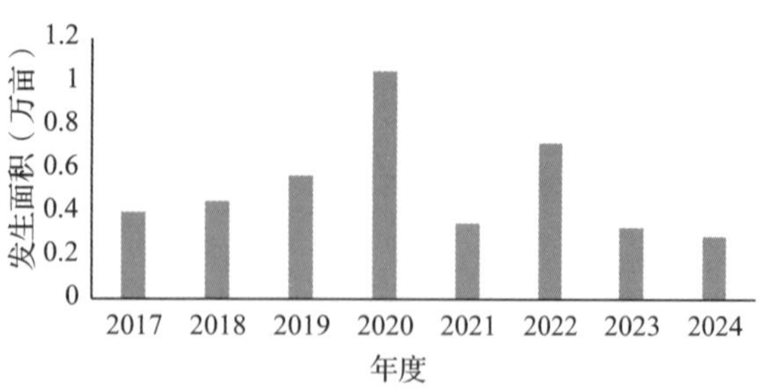

图 11-14　2017—2024 年江苏省杨树溃疡病发生情况

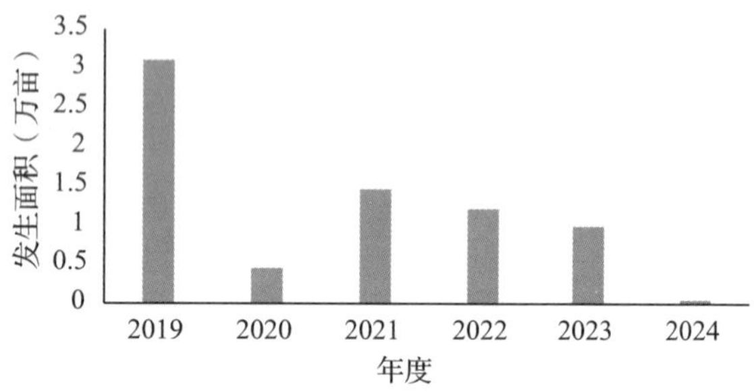

图 11-15　2019—2024 年江苏省银杏叶枯病发生情况

7. 有害植物

葛藤、野生何首乌、野蔷薇等有害植物在江苏省发生常年趋于稳定，2024 年共计发生 2.28 万亩，同比增长 12.3%，主要在镇江、常州、南京、苏州等地丘陵山区危害(图 11-16)。

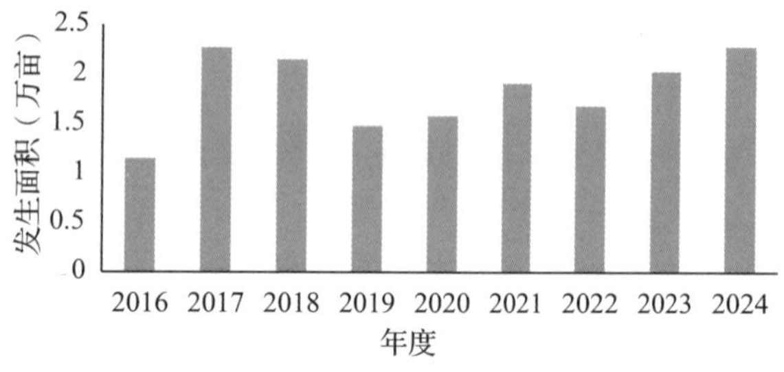

图 11-16　2016—2024 年江苏省葛藤等有害植物发生情况

(三)成因分析

2024 年江苏省林业有害生物防控形势总体平稳，松材线虫病疫情得到有效控制，发生面积、病死株树、疫情小班等呈逐年下降趋势；美国白蛾、杨树舟蛾类等食叶害虫轻度发生；次要病虫发生变化幅度小，这些特点是多种因素叠加影响造成的。

1. 气候因素影响病虫发生

2024 年江苏的气候特点主要表现为高温多雨、极端天气频发、局地气象灾害影响重。2023/2024 年冬春季江苏省呈暖冬气候，降水偏少，利于食叶害虫越冬蛹存活。夏季正值病害虫高发期，全省平均气温为 28.5℃，较常年同期偏高 2.0℃，为 1961 年以来同期第二高值。全省平均降水量较常年同期偏多近 0.9 成，伴有干旱、高温、暴雨和旱涝急转等多次极端天气事件。淮北地区 4 月出现高温干旱天气，加快徐州市等地食叶害虫发育进度，6 月底出现了旱涝急转现象，前期干旱后期暴雨，抑制虫口数量增长，同时夏季持续高温影响美国白蛾发育，林间出现美国白蛾幼虫发育异常、虫体变小现象，提高了美国白蛾自然死亡率。

2. 绿化树种结构调整影响林业有害生物发生

近年来江苏省实施治理杨絮更新改造工程，杨树面积大幅下降，一定程度上降低了杨树食叶虫害发生。在各项重点生态工程建设中，为打造宜居生态环境，加大了疏残林、纯林的改造，种植了栾树、红枫、女贞等景观绿化树种以及薄壳山核桃等经济林，树种多样性更加丰富，林分结构更加优化，次生性有害生物种类增多，常发有害生物种群暴发成灾概率下降。

3. 精准监测+工程治理提高灾情处置成效

江苏省以林长制为抓手，压实压紧政府防控主体责任，强化组织领导，细化分解任务指标，加大资金投入，推行重大林业有害生物专业化防控。依托江苏省林业有害生物防控管理云平台，采取无人机+远程监控+地面调查立体综合手段开展松材线虫病疫情核查，实现疫情监测和除治精准到单株；将营造健康松林和疫木清理放在同等重要位置，在重点防护区持续推广树干注药保护大树古树，并在规定期限全面完成松材线虫病疫情集中除治工作。根据新制定的《国家级、省级中心测报点绩效评价指标体系和评分标准(试行)》，落细落实各项监测预报任务，完善监测预报网络建设，部署美国白蛾、杨小舟蛾等监测对象智能诱捕器，数据自动采集，及时性、精准度提升明显，推动监测工作向信息化、智能化转型；抢抓食叶类害虫防治关键窗口期，有机结合飞机防治和地面防治，强化跨部门、跨区域、跨层级合作，凝聚防控合力，综合采取化学、物理、生物天敌等防治手段全力控制疫情扩散蔓延。

4. 多举措斩断疫情人为传播链条

出台《江苏省林业有害生物防治条例》，进一步加强全省林业有害生物安全风险防控和治理体系建设，为全省林业高质量发展提供了法治保障。扎实推进"护松 2024"打击涉松材线虫病疫木违法犯罪行为专项整治行动，大力开展跨部门、跨地区联合执法行动，查处涉松行政案件 4 起，为确保疫情防控五年攻坚行动目标如期实现提供了切实保障。与南京海关等九部门建立江苏省口岸疫情疫病数据共享协作机制，明确数据共享协作责任，大力提升生物安全风险监测、识别、处置效能以及治理能力的数字化水平，提升疫情疫病防控效能。依托南京海关、江苏省林业科学研究院建设省级检疫性有害生物检验鉴定中心，为防止外来林业有害生物入侵和危害提供技术保障。联合张家港海关、南京中山陵园管理局申报实施松材线虫病疫木 AI 智能识别关键技术研究与示范应用项目，着力提高交通卡口查验效率和精准度。

二、2025 年林业有害生物发生趋势预测

(一) 预测依据

1. 气候因素多变，加大成灾风险

国家气候中心预测，今冬明春江苏省气温偏高 1~2℃；江苏南部降水较常年同期偏少 20%~50%，其余地区降水接近常年同期或偏少。气候条件总体对江苏省主要林业有害生物越冬和发生发展有利。

2. 越冬基数局部偏高，成灾因子依然存在

根据江苏省 11~12 月组织的美国白蛾、杨树食叶害虫等主要林业有害生物越冬前基数调查结果表明，当前林间蛹头基数整体偏低，但局部地区美国白蛾、杨舟蛾等林业有害生物越冬前蛹基数较高，达到中重度危害预测标准。如徐州市铜山区在固定样地采取绑草把方式开展越冬前基数调查显示，美国白蛾有虫株率 71.6%，越冬蛹平均 7.3 头/株，参照越冬蛹成灾标准，局部地区成灾风险较高，应引起高度警觉。

表 11-1　全省 13 市近五年林业有害生物发生情况　　单位：万亩

区划	2020 年	2021 年	2022 年	2023 年	2024 年
南京市	16.14	14.82	14.19	13.56	13.05
无锡市	2.63	2.40	2.34	2.35	2.21
徐州市	46.62	59.31	38.77	38.50	40.27
常州市	1.66	1.44	1.28	1.62	1.73
苏州市	0.29	0.35	0.50	0.48	0.56
南通市	1.08	0.91	1.09	1.35	0.68
连云港市	11.85	21.99	26.61	19.32	22.70
淮安市	7.34	9.59	1.46	1.03	3.39
盐城市	46.07	38.50	5.66	7.37	3.98
扬州市	3.82	3.00	1.08	1.63	1.67
镇江市	4.45	4.59	19.32	19.06	19.04
泰州市	1.33	0.92	1.64	0.79	0.53
宿迁市	9.84	9.16	10.15	5.67	4.56

根据全省各市往年林业有害生物发生规律、病虫害种类、发生面积(表 11-1)、防治工作开展情况、各市趋势预测结果以及 31 个国家级中心测报点、23 个省级中心测报点监测数据等，2025 年全省林业有害生物发生面积可能增大、危害可能加重。

(二) 预测结果

2024 年林业有害生物预测值和实际值比对显示，部分预测值较大，其中草履蚧、银杏超小卷叶蛾等数据项预测误差最大，实际值比预测值分别偏小 63%、58%，其余项误差均在 30%以内。

松材线虫病、美国白蛾、杨树食叶害虫等主测对象预测误差较小，黑翅土白蚁预测数值最为准确（表 11-2）。预计 2025 年江苏省主要林业有害生物发生有加重趋势，发生约 160 万亩，其中，林木虫害约 130 万亩，病害约 27 万亩，有害植物约 3 万亩(图 11-17)。总体特点：松材线虫病发生面积、病死树数量、疫情小班数量基本持平或略有下降；美国白蛾在苏中、苏南局部地区易发生疫情扩散事件，部分苏北老疫区可能会有所反弹；以舟蛾类为主的杨树食叶害虫发生面积同比会有所上升；其他病虫害发生趋于平稳或呈小幅上升。

表 11-2　2025 年主要林业有害生物发生面积预测　　单位：万亩

种类	2024 年预测值	2024 年实际值	预测误差	2025 年预测值	2025 年预计趋势
有害生物合计	150	114. 37	-0. 238	160	上升
虫害合计	130	96. 55	-0. 26	130	上升
病害合计	18	15. 54	-0. 14	27	上升
有害植物合计	2	2. 28	0. 14	3	上升
松材线虫病	15	15. 15	0. 1	15	下降
美国白蛾	60	46. 88	-0. 22	50	上升
杨树食叶害虫	30	24. 54	-0. 13	30	上升
黄脊竹蝗	0. 6	1. 34	1. 23	2	上升
黑翅土白蚁	17. 5	17. 1	-0. 023	18	上升
草履蚧	1	0. 37	-0. 63	1	上升
茶黄蓟马	4. 5	4. 93	0. 10	4. 5	下降
银杏超小卷叶蛾	2. 3	0. 96	-0. 58	2	上升
松墨天牛	—	—	—	20	—
其他天牛类害虫	0. 8	0. 57	-0. 29	1	上升

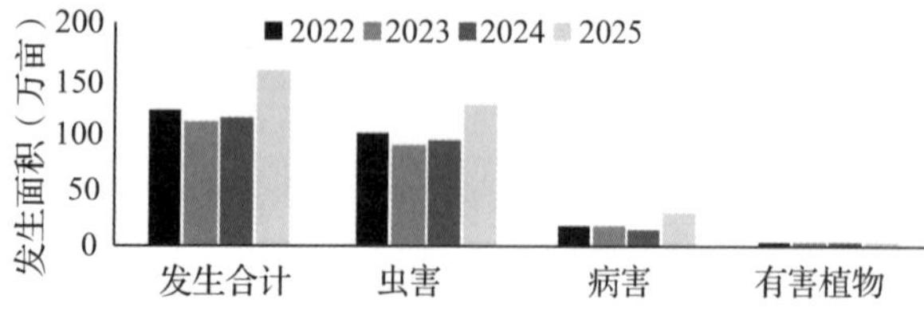

图 11-17　2025 年林业主要有害生物预测发生面积与近几年发生面积

（三）分种类发生趋势预测

1. 松材线虫病

全省松材线虫病疫情得到有效遏制，防控形势持续向好，工作成效不断巩固，但局部地区疫情基数大，除治难度大，减存量任务重。2024 年年底前将拔除 5 个县级疫区，12 个乡镇级疫点，一定程度上会减少松材线虫病发生面积。预计松材线虫病发生约 15 万亩，病死树 5. 5 万株左右，乡镇疫点、疫情小班和病死株数量继续呈下降趋势，但降幅收窄。从分布区域来看，淮安市松材线虫病面积已清零，苏北地区松材线虫病疫情集中分布在连云港海州区、连云区，均为边缘孤立疫区，苏南地区松材线虫病疫情多分布在丘陵山区，南京、常州、无锡、镇江等地疫区相互毗邻、连片分布，疫情易自然传播扩散。其中，南京、无锡、镇江发生面积都超过 2 万亩，占全省总防治任务的 80%以上，是疫情防控的重点攻坚区域。苏州市吴中区、张家港市，无锡市江阴市，常州市武进区，连云港市东海县，徐州市新沂市、邳州市等地尚未发生松材线虫病疫情的松林区域新发疫情风险较高，已经撤销疫区的苏州市常熟市、扬州市仪征市、南通市崇川区等地，以及实现无疫情的疫区和疫点仍存在大量松林，松材线虫病疫情复发可能性依然存在，疫情预防和防控压力依然较大。

2. 美国白蛾

预计 2025 年美国白蛾疫情呈上升趋势，发生约 50 万亩，部分区域危害加重。徐州市、宿迁市、盐城市、连云港市、淮安市等地在飞防避让区及地面防控不力的区域仍具暴发成灾风险。南京市雨花台区、高淳区、溧水区、江北新区，镇江市新区、京口区、丹阳市，泰州市泰兴市，南通市海安市、如皋市、如东县，苏州市太仓市、昆山市、吴江区等地与省内或省外美国白蛾疫区毗邻，美国白蛾入侵风险高。特别是2024年监测到美国白蛾成虫的11个非疫区，虽然未发现美国白蛾幼虫危害，但因自然气候和人为因素影响，美国白蛾依然存在发生和扩散的可能性，后续需要做好严密监测，确保及时发现、及时防治。

3. 杨树食叶害虫

预计以舟蛾类为主的杨树食叶害虫发生约30万亩。杨树食叶害虫主要受气候条件和防治成效影响，主要发生在徐州、连云港、盐城、宿迁、淮安等苏北5市，南京、扬州、南通、镇江、泰州局部地区发生，近几年危害情况趋于稳定。今冬明春为暖冬气候，杨舟蛾越冬蛹存活率将上升，杨舟蛾越冬后虫口基数可能增大，危害公路两侧林网及生态环境脆弱地区的杨树成片林，尤其是在杨舟蛾虫源地，虫口数量遇高温天气易剧增。

4. 枝干害虫

预计黑翅土白蚁危害程度有所上升，发生面积在18万亩左右，发生重点区域在镇江市句容市、丹徒区，南京市玄武区，苏州市吴中区、常熟市等地。预计草履蚧发生面积约1万亩，近几年草履蚧在江苏省危害趋于平稳，预计在淮安市金湖县、淮安区，宿迁市泗洪县、泗阳县，盐城市东台市、射阳县等地发生，危害严重的可以造成树木死亡，主要危害沟、渠、路、河道两侧的杨树。2025年将加强松墨天牛等松钻蛀性害虫监测，预计松墨天牛发生面积在20万亩左右，主要发生在松材线虫病疫区及成片松林区域。其他天牛类害虫发生面积有所上升，主要在淮安市金湖县、盐城市射阳县、建湖县，扬州市宝应县，南京市溧水区，宿迁市沭阳县等地发生，重点危害生长较慢、长势衰弱的杨树、柳树、女贞、美国红枫、栾树等。

5. 其他有害生物

预计竹类害虫在丘陵山区发生面积有所增长，危害面积2万亩左右。徐州地区的侧柏毒蛾、苏南地区的松毛虫危害程度基本持平；茶黄蓟马等危害程度缓慢下降；银杏超小卷叶蛾、樟巢螟、重阳木锦斑蛾、杨潜叶蛾、苹掌舟蛾、杨直角叶蜂、女贞白蜡蚧、介壳虫等部分次要害虫发生面积有可能进一步扩大，在局部地区危害加重。杨树溃疡病、锈病、白粉病等植物病害，若明年春季雨水多，空气湿度大，将有利于病原物孢子萌发、侵入导致大面积流行，尤其是在春季新造林中应加强防范杨树溃疡病发生危害。预计2025年全省葛藤、何首乌等有害植物发生3万亩，危害范围略有增长。

6. 重点监测预警对象

外来有害生物普查数据显示，共发现外来入侵物种34种，包括外来入侵植物21种、昆虫7种、无脊椎动物1种、脊椎动物4种、植物病原微生物1种，均在国家或江苏省外来入侵物种重点名录内。随着交通工具发展、贸易往来增加，外来物种入侵的风险不断上升，结合江苏省省情、林情等特点，将重点加强对红棕象甲、橙带蓝尺蛾、橘小实蝇、红火蚁、香樟齿喙象、李痘病毒、小圆胸小蠹等危险性有害生物的监测，尤其红火蚁会影响农林业生产，破坏电力、交通、通讯等公共设施，从长远来看，它还会破坏生态平衡，目前已危害13个省份，邻近浙江省、上海市多个县区都已发现危害，长江以南地区都比较适宜，入侵江苏省的风险较高。

三、对策建议

当前及今后的一个时期，江苏省林业有害生物发生仍然将高发、常发。面对新形势、新挑战，将持续贯彻生态文明建设理念，聚焦“两虫一病”，强化基础设施能力建设，全面提升林业有害生物防治能力。

(一)以林长制为抓手，压实防控责任

认真贯彻《关于深入开展松材线虫病疫情防控攻坚行动的令》第1号省总林长令精神，压实各级林长疫情防控主体责任，坚持实行防控调度机制，跟踪检查和督导，及时发现问题，及时通报督促整改。积极争取增加各级财政的防控投入，将检疫、监测、应急防控经费列入地方财政预算，增加各级财政的防治投入，提高抵御林业有害生物发生危害保障能力，保障生态安全。以加强《江苏省林业有害生物防治条例》(简称《条例》)宣传贯彻为切入点，普及《条例》等相关法规政策，使社会各界充分了解在林业有害生物防

治过程中应尽的法定义务，营造全民参与的良好社会氛围。

（二）持续开展攻坚行动，巩固疫情防控成效

按照“五年任务、四年完成、一年巩固”的时间规划，坚持以疫木清理为核心，以疫木源头管理为根本，持续巩固松材线虫病防控攻坚成效。在已拔除和实现无疫情地区，强化打孔注干、日常监测等监测预防措施，确保疫情不反弹；疫情发生区要持续提升防治质量，不断压缩疫情发生面积，扩大攻坚成果。持续开展省级松材线虫病除治质量抽样检测工作，对除治开展全过程跟踪监理，及时发现问题，限期督促整改。持续开展松材线虫病检疫执法专项行动，切断松材线虫病等检疫性林业有害生物的传播路径。

（三）完善监测网络，提高测报预警水平

加强国家级、省级中心测报点管理，规范开展测报工作，合理制定监测任务，加大督促检查力度，确保高质量完成数据采集上报分析。稳步推进智能监测，推广应用松材线虫病无人机遥感监测巡查和防治成效核查，将疫情监测和疫木除治信息落实到小班，逐步实现精细化疫情管理；加密布设美国白蛾、杨舟蛾等单一病虫性诱智能监测设备，推进智能监测聚点成网工作。加强重大突发灾情分析研判，强化与气象等有关部门建立协同配合、信息互通的监测预警机制，提高监测预报科学性和准确性。

（四）聚焦重点，统筹做好灾害防控

按照“一种一策”精准防治策略，以控制扩散和严防暴发成灾为目标，加强美国白蛾兼顾其他食叶害虫精准预防和治理，坚持面上飞防和地面补充防治相结合，严防出现防治盲点和漏点，加大防控薄弱环节监管力度，严防局部成灾，预防区实施网格化监测，确保疫情传入第一时间发现和处置。坚持因地制宜、分类施策，对暴发性食叶害虫的防治，在重灾区，以高效低毒无公害农药为主开展化学防治，在中度和轻度灾区采用保护天敌和物理防治法，降低对天敌的伤害，维持整个森林生态系统的稳定。

（五）加强能力建设，提高应急救灾水平

推进林业有害生物药剂药械库建设，提升应急响应和防灾减灾能力。强化林用药剂药械使用技术培训，积极推广利用林用药剂药械新技术、新产品，尤其是绿色防治技术，鼓励和支持生物除治技术的研发、引进、推广和使用，加大对生物除治的扶持力度，推动林业有害生物防控工作提质增效。强化联防联控和统防统治，消除“防治死角”。推行林业有害生物社会化防治，积极倡导以防控效果可持续控制为考量的3~5年绩效承包防治，并加强对社会化防治组织疫情除治等服务的监督管理。

（主要起草人：钱晓龙　叶利芹　刘俊　成聪；主审：张晨书）

12 浙江省林业有害生物2024年发生情况和2025年趋势预测

浙江省森林病虫害防治总站

【摘要】2024年，浙江省林业有害生物发生量与去年相比有所下降，各类林业有害生物发生385.23万亩，同比下降19.3%，其中，病害发生351.29万亩，占比91.19%，同比下降19.06%；虫害发生33.94万亩，占比8.81%，同比下降21.44%。根据2024年全省林业有害生物发生基数、发生规律，以及防治作业等人为干预因子，结合未来天气趋势，经省森防总站组织专家及市县测报技术人员综合分析、会商，预测2025年全省林业有害生物总体呈下降趋势，预计发生358.46万亩。

一、2024年主要林业有害生物发生危害情况

截至2024年11月底，全省完成林业有害生物监测68665.5万亩次，计划应施监测69429万亩次，监测覆盖率98.9%。全省林业有害生物发生385.23万亩，同比下降19.3%，其中，病害发生351.29万亩，占比91.19%，同比下降19.06%；虫害发生33.94万亩，占比8.81%，同比下降21.44%。

发生的主要林业有害生物有松材线虫病、松褐天牛、松毛虫、柳杉毛虫、一字竹象、卵圆蝽、竹螟、刚竹毒蛾、山核桃刻蚜、山核桃花蕾蛆和山核桃干腐病等12种，共计378.86万亩，占总发生面积的98.35%。

（一）发生特点

1. 总体发生呈下降趋势

发生的林业有害生物种类与历年基本相同，以松材线虫病为主，总体发生有所下降(图12-1)。

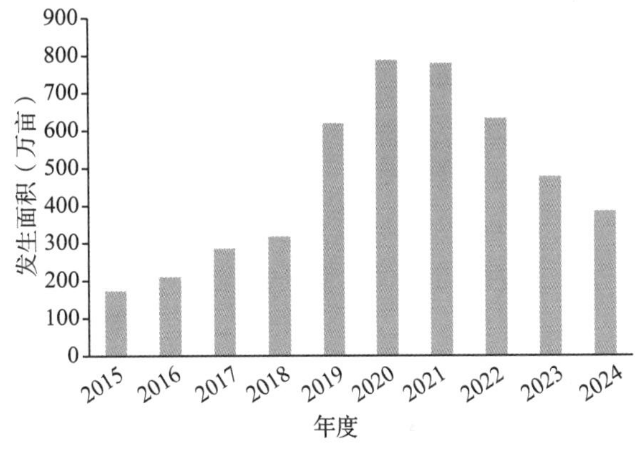

图12-1 浙江省2015—2024年林业有害生物发生面积

2. 松杉类病虫发生呈下降趋势

松材线虫病　发生348.32万亩，因病致死松树104.80万株。在2021年疫情出现拐点之后，全省疫情发生面积和因病致死松树数量继续双下降。株亩比(病死松树数量/疫情发生面积)从2020年的0.7下降至2024年的0.3，疫情发生的烈度有所下降。

松褐天牛　发生12.92万亩，与2023年相比有所上升，主要集中在绍兴市、金华市、台州市、丽水市、杭州市和温州市等地区，发生面积零散。这些松林立地条件差，生长势弱，林内天牛虫口密度大，2024年温度比较高，降雨相比较少，天气的高温干旱很适合松褐天牛的发生，从而引发松树死亡。

松杉林食叶害虫　全省发生5.93万亩，较2023年下降2.37万亩，降幅28.55%。主要为马尾松毛虫、思茅松毛虫、柳杉毛虫等周期性食叶害虫局部发生。其中，马尾松毛虫主要发生在杭州、衢州、丽水等老发生区；柳杉毛虫发生区域主要在宁波、温州、衢州和台州等地区的高海拔山区，湿地、自然保护区范围内较多。

3. 美国白蛾发生呈断崖式下降

全省共设置美国白蛾监测点位1025个，悬挂诱捕器共计2217个，设置普查线路500多条，投入防控资金492万余元。平湖市和嘉善县两地

18个镇街道、407个监测点位共布设美国白蛾诱捕器940台，安装自动虫情测报灯13台。仅在嘉兴市平湖市和嘉善县诱捕到美国白蛾成虫31头，未监测到卵、幼虫和蛹，全省其他地方未发现美国白蛾，美国白蛾发生量呈大幅度下降态势。

4. 竹林有害生物发生呈下降趋势

竹林有害生物发生4.59万亩，较2023年下降了73.6%，主要为一字竹象发生1.3万亩、卵圆蝽发生1.4万亩、竹螟发生1.2万亩，发生程度显著下降；刚竹毒蛾发生0.34万亩，与2023年相比显著下降；在部分竹林发现竹篦舟蛾和山竹缘蝽，发生程度较轻。

5. 经济林病虫发生趋于平稳

经济林病虫主要集中在山核桃和板栗以及油茶、香榧等传统经济林，发生9.04万亩，发生量与上年基本持平。杭州地区临安、桐庐和淳安等天目山脉周边山核桃林，山核桃花蕾蛆发生最重，面积为2.88万亩；其次是山核桃干腐病，发生2.62万亩；山核桃其他病虫发生1.95万亩。

6. 园林绿化苗圃等其他病虫害发生呈下降趋势

危害园林绿地、景观林的病虫害和其他病虫害共发生3.98万亩，较上年下降13.47%。主要为樟巢螟、樟萤叶甲、铜绿丽金龟、斜纹夜蛾、白蚁等，危害面积零散、虫口密度不高。

(二)主要林业有害生物发生概况分述

1. 松杉林病虫害

松杉林病虫害主要有松材线虫病、松褐天牛、马尾松毛虫、柳杉毛虫和松干蚧等，共发生367.1万亩，松杉类病虫发生下降明显。截至2024年10月30日，全省松材线虫病发生348.32万亩(图12-2)，病死树104.80万株，主要有以下几个特点：一是继续保持明显下降势头。浙江省已经连续4年实现疫区、疫点、疫情小班、发生面积、病死松树数量、成灾率“六下降”，其中56个疫区实现发生面积、病死松树数、疫情小班数量“三下降”。二是发生范围相对集中。疫情在温州、台州和丽水等浙西、浙南地区的发生形势较为严峻。三是拔点清面进展优于预期。宁波市慈溪市、温州市洞头区、绍兴市上虞区、台州市椒江区等4个县级疫区连续两年实现无疫情，达到拔除标准，宁波市鄞州区首次实现无疫情。全省共有54个疫点、18616个小班实现无疫情，疫情小班数量同比减少12309个，下降比例为22.7%。多数发生区域病死松树呈现零星分布趋势，松林连片大面积、高密度枯死现象得以杜绝。

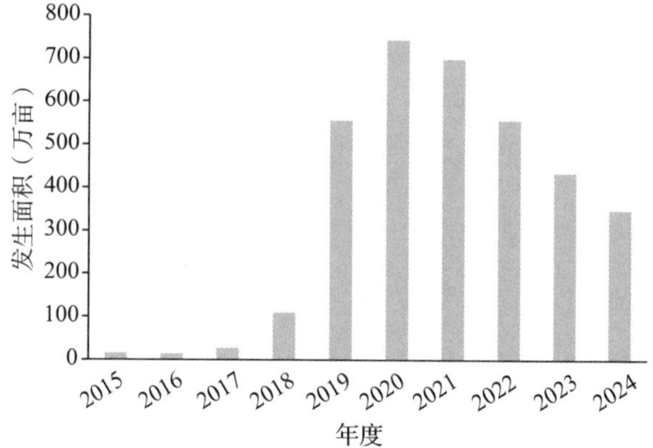

图12-2 浙江省2015—2024年松材线虫发生面积

松褐天牛　发生12.92万亩(图12-3)，主要集中在绍兴市、金华市、台州市、丽水市、杭州市和温州市等地区。从发生区域分析，主要集中在浙江南部和中东部地区的马尾松林以及少部分的黑松林，发生面积较为分散，危害的区域略有扩大。

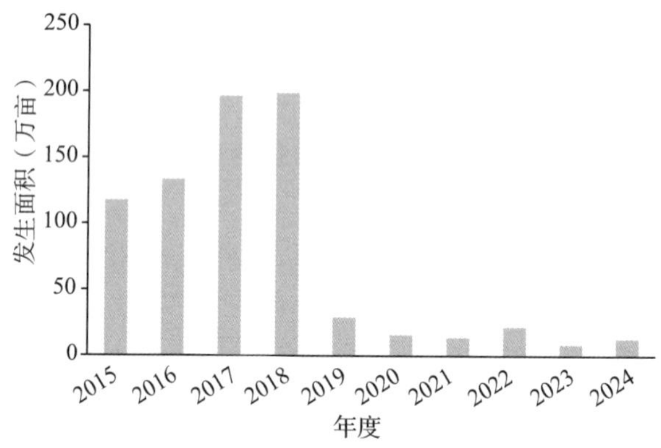

图12-3 浙江省2015—2024年松褐天牛发生面积

松杉类食叶害虫　全省发生5.93万亩(图12-4)，较2023年下降2.37万亩，降幅达28.55%，主要为马尾松毛虫、思茅松毛虫、柳杉毛虫等周期性食叶害虫。其中马尾松毛虫、思茅松毛虫共计发生1.27万亩，取食危害马尾松等树木针叶，主要发生在杭州、衢州、丽水等老发生区；松毛虫是典型的周期性食叶害虫，从近些年发生规律看，每3~5年为一个发生周期，发生区域相对稳定。

柳杉毛虫　发生4.66万亩，危害柳杉和柏木针叶，主要分布在宁波、温州等地。从保护生物多样性考虑，对于发生在高海拔山区，有不少是在湿地、自然保护区范围内的柳杉毛虫，宜采取跟踪监测手段，基本不进行人工防治干预；除景区、生产基地外，利用森林自然生态系统生物种群消长来调节其发生，目前仍处于发生高峰的末期。

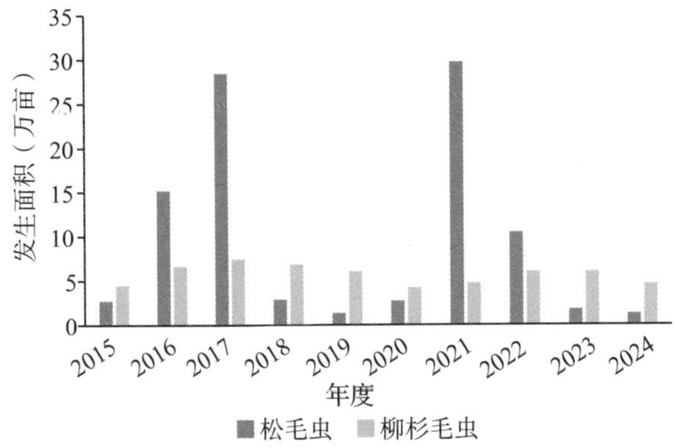

图 12-4 浙江省 2015—2024 年松毛虫、柳杉毛虫等食叶害虫发生面积

2. 竹林病虫害

2024 年竹林有害生物发生 4.59 万亩（图 12-5），与 2023 年相比呈下降趋势。竹林病虫害主要为一字竹象，发生 1.3 万亩，发生面积同比减少 76%，卵圆蝽发生 1.42 万亩、竹螟发生 1.2 万亩，两种害虫发生程度趋于稳定；刚竹毒蛾发生 0.34 万亩，发生面积同比减少 95%，与 2023 年相比大幅度降低，零星分布于丽水、衢州等地。

经过多年综合治理，竹林主要有害生物如一字竹象、竹螟、卵圆蝽、竹蝗等的发生均得到了有效控制，整体上竹林病害的发生有所减少和缓解。这种变化一方面得益于精准的病虫害防治措施，另一方面也与竹林经营管理的强化密切相关。

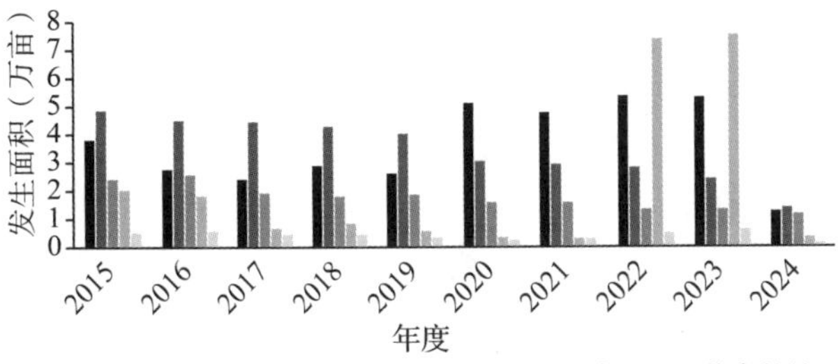

图 12-5 浙江省 2015—2024 年主要竹林害虫发生面积

3. 经济林病虫害

全省危害经济林的病虫害发生 9.04 万亩（图 12-6），与 2023 年基本持平。浙江省的经济林主要为板栗、山核桃、香榧、油茶等干果、油料类林种。

山核桃病虫害主要集中在杭州的临安、桐庐和淳安等天目山脉周边地区，发生 7.45 万亩，与 2023 年同期发生面积类似。其中，山核桃干腐病发生 2.62 万亩，与 2023 年基本持平；山核桃花蕾蛆发生 2.88 万亩，与去年基本持平；山核桃蚜虫发生 1.95 万亩。板栗病虫害发生 1.12 万亩，同比下降 30%，其中，栗瘿蜂 0.62 万亩，桃蛀螟 0.14 万亩，栗绛蚧 0.1 万亩，板栗大蚜 0.1 万亩，板栗剪枝象甲 0.16 万亩。

此外，其他经济林病虫害发生 0.47 万亩。主要是危害油茶、香榧、林下经济和其他小面积果树的病虫害等。

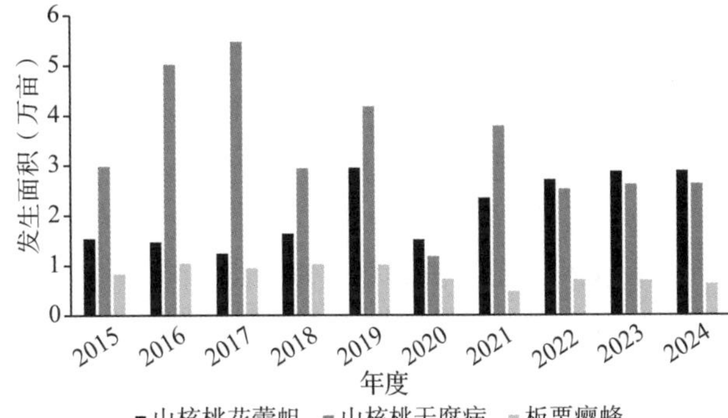

图 12-6 浙江省 2015—2024 年主要经济林病虫害发生面积

4. 园林绿化苗圃等其他病虫害

危害园林绿地、景观林的病虫害 3.98 万亩，同比下降 13.47%，发生量下降明显。其中，樟巢螟 0.46 万亩，斜纹夜蛾 0.31 万亩，樟萤叶甲 0.15 万亩，主要集中在通道林、河岸绿化带、苗圃地及城市景观林。尽管这些害虫的分布较为零散，虫口密度较低，但其对部分区域的景观树种依然存在影响；由于舞毒蛾和白蚁防治措施到位，加上气候因素的影响，2024 年舞毒蛾未监测到发生。

（三）重点区域主要林业有害生物发生情况

浙江环黄山区域有杭州市淳安县、临安区和衢州市开化县 3 个防控重点区，以及杭州市桐庐县、建德市和衢州市常山县、江山市 4 个防控缓冲区。浙江省环黄山区域2024年秋季疫情普查疫情发生19.18万亩，同比下降24.2%；病死树3.5万株，同比下降24.5%。实施打孔注药119.48万瓶，保护松树55.36万株。

浙江环武夷山区域有丽水市遂昌县、龙泉市、庆元县和衢州市江山市4个防控缓冲区。浙江省环武夷山区域2024年秋季疫情普查疫情发生面积16.33万亩，同比下降19.2%；病死树1.89万株，同比下降22%。实施打孔注药31万瓶，保护松树12.31万株。

（四）成因分析

1. 松材线虫病防治综合成效明显

全省坚持以林长制为统领，以“数字森防”应用场景建设为突破，全力开展松材线虫病疫情防控五年攻坚行动，连续4年大幅压缩疫情规模。各地严格执行“510·清干净”除治标准，坚持“山上管质量，山下管去向”，开展9轮省级除治质量抽样检测，全省疫情防控质量稳步提升。各地全面落实林业有害生物防治地方政府负责制，各级林长高度重视、亲自谋划，创新开展松材线虫病疫情防控机制改革，取得显著成效。瞄准疫情高质量除治难点堵点，创新疫情防控技术体系，研发新型药剂，积极尝试无人机吊装疫木、无人机巢自动巡检等新技术应用，推动发展疫情防控新质生产力。

2. 松材线虫病疫情形势仍然严峻

松材线虫病的防控工作取得了显著成效，但形势依然严峻。一是疫情基数仍然较大，控增量、减存量任务艰巨，疫情防控已进入“深水区”，重点防控区域逐渐向地势险峻、条件恶劣的山区转移。拔除疫情地区反弹反复风险依然存在。环黄山、环武夷山、各类自然保护地、国有林场等重点生态区位保护压力大，拔除疫情任务十分艰巨。二是涉松项目监管难度大。部分油茶种植、国储林建设、松林改培等林业工程项目和电力、交通、水利、通信、开发区等建设工程项目，存在只伐倒不清理、丢弃藏匿疫木等问题，进一步增加了疫木流失和疫情扩散蔓延的风险。

3. 美国白蛾发生量显著下降

美国白蛾的发生量进一步降低，主要得益于多个因素的共同作用。一是2023年夏季高温少雨的天气不利于美国白蛾的生长发育，尤其从第二代成虫期开始，虫口进入了低发期，导致越冬虫口基数显著减少。二是冬春气温偏低，进一步影响了越冬蛹的羽化率，削弱了虫害的扩散能力。三是嘉善县和平湖市两个疫区采取了行之有效的防控措施，通过密集布设监测点位，化学防治与物理防治手段并行，防控工作得以高效落实。四是隔壁省份疫情发生量出现明显的下降，疫情传入压力持续减轻。

4. 异常气候及经营活动影响病虫害发生

2024年极端天气频繁，上半年梅雨季节雨水偏多，进入夏季后又经历了历史上时间最长的高温酷暑季，导致植株的生长态势衰落，抗逆性不强，感染病虫害的风险增加。浙北地区发现银杏大蚕蛾危害樟树等植物。同时，随着油茶等新兴经济作物的推广，部分地区逐渐形成了具有特色的经济林产业园区，因园区的生物多样性较低、生态自我修复能力较弱，出现园区经济林抗病虫害发生能力不强。今年全省的山核桃产区受天气和山核桃干腐病、山核桃花蕾蛆等病虫害双重影响，产量出现明显下降。此外，在一些地区，粗放型管理模式依然较为普遍，导致过度开发，破坏了生态环境，削弱了林地的生长潜力；频繁的苗木运输和引种活动易使病虫害扩散，防控难度增加。

二、2025年主要林业有害生物发生趋势预测

（一）总体趋势

结合专家及市县测报技术人员根据各市县预测分项数据、2024年全省林业有害生物越冬基数、防治情况以及未来气候趋势，经综合分析和会商，预测2025年浙江省林业有害生物发生趋稳，全省总发生面积预计358.46万亩左右（图12-7），发生面积继续呈下降趋势。

通过疫情除治和综合治理，全省松材线虫病总体发病面积、致死松树继续呈下降趋势。随着全省松材线虫病防治力度加大，松褐天牛发生稳中有降。马尾松毛虫、柳杉毛虫等松杉林周期性食叶害虫的发生将逐渐趋于平稳、小幅波动下降。竹子病虫的发生面积受气候和大小年的影

响，将会有所上升。香榧、油茶等新兴经济林因引种扩种较多，但病虫害控制措施得当，未来几年病虫害发生将会缓慢下降。其他如山核桃、板栗等传统经济林，通过这些年生态治理，经济市场调控、生产规模压缩，有害生物发生将进一步得到控制。园林绿地、景观林有害生物受人为干扰影响较多，危害的病虫种类和发生面积将会有小幅上升。浙江北部的杭嘉湖平原为美国白蛾适生区，寄主较多，2024 年监测到的成虫数量显著下降，且未发现美国白蛾幼虫的发生，周边地区美国白蛾仍有发生，依然存在迁入的可能性，后续需要做好美国白蛾的监控。

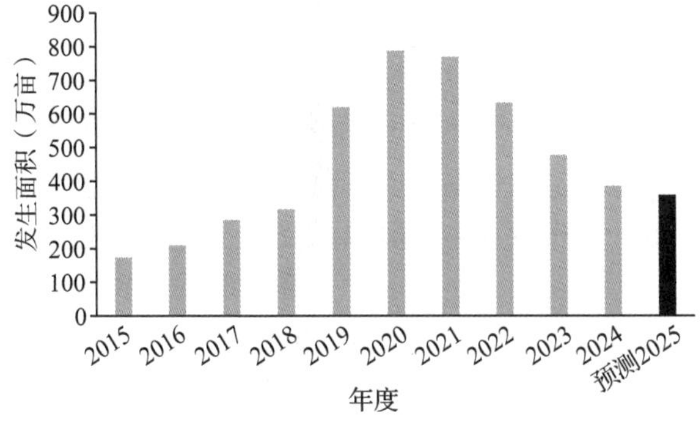

图 12-7　浙江省近年来林业有害生物发生趋势

(二)主要林业有害生物分项预测分析

1. 松材线虫病

浙江省对松材线虫病的防控工作不断加强，疫情高发已得到有效遏制，松材线虫病发生范围逐年减少，病死树数量和疫点数量持续减少，预计 2025 年松材线虫病发生 310.31 万亩(图 12-8)。

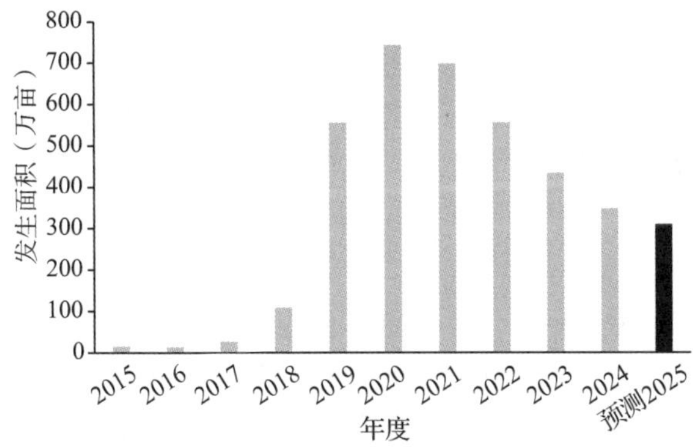

图 12-8　浙江省近年来松材线虫病发生趋势

2. 松褐天牛

松褐天牛属钻蛀性害虫，防控难度大，林间种群控制是个长期过程，短期内无法得到有效压制。根据各地诱捕数据及近几年发生发展规律，结合各地上报的情况，2025 年可能有小幅上升，预测 2025 年全省将发生松褐天牛 14.76 万亩左右(图 12-9)。

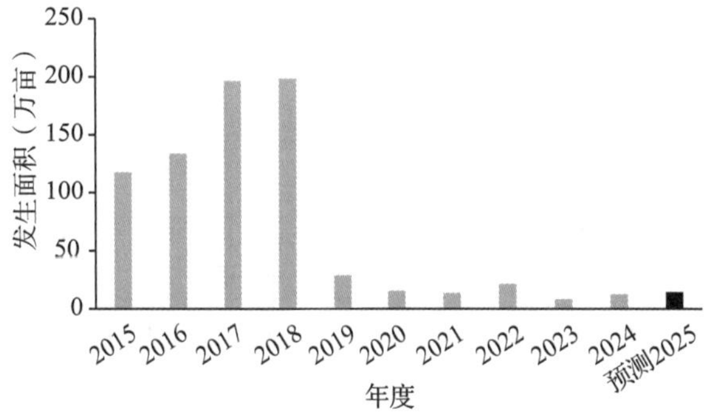

图 12-9　浙江省近年来松褐天牛发生趋势

3. 松毛虫、柳杉毛虫等松杉林食叶害虫

松毛虫等松杉林食叶害虫预测 2025 年发生约 9.33 万亩，其中松毛虫 5.05 万亩，柳杉毛虫约 4.28 万亩(图 12-10)。松毛虫是典型的周期性食叶害虫，从近些年发生规律看，每 3~5 年为一个发生周期，发生区域相对稳定，近年的发生面积将会有一定幅度下降，预计主要分布在衢州、杭州和丽水等地松林。柳杉毛虫高发地主要分布在温州的文成、苍南、平阳和永嘉等高山、远山地区。

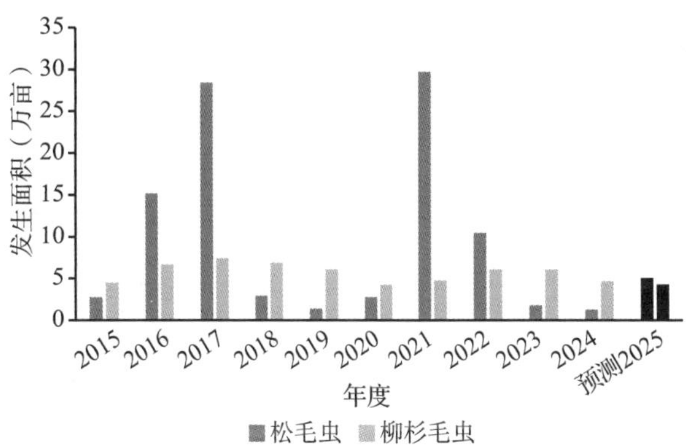

图 12-10　浙江省近年来松毛虫和柳杉毛虫发生趋势

4. 竹林病虫

全省竹林病虫预测 2025 年发生约 10.35 万亩，与 2024 年相比有所上升(图 12-11)。其中，一字竹象发生约 4.71 万亩，主要分布于丽水的庆元、龙泉等地；卵圆蝽约 1.63 万亩，主要分布于衢州的龙游、衢江和湖州地区等主要竹子产区；竹螟发生约 1.33 万亩，刚竹毒蛾约 2.37 万亩。其他危害竹林的竹篦舟蛾、黄脊竹蝗等有害

生物，零星分布在衢州、台州、丽水和宁波等地。

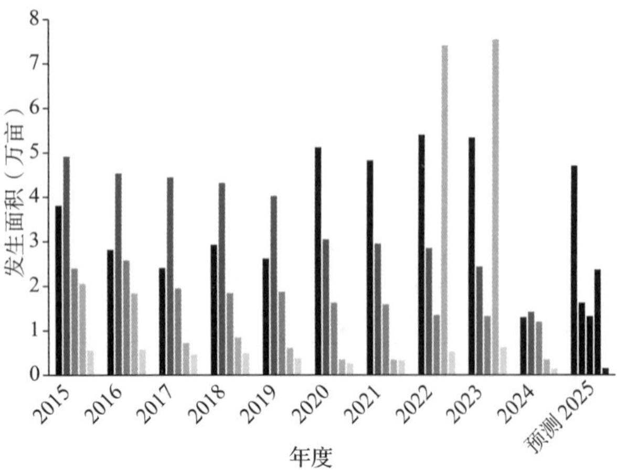

图 12-11　浙江省近年来竹林病虫害发生趋势

5. 经济林病虫

预测 2025 年全省经济林病虫发生约 8.53 万亩(图 12-12)，发生呈稳定趋势。预测山核桃花蕾蛆的发生约 2.78 万亩，山核桃干腐病约 2.5 万亩，主要分布于山核桃产区；预测栗瘿蜂发生约 0.66 万亩，主要分布于板栗产区。预测油茶煤污病、板栗疫病和山核桃刻蚜等将小规模发生。

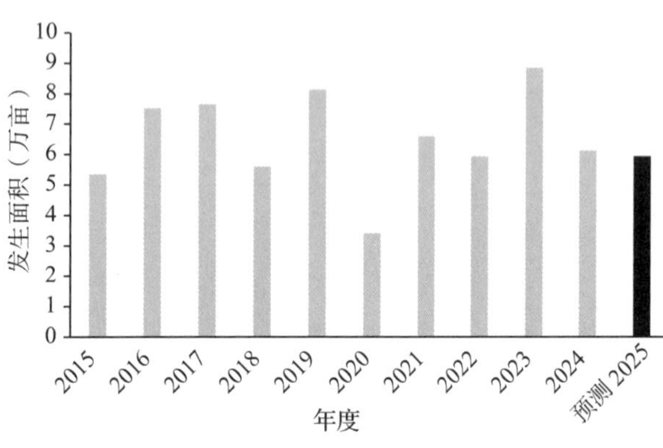

图 12-12　浙江省近年来主要经济林病虫发生趋势

6. 园林绿化苗圃等其他病虫

预测危害绿化通道、苗木等病虫害发生约为 4.65 万亩，呈稳定趋势。受自然天气和人为经营影响，局部区域、个别病虫害有可能成灾，突发性病虫害发生的可能性依然存在。

7. 美国白蛾

平湖市、嘉善县连续 3 年诱捕发现美国白蛾成虫，2024 年两地成虫发生量较前两年呈断崖式下降，未监测到卵、幼虫和蛹，表明美国白蛾防控措施有效和效果明显，但仍需做好监测工作。预计 2025 年全省可能实现无疫情。

(三)重要防控风险点

浙江环黄山区域和环武夷山区域松材线虫病自五年攻坚行动以来，在各方的努力下，发生量有了明显下降，但是考虑到两地毗邻省份，同时松林保有量大，外防输入、内防输出的压力依然巨大。浙江北部杭嘉湖平原为美国白蛾向南扩散的前沿地带，当地物流交通发达，寄主植物较多，虽然这两年防治成效显著，出现了断崖式下降，但是外防输入的压力依然大。

三、林业有害生物防治对策

以习近平生态文明思想为指引，深入学习贯彻党的二十大和二十届三中全会关于生物安全管理重要精神，落实国家林业和草原局及省委、省政府部署要求，扎实做好松材线虫病疫情防控，努力推进林业有害生物防控治理能力建设，全面提升防控效能。

(一)加强监测普查，及时发现疫情

抓好松材线虫病疫情监测普查，严格按照《松材线虫病防控技术方案(2024 年版)》要求，落实网格化常态化日常监测，做到精准监测、准确鉴定、及时上图。加强组织领导、层层压实责任，坚持全覆盖的林业小班化管理，建立健全网格化、精细化的管理制度和措施；进一步加强基层监测队伍建设，统筹护林员、林场管护人员、社会化组织等力量，建立健全松树异常死亡等疫情信息举报制度，广泛发动社会力量和群众积极参与疫情监测工作。

(二)优化防控布局，促进协同治理

着力做好美国白蛾、舞毒蛾、红火蚁等检疫性、危险性林业外来入侵生物的监测工作，进一步优化外来入侵生物防控布局，充分发挥国家级中心测报点的监测职能，做到早发现、早处理。强化区域协同、部门联动，建立健全信息共享、联合整治、协作办案等合作机制，消除疫情传播隐患。强化科技赋能。继续开展空天地立体监测、远程人工智能设备、大数据监测分析等新技

术应用。全面推行监测预警网格化管理，鼓励向社会购买监测预报工作服务。

（三）严格检疫监管，防止疫情扩散

持续开展林业检疫执法专项行动，全链条严厉打击整治违反植物检疫法律法规收购、加工、运输、销售、存放、使用林业植物及其产品的行为，防止松材线虫、美国白蛾、红火蚁等检疫性林业有害生物的人为传播扩散。持续开展省级松材线虫病除治质量抽样检测工作，对除治开展全过程跟踪监理，及时发现问题，限期督促整改。重点加强涉松项目松木清理、除害处理和销毁情况的监督管理和指导服务，建立健全部门协同机制，确保涉松项目施工后疫木无害化处理到位，严防疫木流失。

（四）强化宣传引导，提升防治成效

加强法律宣传，传播《中华人民共和国生物安全法》《中华人民共和国森林法》《植物检疫条例》等法律法规，增强全民的防控法治意识。围绕防治工作重点，结合防灾减灾日、世界环境日等特殊节日或活动，充分利用网络、广播、电视等宣传媒体，大力宣传松材线虫病的危害性和加强防治工作的重要性，着力推广防治工作的先进典型和成功经验，提高全社会的关注度，提升群众对防治工作的理解度和配合度，引导群众主动防治。

（主要起草人：方源松　陈蔚诗；主审：张晨书）

13 安徽省林业有害生物2024年发生情况和2025年趋势预测

安徽省林业有害生物防治检疫局

【摘要】2024年，安徽省主要林业有害生物发生457.57万亩，较2023年减少43.08万亩，其中，病害发生128.88万亩，虫害发生328.69万亩；按发生危害程度统计，轻度发生443.7万亩、中度发生11.61万亩、重度发生2.25万亩。预测2025年安徽省主要林业有害生物发生440万亩左右，局部区域可能偏重发生。

一、2024年全省主要林业有害生物发生情况

（一）2024年全省主要林业有害生物总体发生特点

2024年全省主要林业有害生物发生457.57万亩，同比下降8.6%。其中，松材线虫病发生面积、病死树数量、发生乡镇、发病小班实现“四下降”，但仍呈现点多面广态势，局部区域存在反弹复发风险；美国白蛾发生面积持续下降，发生程度轻；杨树病虫害、松褐天牛、经济林病虫害发生面积均有所下降，总体发生较轻（图13-1至图13-3）。

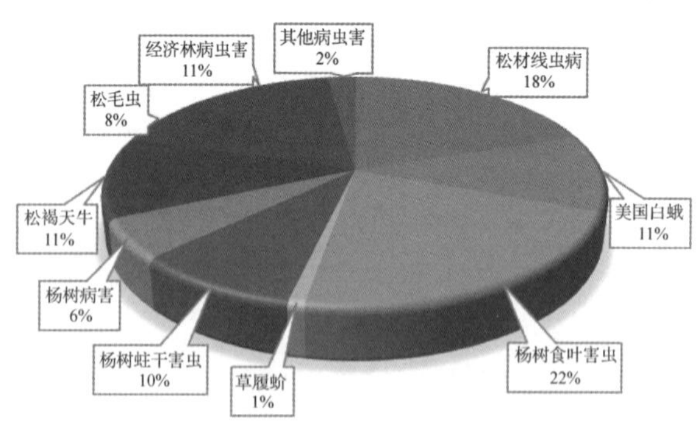

图13-1 2024年主要林业有害生物发生构成情况

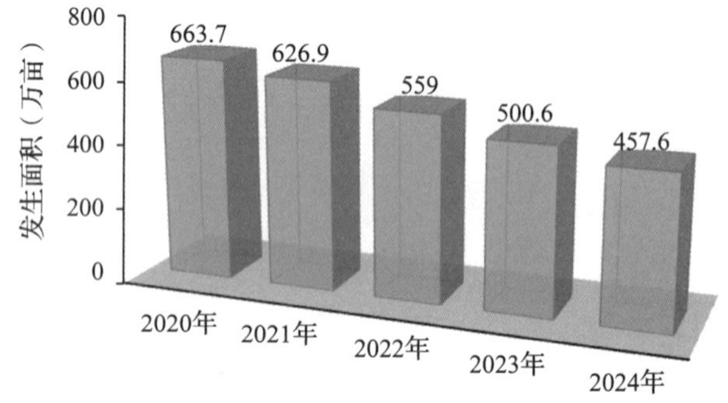

图13-2 2020—2024年主要林业有害生物发生面积

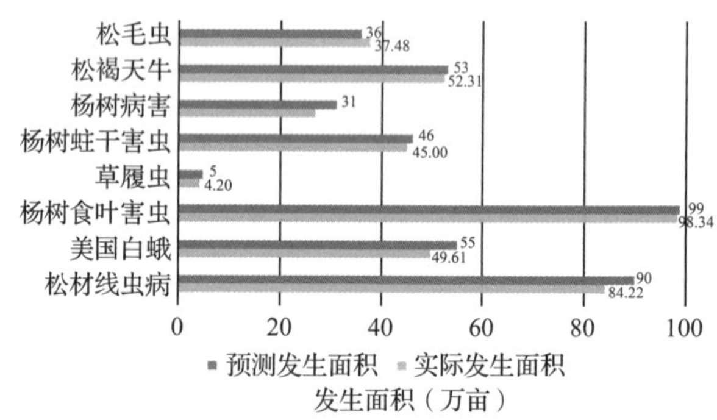

图13-3 2024年主要种类发生预测和实际发生面积

（二）2024年全省主要林业有害生物发生情况分述

1. 松材线虫病

全省松材线虫病发生84.22万亩，疫情涉及10个市、42个县（市、区）、292个乡镇，发病小班8427个，发病小班内死亡松树31.14万株（其中病死松树25.65万株，其他原因致死5.49万株）。与2023年相比，全省疫情发生面积、病死树数量、发生乡镇、发病小班数量均实现下降，全省共有6个县区、70个乡镇实现无疫情。黄山风景区及毗邻的“八镇一场”均未发现疫情，天柱山风景区、九华山风景区等其他重点区域发生面积及病死树同比下降。

2. 美国白蛾

全省美国白蛾疫情涉及11个市、45个县(市、区)、428个乡镇，发生49.61万亩，均为轻度发生，全省有2个市(芜湖市和铜陵市)、17个疫区、143个疫点未发现美国白蛾幼虫或网幕。与2023年相比，发生面积减少4.99万亩，下降9.14%。未发生扰民、严重灾害和安全生产事故。

3. 松毛虫

全省松毛虫发生37.48万亩(其中马尾松毛虫32.51万亩、思茅松毛虫4.97万亩)，主要分布在安庆、黄山、宣城、池州、六安、滁州、铜陵、合肥等地，马尾松毛虫、思茅松毛虫发生面积分别较2023年增加0.4万亩、0.65万亩。马尾松毛虫在安庆市岳西县、黄山市歙县局部区域偏重发生，思茅松毛虫在黄山市歙县、屯溪区，池州市贵池区局部区域中度发生。

4. 杨树病虫害

全省杨树食叶害虫发生98.34万亩，较2023年减少11.33万亩，整体危害程度较轻。种类主要有杨小舟蛾、杨扇舟蛾、黄翅缀叶野螟、春尺蠖(图13-4)，主要发生在宿州、亳州、阜阳、合肥、蚌埠、六安、淮南、滁州、池州等地。其中，杨扇舟蛾在亳州市涡阳县、蒙城县、利辛县局部区域，杨小舟蛾在亳州市利辛县局部区域偏重发生。

杨树蛀干害虫　发生相对平稳，全省发生45万亩，较2023年减少0.88万亩，发生种类为桑天牛、光肩星天牛、星天牛，其中桑天牛在蚌埠市怀远县、亳州市蒙城县局部区域发生较重。

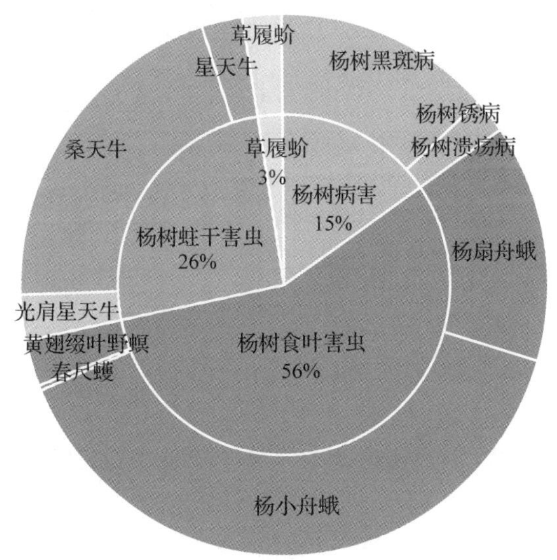

图13-4　2024年杨树病虫害发生构成情况

杨树病害　全省发生26.81万亩，较2023年减少1.01万亩，主要为杨树黑斑病、杨树溃疡病、杨树锈病，以轻度发生为主，其中杨树黑斑病在蚌埠市怀远县、阜阳市界首市局部区域，杨树溃疡病在亳州市蒙城县局部区域中度发生。

草履蚧　全省发生4.2万亩，较2023年减少0.47万亩，以轻度发生为主，主要发生在宿州、亳州、阜阳、淮北、蚌埠、淮南等地，在蚌埠市怀远县、亳州市涡阳县局部区域发生较重。

5. 松褐天牛

全省发生52.31万亩，较2023年减少5.11万亩，主要分布在安庆、黄山、宣城、六安、滁州、池州、马鞍山等地，在黄山市歙县、黄山区，六安市舒城县局部区域发生较重。

6. 经济林病虫害

全省经济林病虫害发生50.53万亩，较2023年减少3.77万亩，局部区域危害较重，主要分布在宣城、六安、安庆等经济林分布较多的地区。其中，板栗病虫害发生21.27万亩，竹类病虫害发生10.43万亩，核桃病虫害发生18.31万亩，板栗病虫害在六安市舒城县局部区域发生较重(图13-5)。

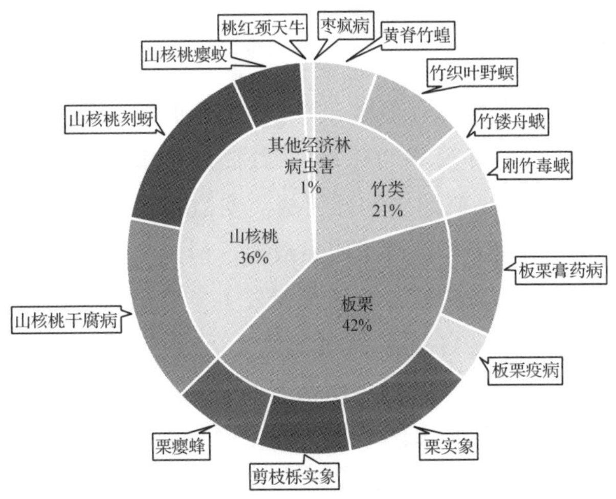

图13-5　2024年经济林病虫害发生构成情况

(三)重点区域主要林业有害生物发生情况

黄山风景区及毗邻的“八镇一场”均未发现松材线虫病疫情。九华山风景区疫情发生88.57

亩，涉及3个小班，病死树4株，与去年同期相比，发生面积下降220.27亩，病死树减少21株，发病小班减少5个。天柱山风景区疫情发生2133.38亩，病死树172株，发病小班27个，与去年同期相比面积下降2074亩，病死树减少97株，发病小班个数减少12个，其核心区天柱山林场未发现疫情。

皇藏峪国家森林公园美国白蛾发生605亩，均为轻度和低虫口发生，多年来通过布设诱虫灯、释放白蛾周氏啮小蜂等方式实施防治，未造成灾害。八公山国家森林公园、琅琊山国家森林公园、马鞍山市滨江文化公园未发现美国白蛾疫情。

(四)成因分析

1. 松材线虫病防控取得较好成效，但形势依然严峻

省委、省政府高度重视松材线虫病疫情防控工作，把松材线虫病疫情防控作为推深做实林长制改革的重要任务，坚持高位推动，系统谋划部署，省委、省政府领导多次对松材线虫病疫情防控工作作出批示。安徽省发布2024年第1号总林长令，强化松材线虫病疫情防控科技赋能。省级总林长赴一线巡林，要求常态化开展监测防治，抓早抓小、联防联控，坚决打好疫情歼灭战。省指挥部办公室印发《关于开展黄山松材线虫病疫情歼灭战的通知》，开展以黄山风景区为中心30km范围内的歼灭战。安徽省松材线虫病疫情防控工作取得了明显成效，但是全省松材线虫病疫情在松林分布区普遍发生，点多面广，重要松林区、自然保护地的生态安全受到严重威胁，黄山风景区内疫情防控成效巩固任务艰巨，疫情防控形势依然十分严峻(图13-6)。

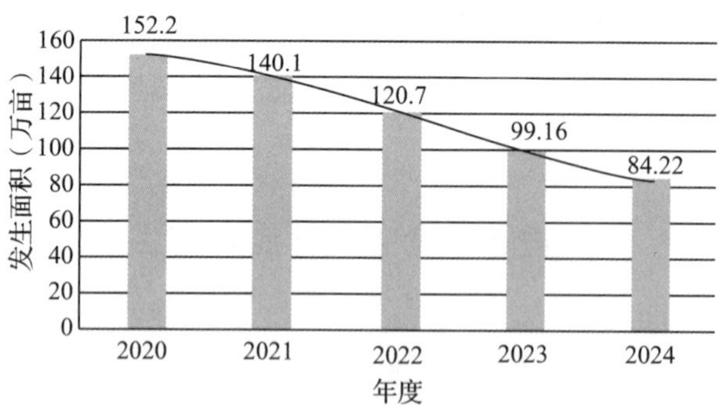

图13-6　2020—2024年安徽省松材线虫病发生面积

2. 美国白蛾发生持续下降

安徽省认真贯彻省级总林长令，强化“政府主导、属地管理、分级负责”的防控责任，统筹结合杨树食叶害虫防治，突出重点区域，抓住关键时节，落实各级政府和林长责任，将美国白蛾等重大林业有害生物成灾率等纳入林长制考核内容。持续开展美国白蛾日常监测和专项普查，全面准确掌握虫情动态，为有效防控提供科学依据；根据虫情和区域特点，在以“飞机防治为主、地面防治为辅”防控措施的基础上，因地制宜、灵活运用、分区分类施策，有效遏制了美国白蛾扩散蔓延的态势，实现了美国白蛾发生面积连年下降(图13-7)。

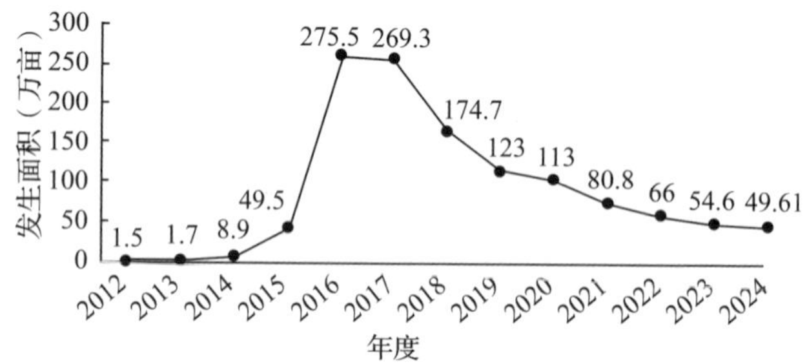

图13-7　2012—2024年安徽省美国白蛾发生面积

3. 杨树病虫害发生基本平稳

皖北地区绿化造林近年注重调整树种结构，杨树纯林面积逐年减少。由于在杨树主要分布区持续开展美国白蛾大面积飞防，对杨树其他食叶害虫虫口基数也起到明显的控制作用，杨树食叶害虫发生明显下降。草履蚧发生态势比较稳定，各地推动群防群治，通过采用缠胶带或塑料膜等绿色防控示范，虫口密度大幅度下降，草履蚧得到有效控制(图13-8)。

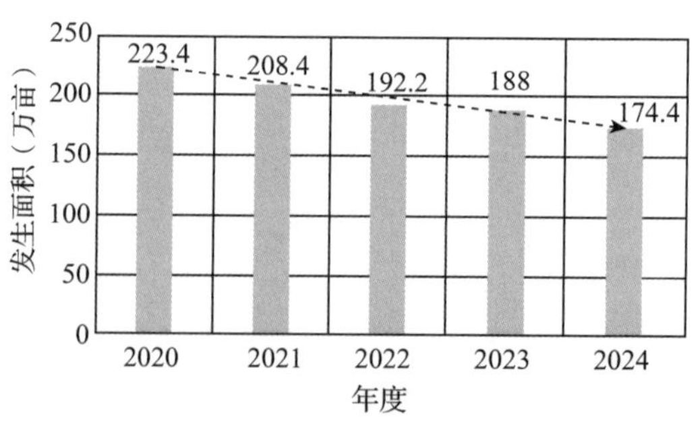

图13-8　2020—2024年杨树病虫害发生面积

二、2025 年主要林业有害生物发生趋势预测

(一) 2025 年总体发生趋势预测

在全面分析 2024 年林业有害生物发生和防治情况的基础上，根据国家级中心测报点对主要林业有害生物越冬前的虫口基数监测调查数据，结合其发生规律，预测 2025 年安徽省属于中等偏轻发生年份，发生面积比 2024 年略有下降。预测 2025 年全省主要林业有害生物发生 440 万亩左右，其中松材线虫病发生较 2024 年可能进一步下降，美国白蛾、草履蚧、经济林病虫害发生基本保持稳定，杨树食叶害虫、杨树蛀干害虫、松褐天牛、松毛虫发生面积略有下降，杨树病害将有所上升，一些突发性、偶发性病虫害可能在局部区域造成危害(表 13-1)。

(二) 主要种类发生趋势预测

1. 松材线虫病

预计 2025 年松材线虫病发生 80 万亩左右，较 2024 年略有下降，主要分布在安庆、六安、滁州、黄山、宣城、合肥、铜陵、池州、马鞍山、芜湖。

2. 美国白蛾

预计 2025 年美国白蛾发生约 51 万亩，与 2024 年基本持平。由于美国白蛾低虫口分布范围较广，飞防避让区以及毗邻区域美国白蛾发生可能反弹。合肥市肥西县，马鞍山市博望区连续几年诱到美国白蛾成虫，存在新发疫情的可能，宣城市、安庆市美国白蛾入侵风险较高。

3. 杨树病虫害

预计以舟蛾类为主的杨树食叶害虫 2025 年发生 90 万亩左右，较 2024 年有所下降，主要分布在宿州、阜阳、亳州、合肥、蚌埠、六安、池州、淮南、滁州、芜湖、淮北等地。如气候条件适宜，在宿州市埇桥区、灵璧县、泗县，阜阳市颍泉区、临泉县、阜南县等地虫口基数较高的局部区域可能偏重发生。

杨树蛀干害虫预计 2025 年发生面积有所下降，全省发生 40 万亩，主要分布在阜阳、蚌埠、亳州、宿州、合肥、滁州、六安等地。

杨树病害预计 2025 年发生面积有所上升，全省发生 30 万亩左右，杨树黑斑病、杨树锈病等病害如遇高温多雨天气，在宿州市埇桥区、萧县等部分区域发生可能加重。

草履蚧发生态势相对稳定，预计 2025 年全省发生 5 万亩左右，主要分布在宿州、亳州、淮北等地，在宿州市埇桥区、萧县和砀山县局部可能偏重发生。

4. 松毛虫

根据 2024 年松毛虫防治效果、越冬虫口基数数据和重点区域调查情况，结合安徽省松毛虫发生规律，预计 2025 年松毛虫发生有所下降，预测发生 34 万亩，主要分布在安庆、黄山、宣城、池州、六安、合肥、铜陵、滁州等地，在黄山市局部区域可能偏重发生。

5. 松褐天牛

预计 2025 年松褐天牛发生 48 万亩左右，较 2024 年略有下降，主要分布在安庆、黄山、宣城、滁州、六安、池州等地。

6. 经济林病虫害

近年来，板栗、毛竹价格低迷，部分栗园、竹园管理粗放，油茶、核桃类等多种经济林种植面积增加，预计 2025 年以板栗、核桃类、竹类病虫害为主的经济林病虫害发生 50 万亩左右，主要分布在宣城、六安、安庆等地。

7. 其他病虫害

绿化树种呈多样化发展，导致园林绿化树木病虫害发生的种类和面积都随之上升，旋柄天牛、天幕毛虫在宣城市局部地区有可能造成危害；另外，一些偶发性病虫害可能在局部区域暴发。

表 13-1　安徽省 2025 年主要林业有害生物发生情况预测

林业有害生物种类	2024 年发生(万亩)	2025 年预计发生(万亩)	趋势	危害程度
总计	457. 57	440	略有下降	局部较重
松材线虫病	84. 22	80	下降	
美国白蛾	49. 61	51	持平	轻度

（续）

林业有害生物种类	2024 年发生(万亩)	2025 年预计发生(万亩)	趋势	危害程度
杨树食叶害虫	98.34	90	下降	轻度，局部较重
杨树蛀干害虫	45	40	下降	轻度
杨树病害	26.81	30	略有上升	轻度，局部较重
草履蚧	4.2	5	持平	轻度为主
松褐天牛	52.31	48	略有下降	轻度为主
松毛虫	37.48	34	略有下降	轻度，局部较重
经济林病虫害	50.53	50	持平	轻度，局部较重

（三）重要防控风险点

全省松材线虫病疫情呈点多面广发生态势，对重点生态功能区生态系统以及名松古松构成威胁。当前，松材线虫病防控已进入攻坚深水区，重点区域尤其是黄山风景区守住生态安全底线任务十分艰巨，其他区域局部地区疫情存在反复或反弹风险。美国白蛾局部防控风险仍较大，为降低次生灾害风险而采取错时、避让措施，影响整体防控效果，飞防避让区以及毗邻区域存在美国白蛾疫情反弹风险，宣城市、安庆市美国白蛾入侵风险较大。

三、对策建议

（一）加强监测预警

依托国家级中心测报点等监测站点，充分发挥基层林长以及护林员作用，采取政府购买服务引入专业化监测队伍，充实监测力量，构建全省监测网络体系。在日常监测基础上，组织开展松材线虫病、美国白蛾专项普查，着力加大无人机等先进技术在监测普查中的应用力度，以提高监测覆盖度、监测精准度。督促各地及时发布生产性预报，指导开展防治。

（二）科学开展防治

根据 2024 年度松材线虫病疫情专项普查结果，科学制定年度防治方案。扎实推进松材线虫病五年攻坚行动，持续巩固疫情防控成果。突出重点区域，提前做好防治准备，积极推进绿色防控，强化区域间联防联治，全面提高防控能力。加强应急防治能力建设，全面完成松材线虫病和美国白蛾等重大林业有害生物防控任务。

（三）加强检疫执法

持续开展松材线虫病检疫执法专项行动，严厉打击非法采伐、运输、加工、经营、使用疫木等行为，强化疫木流动管控；加强产地检疫和苗木企业监管，切断松材线虫病、美国白蛾等检疫性林业有害生物的传播路径，有效遏制疫情扩散蔓延。

（主要起草人：许悦　叶勤文；主审：张晨书）

14 福建省林业有害生物2024年发生情况和2025年趋势预测

福建省林业有害生物防治检疫局

【摘要】2024年福建省林业有害生物发生367.5万亩，总体较上年呈下降趋势，但危害种类多、松杉类病虫害发生比重大、松材线虫病发生危害严重、蛀干害虫发生呈上升态势。根据2024年全省各国家级中心测报点监测数据，以及全省林业有害生物发生基数、发生规律，结合各地越冬代调查结果和未来气候趋势，预测2025年福建省林业有害生物发生总体呈下降趋势，发生约355万亩。

一、2024年林业有害生物发生情况

2024年，福建省林业有害生物发生367.5万亩，同比下降9.8%，轻度发生302.3万亩，中度发生12.4万亩，重度发生52.8万亩。其中病害110.8万亩，虫害256.7万亩(图14-1)。

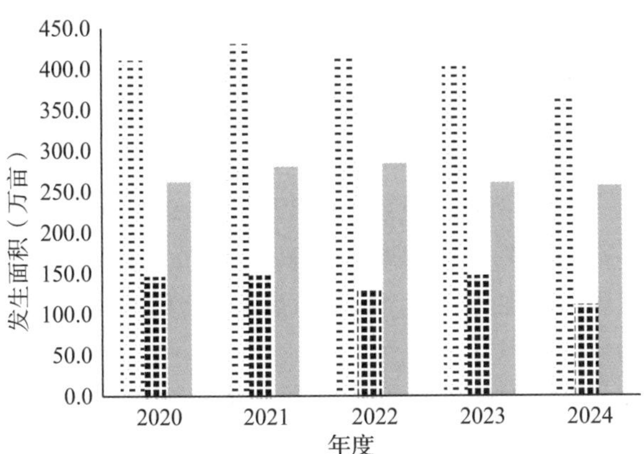

图14-1　2020—2024年福建省林业有害生物发生面积

(一)发生特点

一是林业有害生物种类多，涉及范围广。2024年全省林业有害生物发生种类有28种，危害松科、柳杉、杉木、毛竹、桉树、油茶、板栗等植物。二是危害侧重明显，以松杉类病虫害为主。福建省松杉类病虫害发生面积达322.0万亩，占全省林业有害生物发生面积的87.6%。三是松材线虫病疫情防控攻坚取得成效，但发生及危害程度仍居全省林业有害生物首位。虽然疫情发生面积有所下降，但局部仍存在扩散态势，新增7个新发疫点乡镇。四是松墨天牛危害面积大且较2023年有所上升。危害面积达146.6万亩，占虫害面积的57.1%，以轻度发生为主。五是其他常发性林业有害生物得到有效控制。除松材线虫病外其他常发性林业有害生物发生较为平稳，大多呈轻度发生，没有造成大面积灾害。

(二)主要林业有害生物发生情况分述

1. 松材线虫病

根据2024年秋季普查统计，福建省松材线虫病疫情发生87.2万亩，同比去年秋普下降12.8%(图14-2)，乡镇疫点数量下降16个，病死松树数量下降8.4万株，连续4年实现疫情发生面积、乡镇疫点数量、病死松树数量“三下降”。

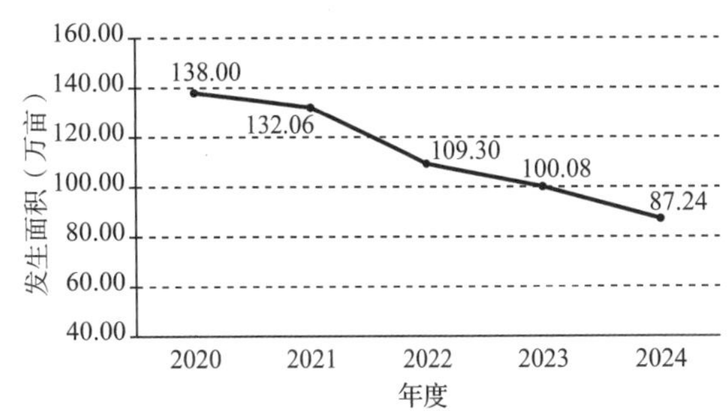

图14-2　2020—2024年福建省松材线虫病发生面积

2. 松杉类其他病虫害

除松材线虫病外，松杉类其他病虫害发生主要有松墨天牛、萧氏松茎象等蛀干害虫，松突圆蚧、马尾松毛虫、柳杉毛虫、脊纹异丽金龟等叶部害虫，此外，松针褐斑病、黑翅土白蚁等病虫害等也有零星发生。松杉类病虫害是福建省发生

面积最大、分布最广的一类，除松墨天牛、松突圆蚧、马尾松毛虫发生面积较大，其他均呈局部零星发生，危害不大。

松墨天牛　全省普遍发生，共计 146.6 万亩，同比上升 7.8%(图 14-3)，局部区域已成连片发生，以轻度发生为主。主要分布在宁德市、南平市、福州市、三明市和泉州市。

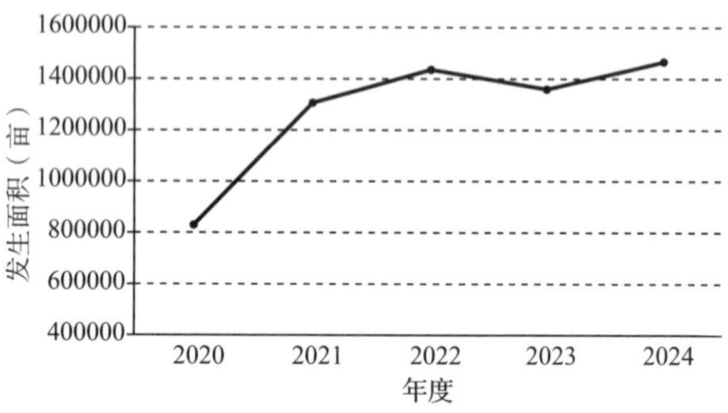

图 14-3　2020—2024 年福建省松墨天牛发生面积

萧氏松茎象　局部地区发生，危害程度低，均为轻度发生，未成灾。发生 7.4 万亩，同比下降 1.2%，近 3 年发生较为平稳(图 14-4)，主要分布在三明市。

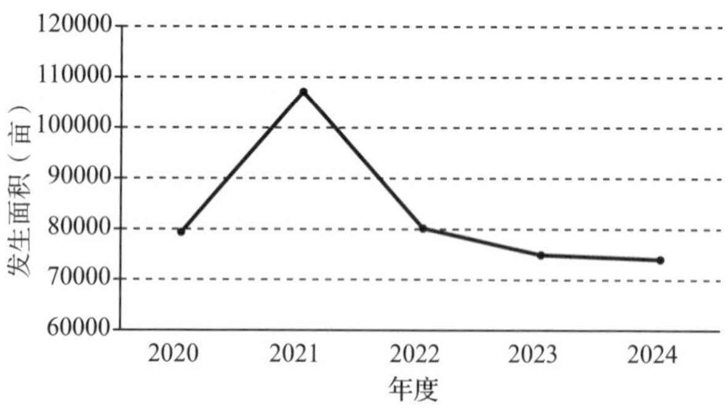

图 14-4　2020—2024 年福建省萧氏松茎象发生面积

松突圆蚧　在福建省沿海局部发生，发生面积连续 4 年下降，均为轻度发生，未成灾。发生 31.4 万亩，同比下降 10.0%(图 14-5)，主要分布在泉州市、厦门市、莆田市和漳州市。

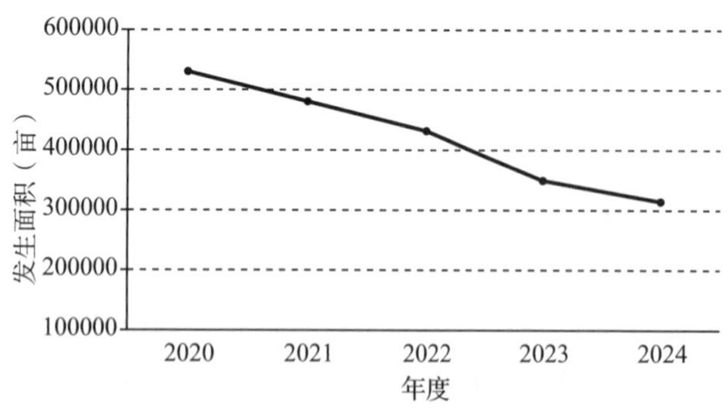

图 14-5　2020—2024 年福建省松突圆蚧发生面积

马尾松毛虫　福建省发生较为普遍，面积逐年下降，危害较轻。发生 26.8 万亩，同比下降 26.3%(图 14-6)。受冬季低温和雨雪天气影响，越冬代松毛虫存活率较低，马尾松毛虫整体发生及危害程度呈下降趋势，主要分布在南平市。

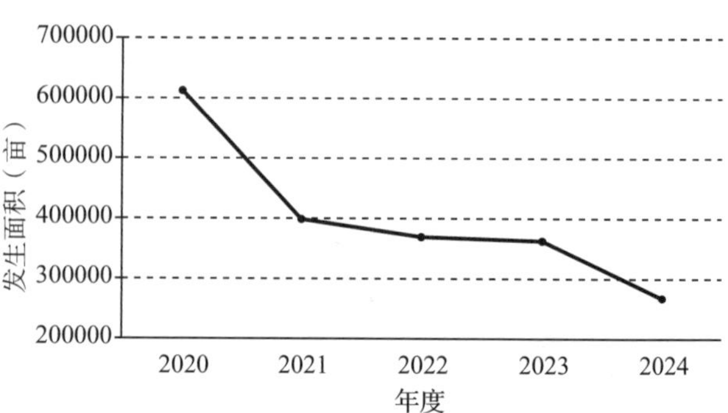

图 14-6　2020—2024 年福建省马尾松毛虫发生面积

柳杉毛虫　局部发生，危害轻。发生 2.4 万亩，同比下降 8.7%，主要分布在宁德市。

3. 竹林病虫害

竹林病虫害发生 32.5 万亩，总体发生逐年下降，基本为轻度发生。其中，福建省常见的竹类病虫害有毛竹枯梢病、刚竹毒蛾、黄脊竹蝗、竹镂舟蛾、毛竹叶螨等，主要分布在南平市、三明市和龙岩市。

毛竹枯梢病　局部发生，危害轻。发生 1.4 万亩，同比下降 17.2%，主要分布在宁德市。

刚竹毒蛾　危害轻。发生 18.5 万亩，同比下降 1.4%，主要分布在南平市和三明市。各发生区采用白僵菌、阿维菌素等进行防治，成效明显。

黄脊竹蝗　局部发生，危害轻。发生 8.8 万亩，同比上升 1.3%，主要分布在龙岩市、南平市和三明市。各发生区采用药剂诱杀等方法进行防治，成效明显。

竹镂舟蛾　局部发生，危害轻。发生 1.5 万亩，基本与去年持平，主要分布在三明市。

毛竹叶螨　局部发生，危害轻。发生 1.2 万亩，同比上升 6.8%，分布于三明市和南平市。

4. 桉树病虫害

主要是桉树尺蛾，危害轻，发生 6.1 万亩，基本与去年持平，主要分布于漳州市。桉树枝瘿姬小蜂发生面积较小，为 0.25 万亩，主要分布于泉州市和三明市。

5. 木麻黄病虫害

主要是木麻黄毒蛾，危害轻，发生 1.8 万亩，同比下降24.5%，主要分布在平潭综合实验区和莆田市。

6. 经济林病虫害

主要有板栗疫病、油茶根腐病、星天牛和油茶宽盾蝽，其中板栗疫病发生3.5万亩，同比下降3.3%，主要分布于南平市；油茶根腐病、星天牛和油茶宽盾蝽，发生面积较小，呈现零星分布。

（三）重点区域主要林业有害生物发生情况

武夷山国家公园区域内林业有害生物以松材线虫病、马尾松毛虫和松墨天牛为主，其他林业有害生物种群数量仍处在经济阈值以下，危害较小。武夷山国家公园2024年林业有害生物发生面积和发生程度较去年同期呈下降趋势，发生特点仍呈点多、面广之势，分布在武夷山国家公园原景区和过渡区。2024年林业有害生物发生14.1万亩，其中，松材线虫病发生6.2万亩，较2023年秋季普查下降0.8万亩；松墨天牛发生7.2万亩，马尾松毛虫发生0.7万亩。目前国家公园内松材线虫病疫情防控形势严峻，马尾松在原景区分布广，纯林比例高，松材线虫病对国家公园生态环境造成巨大威胁。

（四）成因分析

一是异常气候、极端灾害性天气频发，导致林业有害生物易发生。2024年，福建省遭受台风“格美”“谭美”“康妮”影响，风雨影响极端性强，林地受灾范围较大，林木受损严重、树势衰弱，加重相关林业有害生物发生成灾程度。

二是松材线虫病疫情防控工作难度大。随着五年攻坚不断深入，疫情防控取得一定成效，但还存在一些地方政府防控资金压力大，造成疫情除治和死亡松树清理等工作难开展，影响了防控时效性，导致疫情扩散蔓延；随着经济的快速发展，各地基础设施建设工程较多，苗木跨区域调运频繁，为松材线虫病的传播蔓延提供了机会；福建省九成陆地为山地丘陵地带，地势险峻，导致死亡松树清理工作成本高、难度大。

三是福建省森林覆盖率高且松林面积占比大、树种单一，生态稳定性差。松树、杉木是福建省用材林当家树种、荒山造林绿化先锋树种、水土流失治理功勋树种，松林面积达3515万亩且有大面积人工松树、杉木纯林，树种组成较单一，森林生态系统稳定性和抗逆性差，森林自身抵御自然林业有害生物能力弱，为林业有害生物发生与传播蔓延创造了有利条件。

四是现有针对蛀干害虫的监测与防治技术偏弱造成蛀干害虫频发。蛀干害虫的发生隐蔽性较强，早期监测和防治均在一定程度上存在技术难点和瓶颈，易延误防治时机，且现有的防治技术效果不显著，新防治技术尚未推广应用。

二、2025年林业有害生物发生趋势预测

（一）2025年总体发生趋势预测

根据2024年全省主要林业有害生物发生与防治情况，以及国家级林业有害生物中心测报点、林业有害生物普查提供的调查数据，结合林业有害生物发生规律、越冬代调查结果及气象资料，运用病虫测报软件的数学模型进行分析，预计2025年全省林业有害生物发生面积约355万亩，较2024年有所下降，其中病害约90万亩，虫害约265万亩（表14-1）。

表14-1　2025年主要林业有害生物预测情况表

主要有害生物种类	预测2025年发生面积（万亩）	主要发生地	预测发生趋势
有害生物合计	355		下降
病害合计	89.7		下降
松材线虫病	84.0	全省	下降
毛竹枯梢病	1.5	宁德市	持平
松针褐斑病	0.7	龙岩市、宁德市	上升

（续）

主要有害生物种类	预测2025年发生面积（万亩）	主要发生地	预测发生趋势
板栗疫病	3.5	南平市	持平
虫害合计	265		上升
松突圆蚧	30	泉州市、漳州市、莆田市、厦门市	持平
松墨天牛	147	全省	持平
萧氏松茎象	7.4	三明市	持平
桉树尺蛾	6.2	漳州市、泉州市、莆田市、福州市	持平
马尾松毛虫	36	南平市、龙岩市、宁德市、三明市	上升
刚竹毒蛾	18	南平市、三明市	持平
毛竹叶螨	1.2	三明市、南平市	持平
黄脊竹蝗	9.5	龙岩市、南平市、三明市	上升
黑翅土白蚁	1.1	厦门市、三明市、漳州市	持平
脊纹异丽金龟	1.6	宁德市	上升
木麻黄毒蛾	1.8	平潭综合实验区、莆田市	持平
柳杉毛虫	2.5	宁德市	持平
竹镂舟蛾	1.5	三明市	持平
其他虫害	1.2		持平

（二）分种类发生趋势预测

1. 松材线虫病

通过压实疫情防控责任，发挥林长制考核作用，夯实疫情防控措施，松材线虫病总体发生趋势持续下降，防控呈现良好势头，但仍需加强防控监测，预防局部区域扩散，预计2025年秋季普查疫情发生84.0万亩左右。

2. 松墨天牛

经过多年综合防治，松墨天牛整体发生较为平稳，福州市、宁德市等局部地区有一定成灾可能性，预计2025年发生147万亩，主要发生在宁德市、南平市、福州市、三明市和泉州市。

3. 萧氏松茎象

发生较平稳，成灾可能性小，预计2025年发生7.4万亩，主要发生在三明市。

4. 马尾松毛虫

经过多年施放白僵菌、森得保等进行预防，全省马尾松毛虫发生较平稳，但受松毛虫周期性暴发规律影响，预计南平市局部地区会有暴发成灾的可能，预计2025年发生36万亩，可能有所上升，主要发生在南平市、龙岩市、宁德市和三明市。

5. 柳杉毛虫

发生较平稳，预计2025年发生2.5万亩，主要发生在宁德市。

6. 松突圆蚧

发生较平稳，成灾可能性小，预计2025年发生30万亩，主要发生在泉州市、漳州市、莆田市和厦门市。

7. 毛竹枯梢病

总体呈平稳趋势，但可能存在局部地区高温、高湿等极端天气诱发灾害的情况，预计2025年发生1.5万亩，主要分布在宁德市。

8. 刚竹毒蛾

经过主要虫源地多年施放白僵菌、森得保等进行预防，全省发生较平稳，且虫口密度一直处于较低水平，成灾可能性小，预计2025年发生18万亩，主要发生在南平市和三明市。

9. 黄脊竹蝗

预计发生面积上升，成灾可能性较小，预计2025年发生9.5万亩，主要发生在龙岩市、南平市和三明市。

10. 毛竹叶螨

发生较平稳，成灾可能性较小，预计2025年发生1.2万亩，主要发生在三明市和南平市。

11. 竹镂舟蛾

发生较平稳，成灾可能性较小，预计2025年发生1.5万亩，主要发生在三明市。

12. 桉树尺蛾

发生较平稳，成灾可能性较小，预计2025年发生6.2万亩，主要发生在漳州市。

13. 板栗疫病

发生较平稳，成灾可能性小，预计2025年发生3.5万亩，主要发生在南平市。

14. 其他林业有害生物

预计2025年木麻黄毒蛾发生1.8万亩，主要发生在平潭综合实验区和莆田市；松针褐斑病、油茶根腐病、竹织叶野螟、竹笋禾夜蛾、竹广肩小蜂、桉树枝瘿姬小蜂、栗瘿蜂、油茶宽盾蝽、黑翅土白蚁、长足弯颈象、竹节虫等其他有害生物发生面积较小，成灾可能性不大。

(三)2025年重要防控风险点

一是注重异常气候变化。由于福建地处我国东南沿海，常有台风、洪涝等自然灾害，易造成林木折毁继而易引起病虫害发生。二是松林占比高，疫情防控形势依旧严峻。福建省目前松林面积3516万亩，而疫情面积仅有87.24万亩，意味着还有97.5%的健康松林面临着松材线虫病的巨大威胁，疫情防控形势依然严峻。三是注重重点区域防控工作。武夷山国家公园是福建省重点防控区域，原景区、缓冲区等是松材线虫病主要发生区域，近年来疫情发生面积虽持续下降，但疫情面积仍相对较大，与国家公园毗邻的武夷山市、建阳区、邵武市和光泽县均为松材线虫病疫区，周边区域疫情对国家公园呈包围之势，疫情防控压力大。

三、对策建议

一是加强林业有害生物监测，提升灾害预警能力。统筹基层专职测报员、林业站工作人员、护林员和社会化服务组织力量，充分发挥全省39个国家级中心测报点监测预报作用，织牢监测预警网络，做到早发现、早预警、早防治；全面应用林草生态网络管理感知系统松材线虫病精细化监管平台，推广应用无人机开展死亡松树监测；加强全省森防技术人员、测报员、护林员监测技术培训，提高基层森防人员业务水平，重点提升对外来物种入侵、重大林业有害生物成灾事件的监测预警能力。

二是扎实推动松材线虫病疫情防控，决胜“十四五”攻坚行动。以林长制为抓手，进一步压实地方政府松材线虫病疫情防控主体责任，落实部门责任，形成地方政府主导、属地管理、部门协作、社会合作的工作格局；紧盯2025年攻坚目标，按照“控制增量，消减存量”的总体要求，重点拔除轻型疫区以及孤立疫点、新发疫点，逐步压缩疫情面积，实现“十四五”预期目标。

三是精准提升森林质量，提高森林生态系统稳定性。根据林分状况、病虫害分布和当地人力、物力、财力，科学系统规划，统筹抚育间伐、国土绿化示范、闽西北山地丘陵生物多样性保护等项目，重点对松材线虫病疫情小班及毗邻松林、自然保护地及其周边、孤立疫点和拟拔除疫区开展森林质量精准提升工程，优化树种结构，提高森林生态系统稳定性，增强对病虫害的抵御能力。

（主要起草人：陈伟　黄婷；主审：孙红）

15 江西省林业有害生物2024年发生情况和2025年趋势预测

江西省林业有害生物防治检疫中心

【摘要】2024年全省主要林业有害生物发生面积共计542.24万亩，同比下降16.6%，发生面积连续4年呈下降趋势。其中病害279.4万亩、虫害262.83万亩，发生面积排前十的分别是松材线虫病、松褐天牛、萧氏松茎象、油茶软腐病、竹镂舟蛾、油茶炭疽病、马尾松毛虫、黄脊竹蝗、杉木炭疽病、油茶煤污病。主要发生特点：危险性病虫害松材线虫病疫情得到控制，但防控任务依然艰巨；以松褐天牛、马尾松毛虫、萧氏松茎象等为主的松树病虫害发生面积下降；竹子、油茶等经济林病虫害种类增多，局部危害加重；突发性病虫害种类多。基于森林健康状况、防治成效、气候条件、生物学特性以及各地上报情况等因素分析，预测2025年林业有害生物发生面积约为520万亩，其中，病害270万亩，虫害250万亩。预计2025年病虫害发生总体呈下降趋势；其中，松材线虫病、松褐天牛、萧氏松茎象等呈下降趋势；竹子病虫害、马尾松毛虫、油茶病虫害呈上升趋势；杉木病虫害持平。针对林业有害生物发生特点及趋势，建议从推进松材线虫病五年攻坚行动、加强病虫监测和测报点管理、开展病虫害防治、做好检疫执法和宣传、加大科技攻关力度和项目资金管理等五方面开展工作。

一、2024年林业有害生物发生情况

根据各地监测调查数据显示，截至2024年11月底，全省主要林业有害生物发生542.24万亩，同比下降16.6%。其中，病害279.4万亩，同比下降12.87%；虫害262.83万亩，同比下降20.23%。按发生程度统计，轻度319.18万亩、中度71.89万亩、重度151.17万亩，成灾面积246.56万亩，成灾率15.31‰。无公害防治532.07万亩次，无公害防治率99.04%。

（一）发生特点

主要林业有害生物发生面积连续四年呈下降趋势。主要表现：危险性病虫害松材线虫病疫情得到控制，但防控任务依然艰巨；以松褐天牛、马尾松毛虫、萧氏松茎象等为主的松树病虫害发生面积下降；竹子、油茶等经济林病虫害种类增多，局部危害加重；突发性病虫害种类多（图15-1）。

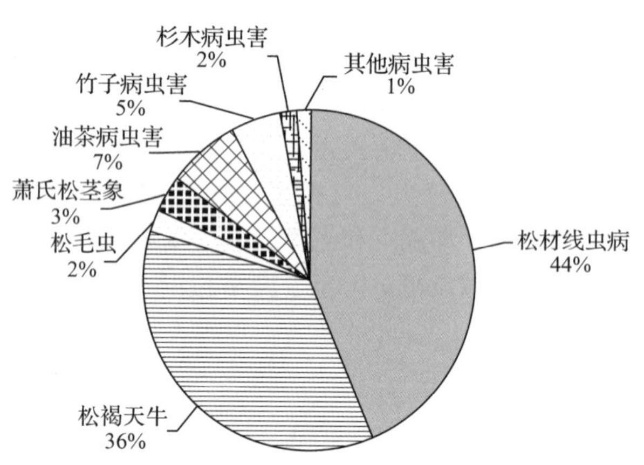

图15-1 江西省主要林业有害生物发生情况占比

（二）主要林业有害生物发生情况分述

1. 松树病虫害

松材线虫病　疫情得到控制，但防控任务依然艰巨。根据2024年松材线虫病专项普查结果显示，松材线虫病发生239.95万亩、病死树162.82万株，疫点乡镇578个、疫情小班16373个，与去年同期相比分别减少50.86万亩、86.68万株、57个、3944个，分别下降17.49%、34.74%、8.98%、19.41%，连续3年实现疫情

发生面积、病死树、疫点乡镇和疫情小班“四下降”。与2020年五年攻坚行动基数相比，县级疫区、乡镇疫点、疫情小班、发生面积和病死树数量实现“五下降”，共拔除疫区7个、疫点153个，发生面积、发生小班、病死树降幅分别为46%、53%、66%。防控成效持续向好，但是因疫情基数大、分布点多面广、疫木清理难度大，攻坚任务仍十分艰巨。

松褐天牛　整体发生下降、局部严重。发生195.28万亩(图15-2)，同比下降23.84%。随着疫木清理的开展，加上飞防、生物防治等措施的采用，综合防治效果显现，虫口密度逐步下降，发生面积也在减少。在全省均有分布，发生面积排前五的设区市依次是赣州市、九江市、吉安市、抚州市和南昌市；共有49个县(市、区)发生面积超过万亩，其中发生面积超过5万亩的有南城县、庐山市、万安县、泰和县、兴国县、于都县、南康区、庐山管理局、遂川县、武宁县、新建区、乐安县等12个县(市、区)。

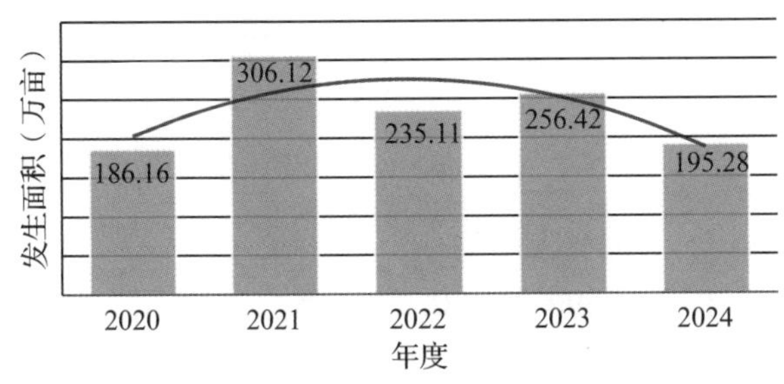

图15-2　近五年松褐天牛发生面积

马尾松毛虫　持续下降。发生10.36万亩(图15-3)，同比下降69.32%。全省越冬代发生3.13万亩，同比下降40%，41个县(市、区)报告有发生，其中发生面积超过千亩的有永丰县、吉水县、修水县等12个县(市、区)。据全省13个国家级马尾松毛虫中心测报点监测显示，与常年相比，马尾松毛虫普通出蛰时间延后2~8天，有虫株率和虫口密度均较常年偏低；全省第一代发生3.39万亩，在57个县(市、区)有发生，其中发生面积超过千亩的有修水县、浮梁县、枫树山林场、莲花县、渝水区、贵溪市、定南县、宁都县、兴国县、大余县等23个县(市、区)；全省第二代发生3.84万亩，同比下降23.74%。在35个县(市、区)有发生，其中发生面积超过千亩的有东乡区、奉新县、临川区、弋阳县、浮梁县等14个县(市、区)。

思茅松毛虫　发生下降明显。发生2.13万亩(图15-3)，同比下降73.57%。在部分地区与马尾松毛虫混合发生，主要分布在吉安市、萍乡市、上饶市、景德镇市和抚州市，有19个县(市、区)报告有发生，其中发生面积超过千亩的有莲花县、德兴市、青原区、峡江县、崇仁县、安福县、浮梁县等7个县(市、区)。

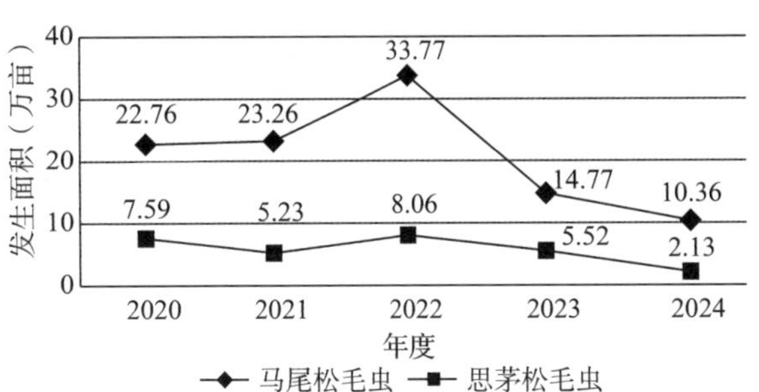

图15-3　近五年马尾松毛虫和思茅松毛虫发生面积

萧氏松茎象　发生程度轻，下降幅度大。发生14.83万亩(图15-4)，同比下降40.15%，其中轻度发生占91.16%。虫情主要分布在赣州市、吉安市、宜春市、景德镇市等。共有9个设区市的31个县(市、区)报告有发生，发生面积超过万亩的有石城县、永丰县、吉安县、宁都县、靖安县、修水县等6个县(市、区)。

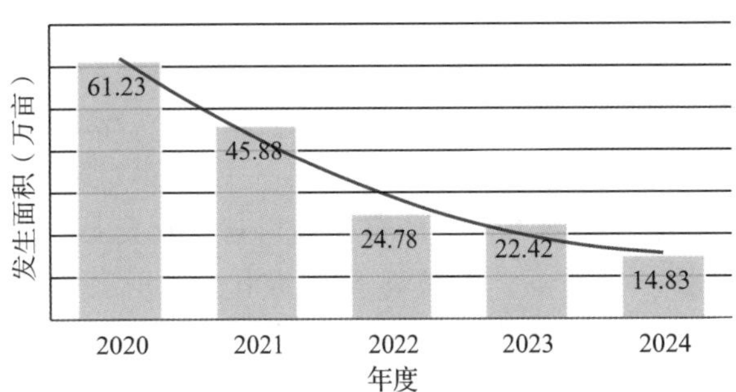

图15-4　近五年萧氏松茎象发生面积

松针褐斑病　发生1.29万亩，主要分布在崇仁县、东乡县和黎川县等地。

马尾松赤枯病　发生0.44万亩，分布在枫树山林场和弋阳县。

松梢螟　发生0.3万亩，主要分布在临川区、余干县和修水县等地。

松突圆蚧　发生0.29万亩，在赣州市的全南县、龙南市发生。

2. 油茶病虫害

病害上升明显。发生36.15万亩(图15-5)，同比上升50.19%。其中，油茶软腐病12.51万亩，同比上升102.26%，42个县(市、区)报告有发生，发生面积超过千亩的有丰城市、宜丰县、万载县、渝水区、崇仁县、临川区、樟树市等18个县(市、区)；油茶炭疽病10.8万亩，同比上升13.33%，56个县(市、区)报告有发生，发生面积超过千亩的有崇仁县、浮梁县等22个县(市、区)；油茶煤污病4.5万亩，同比下降6.25%，28个县(市、区)报告有发生，发生面积超过千亩的有宜丰县、临川区、袁州区等12个县(市、区)；黑跗眼天牛3.49万亩，分布在永丰县、余干县、于都县、遂川县、寻乌县等8个县(市、区)；油茶织蛾3.66万亩，分布在丰城市、广丰区、广信区、德兴市等7个县(市、区)；油茶象0.61万亩；茶黄毒蛾0.55万亩。

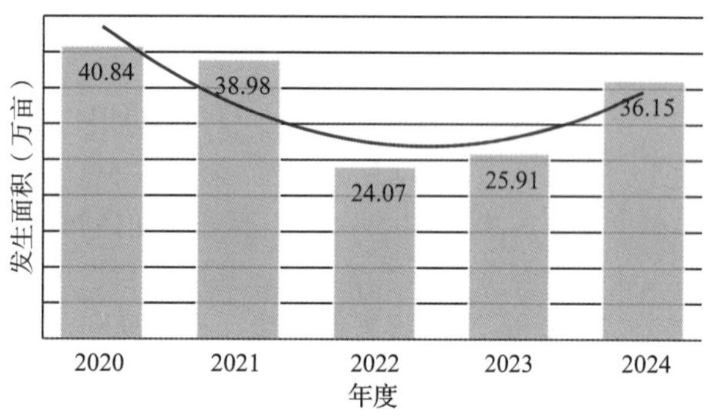

图15-5 近五年油茶病虫害发生面积

3. 竹子病虫害

突发种类多，危害面积大。发生25.62万亩(图15-6)，同比上升116.38%。主要有竹镂舟蛾(突发)11.42万亩，分布在遂川县、万安县、宜黄县、分宜县、南城县等，其中，遂川县发生4.22万亩，有虫株率30%；万安县发生3.56万亩；宜黄县成灾1万亩；黄脊竹蝗9.24万亩，同比上升5.06%，在湘东区和奉新县发生面积超过万亩；一字竹象1.17万亩；华竹毒蛾0.89万

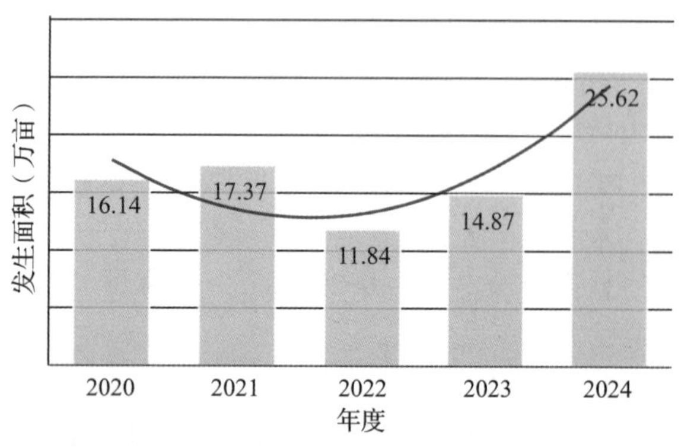

图15-6 近五年竹子病虫害发生面积

亩；毛竹枯梢病0.84万亩，竹织叶野螟(突发)0.6万亩，分布在分宜县、崇仁县、玉山县；竹裂爪螨(突发)0.6万亩，分布在奉新县、遂川县、崇仁县、资溪县；刚竹毒蛾0.49万亩，在芦溪县、武功山管委会有中度危害面积。竹后刺长蝽(突发)0.3万亩，分布在奉新县、遂川县。

4. 杉木病虫害

发生10.95万亩(图15-7)，同比上升10%。主要种类有杉木炭疽病4.84万亩、黑翅土白蚁4.03万亩、杉木细菌性叶枯病1.67万亩、杉梢小卷蛾0.3万亩、杉木缩顶病(突发)0.1万亩(分布在南城县)，主要分布在赣州、萍乡、九江、上饶、景德镇等设区市。

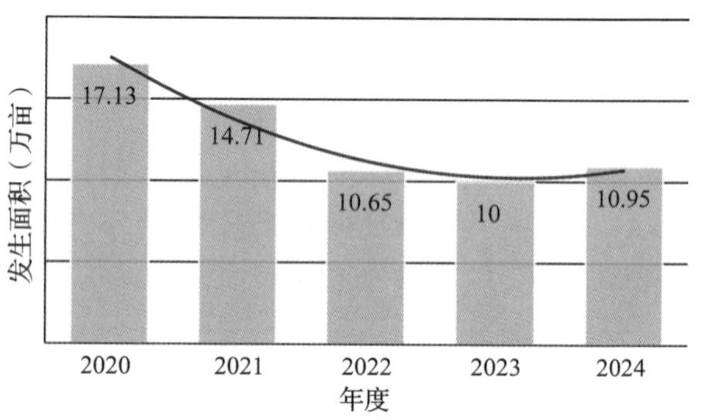

图15-7 近五年杉木病虫害发生面积

5. 其他有害生物

杨树病虫害发生0.97万亩，同比下降46%；银杏大蚕蛾发生0.25万亩，分布在庐山、武功山、芦溪县、德兴市等；枫毒蛾发生0.05万亩，分布在莲花县、奉新县；楠木枯枝病(突发)发生0.03万亩，分布在定南县，感病株率20%；银杏超小卷蛾(突发) 发生0.01万亩，在九江市永修县云居山的千年古银杏和周边百余株银杏树上发生，宜春市铜鼓县近千年古银杏树也有发生。

(三)重点区域主要林业有害生物发生情况

根据生态功能、地理位置、重要影响和松材线虫病“五年”攻坚行动防控目标，江西省共有庐山、龙虎山、梅岭、井冈山、三清山和武夷山国家公园(江西片区)等6个重点区域，其中庐山、龙虎山、梅岭、井冈山核心景区无松材线虫病疫情，三清山和武夷山国家公园(江西片区)全区无疫情。

6个重点区域其他病虫害发生情况如下：庐山松发生墨天牛63200亩，思茅松毛虫50亩，

舞毒蛾 10 亩；三清山零星分布中华松针蚧；武夷山国家公园(江西片区)发生松墨天牛 20 亩。

(四)成因分析

1. 立体监测网络和综合防控措施减少了有害生物的发生

一是加强常发性病虫害的监测调查。实时开展松墨天牛羽化期、马尾松毛虫越冬代、松材线虫病秋季普查、油茶病虫害的专项监测调查工作；组织吉安、都昌、德兴、南城、浮梁等县开展松褐天牛羽化期监测，为各地开展防治提供依据；针对油茶、毛竹等经济林树种面积的增加，加大了相关有害生物的监测频次等。二是构建立体监测网络。全省多地通过地面人工巡查、无人机监测、舆情监测等多种措施及时发现病虫情，全省组织对有拔除任务的松材线虫病疫点乡镇和重点区域开展无人机核查，邀请省内外专家对突发性有害生物进行联合会诊。全省上下应用多种监测技术手段构建立体监测网络，及时发现病虫危害，提出防治建议，减少扩散蔓延。三是防治成效显著。2023 年全省防治面积共计 535.38 万亩，有效控制了病虫蔓延态势。上饶市三清山、玉山、德兴，鹰潭市龙虎山，宜春市高安、丰城，赣州市石城、瑞金、宁都等 9 个县(市、区)开展松褐天牛飞防，防治作业超过 50 万亩次；松毛虫常发区使用白僵菌开展越冬代防治，全省越冬代防治面积共计 4.69 万亩，未出现大面积成灾现象；奉新、湘东、芦溪等黄脊竹蝗发生地和万安、遂川等竹镂舟蛾发生地均组织开展了防治。

2. 林分结构和经营模式的变化影响有害生物的发生

随着松材线虫病疫情防控五年攻坚行动的开展和针阔混交林比例的增加，各地结合实际对部分松林进行更新改造，马尾松林面积逐步减少，阔叶树比例增加，生物多样性得到提高，因此以松树为寄主的松褐天牛、萧氏松茎象、松毛虫等病虫害发生面积呈下降趋势。林业产业是江西林业的一面旗帜，在推动林业产业高质量发展的过程中，“江西山茶油”“赣竹”等品牌影响力正在不断扩大，寄主树种面积也在不断增加，油茶新造林由原来 20 万亩/年提高到 130 万亩/年，竹林面积到 2025 年要稳定在 1600 万亩，“十四五”期间毛竹低效林改造面积要达到 100 万亩，寄主树种面积的增加必然会导致病虫发生面积和种类的增加，特别是毛竹低效林改造对竹林生境和林下植被的改变，地被物和杂灌减少、生物多样性低，导致近年来多地突发竹镂舟蛾、竹织叶野螟等害虫。

3. 气象因素影响有害生物的发生

2024 年全年气候属正常年份，高温日数较常年均值高，但极值不高，对林业有害生物整体影响较小，仅在部分时段造成影响。1~2 月，全省降水明显偏多，出现了 3 次寒潮雨雪冰冻天气，低温寒潮天气导致松毛虫越冬死亡率增加，不利于其恢复取食，造成出蛰时间较往年普遍推迟；4 月暴雨和强对流天气频繁，全省平均降水较常年同期偏多 9.4 成，暴雨频发不利于松毛虫生长发育；6 中下旬到 7 月上旬出现超长降水集中期，全省平均降水量仅次于 1998 年，雨水过多有利于病菌的传播，导致油茶病害加重；7 月、8 月上旬及 9 月上中旬大范围的持续高温天气，强度较强，影响范围广，导致 7 月中下旬、8 月中旬、9 月上中旬、10 月上中旬部分地区出现气象干旱，以 9、10 月为重，对林木生长造成影响，易引起松褐天牛、小蠹虫、白蚁等次生性害虫的发生。

二、2025 年林业有害生物发生趋势预测

(一)总体趋势预测

预测 2025 年全省主要林业有害生物发生面积约为 520 万亩，其中，病害 270 万亩，虫害 250 万亩。病虫害发生总体呈下降趋势，松材线虫病、松褐天牛、萧氏松茎象等呈下降趋势，竹子病虫害、马尾松毛虫、油茶病虫害呈上升趋势，杉木病虫害持平。

预测依据：①根据全省近年来林业有害生物发生和防治情况、主要林业有害生物越冬前基数和发生发展规律、各市预测情况、36 个国家级中心测报点监测数据以及经济林种植面积和管理水平等。②据国家气候中心监测，中东太平洋冷海温未来将继续缓慢发展，有可能形成一次弱“拉

尼娜”事件，春季也将逐渐转为中性状态。受弱“拉尼娜”等异常气候背景影响，预计今年冬季江西省降水偏少 0~2 成；气温较同期偏高 0~1℃，季内气温起伏较大，存在阶段性强降温和极端性低温雨雪冰冻天气发生的风险。预计 2025 年春季(3~5 月)全省平均降水较常年偏少 0~2 成；气温偏高 0~1℃。

(二)分种类发生趋势预测

1. 松树病虫害

松材线虫病　预测 2025 年全省松材线虫病疫情呈下降趋势，发生面积约 210 万亩。

预测依据：全省已连续三年实现了“四下降”，明年将继续以五年攻坚任务为目标，做好监测和除治工作。①持续压实疫情防控责任，完善市县综合考核。②坚持系统防治。疫木清理和综合防治同步进行，分类施策，强化督促指导和评价工作。③坚持重点保护，提升重点区域防治成效，将持续推动庐山市国家级重点区域松材线虫病综合防治试点建设。④坚持严格执法，不断加强疫情闭环管理。

松褐天牛　预测呈下降趋势，发生约 180 万亩。在南昌市新建区、湾里管理局，抚州市南城县、宜黄县，九江市庐山管理局、永修县、濂溪区，宜春市靖安县，赣州市定南县、南康区、全南县，吉安市吉安县、安福县、万安县，鹰潭市余江区可能偏重发生。

预测依据：①死树有下降的趋势。据 2024 年松材线虫病专项调查结果显示，全省其他原因死亡的松树共计 215.6787 万株，同比下降 35.31%，随着五年攻坚行动的逐步开展，林间病(枯)死树得到了及时的清理，死树呈下降趋势，林间衰弱木的减少不利于松褐天牛种群的扩大。②综合防治力度加大。江西省坚持以清理疫木为核心，媒介昆虫防治、打孔注药等为辅助措施的综合防治策略，2024 年全省完成飞防作业 87.06 万亩次；完成打孔注药 443.49 万支，保护松树 208.10 万株；释放天敌花绒寄甲 861.20 万头，防控面积达 48.09 万亩，三种防治措施数据同比均有增加，明年将继续加大综合防治措施的运用。③发生危害规律。虽然江西省在治理松褐天牛方面采取了多种措施，但因其发生基数较大、生活隐蔽而难防难治，加上赣中、赣南都有二代发生，且赣南部分二代比例达到 30%以上，因此下降幅度不大。

萧氏松茎象　预测呈下降趋势，发生约 12 万亩。在赣州市石城县、宁都县，吉安市永丰县、吉安县，九江市修水县，宜春市靖安县等地可能偏重发生。

预测依据：①林下生境得到改善。割脂、采脂等活动的增加，湿地松基部的杂灌杂草得到有效清理，改善了通风透光条件，不利于害虫的生长，导致萧氏松茎象的虫口基数和种群密度有所下降。②寄主面积的减少。随着深化集体林权制度改革的推进，全省试点放开松材线虫病疫区集体林内成(过)熟湿地松林木的采伐，湿地松林面积预计将减少，寄主树种面积的减少将直接导致萧氏松茎象发生面积的减少。

松毛虫　预测马尾松毛虫呈上升趋势，发生约 13 万亩。整体以轻度发生为主，局部可能偏重发生。在抚州市东乡区，上饶市弋阳县，宜春市奉新县，九江市修水县，赣州市宁都县、定南县、兴国县，吉安市吉水县、安福县等地可能存在扩散风险。预测思茅松毛虫呈上升趋势，发生约 5 万亩。

预测依据：①气象因素的影响。10~11 月全省平均气温略偏高，降水略偏少。根据省气候中心的预测，今冬明春(2024 年 12 月至 2025 年 2 月)平均气温偏高，平均降水偏少，其中赣北、赣中偏少 1~2 成，温度高、降水少，有利于马尾松毛虫的越冬和提前出蛰。②发生周期及防治成效。九江市在 2022 年暴发后，处于虫情消退期，发生危害较轻；赣州、抚州、吉安等市处于马尾松毛虫的增殖期，预计整体以轻度发生为主，若越冬恢复取食期未及时开展有效防治，预计虫情将扩散蔓延，局部可能成灾。③寄主面积的减少。随着松材线虫病疫情防控五年攻坚行动的开展和针阔混交林比例的增加，各地结合实际开展生态修复，对部分松林进行更新改造等，马尾松林面积逐步减少，阔叶树比例增加。综合分析，松毛虫发生上升幅度不大。

2. 油茶病虫害

预测呈上升趋势，发生约 45 万亩。

预测依据：①寄主面积快速增加。随着油茶产业高质量发展三年行动计划的稳步推进，全省油茶产业快速发展，2023—2025 年国家下达江西省新增油茶种植任务超过400万亩，油茶种植面积逐年增加，将导致病虫害的发生。②单一种植模式。虽然行动计划要求各地在油茶种植上要多种搭配，要“戴帽穿靴”，但在实际生产中，林农和林企为便于操作，大多是采取全垦、单一品种的纯林种植模式，导致油茶林内生物多样性差，抗病虫能力弱。③防治成效。油茶是重要的经济林树种，经济效益好，企业、大户和林农关注度高，一般会主动开展病虫害预防，基本能做到有虫不成灾。只有在成灾且多次防治无效、病虫情扩散后，才会求助林检部门，所以江西省油茶病虫害多是连片发生面积。

3. 竹子病虫害

预测呈上升趋势，发生约30万亩。

预测依据：①林下生境的影响。江西省2024年竹子病虫害呈暴发态势，突发性病虫害种类多、危害重，主要与林下生境改变有关。毛竹低效林改造对促进毛竹生长、林农增收起到了积极的作用，但改造采取的普遍垦复和林农的过度砍伐，导致林下生境改变，浅根性杂草消失，破坏了捕食性天敌栖息地和越冬越夏场所及过渡寄主，生物多样性下降，竹林自控能力减弱，导致以舟蛾为主的食叶害虫和以叶螨、后刺长蝽为主的刺吸性害虫突发。②防治成效。在赣西北黄脊竹蝗发生地开展了防治，采取了烟剂熏杀或无人机药物防治，在一定程度上降低了虫口基数；万安、遂川、铜鼓、宜黄等地对竹镂舟蛾进行了防治，但因防治时虫龄大、白僵菌起效慢和防治时机选择等问题，预计林间仍有一定的虫口，明年上述地区仍有可能发生；奉新、遂川等地发生的竹叶螨、竹后刺长蝽因防治困难，虫情可能会加重。

4. 杉木病虫害

预测持平，发生约10万亩。

预测依据：①气象因素的影响。2024年下半年高温天气多，加上去冬的冰雪天气，容易引起杉木树势衰弱，林间死树未得到及时全面清理，将导致以小蠹为主的次生害虫发生。预计萍乡市湘东区、莲花县和上饶市广信区、九江市修水县等偏重发生。②种植管护模式。杉木林因为长期缺乏管理、抚育，林农和林企为追求短期经济效益而高密度种植，个别地方种植密度高达200~300株/亩，导致林木生长势普遍较弱，水分养分竞争更趋激烈，林间环境较差，杉木炭疽病、叶枯病、白蚁等病虫害更易发；如果不进行营林管理，突发性病害杉木缩顶病将在南城继续危害。

（三）2025年重点防控风险点

1. 经济林病虫危害将加重，突发种类多

油茶病害连续3年呈上升趋势，且增幅较大，特别是在宜春、赣州等市危害较重，随着油茶新种植面积的扩大，吉安、抚州等地也呈危害加重的趋势；以竹镂舟蛾、竹织叶野螟等为主的毛竹食叶害虫在抚州、吉安等地毛竹主产区暴发后，因竹舟蛾等食叶害虫世代多、食量大，预计2025年还将继续危害；以毛竹介壳虫、竹叶螨和竹后刺长蝽等为主的刺吸性害虫在吉安、宜春、赣州等地发生后，因害虫生活隐蔽、防治困难，预计2025年林间虫口密度将上升，持续危害，局部可能成灾；杉木林如管护不到位，突发性病害将加剧。

2. 马尾松毛虫处于增殖期

赣州、抚州、吉安等地处于马尾松毛虫的增殖期，虽然预测整体以轻度发生为主，但是根据害虫的生活习性，受灾后的马尾松林成为衰弱林分，将成为松褐天牛的适生地，会造成松材线虫病疫情的加重和扩散，特别是已经拔除疫点、疫区的地方，要密切关注马尾松毛虫恢复取食期的发生和危害情况。

3. 重点区域有疫情传入风险

江西省的6个重点区域，除三清山和武夷山国家公园（江西片区）区域无疫情外，其他4个重点区域只是核心区无疫情，周边疫情随时有传入的风险。庐山核心景区的松墨天牛发生面积较大；武夷山国家公园（江西片区）虽然无疫情，但是武夷山国家公园已发现疫情，疫情离武夷山（江西片区）最近约1km，在福建省南平市武夷山市；防控形势较为严峻。当前松材线虫病防控以疫木清理为核心，采取将枯死松树伐除后进行焚烧或粉碎的除害处理方式，除治手段单一、要求高、成本高、投入大，制约了防控成效。

三、对策和建议

1. 持续推进松材线虫病疫情防控五年攻坚行动

一是下达松材线虫病年度防控任务，严格年

度防控成效评价和林长制考核，压实各级地方政府和林长防控责任。争取按照“五年任务，四年完成，一年巩固”的目标，确保五年攻坚行动任务圆满完成。二是扎实做好今冬明春疫木除治工作。持续加强联系指导，把脉各地科学制定年度除治实施方案，落实分区管理、分类施策，强化科学系统治理，确保按时按质完成今冬明春疫木清理任务。三是全力打好重点生态区域保卫战、攻坚战。继续加大庐山、井冈山、龙虎山、三清山、梅岭和武夷山国家公园(江西片区)等重点生态区域的景观松林、名松古松保护力度，科学落实飞防等综合治理措施，加快推进庐山国家级重点区域松材线虫病综合防治试点市建设，确保完成五年攻坚行动目标任务。四是全力做好集体林权制度改革试点。按照《江西省深化集体林权制度改革先行区建设方案》要求，根据出台的《关于进一步加强松材线虫病疫木管理工作的通知》，在管理机制、运行方式和监管模式等方面先行先试，强化采伐、加工、利用、调运、销售等各环节的全链条监管。五是加快疫情监管数智化进程。持续推广应用松材线虫病疫情防控精细化监管平台，及时上报疫情数据，做到疫情防控落地上图，实现疫情精细化、可视化管理。

2. 强化病虫监测和测报点管理

一是重点抓松毛虫等常发性虫情监测与核查。加强林业有害生物日常监测，密切关注防控风险点的区域和种类。在3～10月病虫高发期，对各地上报发生中度以上或预测偏重发生的县(市、区)进行实地调查(核查)，确保林业有害生物发生数据真实可靠。二是加强数据审核。对各地上报数据进行汇总和分析，根据病虫害发生规律和历年数据，对可疑的数据进行调度核实，提高数据的准确性和真实性。三是强化对国家级中心测报点的管理。督促和指导各中心测报点按国家要求对主测对象开监测调查，不定期对各中心测报点信息直报质量、数量进行通报，确保江西省中心测报点高质量完成信息上报等工作。四是测报点优化调整，为契合新形势下林业有害生物监测预报的需求，科学优化调整测报点布局，拟对部分国家级和省级测报点、主测对象进行合理调整，确保林业有害生物测报工作圆满完成。五是省市县组织开展多层次业务培训，加快无人机监测、灯光和信息素监测调查技术的应用，进一步提升基层测报能力。

3. 扎实高效开展病虫害防控工作

一是抓好常发、突发病虫防治工作。根据病虫害的种类、发生规律有序开展防治管理指导，重点抓好松毛虫越冬代恢复取食期防治。加强对美国白蛾的监测，重点围绕国省道、苗木集散地、引种区等区域悬挂诱捕器开展监测。二是完善社会化防治行业管理体系。逐步建立社会化防治组织信用体系及退出机制。继续开展年度社会化防治组织等级认定及“红黑榜”公布工作。指导森防协会开展行业自律，加强对社会化防治组织培训力度。三是深化防治技术推广。筹划油茶、毛竹病虫害防治技术宣教片拍摄工作。强化油茶、毛竹、森林药材等经济林病虫害防治技术指导和培训，为产业高质量发展助力。

4. 深入推进检疫执法和宣传工作

一是推进依法行政工作，开展好“双随机、一公开”行政检查工作，强化森林植物临时检疫检查站管理，推动检疫检查站标准化、规范化，切实发挥其检疫关卡前置作用，严防疫木流失。二是创新宣传与培训。充分运用各类新闻媒体，加强宣传，营造群防群治良好氛围。大力提升防治队伍技术水平，办精办实各类培训班。持续推动《江西省松材线虫病防治办法》(新修订)普法系列宣传工作，做好宣传总结、通报等工作。

5. 持续加大科技攻关力度和项目资金管理

继续做好科技创新项目管理和有关课题的跟踪问效、结题验收等相关工作，推广防治新型技术，进一步强化科技支撑保障。加大项目资金使用情况跟踪问效，持续推进全省在建能力提升项目建设的跟踪监管，做好2026年中央和省级林业有害生物防治补助资金的入库申报、资金分配、任务下达、绩效评价。

（主要起草人：吴宗仁　管铁军　李红征　占明　谢菲　吕希希；主审：孙红）

16 山东省林业有害生物2024年发生情况和2025年趋势预测

山东省森林病虫害防治检疫站

【摘要】2024年全省林业有害生物发生591万亩(轻度585.66万亩,中度3.63万亩,重度1.70万亩),同比下降11%。其中,病害发生76万亩,虫害发生514.99万亩。总体来看,2024年大多数林业有害生物呈轻度发生,重大林业有害生物发生面积有所下降,但形势仍然严峻:美国白蛾发生面积有所下降,在局部地区危害严重;松材线虫病疫情发生面积及死亡松树数量有所下降,在青岛、烟台、威海、日照等市局部地区危害仍然严重。根据全省森林状况及2024年主要林业有害生物发生防治情况,结合气象部门预测资料,分析主要林业有害生物发生规律,综合各市意见,预测2025年全省林业有害生物发生面积在610万亩左右,呈略有上升趋势。全省松材线虫病疫情发生面积和死亡松树数量双下降的概率较大,有出现新疫情的可能。美国白蛾越冬基数有所下降,第二代、第三代有反弹的可能。日本松干蚧在济南、淄博、潍坊、泰安、临沂等市局部地区危害严重。悬铃木方翅网蝽主要在城市道路两侧危害严重。杨小舟蛾在济南、青岛、潍坊、日照、临沂、聊城等市局部地区中重度发生可能性较大。其他常发性林业有害生物发生相对平稳。各地要持续加强监测预报工作,加大科技创新力度,提高科学防控能力,严防林业有害生物成灾。

一、2024年林业有害生物发生情况

根据森防报表数据,2024年全省主要林业有害生物发生面积591万亩(轻度发生585.66万亩,中度发生3.63万亩,重度发生1.70万亩),同比下降11%。其中病害发生76万亩,同比下降43.9%;虫害发生514.99万亩,同比下降2.57%(图16-1)。全省共投入防治资金3.13亿元,防治作业3342.71万亩次,飞机防治面积2373.39万亩。

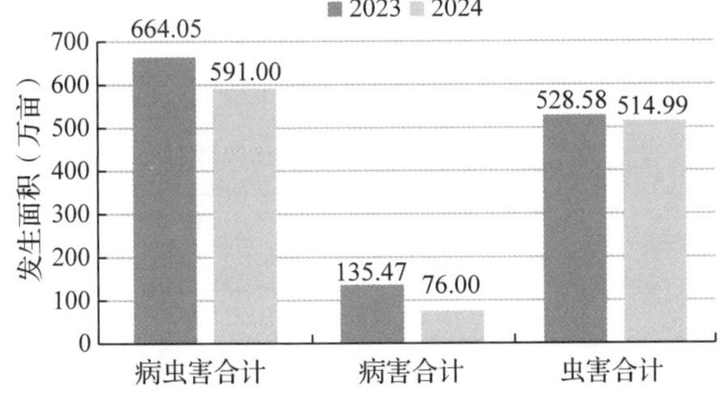

图16-1 近两年林业有害生物发生情况

(一)发生特点

受各方面因素影响,2024年全省林业有害生物发生总体偏轻,监测的36种重要林业有害生物中,杨树黑斑病、日本草履蚧、松墨天牛、双条杉天牛、木橑尺蠖等5种发生面积同比上升,5种发生面积同比持平(其中4种零发生),其他26种发生面积同比下降(表16-1、表16-2)。主要发生特点:一是外来林业有害生物发生面积有所下降,但仍处于高位,形势严峻。松材线虫病在青岛、烟台、威海、日照等市局部地区危害仍然严重,虽然疫情发生面积及死亡松树数量略有下降,但形势依然严峻;美国白蛾在济南、青岛、潍坊、临沂等市局部区域发生中重度危害;日本松干蚧在鲁中及鲁东地区的危害相对较重;长林小蠹在青岛、烟台、威海发生危害。二是食叶害虫局部区域发生较重,杨小舟蛾在济南、潍坊、临沂、德州等市局部地区呈中度发生,济南市局部区域呈重度发生。其他常发性林业有害生物发生相对平稳。

表 16-1　各市 2023—2024 年林业有害生物发生面积

区划名称	2023 年发生面积(万亩)	2024 年发生面积(万亩)	同比情况
山东省	664.05	591.00	下降
济南市	80.28	79.81	下降
青岛市	61.88	57.64	下降
淄博市	22.88	20.15	下降
枣庄市	21.55	17.81	下降
东营市	10.41	8.69	下降
烟台市	44.62	37.57	下降
潍坊市	20.78	20.66	下降
济宁市	38.89	33.95	下降
泰安市	30.81	26.44	下降
威海市	85.68	66.38	下降
日照市	18.83	20.20	上升
临沂市	56.26	43.35	下降
德州市	15.74	11.52	下降
聊城市	28.45	25.17	下降
滨州市	74.5	70.90	下降
菏泽市	52.49	50.78	下降

表 16-2　山东省 2023—2024 年主要林业有害生物发生面积

病虫名称	2023 年发生面积(万亩)	2024 年发生面积(万亩)	同比情况
有害生物合计	664.05	591.00	下降
病害合计	135.47	76.00	下降
松烂皮病	6.23	5.91	下降
杨树黑斑病	23.79	24.51	上升
杨树溃疡病	36.17	29.42	下降
板栗疫病	1.1	1.00	下降
泡桐丛枝病	0.39	0.36	下降
松材线虫病	92.45	87.44	下降
虫害合计	528.58	514.99	下降
日本龟蜡蚧	0.26	0.20	下降
日本草履蚧	2.93	3.25	上升
日本松干蚧	21.32	13.93	下降
悬铃木方翅网蝽	15.65	15.03	下降
光肩星天牛	10.64	10.11	下降
桑天牛	3.09	2.96	下降
锈色粒肩天牛	0.00	0.00	持平
松墨天牛	74.06	95.45	上升
双条杉天牛	5.33	6.02	上升
长林小蠹	1.65	1.48	下降
大袋蛾	0.00	0.00	持平
杨白纹潜蛾	3.41	3.09	下降
白杨准透翅蛾	0.05	0.05	持平
芳香木蠹蛾东方亚种	0.00	0.00	持平
微红梢斑螟	2	1.80	下降
春尺蠖	17.67	15.67	下降
黄连木尺蛾	0	0.06	上升
国槐尺蛾	1.21	0.99	下降
赤松毛虫	2.03	0.24	下降

（续）

病虫名称	2023 年发生面积（万亩）	2024 年发生面积（万亩）	同比情况
柏松毛虫	0.00	0.00	持平
杨扇舟蛾	16.8	14.88	下降
杨小舟蛾	75.72	69.17	下降
美国白蛾	298.3	273.43	下降
舞毒蛾	0.57	0.55	下降
侧柏毒蛾	1.98	1.73	下降
杨毒蛾	2.69	2.30	下降
枣叶瘿蚊	1.11	1.02	下降
松阿扁叶蜂	7.19	6.17	下降
杨扁角叶蜂	0.52	0.20	下降
朱砂叶螨	3.67	3.63	下降

（二）主要林业有害生物发生情况分述

1. 美国白蛾

全省发生 273.43 万亩，同比下降 8.33%（图 16-2）。16 市均有发生，在潍坊、日照、菏泽等 3 市发生面积同比上升；济南、青岛、淄博、枣庄、东营、烟台、济宁、泰安、威海、临沂、德州、聊城、滨州等 13 个市发生面积同比下降（图 16-3）。济南、青岛、潍坊、临沂等 4 市局部地区中、重度发生。商河县、惠民县、博兴县等 3 个县发生 10 万亩以上，长清区、章丘区、莱芜区、济阳县、黄岛区、平度市、高青县、费县、滨城区、沾化区、阳信县、无棣县、牡丹区、东明县等 14 个县（市、区）发生面积在 5 万～10 万亩。全省投入 1.56 亿元，防治作业 2410.13 万亩次，飞机防治面积 2107.01 万亩，取得较好的防治效果，没有出现大面积成灾现象。

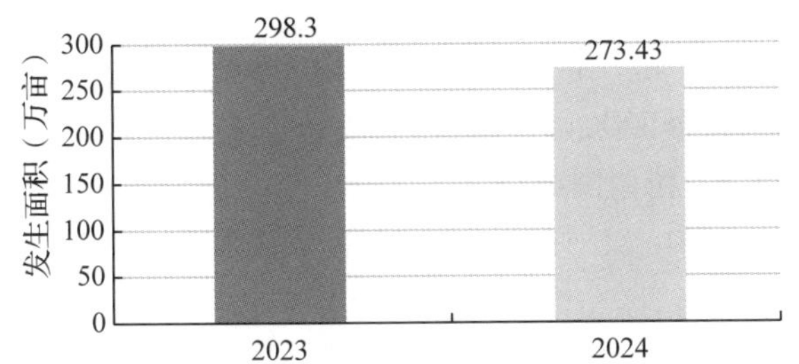

图 16-2　全省近两年美国白蛾发生面积

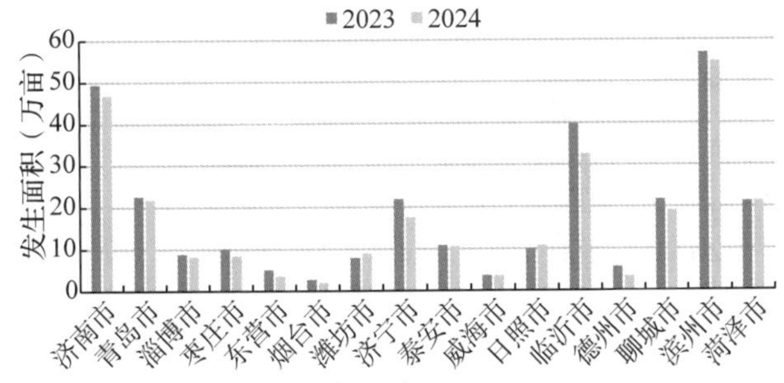

图 16-3　各市近两年美国白蛾发生面积

2. 松材线虫病

全省发生 87.44 万亩，同比下降 5.42%（图 16-4）；死亡松树 46.53 万株，同比下降 13.45%。2024 年秋季普查在青岛、烟台、威海、日照等 4 个市的 14404 个小班发现松材线虫病疫情，疫情小班数量同比下降 13.47%；全省实现无疫情小班 21614 个。青岛市疫情面积 3.99 万亩，同比下降 13.98%，死亡松树 1.27 万株，同比下降 54.86%；烟台市疫情面积 22.60 万亩，同比下降 6.57%，死亡松树 17.35 万株，同比下降 19.72%；威海市疫情面积 59.92 万亩，同比下降 4.02%，死亡松树 27.56 万株，同比下降 4.30%；日照市疫情面积 0.93 万亩，同比下降 21.89%，死亡松树 0.35 万株，同比下降 34.75%（图 16-5、图 16-6）。

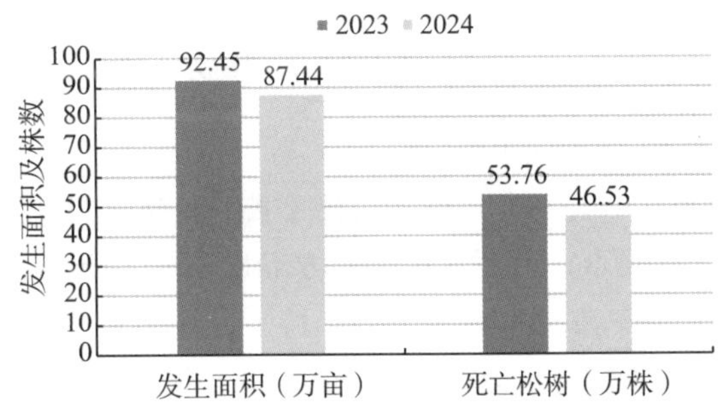

图 16-4　全省近两年松材线虫病发生情况

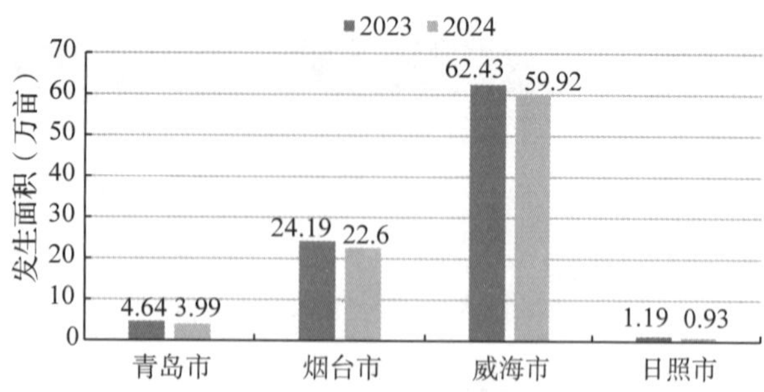

图 16-5　相关市近两年松材线虫病疫情发生面积

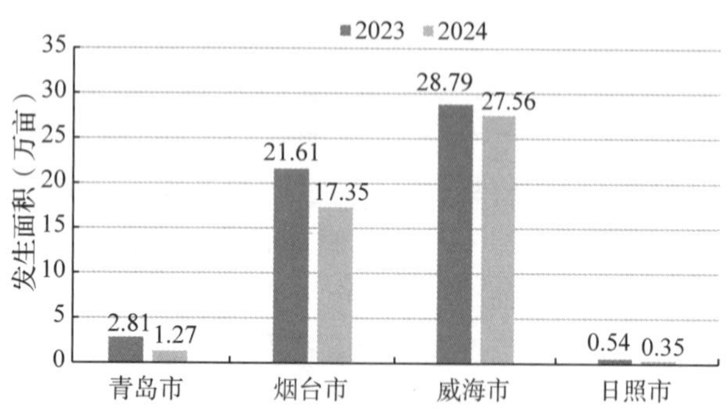

图 16-6　相关市近两年松材线虫病死亡松树数量

3. 悬铃木方翅网蝽

发生 15.03 万亩，同比下降 4.02%（图 16-7）。广饶县、临朐县、寿光市、任城区、泰山区、牡丹区、鄄城县等 7 个县（市、区）发生面积在 0.5 万亩以上，济南、潍坊、临沂等市局部地区呈中度发生。全省投入 455.88 万元，防治作业面积 36.88 万亩次。

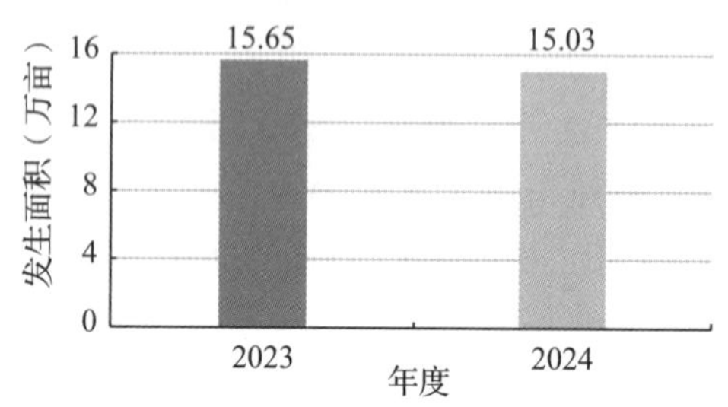

图 16-7　近两年悬铃木方翅网蝽发生情况

4. 日本松干蚧

发生 13.93 万亩，同比下降 34.66%（图 16-8、表 16-3）。淄博市、潍坊市发生面积同比上升，济宁市发生面积与去年持平，济南市、烟台市、泰安市、日照市、临沂市等 5 市发生面积同比下降。莱芜区、沂源县、牟平区、临朐县、徂徕山林场、五莲县、蒙阴县等 7 个县（市、区、林场）发生面积在 0.5 万亩以上。全省投入 781.80 万元，防治作业 12.92 万亩次。

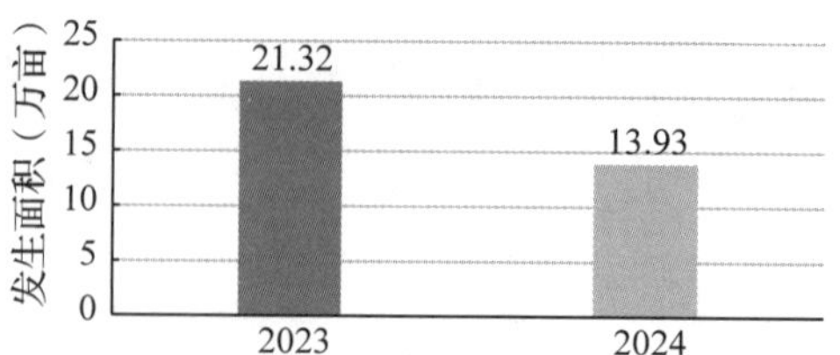

图 16-8　近两年日本松干蚧发生情况

表 16-3　各市 2023—2024 年日本松干蚧发生情况

区划名称	2023 年发生面积（万亩）	2024 年发生面积（万亩）	同比情况
山东省	21.32	13.93	下降
济南市	8.33	5.21	下降
淄博市	1.48	1.54	上升
烟台市	3.31	2.77	下降
潍坊市	1.03	1.03	上升
济宁市	0.00	0.00	持平
泰安市	1.70	1.40	下降
日照市	0.74	0.73	下降
临沂市	4.72	1.25	下降

5. 杨树溃疡病

发生 29.42 万亩，同比下降 18.67%（图 16-9）。长清区、商河县、黄岛区、沾化区、惠民县、博兴县、曹县、东明县等 8 个县（市、区）发生面积在 1 万亩以上。潍坊、济宁等市局部地区中度发生。全省投入 571.40 万元，防治作业 45.38 万亩次。

6. 杨树黑斑病

发生 24.51 万亩，同比上升 3.05%（图 16-9）。长清区、商河县、惠民县、曹县、单县、东明县等 6 个县（区）发生面积在 1 万亩以上。全省投入 372.37 万元，防治作业 33.60 万亩次。

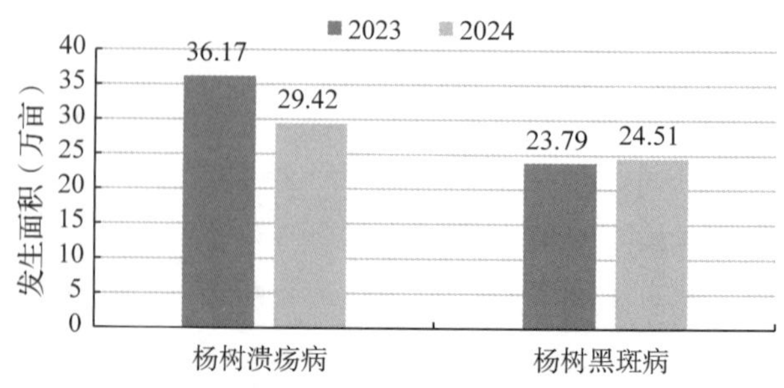

图 16-9　近两年杨树病害发生情况

7. 杨扇舟蛾

发生14.88万亩，同比下降11.45%(图16-10)。黄岛区、平度市、莱西市、高青县、滕州市、博兴县等6个县(市、区)发生面积在1万亩以上。滨州市局部地区中度发生。全省投入382.16万元，防治作业56.53万亩次。

8. 杨小舟蛾

发生69.17万亩，同比下降8.65%(图16-10)。长清区、章丘区、济南高新区、平阴县、济阳县、商河县、济南先行区、黄岛区、胶州市、平度市、莱西市、高青县、滕州市、诸城市、高密市、邹城市、东平县、兰山区、乐陵市、邹平市、牡丹区、曹县、单县等23个县(市、区)发生面积在1万亩以上。济南、潍坊、临沂、德州等市局部中度发生，济南市局部地区重度发生。全省投入1767.07万元，防治作业254.34万亩次。

9. 春尺蠖

发生15.67万亩，同比下降11.32%(图16-10)。淄博高青县、菏泽市单县等2个县发生面积在1万亩以上。大部分区域呈轻度发生，济南市局部地区中度发生。全省投入312.93万元，防治作业35.96万亩次。

10. 杨毒蛾

发生2.30万亩，同比下降14.59%(图16-10)。招远市、莱西市发生面积在0.5万亩以上。全省投入53.34万元，防治作业3.12万亩次。

11. 杨白潜蛾

发生3.09万亩，同比下降9.38%(图16-10)。主要发生在菏泽市，均为轻度发生。投入38.41万元，防治作业2.99万亩次。

12. 杨扇角叶蜂

发生0.2万亩，同比下降61.69%(图16-10)。在淄博市局部地区轻度发生。全省投入2.08万元，防治作业0.21万亩次。

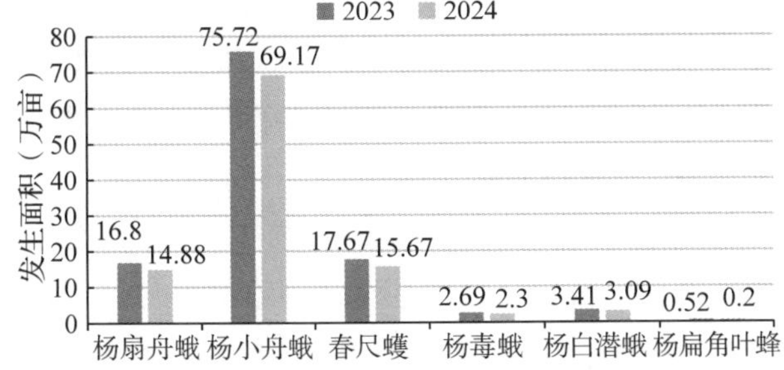

图16-10　近两年杨树食叶害虫发生情况

13. 光肩星天牛

发生10.11万亩，同比下降4.97%(图16-11)。莱西市、广饶县、新泰市、莒南县、滨城区、牡丹区、曹县等7个县(市、区)发生面积在0.5万亩以上。临沂市局部地区中度发生。全省投入323.88万元，防治作业22.74万亩次。

14. 桑天牛

发生2.96万亩，同比下降4.27%(图16-11)，均为轻度发生。牡丹区、曹县发生面积在0.5万亩以上。全省投入39.34万元，防治作业3.10万亩次。

15. 白杨透翅蛾

发生0.05万亩，同比持平(图16-11)。在东营市轻度发生。全省投入2万元，防治作业0.1万亩次。

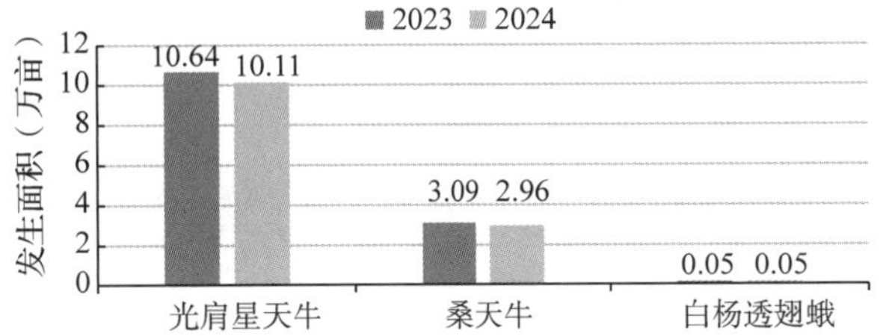

图16-11　近两年杨树蛀干害虫发生情况

16. 松烂皮病

发生5.91万亩，同比下降5.11%(图16-12)。黄岛区、崂山区、牟平区、莱州市、栖霞市等5个区(市)发生面积在0.5万亩以上，烟台市牟平区部分区域中度发生。全省投入140.27万元，防治作业7.98万亩次。

17. 赤松毛虫

发生0.24万亩，同比下降88.16%(图16-12)，主要发生在莱芜区、栖霞市、肥城市、徂徕山林场等。全省投入0.64万元，防治作业0.19万亩次。

18. 松墨天牛

发生95.45万亩，同比上升28.88%(图16-12)。崂山区、芝罘区、牟平区、莱山区、栖霞市、徂徕山林场、环翠区、文登区、荣成市、乳山市、威海市高区、临港区、东港区等13个县(市、区、林场)发生面积在1万亩以上。全省投入5652.66万元，防治作业247.49万亩次。

19. 松阿扁叶蜂

发生6.17万亩，同比下降14.20%(图16-12)。莱芜区、沂源县、鲁山林场、泰山林场、徂徕山林场等5个县(区、林场)发生面积在0.5万亩以上。泰安市局部地区中、重度发生。全省投入74.93万元，防治作业5.98万亩次。

20. 松梢螟

发生1.80万亩，同比下降9.98%(图16-12)。全省投入98.03万元，防治作业2.30万亩次。主要在青岛、淄博、日照等3市局部地区轻度发生。

21. 长林小蠹

发生1.48万亩，同比下降10.50%(图16-12)。全省投入8.81万元，防治作业0.59万亩次。主要在青岛、烟台、威海等3市局部地区轻度发生。

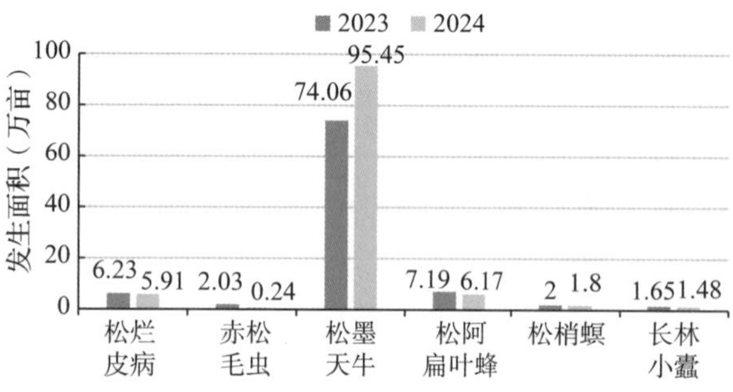

图16-12　近两年松树有害生物发生情况

22. 双条杉天牛

发生6.02万亩，同比上升12.90%(图16-13)。平阴县、滕州市、泰山林场等3个县(市、林场)发生面积在0.5万亩以上，枣庄市局部地区中度发生。全省投入296.79万元，防治作业14.05万亩次。

23. 侧柏毒蛾

发生1.73万亩，同比下降12.43%(图16-13)。济南、枣庄、泰安、临沂等4市局部地区轻度发生，滕州市发生面积在0.5万亩以上。全省投入28.16万元，防治作业2.66万亩次。

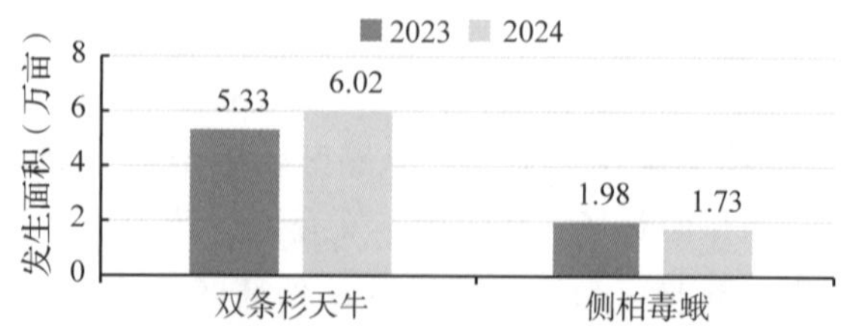

图16-13　近两年侧柏有害生物发生情况

24. 板栗疫病

发生1万亩，同比下降9.34%(图16-14)。枣庄、日照、临沂等市局部地区轻度发生，枣庄市局部地区中度发生。全省投入21.14万元，防治作业1.32万亩次。

25. 日本龟蜡蚧

发生0.20万亩，同比下降23.42%(图16-14)。在枣庄、滨州等市轻度发生。全省投入4.54万元，防治作业0.30万亩次。

26. 枣叶瘿蚊

发生1.02万亩，同比下降7.87%(图16-14)。在东营、滨州等2市局部地区轻度发生，滨州市局部地区中度发生。全省投入40.66万元，防治作业1.10万亩次。

27. 朱砂叶螨

发生3.63万亩，同比下降0.98%(图16-14)。在日照、临沂、滨州等市局部地区轻度发生，在滨州市局部地区中度发生。全省投入93.58万元，防治作业4.15万亩次。

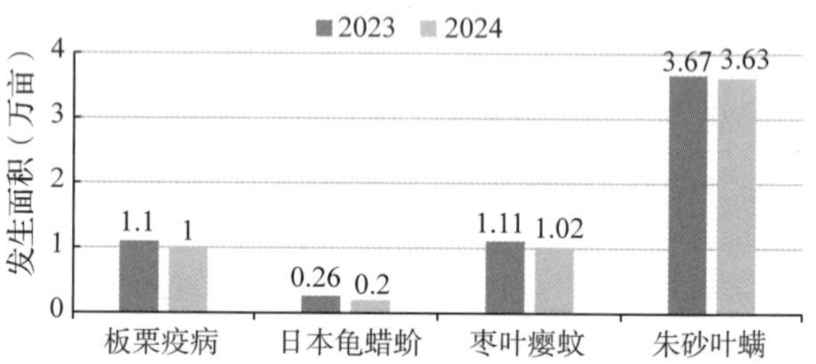

图16-14　近两年经济林有害生物发生情况

28. 泡桐丛枝病

发生0.36万亩，同比下降6.98%，在菏泽市局部地区轻、中度发生。全省投入6.77万元，防治作业0.38万亩次。

29. 槐尺蛾

发生0.99万亩，同比下降18.17%，在潍坊、淄博、济宁、聊城、滨州等市局部地区轻度发生。全省投入50.37万元，防治作业2.48万亩次。

30. 舞毒蛾

发生0.52万亩，同比下降3.15%，在济南、东营、潍坊、泰安、德州等市局部地区轻度发生。全省投入7.2万元，防治作业6.69万亩次。

31. 日本草履蚧

发生3.25万亩，同比上升10.77%，在济南、淄博、济宁、滨州、菏泽等市局部地区轻度发生，在济宁市局部地区中度发生。全省投入45.71万元，防治作业3.42万亩次。

(三)发生原因分析

1. 气候对林业有害生物的发生和防治的影响

2024年全省林业有害生物发生面积有所下降，危害程度总体下降，未造成重大林业有害生物灾害。但是，由于今年6月出现极端高温干旱天气等原因，树木抵御病虫害能力变弱，部分区域松材线虫病、松墨天牛等松树有害生物防控压力较大，部分区域松树出现枝条干枯甚至整株死亡现象。4~5月降水偏少且气温较低，导致部分区域美国白蛾孵化率较低，低龄幼虫死亡率增加。7~8月气温较高，降雨增多有利于美国白蛾、杨小舟蛾发育繁殖，加上降雨对防治效果造成一定程度影响，导致局部地区危害相对比较严重。

2. 属地管理加强，各部门责任有所落实

林业有害生物灾害防控需要多方协调，开展联防联控，涉及的行业部门较多。近年来全省对林业有害生物防治工作重视程度提高，各地充分认识到了防控工作的复杂性和严峻性，各级领导亲自部署督导，相邻市、县开展联防联治，加强虫情监测和防控工作沟通交流。紧盯防控工作中的薄弱环节和突出问题，严格压实各部门职责。

3. 防治药剂及防治技术有待提升

近几年飞机防治效果明显，但飞防使用最多的灭幼脲等仿生制剂对虾蟹、桑蚕、蜜蜂、蚂蚱等有杀伤，特殊养殖区和居民区防治受限，留下漏洞和死角，成为向外扩散的虫源地，导致虫情反复。对于松材线虫病、蛀干害虫、刺吸性害虫，目前缺少经济高效的防治技术，防治效果不理想。

二、2025年主要林业有害生物发生趋势预测

(一)2025年总体发生趋势预测

全面分析2024年全省发生及防治情况，结合森林状况、气象因素、主要林业有害生物历年发生规律，综合各市意见，预测2025年林业有害生物呈中度偏重发生态势，发生面积在610万亩左右。总体发生特点：外来林业有害生物发生面积继续压缩，局部危害严重，常发性有害生物发生平稳。全省松材线虫病疫情发生面积和死亡松树数量实现双下降的概率较大，有出现新疫情的可能。青岛、烟台、威海、日照4市局部地区松材线虫病疫情发生形势仍然严峻，有可能反弹，并形成新扩散。美国白蛾发生面积呈下降趋势，越冬基数有所下降，第二代、第三代有反弹的可能。日本松干蚧在济南、淄博、潍坊、泰安、临沂等市局部地区危害严重。悬铃木方翅网蝽主要在城市道路两侧危害严重。杨小舟蛾在济南、青岛、潍坊、日照、临沂、聊城等市局部地区中重度发生可能性较大。其他常发性林业有害生物发生相对平稳。

预测依据：

1. 综合16市预测意见，2025年发生面积呈上升趋势

7个市预测上升，9个市预测下降。36种林业有害生物中，各市预测14种上升，5种持平，17种下降(表16-4、表16-5)。

表16-4　各市预测2025年林业有害生物总计发生面积

区划名称	2024年发生面积(万亩)	预测2025年发生面积(万亩)	发生趋势
山东省	591.00	614.41	上升
济南市	79.81	100	上升
青岛市	57.64	61	上升
淄博市	20.15	19.54	下降
枣庄市	17.81	15.6	下降
东营市	8.69	10.46	上升
烟台市	37.57	37.5	下降
潍坊市	20.66	25.37	上升
济宁市	33.95	31	下降
泰安市	26.44	25.8	下降
威海市	66.38	65.1	下降
日照市	20.20	21.29	上升
临沂市	43.35	40.5	下降
德州市	11.52	15	上升
聊城市	25.17	24.7	下降
滨州市	70.90	71.99	上升
菏泽市	50.78	49.56	下降

表 16-5 各市预测 2025 年林业有害生物分种类发生情况

病虫名称	2024 年发生面积（万亩）	预测 2025 年发生面积（万亩）	发生趋势
有害生物合计	591.00	614.41	上升
病害合计	76.00	85.83	上升
松烂皮病	5.91	6.13	上升
杨树黑斑病	24.51	22.01	下降
杨树溃疡病	29.42	29.68	上升
板栗疫病	1.00	1.05	上升
泡桐丛枝病	0.36	0.35	下降
松材线虫病	87.44	83.8	下降
虫害合计	514.99	528.58	上升
日本龟蜡蚧	0.20	0.3	上升
日本草履蚧	3.25	3.11	下降
日本松干蚧	13.93	11.25	下降
悬铃木方翅网蝽	15.03	15.29	上升
光肩星天牛	10.11	8.64	下降
桑天牛	2.96	2.18	下降
锈色粒肩天牛	0.00	0	持平
松墨天牛	95.45	93.04	下降
双条杉天牛	6.02	7.61	上升
长林小蠹	1.48	0.26	下降
大袋蛾	0.00	0	持平
杨白纹潜蛾	3.09	2.38	下降
白杨准透翅蛾	0.05	0.05	持平
芳香木蠹蛾东方亚种	0.00	0.01	上升
松梢螟	1.80	1.53	下降
春尺蠖	15.67	17.29	上升
黄连木尺蛾	0.06	0.02	下降
国槐尺蛾	0.99	1.15	上升
赤松毛虫	0.24	0.05	下降
柏松毛虫	0.00	0	持平
杨扇舟蛾	14.88	15.29	上升
杨小舟蛾	69.17	75.46	上升
美国白蛾	273.43	268.01	下降
舞毒蛾	0.55	0.45	下降
侧柏毒蛾	1.73	1.32	下降
杨毒蛾	2.30	2.35	上升
枣叶瘿蚊	1.02	1.3	上升
松阿扁叶蜂	6.17	7.22	上升
杨扁角叶蜂	0.20	0.2	持平
朱砂叶螨	3.63	3.45	下降

2. 历年发生规律

从历年发生面积趋势图看，2007—2011 年处于上升期，2012—2016 年处于下降期，2017 年以来出现小幅反弹，预测 2025 年可能处于稳中有升趋势(图 16-15)。

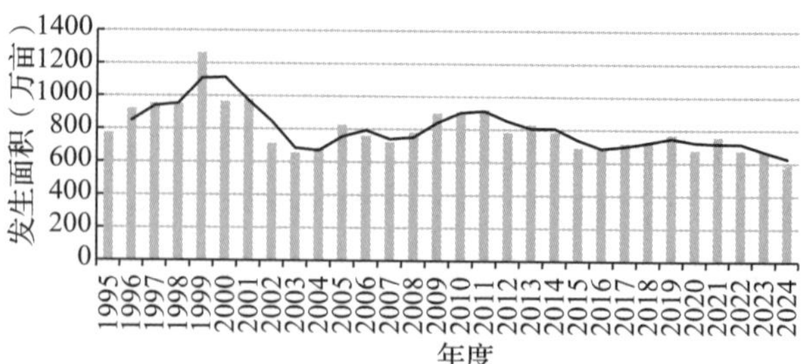

图 16-15 山东省林业有害生物历年发生情况

(二)分种类发生趋势预测

1. 美国白蛾

预测 2025 年发生面积同比略有下降，在 268 万亩左右。第二代、第三代可能会出现反弹。

预测依据：

(1)气象因素。根据气候预测，2024 年 12 月至 2025 年 2 月，全省平均气温 1.0~2.0℃，较常年(0.6℃)略偏高；预计 2025 年春季(2025 年 3~5 月)，全省平均气温 14.0~15.0℃，较常年略偏高，整体将利于美国白蛾越冬。

(2)综合 16 市预测意见，2025 年呈下降趋势。7 个市预测上升，9 个市预测下降(表 16-6)。

表 16-6 各市预测 2025 年美国白蛾发生面积

区划名称	2024 年发生面积（万亩）	预测 2025 年发生面积（万亩）	发生趋势
全省合计	273.43	268.01	下降
济南市	46.88	48	上升
青岛市	21.81	21	下降
淄博市	8.18	7.82	下降
枣庄市	8.34	6.6	下降
东营市	3.60	4.21	上升
烟台市	1.96	2.28	上升
潍坊市	8.93	10.99	上升
济宁市	17.52	17.51	下降
泰安市	10.62	10.7	上升
威海市	3.62	3.5	下降
日照市	10.70	11.73	上升
临沂市	32.62	30.82	下降
德州市	3.44	5	上升

（续）

区划名称	2024 年发生面积（万亩）	预测 2025 年发生面积（万亩）	发生趋势
聊城市	19.07	18	下降
滨州市	54.79	53.3	下降
菏泽市	21.39	16.55	下降

（3）历年发生规律。从美国白蛾历年发生趋势图看，2005—2011 年呈上升趋势，2012—2016 年发生面积下降，2017 年以来处于上升趋势，2020 年出现短暂下降后反弹，2022—2024 年处于下降趋势，预测 2025 年仍处于下降趋势（图 16-16）。

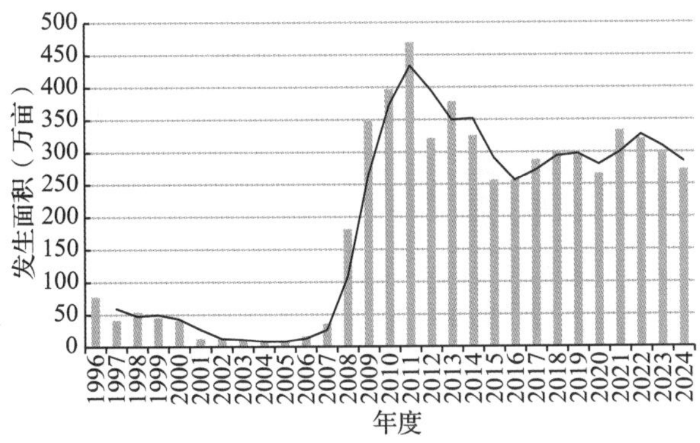

图 16-16　山东省美国白蛾历年发生情况

（4）越冬基数有所下降。全省调查 104594 株树木，有虫株数 2067 株，活虫口数 6545 头，全省平均有虫株率 1.98%，同比下降 0.20%。济南、潍坊、日照、临沂、聊城等市有虫株率在 2%以上，其他市有虫株率相对较低。

2. 松材线虫病

预测 2025 年发生 84 万亩左右，死亡松树数量在 43 万株左右，实现双下降的概率较大，但仍处于高位，发生形势非常严峻，有出现新疫情的可能。

预测依据：

（1）各级重视力度加强，防治效果明显。松材线虫病疫情防控五年攻坚行动以来，松材线虫病危害得到关注，各级重视力度加大，疫木清理质量、媒介昆虫防治都取得比较好的效果，老疫区死亡树木将会继续下降，近几年新发生区疫情将会得到较好控制。

（2）高新监测技术有效指导疫木除治工作的开展。2024 年所有疫区都对松林开展了无人机监测调查和地面灾害 App 巡查，及时上传至松材线虫病疫情防控监管平台，一是可以早发现疫情，二是能够对疫木进行精准定位，有效指导和促进疫木的清理，取得更好的防治效果。

（3）气候因素影响。若 2025 年降水充沛，树木生长旺盛，对媒介昆虫不利，会一定程度上压低虫口，降低松材线虫病的传播概率。

（4）局部地区危害仍然严重。根据 2024 年秋季普查数据来看，胶东地区的青岛、烟台、威海仍是重灾区。青岛市疫情面积 3.99 万亩，占全省的 4.57%，死亡松树 1.27 万株，占全省的 2.73%；烟台市疫情面积 22.60 万亩，占全省的 25.85%，死亡松树 17.35 万株，占全省的 37.29%；威海市疫情面积 59.92 万亩，占全省的 68.52%，死亡松树 27.56 万株，占全省的 59.22%；日照市疫情面积 0.93 万亩，同占全省的 1.06%，死亡松树 0.35 万株，占全省的 0.76%。全省仍有出现新疫情的可能。

（5）发生规律。松材线虫病仍处于高发期。（图 16-17）。

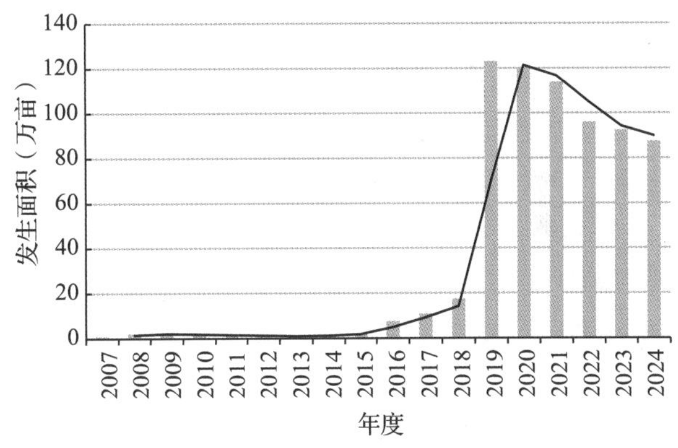

图 16-17　山东省松材线虫病历年发生情况

3. 悬铃木方翅网蝽

虽然各市普遍加大了对悬铃木方翅网蝽的监测与防治力度，危害程度得到遏制，但因为悬铃木方翅网蝽防治工作具有一定困难，仍呈逐年扩散蔓延趋势，预测 2025 年发生面积呈稳中有升趋势，同比变化不大，发生 15 万亩左右，主要在城区和交通要道发生。

预测依据：

（1）各市预测意见，2025 年发生面积呈稳中有升趋势。7 个市预测发生面积上升，5 个市预测下降，4 个预测持平（表 16-7）。

表 16-7 各市预测 2025 年悬铃木方翅网蝽发生面积

区别名称	2024 年发生面积(万亩)	预测 2025 年发生面积(万亩)	发生趋势
全省合计	15.03	15.29	上升
济南市	1.34	1.60	上升
青岛市	0.00	0.00	持平
淄博市	0.65	0.75	上升
枣庄市	0.01	0.01	持平
东营市	0.57	0.00	下降
烟台市	0.24	0.00	下降
潍坊市	2.98	3.59	上升
济宁市	3.71	3.71	持平
泰安市	0.95	1.00	上升
威海市	0.41	0.40	下降
日照市	0.09	0.07	下降
临沂市	0.06	0.19	上升
德州市	0.00	0.00	持平
聊城市	0.86	0.90	上升
滨州市	0.72	0.90	上升
菏泽市	2.45	2.17	下降

(2)越冬基数略有下降，但仍然处于高位。全省调查 22890 株树木，有虫株数 2330 株，平均有虫株率 10.18%，同比下降 0.75%。部分地区越冬虫口基数比较高，济南、淄博、潍坊、济宁、临沂、聊城、菏泽等市有虫株率在 10%以上。

(3)防治效果不理想。各地均加大了对悬铃木方翅网蝽的防治力度，但因为寄主树木多在城区，树木高大且比较分散，防治困难，效果不理想。

4. 日本松干蚧

预测 2025 年发生 11 万亩左右，呈下降趋势。胶东半岛老发生区虫情比较平稳，不会造成大的灾害。在鲁东、鲁中快速扩散蔓延趋势减缓，随着各地防治力度加大，取得比较好的效果。

预测依据：

(1)2024 年发生严重的地区，进行了打孔注药等措施防治，取得了一定的防治效果，虫口密度降低。2025 年如果降雨量充足，预计还会进一步减轻。

(2)综合各市预测意见，2025 年稳中有降趋势。9 个发生日本松干蚧的市，3 个预测上升，2 个预测持平，4 个预测下降(表 16-8)。

表 16-8 各市预测 2025 年日本松干蚧发生面积

单位名称	2024 年发生面积(万亩)	预测 2025 年发生面积(万亩)	发生趋势
全省合计	13.93	11.25	下降
济南市	5.21	6.00	上升
青岛市	0.00	0.00	持平
淄博市	1.54	1.48	下降
烟台市	2.77	0.00	下降
潍坊市	1.03	1.05	上升
济宁市	0.00	0.00	持平
泰安市	1.40	1.00	下降
日照市	0.73	0.80	上升
临沂市	1.25	0.92	下降

(3)越冬基数下降。全省调查 5024 株树木，有虫株数 261 株，平均有虫株率 5.20%，同比下降了 1.16%。

5. 杨树病害

预测杨树溃疡病发生 30 万亩左右，呈略微上升趋势，同比变化不大，在济南、青岛、滨州以及菏泽的部分区域发生较重。预测杨树黑斑病发生 22 万亩左右，呈稳中有降趋势，主要发生在菏泽市。

预测依据：

(1)防治情况。连年防治使杨树生长旺盛，病害发生较轻。

(2)林分情况。山东省杨树幼林比例大，易发生杨树溃疡病。现有树种结构中，‘107 杨’易感染杨树溃疡病。‘中林 46 杨’为杨树黑斑病的高感病树种，且栽植密度大，为病害的流行创造了有利条件，如果夏季降水量大，大面积流行概率会增加。

(3)历年发生规律(图 16-18)。根据历年发生规律，杨树溃疡病呈略有上升趋势，杨树黑斑病呈稳中有降趋势。

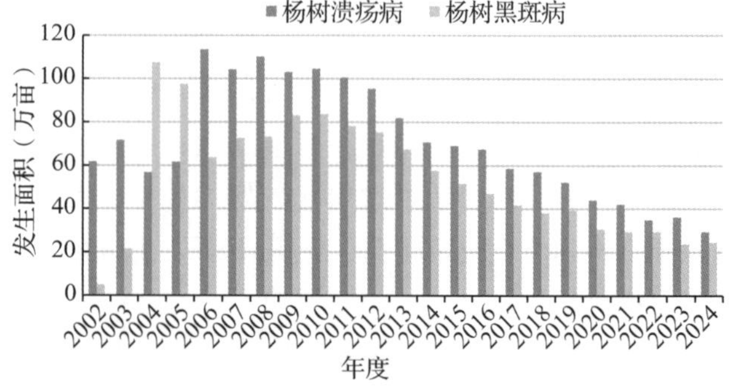

图 16-18 山东省杨树病害历年发生情况

6. 杨树食叶害虫

预测2025年杨树食叶害虫整体发生面积呈稳中有升趋势，局部地区有暴发的可能。杨扇舟蛾在青岛、济宁、滨州等市的局部地区可能中度偏重发生。杨小舟蛾在济南、青岛、潍坊、日照、临沂、聊城等市局部地区中重度发生可能性较大。杨毒蛾在胶东半岛局部地区发生较重。春尺蠖在沿黄河两岸特别是菏泽、德州、聊城、滨州、济南等市局部地区危害严重，可能点片状成灾。预测杨扇舟蛾发生15万亩，杨小舟蛾发生75万亩，杨毒蛾发生2万亩，春尺蠖发生17万亩，杨白潜叶蛾发生2万亩，杨扁角叶蜂发生小于1万亩。

预测依据：

(1)防治成效。2024年全省对春尺蠖实施飞机防治17.63万亩、杨树舟蛾实施飞机防治163.61万亩，取得了较好的防治效果，没有造成大面积成灾，但局部区域还是危害相对较重，出现叶片吃花、吃残现象。

(2)越冬基数。春尺蠖：全省调查树木28570株，有虫株数322株，平均有虫株率1.13%，同比下降0.07%。杨小舟蛾：全省调查60613株树木，有虫株数1558株，平均有虫株率2.59%，同比上升0.32%。杨扇舟蛾：全省调查39982株树木，有虫株数392株，平均有虫株率0.98%，同比下降0.12%。杨毒蛾：全省调查18724株树木，有虫株数122株，平均有虫株率0.65%，同比下降0.18%。

(3)历年发生规律。从历年发生规律看，杨小舟蛾处于高发期，春尺蠖、杨扇舟蛾、杨毒蛾、杨白潜叶蛾处于逐步下降趋势(图16-19)。

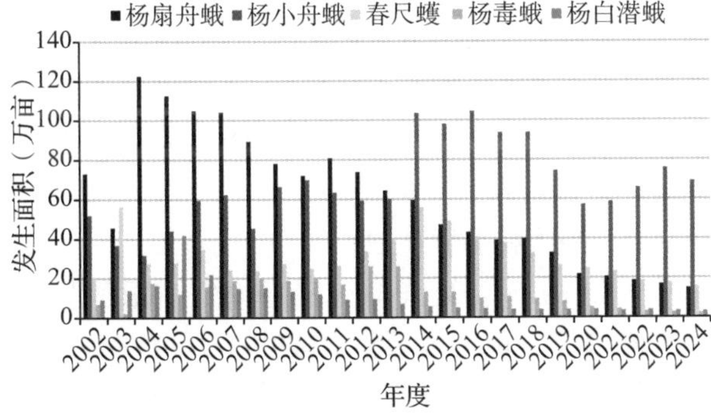

图16-19　山东省杨树食叶害虫历年发生情况

(4)综合各市预测意见。杨小舟蛾：7个市预测发生面积上升，7个市预测下降，1个市预测持平，威海市没有对其预测。综合各市意见，2025年发生面积上升(表16-9)。春尺蠖：3个市预测上升，7个市预测下降，2个市预测持平。综合各市意见，2025年全省发生面积上升(表16-10)。

表16-9　各市预测2025年杨小舟蛾发生面积

区划名称	2024年发生面积(万亩)	预测2025年发生面积(万亩)	发生趋势
全省合计	69.17	75.46	上升
济南市	14.84	19.00	上升
青岛市	15.08	16.00	上升
淄博市	1.57	1.36	下降
枣庄市	2.10	1.80	下降
东营市	0.41	0.38	下降
烟台市	0.42	0.42	持平
潍坊市	5.36	7.06	上升
济宁市	6.92	7.05	上升
泰安市	2.51	2.30	下降
日照市	0.90	1.00	上升
临沂市	5.02	4.73	下降
德州市	4.16	4.20	上升
聊城市	2.40	2.00	下降
滨州市	1.00	3.15	上升
菏泽市	6.49	5.01	下降

表16-10　各市预测2025年春尺蠖发生面积

区划名称	2024年发生面积(万亩)	预测2025年发生面积(万亩)	发生趋势
全省合计	15.67	17.29	上升
济南市	3.69	6.00	上升
淄博市	1.76	1.83	上升
枣庄市	0.02	0.00	下降
东营市	0.56	0.39	下降
潍坊市	0.38	0.38	持平
济宁市	0.57	0.46	下降
泰安市	0.79	0.70	下降
临沂市	0.10	0.10	持平
德州市	0.22	0.20	下降
聊城市	0.85	1.10	上升
滨州市	1.95	1.90	下降
菏泽市	4.79	4.23	下降

7. 杨树蛀干害虫

近几年杨树蛀干害虫呈稳中有降的趋势，预

测2025年发生面积同比略有下降。光肩星天牛发生10万亩左右，桑天牛发生3万亩左右，白杨透翅蛾发生1万亩左右。

预测依据：

从历年发生规律看，处于下降趋势，但是蛀干害虫防治比较困难，发生相对平稳，预测2025年发生面积同比基本持平或有所下降(图16-20)。

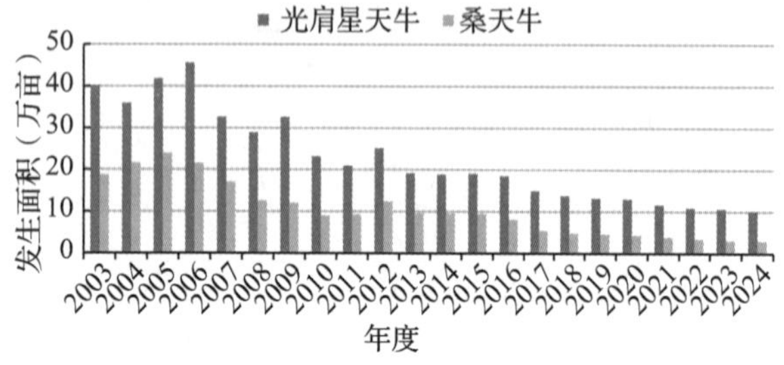

图16-20　山东省杨树蛀干害虫历年发生情况

8. 松树有害生物

预测2025年松墨天牛发生面积有所下降，松烂皮病发生面积有所上升，松阿扁叶峰发生面积上升，松梢螟、赤松毛虫发生面积有所下降。预测发生面积分别为赤松毛虫1万亩，松烂皮病6万亩，松墨天牛93万亩，松阿扁叶蜂7万亩，松梢螟2万亩左右，长林小蠹1万亩左右。

预测依据：

(1)防治情况。青岛、淄博、烟台、威海、日照、临沂等市对松墨天牛施行了飞机防治，虫口密度明显下降。人工摘茧、毒笔涂环等措施防治松毛虫取得了良好的效果，虫口密度一直维持在较低的水平，近期内不会出现大的灾情。

(2)气象因素。松烂皮病发生程度与降水相关，如果2024年冬季和2025年春季出现干旱情况，发生面积可能会上升。

(3)历年发生规律。从松树有害生物历年发生规律看，松墨天牛处于高发态势，其他松树有害生物发生面积同比变化不大，稳中有降(图16-21)。

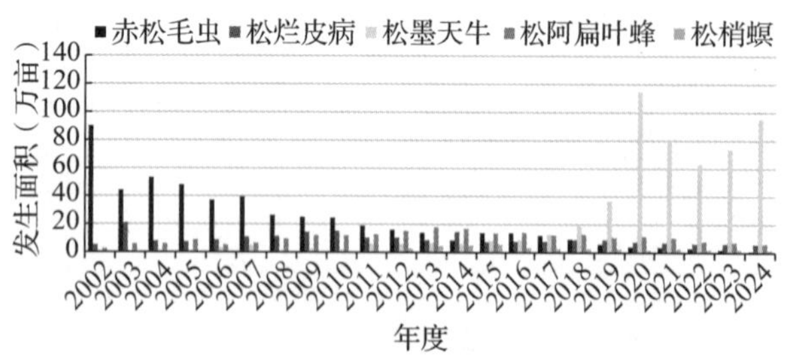

图16-21　山东省松树有害生物历年发生情况

(4)越冬基数。赤松毛虫：全省调查树木13864株，有虫株数2株，平均有虫株率0.14%，越冬基数同比上升0.08%。松阿扁叶蜂：全省调查树木4560株，有虫株数1338株，平均有虫株率29.34%，同比上升13.60%。松墨天牛：全省调查树木27102株，有虫株数368株，平均有虫株率1.36%，越冬基数同比下降0.32%，变化不大。

(5)综合各市预测意见，预测松墨天牛、松烂皮病、松阿扁叶蜂发生面积上升，其他松树害虫发生基本稳定，不会形成大的灾害。

9. 侧柏有害生物

双条杉天牛发生面积呈上升趋势、侧柏毒蛾发生面积呈稳中有降趋势。预测双条杉天牛发生8万亩左右，侧柏毒蛾发生1万亩左右。

预测依据：

(1)防治情况。双条杉天牛发生区积极采取清理死树、释放管氏肿腿蜂等有效防治措施，取得一定成效。

(2)气象因素。山东省2024年雨水较少，夏季干旱，部分侧柏树势较多，双条杉天牛发生面积将有所上升，危害加重。

(3)历年发生规律。从历年发生趋势看，双条杉天牛呈上升趋势，侧柏毒蛾呈下降趋势(图16-22)。

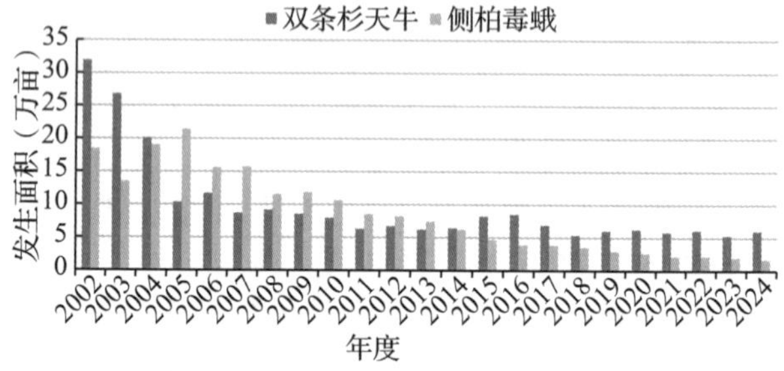

图16-22　山东省侧柏有害生物历年发生情况

(4)综合各市预测意见。双条杉天牛呈上升趋势、侧柏毒蛾为下降趋势。

10. 经济林有害生物

预测2025年经济林有害生物发生面积呈稳中有降趋势。预测板栗疫病发生1万亩左右，枣叶瘿蚊发生1万亩，红蜘蛛发生3万亩，日本龟蜡蚧发生1万亩左右。

11. 其他有害生物

预测2025年发生总面积同比持平。预测刺槐有害生物木橑尺蠖零星发生；泡桐有害生物大袋蛾零星发生，泡桐丛枝病发生1万亩，菏泽等地零星发生；国槐有害生物锈色粒肩天牛零星发生；槐尺蛾发生1万亩左右；舞毒蛾发生1万亩；草履蚧发生3万亩。

三、对策建议

根据2024年全省林业有害生物发生特点及对2025年林业有害生物发生趋势研判，建议：

（一）持续做好重大林业有害生物灾害防控

继续贯彻落实好党的二十大精神，落实“加强生物安全管理，防治外来物种侵害”工作部署，从维护国家生物安全的角度深刻认识林业有害生物灾害防控的必要性和紧迫性，压实地方政府防治主体责任。建立部门间、区域间联防联治机制，落实各部门在松材线虫病、美国白蛾、杨小舟蛾防控方面的责任。以控制扩散和严防暴发成灾为目标，加强美国白蛾兼顾其他食叶害虫精准预防和治理。完善林业有害生物灾害应急防控预案，积极做好应急防控所需的物资储备，一旦突发灾害，迅速响应，及时高效采取应急处置措施。

（二）重点抓好松材线虫病疫情防控五年攻坚行动收官工作

以林长制考核评估为依托，建立完善松材线虫病等重大有害生物灾害防治成效评估评价体系，组织开展松材线虫病疫情防控攻坚行动成效评估及重点区域防控成效评价；加强疫情防控攻坚行动督促指导，组织开展蹲点指导和明察暗访，对疫情数据真实性、准确性进行核实核查；组织实施林业植物检疫执法专项行动，加强疫木除治监管，严厉打击涉松违法犯罪行为，确保高质量完成五年攻坚行动目标任务。

（三）不断强化监测预报网络体系建设

提高无人机及遥感监测、大数据分析等先进技术的应用力度，构建天空地一体化监测网络体系。一是要加强基层队伍建设，统筹护林员、林场管护人员、社会化服务组织等力量，明确责任区域和工作任务，实行疫情防控网格化、精细化管理，以小班为单位开展精细化、常态化监测。二是要建立健全监测信息质量追溯和监测报告责任制度，加强疫情监测数据逐级核实核查管理，层层压实责任。三是要建立健全疫情核查和服务指导相结合的工作机制，强化疫情监测、检疫封锁等关键环节的监督管理和跟踪问效，及时发现问题，提出工作意见建议，限期督促整改。

（主要起草人：郑金媛；主审：孙红）

17 河南省林业有害生物2024年发生情况和2025年趋势预测

河南省林业技术工作总站

【摘要】河南省2024年主要林业有害生物发生481.00万亩，同比减少52.65万亩、下降9.87%；其中，病害发生73.80万亩，虫害发生407.20万亩，病害、虫害发生均呈下降趋势。2024年全省主要林业有害生物发生面积稳中有降，整体呈轻度发生，局部有成灾，松材线虫病、美国白蛾等重大林业有害生物扩散势头减缓、危害减轻，常发性林业有害生物发生面积持续降低(图17-1)。预测2025年全省主要林业有害生物发生476.18万亩，整体呈下降趋势。

一、2024年主要林业有害生物发生情况

河南省2024年主要林业有害生物发生481万亩，其中，轻度发生458.27万亩，中度发生20.19万亩，重度发生2.54万亩，发生总面积同比减少52.65万亩、下降9.87%；局部点片状成灾，成灾面积3.20万亩，成灾率0.46‰。

全省主要林业有害生物防治面积为443.00万亩(防治作业面积为892.43万亩)，其中，无公害防治面积431.33万亩，无公害防治率97.37%。

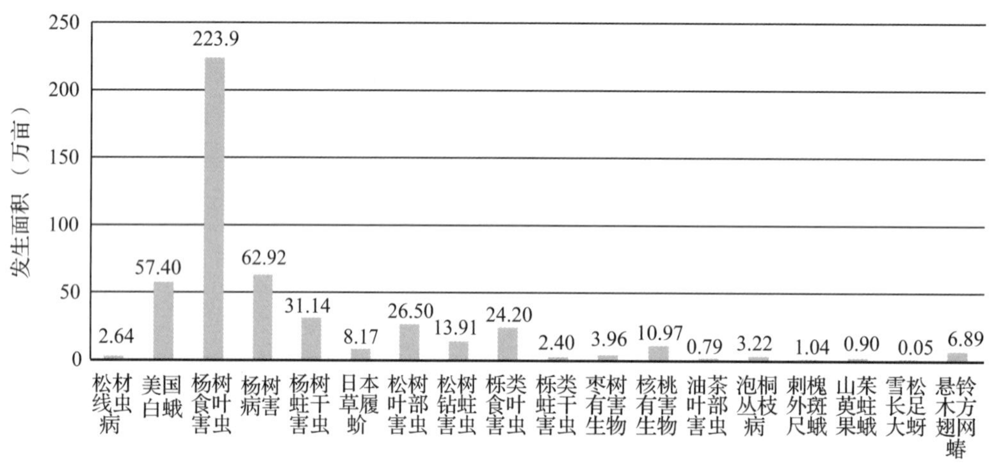

图17-1 河南省2024年主要林业有害生物分类发生情况

(一)主要林业有害生物发生情况

1. 松材线虫病

发生2.64万亩，占全省主要林业有害生物发生总面积的0.55%，发生于信阳市新县和商城县，三门峡市卢氏县，南阳市西峡县，同比减少2.22万亩、下降45.74%(图17-2)。

(1)信阳市发生面积2.24万亩，发生在新县和商城县。其中，新县发生2.23万亩，主要发生于吴陈河、苏河、陡山河、浒湾、千斤、郭家河、陈店、箭厂河、泗店、田铺、国有新县林场共11个乡(镇、林场)；商城县发生0.01万亩，主要发生于上石桥镇。

(2)三门峡市发生0.31万亩，发生在卢氏县瓦窑沟乡。

(3)南阳市发生0.09万亩，发生在西峡县西坪、丁河共2个乡(镇)。

(4)洛阳市未发现疫情。

2. 美国白蛾

发生57.40万亩(图17-3)，占全省主要林业

有害生物发生总面积的 11.93%，其中，轻度发生 56.24 万亩，中度发生 1.02 万亩，重度发生 0.14 万亩，以轻度危害为主，同比减少 3.62 万亩、下降 5.94%。

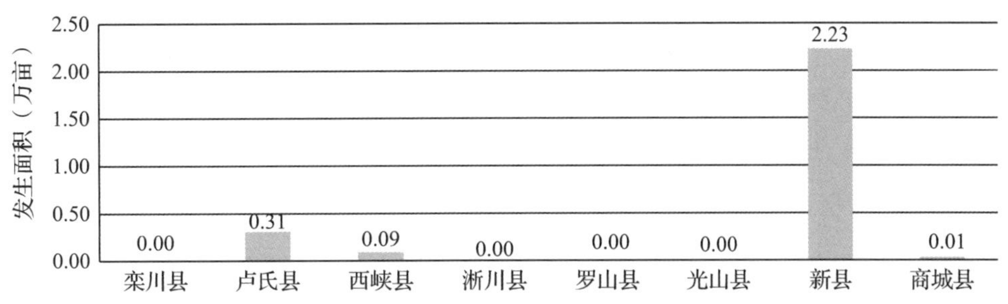

图 17-2　河南省 2024 年松材线虫病分地区发生情况

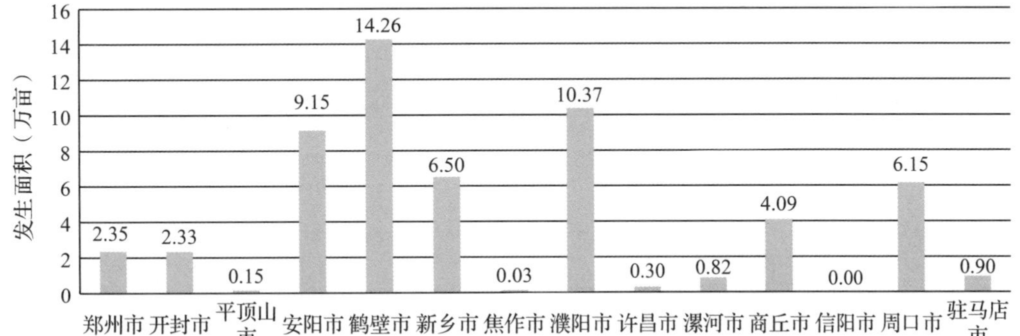

图 17-3　河南省 2024 年美国白蛾分地区发生情况

主要发生于濮阳、安阳、鹤壁、新乡、郑州、开封、许昌、周口、商丘、驻马店、漯河、焦作、平顶山 13 个省辖市的 69 个县(市、区)(表 17-1)。

表 17-1　河南省 2023 年、2024 年美国白蛾发生情况对比

行政区划	2023 年发生面积（万亩）	2024 年发生面积（万亩）	同比（%）	发生县(区、市)
郑州市	1.26	2.35	86.51	金水区、惠济区、郑东新区、中牟县
开封市	1.79	2.33	30.17	顺河回族区、祥符区、通许县、尉氏县、兰考县
平顶山市	0.07	0.15	114.29	叶县
安阳市	10.42	9.15	-12.22	北关区、内黄县、汤阴县、安阳县、滑县
鹤壁市	13.66	14.26	4.39	淇滨区、山城区、浚县、淇县
新乡市	6.56	6.50	-0.97	卫滨区、新乡县、原阳县、延津县、封丘县、长垣市、卫辉市
焦作市	0.03	0.03	-11.76	修武县、武陟县
濮阳市	13.95	10.37	-25.68	华龙区、经开区、清丰县、南乐县、范县、台前县、濮阳县
许昌市	0.39	0.30	-22.98	建安区、魏都区、鄢陵县、襄城县
漯河市	0.87	0.82	-5.96	源汇区、郾城区、召陵区、舞阳县、临颍县
商丘市	3.73	4.09	9.80	梁园区、睢阳区、民权县、睢县、虞城县、夏邑县、永城市
信阳市	0.00	0.00		
周口市	7.07	6.15	-13.00	川汇区、淮阳区、扶沟县、西华县、商水县、沈丘县、郸城县、项城市
驻马店市	1.21	0.90	-25.56	驿城区、西平县、上蔡县、平舆县、正阳县、确山县、泌阳县、汝南县、遂平县、新蔡县

3. 杨树食叶害虫

发生 223.90 万亩(图 17-4)，占全省主要林业有害生物发生总面积的 46.55%，其中，轻度发生 213.95 万亩，中度发生 8.40 万亩，重度发生 1.55 万亩，是河南省发生面积最大的林业有害生物类别。同比减少 18.66 万亩、下降 7.69%。主要种类包括春尺蠖、杨小舟蛾、杨扇舟蛾、杨扁角叶蜂、黄翅缀叶野螟、杨白纹潜蛾、杨毒蛾、杨柳小卷蛾、铜绿异丽金龟等，以杨小舟蛾、杨扇舟蛾为主，全省各地均有发生。

(1)杨树舟蛾(杨小舟蛾、杨扇舟蛾)合计发生 165.11 万亩，占全省杨食叶害虫发生面积的 73.74%，同比减少 12.27 万亩、下降 6.92%；

(2)杨扁角叶蜂发生 19.45 万亩，占全省杨树食叶害虫发生面积的 8.69%，同比减少 2.53 万亩、下降 11.51%。

(3)黄翅缀叶野螟发生 17.26 万亩，占全省杨树食叶害虫发生面积的 7.71%，同比减少 0.62 万亩、下降 3.45%。

(4)春尺蠖发生 4.01 万亩，以轻度发生为主，占全省杨树食叶害虫发生面积的 1.79%。同比减少 0.46 万亩、下降 10.25%。

(5)其他杨树食叶害虫种类有杨白纹潜蛾、杨毒蛾、杨柳小卷蛾、铜绿异丽金龟等，发生 18.07 万亩，占全省杨树食叶害虫发生面积的 8.07%，同比减少 2.79 万亩、下降 13.36%。

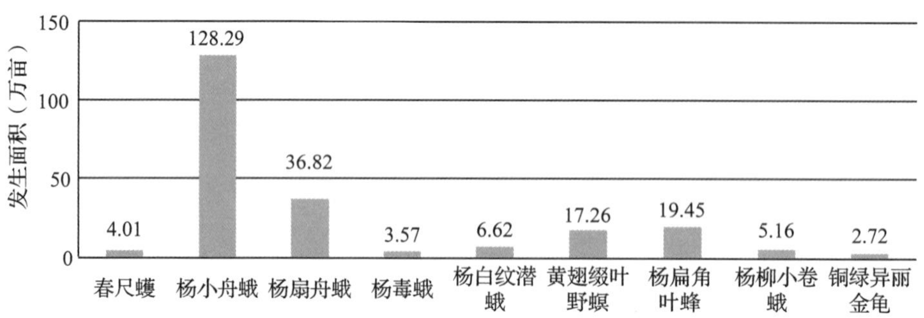

图 17-4　河南省 2024 年杨树食叶害虫分种类发生情况

4. 杨树病害

发生 62.92 万亩(图 17-5)，占全省主要林业有害生物发生总面积的 13.08%，其中，轻度发生 59.48 万亩，中度发生 3.09 万亩，重度发生 0.35 万亩，同比减少 4.48 万亩、下降 6.64%。主要种类有杨树溃疡病、杨树烂皮病、杨树黑斑病等。以轻度发生为主，全省各地均有发生。

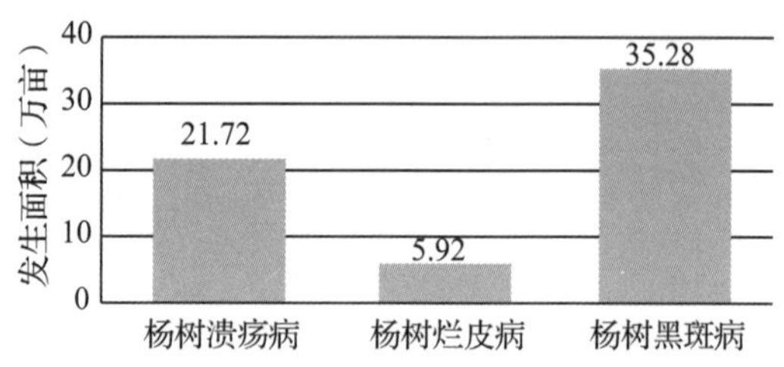

图 17-5　河南省 2024 年杨树病害分种类发生情况

5. 杨树蛀干害虫

发生 31.14 万亩(图 17-6)，占全省主要林业有害生物发生总面积的 6.47%，其中，轻度发生 30.17 万亩，中度发生 0.86 万亩，重度发生 0.11 万亩，同比减少 1.89 万亩、下降 5.71%。主要种类有光肩星天牛、桑天牛、星天牛等。以轻度发生为主，除安阳及济源外其他地市均有发生。

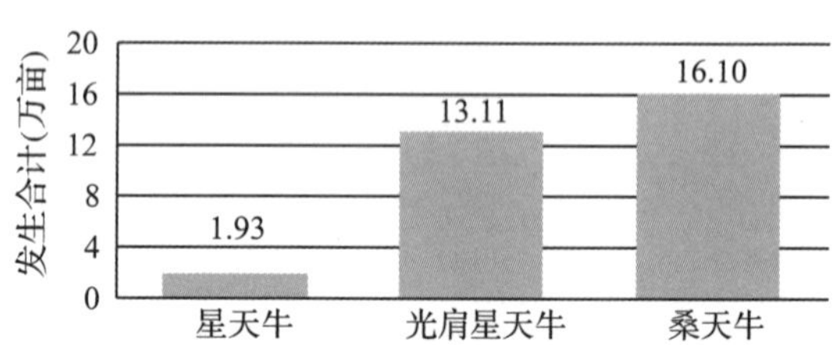

图 17-6　河南省 2024 年杨树蛀干害虫分种类发生情况

6. 日本草履蚧

发生 8.17 万亩，占全省主要林业有害生物发生总面积的 1.70%，其中，轻度发生 7.85 万亩，中度发生 0.27 万亩，重度发生 0.05 万亩，同比减少 1.44 万亩、下降 14.96%。发生于除南阳、信阳之外的其他 16 个省辖市的部分县(市、区)，呈零星、点、片小范围发生。

7. 松树叶部害虫

发生 26.50 万亩(图 17-7)，占全省主要林业有害生物发生总面积的 5.51%，其中，轻度发生 22.06 万亩，中度发生 4.27 万亩，重度发生 0.17 万亩，同比减少 14.03 万亩、下降 34.62%。主要种类为马尾松毛虫、油松毛虫、松阿扁叶蜂、中华松针蚧、松梢螟、华北落叶松鞘蛾等。

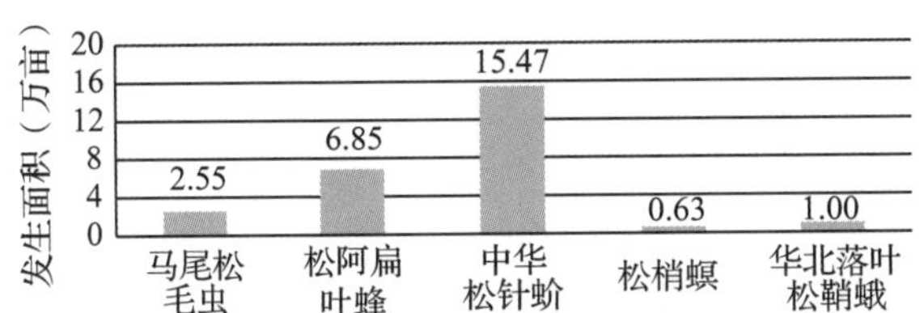

图 17-7　河南省 2024 年松树叶部害虫分种类发生情况

(1)马尾松毛虫发生 2.55 万亩，同比减少 14.60 万亩、下降 85.15%。发生于南阳市南召县、唐河县、桐柏县，信阳市浉河区、平桥区、罗山县、光山县、新县、商城县、固始县，驻马店市确山县、泌阳县。

(2)松阿扁叶蜂发生 6.85 万亩，同比增加 0.09 万亩、上升 1.39%。发生于洛阳市嵩县、栾川县和三门峡市渑池县、卢氏县、灵宝市及河西林场。

(3)中华松针蚧发生 15.47 万亩，同比增加 0.49 万亩、上升 3.25%。发生于洛阳市栾川县和三门峡市陕州区、卢氏县、灵宝市及河西林场。

(4)松梢螟发生 0.63 万亩，同比增加 0.14 万亩、上升 27.51%。发生于洛阳市栾川县和三门峡市卢氏县。

(5)华北落叶松鞘蛾发生 1.00 万亩，同比减少 0.16 万亩、下降 13.61%。发生于洛阳市栾川县、嵩县，三门峡市卢氏县。

(6)油松毛虫未发现危害。

8. 松树钻蛀性害虫

发生 13.91 万亩(图 17-8)，占全省主要林业有害生物发生总面积的 2.89%，以轻度发生为主；同比减少 0.96 万亩、下降 6.43%。主要种类有松墨天牛、纵坑切梢小蠹、红脂大小蠹等。

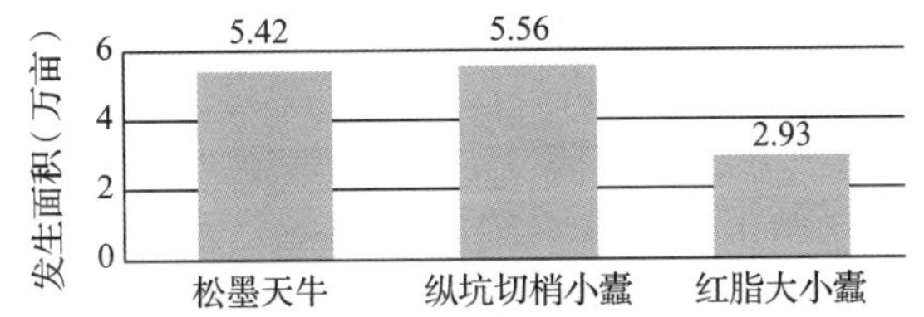

图 17-8　河南省 2024 年松树钻蛀害虫分种类发生情况

(1)松墨天牛发生 5.42 万亩，同比减少 0.61 万亩、下降 10.09%。发生于南阳市西峡县、桐柏县，信阳市罗山县、新县、商城县、固始县，驻马店市确山县、泌阳县。

(2)纵坑切梢小蠹轻度发生 5.56 万亩，同比基本持平。发生于三门峡市卢氏县、灵宝市，南阳市西峡县、内乡县、淅川县，信阳市浉河区、光山县。

(3)红脂大小蠹发生 2.93 万亩，以轻度发生为主，同比减少 0.37 万亩、下降 11.15%。发生于新乡市辉县市，安阳市林州市，济源市。

9. 栎类食叶害虫

发生 24.20 万亩(图 17-9)，占全省主要林业有害生物发生总面积的 5.03%，其中，轻度发生 23.74 万亩，中度发生 0.41 万亩，重度发生 0.05 万亩，同比减少 4.17 万亩、下降 14.70%。主要发生于郑州、洛阳、平顶山、安阳、新乡、三门峡、南阳、信阳、驻马店 9 市的部分县(市、区)及济源，主要种类有黄连木尺蛾、栓皮栎尺蛾、黄二星舟蛾、栎粉舟蛾、栎黄掌舟蛾、舞毒蛾、栎空腔瘿蜂等。

(1)黄连木尺蛾发生 5.40 万亩，同比增加 0.70 万亩、上升 14.92%，发生于洛阳市栾川县、新安县，安阳市林州市，三门峡市陕州区、渑池县、灵宝市。

(2)栓皮栎尺蛾发生 7.00 万亩，同比减少 0.13 万亩、下降 1.80%，主要发生在郑州市新密市，平顶山市鲁山县、郏县、舞钢市、汝州市，南阳市南召县、方城县、西峡县、镇平县、内乡县、淅川县，驻马店市确山县、泌阳县。

(3)黄二星舟蛾发生 2.78 万亩，同比减少 4.45 万亩、下降 61.59%。发生于洛阳市嵩县，平顶山市叶县、鲁山县、舞钢市，南阳市南召县、

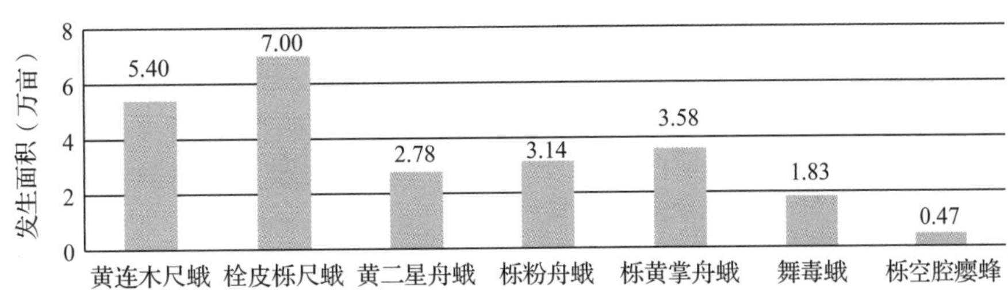

图 17-9　河南省 2024 年栎类食叶害虫分种类发生情况

方城县、内乡县、社旗县，信阳市平桥区、罗山县，驻马店市驿城区、确山县、泌阳县。

（4）栎粉舟蛾发生3.14万亩，同比持平，以轻度发生为主。发生于洛阳市新安县、嵩县、汝阳县、宜阳县，安阳市林州市，南阳市南召县、西峡县、镇平县、内乡县、淅川县，济源市。

（5）栎黄掌舟蛾发生3.59万亩，同比减少0.17万亩、下降4.45%。发生于洛阳市新安县、嵩县、汝阳县，平顶山市叶县、鲁山县、郏县、舞钢市、汝州市，驻马店市驿城区、确山县、泌阳县。

（6）舞毒蛾发生1.83万亩，同比减少0.56万亩、下降23.43%，以轻度发生为主。发生于郑州市登封市，洛阳市新安县。

（7）栎空腔瘿蜂轻度发生0.47万亩，发生于新乡市辉县市。

10. 栎类蛀干害虫

发生2.40万亩（图17-10），以轻度发生为主，同比减少0.14万亩、下降5.44%。主要种类有栎旋木柄天牛、云斑白条天牛等。

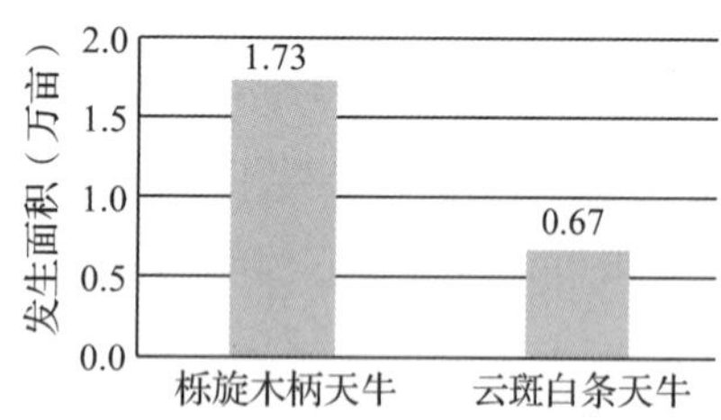

图17-10 河南省2024年栎类蛀干害虫分种类发生情况

（1）栎旋木柄天牛发生1.73万亩，同比减少0.08万亩、下降4.31%，发生于洛阳市嵩县、汝阳县、宜阳县，南阳市西峡县、淅川县，济源市。

（2）云斑白条天牛轻度发生0.67万亩，同比减少0.06万亩、下降8.22%，发生于南阳市西峡县、淅川县。

11. 枣树有害生物

发生3.96万亩（图17-11），以轻度发生为主。同比减少0.09万亩、下降2.15%，主要种类有枣疯病、枣尺蛾、桃蛀果蛾、绿盲蝽等。发生于郑州市新郑市、安阳市内黄县和三门峡市陕州区、灵宝市。

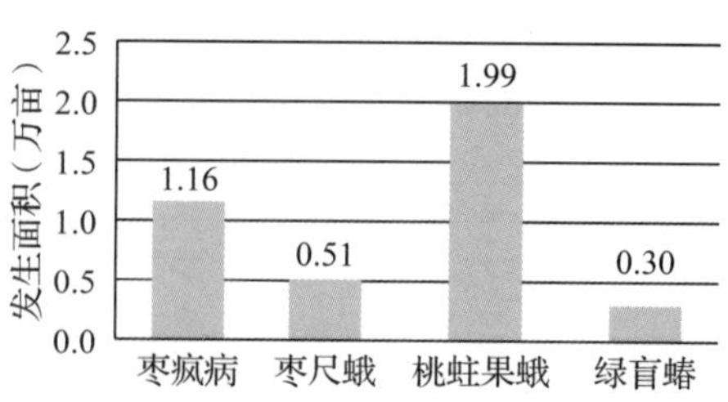

图17-11 河南省2024年枣树有害生物分种类发生情况

12. 核桃有害生物

发生10.97万亩（图17-12），以轻度发生为主，同比减少0.21万亩、下降1.86%；主要种类有核桃细菌性黑斑病、核桃溃疡病、核桃炭疽病、核桃举肢蛾、桃蛀螟、核桃小吉丁等。发生于郑州、洛阳、新乡、焦作、三门峡、信阳及济源。

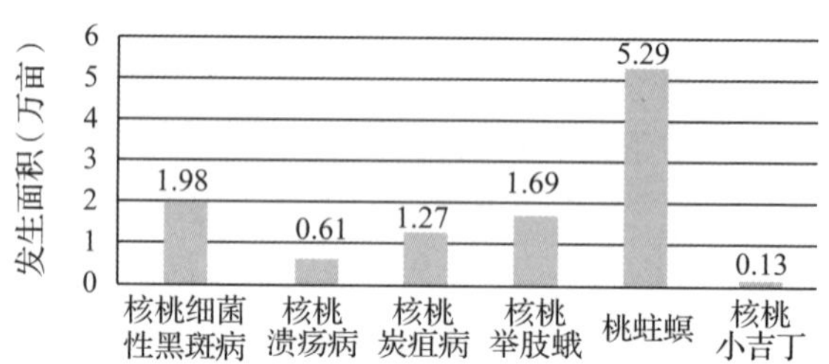

图17-12 河南省2024年核桃有害生物分种类发生情况

13. 油茶叶部害虫

轻度发生0.79万亩，同比减少0.12万亩、下降12.72%，主要种类有茶黄毒蛾和茶小绿叶蝉。

茶黄毒蛾发生0.78万亩，发生于信阳市光山县、商城县。

茶小绿叶蝉发生90亩，发生于南阳市桐柏县。

14. 泡桐丛枝病

发生3.22万亩，以轻度发生为主，同比减少1.01万亩、下降23.79%。发生于郑州、开封、洛阳、平顶山、安阳、鹤壁、新乡、三门峡、商丘、周口10市的部分县（市、区）。

15. 刺槐外斑尺蛾

发生1.04万亩，以轻度发生为主，同比减少0.07万亩、下降6.03%。发生于郑州市中牟县，洛阳市洛宁县，新乡市延津县，商丘市梁园区、虞城县及民权林场刺槐栽植区。

16. 山茱萸蛀果蛾

发生0.90万亩，以轻度发生为主，同比减少0.12万亩、下降11.45%。发生于洛阳市栾川县、嵩县，南阳市西峡县。

17. 雪松长足大蚜

轻度发生 0.05 万亩，同比基本持平，发生于洛阳市偃师区。

18. 悬铃木方翅网蝽

发生6.89万亩，其中，轻度发生6.62万亩，中度发生0.25万亩，重度发生0.02万亩，同比增加0.56万亩、上升8.84%。发生于郑州市、开封市、平顶山市、鹤壁市、新乡市、商丘市。

(二)发生特点

2024年河南省主要林业有害生物整体发生面积小于去年，自2015年起，连续9年呈下降趋势。其中，松材线虫病发生面积显著减少，美国白蛾疫区数量和发生面积减少、整体危害稳步下降，杨树食叶害虫等常发性林业有害生物发生面积逐年降低。

1. 重大外来有害生物发生面积稳步下降

根据国家林业和草原局2024年第4号公告，河南省松材线虫病疫区为洛阳市栾川县，三门峡市卢氏县，南阳市西峡县、淅川县，信阳市罗山县、光山县、新县、商城县，共计4个省辖市8个县。经2024年全年监测普查，洛阳市未发现松材线虫病危害。全省松材线虫病发生2.64万亩，同比减少2.22万亩、下降45.74%，疫情防控成效显著。

国家林业和草原局2024年第7号公告撤销信阳市罗山县、潢川县美国白蛾疫区，河南省美国白蛾疫区数量现为14个省辖市82个疫区县(区、市)。经2024年全年监测普查，开封市龙亭区、鼓楼区、开封新区，安阳市文峰区，新乡市红旗区和信阳全市未发现美国白蛾危害。全省美国白蛾发生57.40万亩，同比减少3.62万亩、下降5.94%，发生面积稳步下降。

2. 杨树食叶害虫等常发性林业有害生物发生面积逐年降低

作为河南省发生面积最大、危害相对较重的杨树食叶害虫、杨树病害、杨树蛀干害虫等常发性林业有害生物，近年来得到有效控制，发生面积逐年降低。杨树食叶害虫发生面积由2021年的265.85万亩下降至2024年的223.90万亩、减少41.95万亩，杨树病害发生面积从2021年的80.64万亩下降至2024年的62.92万亩、减少17.72万亩，杨树蛀干害虫发生面积从2021年的

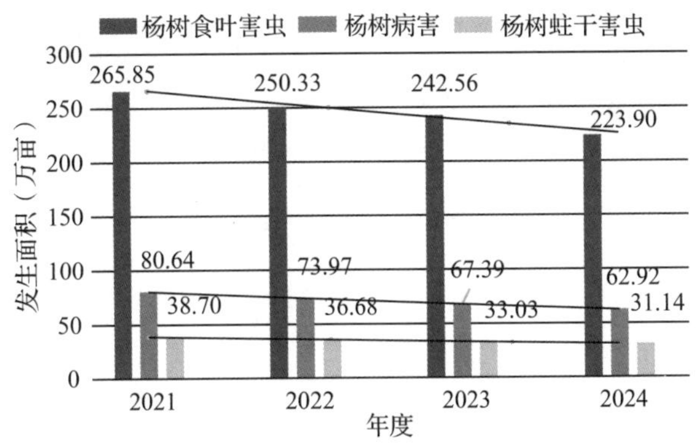

图 17-13 2021—2024年河南省杨树主要有害生物发生情况

38.70万亩下降至2024年的31.14万亩、减少7.56万亩(图17-13)。

(三)成因分析

1. 多年综合治理有效遏制了重大林业有害生物发生

全省各级政府把松材线虫病疫情防控列入目标责任，并进行考核。各疫区县和防护区将日常巡查与专项普查相结合，建立了多级监测网络，加强松材线虫病疫情精准监测。严格执行《松褐天牛防治技术规范》等规定，采取综合措施，全面防控媒介昆虫。开展"护松2024"等专项执法行动，加强疫区松木及其制品监管，有效控制疫情的扩散和危害。美国白蛾发生区严格执行月报告制度，兰考县、内黄县、南乐县等国家级中心测报点连续多年开展美国白蛾定点监测，为科学防控提供数据支撑。根据美国白蛾发生区实际情况，坚持"主防第一代，查防二、三代"的防控策略，分区施策、精准防控，有效遏制了美国白蛾扩散蔓延态势。

2. 树种结构调整、科学防控减少了常发性林业有害生物发生

近年来，全省各地造林绿化不断调整树种结构，国道、省道等主要通道两边的杨树比重显著降低，杨树种植面积持续下降。受国家禁止耕地"非农化""非粮化"政策影响，为保护耕地红线，河南省各市县部分林木有序退出耕地。杨树栽植量的减少导致以杨树为寄主的常发性林业有害生物发生面积随之下降。各地采用地面防治与飞机防治相结合的方式，积极开展杨树食叶害虫防治，也是杨树食叶害虫等常发性林业有害生物发生面积下降的原因。

二、2025年主要林业有害生物发生趋势预测

（一）2025年总体发生趋势

2024/2025年冬春季气候趋势展望：预计冬季河南省气温总体偏高0~1.0℃。2024年12月河南省大部气温明显偏高；2025年1月冷空气活动频繁，大部分地区气温偏低，发生阶段性强降温的可能性大；2025年2月回温迅速，气温接近常年略偏高。预计冬季豫北和豫西降水偏多0~2成，其他大部地区偏少0~2成。其中，2024年12月河南省大部降水偏少；2025年1月全省大部降水偏多，发生大范围雨雪冰冻天气的可能性大；2月全省大部降水偏少。2025年春季沿黄河及以北地区气温偏高1.0~1.5℃，其他大部偏高0~1.0℃，发生阶段性强降温的可能性大；豫南地区降水偏多0~2成，其他地区偏少0~2成，降水时空分布不均，易出现阶段性干旱事件。

根据全省各地主要林业有害生物越冬前调查情况、省气候中心预测的气象趋势数据、主要林业有害生物寄主分布、2024年全省主要林业有害生物发生和防治情况、主要林业有害生物发生发展规律，以及各市预测情况，经各方会商，预测2025年全省主要林业有害生物发生476.18万亩，其中，病害发生72.96万亩，虫害发生403.21万亩，总体呈下降趋势，以轻度发生为主，局部可能成灾（图17-14）。

分类发生趋势预测：松材线虫病、杨树蛀干害虫发生基本持平，美国白蛾、杨树食叶害虫、杨树病害发生均呈下降趋势（表17-2）。

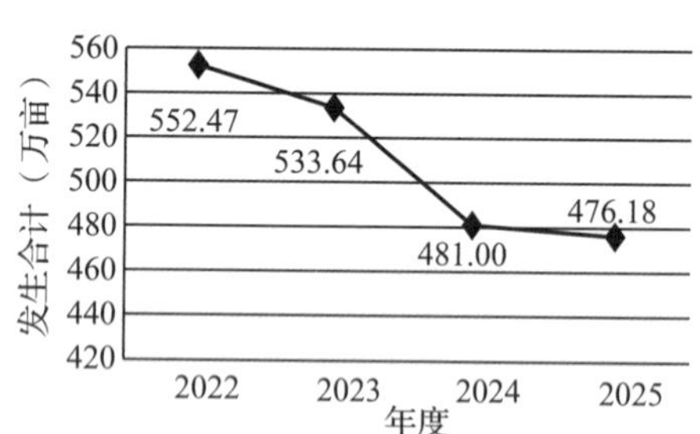

图17-14　河南省近3年林业有害生物发生情况及2025年发生预测

表17-2　河南省2025年林业有害生物分类发生趋势预测

病虫名称	2024年实际发生面积（万亩）	2025年预测发生面积（万亩）	发生趋势	病虫名称	2024年实际发生面积（万亩）	2025年预测发生面积（万亩）	发生趋势
病虫合计	481.00	476.18	下降				
松材线虫病	2.64	2.61	基本持平	栎类蛀干害虫	2.40	2.62	上升
美国白蛾	57.40	54.09	下降	枣树有害生物	3.96	4.00	基本持平
杨树食叶害虫	223.90	220.11	下降	核桃有害生物	10.97	11.13	基本持平
杨树病害	62.92	61.57	下降	油茶叶部害虫	0.79	1.02	上升
杨树蛀干害虫	31.14	30.90	基本持平	泡桐丛枝病	3.22	3.68	上升
日本草履蚧	8.17	7.90	基本持平	刺槐外斑尺蛾	1.04	1.05	基本持平
松树叶部害虫	26.50	27.60	上升	山茱萸蛀果蛾	0.90	0.98	基本持平
松树钻蛀害虫	13.91	12.15	下降	雪松长足大蚜	0.05	0.04	基本持平
栎类食叶害虫	24.20	27.43	上升	悬铃木方翅网蝽	6.89	7.30	上升

（二）2025年主要林业有害生物发生趋势预测

1. 松材线虫病发生将基本持平

预测2025年发生2.61万亩（图17-15）。在信阳市、南阳市、三门峡市发生。

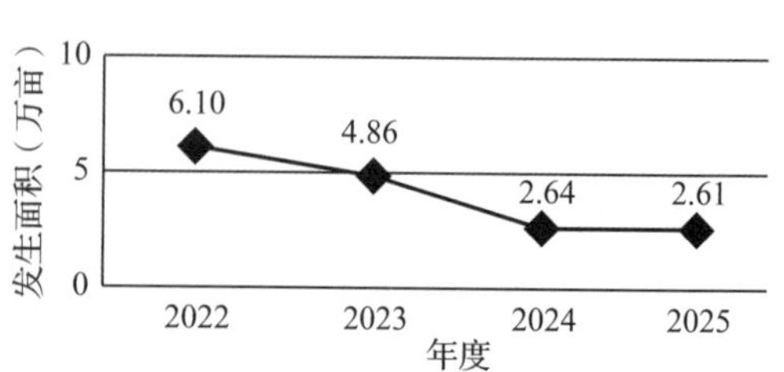

图17-15　河南省近3年松材线虫病发生情况及2025年发生预测

2. 美国白蛾发生将呈下降趋势

预测2025年发生54.09万亩(图17-16)，发生于郑州、开封、平顶山、安阳、鹤壁、新乡、焦作、濮阳、许昌、漯河、商丘、周口、驻马店等13市。

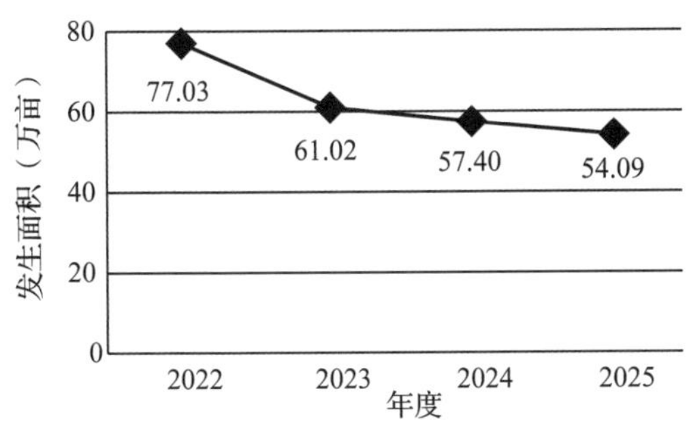

图 17-16　河南省近3年美国白蛾发生情况及2025年发生预测

3. 杨树食叶害虫发生将呈下降趋势

预测2025年发生220.11万亩(图17-17)，将呈下降趋势，主要种类有春尺蠖、杨小舟蛾、杨扇舟蛾、黄翅缀叶野螟、杨白纹潜蛾、杨毒蛾、杨扁角叶爪叶蜂、杨柳小卷蛾、铜绿异丽金龟等。

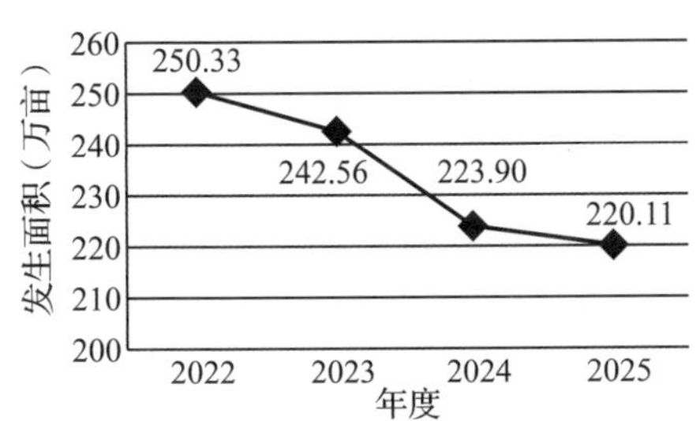

图 17-17　河南省近3年杨树食叶害虫发生情况及2025年发生预测

春尺蠖预测发生3.89万亩(图17-18)，主要发生在郑州、开封、洛阳、平顶山、安阳、鹤壁、新乡、濮阳、商丘等9市的部分县(市、区)，将呈下降趋势。

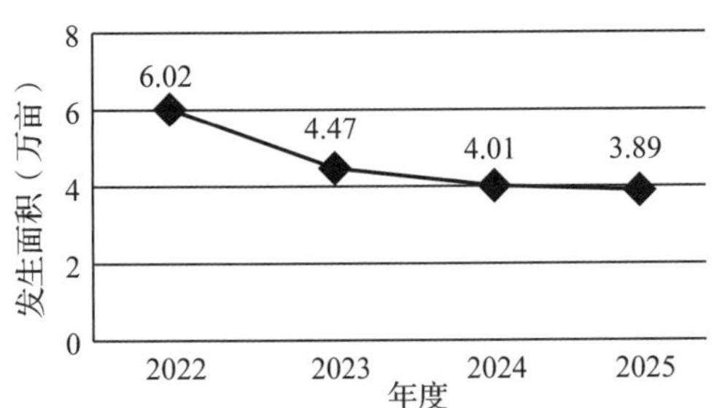

图 17-18　河南省近3年春尺蠖发生面积及2025年发生预测

杨树舟蛾(杨小舟蛾、杨扇舟蛾)预测发生162.24万亩(图17-19)，将呈下降趋势，全省各地均有发生。

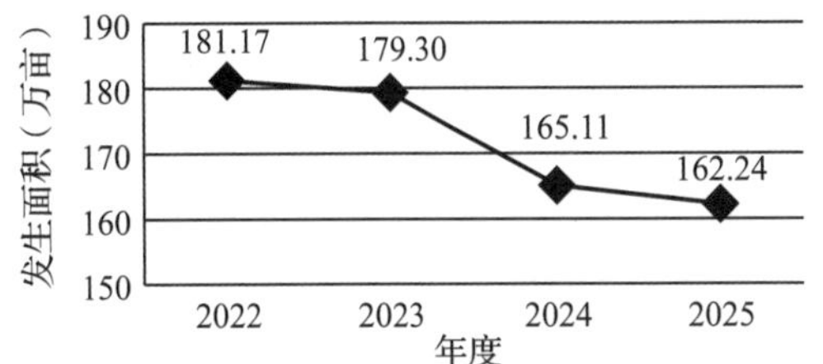

图 17-19　河南省近3年杨树舟蛾发生面积及2025年发生预测

其他杨树食叶害虫预计发生53.97万亩，主要种类有黄翅缀叶野螟、杨白纹潜蛾、杨毒蛾、杨扁角叶爪叶蜂、杨柳小卷蛾、铜绿异丽金龟等，将呈略下降趋势。

4. 杨树病害发生将呈下降趋势

预测发生61.57万亩(图17-20)，将呈下降趋势，主要种类有杨树溃疡病、杨树烂皮病、杨树黑斑病等，叶部病害以杨树黑斑病为主，干部病害以杨树溃疡病为主，全省各地均有发生。

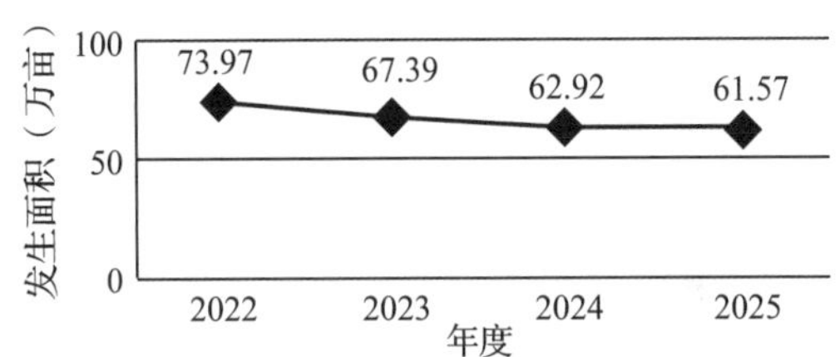

图 17-20　河南省近3年杨树病害发生情况及2025年发生预测

5. 杨树蛀干害虫发生将基本持平

预测发生30.90万亩(图17-21)，主要种类有光肩星天牛、桑天牛、星天牛等，主要发生在除安阳及济源以外的16市。

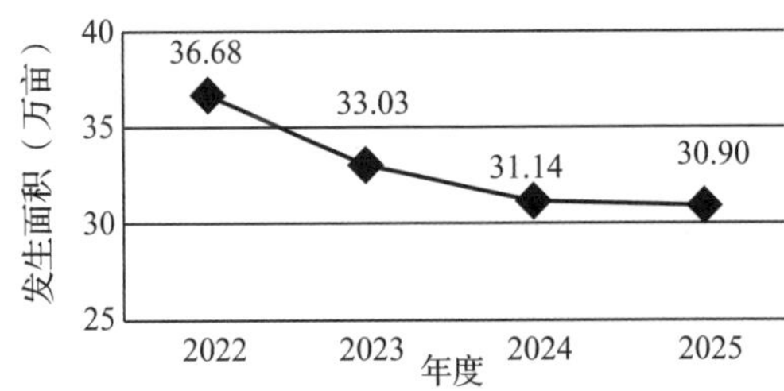

图 17-21　河南省近3年杨树蛀干害虫发生情况及2025年发生预测

6. 日本草履蚧发生将基本持平

预测发生7.90万亩(图17-22)，除南阳市、信阳市外，其他各市及济源均有发生。

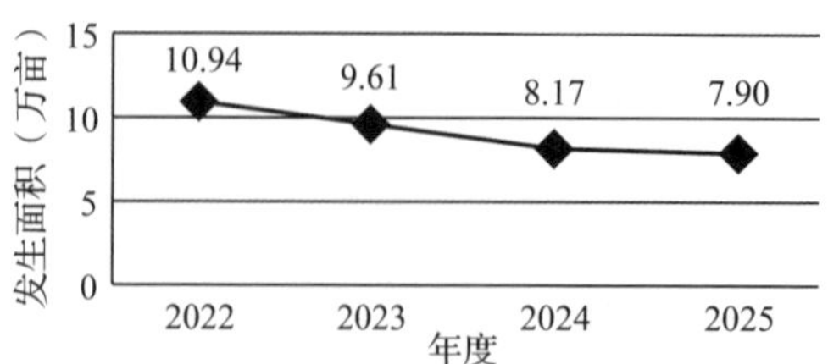

图 17-22　河南省近 3 年日本草履蚧发生情况
2025 年发生趋势预测

7. 松树叶部害虫发生将呈上升趋势

预测发生 27.60 万亩(图 17-23)，主要种类有马尾松毛虫、松阿扁叶蜂、中华松针蚧、松梢螟、华北落叶松鞘蛾等，以马尾松毛虫、松阿扁叶蜂和中华松针蚧发生危害为主，主要发生在洛阳、三门峡、南阳、信阳、驻马店等 5 市。

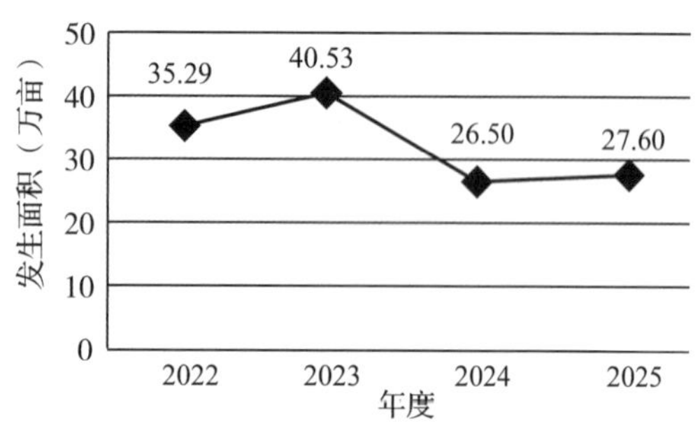

图 17-23　河南省近 3 年松树叶部害虫发生情况
及 2025 年发生预测

8. 松树钻蛀性害虫发生将呈下降趋势

预测发生 12.15 万亩(图 17-24)，主要种类有松墨天牛、纵坑切梢小蠹、红脂大小蠹等，发生在安阳、新乡、三门峡、南阳、信阳、驻马店 6 市及济源。

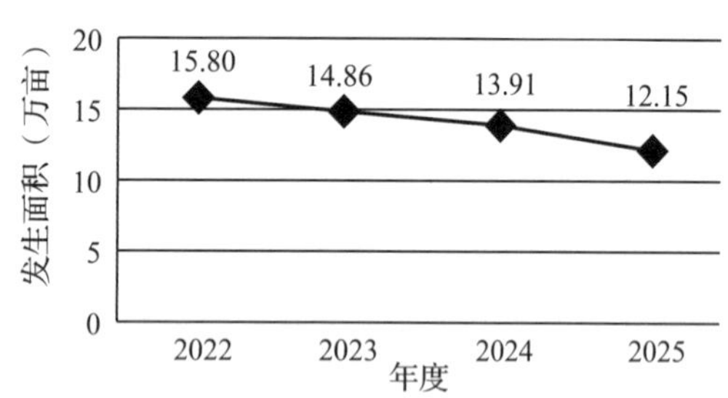

图 17-24　河南省近 3 年松树钻蛀害虫发生情况
及 2025 年发生预测

9. 栎类食叶害虫发生将呈上升趋势

预测发生 27.43 万亩(图 17-25)，主要种类有黄连木尺蛾、栓皮栎尺蛾、黄二星舟蛾、栎粉舟蛾、栎黄掌舟蛾、舞毒蛾、栎空腔瘿蜂等。发生于郑州、洛阳、平顶山、安阳、新乡、三门峡、南阳、信阳、驻马店及济源。

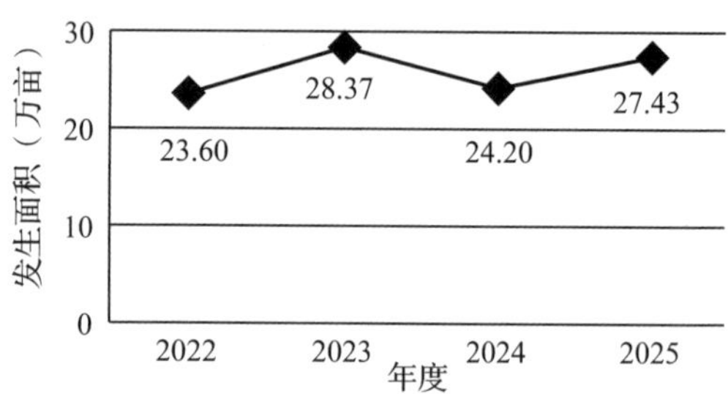

图 17-25　河南省近 3 年栎类食叶害虫发生情况
及 2025 年发生预测

10. 栎类蛀干害虫发生将呈上升趋势

预测发生 2.62 万亩(图 17-26)，主要种类为栎旋木柄天牛、云斑白条天牛等，发生于洛阳、南阳及济源。

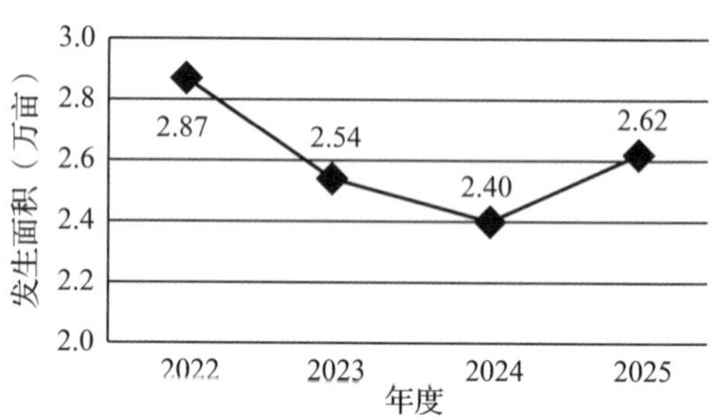

图 17-26　河南省近 3 年栎类蛀干害虫发生情况
及 2025 年发生预测

11. 枣树有害生物发生将基本持平

预测发生约 4.00 万亩(图 17-27)，主要种类为枣疯病、枣尺蛾、桃蛀果蛾、绿盲蝽等，发生于郑州、安阳、三门峡 3 市。

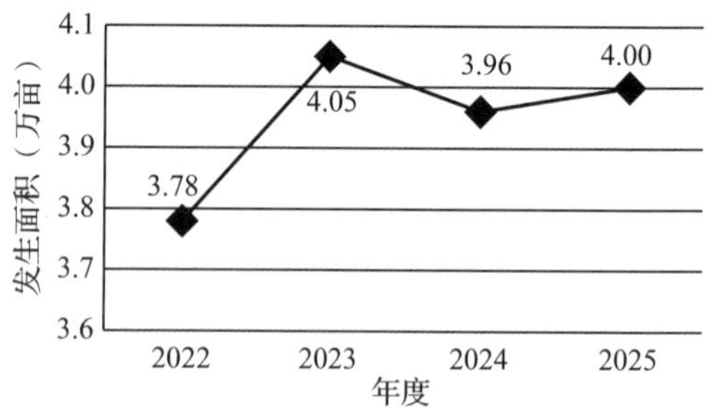

图 17-27　河南省近 3 年枣树有害生物发生情况
及 2025 年发生预测

12. 核桃有害生物发生将基本持平

预测发生约 11.13 万亩(图 17-28)，主要种类为核桃细菌性黑斑病、核桃炭疽病、核桃举肢蛾、桃蛀螟、核桃小吉丁等。发生于郑州、洛阳、新乡、焦作、三门峡、信阳及济源。

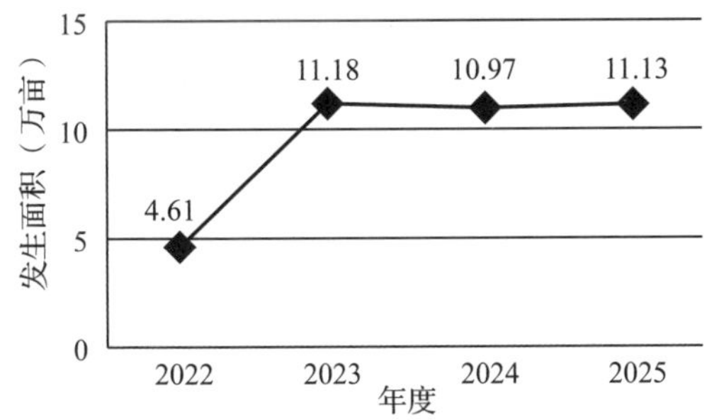

图 17-28　河南省近 3 年核桃有害生物发生情况及 2025 年发生预测

13. 油茶叶部害虫发生将呈上升趋势

预测发生 1.02 万亩(表 17-3)，主要种类为茶黄毒蛾和茶小绿叶蝉，发生于南阳市和信阳市。

表 17-3　河南省 2025 年油茶叶部害虫发生趋势预测

区划名称	2024 年发生面积（万亩）	2025 年预测发生面积(万亩)	发生趋势
河南省	0.79	1.02	上升
南阳市	0.01	0.02	上升
信阳市	0.78	1.00	上升

14. 泡桐丛枝病发生将呈上升趋势

预测发生 3.68 万亩(图 17-29)，发生于郑州、开封、洛阳、平顶山、安阳、鹤壁、新乡、三门峡、商丘、周口等 10 市。

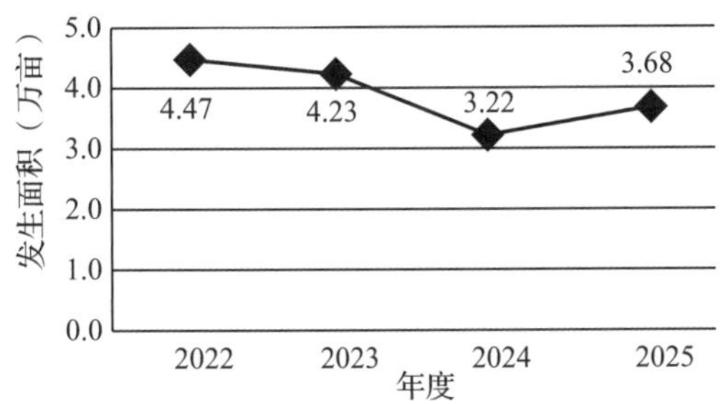

图 17-29　河南省近 3 年泡桐丛枝病发生情况及 2025 年发生预测

15. 刺槐外斑尺蛾发生将基本持平

预测发生 1.05 万亩(图 17-30)，发生于郑州、洛阳、新乡、商丘 4 市。

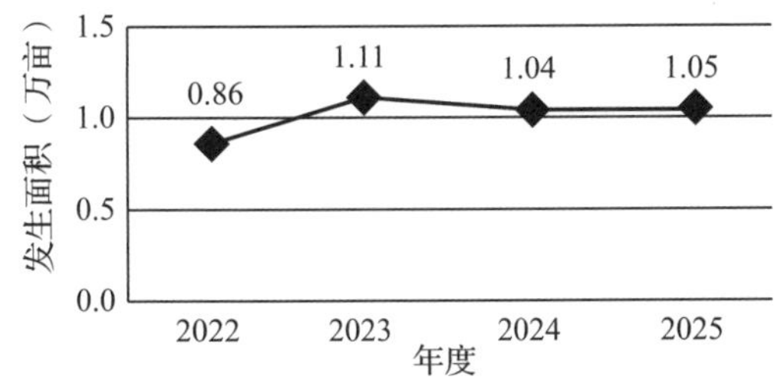

图 17-30　河南省近 3 年刺槐外斑尺蛾发生情况及 2025 年发生预测

16. 山茱萸蛀果蛾发生将基本持平

预测发生 0.98 万亩(表 17-4)，主要发生在洛阳市栾川县、嵩县和南阳市西峡县。

表 17-4　河南省 2025 年山茱萸蛀果蛾发生趋势预测

区划名称	2024 年发生面积（万亩）	2025 年预测发生面积(万亩)	发生趋势
河南省	0.90	0.98	基本持平
洛阳市	0.55	0.58	基本持平
南阳市	0.35	0.40	基本持平

17. 雪松长足大蚜发生将基本持平

预测发生 0.04 万亩，主要发生在洛阳市偃师区。

18. 悬铃木方翅网蝽发生将呈上升趋势

预测发生 7.30 万亩(图 17-31)，主要发生于郑州、开封、洛阳、平顶山、鹤壁、新乡、商丘、信阳等 8 市。

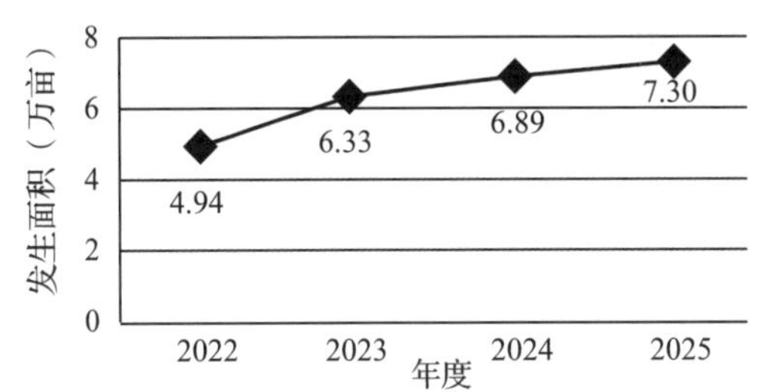

图 17-31　河南省近 3 年悬铃木方翅网蝽发生情况及 2025 年发生预测

三、对策建议

1. 提高政治站位，加强宣传培训，深入贯彻落实党的二十届三中全会生态文明建设理念

各级林业部门应充分认识到林业有害生物防控的重要性，将其纳入生态文明建设与经济建设的总体规划中，确保工作得到政府、政策和社会舆论的支持。要充分利用电视、报刊等传统媒体，抖音、微博、头条等互联网平台，普及林业有害生物防治知识，提高公众对林业有害生物危害性的认识，形成全社会共同参与的良好氛围。领会、吃透党的二十届三中全会对深化生态文明体制机制改革的要求，坚定不移走生态优先、绿色低碳高质量发展道路，加强宣传引导，全力以赴做好明年各项林业有害生物防治工作。

2. 坚持政府主导，属地管理，确保顺利完成松材线虫病疫情防控五年攻坚计划目标和任务

坚持政府主导，属地管理，层层分解落实政府和林业主管部门的防控责任，是切实加强重大林业有害生物防治力度、遏制重大林业有害生物扩散蔓延的重要举措。2025年是《国家松材线虫病疫情防控五年行动计划》收官之年，要以林长制为抓手，强化责任，严格考核，落实重大林业有害生物防治地方政府负责制，压实松材线虫病疫区地方政府的主体责任和工作责任，相关部门形成防控合力，做好疫木除治包片督导和技术指导工作，确保顺利完成疫情防控五年攻坚目标和任务。

3. 开展分类施策，严格执法，开创林业有害生物防治工作新局面

近年来，松材线虫病和美国白蛾等重大林业有害生物受到省市县各级政府高度重视，发生面积逐年下降、危害程度逐年减轻，但是扩散蔓延势头不减，防控形势依然严峻。栎类食叶、蛀干害虫呈上升态势，松树食叶害虫发生起伏较大，栎类及松树食叶害虫局部曾暴发成灾。杨树有害生物发生面积虽然连年下降，但局部仍零星成灾。面对当前复杂的林业有害生物防治形势，要以习近平生态文明思想为指导，扛稳生态文明建设的重任。一是坚持分类施策。对栾川县、光山县、罗山县3个连续2年实现无疫情的松材线虫疫区县，加大资金倾斜力度；发挥钉钉子精神、紧盯今年实现无疫情的淅川县，争取早日拔除疫区；对新县、商城县、西峡县、卢氏县要划定年度任务，在县域内逐步拔除乡镇疫点、压缩发生面积、减少疫木数量。二是全面加强检疫执法力度。开展“护松2025”行动，进一步加强产地检疫、调运检疫和工程复检复查，重点做好对木材市场等流通领域的监管，堵塞漏洞，严防松材线虫病、美国白蛾等传播、扩散，严防其他外来有害生物的入侵。三是加强应急物资的储备，择时防治。对美国白蛾及危害杨树、松树、栎类等容易局部突发成灾的有害生物，各级林业有害生物防治机构要做好应急物资的储备，加强监测，抓准时机适时开展防治，必要时启动应急预案，开展应急防控。四是完善奖惩机制。打破大锅饭、平均主义，守正创新，对于完成目标任务的、资金分配上给予倾斜，对于没有完成目标任务的、适当减少资金，并进行通报批评。

4. 加强对重点区域和关键时期的监测调查，逐步构建智能化监测预报体系

要紧盯全省主要林业有害生物发生关键时期和重点区域，合理布局监测点，充分发挥国家级中心测报点林业有害生物预警云平台、高智能监测基站、智能化性诱、无人机等先进监测设备作用，实时采集有害生物发生动态、分布范围与种群数量变化等信息。加强对各级测报员的业务培训，推进可视化、智能化在监测预报工作中的应用，做到及时监测、准确预报、提早预警。

5. 增进学习交流，取长补短，进一步完善跨区域联防联治协调机制

加强与周边晋冀鲁陕等省际间林业有害生物防治工作交流合作，航空港区、郑州、开封等市际间林业有害生物联防联治，省内松材线虫病疫区等县际间疫情联防联检合作，完善区域协作、信息互通、考察培训、协同检疫、协同防控等合作机制，深化协作领域，强化协同联动，实现同步发力、共同防治，部门联动、联合执法，优势互补、成效互通，有效防范重大林业有害生物扩散蔓延，共同保护边界林区生态安全。

（主要撰写人：古京晓　朱雨行；主审：孙红）

18 湖北省林业有害生物2024年发生情况和2025年趋势预测

湖北省林业有害生物防治检疫总站

【摘要】2024年湖北省主要林业有害生物发生总体呈下降趋势，全年发生696.9万亩(含有害植物103.1万亩)，同比下降3.7%。外来重大林业有害生物防控效果显著，松材线虫病疫区、疫点、发生面积持续下降，拟拔除疫区5个、疫点44个，发生面积同比下降6.9%；美国白蛾发生面积和危害程度继续稳步下降，以零星发生为主，未出现扰民事件。常发性林业有害生物此消彼长，马尾松毛虫、杨树食叶害虫、油茶病害、竹类害虫在局部地区危害加重；杨树蛀干害虫、杨树病害、有害植物发生平稳；松褐天牛、华山松大小蠹、经济林病虫害(板栗、核桃、木瓜类)及鼠(兔)害危害减轻。全省各地积极组织林业有害生物防治，合计防治629.7万亩，累计防治作业926.1万亩次，全省主要林业有害生物成灾率7.81‰，无公害防治率96.2%，实现了预期管理目标。经综合研判，预计2025年全省林业有害生物延续当前发生态势，全年发生700万亩左右。其中，虫害发生460万亩，病害发生130万亩，鼠(兔)害发生7万亩，有害植物发生100万亩。总体趋势：一是松材线虫病疫情总体得到控制，但疫情基数大、易反弹，防控形势依然严峻；二是美国白蛾疫情得到稳步控制压缩，但需防范疫情输入扩散；三是马尾松毛虫、杨树害虫、经济林病虫害、竹类害虫等发生呈上升趋势；四是松褐天牛、华山松大小蠹、鼠(兔)害及有害植物等发生平稳或略呈下降趋势。针对当前全省林业有害生物发生特点和趋势，建议进一步压实防控责任，夯实防控保障，强化综合防控，实施生态治理，加强宣传动员，扎实做好林业有害生物综合防控，坚决打赢松材线虫病疫情防控攻坚战，维护生态安全。

一、2024年林业有害生物发生情况

2024年湖北省主要林业有害生物发生总面积呈下降趋势，全年发生696.9万亩，同比下降3.7%。轻度发生面积占比为63.5%。其中，虫害发生452.2万亩，同比下降3.2%；病害发生134.7万亩，同比下降7.5%；鼠(兔)害发生6.8万亩，同比下降17.1%；有害植物发生103.1万亩，同比基本持平(图18-1)。

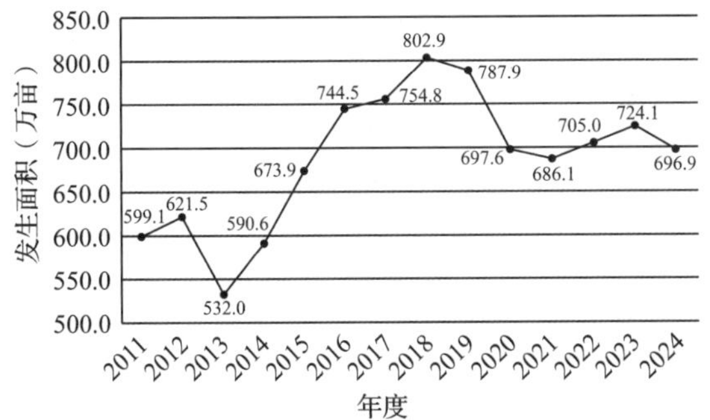

图18-1 2011—2024年湖北主要林业有害生物发生面积

(一)发生特点

外来重大林业有害生物防控效果显著，松材线虫病疫区、疫点、发生面积持续下降，拟拔除疫区5个、疫点45个，发生面积同比下降6.9%；美国白蛾发生面积和危害程度继续稳步下降，以零星发生为主，未出现扰民事件。常发性林业有害生物此消彼长，马尾松毛虫、杨树食叶害虫、油茶病害、竹类害虫在局部地区危害加重；杨树蛀干害虫、杨树病害、有害植物发生平稳；松褐天牛、华山松大小蠹、经济林病虫害(板栗、核桃、木瓜类)及鼠(兔)害危害减轻。

(二)主要林业有害生物发生情况分述

1. 松材线虫病

根据各地录入到国家松材线虫病疫情防控监管平台数据统计，湖北省2024年松材线虫病秋季普查共调查松林小班760334个、面积5321.5万亩，取样3342个小班，检测8550株、18647

份样品，未发现新增疫区、疫点。普查结果显示，全省松材线虫病疫情发生 109.2 万亩，普查死亡松树 179.5 万株，其中病死松树 52.8 万株，其他原因致死松树 126.7 万株。疫情涉及武汉市、黄石市、十堰市、宜昌市、襄阳市、鄂州市、荆门市、孝感市、荆州市、黄冈市、咸宁市、随州市、恩施土家族苗族自治州(简称恩施州)等 13 个市(州)、70 个县级疫区。较 2023 年，全省疫情发生面积减少 8.1 万亩，病死松树减少 9.5 万株；拟拔除疫区 5 个[武汉市经开区(汉南区)、襄阳市襄州区、宜昌市高新区、嘉鱼县、咸丰县]、拔除疫点 45 个。

省委、省政府高度重视松材线虫病疫情防控工作，总林长发布 2024 年 1 号令，要求扎实推进松材线虫病疫情防控五年攻坚行动，落实防控目标任务。省林业局 4 次召开全省重大林业有害生物防控工作现场会、视频会，组织年中、年末两次防控效果评价，开展春秋两季卫星遥感监测核查，推进松材线虫病防控攻坚。各地普遍实行专业化疫情防控和第三方监理，越来越多的地方推行三年绩效承包防控，采取空天地一体化疫情监测，开展“护松 2024”专项检疫执法行动，全面应用松材线虫病疫情防控监管平台采录监测普查、取样鉴定、疫木除治等数据，对疫情防控实施全过程管理，全省松材线虫病疫情防控取得显著效果(图 18-2、图 18-3)。

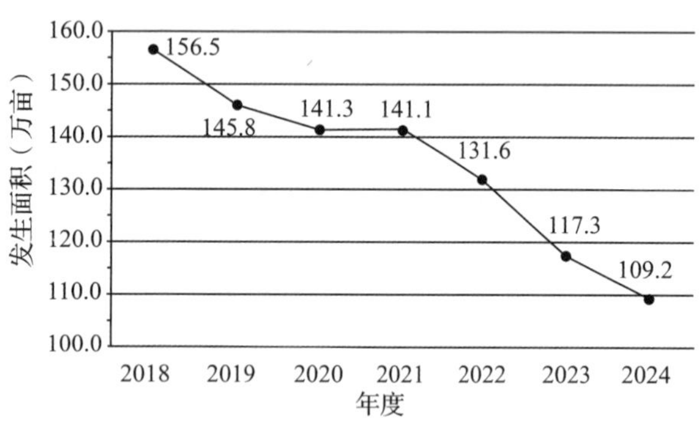

图 18-2　2018—2024 年湖北松材线虫病发生面积

2. 美国白蛾

根据成虫性诱监测和幼虫发生情况调查统计，2024 年全省美国白蛾疫情发生、危害继续呈下降态势，发生 6254 亩，同比下降 6.6%。美国白蛾疫情发生区域控制在与河南交界的孝感、随州两个地级市，虫口密度总体偏低，轻度发生面积占 94.1%，主要发生在随州市广水市(2920

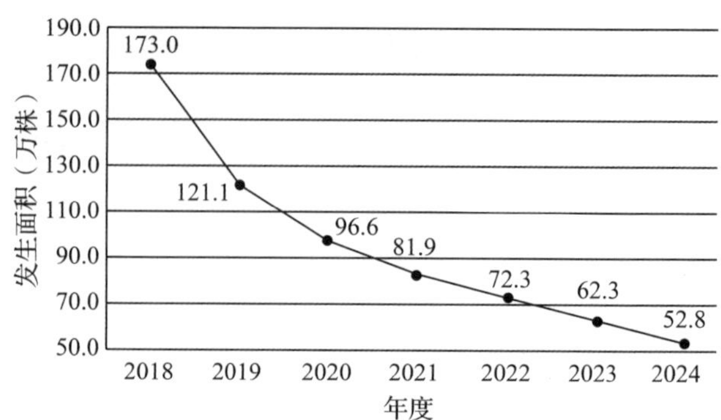

图 18-3　2018—2024 年湖北松材线虫病病死树数量

亩)、孝感市大悟县(1350 亩)；孝感市的云梦县、安陆市、孝昌县、应城市、孝南区，随州市的随县发生面积小，呈点状零星发生。

湖北省高度重视美国白蛾疫情防控工作，省政府每年召开全省国土绿化现场推进会，对美国白蛾等重大林业有害生物防治作进行安排部署。5~10 月实行监测防控工作月报制，派出工作组赴疫区包片督办指导，各疫区按照“主防第一代，严防第二代，查防第三代”的防控策略，及时开展防治，把虫情控制在较低水平，未造成大的危害和引发扰民事件(图 18-4)。

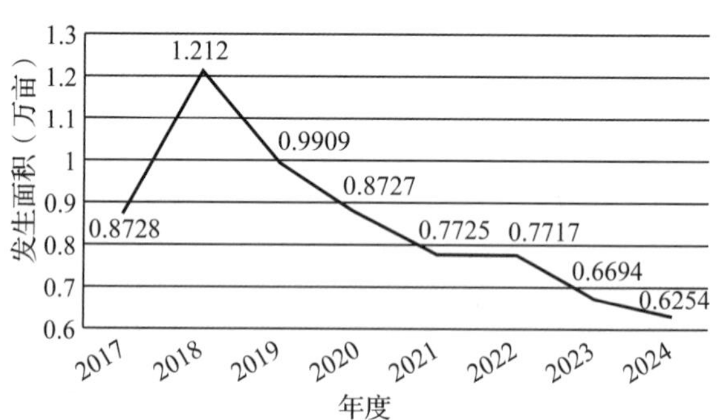

图 18-4　2017—2024 年湖北美国白蛾发生面积

3. 松褐天牛

松褐天牛是松材线虫病传播媒介，在全省广泛分布。2024 年全省发生 164.8 万亩，同比下降 4.6%。危害较重的地方主要分布在鄂东的武汉市黄陂区，黄冈市麻城市、罗田县、英山县、蕲春县、红安县，鄂北的随州市随县，鄂中的荆门市钟祥市、京山市、鄂南的荆州市松滋市及三峡库区的宜昌市夷陵区、宜都市等地。5~7 月，松褐天牛成虫羽化初期、盛期，各地采取直升机、无人机、地面人工施药等方式防治，全省累计防治作业面积 187.5 万亩，有效降低了虫口密度，削弱了林间松材线虫病的自然传播(图 18-5)。

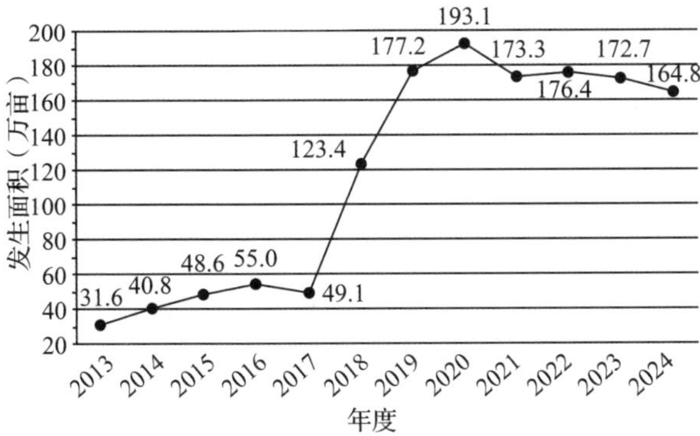

图 18-5　2013—2024 年湖北松褐天牛发生面积

4. 马尾松毛虫

马尾松毛虫是湖北省主要的松树食叶害虫，一般 5~6 年一个发生高峰，受发生规律及气候影响，2024 年继续呈上升趋势，发生 117.6 万亩，同比上升 20.6%，成灾 0.04 万亩。在鄂东北大别山区黄冈市的英山县、麻城市、罗田县、红安县、浠水县，武汉市的黄陂区，孝感市的大悟县等地发生面积较大，局地危害重。4~6 月，各地分别采取直升机、无人机施药及人工地面防治的方式，对越冬代、第一代幼虫及时进行防治，累计防治作业面积 144.6 万亩，遏制了虫情的进一步加重(图 18-6)。

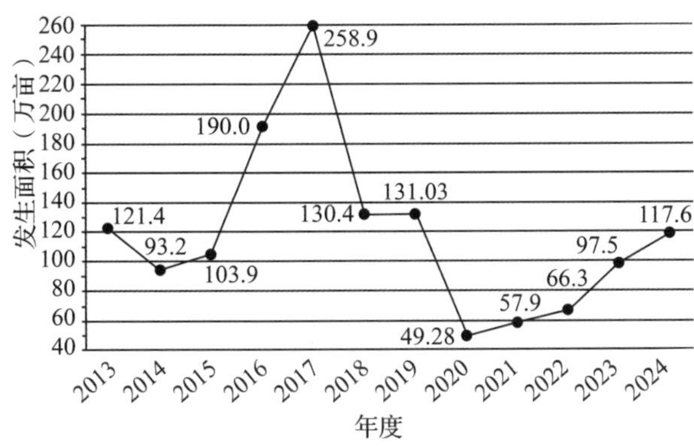

图 18-6　2013—2024 年湖北马尾松毛虫发生面积

5. 华山松大小蠹

华山松大小蠹因个体小、钻蛀危害，危害前期难以发现，防治难度较大且防治手段有限，2011—2016 年，在神农架林区大发生，对林区华山松资源和生态环境造成了巨大威胁。自 2017 年，通过综合治理，特别是对虫害木实施全面清理，华山松大小蠹种群密度逐年下降。2024 年发生 0.2 万亩，同比下降 33.3%，主要发生在鄂西北的神农架林区及周边的宜昌市兴山县、十堰市竹溪县、襄阳市保康县等地(图 18-7)。

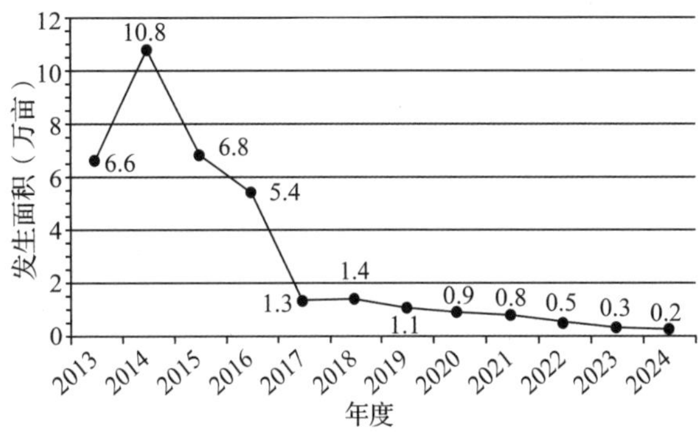

图 18-7　2013—2024 年湖北华山松大小蠹发生面积

6. 杨树病虫害

杨树病虫害主要有食叶害虫(杨小舟蛾、杨扇舟蛾)、蛀干害虫(云斑白条天牛、桑天牛)和病害(黑斑病、溃疡病、烂皮病)。2013—2016 年，湖北省杨树病虫害处于发生高峰期，发生面积大、危害重，经过历年来密切监测、及时防治，其发生危害得到了控制。2024 年杨树病虫害发生 107.3 万亩，同比下降 3.8%，以轻度发生为主。其中，杨树食叶害虫发生 74.5 万亩，虽然面积同比下降 5.3%，但夏季受高温气候影响，杨树舟蛾第二、三代在江汉平原潜江市及荆州市的石首市、公安县等地局部发生较重，成灾面积 0.27 万亩；杨树蛀干害虫发生 23.9 万亩，同比基本持平，主要发生在江汉平原的潜江市，天门市，仙桃市，荆州市公安县、江陵县，鄂东南的咸宁市嘉鱼县、赤壁市，鄂中的孝感市汉川市，荆门市沙洋县，鄂北的襄阳市谷城县等地；杨树病害发生 8.9 万亩，同比基本持平，主要发生在鄂东南的咸宁市嘉鱼县、咸安区，江汉平原的荆州市监利市，鄂东北的黄冈市麻城市、黄梅县，鄂北的襄阳市南漳县、老河口市，鄂中的孝感市汉川市、安陆市等地(图 18-8、图 18-9、图 18-10)。

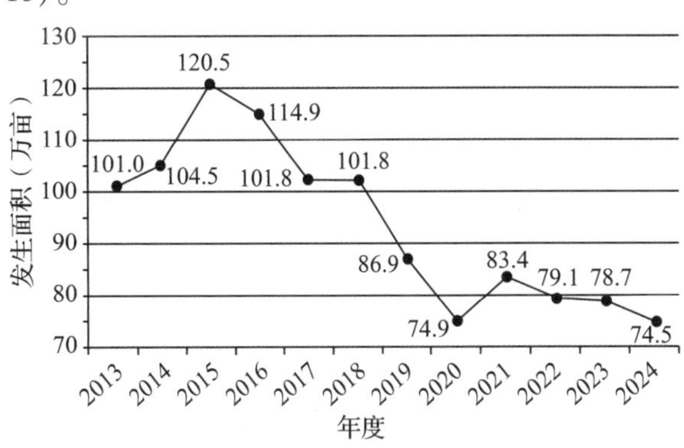

图 18-8　2013—2024 年湖北杨树食叶害虫发生面积

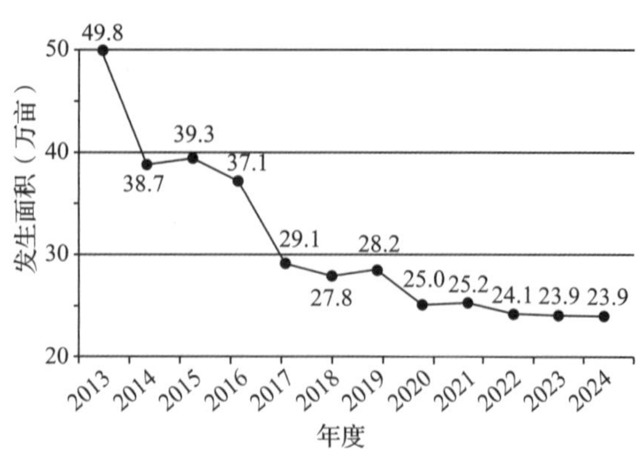

图 18-9　2013—2024 年湖北杨树蛀干害虫发生面积

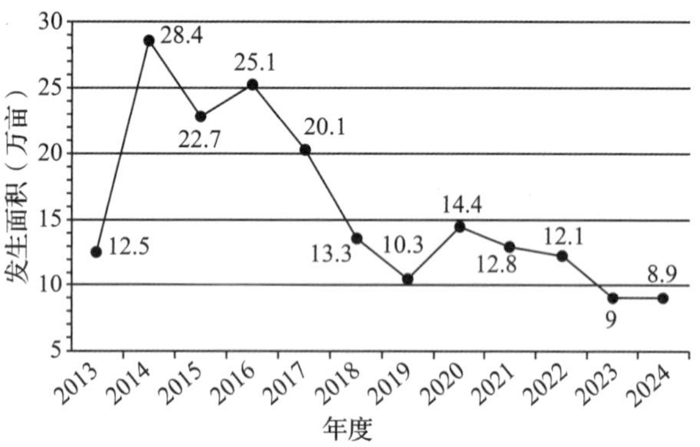

图 18-10　2013—2024 年湖北杨树病害发生面积

7. 经济林病虫害

以板栗、核桃、油茶等病虫害为主，2024 年全省发生 57.5 万亩，同比下降 23.8%，以轻度发生为主。其中，板栗病虫害发生 44.8 万亩，同比下降 25.7%，以板栗剪枝象、栗实象、栗瘿蜂、板栗疫病、板栗炭疽病为主，其中板栗剪枝象和栗实象发生面积占 78.6%，主要发生在大别山区黄冈市罗田县、麻城市、英山县，孝感市大悟县等地；核桃病虫害发生 5.3 万亩，同比下降 31.2%，以核桃细菌性黑斑病、核桃烂皮病、银杏大蚕蛾、核桃长足象、核桃举肢蛾为主，主要发生在鄂西十堰市大部、恩施市等地及三峡库区宜昌市兴山县等地；油茶病虫害发生 6.2 万亩，同比上升 3.3%，以油茶煤污病、油茶炭疽病为主，主要发生在大别山区黄冈市麻城市、蕲春县，鄂东南咸宁市通山县、通城县，黄石市阳新县，鄂西恩施市等地；木瓜锈病发生面积 1.2 万亩，同比下降 20%，发生在十堰市郧阳区(图 18-11)。

8. 竹类病虫害

竹类病虫害主要有刚竹毒蛾、黄脊竹蝗、竹笋夜蛾、竹织叶野螟等。2024 年全省发生 12.1 万亩，同比上升 4.3%，以轻度发生为主，主要发生在鄂东南咸宁市大部、黄冈市黄梅县，鄂南荆州市石首市。2015 年咸宁等地暴发刚竹毒蛾后，各发生地注重竹类病虫害的监测防治工作，尤其是 2020 年以来为应对沙漠蝗虫入侵，各级积极开展黄脊竹蝗监测和防治，竹类病虫害持续处于较低发生水平(图 18-12)。

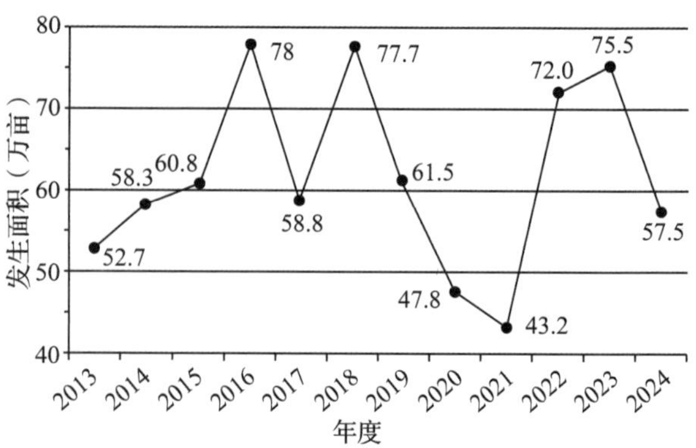

图 18-11　2013—2024 年湖北经济林病虫害发生面积

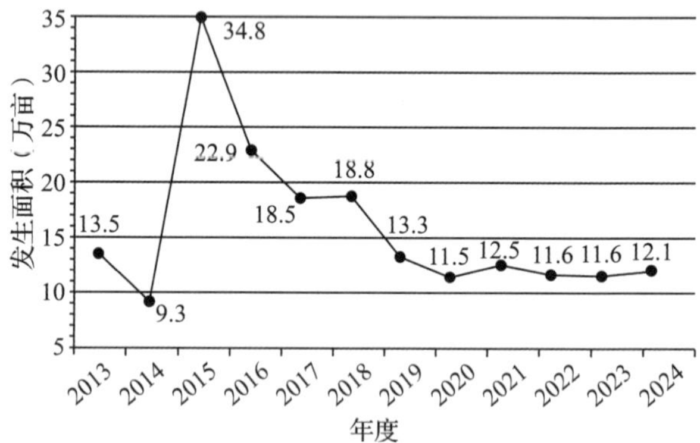

图 18-12　2013—2024 年湖北竹类病虫害发生面积

9. 鼠(兔)害

鼠(兔)害主要有草兔、中华鼢鼠等。2024 年全省发生 6.8 万亩，同比下降 17.1%，其中，兔害发生 0.7 万亩，鼠害发生 6.1 万亩，主要发生在鄂西北十堰市竹溪县、竹山县、郧阳区，鄂东南咸宁市崇阳县、通城县，鄂北襄阳市枣阳市、南漳县等地。

10. 有害植物

2024 年全省有害植物发生 103.1 万亩，同比基本持平，以轻度发生为主，其中，葛藤发生面积占 99.2%，加拿大一枝黄花、剑叶金鸡菊小面积发生。葛藤是本土有害植物，在湖北省山区广泛分布，茎蔓生长快，具有较强的攀附和覆盖能力，影响灌木生长，但对乔木影响不大。近年来，加拿大一枝黄花作为外来入侵植物在多地发现，引起社会的广泛关注，掀起了防治热潮。经调查，加拿大一枝黄花在湖北省大多分布在农地、荒地、路边、城乡接合部，林地外缘有少量分布，面积0.6万亩。春夏营养生长阶段，发生地农林等部门开展联合防除，组织人员采取连根铲除、喷施除草剂的方式进行防治。

(三)重点区域主要林业有害生物发生情况

湖北省三峡库区、丹江口库区松材线虫病疫情得到有效控制，疫区、疫点、发生面积和病死松树数量逐年下降；由于多年坚持采用白僵菌生物防治措施，马尾松毛虫、杨树舟蛾等食叶害虫没有暴发成灾。神农架林区加强监测预防，尚无松材线虫病、美国白蛾入侵。

(四)成因分析

1. 异常气候加重有害生物危害

气候是影响林业有害生物生长发育重要因素。2023年12月至2024年1月，全省平均气温较常年偏高，利于病虫害越冬；2月出现历史罕见冰冻雨雪天气，致使全省多地大量树木倒伏、折干，树势衰弱，抗病虫能力下降；3~4月，雨热气候适宜，加之马尾松毛虫处于周期性发生高峰期，越冬代马尾松毛虫在鄂东北大别山一带局地危害较重；5月中旬起至6月上旬，全省大部高温少雨；6月18日至7月15日入梅，梅雨期较短，出梅后夏秋全省降雨总体偏少，气温偏高，江汉平原北部至鄂东北出现阶段性干旱。在上述气象条件下，马尾松毛虫、竹类害虫在局部地区危害加重发生面积上升，杨树食叶害虫在江汉平原局地危害加重。

2. 重大林业有害生物防控取得实效

各地以林长制为抓手，压实压紧政府防控主体责任，推行重大林业有害生物专业化防控，稳步推进松材线虫病、美国白蛾疫情防控攻坚行动，疫情逐步得到控制、压缩，防控效果显著。

3. 林分结构利于病虫灾害发生

湖北省林分结构以松、杨为主，且多为纯林，为松褐天牛、马尾松毛虫、杨树食叶害虫提供了广阔的生存和繁育环境，而松褐天牛在松林中的广泛分布，有利于松材线虫病的传播扩散。近些年，各地大力推进油茶扩面提质增效行动，栽植密度大，生物多样性低，外地品种适应性差，导致林分处于亚健康状态，抗性差，为病虫害大发生创造了客观条件。

4. 松毛虫等虫害处于周期性高发期

马尾松毛虫是周期性食叶害虫，2017年前后经历了一轮发生高峰，2020年进入消退期，近年来受气候影响，大别山等区域虫口密度连续积累，逐渐进入高发周期。刚竹毒蛾、黄脊竹蝗在鄂东南咸宁等地也处于周期性上升期。

5. 监测防控基础能力有待提升

当前基层财政资金普遍紧张，林业有害生物防治资金投入总体上还不能满足防治需求。机构改革后，部分基层森防人员转岗、大多数乡镇林业站撤销，基层专业技术人员匮乏。此外，有害生物发生区域涉及林业、农业、城建、交通、水利、海关等多部门，各部门重视程度和协调配合能力不一，很难做到统防统治，有时因防治责任主体不明，造成防治不及时、不到位或出现防治盲区。

二、2025年林业有害生物发生趋势预测

(一)2025年总体发生趋势预测

1. 预测依据

据气象部门预测，2024年12月至2025年2月，湖北省平均气温与常年同期相比，大部偏高0.4~1.1℃、降水偏少1~3成，前冬偏暖，后冬阶段性降雪降温，气温总体偏高，有利于害虫越冬；春夏季气温总体偏高、降水偏少，有利于害虫发生。根据上述气象条件、各地越冬虫口基数调查、2024年主要林业有害生物发生及防治情况，结合专家会商意见，综合形成2025年主要林业有害生物发生趋势预测。

2. 预测结果

经综合研判，预计2025年全省林业有害生物延续当前发生态势，全年发生700万亩左右。其中，虫害发生460万亩，病害发生130万亩，鼠(兔)害发生7万亩，有害植物发生100万亩。

总体趋势：一是松材线虫病疫情总体得到控制，但疫情基数大、易反弹，防控形势依然严峻。二是美国白蛾疫情得到稳步控制压缩，但需

防范疫情输入扩散。三是马尾松毛虫、杨树害虫、经济林病虫害、竹类害虫等发生呈上升趋势。四是松褐天牛、华山松大小蠹、鼠(兔)害及有害植物等发生平稳或略呈下降趋势。

(二)分种类发生趋势预测

1. 松材线虫病

2025年是"十四五"松材线虫病疫情防控五年攻坚行动验收年,湖北省正在逐步实现"控制一批、压缩一批、拔除一批"的疫情防控目标,防控效果将得到进一步巩固,疫区、疫点、发生面积将继续呈下降趋势,疫情发生面积控制在105万亩左右。但湖北省疫情点多面广、基数较高,拔除疫情和实现无疫情疫区、疫点容易反弹,松材线虫病疫情防控形势仍然严峻。

2. 美国白蛾

美国白蛾老疫区疫情得到较好控制,虫口密度整体维持在较低、稳定的状态,预测发生0.6万亩,持续呈下降趋势。然而,现有疫区均相邻且与邻省疫区接壤,务必做好联防联治、全面防控,如有漏防,有局部成灾风险。美国白蛾随苗木调运、交通工具远距离传播风险高,武汉、黄冈、荆州、十堰、荆门等区域要切实抓好监测调查和检疫监管,严防疫情输入。

3. 松褐天牛

各地扎实开展松材线虫病疫情防控,通过疫木清理、药剂防治,松褐天牛种群密度得到一定程度控制,然而松褐天牛成虫羽化期在5~10月,时间跨度长,现有防治手段难以覆盖到位。预计松褐天牛发生160万亩左右,同比基本持平,在鄂东的黄冈、孝感、武汉,鄂北随州,鄂中荆门,鄂西北十堰,鄂南荆州松滋及三峡库区宜昌夷陵等地等地偏重发生。

4. 马尾松毛虫

根据马尾松毛虫周期性发生规律,结合2025年春夏全省大部高温少雨的气候条件,预计全省发生110万亩左右,延续高发趋势。大别山区黄冈、孝感及周边武汉,鄂西北十堰等老虫源地虫口密度较大,要关注虫情动态,及时组织防治,防止局部成灾。

5. 华山松大小蠹

经过近些年有效防控,华山松大小蠹种群密度较低,预计全年发生0.2万亩,同比持平,主要发生在鄂西北的神农架林区及周边的宜昌兴山、十堰竹溪、襄阳保康等地。

6. 杨树病虫害

2025年春夏全省大部高温少雨气候有利于加重杨树食叶、蛀干害虫发生,预计总发生110万亩左右,其中,杨树食叶害虫发生约80万亩,呈上升趋势;杨树蛀干害虫发生约25万亩,呈上升趋势;高温少雨气候不利于病害流行,杨树病害发生约8万亩,同比持平。主要发生在江汉平原的仙桃、潜江、天门、荆州及武汉、咸宁、孝感等地,杨树食叶害虫在局部地区可能暴发。

7. 经济林病虫害

近些年各地大力发展经济林产业,大量外地引种、大面积栽植纯林,造成经济林水土不服、生物多样性匮乏、抗病虫能力差,加之气候因素,导致病虫害发生严重。预计发生65万亩左右,总体呈上升趋势。其中,板栗病虫害(栗瘿蜂、板栗剪枝象、栗实象、板栗疫病)发生约50万亩,同比上升,主要发生在大别山区;核桃病虫害(核桃细菌性黑斑病、核桃长足象、核桃举肢蛾)发生约6万亩,同比上升,主要发生在鄂西十堰、恩施,鄂北襄阳,三峡库区宜昌等地;油茶病虫害(油茶煤污病、油茶炭疽病)发生约7万亩,同比上升,主要发生在鄂东黄冈、黄石、咸宁等地;木瓜锈病发生约1.2万亩,同比持平,发生在鄂西北十堰郧阳。经济林病虫害直接关系到贫困山区林农经济利益,应切实做好监测和防治技术指导。

8. 竹类病虫害

根据黄脊竹蝗、刚竹毒蛾周期性发生规律,结合春夏全省大部高温少雨的气候条件,预计发生12.5万亩左右,同比略有上升,主要发生在鄂东南咸宁地区。

9. 鼠(兔)害

预计发生6.5万亩左右,呈下降趋势,其中,兔害发生1万亩,鼠害发生5.5万亩,主要发生在鄂西北十堰、襄阳,鄂东南咸宁等地,危害新造林。

10. 有害植物

有害植物繁殖力强,侵占农林用地、影响其他植物生长,近些年,其危害逐渐引起重视,各地加大了防治力度,预计2025年有害植物发生100万亩左右,同比基本持平。保护地、湿地有可能成为外来有害植物的重点危害区域，需严防入侵，做好防范工作。

（三）重要防控风险点

2024 年 2 月全省接连遭遇两次历史罕见的低温雨雪冰冻灾害，全省包括松树在内的大量树木倒伏、折干，增加了松材线虫病疫情防控的难度，同时，因树木倒折、树势衰弱，容易诱发天牛、小蠹虫等蛀干害虫危害。因此，三峡库区、丹江口库区等重点区域要做好受灾松木清理，谨防松褐天牛加重危害，加剧松材线虫病疫情传播风险。神农架林区要加大华山松大小蠹防控力度，减轻其危害。

三、对策建议

（一）压实防控责任

以林长制为抓手，真正压实地方党委和政府的防治主体责任，建立“省市县乡村”五级防控责任体系，确保攻坚行动目标任务细化落实到位。突出重点区域，对重点生态区域、疫情不减反增的区域、久除不净的区域，紧盯不放，安排专人重点督促指导，建立问题台账，督促限期整改销号，坚决啃下硬骨头、攻下难堡垒，确保圆满完成松材线虫病疫情防控攻坚行动目标。

（二）夯实防控保障

一是加大防治投入。鼓励各地采取措施激励定点加工企业出资除治疫木，进行安全利用，督促落实防治资金，保障疫情防控需要。二是加强基础建设。积极谋划申报林业有害生物综合防控体系建设项目，抓好在建基建项目实施。三是加强疫情防控数字化监管。组织各地全面应用国家松材线虫病疫情防控监管平台，提高监测防控的信息化水平。四是加强技术培训。开展线上线下多层次防治技术培训，切实提高基层队伍业务素质、履职能力。

（三）强化综合防控

一是加强疫情监测调查。推行“天空地”三位一体监测模式，开展疫情日常监测和专项普查，及时精准掌握疫情发生发展动态。二是加强疫情封锁监管。常态化开展检疫执法行动，严厉打击违法违规行为，坚决切断疫情传播途径。加强省际间联防联控。三是加强综合防治。采取物理、化学和生物等综合防治手段，加强松材线虫病、美国白蛾及本土常发性林业有害生物防治，减少传播风险。四是加强防治技术研究。以解决防控工作中“卡脖子”问题和一线需求为导向，加强松材线虫病天空地监测、快捷检测、综合防控、疫木处理等核心技术研究。

（四）实施生态治理

统筹生态修复与疫情防控，注重搞好“四结合”：一是与油茶产业扩面提质增效行动相结合；二是与森林防火隔离带建设相结合；三是与森林抚育经营相结合；四是与“双重”项目等其他生态工程相结合，加快松林改造，促进森林健康。

（五）加强宣传动员

继续加大《中华人民共和国森林法》《关于全面推行林长制的意见》《国务院办公厅关于进一步加强林业有害生物防治工作的意见》《湖北省林业有害生物防治条例》《党政领导干部生态环境损坏责任追究办法》等相关政策法规的宣传力度，提高各级政府和相关部门的生态灾害风险防范意识及森防工作社会认知度，构建“政府主导、部门协调、社会参与”的防控格局。

（主要起草人：陈亮　戴丽；主审：陈怡帆）

19 湖南省林业有害生物2024年发生情况和2025年趋势预测

湖南省林业有害生物防治检疫站

【摘要】2024年，湖南省林业有害生物发生465.5万亩，与2023年持平。全省主要有害生物发生特点：一是松材线虫病疫情连续第四年实现“五下降”；二是松毛虫出蛰时间较往年偏迟，发生面积下降；三是黄脊竹蝗在主要竹产区大发生，造成一定危害；四是松褐天牛发生面积下降。分析原因，一是通过松材线虫病防控五年攻坚行动等一系列行之有效的措施，湖南省防控工作成效初显，疫情得到初步控制；二是2024年初春遭遇冰雪灾害，抑制了松毛虫等有害生物越冬；三是春夏之交气温迅速上升，夏季持续高温，造成竹蝗大面积危害；四是湖南省马尾松、国外松面积占比大，且以人工林为主，易遭受有害生物危害。预测2025年林业草原有害生物发生面积较2024年上升，全省发生550万亩，局部将成灾，松材线虫病等重大林业有害生物防控压力持续位于高位。为圆满完成2025年有害生物防控各项工作：一是继续抓好松材线虫病防控工作；二是强化防控能力提升；三是落实专项调查工作；四是抓好重要林业生物灾害防控；五是强化科技创新和新技术推广力度，提升基层技术人员的业务能力。

一、2024年林业有害生物发生情况

2024年，湖南省林业有害生物发生465.5万亩，与2023年持平。其中，虫害发生369.5万亩，较2023年上升2.1%；病害发生96.0万亩，较2023年下降14.0%。防治392.7万亩，其中，无公害防治360.5万亩，无公害防治率91.8%。2024年成灾75.6万亩，其中松材线虫病成灾72.6万亩，林业有害生物成灾率3.88‰(图19-1)。

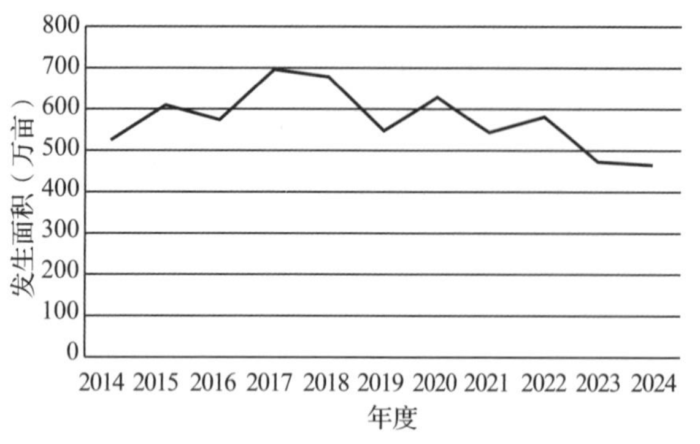

图19-1　湖南省历年林业有害生物发生面积

(一)发生特点

2024年，全省林业有害生物发生以松材线虫病、马尾松毛虫、黄脊竹蝗、松褐天牛、油茶有害生物为主，总体发生程度依然位于高位。全省主要有害生物发生特点：一是松材线虫病疫情连续第四年实现“五下降”；二是松毛虫出蛰时间较往年偏迟，发生面积下降；三是黄脊竹蝗在主要竹产区大发生，造成一定危害；四是松褐天牛发生面积下降(图19-2)。

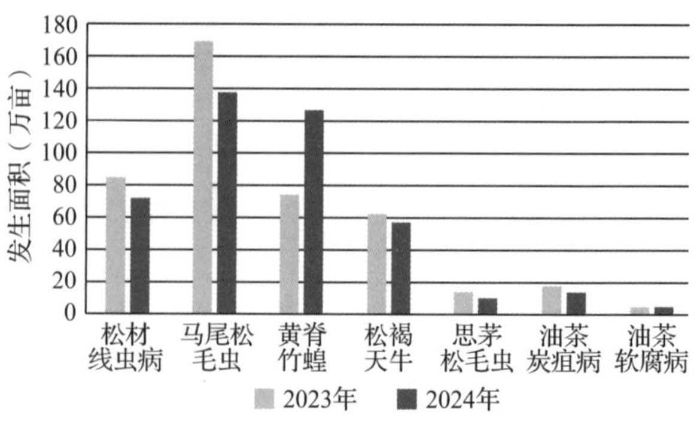

图19-2　2023—2024年主要有害生物发生情况

(二)主要林业有害生物发生情况分述

1. 常发性林业有害生物

(1)食叶害虫

马尾松毛虫　2024年全省马尾松毛虫发生138.5万亩(图19-3)，较2023年下降18.7%，全省各地都有发生，重点发生在怀化市、邵阳市、湘西土家族苗族自治州(简称湘西州)、张家界市。全省有77个县市区报告马尾松毛虫发生，占县级行政区总数的63.1%。溆浦县发生13.7万亩，芷江侗族自治县、新化县、会同县、洞口县、永定区发生面积超过5万亩。

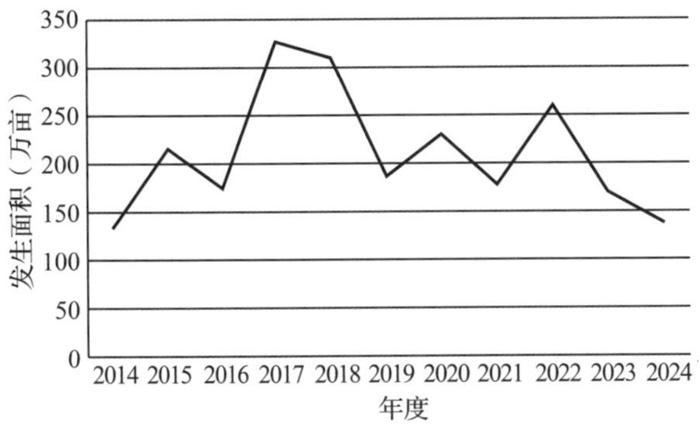

图19-3　历年马尾松毛虫发生情况

黄脊竹蝗　全省黄脊竹蝗发生128.2万亩(图19-4)，较2023年上升72.5%，主要发生在益阳市、常德市、岳阳市、衡阳市、娄底市。安化县发生12.3万亩，桃源县发生12.0万亩，岳阳县、桃江县、双峰县发生面积超过5万亩。2024年初，全省准确预测竹蝗发生趋势，省林业局下发了关于切实加强黄脊竹蝗等竹类有害生物防控工作的紧急通知，省生防站组织技术人员深入重点县区指导防治。桃江县、资阳区、桃源县、岳阳县等重点县区成立了政府领导挂帅的专班，压实乡镇林长包村、村级林长包片、护林员包山头的责任链条，合理选用低毒高效农药，采取竹腔注射、烟剂熏杀、林地内诱杀等方式组织防治，对发生面积较大的地区采取飞机防治，较好地控制了竹蝗危害。

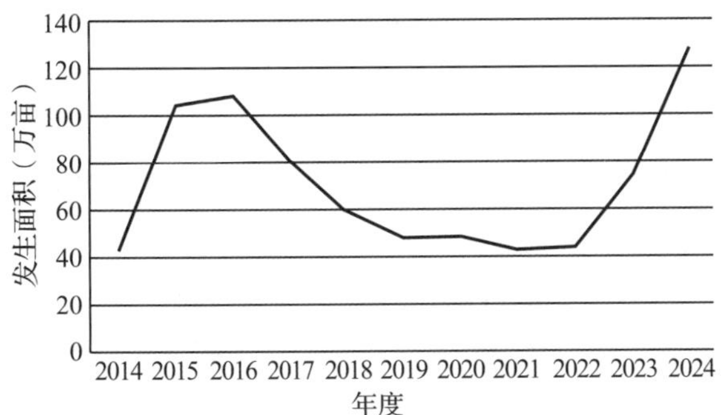

图19-4　历年黄脊竹蝗发生情况

思茅松毛虫　全省发生10.8万亩，较2023年下降26.0%。主要发生区域在岳阳市。

(2)蛀干害虫

松褐天牛　全省发生57.9万亩，较2023年下降7.8%，主要发生区域在张家界市、长沙市、郴州市、衡阳市等地。浏阳市发生6.2万亩，桑植县发生5.9万亩，新化县发生5.5万亩，南岳区发生4.7万亩。

松梢螟　松梢螟经过重点治理，加上松林幼林减少，危害逐年下降。2024年湖南省松梢螟发生5.9万亩，较2023年下降22.9%。主要发生在怀化市、岳阳市。

萧氏松茎象　发生5.0万亩，较2023年持平。主要发生区域在永州市、郴州市。

(3)病害

油茶炭疽病　发生14.7万亩，较2023年下降19.7%。主要发生在岳阳市、怀化市。

油茶软腐病　发生5.3万亩，主要发生在常德市、湘潭市。

2. 外来有害生物

根据2021—2024年全省林草系统外来入侵物种普查，湖南省外来入侵物种共计169种，包括昆虫6种、植物152种、植物病原微生物1种、无脊椎动物2种和脊椎动物8种，其中，松材线虫病为主要林业外来入侵物种。经2024年秋季专项普查，全省疫情发生72.58万亩，实现无疫情面积17.88万亩，疫情小班14589个，实现无疫情小班3840个。全省共取样11644株，发现新疫区1个(韶山市)。2024年全省病死松树数量同比减少63255株，疫情发生面积减少12.70万亩，疫情小班数量减少1919个；全省共有89个疫点乡镇实现无疫情，其中49个疫点乡镇已连续两年无疫情，达到疫点拔除标准；有11个疫区实现无疫情，分别是开福区、雨花区、岳塘区、大祥区、北塔区、石鼓区、雁峰区、临澧县、永定区、武陵源区和凤凰县，其中，武陵源区、石鼓区、雁峰区、北塔区和岳塘区5个疫区已连续两年实现无疫情，达到疫区拔除标准。

（三）成因分析

气候因素　2024 年全省遭遇冰冻雨雪天气。1 月、2 月全省气温迅速下降，并有较大范围降雪，影响松毛虫越冬，3 月气温回升较慢，导致越冬代马尾松毛虫、松褐天牛等有害生物出蛰和羽化推迟，虫口密度上升较慢。5~6 月气温上升迅速上升，受此影响，加速了竹蝗跳蝻孵化，致使其在较短的时间内集中危害。

寄主因素　一是湖南省人工林面积较大，森林资源总体质量不高，林分结构相对简单，抵抗林业生物灾害的能力不强，一旦发生危害，很容易出现快速蔓延和扩张，导致局部地区成灾。二是湖南省马尾松、国外松面积合计约 3700 万亩，占全省乔木林面积的 27%，易遭受有害生物危害。

其他因素　通过松材线虫病防控五年攻坚行动等一系列行之有效的措施，松材线虫病疫情防控工作成效初显，枯死松树数量、发生面积、疫区数量、疫点数量、疫情小班数量实现“五下降”，疫情得到控制，但因疫木管理情形复杂，疫情随疫木扩散蔓延的态势依然严峻。

二、2025 年林业草原有害生物发生趋势预测

（一）2025 年总体发生趋势预测

根据 2024 年林业草原有害生物发生情况，结合有害生物生物学特性、发生规律及气候特征综合分析，经专家会商，预测 2025 年全省林业有害生物发生 520 万亩。松材线虫病传播扩散形势依然严峻，红火蚁、加拿大一枝黄花等入侵生物在局部地区危害，美国白蛾入侵风险加剧。本土有害生物以马尾松毛虫、黄脊竹蝗、松褐天牛和油茶病虫害等为主。全省林业有害生物发生面积持续位于历史高位，危害程度呈逐步上升趋势，在局部地区可能成灾。

（二）分种类发生趋势预测

松毛虫　预计 2025 年全省松毛虫发生 170 万亩，主要发生在怀化、邵阳、湘西州等地。

松材线虫病　疫情防控工作取得阶段性成效，但疫源随松木包装材料大量进入湖南省的风险较大，防控形势可能进一步趋重。

松褐天牛　持续防控使松褐天牛发生面积得到较好控制，预计 2025 年松褐天牛发生 55 万亩，主要发生在张家界、邵阳市、岳阳市、益阳市、怀化市。

黄脊竹蝗　黄脊竹蝗 2024 年发生点多面广，部分竹林虫口密度呈上升趋势，加上竹材行情走低，经营者防治意愿不高，预计 2025 年黄脊竹蝗发生 65 万亩，主要发生在益阳市、邵阳市、岳阳市、长沙市。

松梢螟　近年来松科植物新造林持续减少，松林已经郁闭成林，不利于松梢蛀虫的发生发展，虫口密度呈下降趋势。预测 2025 年全省松梢螟发生 5 万亩，主要发生在怀化市、岳阳市。

油茶炭疽病、油茶软腐病　当前油茶主要品种抗病能力不强，今年冬季偏暖、明年春季多雨的可能性较大，有利于油茶病害发生。预测 2025 年油茶两种病害发生 45 万亩，主要分布在怀化市、岳阳市、郴州市、衡阳市、永州市。

萧氏松茎象　预计发生 8 万亩，主要发生在永州市、怀化市。

三、对策建议

按照国家林业和草原局和湖南省林业和草原局的工作部署，为切实维护湖南省生物安全和生态安全，加强外来入侵物种管控，巩固松材线虫病疫情防控效果，遏制重大危险性林业有害生物扩散蔓延。重点做好以下工作。

（一）抓好松材线虫病防控工作

1. 依托林长制落实防控责任

对照林长制督查考核办法，重点抓好病死树、发生面积、疫区、疫点、疫情小班数量“五下降”工作。用好督查考核结果，压实防治责任，督促地方问题整改。

2. 推进松材线虫病五年攻坚行动

推进松材线虫病五年攻坚行动，做好韶山、南岳、张家界等重点地区防控，科学组织疫木除治清理，按期保质完成年度除治目标。贯彻落实国家最新版松材线虫病技术方案，常态化开展枯

死木“即死即清”工作，加大对无害化处理厂的建设和指导，确保防控成效持续向好。继续执行分片包干负责制和疫情除治月报制度，聘请第三方公司开展松材线虫病防控工作明察暗访，结合普查结果科学评估除治成效。

3. 加强检疫执法

开展松木检疫执法专项行动及涉松木加工、运输和使用单位“双随机、一公开”监管抽查行动，加大复检力度，重点检查外省非法输入湖南省的松木及其制品，做到“外防输入”。

4. 抓好联防联治工作

推动建立省际间、市县交界地段联防联治体系，继续做好与湖北、广东、贵州等省市以及湘西南、“常益张”“绿心地区”等3个片区松材线虫病联防联治工作。

(二)全面提升防控能力

1. 强化基础设施建设

开展环南山国家公园等重点保护地松材线虫病防控能力建设项目；积极推进南岭山脉重点生态区松材线虫病智慧防控能力提升工程，罗霄-幕阜山脉重点生态区松材线虫病智慧防控能力提升工程项目；继续开展标准示范站建设。加强林业有害生物检疫检查站和检疫执法队伍建设，提升检疫御灾能力。加强国家林业和草原局南方天敌繁育与应用工程技术研究中心管理，提升生物防治产品质量和品牌影响力。

2. 强化能力提升

举办全省业务能力提升培训班，指导各地加大专业技术人员培训力度。发挥省重大林业草原生物灾害防治专家委员会的作用，加大对地方防控技术的指导。加大林业有害生物防治的科普宣传，提升社会公众对林业有害生物应急防控意识，做好林业有害生物防治舆情应对工作。

(三)完成专项调查工作

(1)落实蛀干害虫监测调查工作。

(2)开展主要外来入侵有害生物的监测预警和防治。加强红火蚁、美国白蛾、加拿大一枝黄花等有害生物监测预报，确保疫情及时发现、及时报告、及时除治。

(四)抓好重要林业生物灾害防控

1. 强化监测预警

加强国家级中心测报点管理，提高直报信息的数量和质量。开展测报趋势分析，及时发布短期、中期灾害预警预报信息。落实护林员巡林工作职责，充分发挥“一长四员”在林业有害生物监测预警工作中的作用。

2. 抓好林业生物灾害防控

积极应对极端气候对林业生物灾害带来的影响，加大油茶炭疽病、马尾松毛虫、竹蝗等本土林业病虫害的防治。推广生物农药、天敌、信息素、低毒低残留农药和物理手段等开展无公害防治。指导重点发生区提前制定防治预案、做好防治药剂药械准备、飞机作业计划申报及防治资金筹措等工作，及时开展应急处置，严防出现重大林草生物灾害。

(五)强化科技创新

继续开展松材线虫病卫星遥感监测及效果核查。借助卫星遥感技术对未发生疫情、已经拔除或实现无疫情的松林进行监测，及早预警，赢得治理主动权。开展卫星遥感技术用于疫情除治成效核查工作试点。

(主要起草人：蔡兵　曾志　戴阳；主审：陈怡帆)

20 广东省林业有害生物2024年发生情况和2025年趋势预测

广东省森林资源保育中心

【摘要】2024年广东省主要林业有害生物发生危害程度大幅下降，全年发生515.86万亩，比2023年减少了36.31万亩，减少了6.58%。2024年松材线虫病疫情危害总体减轻，在18个地级市74个县537个镇发生，发生334.11万亩，病枯死松树54.86万株，珠三角地区疫情程度逐年下降，粤东北疫情扩散态势得到遏制，90%以上松林得到较好保护，粤东和粤西地区新发现2个县级疫区，已全面落实发病小班全松林择伐，确保2个县级疫区当年实现无疫情，全省疫情防控五年攻坚初步实现"五年任务四年完成"。薇甘菊在林地发生危害较轻，主要分布在交通主干道和林缘边、新造林地、废弃果园等地，粤东和粤西局部地区偏重发生。红火蚁分布范围广，林地以零星分布为主。松树和经济林病虫害等整体控制良好，轻度发生，发生面积略有波动。预计2025年全省主要林业有害生物发生危害持续降低，发生约495万亩，有可能在局部地区造成一定危害。松材线虫病发生面积比2024年减少，疫情新发和复发可能性高。薇甘菊在广东省林地范围发生危害呈减弱态势，局部地区有可能危害；松树其他害虫发生危害将趋于稳定并持续减轻；经济林病虫、林木病害等危害将整体减轻，红树林病虫害在局部地区可能有零星发生。根据当前广东省林业生物灾害发生特点和防控形势，2025年广东省将按照国家林业和草原局工作部署和广东省委"1310"具体部署，紧紧围绕绿美广东生态建设，以林长制推进林长治，全面压实防控责任。总结推广运用好经验好做法，深化推进松材线虫病、薇甘菊、红火蚁、互花米草等的防治，高质量完成"十四五"攻坚任务；加强疫情的监测调查，提升监测预警能力；因地制宜采取科学有效的防治措施；进一步加强植物检疫，严防疫情内侵外扩。

一、2024年林业有害生物发生情况

2024年全省林业有害生物发生515.86万亩，比2023年减少6.58%；其中，轻度发生493.64万亩，中度发生10.57万亩，重度发生11.65万亩，以轻度危害为主；病害合计发生336.35万亩，虫害合计发生127.59万亩，有害植物合计发生51.92万亩(图20-1)；成灾334.49万亩，成灾率20.66‰。其中，松材线虫病发生334.11万亩，病枯死松木54.86万株；薇甘菊发生51.76万亩，林地红火蚁发生7.69万亩，松树食叶害虫6.13万亩，松树枝干害虫28.50万亩，松树钻蛀害虫61.75万亩，桉树病虫害16.40万亩，经济林病虫害8.31万亩，其他有害生物1.24万亩。主要发生种类有：松材线虫病、薇甘菊、松褐天牛、马尾松毛虫、红火蚁、油桐尺蛾、松突圆蚧、湿地松粉蚧、桉树焦枯病、桉树青枯病、黄脊竹蝗、黄野螟、肉桂双瓣卷蛾等(图20-2)。截至11月底，2024年全省防治489.70万亩，防治率为94.93%，防治作业687.47万亩次；无公害防治454.38万亩，无公害防治率为92.79%。

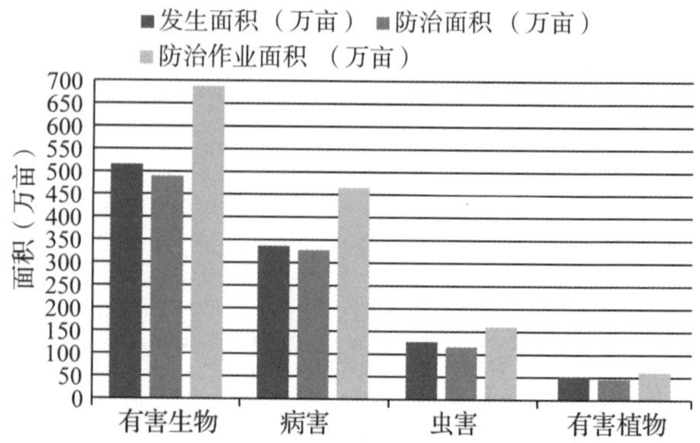

图20-1 广东省2024年主要有害生物发生与防治情况

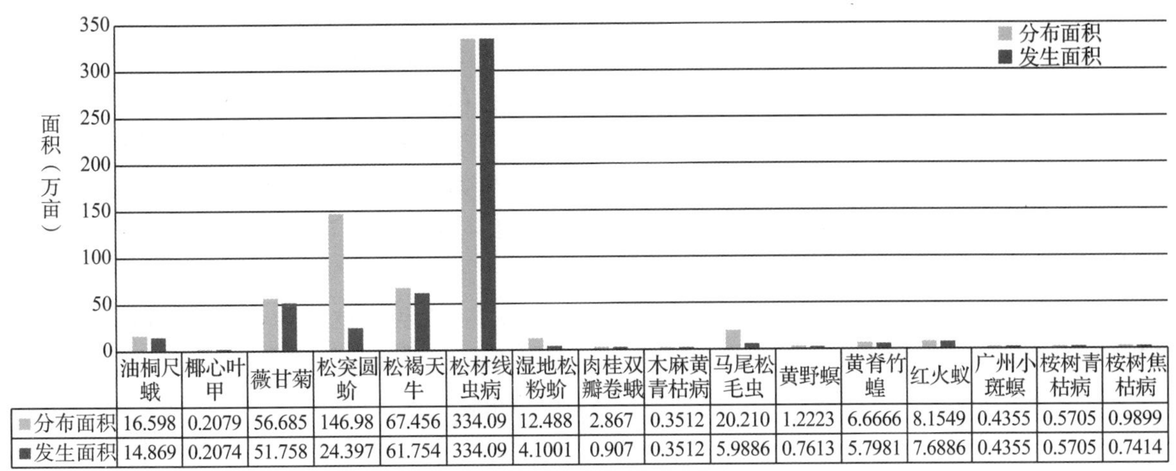

	油桐尺蛾	椰心叶甲	薇甘菊	松突圆蚧	松褐天牛	松材线虫病	湿地松粉蚧	肉桂双瓣卷蛾	木麻黄青枯病	马尾松毛虫	黄野螟	黄脊竹蝗	红火蚁	广州小斑螟	桉树青枯病	桉树焦枯病
分布面积	16.598	0.2079	56.685	146.98	67.456	334.09	12.488	2.867	0.3512	20.210	1.2223	6.6666	8.1549	0.4355	0.5705	0.9899
发生面积	14.869	0.2074	51.758	24.397	61.754	334.09	4.1001	0.907	0.3512	5.9886	0.7613	5.7981	7.6886	0.4355	0.5705	0.7414

图 20-2　广东省 2024 年主要林业有害生物发生面积

(一) 发生特点

1. 重大林业有害生物发生呈下降趋势

2024 年，松材线虫病在广东省 18 个地级市 74 个县 537 个镇(含 7 个省属林场)发生。全省疫情整体呈下降趋势，疫情在局部地区出现扩散，新发 2 个县级疫区(共 5 个镇级疫点)。薇甘菊发生面积同比下降，危害程度减轻，但在交通道路两边、水库和水沟周边农田闲置地和废弃果园等地发现零星危害，新造林地、林间空窗和林地边缘地带有发生。红火蚁发生面积明显较少，在林缘周边、森林公园、城市绿道周边等人迹活动频繁的地段蚁巢有较多分布。

2. 常发性林业有害生物危害持续降低

马尾松毛虫、松褐天牛、萧氏松茎象等松树害虫持续防控效果明显，危害逐年减轻。油桐尺蛾等桉树病虫害略有下降，未发现成灾。黄脊竹蝗等竹林、油茶、肉桂和沉香等经济林病虫害整体发生相对平稳，黄脊竹蝗虫口密度依然保持较低水平，未出现暴发成灾的现象；肉桂双瓣卷蛾、肉桂枝枯病仅在云浮市罗定市肉桂种植区局部地区危害，轻度发生。

3. 松树刺吸害虫继续保持较低危害水平

松突圆蚧、湿地松粉蚧在全省分布发生范围广，但危害逐年减轻，虫口密度较低，基本不造成危害，不需要采取防治措施。

4. 次生性有害生物局地低水平发生

广东省混交林地面积逐渐扩大，城市绿化和红树林等树种种类增多，林业有害生物发生种类也逐渐增加，近几年个别种类出现在局部区域虫口密度突然上升，当代发生后虫口密度急剧下降的现象，发生种类也在不断更替，仅在个别地区有危害；桉树、樟树等阔叶树近年来受广东气候变化影响，个别地区出现大量干枯和病死情况。

(二) 主要林业有害生物发生情况分述

1. 松材线虫病

根据全省普查结果，松材线虫病疫情在 18 个地级市 74 个县(市、区) 537 个镇街发生，发生 334.11 万亩，比 2023 年减少 27.87 万亩，减少了 7.70%；镇级疫点 537 个，比 2023 年减少 37 个，减少了 6.44%；疫情小班 24870 个，较 2023 年减少 2760 个，减少了 9.99%；病枯死松树 54.86 万株，较 2023 年减少 7.47 万株，减少了 11.98%，实现了发生面积、镇级疫点、疫情小班、病死松树数量的“四下降”。2024 年新发 2 个疫区县和 5 个疫点镇 13 个小班，新发面积为 1445.54 亩，其中，肇庆市高要区、汕尾市陆丰市为新发疫区县，新发 3 个乡镇 6 个小班，合计面积 697.42 亩；清远市连山壮族瑶族自治县(属连山林场)和汕尾市陆河县新发 7 个小班，合计面积 748.12 亩。2024 年松材线虫病疫情发生态势得到明显控制，全省 1 个县级疫区 56 个镇级疫点实现 2 年无疫情；5 个县级疫区 26 个镇级疫点实现 1 年无疫情，符合疫情拔除条件的镇级疫点 42 个(图 20-3)。粤北地区 3 个市疫情发生面积占全省 44.38%，占比最高；粤东地区 5 个市次之，占比 27.70%；珠三角地区 7 个市占比 26.23%；粤西地区 4 个市占比 1.69%。其中，河源市、梅州市、广州市、清远市、惠州市、韶关市、汕尾市等7个市发生面积较大，发生面积均在12万亩以上，占全省发生比例的91.39%；肇庆市、云浮市、揭阳市、潮州市等4个市发生面积在3万~6万亩之间，占比5.37%；佛山市、中山市、珠海市、汕头市、江门市、阳江市、东莞市、深圳市等9个市发生面积较小，仅占比3.24%，深圳市、湛江市、茂名市没有发生。

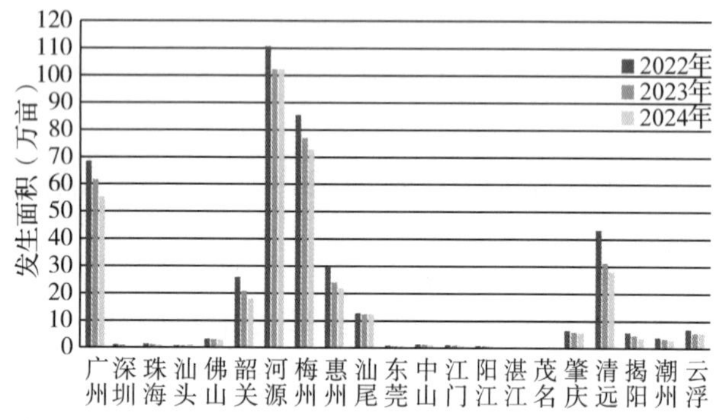

图 20-3　广东省各地 2022—2024 年松材线虫病发生情况对比

2. 薇甘菊

2024年，薇甘菊发生面积薇甘菊发生51.76万亩，同比下降5.73%，发生在21地级以上市110个县级行政区(图20-4)，以轻度发生为主，受气候和人为活动影响，部分地区已从林缘进入林区，对林木生长造成影响，珠三角危害较轻，粤东西地区有较大范围分布，但占比林地面积低，粤北地区却属零星分布。主要发生在湛江市、茂名市、广州市、深圳市、江门市、阳江市、佛山市、汕尾市、东莞市、揭阳市、肇庆市、云浮市、潮州市、中山市等14个地级以上市，其中，湛江市廉江市、茂名市高州市、化州市、信宜市、茂名市属林场，惠州市惠城区、惠阳区、博罗县、惠东县，阳江市、阳东区和东莞市等地发生面积较大，超过1万亩。

3. 红火蚁

全省各地均有分布，发生7.69万亩，同比下降4.10%，主要在森林公园公共活动区、城市绿道周边、草坪等人为活动频繁的地带发生；林地内发生较少，多分布在林缘周边，危害较轻。

4. 松褐天牛

松褐天牛发生61.75万亩，同比下降11.37%，以轻度危害为主，诱捕器诱集显示林间虫口密度偏低。肇庆市怀集县、德庆县，惠州市惠东县，梅州市五华县、兴宁市，河源市源城区、新丰江、紫金县、龙川县、连平县、和平县、东源县，中山市，云浮市云城区、云安区、新兴县、郁南县等地发生面积较大。

5. 松树枝干害虫

松突圆蚧和湿地松粉蚧(简称“两蚧”)在全省分布范围广，合计分布面积达159.47万亩，但危害逐年减轻，虫口密度较低，林间零星发生，采取生物控制措施，基本不造成危害。松突圆蚧全年发生24.40万亩，同比上升37.00%，轻度发生为主，主要在茂名市信宜市，肇庆市高要区、封开县、德庆县、四会市，梅州市五华县，汕尾市海丰县，阳江市阳春市，云浮市罗定市等地。湿地松粉蚧全年发生4.10万亩，同比上升35.16%，均为轻度发生，主要发生在江门市台山市，茂名市电白区，肇庆市高要区、四会市，汕尾市海丰县，阳江市阳西县等地(图20-5)。

6. 松树食叶害虫

马尾松毛虫全年发生5.99万亩，同比下降14.91%，危害持续减轻，主要发生在韶关市曲江区、乐昌市，江门市台山市，茂名市高州市，肇庆市德庆县，梅州市五华县、兴宁市，河源市新丰江、连平县，阳江市阳东区、阳西县，云浮

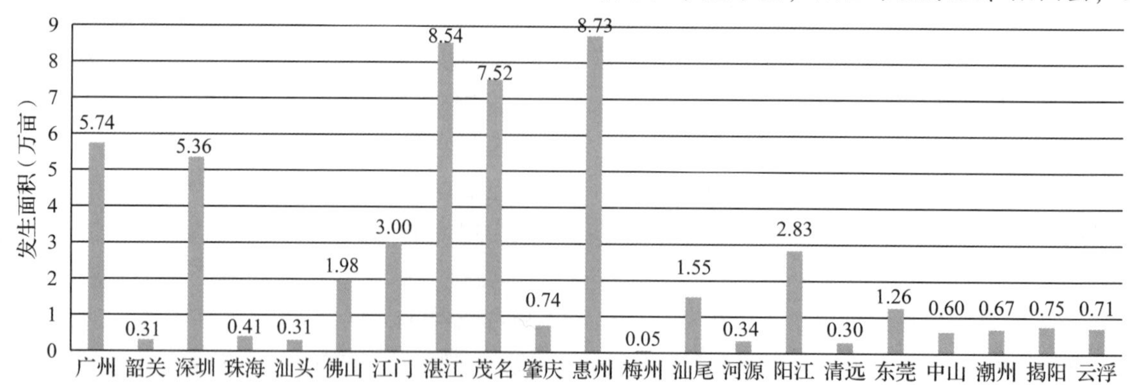

图 20-4　广东省 2024 年薇甘菊发生情况对比

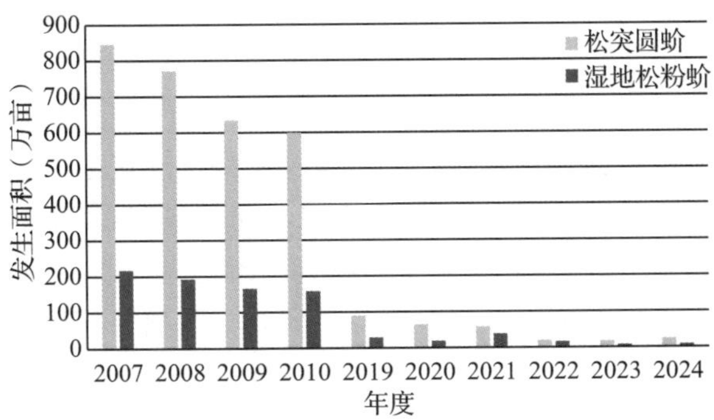

图 20-5　广东省 2007—2024 年“两蚧”发生情况对比

市罗定市等地。松茸毒蛾主要发生在阳江市阳西县和阳春市，发生 0.13 万亩，基本维持不变，轻度危害为主(图 20-6)。

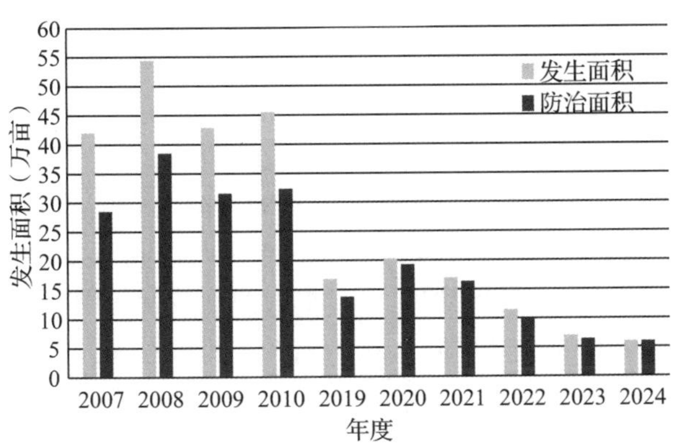

图 20-6　广东省 2007—2024 年马尾松毛虫发生面积与防治面积对比

7. 桉树病虫害

广东省桉树林主要危害种类有油桐尺蛾、桉扁蛾、桉树焦枯病等，发生 16.40 万亩，同比下降 5.31%。其中，油桐尺蛾发生 14.87 万亩，同比下降 6.18%，主要发生在江门市台山市、鹤山市、恩平市，茂名市信宜市，肇庆市高要区、怀集县、封开县，梅州市五华县，河源市东源县，云浮市罗定市等地，轻度危害为主，未发现暴发成灾现象。桉扁蛾发生 0.14 万亩，主要发生在茂名市高州市和阳江市阳春市，轻度危害。桉树青枯病、焦枯病等桉树病害共发生 1.39 万亩，同比下降 7.19%，主要发生在云浮市罗定市，江门市台山市、鹤山市，河源市紫金县，阳江市阳东区，肇庆市封开县、德庆县等地，轻度危害。

8. 经济林病虫

黄脊竹蝗和竹笋禾夜蛾等害虫危害竹林，发生面积分别为 5.80 万亩和 0.16 万亩，比去年危害减轻，轻度危害。黄脊竹蝗单位面积跳蝻数量明显减少，卵出现短距离粒产，林间虫口密度明显下降，未出现局部成灾的现象。主要分布在韶关市曲江区、始兴县、仁化县、乐昌市、南雄市，茂名市信宜市，肇庆市广宁县、四会市，河源市和平县，阳江市阳西县等地。

土沉香害虫黄野螟发生 0.76 万亩，局部土沉香种植区有发生，轻度危害，主要分布在茂名市电白区、高州市、化州市、信宜市和中山市。

粤西地区云浮市罗定种植肉桂种和油茶等经济作物，发生肉桂枝枯病 0.18 万亩、肉桂双瓣卷蛾 0.91 万亩、油茶尺蛾 0.17 万亩，油茶褐斑病 0.15 万亩，均为轻度发生。

9. 其他有害生物

其他有害生物发生 1.43 万亩，包括危害棕榈科植物的椰心叶甲和椰子织蛾、沿海防护林木麻黄青枯病、广州小斑螟等红树林病虫害、金钟藤等其他有害植物，均是局部地区轻度发生，没有造成危害。

(三)成因分析

1. 气候持续高温干旱有利于病虫害发生危害

2024 年广东省上半年气温偏高、雨水集中在 5~6 月，7~9 月气温偏高、降水量明显偏少，气候持续高温干旱；10~12 月广东省各地降雨量普遍较少，高温天气持续时间很长，天气异常导致病枯死树提前集中出现，加之雨水过后又持续高温，给松材线虫病疫木除治带来极大的挑战和难度。但坚持以“及时、就地、彻底”处理疫木为核心，以媒介昆虫消杀和健康松树保护为辅助，全面推行以防治面积为计价单位的年度防治绩效承包，每年开展疫情除治质量核查，控增量、减存量、防变量，有效控制了疫情的扩散蔓延，90%以上的松林得到有效保护。

2. 科学防控有效抑制发生危害势头

广东省将松材线虫病疫情防控工作与森林质量精准提升和绿美广东生态建设相结合，不断加大宣传力度，举办了生物安全法宣传、五年攻坚、监管平台推广应用、监测防治技术、检疫执法等一系列培训和活动；组织开展了松材线虫病防治质量核验、非疫区疫情发生情况、林长制考核年度目标任务完成情况外业核查等工作；同时加强疫区疫木管理，实施疫源精准监测、疫源清剿，动态清零措施，对防治进度慢、防治质量较差的市县发督办函、提醒函，建立问题清单，制定整改台账，进一步压实责任。

3. 各级财政投入保障防控工作持续推进

2024年广度省级财政投入防治资金共2.87亿元，配合绿美广东、森林质量精准提升、松林优化，系统推进灾害治理，落实"宜防则防、宜治则治、宜保则保，宜改则改"策略，有力推动各地持续落实防治措施，实现更多疫情小班无疫情。

二、2025年林业有害生物发生趋势预测

（一）2025年总体发生趋势预测

以预测气候因素与林业有害生物发生发展关系的预测结果为基础，综合分析历年来广东省林业有害生物的发生与防治情况，结合森林资源状况、生态环境与林分质量、气象信息、生物因子以及人为影响等多种因素进行综合分析，运用趋势预测软件的数学模型进行分析，预测2025年广东省林业有害生物发生495万亩，发生趋势稳定，危害程度与2024年持平。其中，松材线虫病发生320万亩，发生点多面广，疫情防治后易复发，高山远山检疫阻截难度大，新发疫情或复发的可能性依然存在，在纯松林局部地区出现可能性较大，"控增量、消存量、防变量"压力依然较重。薇甘菊发生50万亩，比2024年略有减少，珠三角地区危害进一步减轻，在局部区域零星灾害依然存在。常发性林业有害生物的危害继续保持低水平，发生面积略有减少；松树食叶害虫发生面积略有下降，松树钻蛀害虫发生范围略有缩小；桉树病虫害发生面积和危害程度基本稳定；竹林病虫害发生面积与2024年基本持平，个别害虫可能局部地区危害严重；其他林业有害生物发生面积平稳或者下降(表20-1)。

预测依据：

1. 2025年气象预测

据国家气候中心预测，广东省2024年12月至2025年1月，影响广东省的冷空气强度较弱，气温较常年同期偏高；2025年1月下旬至2月，冷空气强度逐渐加强，广东省西部较常年同期偏低，大部分地区降水总体偏少；明年春季大部分地区气温偏高，降水总体偏少。

表20-1　2025年广东省主要林业有害生物预测发生统计表

主要林业有害生物种类	主要危害寄主	2024年发生面积(万亩)	预测2025年发生面积(万亩)	发生趋势
合　计	现有林地	515.86	495	下降
松材线虫病	松属	334.11	320	下降
薇甘菊	有林地	51.76	50	下降
马尾松毛虫	马尾松	5.99	6	持平
湿地松粉蚧	湿地松等国外松	4.10	4	持平
松突圆蚧	马尾松	24.40	22	下降
松褐天牛	马尾松	61.75	60	下降
油桐尺蛾	桉树	14.87	14	下降
桉树病害	桉树	1.39	1.5	上升
黄脊竹蝗	青皮竹等竹科植物	5.99	6	持平
竹笋禾夜蛾	茶竿竹	0.16	0.2	持平
广州小斑螟	红树林	0.44	0.5	上升
木麻黄青枯病	木麻黄	0.35	0.4	上升
红火蚁	有林地	7.68	6.5	下降
其他		2.87	3.9	上升

2. 历年发生数据

从历年来林业有害生物发生情况来看，全省林业有害生物发生面积总体呈逐渐下降的趋势。从近两年松材线虫病和薇甘菊发生数据来看，发

生面积均有不同程度的下降。

3. 实际防治情况

截至2024年11月底，2024年全省防治作业687.47万亩次，防治489.70万亩，防治率为94.93%；无公害防治454.38万亩，无公害防治率为92.79%。主要是实施松材线虫病等重大林业有害生物防治工作，整体防治率较高，防治及时，防治作业频次高，但存在防治质量参差不齐，项目实施程流程多且操作时间长，不能全年全面实施大面积作业，防治质量有待进一步提高。

4. 林分结构改变

2024年广东省实施绿美广东大行动，新造林面积将越来越大，纯松林面积占比将会逐年减少，针阔混交林和针叶混交林面积增大，重点区域残次林、纯松林及布局不合理桉树林的改造和乡土树种和珍贵阔叶树面积不断扩大，林分结构更加优化，次生性有害生物种类增多，生物多样性增大，有害生物造成的危害逐渐减轻。

(二)分种类发生趋势预测

1. 松材线虫病

预测松材线虫病发生320万亩，较2024年略有下降，内增外扩压力依然存在，整体防控形势依然严峻。2025年为五年攻坚行动的最后一年，实现无疫情疫点镇数量将增多，实现无疫情面积增大，进一步压减发生面积，巩固现有防治成效，预计拔除广州市白云区、黄埔区，佛山市南海区，江门市新会区实现一年无疫情，巩固已拔除的4个县级疫区和86个镇级疫点，但新发疫情和疫情复发可能性依然存在，疫情预防和防控压力增大。预计经过疫情除治和松林优化改培示范后，全省疫情发生面积、发病疫情小班和病死树数量均呈下降趋势。预测依据：

(1)松材线虫病历年发生情况。1988年广东省疫情发生后，疫情呈高发态势，发生范围逐渐扩大。2020年秋季普查，疫情发生在19个地级市76个县级疫区，发生443.15万亩，经过积极防控，2024年有74个县发生有松材线虫病疫情，发生面积、疫情小班和病死树数量均呈下降趋势。

(2)资金的大量投入使疫情得到有效控制。近年来广东省防控资金在逐渐增加，最高超过4个多亿，虽然近年来受地方资金收紧影响，资金投入略有下降，各地仍在积极争取和筹措资金，严格按照资金使用管理要求，开展项目招投标工作；同时加强项目实施全过程监管，严格松材线虫病防治技术方案开展除治工作，切实提高防控质量，疫情得到了有效的控制。

(3)松材线虫病发生规律。松材线虫病是一种自然生物灾害，是松树的癌症，具有极强的致病性和传染性，防控技术要求高，防治难度大；松褐天牛作为松材线虫的传播媒介，在广东省的松林中普查存在，发生61.75万亩，极易携带松材线虫远距离扩散危害；城市工程和交通要道的建设等人为活动也为松材线虫病的扩散危害提供了便利条件。

2. 薇甘菊

预计薇甘菊2025年发生50万亩，发生面积比2024年略有减少，在粤西和粤东地区继续扩散危害，部分地区盖度较大，在新造林地、水源地、农田、高速公路两旁、铁路边等区域发生依然十分严重，由于需要反复多次防治，且近年来防治资金短缺，尤其是粤东沿海和粤西地区的部分地区发生可能会比较严重。

预测依据：

(1)历年发生趋势情况。2013—2024年薇甘菊的发生前期势头较猛，珠三角地区陆续开展防治工作，严格把关防治质量，发生面积逐年减少，粤西和粤东地区受气候和经济环境影响，防治资金投入较少，防治效果有待提高。

(2)生物学特性。薇甘菊自身繁殖能力强，结籽数量多，不仅可以进行无性繁殖，也可以通过大量的种子随气流、车流、水流远距离传播，极易扩散危害，其生长期难以调查，且在路边、篱笆障等特殊区位有美化风景的效果，未成片分布时难以及时发现，不能在危害初期开展防治，防治效果不佳。

(3)人类社会活动影响。薇甘菊多分布于高速公路、省道等交通发达地带，林业部门防治经费和防治范围受限，可随气流、车辆、种苗等远距离传播；不同管理部门防治积极性和除治工作力度不一致，导致每年在农业、交通道路两边、水利部门管辖范围周边薇甘菊存量较大。农业的废弃果园、农用地存量大且未经过防治等，其他部门防治积极性不高，部门间联动不足，难以共同开展有效防治，导致部分地区薇甘菊成片生长，盖度大，危害较重。

3. 松树虫害

（1）马尾松毛虫。预测2025年马尾松毛虫发生6万亩，基本与2024年持平，保持较低的虫口密度，轻度危害，不排除局部地区虫口密度大突然成灾的可能。主要发生在韶关、茂名、阳江、肇庆、云浮、梅州等市。

（2）松褐天牛。依据松褐天牛历年发生数据，上年山上仍有一定数量的枯死松木，预测2025年松褐天牛发生60万亩，主要分布松材线虫病发生区。

（3）松蚧虫。预测“两蚧”发生面积持续下降，预计松突圆蚧2025年发生22万亩，湿地松粉蚧发生4万亩，主要发生在茂名、阳江、云浮、韶关、梅州、肇庆、汕尾等地，多数分布地区在林间处于低虫口密度，有虫不成灾。预测依据：

（1）气候因素。今冬明春平均气温较常年同期偏高，降温较常年同期偏少，提高了马尾松毛虫越冬虫口的存活率，暖冬缩短了病虫的发育历期，有利于马尾松毛虫的发生。近年来，极端高温、低温常现，强降水天气频发，使病虫害的发生规律出现变化。但“两蚧”已基本处于自然控制平衡状态中，基本不造成危害，有害不成灾。

（2）历年发生防治数据。从马尾松毛虫历年发生防治数据趋势来看，整体呈下降趋势。根据马尾松毛虫的历年发生防治数据，应用多元回归构建预测数学模型 $X_{(N)}=1.2671\times X_{(N-1)}-0.5926\times X_{(N-2)}+0.3297\times X_{(N-5)}$，预计发生6万亩。从马尾松毛虫历年发生数据趋势来看，整体呈下降趋势，2024年在局部地区出现了虫口密度大的现象，明年有再发的可能性。松蚧虫的历年发生数据，呈较低危害水平的趋势，预测明年松蚧虫的发生面积略有下降。

（3）林分情况。近年来，广东省开展森林质量精准提升和绿美广东大行动，加大松林林分优化抚育的力度，纯松林面积逐渐缩小，针阔混、阔叶混面积增大，寄主单一性减少，松树虫害发生种类增多，发生面积相应减少。

（4）防治情况。松褐天牛作为松材线虫病的传播媒介昆虫，各地高度重视松褐天牛的防控，积极采取清理病死树、挂诱捕器、飞机喷药防治等多种方法，取得一定的成效，但松褐天牛属钻蛀性害虫，防治难度大。松突圆蚧在林间虫口密度小，生物控制措施，基本不造成危害。

4. 桉树林病虫害

广东省桉树纯林的面积约2500万亩，结合2025年的气候预测、各市和专家会商意见，预测桉树虫害发生合计约15万亩，主要种类有油桐尺蛾、桉蝙蛾和桉树枝瘿姬小蜂；桉树病害预测发生1.5万亩，主要种类有桉树青枯病、桉树焦枯病和桉树褐斑病等，发生面积有所下降，主要发生在桉树种植区，如韶关、江门、湛江、茂名、肇庆、河源、清远、云浮等市。预测依据：

（1）气候因素。广东省历年气候发生规律。

（2）林分情况。广东省桉树林分改造力度加大，寄主树面积减少，桉树病虫害发生危害将有所下降。

5. 竹林病虫害

广东省竹林主要危害种类有黄脊竹蝗、竹笋禾夜蛾和环斜纹枯叶蛾。预测竹林病虫害共发生约6.5万亩。其中，黄脊竹蝗发生6万亩，主要发生在韶关、梅州、清远、肇庆、河源和阳江等市。竹笋禾夜蛾预测在肇庆怀集县等地发生0.2万亩，局部地区可能危害偏重。预测依据：

（1）气候因素。每年1~3月的气温和降水量与黄脊竹蝗的孵化期有密切的关系，气温越高，孵化越早，降雨有助于卵块吸收必要的水分，尽早完成胚胎发育。依据气象部门明年春季的气候预测，预测广东省黄脊竹蝗发生与今年基本持平。

（2）林分情况。竹林面积约500万亩，幼林比例大，且栽植密度大，易发生竹林虫害。

（3）虫口基数。根据黄脊竹蝗监测点卵块收集情况来看，卵块为散产，跳蝻种群密度较低，危害相对较轻。

（4）防治情况。每年开展黄脊竹蝗卵孵化期预测预报工作，及时提醒林农加强黄脊竹蝗跳蝻出孵期虫口密度的调查。虫口密度较大竹林区，在跳蝻上竹前应用增效型灭幼脲粉剂喷粉进行防治。

三、对策建议

根据国家林业和草原局林业有害生物防控工作部署，结合广东省目前森林资源状况和林业有害生物防控现状，提出以下对策与建议：

（一）进一步明确防控责任和目标

认真践行习近平生态文明思想，全面贯彻落实党中央、国务院关于生物生态安全决策部署，贯彻落实广东省委“1310”具体部署，按照国家林业和草原局工作部署，紧紧围绕绿美广东生态建设，以林长制推进林长治，全面压实防控责任。按照《中华人民共和国森林法》《中华人民共和国生物安全法》，从维护国家生物安全的战略高度和保护生态安全的长远维度，深刻认识松材线虫病疫情防控的必要性和紧迫性。统一思想认识，提高政治站位，始终围绕松材线虫病疫情防控五年攻坚行动的总目标，结合林长制考核和绿美广东生态建设，科学谋划松材线虫病疫情防控工作，高质量完成广东省“十四五”主要林业有害生物防控目标。

（二）进一步加强疫情监测和检测

认真开展松材线虫病日常监测和普查，加大对重点生态区位、自然保护区、风景名胜区等松林松材线虫病疫情的监测力度，着力排查粤东和粤西地区非疫情发生区松树异常死亡情况，及时指导各地按照松材线虫病防治技术方案要求，取样送检，明确枯死松树死亡原因，严防疫情扩散。加大对实现无疫情松林小班的监测力度，进一步巩固防控成效，力保松材线虫病攻坚行动取得实质成效，高质量完成任务和目标，做到监测及时、除治彻底、监管到位，切实在源头上控制疫情的传播蔓延和疫情反复。落实护林员林业有害生物监测网格化管理，将监测责任落实到乡镇政府和地方第一林长，发挥乡镇政府和林业站的能力，加大参与度和执行力，加大技术指导和督促，提升基层监测站点监测预警和应急反应能力。

（三）进一步加大林分优化和改造

各级森防部门要协助生态修复部门统筹开展松材线虫病疫情防治与生态修复，围绕构建健康稳定优质高效的森林生态系统目标，重新构建南方常绿阔叶林的顶级生态群落，结合年度森林质量精准提升行动，优先将发病区的森林纳入2025年低质低效松林改造范畴，并按照“防病除疫、减针促阔”的原则，有针对性地对全省松林质量进行优化提升，科学补植乡土阔叶树种，优化森林资源结构，着力营造健康的森林生态系统，提高森林自然生态修复和抵抗病虫害的抗逆能力。

（四）进一步加快病枯死松树除治和清理

各级森防部门要做好辖区内疫木的清理和除治监管工作，针对2025年防控目标，将防控时空尺度拉长，从年初到年尾，不间断对病死、枯死、衰弱的松树进行“即死即清”，对伐倒的松树全部落实规范化处理，并采用飞机防治或者地面人工喷粉防治松褐天牛，阻止疫情传播扩散，减少灾害程度。

（五）进一步强化检疫监管，严格疫木管控

全面加强产地检疫、调运检疫和复检工作，严格执行凭证调运、现场检疫制度和到货复检制度，严禁任何单位和个人到松材线虫病发生区调运未经除害处理的松苗、松木及其制品。坚守“疫木不下山，下山必无害化处理”的底线与红线，严格检疫执法检查，积极开展联合执法行动，强化对松木加工经营和木质包装材料使用单位的检疫检查，严厉打击违法违规行为，防止疫情人为传播。

（主要起草人：刘春燕　曾浩威；主审：陈怡帆）

21 广西壮族自治区林业有害生物2024年发生情况和2025年趋势预测

广西壮族自治区林业有害生物防治检疫站

【摘要】根据各地2024年度发生情况统计，全区发生并造成危害的林业有害生物共有62种，总发生面积518.15万亩，较2023年增加11.25万亩，同比上升2.22%，发生率3.54%，其中，病害123.6万亩，虫害353.55万亩，鼠害0.61万亩，有害植物40.39万亩，占比分别为23.85%、68.23%、0.12%、7.80%。成灾22.63万亩，成灾率1.046‰，远低于国家下达广西7‰的任务指标。松材线虫病疫情发生面积持续下降，疫情上升态势得到控制，本土有害生物持续危害，局部区域仍然较重，新病虫偶有发生。经大数据综合分析，结合运用趋势模型分析预测，预测2025年全区林业有害生物仍处于多发、高发态势，发生541.7万亩，总体发生趋势略有上升，同比上升4.55%，松材线虫等主要有害生物灾害持续发生，桉树、经济林、红树林等病虫危害局部仍然严重。2025年广西林业有害生物防控形势依然严峻，需提高松材线虫等重大林业有害生物疫情防控意识，加强日常监测监管，强化灾害防控，提升防控效果。

一、2024年林业有害生物发生情况

2024年全区林业有害生物寄主树种面积21630.32万亩，其中，松树2823.34万亩，桉树4729.88万亩，杉树2946.78万亩，竹类311.10万亩，八角546.32万亩，核桃41.33万亩，红树林14.37万亩。全区下达监测任务11.87亿亩次，实际完成监测12.11亿亩次，重点区域监测覆盖率为100%，发生并造成较严重危害的林业有害生物共有62种，其中，病害19种，虫害41种，鼠害1种，有害植物1种，发生总面积518.15万亩，较2023年增加11.25万亩，同比上升2.22%，发生率3.54%。病害发生123.6万亩，同比上升15.03%，占发生总面积的23.85%；虫害发生353.55万亩，与去年持平，占发生总面积的68.23%；鼠害发生0.61万亩，同比上升17.31%，占发生总面积的0.12%；有害植物发生40.39万亩，同比下降4.7%，占发生总面积的7.80%(图21-1)。成灾面积22.63万亩，成灾率1.046‰。发生危害严重并成灾的种类有松材线虫病、桉树叶斑病(包括轮斑病、褐斑病、紫斑病)、桉树焦枯病、桉树青枯病、杉木叶枯病、八角炭疽病、核桃炭疽病、马尾松毛虫、松茸毒蛾、油桐尺蛾、黄脊竹蝗、八角叶甲、柚木驼蛾等(见附表21-1)。

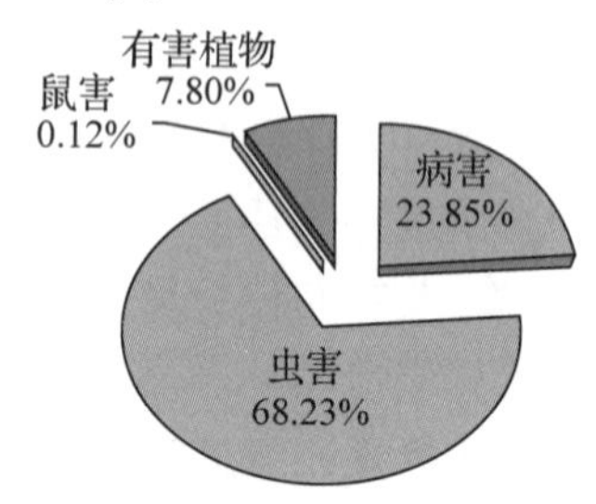

图21-1 2024年各类林业有害生物发生面积占比

2024年全区林业有害生物防治作业面积281.76万亩，其中，预防76.52万亩，实际防治196.22万亩，采取生物防治、人工物理、营林等无公害措施防治186.32万亩，无公害防治率达94.96%。应用飞机喷施药剂防治松褐天牛、桉树病虫害、松茸毒蛾、柚木驼蛾等林业有害生物共作业85.24万亩，其中，在柳州市、桂林市、梧州市、贵港市、钦州市、玉林市、贺州市等地防治松褐天牛共作业14.5万亩，在柳州、玉林、崇左等3个市和高峰、派阳山、钦廉、三门江、

维都、黄冕、大桂山、六万、雅长等 9 个区直国有林场防治桉树病虫害作业 70.25 万亩，在雅长林场防治松茸毒蛾作业 0.17 万亩，在钦州市钦南区防治红树林害虫柚木驼蛾作业 0.32 万亩。

（一）林业有害生物发生特点

1. 松材线虫病疫情发生面积持续下降，疫情上升态势得到控制

疫情发生仍然是点多面广，部分老疫区防控成效明显，发生面积持续减少。结合国储林建设、油茶产业发展等项目实施疫情林分改造、加大枯死松树清理等综合措施，疫情发生面积进一步压缩，松材线虫病疫区无疫情面积持续增加，老疫区发生面积持续减少，全区疫情面积减少 6.25 万亩，下降 19.89%。

2. 本土有害生物持续危害，局部区域仍然较重

桉树病虫害在主要种植区均呈不同程度危害，发生面积较 2023 年上升 55.63%，桉树焦枯病、桉树叶斑病等病害在桂南和桂东局部地区偏重成灾，油桐尺蛾在桂北和桂中地区偏重成灾。松树害虫、竹类害虫、八角病虫害发生面积较去年有所下降，但局部区域仍然危害严重，其中黄脊竹蝗、八角炭疽病、八角叶甲在桂北、桂西局地偏重成灾，经济效益损失较大。红树林害虫柚木驼蛾在沿海的北海市、钦州市红树林分布区局部区域危害较重。

3. 新病虫偶有发生

在广西北海市合浦县发现蓖麻夜蛾危害红树林，局部区域偏重发生，危害时间较短，经过及时监测防治，未向周边区域扩散蔓延。红色拉盲蝽在高峰林场危害桉树，局部区域危害达到中度。2023 年在广西合浦发现的外来入侵害虫桉树叶瘿球角姬小蜂最初调查发现仅危害雷林 11 号，2024 年通过野外不间断采样，发现其危害雷林 11 号、4533、DH32-29 共 3 个品系。

（二）主要林业有害生物发生情况分述

1. 外来林业有害生物

外来林业有害生物发生占比较大，发生 295.61 万亩，占全区总发生面积的 57.05%，同比下降 6.23%，对广西林业的危害及潜在威胁仍然较大。

（1）松材线虫病发生 25.17 万亩，通过持续深入推进五年攻坚行动，全区疫情发生面积较 2023 年减少了 6.25 万亩，同比下降 19.89%（图 21-2），共涉及 10 个设区市、37 个县（市、区）、126 个乡镇，疫情发生小班数量 7218 个，较 2023 年减少了 1795 个，同比下降 19.92%。全区共有 13 个疫区、64 个疫点、2964 个小班实现无疫情，无疫情面积达 11.31 万亩，较 2023 年增加 1.83 万亩，同比增加 19.3%。全区无新增疫区，新增疫点 3 个，均在梧州市藤县，分别为埌南镇、濛江镇、东荣镇。

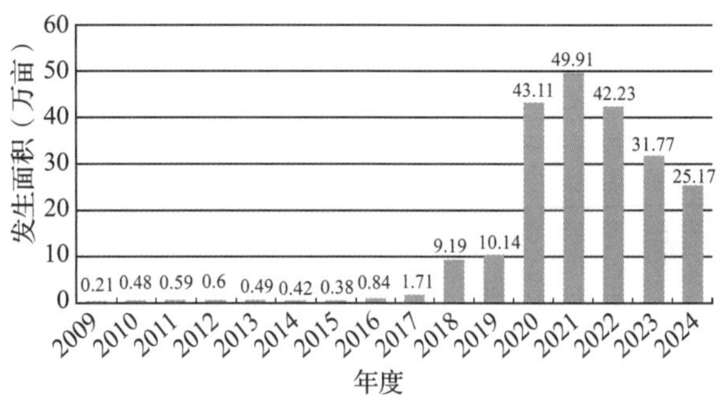

图 21-2 广西 2009—2024 年松材线虫病发生面积

（2）松突圆蚧发生 204.56 万亩，同比下降 5.06%（图 21-3），占全区林业有害生物总发生面积的 39.48%。主要分布于梧州市、钦州市和玉林市，其中容县和陆川县等局部区域发生程度达中度以上。

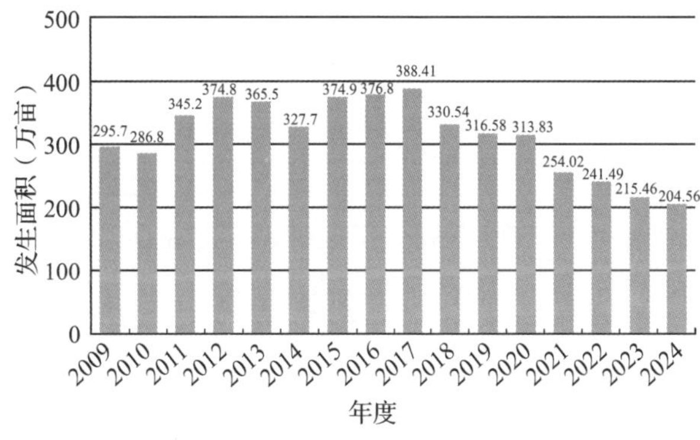

图 21-3 广西 2009—2024 年松突圆蚧发生面积

（3）湿地松粉蚧发生 25.41 万亩，与 2023 年持平（图 21-4）。在梧州市龙圩区和苍梧县，玉林市容县、陆川县、博白县、福绵区、兴业县等 7 个县（市、区）发生，总体发生程度偏轻局部较重，其中福绵区局部区域中度发生。

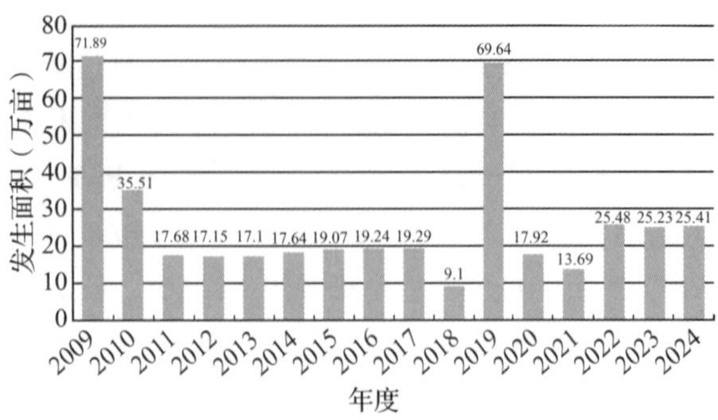

图 21-4 广西 2009—2024 年湿地松粉蚧发生面积

（4）桉树枝瘿姬小蜂发生 0.08 万亩，同比下降 80.95%（图 21-5）。在梧州市龙圩区轻度发生。

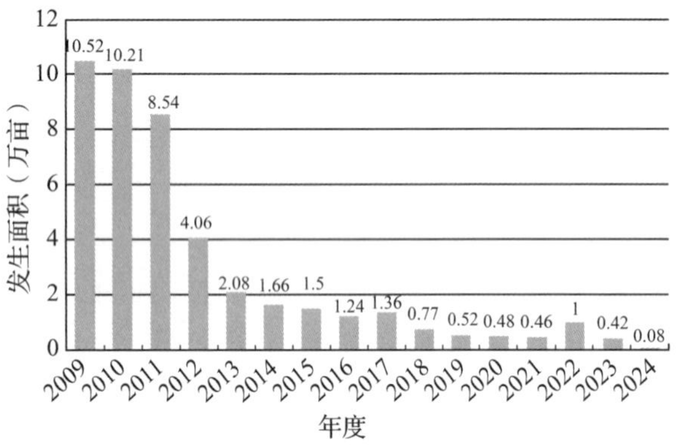

图 21-5 广西 2009—2024 年桉树枝瘿姬小蜂发生面积

（5）薇甘菊发生 40.39 万亩，同比下降 4.7%（图 21-6）。主要分布于桂南和桂东南，在钦州市钦南区、玉林市容县等局部区域发生程度达重度，对桉树生长造成较大影响，增加桉树抚育成本。

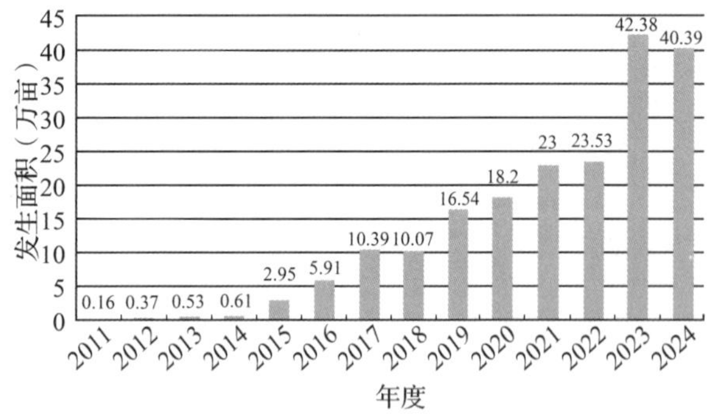

图 21-6 广西 2011—2024 年薇甘菊发生面积

2. 本土林业有害生物

本土林业有害生物发生 222.54 万亩，占总发生面积的 42.95%，同比上升 17.53%。

（1）桉树病虫害发生 106.56 万亩，同比上升 56.48%（图 21-7）。

①病害发生 54.73 万亩，同比上升 88.20%，主要种类是青枯病、叶斑病、焦枯病和枝枯病，分布于全区桉树种植区，其中桉树叶斑病发生 27.42 万亩，同比上升 82.19%，在 14 个市以及高峰、南宁树木园、派阳山、三门江、六万、博白等 6 个区直林场不同程度地发生危害，其中北海市合浦县、贵港市平南县、派阳山林场等局部区域危害偏重成灾；桉树枝枯病发生 10.02 万亩，同比上升 3.83%，发生在南宁、防城港、玉林、百色、河池等 5 个市以及南宁树木园、钦廉林场、黄冕林场，在河池市凤山县和黄冕林场局部区域危害严重；桉树焦枯病发生 12.39 万亩，较 2023 年增加了 11.92 万亩，发生在南宁、柳州、梧州、贵港、百色、贺州、河池、崇左等 8 个市以及东门林场、维都林场、黄冕林场和中国林业科学研究院热带林业实验中心，总体发生偏轻局部严重，其中南宁市横州市、贵港市平南县部分区域危害严重并成灾。

②虫害发生 51.83 万亩，同比上升 32.83%，其中油桐尺蛾、大钩翅尺蛾、桉小卷蛾、桉袋蛾等食叶害虫发生 45.61 万亩，同比上升 49.20%，油桐尺蛾发生 44.08 万亩，同比上升 56.53%，全区速生桉种植区均有不同程度危害，在柳州、桂林、来宾等市局部地区以及高峰、钦廉、维都、黄冕、六万等 5 个区直国有林场危害偏重，柳州市融安县，桂林市永福县，来宾市兴宾区、忻城县、合山市等局地成灾；以桉蝙蛾、咖啡木蠹蛾为主的桉树蛀干害虫发生 6.23 万亩，同比下降 26.36%，主要分布于桂东地区速生桉种植区，其中梧州市龙圩区、贺州市八步区等局部区域桉蝙蛾危害较严重。

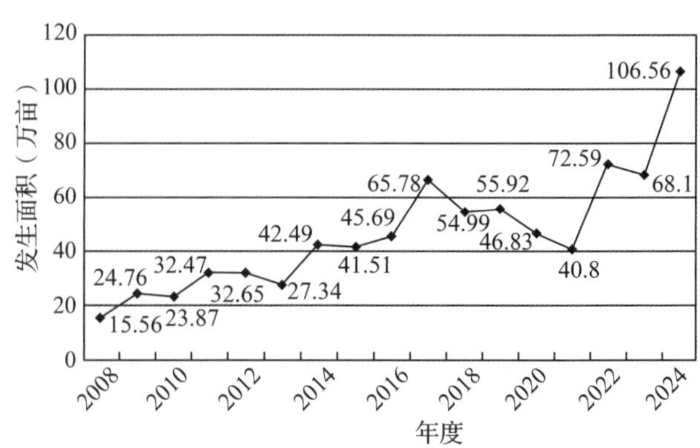

图 21-7 广西 2008—2024 年桉树病虫害发生面积

(2)竹类病虫害发生45.63万亩，同比下降6.13%(图21-8)。发生种类有竹丛枝病、黄脊竹蝗、竹茎广肩小蜂、竹篦舟蛾、刚竹毒蛾，其中，竹丛枝病28.96万亩，与2023年持平，发生在桂林市，总体发生程度偏轻、局部较重，临桂区、灵川县等局部区域发生严重；黄脊竹蝗发生10.83万亩，同比下降5.08%，发生在柳州、桂林和贺州市，其中桂林市临桂区、灵川县、全州县、兴安县、资源县发生危害严重；竹茎广肩小蜂发生1.57万亩，同比下降46.60%，在桂林市全州县、兴安县、资源县轻度发生；竹篦舟蛾发生4.24万亩，同比下降16.04%，发生在桂林市临桂区、兴安县，在兴安县发生偏重。

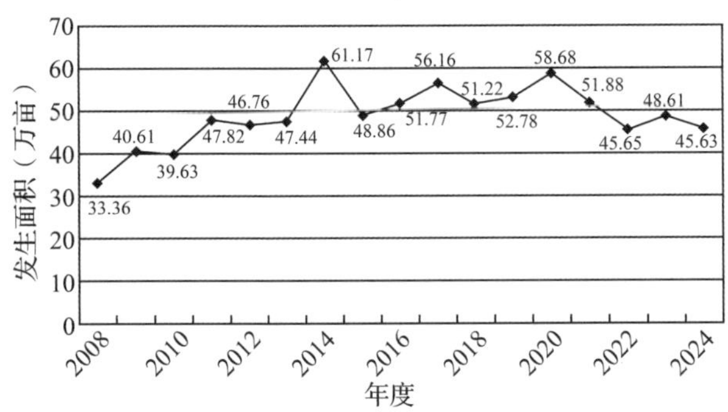

图21-8　广西2008—2024年竹类病虫害发生面积

(3)松树虫害发生42.38万亩，与去年同比持平。松毛虫发生24.54万亩，同比下降2.85%(图21-9)，全区松树种植区均有不同程度的危害，其中柳州市融安县，桂林市雁山区、永福县、荔浦市等局部区域危害偏重成灾；萧氏松茎象发生1.26万亩，同比上升121.05%，主要分布于桂北和桂东，均为轻度发生；松褐天牛发生15.02万亩，同比上升2.60%，主要发生在松材线虫病疫区。

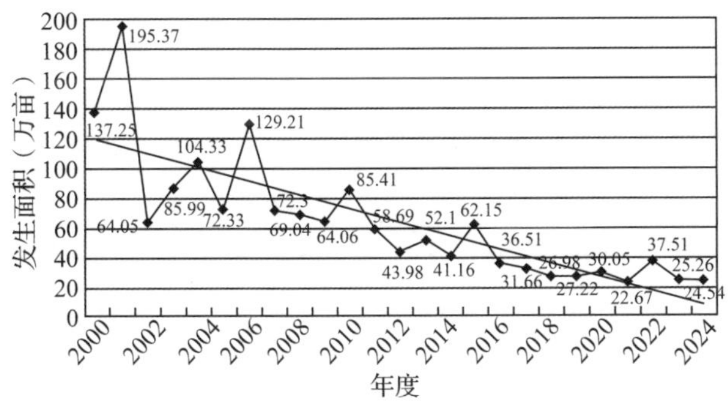

图21-9　广西2000—2024年马尾松毛虫发生面积

(4)八角病虫害发生16.09万亩，同比下降13.45%(图21-10)。发生种类主要有八角炭疽病、八角煤烟病、八角叶甲、八角尺蠖。其中，八角炭疽病发生10.58万亩，同比下降12.99%，发生在钦州、玉林、百色、河池、崇左等5个市和六万林场，其中百色市凌云县局部区域偏重成灾；八角叶甲发生2.24万亩，同比下降23.29%，主要发生在南宁、玉林和百色市，其中百色市凌云县局地成灾；八角尺蠖发生2.72万亩，同比下降6.21%，发生在南宁、柳州、梧州、玉林、百色、崇左等市局部地区的八角种植区，以轻度发生为主。

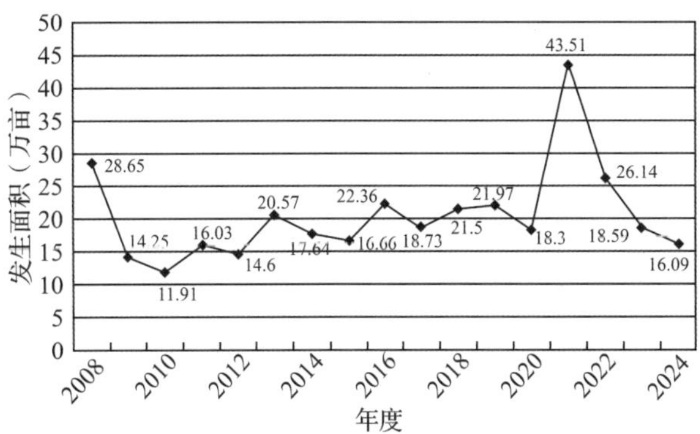

图21-10　广西2008—2024年八角病虫害发生面积

(5)核桃病虫害发生4.28万亩，同比下降47.61%。病害以核桃炭疽病为主，发生0.23万亩，同比下降84.35%，发生在河池市天峨县和凤山县，天峨县局部发生偏重成灾。虫害以云斑白条天牛危害为主，发生4.05万亩，同比下降39.55%，在河池市凤山县以轻度发生为主。

(6)杉树病害发生1.08万亩，与去年持平。发生种类是炭疽病、叶枯病，主要发生在桂西地区，发生程度总体偏轻局部严重，其中杉木叶枯病在百色市乐业县局部偏重成灾。

(7)油茶病虫害发生0.89万亩，同比下降36.43%。发生种类有油茶炭疽病、油茶织蛾、油茶尺蛾、油茶毒蛾，其中油茶炭疽病发生0.62万亩，在百色市田阳区、那坡县、乐业县、田林县和西林县轻度发生；茶毒蛾发生面积0.16万亩，在百色市田阳区、乐业县、田林县以及三门江林场轻度发生；油茶尺蛾发生0.09万亩，在柳州市融水县和高峰林场轻度发生。

(8)红树林害虫发生0.62万亩，同比下降29.55%(图21-11)。危害种类主要有广州小斑螟、柚木驼蛾、蓖麻夜蛾等，发生程度总体偏轻，发生在沿海的钦州、防城港、北海红树林分布区。广州小斑螟发生0.12万亩，在北海市合浦县和钦州市钦南区轻度发生；柚木驼蛾发生 0.50 万亩，发生在北海市合浦县、防城港港口区和钦州市钦南区，合浦县和钦南区局部区域重度危害成灾；北海市合浦县发生蓖麻夜蛾 30 亩，其中重度发生 10 亩。

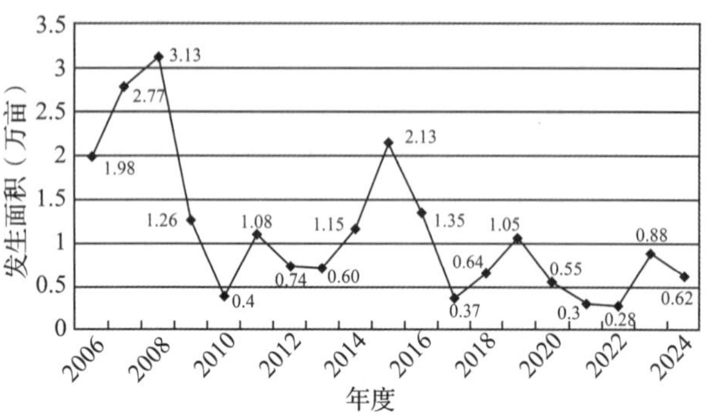

图 21-11　广西 2006—2024 年红树林害虫发生面积

(9)珍贵树种病虫害发生 0.51 万亩，同比上升 15.91%，危害种类主要有降香黄檀炭疽病、灰卷裙夜蛾、黄野螟、橙带蓝尺蛾等。黄野螟发生 0.44 万亩，在崇左市江州区和凭祥市以及钦廉林场发生危害，在钦廉林场局部区域中度发生。降香黄檀炭疽病在崇左市江州区轻度发生。橙带蓝尺蛾在来宾市金秀瑶族自治县偏重发生。灰卷裙夜蛾在维都林场轻度发生。

(三)林业有害生物灾害成因分析

2024 年广西林业有害生物发生种类多，分布广，局部危害严重的原因有以下几方面。

1. 主栽品种单一老化

近年来，随着大规模人工植树造林，以桉树、松树、杉木为主的用材林和以八角、油茶、核桃为主的经济林均以纯林为主，单一树种、单一无性系、单一树龄、单一经营模式组成的纯林，抗逆性较弱，抵抗自然灾害能力较低，且繁殖代数过多，品种老化，其抗性严重退化，易遭受病虫危害。

2. 经营措施欠科学

目前经营的桉树人工林绝大多数都是短轮期工业原料林，种植后 5~6 年即采伐利用，对林地干扰强度大、频率高，不利于维护生态平衡。多数造林大户对林地进行全面炼山整地，全面清整原生植被，破坏了原有的生态系统，同时过量施用化肥和除草剂，造成林地生物多样性下降，严重伤害了天敌，容易引起病虫灾害。

3. 人流物流频繁，外来林业有害生物易扩散

随着经济社会不断发展深入推进，人流物流跨区域流动频繁，导致松材线虫病、薇甘菊等重大林业有害生物疫情扩散风险增大。

4. 气候条件有利于有害生物的发生发展

2024 年初出现多次寒潮和低温雨雪冰冻过程，不利于林业害虫的安全越冬，但春季升温较快，为害虫的提早出现创造了有利条件。4 月广西平均气温 24.1℃，比常年同期偏高 2.5℃，为历史同期最高，有利于虫害的繁育。2024 年汛期(4~9 月)广西各地平均气温 22.5~28.5℃，与常年同期相比，大部气温偏高 0.1~1.4℃。降水量 1009.4~3625.2mm，与常年同期相比，大部地区偏多 2~8 成。汛期灾害性天气频发，其中 6 月出现 5 次暴雨过程，7~8 月出现 6 次高温天气过程，9 月受台风“摩羯”影响，南宁、梧州、北海、防城港、钦州、贵港、玉林、百色、来宾、崇左等 10 市 41 县区发生风雨灾害。高温高湿天气加上森林茂密不利于水汽的蒸发，对森林病害和有害植物的发生生长有利，但对虫害的发生发展较为不利。10 月 1 日至 12 月 4 日，广西平均气温 16.3 ~ 24.4℃，比常年同期偏高 0.1 ~ 2.5℃，降水量 5.9~187.4mm，大部地区减少 2~9 成，气温明显偏高，干旱发生发展，暖干的气候条件有利于虫害发生蔓延。

5. 基层力量薄弱

机构改革后，县级防治检疫机构撤销或整合，专业技术人员较少，且工作岗位变动频繁，林业有害生物防控队伍人员流失转岗严重，同时，林业有害生物防治工作专业性强，基层人员对主要病虫种类缺乏识别能力。此外，大多数林业基层单位在交通工具、监测防控设施设备等方面比较短缺，严重影响监测防治工作正常开展。

二、2025 年林业有害生物发生趋势预测

(一)2025 年气候趋势预测

预计 2025 年全区年平均气温较常年偏高，总降水量桂东北增加 1~3 成，其余大部地区偏少 1~3 成。年初桂北有阶段性低温雨雪冰冻过程，主要出现在 1 月中旬至 2 月中旬。年内暴雨集中期桂北

出现在5~6月、桂南出现在7~9月，局地可能出现极端性强降水过程，桂北发生暴雨洪涝灾害的风险高；影响广西的台风有4~5个，接近常年。高温日数比常年偏多，有阶段性高温热浪过程。

1. 年总降水量预测

预计2025年总降水量：钦州和防城港两市南部、柳州和桂林市两市中部为2000~2500mm；百色、河池、崇左、南宁、来宾、贵港6市大部、玉林市北部、梧州市南部为1000~1500mm；其余地区为1500~2000mm；年总降水量与常年相比，桂东北增加1~3成、其余地区减少1~3成。

2. 季节气候趋势预测

预计2025年1~3月总降水量桂西北比常年同期偏多1~3成，其余地区偏少1~4成。平均气温桂北比常年偏低0.1~0.5℃，桂中桂南略偏高，有阶段性低温过程，1月中旬到2月中旬桂北高海拔地区可能出现阶段性冰冻雨雪天气过程。春播期低温阴雨日数较常年同期偏少，结束期偏晚。前汛期(4~6月)总降水量桂北增加1~4成，其余地区减少1~3成，桂北可能出现暴雨洪涝和极端性强降水过程。平均气温大部地区正常至偏高。后汛期(7~9月)总降水量桂西南增加1~2成、其余大部地区减少2~4成，发生阶段性气象干旱的可能性大。平均气温大部地区偏高，高温日数比常年偏多，有阶段性高温热浪过程。

3. 台风预测

预计2025年影响广西的台风有4~5个，接近常年。

(二)2025年总体发生趋势预测

2025年春季桂中、桂南气温偏高、降水偏少，虫害可能会出现得偏早，局部地区偏重发生；夏季桂中、桂南相对暖干，是虫害暴发的高风险区，桂北林区降水偏多、空气湿度大，林业病害和有害植物暴发的风险较大；秋季可能出现阶段性干旱，气候暖干害虫繁育迭代次数多，桂中、桂南的虫害暴发风险高。根据广西林业有害生物发生的历史数据和各市2024年主要林业有害生物发生防治情况以及病虫害越冬情况调查，结合资源状况、生态环境与林分质量、气象信息等多种因素进行综合分析，运用趋势预测软件的数学模型进行分析，预测2025年广西林业有害生物发生面积为541.7万亩，发生程度局部偏重，总体发生趋势较2024年上升4.55%(图21-12)。其中，病害预测发生127.2万亩，发生趋势上升；虫害发生368.9万亩，发生趋势上升；鼠害发生0.6万亩，发生趋势持平；有害植物发生45万亩，发生趋势上升(详见附表21-2)。

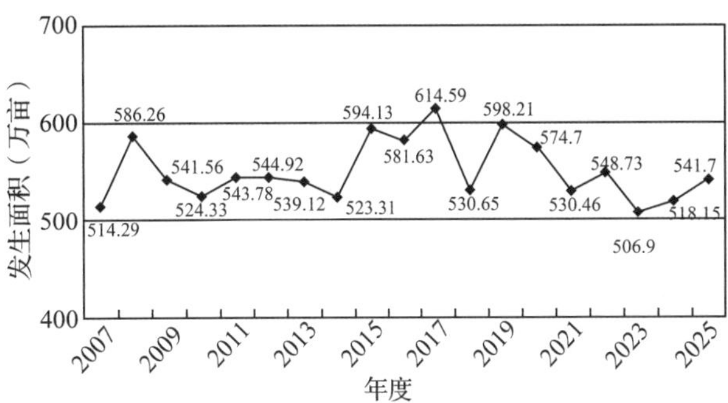

图21-12　2007—2025年广西林业有害生物发生趋势

(三)分种类发生趋势预测

1. 外来林业有害生物

松材线虫病　松材线虫病在少数疫区有扩散危险，且仍有新增疫区风险。预计发生23万亩左右，同比下降8.62%，但仍有新增或复发风险。在全区松林分布区特别是重点生态区位、人流物流频繁区域、疫区疫点交界区域新发疫情的可能性较大。

其他松树害虫　预测松突圆蚧、湿地松粉蚧在梧州市、玉林市的马尾松和湿地松林区继续危害，预计发生225万亩，同比下降2.16%。

桉树枝瘿姬小蜂　预测发生0.1万亩左右，同比上升25%，主要发生在梧州市，以轻度发生为主。

有害植物薇甘菊　预测发生45万亩，同比上升11.41%，呈扩散蔓延趋势，主要发生在北海市、钦州市和玉林市，其他市县(林场)也有可能发生。

2. 本土林业有害生物

桉树病虫害　预测发生119.5万亩，同比上升12.14%，在全区桉树种植区局部区域发生危害仍然较重。其中病害60万亩，同比上升9.63%，青枯病、叶斑病、焦枯病、枝枯病的危害仍将比较严重，主要发生在桂东和桂南的局部地区，其中在南宁市横州市、贵港市平南县等局地成灾的可能性较大；虫害59.5万亩，同比上升14.80%，其中油桐尺蠖预计发生50万亩，同比上升13.43%，分布于全区桉树种植区，柳州、梧州、玉林、来宾等部分地区可能危害较重；桉蝙蛾预计发生7万亩，同比上升17.65%，分布于全区桉树种植区，南宁、玉林、百色、贺州等市局部区域可能危害较重。

松树害虫　预测发生50.4万亩，同比上升18.95%，其中松毛虫(含松茸毒蛾)预计发生30万亩，同比上升22.25%，主要发生在桂东、桂北和桂西松树分布较多的县区，其中在雁山区、兴安县、永福县、荔浦市、八步区等局部区域发生较重的可能性较大。松褐天牛预计发生18万亩，重点发生区域在桂林、梧州、贵港、贺州等松材线虫病疫情发生区。

竹类病虫害　预测发生47万亩，同比上升3%，以毛竹丛枝病、竹茎广肩小蜂、刚竹毒蛾、黄脊竹蝗、竹篦舟蛾为主，黄脊竹蝗在桂林市临桂区、灵川县、兴安县、全州县、资源县等局部区域危害严重可能性较大。

八角病虫害　预测发生18万亩，同比上升11.87%，以八角炭疽病、八角煤烟病、八角尺蠖、八角叶甲为主，分布于八角种植区，梧州市、玉林市、百色市等局地偏重发生的可能性较大。

核桃病虫害　预测发生7万亩左右，同比上升63.55%，以炭疽病和蛀干害虫云斑白条天牛为主，其中病害1万亩，虫害6万亩，仍在河池市凤山县等地区危害。

杉树病虫害　预测发生1.2万亩左右，同比上升11.11%，以杉树炭疽病、杉树叶枯病、杉梢小卷蛾为主，主要发生于百色市和河池市，以轻度发生为主。

油茶病虫害　预测发生1万亩左右，同比上升12.36%，油茶炭疽病、油茶毒蛾等油茶病虫害主要在桂中和桂西局部地区发生危害。

红树林害虫　预测发生0.8万亩，同比上升23.08%，在北海市合浦县局部区域灾害仍然较严重。以危害白骨壤为主的广州小斑螟在沿海的钦州、北海红树林分布区仍然有危害，其中北海市合浦县危害可能较重。危害桐花树、秋茄树为主的白囊袋蛾、柚木驼蛾、桐花毛颚小卷蛾等在钦州市、防城港市和北海市仍然有危害。

珍贵树种病虫害　预测危害0.55万亩，同比上升10%。种类主要有降香黄檀炭疽病、黄掌舟蛾、荔枝异形小卷蛾、黄野螟、灰卷裙夜蛾、橙带蓝尺蛾、肉桂双瓣卷蛾、樟巢螟等。橙带蓝尺蛾在来宾市金秀瑶族自治县危害罗汉松。黄野螟在崇左、钦州等地危害沉香。

鼠害　预测发生0.6万亩，主要种类为赤腹松鼠，在百色市那坡县、乐业县、隆林各族自治县、田林县、平果市等局部区域仍危害杉木。

三、防控对策与建议

(一)强化组织领导，压实防控责任

坚持以林长制为抓手，由各市、县林长统筹协调作用，重点研究解决难点堵点问题。将“推进松材线虫等重大林业有害生物防治”列入自治区政府工作报告重点工作任务，纳入林长制考核范畴，构建起全区上下联动、齐抓共管的疫情防控工作机制。

(二)抓实监测预警，统筹综合防控

详细分解下达年度主要林业有害生物监测任务，及时发布全区主要林业有害生物发生趋势预测。依托凭祥市、靖西市、北仑河口保护区等6个国家级外来入侵物种监测站点对边境外来入侵物种进行常年监测调查，做到早发现、早处置。在全区桉树重点区域开展病虫害防控情况调研，全面掌握桉树病虫害发生情况及防控工作中存在的主要困难和问题。通过采取生物防治、人工物理防治、营林等综合措施，将林业有害生物成灾率控制在“十四五”指标内。

(三)强化应急管理，及时调拨处置

做好应急物资储备和调拨，并根据松毛虫、松褐天牛、柚木驼蛾、八角尺蠖、油桐尺蠖等害虫发生情况，及时调拨防治药剂药械，用于预防和除治，有效防范、处置突发林业有害生物灾害，最大限度地减少林业有害生物突发事件造成的生态、环境和经济损失。

(四)加强技术研究，强化支撑保障

针对广西桉树焦枯病、枝枯病等重大病虫害监测防治技术薄弱问题，组织广西壮族自治区林

业科学研究院、广西大学、区直林场及防治组织等单位相关专家和技术人员开展专题研究和联合攻关。重点加强抗病品系研究，积极开展区域试验，提高品种多样性和抗逆性。

（五）加强宣传培训，提高防治能力

通过广播电视、主流媒体等开展防控公益宣传，加大违法案件曝光力度，切实提高各级领导干部、相关从业人员和社会公众的林业有害生物防控意识。组织开展桉树、竹林等林木病虫害防治技术指导和培训，全面提升防控能力水平，助力林业增产林农增收。

（主要起草人：韦曼丽　邓艳　刘杰恩；主审：陈怡帆）

附表 21-1　广西 2024 年林业有害生物发生情况统计

病虫名称	2024 年发生面积（万亩）				成灾面积（万亩）	成灾率（‰）	2023 年发生面积（万亩）	同比增减（万亩）	同比（%）
	合计	轻度	中度	重度					
有害生物总计	518.15	417.7	68.08	32.37	22.63	1.046	506.9	11.25	2.22
一、病害总计	123.6	73.89	19.79	29.92	22.05	1.019	107.45	16.15	15.03
1. 松材线虫病	25.17	0	0	25.17	20.98	7.429	31.77	-6.60	-20.77
2. 杉木病害	1.08	1.01	0	0.07	0.07	0.025	1.03	0.05	4.85
3. 桉树病害	54.73	44.13	8.54	2.05	0.91	0.193	29.08	25.65	88.20
4. 竹类病害	28.96	17.5	8.94	2.52	0	0	29.2	-0.24	-0.82
5. 八角病害	11.13	8.97	2.12	0.04	0.03	0.062	12.77	-1.64	-12.84
6. 珍贵树种病害	0.02	0.02	0	0	0	0	0.07	-0.05	-71.43
7. 其他病害	2.50	2.26	0.18	0.05	0.05	0.099	3.51	-1.01	-28.77
二、虫害总计	353.55	306.22	44.97	2.36	0.58	0.027	356.56	-3.01	-0.84
1. 松树害虫总计	272.35	239.47	31.72	1.15	0.20	0.071	282.81	-10.46	-3.70
马尾松毛虫	24.54	22.56	1.82	0.15	0.18	0.063	25.26	-0.72	-2.85
湿地松粉蚧	25.41	25.38	0.03	0	0	0	25.23	0.18	0.71
松突圆蚧	204.56	176.27	28.29	0	0	0	215.46	-10.90	-5.06
松褐天牛	15.02	12.61	1.44	0.98	0	0	14.64	0.38	2.60
萧氏松茎象	1.26	1.26	0	0	0	0	0.57	0.69	121.05
其他松树害虫	1.55	1.39	0.14	0.02	0.02	0.008	1.65	-0.10	-6.06
2. 桉树害虫	51.91	48.74	2.8	0.37	0.21	0.044	39.44	12.47	31.62
桉树食叶害虫	45.61	42.89	2.35	0.37	0.21	0.044	30.57	15.04	49.20
桉树蛀干害虫	6.23	5.77	0.45	0	0	0	8.46	-2.23	-26.36
桉树枝瘿姬小蜂	0.08	0.08	0	0	0	0	0.42	-0.34	-80.95
3. 八角害虫	4.96	4.38	0.55	0.02	0.02	0.038	5.82	-0.86	-14.78
4. 竹类害虫	16.67	8.52	8.15	0	0.13	0.409	19.41	-2.74	-14.12
5. 油茶害虫	0.26	0.26	0	0	0	0	0.69	-0.43	-62.32
6. 核桃害虫	4.05	1.77	1.49	0.79	0	0	6.70	-2.65	-39.55
7. 红树林害虫	0.65	0.52	0.12	0.01	0.01	1.009	0.88	-0.23	-26.14
8. 珍贵树种害虫	0.48	0.43	0.04	0.01	0	0	0.36	0.12	33.33
9. 其他害虫	2.20	2.11	0.09	0	0	0	0.44	1.76	400.00
三、鼠害总计	0.61	0.54	0.07	0	0	0	0.52	0.09	17.31
赤腹松鼠	0.61	0.54	0.07	0	0	0	0.52	0.09	17.31
四、有害植物	40.39	37.05	3.25	0.09	0	0	42.38	-1.99	-4.70
薇甘菊	40.39	37.05	3.25	0.09	0	0	42.38	-1.99	-4.70

附表 21-2　广西 2025 年主要林业有害生物发生趋势预测

病虫名称	2025 年预测发生面积（万亩）	2024 年实际发生面积（万亩）	同比增减（万亩）	同比（%）	发生趋势	重点发生区域
有害生物合计	541.7	518.15	23.55	4.55	上升	
一、病害	127.2	123.6	3.60	2.91	上升	
松材线虫病	23.00	25.17	-2.17	-8.62	下降	桂林、梧州、贵港、贺州
杉树病害	1.20	1.08	0.12	11.11	上升	百色、河池
桉树病害	60.00	54.73	5.27	9.63	上升	贵港、玉林、河池
竹类病害	28.00	28.96	-0.96	-3.31	下降	桂林
八角病害	12.00	11.13	0.87	7.82	上升	玉林、百色、河池、崇左
珍贵树种病害	0.05	0.02	0.03	150.00	上升	崇左
其他病害	2.95	2.50	0.45	18.00	上升	
二、虫害	368.90	353.55	15.35	4.34	上升	
1. 松树害虫	275.40	272.35	3.05	1.12	持平	
松毛虫	30.00	24.54	5.46	22.25	上升	桂林、钦州、贺州
湿地松粉蚧	25.00	25.41	-0.41	-1.61	持平	玉林
松突圆蚧	200.00	204.56	-4.56	-2.23	持平	梧州、玉林
松褐天牛	18.00	15.02	2.98	19.84	上升	桂林、梧州、贵港、贺州
萧氏松茎象	0.80	1.26	-0.46	-36.51	下降	桂林、梧州、贺州
其他松树害虫	1.60	1.55	0.05	3.23	上升	
2. 桉树害虫	59.60	51.91	7.69	14.81	上升	
油桐尺蛾	50.00	44.08	5.92	13.43	上升	柳州、梧州、玉林、来宾
桉蝙蛾	7.00	5.95	1.05	17.65	上升	南宁、玉林、百色、贺州
桉树枝瘿姬小蜂	0.10	0.08	0.02	25.00	上升	梧州
其他桉树害虫	2.50	1.80	0.70	38.89	上升	
3. 八角害虫	6.00	4.96	1.04	20.97	上升	梧州、玉林、百色
4. 竹类害虫	19.00	16.67	2.33	13.98	上升	桂林
5. 油茶害虫	0.50	0.26	0.24	92.31	上升	柳州、百色
6. 核桃害虫	6.00	4.05	1.95	48.15	上升	河池
7. 红树林害虫	0.80	0.65	0.15	23.08	上升	北海、钦州、防城港
8. 珍贵树种害虫	0.50	0.48	0.02	4.17	上升	来宾、崇左
9. 其他害虫	1.10	2.20	-1.10	-50.00	下降	
三、鼠害	0.60	0.61	-0.01	-1.64	持平	
赤腹松鼠	0.60	0.61	-0.01	-1.64	持平	百色
四、有害植物	45.00	40.39	4.61	11.41	上升	
薇甘菊	45.00	40.39	4.61	11.41	上升	北海、钦州、玉林

22 海南省林业有害生物2024年发生情况和2025年趋势预测

海南省森林病虫害防治检疫站

【摘要】2024年海南省林业有害生物发生面积及危害程度均有所下降，全年发生34.95万亩，同比下降8.36%。根据海南省当前森林资源状况、林业有害生物发生规律和调查防治情况，结合气象资料，经综合分析预测，2025年全省林业有害生物发生面积较2024年有所增长，发生约37.5万亩。

一、2024年林业有害生物发生情况

2024年全省林业有害生物发生34.95万亩，其中，轻度发生27.43万亩，中度发生6.06万亩，重度发生1.46万亩，分别占发生总面积的78.48%、17.34%、4.18%。病害发生0.005万亩；虫害发生14.59万亩，同比上升20.88%；有害植物20.35万亩，同比下降21.94%，成灾面积0.05万亩，成灾率0.02‰。全省防治面积8.70万亩(防治作业16.51万亩次)(图22-1)。

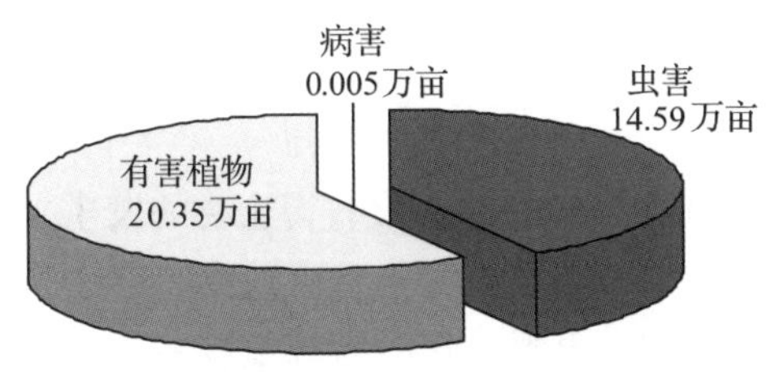

图22-1　2024年全省主要林业有害生物分类别发生面积

(一)发生特点

2024年海南省林业有害生物发生面积有所下降，危害有所减轻。一是出现了重大外来林业有害生物松材线虫病入侵事件，但防控及时，有效阻止疫情扩散。二是椰心叶甲等棕榈科害虫发生面积有所上升，但危害较轻。三是有害植物薇甘菊、金钟藤发生面积有所下降，危害有所减轻(图22-2)。

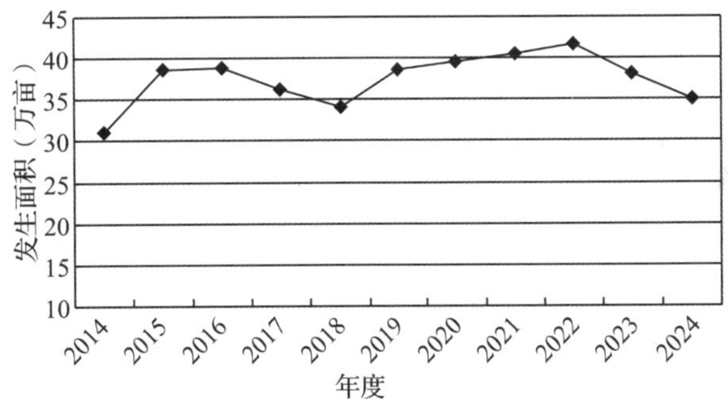

图22-2　2014—2024全省主要林业有害生物发生面积

(二)主要林业有害生物发生情况分述

海南省2023年、2024年主要林业有害生物发生情况如图22-3所示。

1. 松材线虫病

2024年3月首次在海口市美兰区大致坡镇大东村发现松材线虫病疫情，疫情涉及两个松林小班，面积48亩，病死树157株。疫情发生后，各级领导高度重视，迅速启动应急预案，及时制定《海口市美兰区松材线虫病疫情应急除治实施方案》。对两个疫情小班皆伐清理，对疫情小班周边2km约1025亩松林每月开展一次媒介昆虫防治。持续开展全省松材线虫病疫情监测排查，未新发现感染松材线虫病松树。2024年全省秋季普查未发现新发疫情小班。

2. 薇甘菊

近年来，海南省加大林地薇甘菊的防治力度，林地薇甘菊发生面积有所下降。全年发生5.46万亩，同比下降32.26%，危害有所减轻。主要发生在高速公路旁、林缘、河道水沟边、撂荒地。主要分布在澄迈、文昌、儋州、临高、屯

昌、海口等市县和国家公园黎母山分局、五指山分局，其中文昌、儋州、澄迈局部危害较重。

3. 棕榈科害虫

棕榈科害虫是海南省的主要林业有害生物，全年发生 13.71 万亩，同比上升 21.22%。以轻度发生为主，中度以下发生 12.08 万亩，占 98.40%。主要有椰心叶甲、红棕象甲和椰子织蛾。

椰心叶甲　上半年高温少雨，椰心叶甲种群数量多发扩散，尤其在椰子新种植区域和疏于管理的槟榔园受椰心叶甲侵染明显，椰心叶甲疫情有所上升。全省发生 12.29 万亩，同比上升 20.37%，以轻度发生为主，中度以下发生面积占 98.29%，各地均有发生。

椰子织蛾　全年发生 1.34 万亩，同比上升 32.67%，以轻度发生为主，中度以下发生面积占 99.25%，主要分布在陵水、临高、澄迈、琼海、海口、文昌等市县。

红棕象甲　推广使用以性信息素为主的重要入侵害虫红棕象甲综合防治技术，对红棕象甲的监测防控取得了较好效果。监测发现海南省大部分市县均有分布，但达到发生程度的较少，在澄迈、儋州、三亚等地发生 0.08 万亩，与上年基本持平。

4. 金钟藤

金钟藤是海南本土有害植物，主要危害天然次生林，发生 14.89 万亩，同比下降 17.32%，主要发生在中部海南热带雨林国家公园和琼中、屯昌、五指山、白沙、澄迈、琼海等地的天然次生林区。

5. 其他病虫害

其他病虫害发生 0.89 万亩，以轻度发生为主。其中，红火蚁在全省林业用地发生 0.64 万亩，主要分布在海口、保亭、儋州、澄迈、国家公园黎母山分局等地；随着树种的更新及野外天敌的增多，桉树病虫害危害较轻，桉树小卷蛾发生 0.25 万亩，主要发生在儋州。

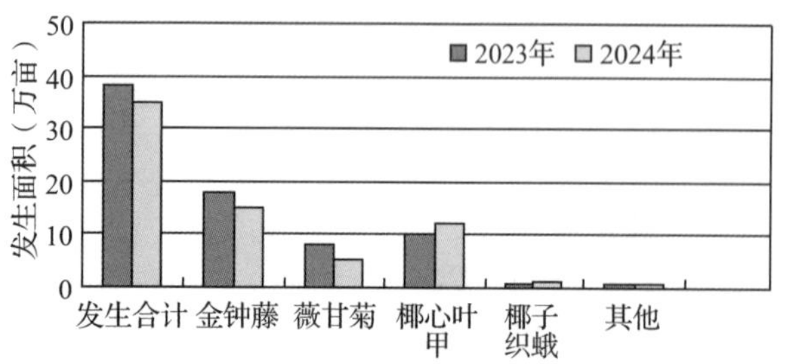

图 22-3　2023—2024 年全省主要林业有害生物发生面积

(三)海南热带雨林国家公园主要林业有害生物发生情况

近年来，热带雨林国家公园加大了林业有害生物治理力度，发生面积有所下降。全年发生 7.84 万亩，同比下降 22.84%。其中，轻度发生 5.44 万亩，中度发生 1.96 万亩，重度发生 0.44 万亩。主要发生的林业有害生物有薇甘菊、金钟藤、红火蚁和椰心叶甲。金钟藤是国家公园范围内分布面积最大的林业有害生物，发生 6.46 万亩，占比 82.40%，其中，轻度发生 4.41 万亩，中度发生 1.63 万亩，重度发生 0.42 万亩。其他有害生物以轻度发生为主，其中薇甘菊发生 0.51 万亩，红火蚁发生 0.10 万亩，椰心叶甲发生 0.77 万亩(图 22-4)。

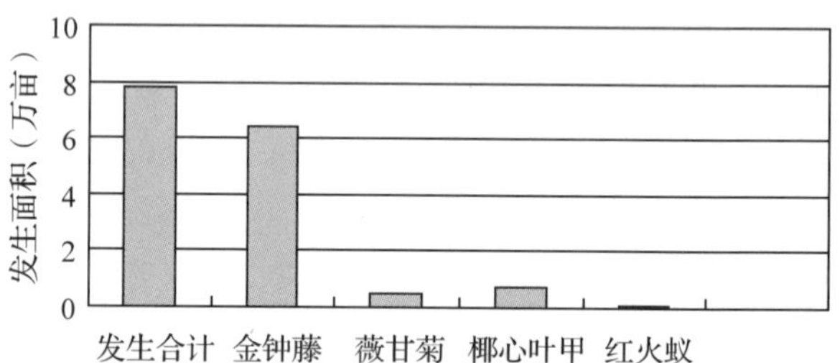

图 22-4　2024 年海南热带雨林国家公园林业有害生物发生面积

(四)成因分析

1. 气象因素影响林业有害生物的发生

去冬今春全省气温较常年偏高，降水量较常年偏少，有利于椰心叶甲等害虫越冬发育，虫口密度增大，棕榈科害虫疫情有所反弹。

2. 物流频繁加速林业有害生物的传播扩散

随着海南自由贸易港建设力度不断加大，极大地带动了物流、旅游产业发展。各类苗木和林木制品跨区域调运数量大幅增加，外来林业有害生物的入侵风险加大，出现了松材线虫病入侵事件。

3. 综合治理取得一定成效

近年来，针对常发性林业有害生物持续开展综合治理，取得显著成效，发生面积总体下降。

二、2025年林业有害生物发生趋势预测

（一）2025年发生趋势预测

根据海南省当前森林资源状况、林业有害生物发生规律、防治情况及气候因素，经综合分析预测：海南省2025年主要林业有害生物发生面积较2024年有所增长，在37.5万亩左右，总体仍以轻、中度发生为主。其中病害发生约0.1万亩，虫害发生约15.4万亩，有害植物约22万亩。

（二）分种类发生趋势预测

1. 松材线虫病

2024年3月发现松材线虫病疫情后，立即采取了防治措施，及时对两个疫情小班皆伐清理，对疫情小班周边2km约1025亩松林每月开展一次媒介昆虫防治。持续开展全省松材线虫病疫情监测排查，均未发现新发现感染松材线虫病松树。2024年全省秋季普查未发现新发疫情小班，预计2025年零发生。

2. 薇甘菊

海南自由贸易港建设步伐不断加快，促进人流、物流以及区域间的苗木调运，同时重大工程相继开工建设，人为传播隐患加大，加上薇甘菊繁殖能力强，结籽量多，可通过气流、水流等远距离传播，且防治后复发率高，呈扩散趋势，但在林业用地范围内发生趋势趋于平稳。预计2025年发生约6万亩，主要分布在文昌、儋州、屯昌、海口、澄迈、临高等市县(图22-5)。

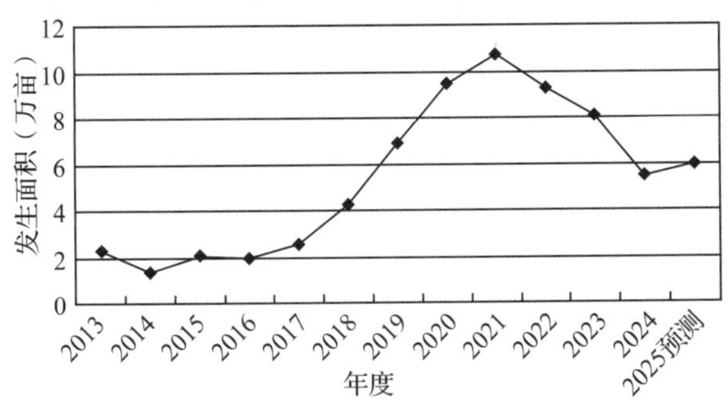

图22-5　薇甘菊发生趋势

3. 棕榈科病虫害

椰心叶甲　受2024年下半年"摩羯""潭美"等台风影响，天敌寄生蜂损失严重，且海南省冬春季气候干燥，有利于有害生物发生。预计2025年椰心叶甲疫情有所反弹，发生面积有所上升，约13万亩，以轻度危害为主，全省均有发生，在文昌、琼海、海口局地可能重度危害(图22-6)。

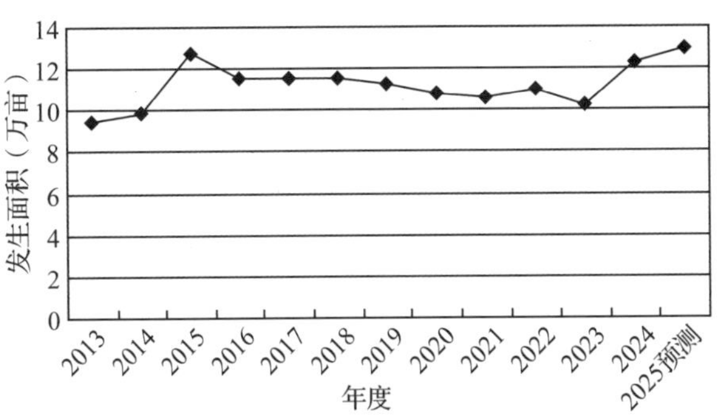

图22-6　椰心叶甲发生趋势

椰子织蛾　椰子织蛾防治取得一定成效，近年来疫情相对平稳，但受冬季干燥气候影响，疫情可能会出现一定的反复，预测2025年椰子织蛾的发生约1.4万亩，较2024年略有上升，以轻度发生为主。主要发生在陵水、儋州、琼海、澄迈等市县(图22-7)。

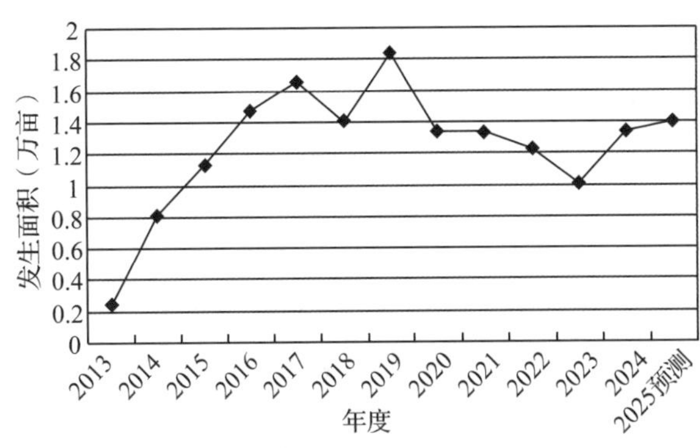

图22-7　椰子织蛾发生趋势

红棕象甲　根据监测数据分析，红棕象甲发生趋势相对平稳。预计红棕象甲2025年轻度发生，约0.1万亩，主要发生在文昌、儋州、澄迈等市县。

4. 金钟藤

金钟藤在海南热带雨林国家公园区域内发生面积大，对海南省热带天然林区景观造成不同程度的危害。目前，主要通过加大天然林区的森林

抚育工作力度，控制金钟藤危害。预计 2025 年发生 16 万亩左右，主要分布在林国家公园区域及屯昌、琼海、儋州等市县(图 22-8)。

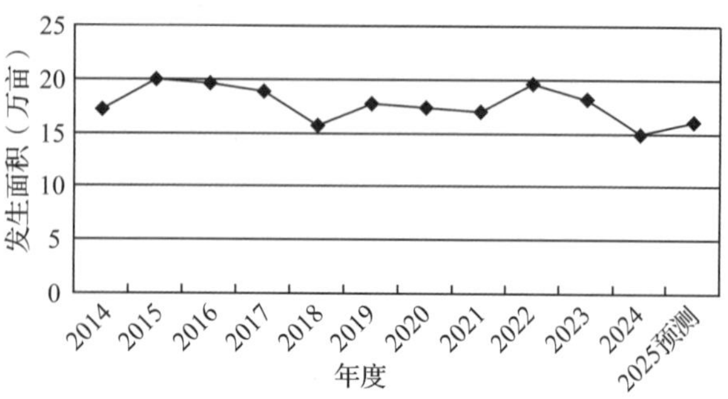

图 22-8　金钟藤发生趋势

5. 其他有害生物

红火蚁随着海南自由贸易港的建设，人流、物流、区域间的苗木运输频繁，造成人为传播，可能有新的疫点，主要呈多点零星分布，预计 2025 年发生约 0.7 万亩，主要发生在海口、儋州、澄迈等市县。桉树、松树、木麻黄病虫害及其他食叶害虫等零星分布，预计发生约 0.3 万亩，主要发生在东部的文昌及干旱少雨的临高、儋州等西部地区。

(三)重要防控风险点

海南热带雨林国家公园危害种类主要有薇甘菊、红火蚁、椰心叶甲和金钟藤。近年来海南省加大国家公园林业有害生物防控力度，预计海南热带雨林国家公园发生总体平稳，外来入侵物有入侵和扩散风险，预计 2025 年发生 8.32 万亩，较 2024 年略有上升。本土植物金钟藤发生平稳，局部偏重发生，发生 6.89 万亩；外来入侵物种薇甘菊、红火蚁和椰心叶甲以轻度发生为主，零星分布。其中椰心叶甲疫情平稳，发生 0.66 万亩；薇甘菊、红火蚁随着国家公园建设，人流物流频繁，易造成人为传播，可能有新的疫点，主要呈多点零星分布，预计薇甘菊发生 0.64 万亩，红火蚁发生 0.13 万亩；国家公园内松林面积 34.18 万亩，占全省松林面积 55.44 万亩的 61.7%，松材线虫病入侵的风险较大，要加大监测力度，早发现、早除治。

三、对策建议

(一)筑牢检疫防线，严防疫情传播

根据海岛特点对外继续实行“码头拦截、跟踪除害、建档监测”，严防松材线虫病等外来重大林业有害生物的入侵；对内强化产地检疫和调运检疫，阻止带疫松木制品上山。从源头上管控，防止林业有害生物传播。

(二)加强队伍建设，提高业务水平

以“林长制”为抓手，压实市县和国家公园分局林业有害生物防控主体责任和有关部门责任。积极探索基层测报组织模式，充分发挥护林员、林业工作站、公益林管护站和科研机构等部门的作用。开展林业有害生物监测调查、松材线虫病疫情防控监管平台应用等业务培训，使基层监测普查人员熟练掌握测报系统和松材线虫病疫情防控监管平台的应用，提升业务水平。

(三)强化监测预警，指导防治工作

扎实做好林业有害生物日常监测工作，进一步加大国家公园、高速公路、铁路、国道、省道、景区景点等重点区域的监测力度，合理规划、科学布设固定监测点，准确掌握林间动态，及时发布生产性预报，指导市县和有关基层单位做好防治工作，确保有虫不成灾。

(四)加大资金投入，提升防控能力

继续积极争取各级政府的重视和支持，将监测防治资金纳入政府财政预算。推动地方政府向社会化组织购买监测调查、数据分析、技术服务、防治业务服务，提升防控能力。

(五)加强科技支撑，推动成果转化应用

加强与高校、科研院所合作，构建产学研合作平台，重点开展椰心叶甲、椰子织蛾等监测技术研究，积极探索椰子织蛾、金钟藤等有害生物防治新技术。

(主要起草人：布日芳　杨晓雷；主审：李晓冬)

23 重庆市林业有害生物 2024 年发生情况和 2025 年趋势预测

重庆市森林病虫防治检疫站

【摘要】2024 年全市主要林业有害生物总体发生态势减缓，但仍有偏重发生，局部成灾。全年共发生 423.55 万亩，同比下降 14.61%，其中，病害发生 127.97 万亩，同比下降 24.15%，虫害发生 277.99 万亩，同比下降 9.48%，鼠(兔)害发生 14.22 万亩，同比下降 16.89%，有害植物发生 3.37 万亩，同比增加 7.82%。主要表现：松材线虫病危害程度减轻，防控成效向好，但仍是重庆市发生程度最重也是影响最大的林业有害生物，“内防反弹、外防输入”的防控形势依然严峻；有害植物发生危害种类多样化趋势明显，华山松大小蠹危害加重，其他病虫害整体危害减轻。综合气候、林业有害生物发生规律、防治成效等因素，预测 2025 年重庆市主要林业有害生物发生呈下降趋势，发生 345.51 万亩，其中，病害 101.69 万亩，虫害 228.19 万亩，鼠(兔)害 12.4 万亩，有害植物 3.23 万亩。除松材线虫病危害严重以外，其他林业有害生物轻度发生为主，需要持续做好松材线虫病综合防控，加强松材线虫病日常监测工作，强化检疫封锁，抓实山场除治，持续减轻疫情危害。

一、2024 年林业有害生物发生情况

2024 年全市主要林业有害生物总体发生态势减缓，但仍有偏重发生，局部成灾。据统计，全年共发生 423.55 万亩，同比下降 14.61%。其中，病害发生 127.97 万亩，同比下降 24.15%，虫害发生 277.99 万亩，同比下降 9.48%，鼠(兔)害发生 14.22 万亩，同比下降 16.89%，有害植物发生 3.37 万亩，同比增加 7.82%。部分有害生物危害面积增加，但局部发生，未大面积危害。松材线虫病危害程度减轻，防控成效向好，但防控形势依然严峻；有害植物发生危害种类多样化趋势明显，华山松大小蠹危害加重，其他病虫害得到持续控制，整体危害减轻(表 23-1)。

表 23-1　重庆市 2023 年、2024 年主要林业有害生物发生情况对比

有害生物名称	2024 年发生面积（万亩）	2023 年发生面积（万亩）	同比变化（%）
有害生物合计	423.55	496.04	-14.61
病害合计	127.97	168.72	-24.15
马尾松赤枯病(思茅松赤枯病、松赤枯病、油松赤枯病)	0.09	0.10	-10.20
侧柏叶枯病	0.17	0.20	-15.15
核桃褐斑病	2.39	1.83	30.18
黄栌白粉病	4.00	4.00	0.00
核桃细菌性黑斑病(核桃黑斑病)	3.10	3.00	3.33
松材线虫病	118.23	157.89	-25.12
核桃炭疽病	—	1.70	—
虫害合计	277.99	307.08	-9.48
亚洲飞蝗	0.26	0.26	0.00

（续）

有害生物名称	2024 年发生面积（万亩）	2023 年发生面积（万亩）	同比变化（%）
青脊竹蝗（青脊角蝗、青草蜢）	0.20	—	—
黄脊雷篦蝗（黄脊竹蝗）	7.23	6.31	14.53
白带短肛虫脩	0.20	0.20	0.00
褐喙尾虫脩（褐喙尾竹节虫）	0.62	0.60	3.67
黑翅土白蚁（黑翅大白蚁、台湾黑翅螱、白蚂蚁）	0.05	—	—
桃大尾蚜（桃粉蚜）	0.30	—	—
落叶松球蚜	0.90	0.90	0.00
山竹缘蝽	0.42	0.40	5.00
多斑白条天牛	0.90	1.00	-10.50
云斑白条天牛（云斑天牛、密点白条天牛）	3.43	5.09	-32.59
松墨天牛（松褐天牛、松天牛）	180.77	213.88	-15.48
粗鞘双条杉天牛	3.19	2.30	38.57
核桃长足象（核桃果象、核桃果象甲、核桃甲象虫）	1.90	1.90	0.00
华山松大小蠹	16.53	8.20	101.62
落叶松小蠹	0.04	0.10	-63.35
纵坑切梢小蠹（云南松纵坑切梢小蠹）	2.90	3.00	-3.33
重阳木锦斑蛾（重阳木斑蛾）	0.02	—	—
竹织叶野螟（竹螟、竹织野螟）	0.03	0.02	66.67
缀叶丛螟	0.70	0.60	16.67
油茶尺蛾（油茶尺蠖）	0.15	0.15	0.00
云南松毛虫	0.05	0.20	-75.00
思茅松毛虫	0.05	—	—
马尾松毛虫	36.45	43.64	-16.50
银杏大蚕蛾（白果蚕、核桃楸大蚕蛾）	0.06	0.05	20.00
苎麻夜蛾	0.01	0.01	-8.33
蜀柏毒蛾	6.54	9.14	-28.48
栗瘿蜂（板栗瘿蜂）	5.00	5.00	0.00
鞭角华扁叶蜂（鞭角扁叶蜂）	0.60	1.00	-40.00
落叶松红腹锉叶蜂（落叶松叶蜂、落叶松红腹叶蜂、红环槌缘叶蜂）	2.40	2.47	-2.76
南华松叶蜂	6.10	0.65	838.46
栎黄掌舟蛾（栎掌舟蛾）	—	0.01	—
鼠（兔）害合计	14.22	17.11	-16.89
草兔（托氏兔、高原野兔、野兔、蒙古兔）	3.16	3.19	-0.82
高山鼠兔	0.82	0.83	-0.56
东方田鼠	0.06	0.05	10.00
赤腹松鼠	2.60	1.80	44.17
中华鼢鼠	5.30	8.40	-36.90
其他鼠（兔）	2.29	2.85	-19.65
有害植物合计	3.37	3.13	7.82
野葛（葛藤）	3.07	3.13	-1.93

（续）

有害生物名称	2024 年发生面积（万亩）	2023 年发生面积（万亩）	同比变化（%）
菟丝子（中国菟丝子、菟丝子类）	0.13	—	—
马缨丹	0.06	—	—
喀西茄	0.07	—	—
加拿大一枝黄花	0.05	—	—

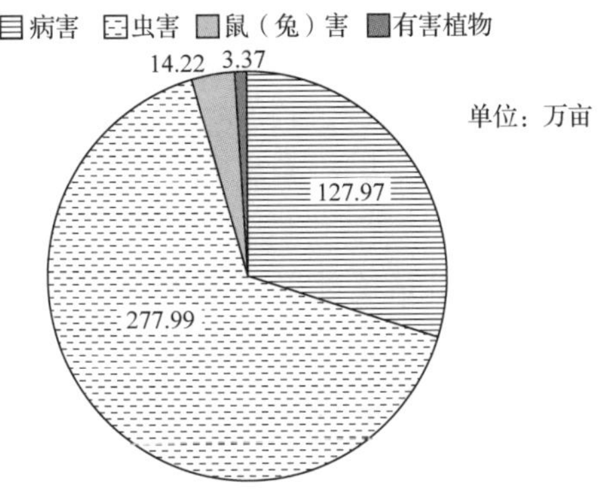

图 23-1　2024 年重庆市林业四类有害生物发生面积

（一）发生特点

1. 松材线虫病疫情得到有效控制

松材线虫病分布在 26 个区县，疫点 284 个、小班 18767 个、面积 118.23 万亩，与 2023 年相比，2024 年减少疫区 3 个，减少疫点 64 个、小班 7470 个，减少疫情面积 39.66 万亩，病死树 29799 株，较上年 59144 株同比下降 49.6%，全市疫区、疫点、小班、面积、病死树实现“五下降”。

2. 林业有害生物种类多

发生并造成危害的林业有害生物高达 60 种，危害严重的有松材线虫病、黄脊竹蝗、松墨天牛、华山松大小蠹、马尾松毛虫等。松毛虫、蜀柏毒蛾、松墨天牛、云斑天牛发生面积减少，危害减轻。核桃褐斑病、核桃细菌性黑斑病（核桃黑斑病）、黄脊雷篦蝗（黄脊竹蝗）、重阳木锦斑蛾（重阳木斑蛾）、松蠹虫、南华松叶蜂等危害增加，尤其华山松大小蠹发生 16.53 万亩，其中，轻度发生 9.59 万亩、中度发生 6.76 万亩、重度发生 0.18 万亩，分布在渝东北的开州区、城口县、巫溪县，需重点关注。

3. 有害植物发生面积增加

有害植物发生 3.37 万亩，轻度发生，同比增加 7.82%，主要是野葛，发生 3.07 万亩，分布在巫山县、开州区、城口县、万盛经济技术开发区（简称万盛经开区）。另外有菟丝子、马缨丹、喀西茄、加拿大一枝黄花分布在江津区，轻度发生。

（二）主要林业有害生物发生情况分述

重庆市 2023 年、2024 年主要林业有害生物发生情况如图 23-2 所示。

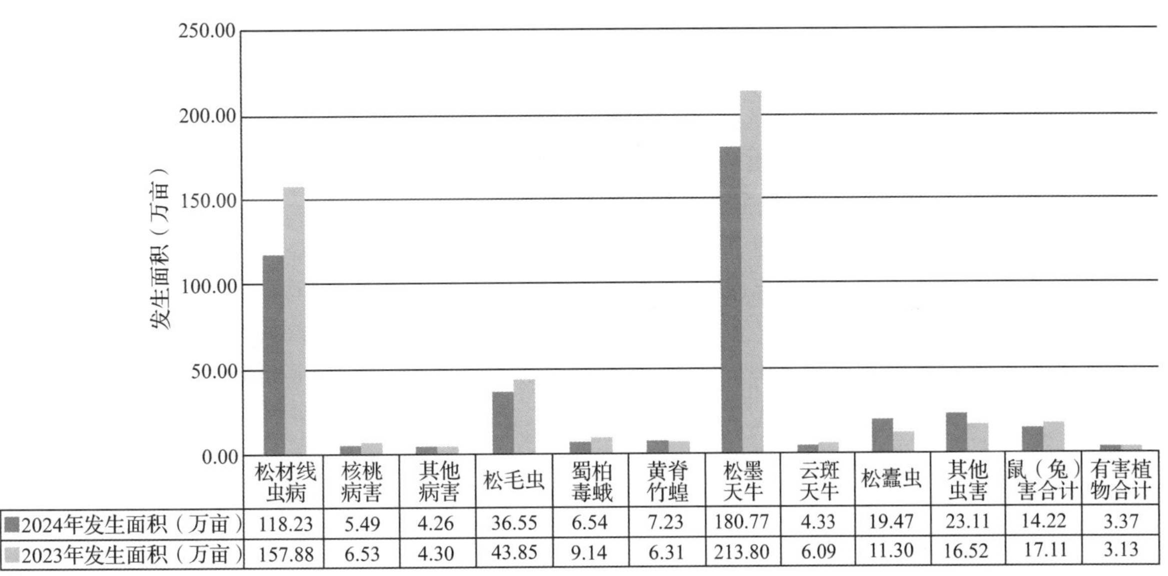

	松材线虫病	核桃病害	其他病害	松毛虫	蜀柏毒蛾	黄脊竹蝗	松墨天牛	云斑天牛	松蠹虫	其他虫害	鼠（兔）害合计	有害植物合计
2024年发生面积（万亩）	118.23	5.49	4.26	36.55	6.54	7.23	180.77	4.33	19.47	23.11	14.22	3.37
2023年发生面积（万亩）	157.88	6.53	4.30	43.85	9.14	6.31	213.80	6.09	11.30	16.52	17.11	3.13

图 23-2　重庆市 2023 年和 2024 年主要林业有害生物发生情况对比

1. 松材线虫病

2024 年发生 118.23 万亩，同比减少 25.12%，病死树 29799 株，较上年 59144 株同比下降 49.6%，今年秋季专项普查显示，全市共 26 个区县发生疫情，疫点 284 个，小班 18767 个，面积 118.23 万亩(图 23-3)。实现无疫情疫区 7 个(江北区、南岸区、荣昌区、大渡口区、九龙坡区、永川区、璧山区)，疫点 122 个，疫点小班 15366 个，面积 82.03 万亩；江北区、南岸区、荣昌区连续两年实现无疫情，达到拔除疫区标准；减少疫点 64 个(其中，达到拔除标准减少疫点 65 个，新增 1 个)；减少疫情小班 7470 个(其中，达到拔除标准减少小班 7478 个，新发疫情小班 8 个)。减少疫情 39.66 万亩(其中，拔除疫情 39.7 万亩、新发疫情增加 487.53 亩)。较 2023 年，除北碚区(缙云山国家级自然保护区)疫情增加 71.55 亩外，其余区县疫情面积均减少(图 23-4)。病死树数量除涪陵区新增 12 株、北碚区新增 53 株、合川区新增 4 株外，其余区县均减少(图 23-5)。

(1)松材线虫病防控形势依然严峻

一是疫情基数大。松材线虫病 2001 年传入重庆市并迅速扩散蔓延，先后有 35 个区县和重庆高新区、万盛经开区发生疫情。今年仍然有 26 个区县发生，万州区、涪陵区、大渡口区、重庆高新区、渝北区、巴南区、江津区、丰都县、云阳县乡镇疫点数量占比超过 50%。万州区、涪陵区、巴南区、忠县疫情发生面积超过 10 万亩。二是内防反弹压力大。由于时间长、压力大，部分区县出现麻痹思想、厌战情绪、松劲心态，有效的防控措施难以完全落地，农户私藏疫木和企业违规除治加工等问题仍有发生，加上今年实施的增发国债森林草原防火阻隔系统项目，砍伐松树量大，疫木管控难度大，疫情复发可能性较大。三是外防输入风险高。重庆市毗邻 5 省均为松材线虫病疫区，由于市场对松木需求大，跨省调运松木频繁，仅 2024 年上半年有 8 起从外省调入重庆市的松木，虽均持有调运检疫证书，但复检仍然呈阳性，全覆盖监管难度大，疫情传入风险高，重点生态区缙云山脉部分区域山上枯死松树增多，疫情有反弹风险。四是资金落实有差距。重庆市松材线虫病防控年均投入资金约 3 亿元，目前中央投入不足 30%，很多区县财政资金优先用在保民生、保运转、保工资等“三保”上，无法筹措足额资金用于除治工作成为普遍性问题。

(2)松材线虫病疫情可防可控

2021 年，国家林业和草原局启动全国松材线虫病疫情防控五年攻坚行动，下达重庆市拔除疫区 3 个、疫点 112 个，减少疫情面积 20.22 万亩的任务。2023 年，为应对 2022 年夏季极端高温干旱和森林火灾导致大量松树死亡带来的疫情扩散风险，市总林长及时签发《关于深入开展松材线虫病疫情防控攻坚行动的令》(第 3 号)，对疫情防控工作作出系统部署。全市上下狠抓落实，合力攻坚，截至 2024 年，全市公告拔除松材线虫病疫区 7 个、疫点 150 个，疫情面积 52.34 万亩。2024 年，全市有 8 个疫区、122 个疫点、82.03 万亩疫情松林实现无疫情，其中 3 个疫区、65 个疫点、39.7 万亩疫情达到拔除标准。“十四五”以来，重庆市累计拔除 10 个疫区、216 个疫点、减少疫情 92.04 万亩，提前超额完成国家下达的五年攻坚行动任务，分别占市级五年攻坚行动任务的 83.33%、120.00%和 154.07%。

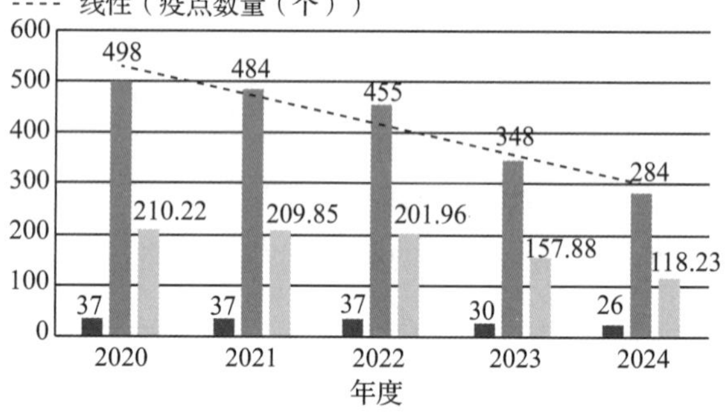

图 23-3　2020—2024 年松材线虫病发生疫区数、疫点数、疫情面积

2. 核桃病害

2024 年发生 5.49 万亩，轻度发生，同比减少 15.96%。主要是核桃褐斑病、核桃黑斑病。核桃褐斑病发生 2.39 万亩，轻度发生，同比增加 30.18%，分布在荣昌区 0.028 万亩、城口县 2.36 万亩；核桃黑斑病 3.1 万亩，轻度发生，同比增加 3.33%，分布在奉节县 1 万亩、巫山县 2.1 万亩；核桃炭疽病今年未在重庆市发现。

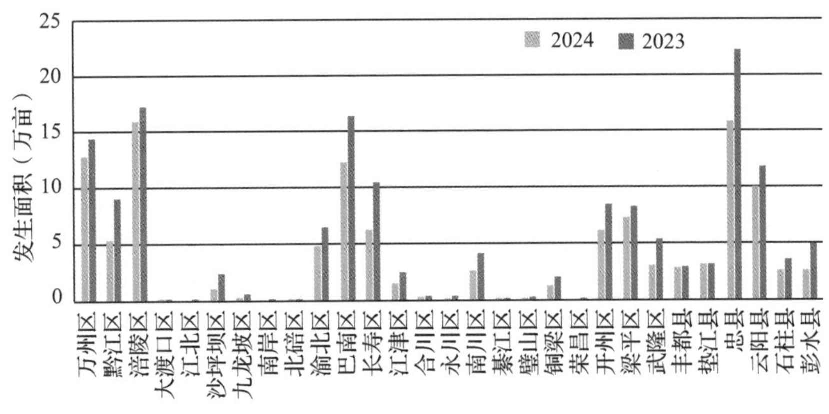

图 23-4　2023—2024 年重庆市各区松材线虫病疫情发生面积

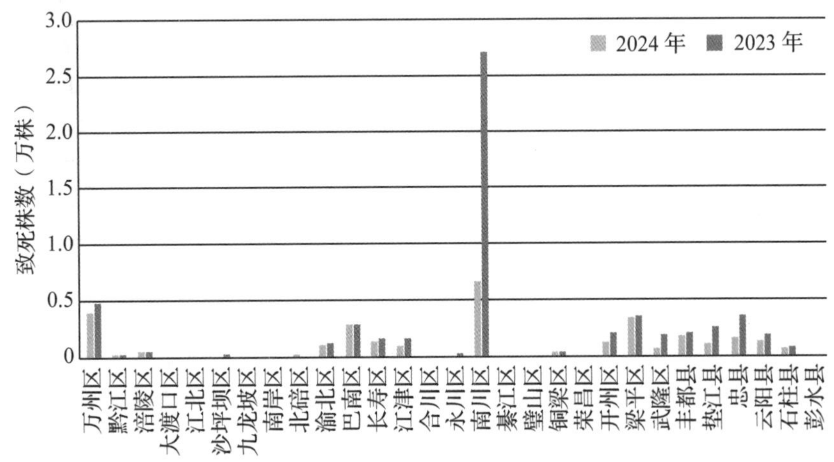

图 23-5　2023—2024 年重庆市各区松材线虫病致死株数

3. 其他病害

发生面积减少，危害程度减轻。主要是马尾松赤枯病、侧柏叶枯病和黄栌白粉病，发生 4.26 万亩，轻度发生，同比减少 0.93%；马尾松赤枯病 0.088 万亩，侧柏叶枯病 0.168 万亩，轻度发生，分布在荣昌区；黄栌白粉病 4 万亩，轻度发生，分布在巫山县。

4. 松毛虫

发生面积减少，局部地区危害程度较重。主要是马尾松毛虫、云南松毛虫、思茅松毛虫，发生 36.55 万亩，轻度发生为主，同比减少 16.66%。马尾松毛虫发生 36.45 万亩，其中，轻度发生 30.15 万亩，中度发生 2.74 万亩，重度发生 3.56 万亩，分布在万州区、涪陵区、南岸区、北碚区、綦江区、大足区、渝北区、巴南区、黔江区、长寿区、江津区、合川区、永川区、南川区、璧山区、万盛经开区、铜梁区、潼南区、荣昌区、开州区、梁平区、武隆区、丰都县、垫江县、忠县、云阳县、奉节县、巫山县、石柱县、秀山县、酉阳县 31 个区县及缙云山国家级自然保护区，其中万州区、涪陵区、北碚区、璧山区、开州区、梁平区、丰都县、垫江县、忠县、奉节县、秀山县 11 个区县发生面积在 1 万亩以上。云南松毛虫发生 0.05 万亩，轻度发生，分布在巫溪县。思茅松毛虫发生 0.05 万亩，轻度发生，分布在万州区。

5. 蜀柏毒蛾

发生面积减少，危害程度减轻。发生 6.54 万亩，轻度发生为主，同比减少 28.48%。主要分布在万州区、涪陵区、北碚区、万盛经开区、潼南区、荣昌区、开州区、梁平区、武隆区、忠县、巫山县、石柱县 12 个区县；其中，万州区 2.5 万亩、荣昌区 1.79 万亩，发生面积较大，轻度发生。

6. 黄脊竹蝗

发生面积增加，危害程度增加。发生 7.23 万亩，轻度、中度发生，同比增加 14.53%，分布在涪陵区、渝北区、北碚区、大足区、江津区、永川区、璧山区、铜梁区、潼南区、荣昌区、万盛经开区等11个区县及缙云山国家级自然保护区；其中，永川区3万亩、大足区1.2万亩(中度发生0.23万亩)，发生面积较大。

7. 松墨天牛

发生面积减少，危害程度减轻。发生180.77万亩，轻度发生为主，同比减少15.45%，分布在万州区、涪陵区、大渡口区、江北区、沙坪坝区、九龙坡区、南岸区、北碚区、綦江区、大足区、渝北区、巴南区、黔江区、长寿区、江津区、合川区、永川区、南川区、璧山区、万盛经开区、铜梁区、荣昌区、开州区、梁平区、武隆区、丰都县、垫江县、忠县、云阳县、奉节县、巫山县、石柱县、酉阳县、彭水县、重庆高新区等35个区县及缙云山国家级自然保护区；其中，巴南区发生24万亩，发生面积大，轻度发生；开州区1.64万亩、璧山区1.23万亩、南川区1.05万亩，中度发生；南川区0.15万亩、大渡口区0.0274万亩重度发生。

8. 云斑天牛

发生面积减少，危害程度减轻。主要是云斑白条天牛和多斑白条天牛，发生4.33万亩，轻度发生，同比减少28.9%；其中，云斑白条天牛发生3.43万亩，分布在渝北区、永川区、城口县、巫山县、巫溪县、酉阳县等6个区县，城口县1.67万亩，发生面积较大。多斑白条天牛发生0.9万亩，分布在荣昌区、大足区、潼南区。

9. 松蠹虫

发生面积增加，危害程度有所增加。主要是华山松大小蠹、纵坑切梢小蠹、落叶松小蠹。发生19.47万亩，轻度发生为主，同比增加72.3%；纵坑切梢小蠹发生2.9万亩，分布在巫山县、奉节县，轻度发生；落叶松小蠹发生0.035万亩，轻度发生，分布在万盛经开区；华山松大小蠹发生16.53万亩，轻度发生9.59万亩、中度发生6.76万亩、重度发生0.18万亩，分布在渝东北的开州区、城口县、巫溪县。

重庆市华山松大小蠹主要危害开州区、城口县、巫溪县海拔1500~2000m的松林，部分处于国家级自然保护区内。开州区华山松4.14万亩，纯林约1万亩；城口县华山松20.94万亩，纯林7.65万亩；巫溪县华山松36.25万亩，全部为纯林。华山松大小蠹发生16.53万亩，占华山松总面积的27%，需重点关注，加强监测防控，采取有效措施防治华山松大小蠹进一步扩散危害。

10. 其他虫害

发生面积增加，危害程度减轻。发生23.11万亩，轻、中度发生为主，同比增加39.91%。主要有：黑翅土白蚁轻度发生0.05万亩，分布在万州区；南华松叶蜂轻度发生6.1万亩，分布在涪陵区白涛镇和石沱镇，两镇重工业多，污染比较严重，造成松树树势弱，南华松叶蜂每5年暴发1次，2024年恰好到达暴发周期，危害松树；油茶尺蛾轻度发生0.15万亩，分布在南岸区；重阳木斑蛾轻度发生0.0225万亩，分布在江津区；苎麻夜蛾轻度发生0.011万亩，分布在江津区；竹织叶野螟轻度发生0.03万亩，分布在荣昌区；桃粉蚜轻度发生0.12万亩，中度发生0.18万亩，分布在开州区；山竹缘蝽轻度发生0.42万亩，分布在梁平区；粗鞘双条杉天牛轻度发生3.19万亩，分布在武隆区、彭水县；青脊竹蝗轻度发生0.2万亩，分布在重庆高新区；白带短肛虫脩轻度发生0.2万亩，分布在奉节县；鞭角扁叶蜂轻度发生0.6万亩，分布在奉节县、巫山县；亚洲飞蝗轻度发生0.26万亩，分布在巫山县；褐喙尾虫脩轻度发生0.62万亩，分布在巫山县、巫溪县；落叶松球蚜轻度发生0.9万亩，分布在巫山县；核桃长足象轻度发生1.9万亩，分布在巫山县；缀叶丛螟轻度发生0.7万亩，分布在巫山县；栗瘿蜂轻度发生5万亩，分布在巫山县；落叶松叶蜂轻度发生2.4万亩，分布在巫山县；银杏大蚕蛾轻度发生0.06万亩，分布在巫溪县；粗鞘双条杉天牛轻度发生0.38万亩，分布在彭水县。

11. 森林鼠(兔)害

发生面积减少，危害较轻。发生14.22万亩，轻度发生，同比减少16.89%。主要分布在涪陵区、大足区、江津区、潼南区、荣昌区、城口县、巫山县、巫溪县、彭水县等9个区县；其中，巫山县5.07万亩、江津区2.9万亩、大足区2.5万亩、涪陵区1.7万亩。发生面积较大，轻度危害。

12. 有害植物

发生面积增加，危害较轻。发生3.37万亩，轻度发生，同比增加7.82%，主要是野葛，发生3.07万亩，分布在开州区、巫山县、城口县、万盛经开区。另外有菟丝子 0.125 万亩、马缨丹 0.06 万亩、喀西茄 0.07 万亩、加拿大一枝黄花 0.05 万亩分布在江津区，轻度发生。

(三)成因分析

当前重庆市林业有害生物发生形势依然严峻复杂，松材线虫病虽然得到有效控制，但是由于疫情基数大，危害重，仍然是制约重庆市松林健康发展的头号疫情。近年来，极端天气事件增加，2022 年、2024 年重庆市均出现持续极端高温天气，松木枯死数量多，抵御有害生物能力低。加上重庆市属于大山区、大库区，受地理条件影响，先进的机械、监测技术难以充分发挥作用，林业有害生物综合防控仍有很长的路要走。

1. 落实 3 号林长令有力，防控成效较为明显

重庆市认真落实第 3 号市总林长令，压紧压实责任、彻底清理山场、严格管控疫木、强化防控保障，全力开展松材线虫病疫情防控攻坚行动，取得了疫区、疫点、小班、面积、病死树“五下降”成效。其他林业有害生物采取无公害防治成效也较为明显，发生面积和危害程度均有不同程度减轻。

2. 极端天气影响

重庆市位于中亚热带湿润季风气候区，冬暖春早，夏热秋凉，大部分地区处于低海拔区域，适宜林业有害生物生长危害。2024 年 8~10 月出现连日晴热高温天气，35℃以上高温日数为 1961 年以来最多年份，持续高温干旱致使树势生长衰弱，易发生病虫害。

3. 防控经费不足

重庆市很多区县财政资金优先用在保民生、保运转、保工资等“三保”上，有限的林业有害生物防控经费几乎全部用于松材线虫病防控，用于其他林业有害生物防治经费更是捉襟见肘，例如，渝东北地区的华山松大小蠹危害，因防控资金不足，危害较上年加重。

4. 物流频繁

随着经济社会发展，人流物流频繁，加之基层检疫监管力量不足，无法做到全覆盖复检，导致外来有害生物传入风险加剧。加之，外来有害生物防控涉及林业、农业农村、海关、城市管理等部门，源头监管、联防联控仍需要强化。

二、2025 年林业有害生物发生趋势预测

(一)2025 年总体发生趋势预测

气象预测：预计 2024 年冬季，重庆市气温总体偏高、降水偏少，有 3 次低温雨雪冰冻天气过程，大气污染扩散气象条件偏差，中西部可能出现中度气象干旱。2025 年春季，重庆市大部地区气温偏高、降水偏多，有 3 次低温阴雨时段，大雨开始期偏早，大部地区无明显气象干旱。

数据来源：林业有害生物防治信息管理系统数据、松材线虫病疫情防控精细化监管平台数据、各区县主要林业有害生物历年发生数据和各测报站点越冬前有害生物基数调查数据等。

预测 2025 年重庆市主要林业有害生物发生呈下降趋势，发生 345.51 万亩，其中，森林病害 101.69 万亩，森林虫害 228.19 万亩，森林鼠(兔)害 12.4 万亩，有害植物 3.23 万亩。除松材线虫病危害严重以外，其他林业有害生物轻度危害为主，个别地区危害可能偏重(图 23-6)。

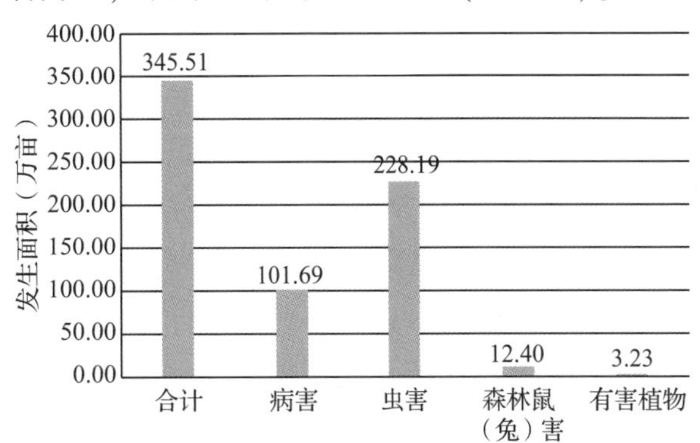

图 23-6 重庆市 2025 年林业有害生物预测发生面积

(二)分种类发生趋势预测(图 23-7)

1. 松材线虫病

预测发生面积与上年相比减少，危害重，发生约 92.49 万亩，分布于全市大部分区县。中部、西南部存在扩散风险，长寿区、梁平区、忠县、云阳县预计发生 5 万亩以上，万州区、涪陵区、巴南区预计发生 10 万亩以上。虽然防控成效持续向好，但疫情小班和病死树数量基数大，除治任务重，“内防反弹、外防输入”压力大，疫

情防控形势仍然严峻。

2. 核桃病害

预测发生面积与上年相比减少，危害程度减轻；发生约 4.98 万亩，分布在荣昌区、城口县、巫山县、奉节县。

3. 其他病害

预测发生面积与上年持平，危害程度减轻；发生约 4.22 万亩，分布在荣昌区、巫山县。

4. 松毛虫

预测发生面积与上年相比减少，危害程度减轻；发生约 34.61 万亩，分布在全市大部分区县，涪陵区、北碚区、巴南区、开州区、丰都县、垫江县发生面积达 2 万亩以上。

5. 黄脊竹蝗

预测发生面积与上年相比减少，危害程度减轻；发生约 6.72 万亩，主要分布在涪陵区、北碚区、渝北区、江津区、永川区、大足区、潼南区、铜梁区、荣昌区、璧山区、巫山县、彭水县、万盛经开区及缙云山国家级自然保护区。

6. 蜀柏毒蛾

预测发生面积与上年相比减少，危害程度减轻；发生约 4.79 万亩，主要分布在万州区、涪陵区、北碚区、潼南区、荣昌区、梁平区、武隆区、忠县、开州区、巫山县、石柱县、万盛经开区等。

7. 松墨天牛

预测发生面积与上年相比减少，危害程度减轻；发生约 139.16 万亩，分布在全市大部分区县；万州区、涪陵区、巴南区预测发生面积达 10 万亩以上。

8. 云斑天牛

预测发生面积与上年相比减少，危害程度减轻；发生约 4.06 万亩，主要分布在渝北区、永川区、大足区、潼南区、荣昌区、城口县、巫山县、巫溪县、酉阳县。

9. 松蠹虫

预测发生面积与上年相比增加，危害程度有所增加；发生约 19.95 万亩，主要分布在渝东北片区的开州区、奉节县、城口县、巫山县、巫溪县等。

10. 其他虫害

预测发生面积与上年相比减少，危害程度减轻；发生约 18.9 万亩，分布在涪陵区、江北区、南岸区、北碚区、巴南区、江津区、荣昌区、梁平区、武隆区、开州区、奉节县、巫山县、巫溪县、彭水县、万盛经开区等。

11. 森林鼠(兔)害

预测发生面积与上年相比减少，危害程度减轻；发生约 12.4 万亩，主要分布在涪陵区、大足区、江津区、潼南区、荣昌区、城口县、巫山县、巫溪县、彭水县。

12. 有害植物

预测发生面积与上年相比减少，危害程度减轻；发生约 3.23 万亩，分布江北区、巴南区、江津区、开州区、城口县、巫山县、万盛经开区。

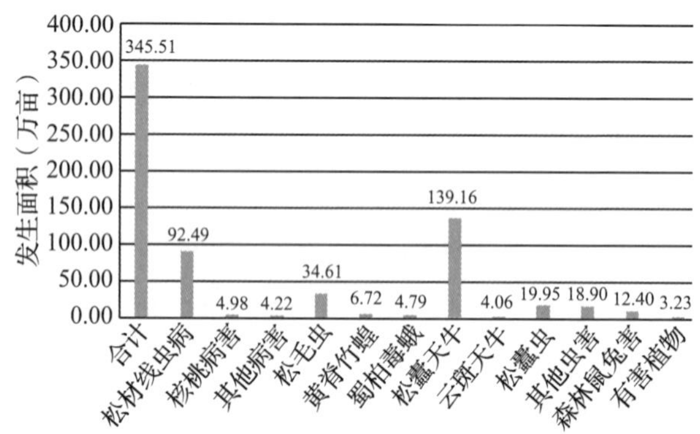

图 23-7 重庆市 2025 年主要林业有害生物预测发生面积

三、对策建议

(一) 继续做好松材线虫病防控工作

持续贯彻第 3 号总林长令，充分用好林长制平台，压紧压实各级政府防控主体责任，确保除治工作各环节监管形成闭环。进一步突出结果导向，全面优化防控工作体系、政策体系、评价体系。全面推行专业化防治 3~5 年绩效承包模式，调整设置松材线虫病年度防控成效评价指标，综合拔除疫区、疫点数量和面积等因素，迭代以奖代补机制。建立流通环节疫木风险常态化排查机制，强化行刑衔接，严查重处违法行为，不折不扣完成全市松材线虫病疫情防控五年攻坚目标任务。

(二) 着力提升林业有害生物监测水平

一是依托林长制平台，全面落实各级林长重

大林业有害生物主体责任，严格落实护林员林业有害生物监测责任，推动林业有害生物监测网格化管理。二是加强全市国家级中心测报点能力建设，全面应用国家生态网络感知系统松材线虫病疫情防控监管平台，推进林业有害生物、外来入侵物种等各类国家级监测站点综合管理，建立和完善站点工作任务评价办法，组织开展站点运行情况评价。三是优化监测预警技术流程，综合运用卫星遥感、视频监控等手段，大力推广变色松树自动识别技术，加大对死亡松树的监测。按照国家林业和草原局要求，稳步开展松树蛀干害虫的普查。

（三）抓好林业有害生物治理

坚持预防和治理一体推进，对危害程度大、社会关注度高的林业有害生物要全力除防、重点治理。抓好加拿大一枝黄花、红火蚁、华山松大小蠹等有害生物治理，编制防控技术手册，明确防控关键期和主要措施，推进“一种一策”精准防治。依托国家级林业有害生物中心测报点、国家级外来入侵物种监测站等，利用媒体报道、群众举报等方式，综合开展外来入侵物种监测，及时进行预警，对于危害严重的物种组织开展防除。加强对跨地区调运林草种子苗木、植物产品的检疫，严格执行松科植物检疫复检“五必检”，严防外来入侵物种扩散，切实保护生态系统多样性、维护生物安全。

（四）加强宣传培训

要加强林业有害生物防控宣传和引导，大力开展法律法规进村入户、入园入企宣传，积极宣传林业有害生物危害和防控知识，引导群众主动参与林业有害生物防控，营造群防群控氛围。要加强对基层除治技术规范、防控监管平台、安全生产等业务的培训，切实提高基层履职能力。

（主要起草人：陈录平　曾艳　况析君；主审：李晓冬）

24 四川省林业有害生物2024年发生情况和2025年趋势预测

四川省林业和草原有害生物防治检疫总站

【摘要】2024年，全省主要林业有害生物发生874.33万亩，较去年同期相比减少5.77万亩，较近10年均值(978.85万亩)低104.52万亩，特别是近年来发生面积呈逐年下降态势。其中，病害发生139.07万亩，鼠害发生43.49万亩，同比分别下降10.53%、4.12%；虫害发生684.23万亩，同比上升0.75%；有害植物发生7.54万亩。总体危害程度以轻度、中度为主，部分常发性有害生物种类在一些地方危害偏重、局部成灾，少数次要有害生物种类在局地危害面积有所上升、危害程度有所加重。各地适时开展监测防控，全省防治691.97万亩，无公害防治率96.40%；成灾59.32万亩(同比减少1.59万亩)，成灾率1.56‰，远低于国家下达的4.3‰目标任务指标。主要发生特点：松材线虫病疫情防控成效持续巩固，发生面积同比下降，10个县级疫区、50个乡级疫点实现无疫情，但病死松树数量同比有所增加；以松树病害和云杉病害为主的森林病害(不含松材线虫病)发生面积持续下降，但部分种类在局地危害仍然偏重；蜀柏毒蛾、松毛虫等常发食叶性害虫总体发生面积平稳，以轻度、中度发生为主，少数种类发生面积有所增加，局部地方发生偏重；松墨天牛等常发钻蛀性害虫发生面积总体趋于稳定，部分种类在局部地方偏重发生；经济林有害生物发生面积呈减少趋势，总体发生程度较轻；红火蚁发生面积同比有所下降，总体危害程度有所减轻；森林鼠害发生面积持续小幅下降，但在部分林区局地危害仍然偏重。根据全省主要林业有害生物发生防治情况、2025年气候预测结果等，经会商分析研判，预计2025年全省主要林业有害生物发生860万亩，同比减少14.33万亩。其中，预计病害发生130万亩，同比减少9.07万亩；虫害发生678万亩，同比减少6.23万亩；鼠害、有害植物分别发生44万亩、8万亩，同比均基本持平。预计本土有害生物危害程度总体仍然以轻度、中度为主，但需警惕柏木害虫在四川盆地及其周边柏木林区局部地方偏重危害，华山松大小蠹在华山松林区、切梢小蠹在云南松林区有成灾风险，以及黄脊竹蝗在川南有加重危害风险；外来有害生物入侵扩散蔓延得到进一步遏制，但松材线虫在局部地方危害仍然偏重，减存量、控增量的压力依旧较大，在川南、川东北有松材线虫病疫情反弹及新发疫情风险；全省主要林业有害生物成灾60万亩，同比基本持平。

一、2024年全省主要林业有害生物发生及防治情况

2024年，全省主要林业有害生物发生874.33万亩，呈逐年下降态势(图24-1)，同比下降0.66%，发生率2.29%；监测覆盖率99.38%，测报准确率98.36%。其中，轻度发生617.00万亩，中度发生157.10万亩，重度发生100.23万亩，分别占发生总面积的71%、18%和11%(图24-2)，较去年同期相比各发生程度占比基本未变。

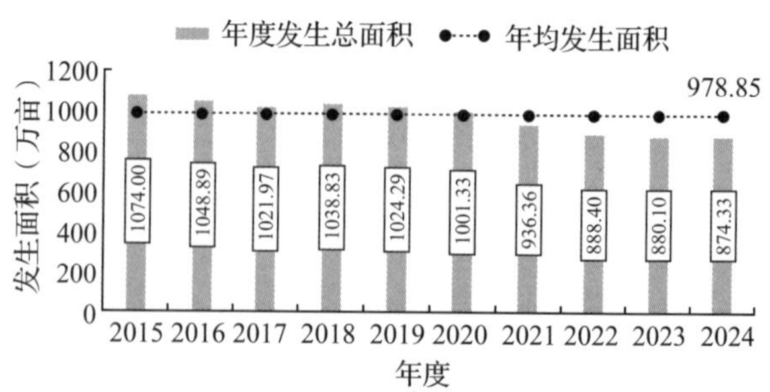

图24-1 2015—2024年四川省主要林业有害生物发生面积

从各市(州)有害生物发生面积统计来看，同比增加的市(州)有攀枝花、达州、泸州、德阳、

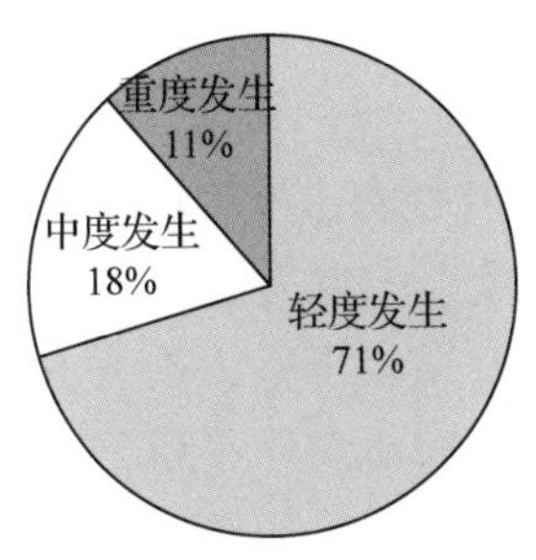

图 24-2　2024 年四川省主要林业有害生物发生程度百分比

内江，其中增幅较大的有泸州、德阳、内江；同比减少的市(州)有成都、广元、遂宁、眉山、宜宾、广安、阿坝、甘孜、凉山，其中减幅较大的有成都、眉山、阿坝、甘孜；其余市州发生面积同比基本持平。

按类型分，病害发生 139.07 万亩(同比减少 16.36 万亩)，虫害发生 684.23 万亩(同比增加 5.08 万亩)，鼠害发生 43.49 万亩(同比减少 1.87 万亩)，有害植物发生 7.54 万亩(图 24-3)；各发生类型分别占发生总面积的 16%、78%、5% 和 1%(图 24-4)。

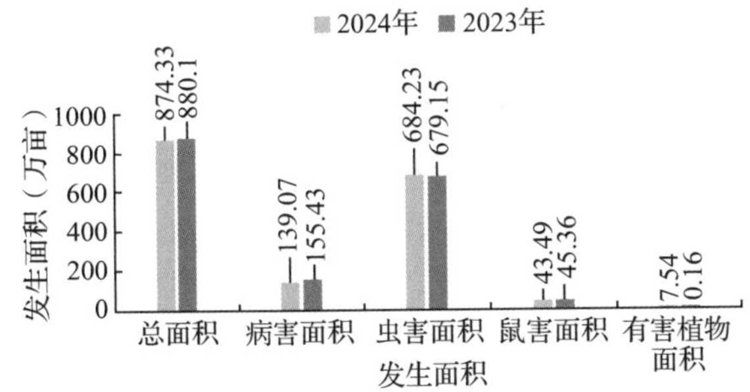

图 24-3　2023—2024 年四川省主要林业有害生物发生面积

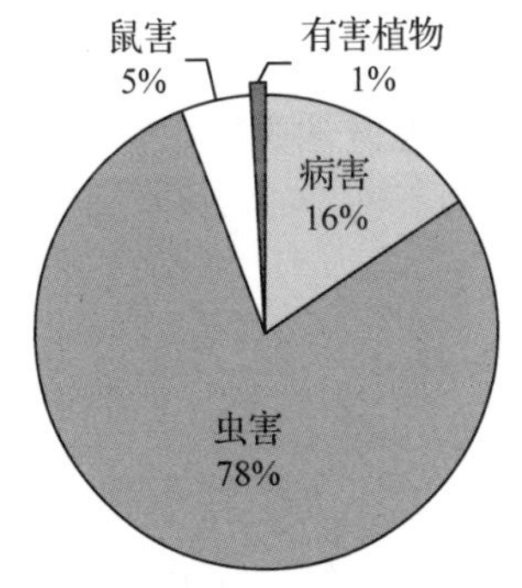

图 24-4　2024 年四川主要林业有害生物发生面积占比

其中，病害发生面积在泸州、内江、乐山、达州同比上升，在泸州、内江、乐山上升幅度较大；在成都、广元、遂宁、南充、眉山、宜宾、广安、巴中、资阳、阿坝、甘孜、凉山同比下降，其中在多地大幅下降。虫害发生面积在泸州、德阳、广元、内江、乐山、达州、甘孜同比上升，其中在泸州、德阳、内江、乐山上升幅度较大；在成都、攀枝花、遂宁、眉山、宜宾、阿坝、凉山发生面积同比下降，其中在成都、眉山、阿坝、凉山下降幅度较大。鼠害发生面积在成都、绵阳、巴中同比有所上升；在攀枝花、乐山、眉山、宜宾、雅安、阿坝发生面积同比下降，其中在乐山、宜宾、阿坝降幅较大。

发生的主要种类有松材线虫病、华山松疱锈病、松落针病、云杉落针病、蜀柏毒蛾、松毛虫、松叶蜂、松墨天牛、云斑天牛、切梢小蠹、华山松大小蠹、红火蚁、黄脊竹蝗、核桃长足象、核桃炭疽病、赤腹松鼠、黑腹绒鼠、紫茎泽兰、菟丝子等；其中，松材线虫病、华山松疱锈病、松落针病、蜀柏毒蛾、马尾松毛虫、松墨天牛、华山松大小蠹、切梢小蠹、赤腹松鼠等在局地成灾。

各地采取各类防治措施，实施防治 691.97 万亩(防治作业 832.19 万亩次)，其中，人工物理防治 251.15 万亩，生物防治 22.69 万亩，化学防治 31.76 万亩，营林防治 179.66 万亩，生物化学防治 206.71 万亩。无公害防治 667.05 万亩，无公害防治率达 96.40%。

(一)全省主要林业有害生物发生特点分析

1. 松材线虫病疫情防控成效持续巩固，但部分老疫区疫情有所反弹

一是疫情发生范围持续缩小。2024 年秋季普查结果表明，全省有松材线虫病疫区 34 个(其中有 9 个疫区连续两年、1 个疫区首年实现无疫情)、乡级疫点 250 个(其中有 38 个连续两年、12 个首年实现无疫情)、松林疫情小班 1.38 万个(其中有 3189 个小班实现无疫情)，疫情发生范围进一步缩小。二是总体危害程度有所减轻。秋季普查结果表明，全省现有松材线虫病疫情发生 59.09 万亩(同比减少 1.41 万亩)，病死松树数量 24.52 万株(同比增加 4.79 万株)，较实施五年攻坚行动之初的 2020 年同期发生面积和病死松树数量分别减少 34.01 万亩、11.35 万株(图 24-5)，总体危害程度明显减轻。其中，泸州、南充、宜宾、广安发生面积同比下降，但达州、巴中发生面积同比有所上升；自贡、泸州、南充、宜宾、广安病死松树数量同比下降，但达州、巴中同比上升。三是重点区域疫情得到有效遏制。大熊猫国家公园区域内无松材线虫病疫情发生，剑门关风景区实现无疫情，九寨沟、乐山大佛等风景区未发现疫情。四是防控形势仍然严峻。虽然全省松材线虫病疫情防控成效持续巩固，但全省松材线虫病疫情发生基数仍然较大(现有 24 个县级松材线虫病疫情发生区、200 个乡镇级疫情发生点)、涉及的范围较广，部分老疫区疫情连片发生、受害严重，加之部分疫区存在疫木除治质量不高、疫木流失等问题，导致疫情发生面积、病死松树数量、乡级疫情发生点增加的情况。此外，受近年来高温干旱、大风等极端气候引发的一些枯死松树混杂在松材线虫病死松树中，极大增加了除治工作任务量。因此，全省松材线虫病疫情防控形势依然严峻，要实现五年攻坚目标任务，各地还需要持续攻坚克难。

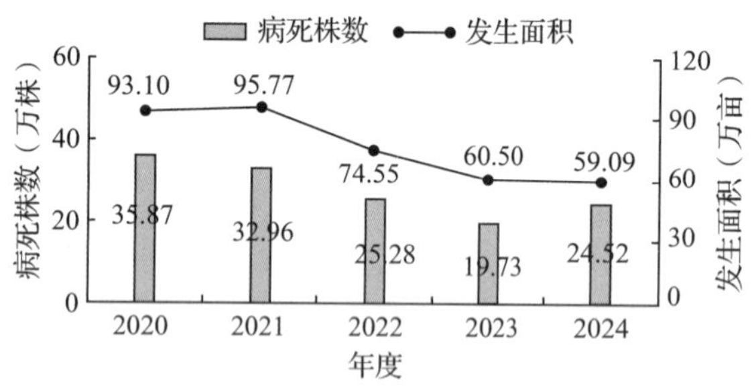

图 24-5　2020—2024 年四川省松材线虫病疫情发生面积和病死松树数量

2. 森林病害(不含松材线虫病)发生面积呈逐年下降趋势，部分种类在局部危害仍然偏重

主要种类有松树病害(不含松材线虫病，下同)、云杉病害等，发生 79.98 万亩，同比减少 14.95 万亩，总体危害以轻度、中度为主，但少数种类在局部地区危害仍然偏重。其中，松树病害主要发生种类有华山松疱锈病、松落针病、松赤枯病等，发生 18.37 万亩，同比减少 3.07 万亩，甘孜发生面积同比下降 34.72%。其中，华山松疱锈病发生 2.32 万亩，同比减少 1.61 万亩，但在南江县危害偏重，成灾 0.05 万亩；松落针病在汉源县成灾 0.04 万亩。云杉病害主要发生种类为云杉落针病等，发生面积呈逐年下降趋势，发生 32.57 万亩，同比减少 7.25 万亩；在甘孜发生面积同比下降 11.12%，但在雅安发生面积同比有所上升。

3. 常发食叶性害虫发生面积总体平稳，整体发生程度以轻度、中度为主

主要种类有蜀柏毒蛾、松毛虫、松叶蜂、黄脊竹蝗等，发生面积总体平稳，以轻度、中度危害为主，但个别种类在局部地方有危害偏重成灾现象。蜀柏毒蛾是四川省发生面积最大的有害生物，近年来发生面积呈小幅波浪式下降，发生 332.02 万亩，同比减少 8.30 万亩，较近 10 年均值(379.81 万亩)少 47.79 万亩；在绵阳、南充、遂宁等地发生面积同比下降，其中在遂宁下降幅度较大；在广元、巴中、资阳、广安发生面积同比有所上升；在达川区、利州区、昭化区、剑阁县、苍溪县、旺苍县、射洪市、南部县、仪陇县等地局部区域存在有虫株率和虫口密度偏高、危害偏重成灾情况。松毛虫发生 60.69 万亩，同比增加 5.52 万亩；其中，马尾松毛虫发生 29.84 万亩，同比增加 5.76 万亩；在自贡、巴中、广安等地发生面积同比上升，其中在自贡同比增加 31.1%、在达川区局地成灾；云南松毛虫发生 28.10 万亩，同比基本持平，在广元等地发生面积同比下降，在巴中、绵阳等地同比上升，其中巴中增幅达 43.73%；在利州区、昭化区、苍溪县等局地偏重发生。松叶蜂近年来发生面积呈波浪式下降，发生 3.75 万亩，同比减少 1.02 万亩；其中，落叶松叶蜂在朝天区、旺苍县等地局部偏重危害日本落叶松。黄脊竹蝗近年来发生面积呈大幅增加态势，发生 8.73 万亩，同比增加 3.42 万亩，在泸州、宜宾等地增加幅度较大，在纳溪区、合江县、长宁县等地局部危害偏重。

4. 常发钻蛀性害虫发生面积总体趋于稳定，部分种类在局部地区偏重发生

主要发生种类有松墨天牛、切梢小蠹、华山松大小蠹、长足大竹象、双条杉天牛等。松墨天牛发生 119.78 万亩，同比增加 5.06 万亩；在绵阳、广元、南充、内江、宜宾、广安、凉山等地发生面积同比上升，其中，在宜宾、南充上升较多；在达川区、利州区、昭化区、朝天区、苍溪县、阆中市等地局部偏重发生，其中在达川区局地成灾。切梢小蠹(横坑、纵坑切梢小蠹)发生 43.99 万亩，同比基本持平；但在雅安、凉山发生面积同比上升，在甘孜同比下降 30.55%；在汉源县局部危害云南松成灾 0.10 万亩。华山松大小蠹发生 6.19 万亩，同比基本持平，在南江县、朝天区、旺苍县等地局部偏重危害，造成部分华山松死亡，在南江县成灾 0.01 万亩。长足大竹象发生 15.22 万亩，同比基本持平，在宜宾发生面积同比略有上升。双条杉天牛在成都、资阳、泸州、广元、绵阳等地局部大面积发生，造成部分柏木枯萎死亡，在剑阁县局地成灾。

5. 红火蚁发生面积同比有所减少，总体危害程度有所减轻

近年来，红火蚁在四川省多地非林地块不断被发现，进而扩散蔓延到林地，2024 年林地发生 4.83 万亩，同比减少 0.38 万亩，主要发生在凉山、攀枝花，分别占发生总面积的 83.51%、16.36%。但经有关地方开展根除行动防治，多数地方危害程度有所减轻，扩散蔓延趋势得到一定程度控制。但因其繁殖和传播能力极强，根除难度大，防治任务仍然艰巨。

6. 经济林有害生物发生面积呈减少趋势，总体发生程度较轻

主要发生种类有核桃黑斑病、核桃炭疽病、油橄榄孔雀斑病、核桃长足象、云斑白条天牛、油茶果象等。其中，核桃病害在巴中发生面积同比下降 12.03%，在利州区、朝天区、旺苍县局部偏重发生。核桃长足象发生 10.32 万亩，同比减少 2.52 万亩，在巴中、资阳同比分别下降 35.84%、23.7%。云斑白条天牛发生 5.98 万亩，同比减少 1.37 万亩。

7. 森林鼠害发生面积持续小幅下降，在部分林区危害仍然偏重

森林鼠害发生 43.49 万亩，同比减少 1.87 万亩。主要发生种类有赤腹松鼠和黑腹绒鼠，分别发生 35.29 万亩和 5.61 万亩，同比基本持平。赤腹松鼠在雨城区、邛崃市、大邑县等地局部偏重发生，其中在雨城区成灾 0.01 万亩。黑腹绒鼠在巴中等地发生面积同比上升、局部偏重发生。

（二）成因分析

1. 松材线虫病疫情在个别老疫区反弹原因分析

一是近年来的高温干旱等极端气候直接使大量松树枯萎死亡，混杂在疫区松材线虫病死树中难以区分，导致死亡松树数量倍增，并加重了除治负担。二是高温干旱气候导致了部分未死松树树势衰弱，使松材线虫及其传播媒介昆虫更易入侵危害，加快了松材线虫病扩散蔓延速度，扩大了发生范围。三是部分老疫区存在畏难厌战、防控信心不足、疫木除治不彻底、疫木监管不到位等问题，导致疫情发生面积、病死松树数量和疫点数量增加。

2. 部分害虫发生面积上升原因分析

一是部分害虫处于高发周期中，虽然近年来通过采取有效的防控措施，使其总体危害程度以轻度、中度为主，发生范围也趋于稳定，但因周期性暴发累积了较高的虫口密度，导致其发生面积较常年有所增加，危害程度也较常年偏重。如马尾松毛虫、黄脊竹蝗近 3 年来发生面积分别以约 5 万亩、3 万亩的速度逐年增加，并在部分地方偏重发生。双条杉天牛在成都、泸州、广元、资阳等地大面积发生，造成较多柏木枯死。木檫尺蠖在阿坝暴发团块状危害栎树、核桃等。二是近年来的暖冬气候有利于害虫越冬累积虫口基数，夏季的高温干旱气候导致树势衰弱易遭害虫入侵等，在一定程度上助推了其大面积发生。

二、2025 年全省主要林业有害生物发生趋势预测

根据全省林业有害生物越冬代虫情调查及 40 个国家级、35 个省级中心测报点的系统观察，结合全省主要林业有害生物发生流行规律和 2024 年度防控工作情况，以及四川省气象部门对全省 2024 年冬季及 2025 年的气候预测资料，对 2025 年全省主要林业有害生物发生趋势预测如下。

（一）预测依据

1. 各地虫情调查数据汇总统计分析情况

根据各地 2024 年秋冬季开展的林业有害生物越冬代虫情调查及 40 个国家级和 35 个省级中心测报点系统观察数据汇总统计分析结果。

2. 有害生物发生规律及防治情况

根据不同有害生物的生物学特性及其历史发生规律，结合 2024 年全省各地对主要林业有害生物的防治情况等因素综合分析结果。

3. 森林树种组成及林木健康状况

根据不同的森林树种构成、立地条件、林木

健康状况等因素综合分析结果。

4. 气候监测预测发生情况

根据省气象部门对全省气候环境的监测结果，预计冬季(2024年12月至2025年2月)四川省平均气温为6.5~7.2℃，较常年(6.1℃)偏高，前冬偏暖，后冬冷暖起伏显著；平均降水量为28~32mm，较常年同期(34.0mm)偏少；这些气候特点有利于林业有害生物越冬。预计2025年春季(3~5月)，平均气温为16.0~16.5℃，较常年同期(15.7℃)偏高；平均降水量为190~220mm，较常年同期(185.5mm)偏多；这些气候特点总体上有利于2025年林业有害生物的生长繁殖。

(二)2025年主要林业有害生物发生总体趋势预测

经综合分析研判，预测2025年全省主要林业有害生物发生总体以轻度、中度为主，局地偏重发生，预计全年发生860万亩，同比减少14.33万亩；其中，病害发生130万亩，同比减少9.07万亩；虫害发生678万亩，同比减少6.23万亩；鼠害发生44万亩，同比基本持平；有害植物发生8万亩，同比基本持平(图24-6、表24-1)。

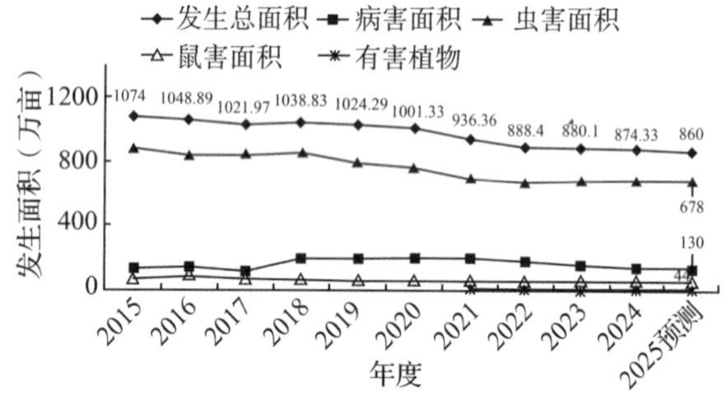

图24-6 2015—2025年四川省主要林业有害生物发生面积

表24-1 2025年四川省主要林业有害生物预测发生面积

种类	2024年发生面积(万亩)	2025年预测发生面积(万亩)	同比发生趋势
发生总面积	874.33	860	下降
病害面积	139.07	130	下降
虫害面积	684.23	678	下降
鼠害面积	43.49	44	持平
有害植物面积	7.54	8	持平

1. 按有害生物发生类型趋势预测

(1)病害

发生的种类主要有松材线虫病、松树病害、云杉病害、核桃病害等，预计发生130万亩，同比减少9.07万亩。其中，松材线虫病发生58万亩，同比减少1.09万亩；其他森林病害发生72万亩，同比减少7.98万亩(图24-7)。

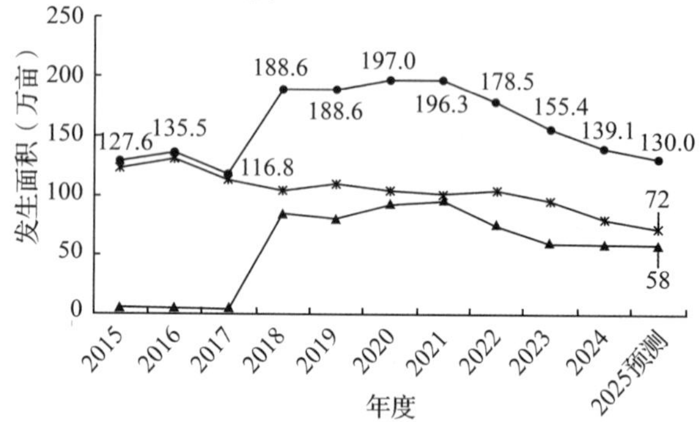

图24-7 2015—2025年四川省森林病害发生面积趋势

(2)虫害

发生的主要种类有蜀柏毒蛾、松毛虫、松叶蜂、松墨天牛、切梢小蠹、长足大竹象、黄脊竹蝗、核桃长足象等。近年来，虫害发生面积呈小幅波浪式震荡下降趋势，且自2020年起发生面积均小于近10年的发生面积均值(766.36万亩)，预计2025年发生678万亩，同比减少6.23万亩(图24-8)。其中，预计蜀柏毒蛾等食叶性害虫发生面积同比略有增加，危害程度仍然是以轻度、中度为主，在局部地区可能危害偏重；松墨天牛、切梢小蠹等钻蛀性害虫发生面积同比基本持平，在局部地方危害可能偏重；其他害虫发生面积同比略有下降。

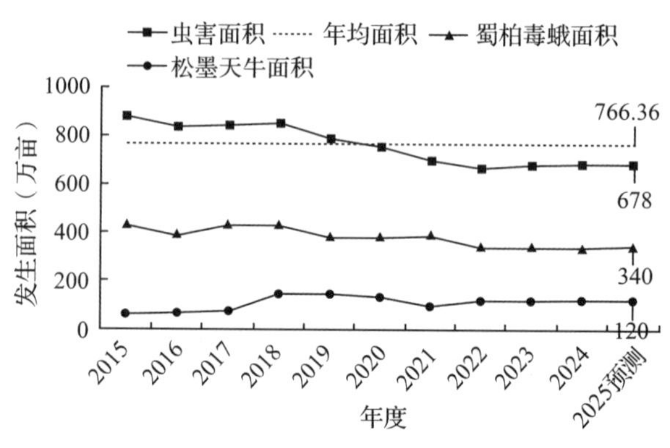

图24-8 2015—2025年四川省森林虫害发生面积趋势

(3)鼠害

发生的主要种类有赤腹松鼠、黑腹绒鼠等，主要危害人工营造的中幼林。近年来随着人工新造林面积减少，幼林所占份额逐年下降，加之开展持续防控等，鼠害发生面积呈稳中有降的趋势，预计 2025 年发生 44 万亩，同比基本持平，较近 10 年均值(54.86 万亩)低 10.86 万亩(图 24-9)。

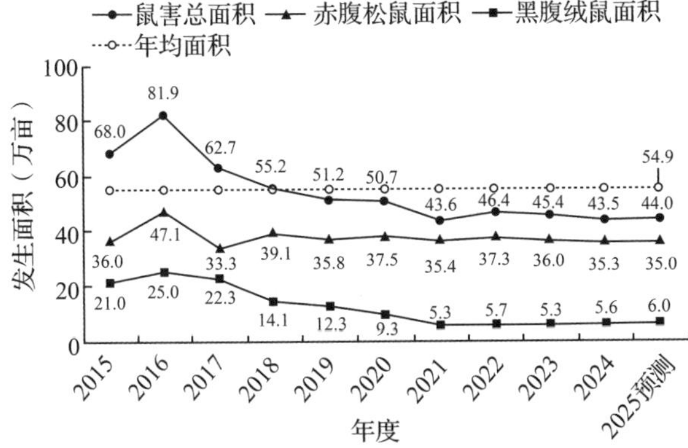

图 24-9　2015—2025 年四川省森林鼠害发生面积趋势

(4)有害植物

发生的主要种类有紫茎泽兰、菟丝子等，预计发生 8 万亩，同比基本持平。

2. 按市(州)有害生物发生面积趋势预测

预计在成都、遂宁、内江、乐山、巴中、阿坝发生面积同比上升；在自贡、攀枝花、绵阳、德阳、广元、南充、眉山、宜宾、广安、雅安发生面积同比下降，其中在南充发生面积可能降幅较大；其余市(州)发生面积同比基本持平。

(1)病害

预计在成都、南充、广元、阿坝、凉山发生面积同比上升，其中成都、阿坝上升幅度可能较大；在绵阳、乐山、广安、巴中发生面积同比下降，其中绵阳、乐山可能下降幅度较大；其余市(州)发生面积同比基本持平。

(2)虫害

预计在成都、内江、乐山、巴中、阿坝发生面积同比上升，其中在成都、乐山、阿坝可能上升幅度较大；在绵阳、自贡、南充、广元、广安、凉山等地发生面积同比下降；其余市(州)发生面积同比基本持平。

(3)鼠害

预计在绵阳、乐山、巴中发生面积同比上升幅度较大；在成都、眉山、雅安、阿坝发生面积同比下降，其中在成都、阿坝可能下降幅度较大；其他市(州)发生面积同比基本持平。

(4)有害植物

预计在成都、攀枝花、凉山等地发生面积基本持平。

(三)主要林业有害生物分种类发生趋势预测

1. 病害

松材线虫病　目前全省有 24 个县级松材线虫病疫情发生区、200 个乡镇级疫情发生点，疫情发生存量大、点多面广，减存量、控增量任务仍然艰巨。预计全省疫区、疫点、疫情发生面积和病死松树数量同比将进一步下降，发生 58 万亩，同比减少 1.09 万亩；病死松树 20 万株，同比减少 4.52 万株。但鉴于松材线虫病传播扩散快，根除难度大，部分老疫区疫情反弹等情况，预计 2025 年在川南、川东北等局地新发疫点和县级疫情的风险较高，须进一步加大监测防控力度，避免新疫情发生。

松疱锈病等松树病害　发生在阿坝、巴中、广元、雅安、甘孜、内江、泸州、攀枝花、成都、达州、宜宾、凉山、绵阳等地，预计发生 18 万亩，同比略有减少，较近 10 年均值(17.57 万亩)略偏高，在雅安发生面积可能上升；其中，检疫性有害生物松疱锈病菌近年来发生面积趋于稳定，预计发生 3 万亩，同比略有增加(图 24-10)，在巴中、阿坝发生面积可能上升。

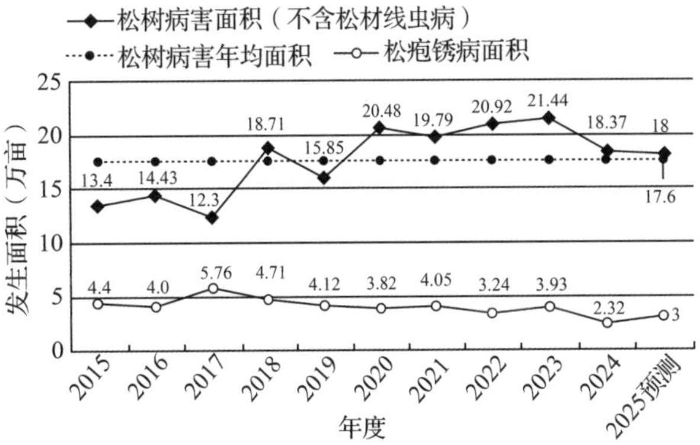

图 24-10　2015—2025 年四川省松树病害及松疱锈病发生面积趋势

云杉落针病等云杉病害　发生在阿坝、甘孜、雅安、凉山等地的云杉林中，近年来发生面积呈逐年下降趋势，预计发生 30 万亩，同比减少 2.72 万亩(图 24-11)，但在阿坝发生面积可能上升。

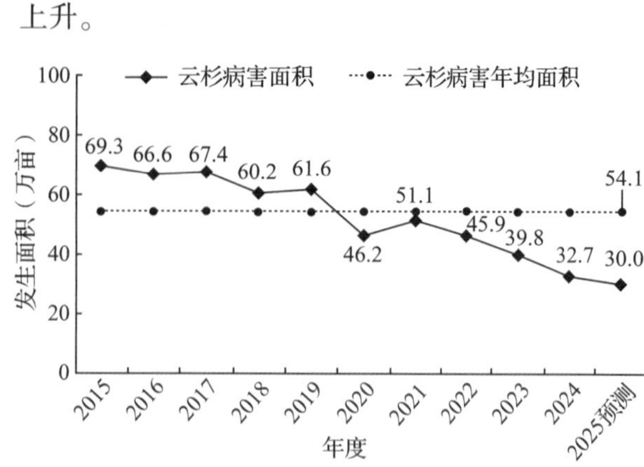

图 24-11　2015—2025 年四川省云杉病害发生面积趋势

核桃黑斑病等核桃病害　发生在成都、广元、巴中、资阳、凉山等地，预计发生 11 万亩，同比略有减少，较近 8 年发生面积均值(10. 15 万亩)略偏高(图 24-12)。其中，核桃炭疽病在广元发生面积可能增加，局地偏重发生。

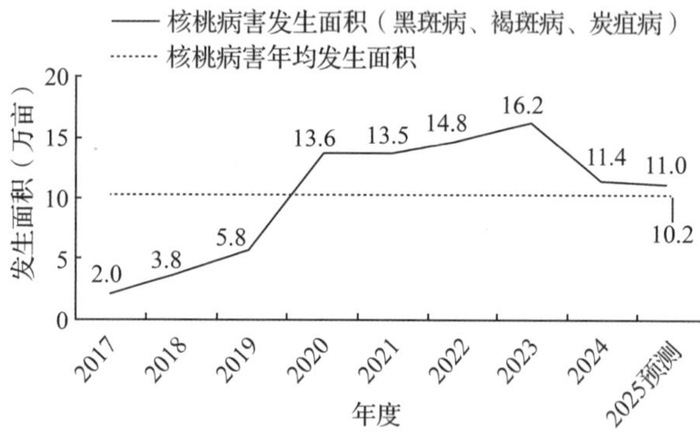

图 24-12　2017—2025 年四川省核桃病害发生面积趋势

2. 虫害

蜀柏毒蛾　主要发生在四川盆地及其周边柏木林区，涉及 16 个市 70 余个县(市、区)，近年来各地持续通过采取固定翼飞机防治等方式对该害虫发生的重点区域进行防控，虫口密度不断降低，主要以轻度、中度发生为主，发生面积呈小幅波浪式震荡趋势，预计全省发生 340 万亩，同比增加 7. 98 万亩，较近 10 年均值(379. 81 万亩)减少 39. 81 万亩(图 24-13)；在巴中等地发生面积可能有所增加；危害程度总体以轻度、中度为主，但在利州区、昭化区、苍溪县、剑阁县、旺苍县、旌阳区、中江县、罗江区等局部地方可能偏重发生。

松毛虫(马尾松毛虫、云南松毛虫等)　近 3 年来松毛虫发生总面积呈逐年增加趋势，主要是马尾松毛虫发生面积逐年大幅度增加，2024 年马

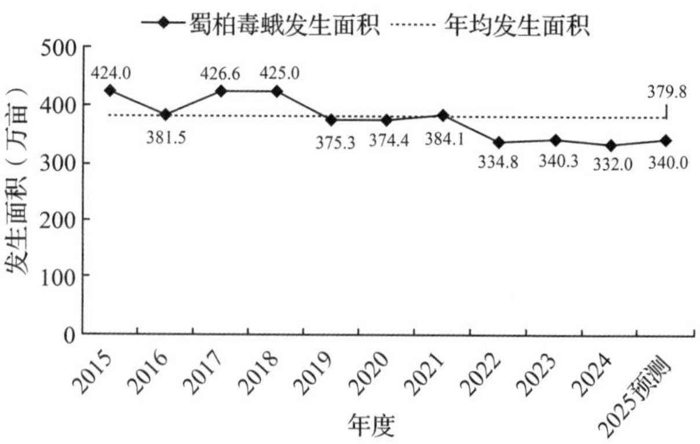

图 24-13　2015—2025 年四川省蜀柏毒蛾发生面积趋势

尾松毛虫发生面积在近 10 年中首次超过云南松毛虫发生面积。预计 2025 年松毛虫发生 65 万亩，同比增加 4. 31 万亩，较近 10 年均值偏多 2. 91 万亩(图 24-14)，总体危害程度仍然以轻度、中度危害为主，但在虫口密度较高的局部区域仍有偏重危害的风险。

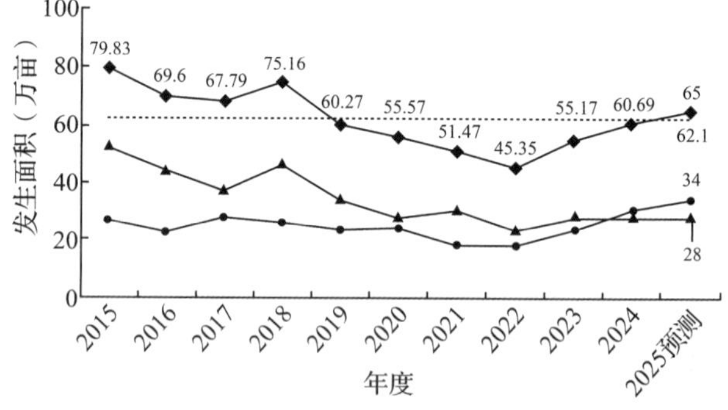

图 24-14　2015—2025 年四川省松毛虫发生面积趋势

马尾松毛虫发生在自贡、泸州、广元、乐山、宜宾、广安、达州等地危害马尾松，预计发生 34 万亩，同比增加 4. 16 万亩，总体以轻度危害为主。云南松毛虫发生在成都、泸州、绵阳、广元、巴中等地危害柏树，近年来发生趋于稳定，预计发生 28 万亩，同比基本持平；在巴中发生面积可能增加，在利州区、昭化区、剑阁县等地可能偏重发生。

红火蚁　发生在凉山、攀枝花、遂宁、绵阳、巴中、广元等局部林地，因其繁殖扩散能力强，传播途径广，彻底根除难度大，在全省发生点位有扩散蔓延趋势，但近年来全省发生总面积变化不大，预计发生 5 万亩，同比基本持平，较近 6 年均值(5. 24 万亩)偏低(图 24-15)；在凉山发生面积可能增加。

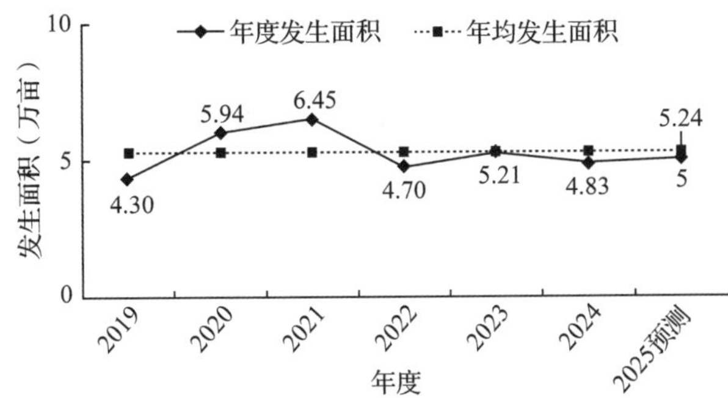

图 24-15　2019—2025 年四川省红火蚁发生面积趋势

松叶蜂(落叶松叶蜂、扁叶蜂等)　分布在巴中、广元、凉山等地，主要危害落叶松、马尾松、云南松等，总体以轻度、中度发生为主。近年来总的发生趋势趋于稳定，在 4 万~5 万亩间徘徊，预计 2025 年发生 4 万亩，同比基本持平。其中，落叶松叶蜂在广元发生面积同比可能增幅较大，在朝天区、旺苍县局部地方可能偏重发生。

松墨天牛　松材线虫病的传播媒介昆虫，在四川省松林区分布普遍，在部分林区虫口密度较大并与松材线虫病混合发生，预计发生 120 万亩，同比基本持平；在宜宾、广安、巴中、南充等地发生面积可能增加；在朝天区、旺苍县、青川县等地局部可能偏重发生。

切梢小蠹(纵坑、横坑切梢小蠹)　分布在攀枝花、凉山、雅安、甘孜、阿坝等地的云南松、油松林区，近年来发生面积趋于稳定，预计发生 44 万亩，同比基本持平。在雅安、凉山发生面积同比可能上升，在汉源县可能偏重发生。

华山松大小蠹　分布在巴中、广元、达州等地，是危害华山松的先锋害虫，近年来发生面积呈下降趋势，预计发生 6 万亩，同比略有减少。但在巴中发生面积可能上升，在旺苍县可能发生偏重危害。

云斑白条天牛　分布在成都、攀枝花、德阳、遂宁、眉山、广安、资阳、凉山等地，主要危害核桃、杨树、柳树、桉树等，形成许多虫孔，影响林木生长，被害植株易风折，降低木材材质，对成片栽植的退耕还林、工业原料林威胁较大。近年来发生面积趋于稳定，预计发生 6 万亩，同比基本持平。

核桃长足象　分布在成都、广元、巴中、资阳等核桃产区，近年来发生面积呈小幅下降趋势，预计 2025 年发生 10 万亩，同比略有减少；但在巴中发生面积可能略有上升。

长足大竹象　主要危害竹笋及嫩竹，分布在乐山、眉山、雅安、自贡、成都、宜宾和广安等地，近年来发生面积呈小幅下降趋势，预计发生 15 万亩，同比略有减少，但在雅安、眉山发生面积可能增加。

黄脊竹蝗　主要发生在宜宾、泸州等地，近年来发生面积呈增加趋势，预计 2025 年发生 10 万亩，同比增加 1.27 万亩；在泸州发生面积可能上升，在纳溪区、合江县、长宁县可能偏重发生。

3. 鼠害

赤腹松鼠　主要发生在成都、眉山、乐山、雅安等地，啃食危害人工柳杉、水杉、银杏等树皮，造成林木生长缓慢、停滞，甚至死亡，部分区域危害严重。近年来发生面积趋于稳定，预计 2025 年发生 35 万亩，同比基本持平，在邛崃市、雨城区局地可能偏重发生。

黑腹绒鼠　发生在成都、绵阳、德阳、阿坝、巴中等地，危害杉木、松树、柳杉、银杏、厚朴、香樟等新造林及幼林等，啃食树干基部树皮，环剥一周导致植株死亡，部分地方危害较为严重。近年来发生面积趋于稳定，预计发生 6 万亩，同比基本持平。

4. 其他病虫害

主要是危害四川省林业产业林的有害生物，主要种类包括危害桉树的油桐尺蠖、褐斑病、焦枯病等，危害杨树的杨扇舟蛾、锈病、溃疡病、烂皮病等，危害油茶的象甲、绿蝉、毒蛾、炭疽病和黑斑病等，危害油橄榄的大粒横沟象、炭疽病等，以及危害城区绿化树、四旁树等的菟丝子、无根藤、蚜虫等，预计发生 77 万亩。

(四)2025 年重要防控风险点

1. 川南、川东北需警惕松材线虫病疫情反弹及新发疫情风险

川南、川东北是四川省松材线虫病发生的重灾区，一些疫区发生点位多、面积大，病死松树数量多，且个别疫区除治质量差，极易造成松材线虫病疫情反弹；加之松材线虫病传播扩散迅速、疫木流失等因素，也极易引发新疫点和新疫区风险。因此，各疫情发生区要严格按照要求开展除治，加强疫木监管，避免疫情扩散。未发生疫情区要加强外来松木及其制品的检疫监管，密切关注辖区松树异常枯死情况，若发现异常枯死松树要按照要求及时规范处置，严防新发疫情。

2. 四川盆地及其周边柏木林区需警惕柏木害虫危害风险

四川盆地及其周边柏木林区发生的主要有害生物有蜀柏毒蛾、云南松毛虫、双条杉天牛等，近年来总体发生平稳，但在局地危害仍然偏重。特别是近年来的高温干旱极端气候导致柏木树势衰弱，在广元、绵阳、资阳、泸州、成都等地引发双条杉天牛等次生灾害，造成大量柏木枯死，有进一步扩散蔓延风险。有关地方要持续加强对虫源地的监测调查，特别是要加强翠云廊等古柏分布区的有害生物监测，密切掌握有害生物的发生发育动态，及时开展防治，降低灾害风险。

3. 华山松林区需重点关注松疱锈病菌及华山松大小蠹混合危害成灾风险

松疱锈病菌、华山松大小蠹常在四川省部分华山松林区混合发生危害，并在广元、巴中、甘孜等造成局部地方大量华山松死亡，对森林资源和生态安全造成较大威胁。有关地方要进一步加大监测调查力度，特别是大熊猫国家公园华山松林区，要掌握其发生发育动态，必要时开展防治，降低成灾风险。

4. 川南南部需警惕黄脊竹蝗加重危害的风险

近年来，黄脊竹蝗在宜宾、泸州与贵州省相邻的一些区域发生面积逐年大幅增加，且种群密度大，在部分地方危害较为严重，有进一步局部暴发成灾风险。有关地方需进一步加强监测调查，掌握发生动态，及时实施防治，减少加重危害风险。同时要加强与毗邻的贵州省发生了黄脊竹蝗的县区沟通协调，共同做好联防联控工作，确保防控成效。

三、对策建议

一是持续推进松材线虫病疫情防控攻坚行动，确保目标任务顺利完成。各地要按照制定的松材线虫病五年攻坚行动方案，锚定目标任务，进一步推进松材线虫病疫情防控工作。提前完成攻坚目标任务的地方，要持续用力，巩固提升现有防控成效；未完成攻坚目标任务的地方，要深入分析防控中存在的问题和困难，积极思考应对解决办法，奋力打好松材线虫病疫情防控攻坚行动“收官战”，确保防控攻坚目标任务顺利完成。

二是进一步提升监测预警预报能力，统筹做好生物灾害防控。进一步完善林业有害生物监测预警网格化管理体系，加强基层监测人员培训，提高从业人员监测预报水平，确保灾情疫情早发现、早报告、早处置。特别是加强新发突发外来有害生物的监测，掌握其发生动态，研判其发生趋势，并采取相应的防控对策。加强国家级、省级中心测报点日常监测预报管理，优化调整省级中心测报点布局及主测对象，常态化开展监测预报数据信息核查和情况通报，加强考核评价结果应用，奖优罚劣，并严格实施连续两年考核不合格退出制度，充分发挥各测报点在主测对象及新发、突发林业有害生物监测预报方面的骨干作用。统筹抓好对发生在重点区域，危害程度大、社会关注度高的松材线虫病、蜀柏毒蛾、红火蚁等重点有害生物灾害防控，推行“一种一策”防治策略，做好应急防控准备，确保灾情及时处置，降低灾害损失。

三是加强各级各地联检联防工作，形成强大的防控合力。进一步整合检疫执法力量，加强检疫队伍建设和管理，强化技能培训，提升执法人员业务水平，提高阻截有害生物能力。以流通环节为重点，开展常态化检疫执法行动，依法严肃查处检疫违法违规案件，切断林业有害生物人为传播途径。同时，进一步完善各级部门间协作、各地区域间联防联检合作机制，定期或不定期通报交流信息和开展实质性的联合行动，形成强有力的联防联控合力。

四是进一步加大组织领导力度，提供强有力的支撑保障。以林长制为抓手，压紧压实各级林长的林业有害生物防治责任，进一步加强各级组织领导，确保各项防控措施落实落地。通过各级财政增加预算、森林保险理赔、国储林项目实施等途径广开防控资金投入渠道，增加防控资金投入，保障防控工作需要。大力开展林业有害生物防控知识宣传，让各界群众知晓林业有害生物防控的重要性和必要性，积极支持和参与防控工作，营造群防群控的良好氛围。

（主要起草人：刘子雄　陈绍清　姜波　陈昼西；主审：李晓冬）

25 贵州省林业有害生物2024年发生情况和2025年趋势预测

贵州省森林病虫防治检疫站

【摘要】截至2024年12月31日，贵州省林业有害生物发生243.2038万亩，与2023年的274.9402万亩相比略低。根据贵州省当前森林资源状况、林业有害生物发生防治情况，预测2025年全省林业有害生物发生254万亩左右，较2024年发生面积稍有上升。

一、2024年林业有害生物发生情况

截至2024年12月31日统计，全省林业有害生物发生243.2038万亩，其中，轻度发生231.3982万亩，中度发生10.7525万亩，重度发生1.0531万亩(图25-1)。在总发生面积中，虫害205.7631万亩，病害28.0545万亩，鼠(兔)害4.5700万亩，有害植物4.8161万亩(图25-2)。据统计，全省全年累计防治229.1320万亩，防治率94.21%，其中无公害防治227.3741万亩，无公害防治率为99.23%。

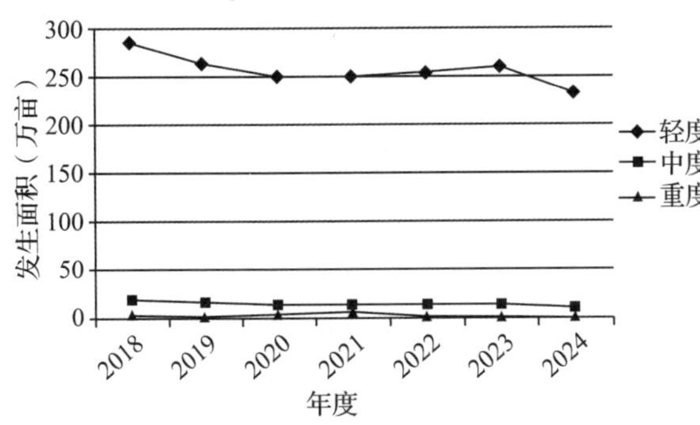

图25-1 近7年发生程度统计图

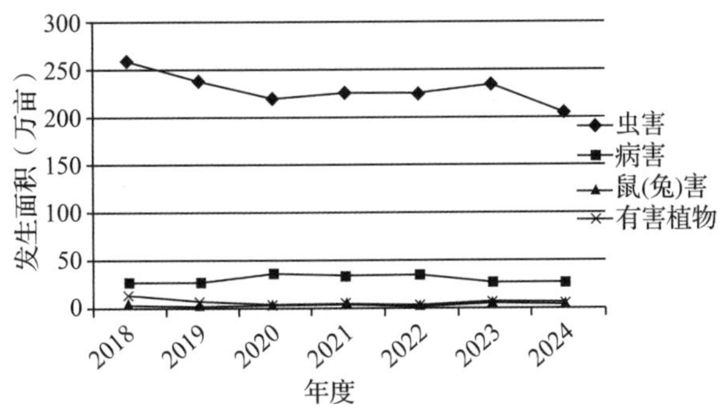

图25-2 近7年发生类别统计图

(一)发生特点

2024年贵州省林业有害生物发生的基本特点如下。

1. 全省松材线虫病整体可防可控，部分地区有扩散蔓延趋势

根据全省秋季普查结果汇总显示，今年发现枯死松树110984株，分布于全省88个县(市、区)，对不明原因死亡的松树取样镜检45726株，检出松材线虫病的917株，其余枯死松树未检出松材线虫，全省松材线虫病发生总面积达0.4751万亩，无新增松材线虫病县级疫区，遵义市播州区、黔东南苗族侗族自治州(简称黔东南州)从江县、黔南布依族苗族自治州(简称黔南州)三都县3个县级疫区暂未发现疫情。但凤冈县、习水县、松桃苗族自治县(简称松桃县)部分乡镇有扩散蔓延趋势。

2. 外来林业有害生物灾害时发

2024年全省林业有害生物发生面积较去年同期有所下降，发生多以轻度为主，危害程度偏轻，但是局部地区受害严重。如遵义市汇川区、新蒲新区和绥阳县交界处松林发生的日本松干蚧，近年来虽一直在采取防治措施，但是防治成效不明显，2024年以来遵义市对日本松干蚧开展人工地面防治和飞机防治。截至12月31日，当地发生日本松干蚧达3.8717万亩，且危害程度多为中度以上，枯死松树数量进一步增大，给经济社会发展和生态景观造成一定损失。此外，紫茎泽兰、加拿大一枝黄花、红火蚁在遵义市、安顺市、毕节市、黔东南州、黔南州、黔西南布依族苗族自治州(简称黔西南州)部分县区发生，给

当地防控工作带来较大压力。

3. 常发性林业有害生物发生面积占比大

受森林资源结构及分布特点的影响，一些常发性林业有害生物如天牛类、象鼻虫类、松毛虫类、毒蛾类、叶甲类、介壳虫类等害虫发生面积较大，但通过采取一定防治措施，危害程度总体偏轻，但局部地区森林资源受害严重。如日本松干蚧在遵义市局地造成严重危害，黄脊竹蝗在遵义市、黔东南州局地造成严重危害；天牛类，尤其是松墨天牛、云斑天牛、光肩星天牛等种类在遵义市、铜仁市、毕节市、安顺市、黔东南州发生面积达 122 万亩；萧氏松茎象在铜仁市碧江区、思南县、松桃县、德江县，铜仁市江口县、黎平县、镇远县等地造成一定危害；核桃扁叶甲、核桃长足象和云南木蠹象在毕节市赫章县、威宁彝族回族苗族自治县(简称威宁县)发生危害仍较严重，给当地森林资源和特色林业产业构成一定威胁。

4. 经济林和林业产业病虫害危害加重

近年来由于全省经济林产业的进一步发展，广泛种植山桐子、油茶、竹子、花椒、皂角、核桃、刺梨等经济树种，但对病虫害采取的防控措施有所缺失，加之经营管理手段相对单一，全省经济林树种存在一定程度的病虫害。据统计，全省经济林病虫害发生面积逾 33 万亩，其中造成中度以上危害程度的发生面积达 2 万余亩。总体来说，经济林和林业产业有害生物发生面积相对减少，但仍具有一定程度的危害，仍然制约了全省经济林和林业特色产业的发展。

(二) 主要林业有害生物发生情况分述

截至 12 月 31 日统计，全省已发生的林业有害生物种类较多，一些种(类)发生面积达万亩以上(图 25-3)。总体来说，发生面积大、分布范围广、危害严重的林业有害生物种类有松材线虫病、天牛类、经济林病虫害、象鼻虫类、松毛虫类、叶甲类、小蠹虫类、毒蛾类、介壳虫类、松树病害、叶蜂类、鼠(兔)害、有害植物等。

松材线虫病　发生面积较去年同期有所降低，发生面积达 4751. 26 亩(图 25-4)。其中，遵义市仁怀市发生 452. 73 亩，习水县发生 784. 23 亩，凤冈县发生 316. 10 亩；毕节市金沙县发生 536. 78 亩；铜仁市碧江区发生 420. 64 亩，万山

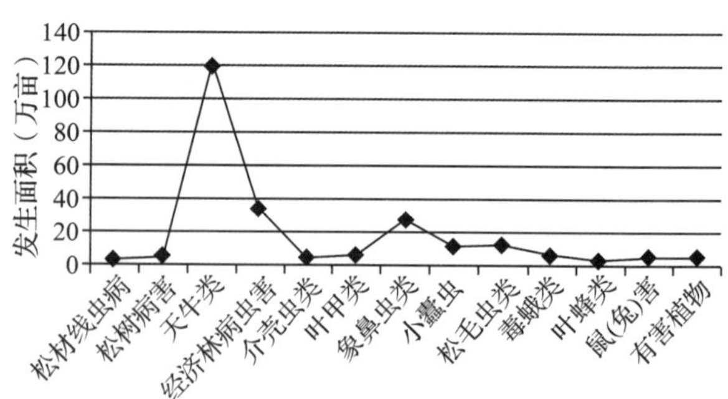

图 25-3　全省主要林业有害生物种类发生面积

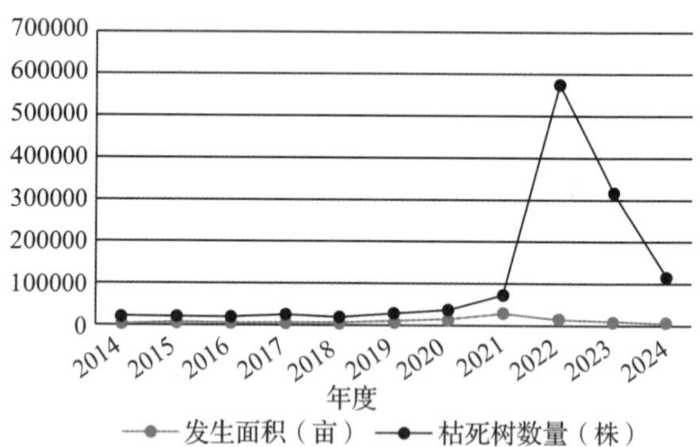

图 25-4　近年来松材线虫病发生及枯死松树示意

区发生 91. 82 亩，松桃县发生 721. 75 亩；黔东南州榕江县发生 1427. 21 亩；遵义市播州区、黔东南州从江县、黔南州三都水族自治县(简称三都县)无疫情。但遵义市凤冈县、铜仁市松桃县分别新增 6 个疫情小班，疫情呈扩散蔓延态势，且铜仁市各疫区的疫情发生，对梵净山世界自然遗产地保护可能会产生一定的影响。根据今年秋季普查结果显示，全省发现枯死松树 11 万株，其中疫区枯死松树达 8 万余株，疫情防控工作仍然存在巨大挑战，给全省松林资源安全带来较大威胁。

表 25-1　近年来贵州省松材线虫病发生、枯死松树及县级疫区数量统计表

年份	发生面积（亩）	枯死树数量（株）	县级疫区数量（个）
2014 年	5873. 4	13892	5
2015 年	4877. 8	14888	5
2016 年	4364. 5	12486	5
2017 年	4048. 9	19704	6
2018 年	4598. 3	12506	10
2019 年	5019. 82	21525	13
2020 年	15568	20940	14
2021 年	28651	42094	15

（续）

年份	发生面积（亩）	枯死树数量（株）	县级疫区数量（个）
2022 年	13375	559991	11
2023 年	7344.30	308887	12
2024 年	4751.25	110984	11

天牛类　发生面积较去年同期有所降低，危害程度也所有降低。截至目前，全省天牛类发生 122.1341 万亩，其中，轻度发生 118.4004 万亩，中度发生 3.6237 万亩，重度发生 0.1100 万亩。在天牛类发生种类中，松墨天牛发生面积占比最大，全省累计发生松褐天牛面积 118.9787 万亩，其中，轻度发生 115.3050 万亩，中度发生 3.5637 万亩，重度发生 0.1100 万亩，在全省各地广泛发生。其次是云斑白条天牛和多斑白条天牛，发生面积分别为 1.4994 万亩和 0.7680 万亩，主要在铜仁市、黔西南州、毕节市的部分区县发生，其余地区零星发生。

经济林病虫害　主要包括山桐子、竹、核桃、桃、李、樱桃、梨、苹果、刺梨、板栗、油茶、花椒等经济树种的病害。全省各地经济树种均有所发生，发生面积达 33.5515 万亩，其中，轻度发生 31.5405 万亩，中度发生 1.8810 万亩，重度发生 0.1300 万亩。在经济病害中，竹类、板栗、核桃、油茶、花椒、水果等病虫害发生面积均超过万亩。

象鼻虫类　发生面积与去年同期相比有所降低，主要发生种类为萧氏松茎象、云南木蠹象、核桃长足象和剪枝栎实象等。象鼻虫类总发生面积 27.1468 万亩，其中，轻度发生 26.0107 万亩，中度发生 1.1161 万亩，重度发生 0.0200 万亩。在全省发生的象鼻虫类虫害中，萧氏松茎象发生面积最大，为 21.2908 万亩，与去年同期相比有所降低，其中，轻度发生 20.6407 万亩，中度发生 0.6501 万亩，主要发生在铜仁市和黔东南州各区县，贵阳市和黔南州部分区县有少量发生；核桃长足象发生面积次之，为 2.3650 万亩，比去年同期有所下降，其中，轻度发生 2.0250 万亩，中度发生 0.3400 万亩，主要发生在毕节市、六盘水市、铜仁市的部分区县，黔南州和黔西南州的个别区县有零星发生；云南木蠹象发生面积第三，为 1.9480 万亩，比去年同期大幅降低，其中，轻度发生 1.9180 万亩，中度发生 0.0300 万亩，主要发生在毕节市威宁县和六盘水市盘州市；剪枝栎实象发生面积第四，为 0.9950 万亩，比去年同期有所降低，均为轻度发生，主要发生在黔西南州兴义市，黔南州罗甸县和黔西南州普安县有小面积发生。

松毛虫类（云南松毛虫、思茅松毛虫、马尾松毛虫和文山松毛虫）　发生面积较去年同期有小幅下降，发生 10.5948 万亩，其中，轻度发生 10.5148 万亩，中度发生 0.0800 万亩，无重度发生。全省各市州均有不同程度发生，但主要发生在黔东南州、铜仁市、遵义市各区县。

叶甲类　发生面积较去年同期稍有下降，主要发生种类为核桃扁叶甲，主要发生在毕节市威宁县、赫章县、纳雍县、大方县、织金县，六盘水市六枝特区等地。发生面积为 5.3281 万亩，其中，轻度发生 4.3481 万亩，中度发生 0.8700 万亩，重度发生 0.1100 万亩。

小蠹虫　发生面积较去年同期有所增加。总发生面积为 11.3560 万亩，其中，轻度发生 10.3430 万亩，中度发生 1.0130 万亩，无重度发生。在全省发生的小蠹虫中，纵坑切梢小蠹发生面积占比最大，达 11.3100 万亩，其中，轻度发生 10.2970 万亩，中度发生 1.0130 万亩。主要发生在毕节市威宁县，六盘水市盘州市和水城区。

毒蛾类　主要发生种类有松茸毒蛾、侧柏毒蛾、茶黄毒蛾、刚竹毒蛾、舞毒蛾，发生面积较去年同期略有降低。发生总面积 4.9398 万亩，其中，轻度发生 4.8878 万亩，中度发生 0.0520 万亩，无重度发生。在全省毒蛾类虫害发生面积中，松茸毒蛾发生面积最大，为 2.6683 万亩，其中，轻度发生 2.6163 万亩，中度发生 0.0520 万亩，主要发生在黔东南州、黔南州和铜仁市的部分地区；侧柏毒蛾发生面积次之，为 1.0184 万亩，均为轻度发生，主要发生在铜仁市、遵义市、黔东南州部分区县。

介壳虫类　发生面积与去年同期相比有所升高，危害程度也有所加重，其中日本松干蚧对松林的危害程度相对较重。介壳虫类主要发生在贵阳市乌当区，遵义市绥阳县、新蒲新区、汇川区，安顺市镇宁布依族苗族自治县，黔南州福泉市、惠水县，黔西南州兴义市、册亨县。截至目前，全省介壳虫类发生 4.1742 万亩，其中，轻度发生 2.5420 万亩，中度发生 1.3512 万亩，重度发生 0.2810 万亩。在全省发生的介壳虫种类中，日本松干蚧的发生面积达 3.8717 万亩，其中，轻度发生 2.2395 万亩，中度发生 1.3512 万亩，重度发生 0.2810 万亩。

松树病害　发生面积比去年同期有所下降，主要包括马尾松赤枯病、松树赤落叶病、松落针病、马尾松赤落叶病、华山松煤污病等种类。据统计，松树病害发生 3.6390 万亩，其中，轻度发生 3.5555 万亩，中度发生 0.0835 万亩，无重度发生。全省各地均有不同程度发生。在松树病害中，马尾松赤枯病发生面积最大，为 2.4349 万亩，其中，轻度发生 2.3714 万亩，中度发生 0.0635 万亩，主要发生在贵阳市、遵义市、安顺市、铜仁市和黔南州的部分区县。

叶蜂类　主要包括楚雄腮扁叶蜂、南华松叶蜂和会泽新松叶蜂等种类。总发生面积较去年大幅降低，为 2.6119 万亩，其中，轻度发生 2.6019 万亩，中度发生 0.0100 万亩，无重度发生。在全省发生的松叶蜂种类中，南华松叶蜂发生面积最大，为 1.6400 万亩，均为轻度发生，发生在毕节市威宁县、赫章县和黔南州瓮安县。

鼠(兔)害　发生面积较去年同期有所下降，发生 4.5700 万亩，均为轻度发生，主要在遵义市、铜仁市和黔东南州等地危害。在贵州省发生的鼠(兔)害种类中，赤腹松鼠发生面积占比最大，为 4.4757 万亩，均为轻度发生，在黔东南州台江县造成较大危害，黔东南州镇远县、榕江县，铜仁市德江县有零星发生。

有害植物　根据林业有害生物防治信息管理系统数据统计，全省有害植物发生 4.8161 万亩，其中，轻度发生 4.5511 万亩，中度发生 0.2080 万亩，重度发生 0.0570 万亩，发生面积较去年同期有所降低。在全省林业有害植物发生的种类中，紫茎泽兰发生面积最大，达 2.5735 万亩，其中，轻度发生 2.3485 万亩，中度发生 0.1680 万亩，重度发生 0.0570 万亩。主要发生在安顺市、毕节市、黔南州和黔西南州部分区县。

(三)成因分析

2024 年度贵州省林业有害生物发生和危害的成因主要有以下几个方面。

1. 气候因素

2023/2024 年冬季(2023 年 12 月至 2024 年 2 月)，全省平均气温特高，降水量正常略多，日照时数特多。冬季，全省平均气温为 7.8℃，较常年平均高 1.1℃；降水量为 102.4mm，较常年平均多 21.9%；日照时数 253.9 小时，较常年平均多 60.9%。季内出现的寒潮、低温雨雪凝冻、冰雹、大风等气象灾害对 2024 年林业有害生物虫口密度造成一定影响。春季以来(3~5 月)，全省平均气温特高，主要呈现为前、中期特高，后期接近常年的时间分布特征；降水量异常偏多，呈前期偏少、中、后期偏多的时间分布及空间分布不均的特征；日照时数偏多，呈前期偏多，中、后期略多的时间分布特征。夏季以来(6~8 月)，全省平均气温异常偏高，为 1961 年以来历史同期第 3 高值，降水量偏少，日照时数偏多。全省平均气温异常偏高，主要呈现为前期接近常年、中期和后期特高的时间分布特征；降水量偏少，呈前期偏多、中期和后期偏少的时间分布及空间分布不均的特征；日照时数偏多，呈前期略少，中期和后期偏多的时间分布特征。偏高的气温对一些偶发性林业有害生物及一些食叶害虫发生产生一定的影响，如黄脊竹蝗、日本松干蚧等。秋季(9~11 月)以来，全省平均气温特高，为 1961 年以来历史同期第 1 高值，降水量略少、日照时数偏多的气候导致一些林业有害生物种类发生严重，如松材线虫病、松毛虫等。

2. 松材线虫病疫情发生危害原因

从松材线虫病发生面积及扩散形势来看，全省松材线虫病发生原因主要在于：一是铜仁市碧江区、万山区、松桃县，遵义市凤冈县、仁怀市、习水县，黔东南州榕江县，毕节市金沙县等地的监测和防控力度仍不足，存在疫情监测不到位、除治措施欠缺等问题，给全省松林资源尤其是梵净山世界自然遗产地生态安全造成一定程度的威胁。二是遵义市播州区、黔东南州从江县、黔南州三都县因措施有力、除治力度较大，实现了松材线虫病秋季普查无疫情，为疫区的拔除提供了基础。三是自《贵州省林业有害生物防治条例》实施以来，各地在开展工作时更为扎实，防控措施更有针对性，检疫执法更为有效，部分疫区县疫情得以控制。四是贵州省持续开展“天空地”一体化监测，巩固疫情防控成效。会同省自然资源厅第二测绘院、省林业调查规划院、省林业科学研究院开展枯死松树“天空地”一体化监测工作，及时利用卫星遥感、无人机监测、人工地面核查等手段相结合的方式，及时精准发现枯死松树，及时清理，加大重点生态区域松林资源监测频次，保护全省松林资源安全。

3. 森林资源结构及防治技术原因

贵州省森林资源分布基本稳定，全省森林资源保有量大，而林分质量差，树种组成单一，森林结构简单，多为针叶树纯林，导致一些常发性林业有害生物发生面积常年维持在较高水平，如天牛类、松毛虫类、松叶蜂类、松树病虫害等；部分地区受森林资源、地理位置的影响，一些林业有害生物危害居高不下，如遵义市赤水市的黄脊竹蝗，汇川区、绥阳县、新蒲新区交界处的日本松干蚧等，发生面积和危害程度仍有加剧的趋势；随着地球空间信息科学和传感器技术的迅猛发展，宏观尺度下实时、动态的对地观测能力显著增强，利用卫星遥感、无人机遥感和地面巡查的“天空地”一体化监测更为便捷，松材线虫病监测更为有效，一些食叶害虫、鼠(兔)害、有害植物等的发生危害整体上得以控制，但一些蛀干害虫如天牛类、小蠹虫类、象鼻虫类等的防治仍存在一定的技术难点和瓶颈。

4. 经济林有害生物防控存在薄弱环节

近几年来全省林业产业迅速发展，山桐子、竹、油茶、花椒、皂角、核桃、板栗等经济树种种植面积增加，而种植户、种植基地等一线人员对林业有害生物的防控措施仍有所欠缺，导致全省经济林有害生物防控存在薄弱环节。今年6月贵州省在福建厦门举办全省2024年林业有害生物防控骨干培训班，10月在贵阳市清镇市举办2024年林业有害生物监测防治技术培训班，同步将林业有害生物监测防治技术纳入培训内容，逐步为全省林业产业有害生物防控提供技术保障。

二、2025年林业有害生物发生趋势预测

(一)2025年总体发生趋势预测

根据贵州省12年来发生面积情况，通过自回归方法：$X(N)=0.5900\times X(N-1)+0.2921\times X(N-5)+0.1193\times X(N-3)$，预测贵州省2025年总发生面积为253.51万亩。但综合考虑到2024年发生防控情况、各市(州)上报的趋势预测报告情况以及气候等因子(根据气象部门预测，2024年冬季气温平均特高，降水量正常略多)来看，由于2024年冬季全省气温整体偏高，有利于林业有害生物越冬存活，但季内出现的寒潮、低温雨雪凝冻、大风等气象灾害，对全省林业有害生物越冬存在一定的影响，基数将进一步下降。随着翌年春季气候回暖，气温正常偏高，可能导致一些突发性的林业有害生物面积加大，预测贵州省2025年总发生面积在254万亩左右，面积较2024年稍有增加(图25-5)。

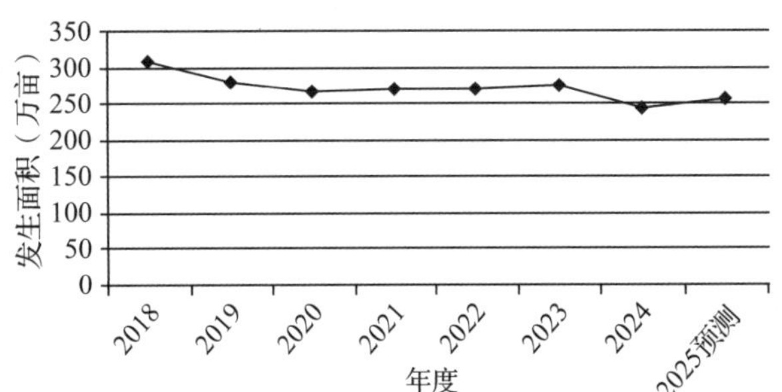

图25-5　贵州省近7年林业有害生物发生面积及2025年趋势预测

(二)分种类发生趋势预测

根据2024年全省林业有害生物发生特点，预测2025年主要发生的林业有害生物种类是：松材线虫病、天牛类、经济林病虫害、象鼻虫类、松毛虫类、叶甲类、小蠹虫类、毒蛾类、介壳虫类、松树病害、叶蜂类、鼠(兔)害、有害植物等。

2025年主要病虫害发生面积和分布区域预测如下：

松材线虫病　预测发生0.5万亩左右，发生区域为铜仁市碧江区、万山区、松桃县，黔东南州榕江县，遵义市凤冈县、仁怀市、习水县，毕节市金沙县等地。2024年秋季普查，全省松材线虫病疫区3个实现无疫情，部分县级疫区(如黔东南州榕江县，铜仁市碧江区、万山区、松桃县，遵义市凤冈县、仁怀市、习水县等地)疫情除治工作力度仍然不够，全省松材线虫病疫情防控压力形势依然严峻。2025年，贵州省将以国家林业和草原局松材线虫病5年防控攻坚行动和蹲点包片指导疫情防控为契机，加大检疫执法力

度，切实做好松材线虫病疫情防控工作，实现发生面积和枯死松树“双下降”的目标，为“十四五”防控工作打下坚实基础。

天牛类　预测发生面积与今年基本持平，约122万亩，其中松褐天牛预测发生119万亩。全省各地均有发生和危害。

经济林病虫害　预测发生35万亩，发生面积和危害程度较今年稍有上升，主要危害山桐子、竹、核桃、桃、李、樱桃、梨、苹果、刺梨、板栗、油茶、花椒等种类。预测全省各地均有发生。

象鼻虫类　预测发生28万亩，主要种类有萧氏松茎象、云南木蠹象、核桃长足象和剪枝栎实象等种类。预测萧氏松茎象发生22万亩，主要发生在铜仁市和黔东南州各区县；预测云南木蠹象发生2万亩，主要发生在毕节市威宁县和六盘水盘州市；预测核桃长足象发生3万亩，主要发生在毕节市、铜仁市和六盘水市的部分区县；预测剪枝栎实象发生1万亩，主要发生在黔西南州兴义市。

松毛虫　预测发生10万亩，与今年基本持平。预测主要发生在黔东南州、铜仁市和遵义市等地。

叶甲类　预测发生5万亩，与今年基本持平。预测主要发生在毕节市威宁县、赫章县、纳雍县、大方县、织金县，六盘水市六枝特区等地。

小蠹虫类　预测发生11万亩，与今年基本持平。预测主要发生在毕节市威宁县和六盘水市水城区、盘州市等地。

毒蛾类　预测发生5万亩，与今年基本持平。预测主要发生在遵义市、铜仁市、黔东南州、黔南州的部分县区。

介壳虫类　预测发生4.5万亩，较今年稍有增加。预测主要发生在遵义市绥阳县、汇川区，黔南州惠水县，黔西南州兴义市等地。

松树病害　预测发生4万亩，较今年稍有上升。全省各地均有发生，预测主要危害贵阳市、遵义市、铜仁市、黔南州部分县区。

叶蜂类　预测总发生2.5万亩左右，与今年发生面积及危害程度有所降低。其中南华松叶蜂预测发生1.5万亩左右，主要在毕节市局地造成危害。

鼠(兔)害　预测发生4.5万亩，发生面积及危害程度与今年同期基本持平。主要发生在黔东南州、铜仁市和遵义市等地。其中，赤腹松鼠预测发生4万亩左右，可能在黔东南州局地造成一定危害。

有害植物　预测发生5万亩，在今年同期基础上小幅增加。其中，紫茎泽兰预测发生3万亩左右，主要发生在黔南州、黔西南州、毕节市、安顺市等地。

三、对策建议

(一)切实抓好五年攻坚行动

根据省人民政府同意的松材线虫病疫情防控五年攻坚行动方案，督促各市(州)完成目标任务，按照分市(州)目标，根据分区施策原则，落实各区域监测、除治、预防具体措施，狠抓措施落实，压实防控责任，着力开展疫情除治，力争按期拔除疫区，确保完成“十四五”目标任务。

(二)进一步完善监测网络

实施“松材线虫病天空地一体化监测”项目，充分发挥护林员的作用，抓好日常监测和秋季普查工作，切实落实网格化监测，落实乡镇护林员2~3个月至少监测一遍的巡查制度，督促做好巡山记录和枯死松树报告记录。部分地实施无人机监测，克服人工盲区，重大生态区域利用卫片对枯死松树开展排查定位，完善天空地网络，提高全省预防监测预警水平，切实做到及时发现疫情。同时，扎实开展林业植物及其产品检疫执法行动，督促各县每月开展一次检疫执法，形成检疫执法常态化，重点做好对电力、铁塔、寄递、通信等重点部门的松木质包装材料检疫监管，加大复检力度，有效实施“外防输入”，阻截人为传播疫情。

(三)抓好今冬明春疫情除治和防控巩固工作

强化以疫木除治为核心，疫木源头管理为根本的防治思路，根据2024年秋季普查结果，抓好0.4751万亩疫木除治工作，督导各地制定防治方案，在除治期间，到各疫区县指导疫木除治，调度除治进度，确保媒介昆虫羽化前保质保量完成除治任务。巩固黔南州福泉市疫区拔除成果，切实加大疫情防控成效巩固，加强疫情监测和除治力度，力争今年拔除黔南州三都县疫区。

(四)做好梵净山等重点区域疫情防控

着力做好梵净山世界自然遗产地等重点区域疫情防控工作，督促铜仁市碧江区、万山区、松桃县疫木除治、疫木监管，大幅降低疫情发生面积，确保疫情不进入梵净山等重点区域。推进重大生态区域、省级林长责任区域编制松材线虫病疫情防控方案并实施，有力阻截疫情入侵。

(五)加强林业有害生物宣传培训力度

进一步加大《森林法》《贵州省林业有害生物防治条例》等法律法规和松材线虫病等重大林业有害生物的宣传力度，形成群防群治良好氛围，并从监测、检疫、防治等方面加强业务培训工作，提高检疫人员，特别是基层从业人员、护林员的业务技能，强化基层防控能力，切实做到早发现，早除治，有效防控疫情。

（主要起草人：丁治国　张羽宇；主审：李晓冬）

26 云南省林业有害生物2024年发生情况和2025年趋势预测

云南省林业和草原有害生物防治检疫局

【摘要】2024年云南省主要林业有害生物总体呈高发态势，发生487.44万亩，较2023年下降9.14%。防治483.96万亩，防治率99.29%。无公害防治480.07万亩，无公害防治率99.20%，成灾2.13万亩，成灾率0.06‰。预测2025年云南省林业有害生物发生面积与2024年基本持平，预测总发生470万亩。

一、2024年主要林业有害生物发生情况

2024年，云南省林业有害生物发生487.44万亩，其中，病害81.62万亩，虫害370.18万亩，鼠害18.62万亩，有害植物17.02万亩。防治483.96万亩，防治率99.29%(图26-1)。

与2023年相比，虫害下降10.53%，病害下降4.50%，有害植物下降9.90%，鼠害增加1.42%，林业有害生物发生总面积减少9.14%(图26-2)。

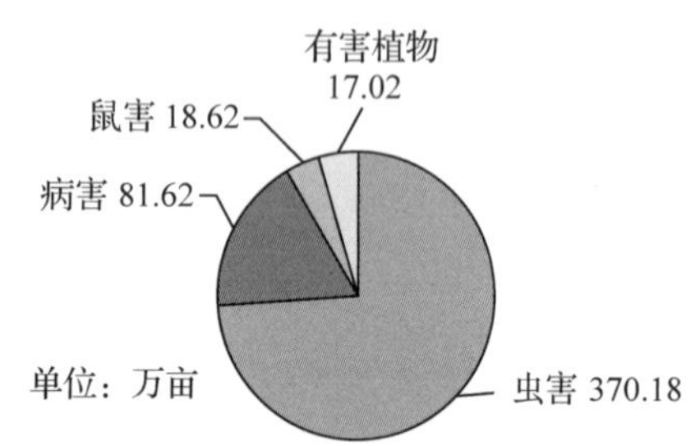

图26-1　2024年林业有害生物发生情况

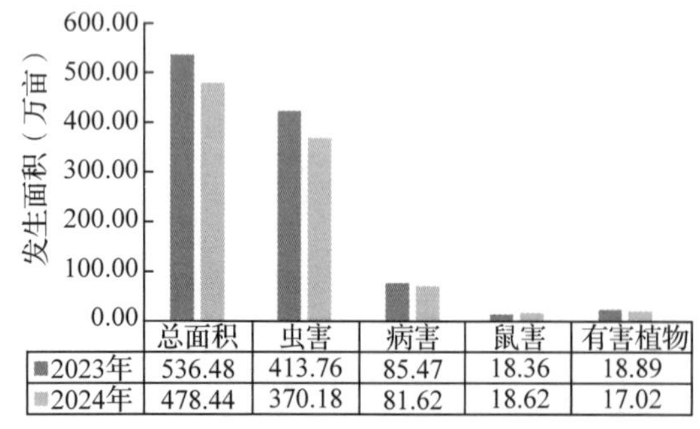

图26-2　2023年、2024年林业有害生物发生情况

(一)发生特点

总体来说，2024年林业有害生物发生面积稳中有降，鼠害基本持平，虫害、病害、有害植物均有所下降，但发生种类多，范围广。常发性有害生物松毛虫较2023年有所下降，松小蠹发生面积较2023年略有增加，有害植物扩散蔓延趋势严峻，薇甘菊发生面积较2023年有所减少。

(二)主要林业有害生物发生情况分述

1. 薇甘菊

发生6.97万亩，同比下降15.52%。主要发生在德宏傣族景颇族自治州(简称德宏州)瑞丽市、盈江县、陇川县、芒市、梁河县，临沧市沧源佤族自治县(简称沧源县)、耿马傣族佤族自治县(简称耿马县)、镇康县，普洱市西盟佤族自治县、孟连傣族拉祜族自治县，保山市龙陵县、施甸县，西双版纳傣族自治州(简称西双版纳州)勐腊县、勐海县、景洪市，怒江傈僳族自治州(简称怒江州)泸水市等地，昆明市磨憨林业服务中心有零星分布(图26-3)。

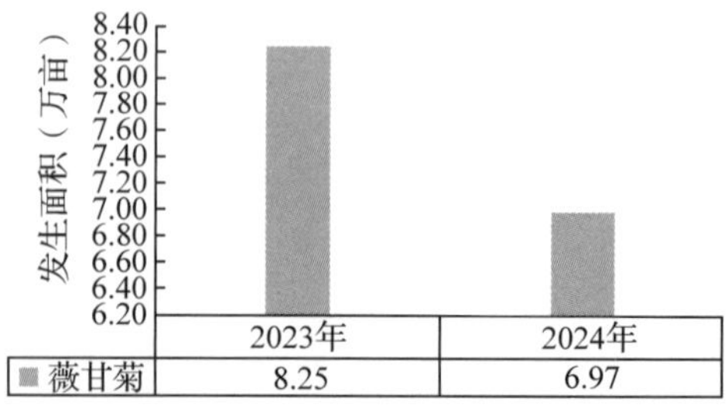

图26-3　近两年同期薇甘菊发生情况

2. 松毛虫

发生 59.33 万亩，同比下降 40.27%。主要种类：云南松毛虫发生 43.59 万亩，主要发生在普洱市景谷傣族彝族自治县、思茅区、墨江哈尼族自治县、镇沅彝族哈尼族拉祜族自治县、宁洱哈尼族彝族自治县(简称宁洱县)、景东彝族自治县，临沧市双江拉祜族佤族布朗族傣族自治县、凤庆县、镇康县、云县，迪庆藏族自治州(简称迪庆州)香格里拉市，怒江州贡山独龙族怒族自治县，昆明市禄劝彝族苗族自治县(简称禄劝县)，大理白族自治州(简称大理州)南涧彝族自治县(简称南涧县)等地。文山松毛虫发生 12.55 万亩，主要发生在文山州壮族苗族自治州(简称文山州)丘北县、文山市、砚山县、广南县，红河哈尼族彝族自治州(简称红河州)开远市、弥勒市，昆明市石林彝族自治县(简称石林县)等地。思茅松毛虫发生 3.18 万亩，主要发生在滇中产业园区安宁市，西双版纳州景洪市，临沧市临翔区，红河州弥勒市，玉溪市江川区等地。德昌松毛虫发生 0.01 万亩，主要发生在保山市隆阳区(图 26-4)。

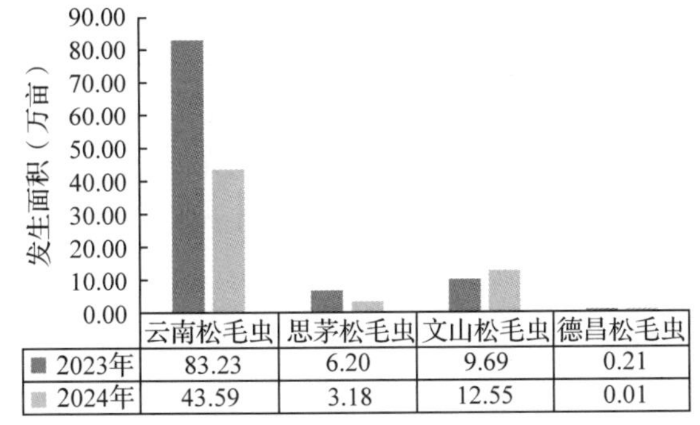

图 26-4　近两年同期松毛虫发生情况

3. 毒蛾类

发生 10.91 万亩，同比下降 11.16%。主要种类：褐顶毒蛾发生 7.51 万亩，以轻中度发生为主，主要发生在红河州河口瑶族自治县(简称河口县)、屏边苗族自治县(简称屏边县)，文山州西畴县、马关县、麻栗坡县、文山市等地。刚竹毒蛾发生 1.36 万亩，以轻度发生为主，主要发生在昭通市彝良县、绥江县、水富市，红河州绿春县、屏边县(图 26-5)。

4. 叶蜂类

发生 21.22 万亩，同比增加 123.37%。主要种类：祥云新松叶蜂 1.54 万亩，主要发生在大

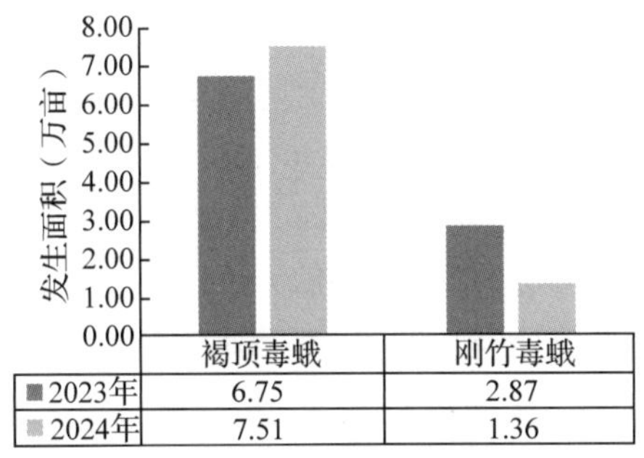

图 26-5　近两年同期毒蛾类发生情况

理州巍山彝族回族自治县(简称巍山县)、弥渡县，丽江市玉龙纳西族自治县(简称玉龙县)、古城区，保山市腾冲市，临沧市临翔区等地。楚雄腮扁叶蜂 17.37 万亩，主要发生在文山州砚山县、丘北县、广南县，曲靖市师宗县、马龙区、沾益区，红河州泸西县、弥勒市、芷村林场、蒙自市，滇中产业园区安宁市等地(图 26-6)。

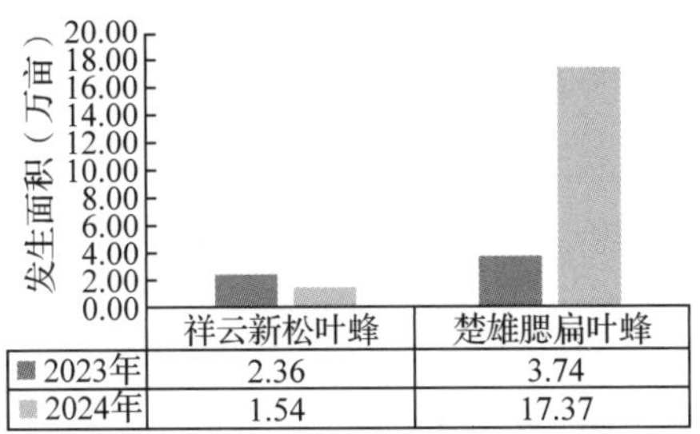

图 26-6　近两年同期叶蜂类发生情况

5. 叶甲类

发生 6.71 万亩，同比下降 21.98%。主要种类：核桃扁叶甲 0.82 万亩，主要发生在丽江市永胜县，怒江州兰坪白族普米族自治县(简称兰坪县)，昭通市永善县、威信县，大理州云龙县等地。桤木叶甲 5.12 万亩，主要发生在临沧市凤庆县、临翔区、云县，红河州屏边县、金平苗族瑶族傣族自治县(简称金平县)，昆明市富民县，玉溪市江川区、华宁县、新平彝族傣族自治县(简称新平县)，德宏州盈江县、芒市，保山市龙陵县、隆阳区，大理州弥渡县等地(图 26-7)。

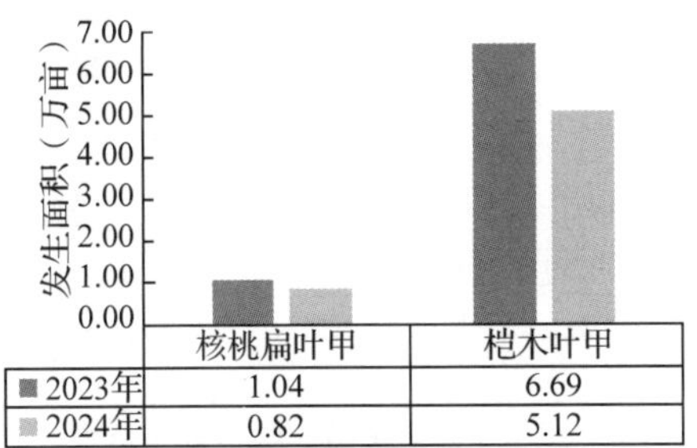

图 26-7　近两年同期叶甲发生情况

6. 蚧类

发生 20.66 万亩，同比增加 2.48%。主要种类：中华松针蚧 6.38 万亩，主要发生在大理州弥渡县、宾川县、大理市，玉溪市华宁县、江川区、通海县，曲靖市宣威市，迪庆州香格里拉市、维西傈僳族自治县(简称维西县)，昆明市禄劝县等地；花椒绵粉蚧 1.45 万亩，主要发生在昭通市巧家县；云南松干蚧 8.57 万亩，主要发生在昭通市昭阳区、鲁甸县，怒江州兰坪县，曲靖市富源县等地；日本草履蚧 1.50 万亩，主要发生在大理州大理市、漾濞彝族自治县(简称漾濞县)等地(图 26-8)。

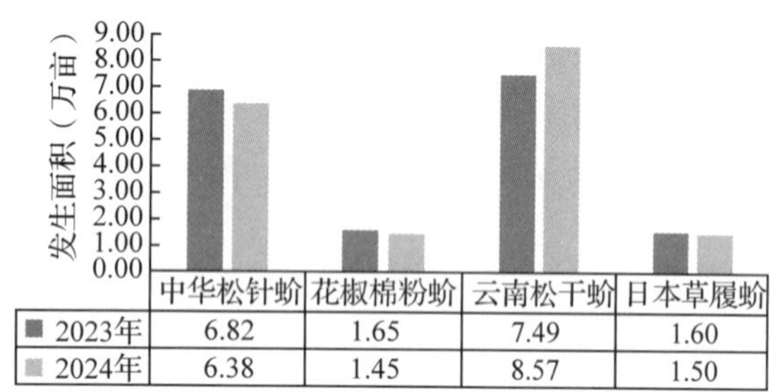

图 26-8　近两年同期蚧类发生情况

7. 蚜类

发生 10.89 万亩，同比下降 8.33%。其中，华山松球蚜 3.95 万亩，主要发生在昭通市鲁甸县、昭阳区，玉溪市华宁县、峨山彝族自治县(简称峨山县)，保山市隆阳区、龙陵县，大理州弥渡县、大理市，昆明市海口林场、阳宗海风景名胜区、禄劝县等地；棉蚜 4.19 万亩，主要发生在昭通市昭阳区、巧家县、永善县，丽江市宁蒗彝族自治县(简称宁蒗县)，德宏州芒市等地；核桃黑斑蚜 1.65 万亩，主要发生在大理州南涧县、巍山县，丽江市永胜县，临沧市凤庆县等地(图 26-9)。

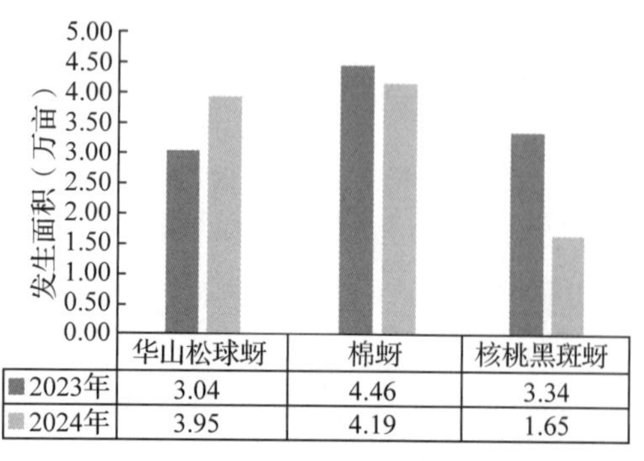

图 26-9　近两年同期蚜类发生情况

8. 白蛾蜡蝉

发生 11.86 万亩，同比增加 29.33%，轻中度发生为主。主要发生在临沧市镇康县、沧源县、耿马县，怒江州泸水市、福贡县(图 26-10)。

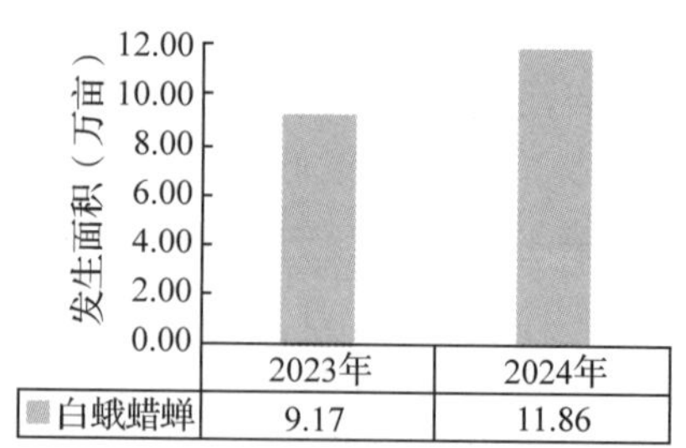

图 26-10　近两年同期白蛾蜡蝉发生情况

9. 小蠹虫

发生 94.84 万亩，同比增加 15.06%，以轻中度发生为主，局部地区成灾。其中，云南切梢小蠹 55.28 万亩，主要发生在玉溪市红塔区、峨山县、通海县、华宁县、澄江市、红塔区自然保护区、易门县，曲靖市师宗县、马龙区、会泽县、宣威市、麒麟区、沾益区，大理州祥云县、弥渡县、大理市，红河州弥勒市、石屏县、个旧市、开远市、蒙自市，文山州丘北县、文山市、西畴县，昆明市晋宁区、石林县、东川区，楚雄州禄丰市、双柏县、永仁县、楚雄市，迪庆州德钦县、香格里拉市，滇中产业园区安宁市，怒江州兰坪县等地；短毛切梢小蠹 28.66 万亩，主要发生在普洱市宁洱县；横坑切梢小蠹 5.56 万亩，主要发生在玉溪市新平县、江川区等地。普洱市宁洱县，红河州石屏县成灾面积 2000 亩以上(图 26-11)。

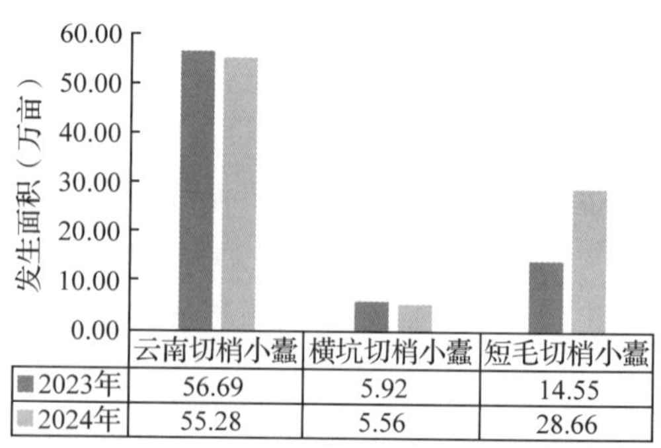

图 26-11　近两年同期小蠹虫发生情况

10. 天牛

发生 15.56 万亩，同比增加 6.21%。主要种类：松墨天牛 13.00 万亩，以轻度发生为主，主要发生在玉溪市澄江市、通海县、华宁县、江川区，楚雄州永仁县、元谋县，文山州砚山县、麻栗坡县，昆明市石林县、富民县，丽江市华坪县等地。

11. 木蠹象

发生9.51万亩，同比下降11.78%。主要种类：华山松木蠹象7.71万亩，轻度发生为主。主要发生在红河州个旧市、石岩寨林场，保山市施甸县、隆阳区，昆明市东川区、禄劝县等地。云南木蠹象1.80万亩，轻度发生，主要发生在昭通市鲁甸县，大理州洱源县、弥渡县，迪庆州香格里拉市等地。

12. 金龟子

发生20.93万亩，同比下降16.78%，以轻中度发生为主。主要种类：铜绿异丽金龟7.96万亩，主要发生在大理州永平县、漾濞县、云龙县，文山州麻栗坡县，楚雄州姚安县、南华县、楚雄市，丽江市永胜县，曲靖市师宗县等地发生；棕色齿爪鳃金龟6.78万亩，主要发生在玉溪市元江县、澄江市、华宁县，大理州巍山县、云龙县，曲靖市马龙区、麒麟区，怒江州兰坪县等地。

13. 经济林病害

发生63.78万亩，同比下降2.00%，以轻中度发生为主。主要种类：核桃白粉病6.80万亩，主要发生在楚雄州大姚县、元谋县、禄丰市、楚雄市、南华县、双柏县，红河州弥勒市，保山市昌宁县、龙陵县，临沧市镇康县，玉溪市易门县等地；核桃细菌性黑斑病14.48万亩，主要发生在大理州永平县、漾濞县、巍山县、大理市、南涧县，玉溪市元江县、江川区、通海县，昭通市鲁甸县、镇雄县、盐津县，曲靖市马龙区，保山市隆阳区、腾冲市，临沧市凤庆县，文山州马关县等地。板栗溃疡病1.30万亩，主要发生在楚雄州永仁县，玉溪市易门县，昆明市富民县。橡胶树白粉病2.78万亩，主要发生在红河州金平县、河口县、绿春县、元阳县等地。八角炭疽病9.28万亩，主要发生在文山州富宁县、文山市、广南县、西畴县，红河州屏边县、绿春县、蒙自市等地。花椒锈病4.28万亩，主要发生在昭通市巧家县、彝良县、永善县，丽江市宁蒗县、华坪县，怒江州福贡县等地(图26-12)。

14. 杉木病害

发生10.30万亩，同比增加7.74%。主要种类：杉木叶枯病5.09万亩，主要发生在红河州屏边县、绿春县等地；杉木炭疽病3.61万亩，

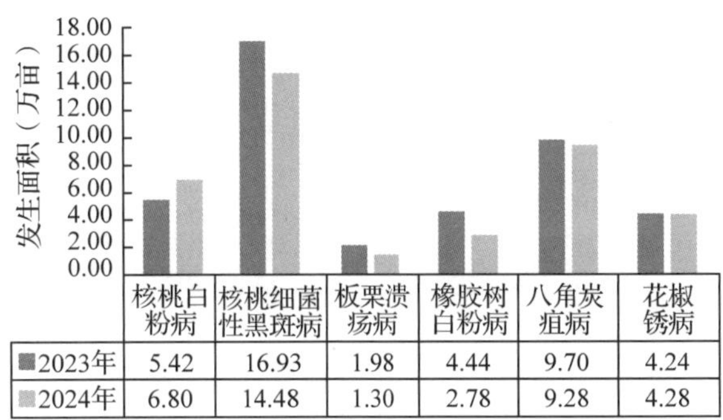

	核桃白粉病	核桃细菌性黑斑病	板栗溃疡病	橡胶树白粉病	八角炭疽病	花椒锈病
2023年	5.42	16.93	1.98	4.44	9.70	4.24
2024年	6.80	14.48	1.30	2.78	9.28	4.28

图26-12　近两年同期经济林病害发生情况

主要发生在曲靖市师宗县，昭通市镇雄县、威信县、彝良县，红河州元阳县、蒙自市等地。

15. 松树病害

发生2.69万亩，同比下降45.33%，以轻度发生为主。主要发生在迪庆州香格里拉市、维西县，玉溪市华宁县，大理州洱源县、云龙县，怒江州兰坪县，昆明市禄劝县，红河州蒙自市，昭通市巧家县等地。

16. 鼠害

发生18.62万亩，同比下降1.42%。主要种类：松鼠类13.14万亩，主要在临沧市凤庆县、云县、临翔区、沧源县、耿马县、永德县，德宏州陇川县、芒市，保山市龙陵县，文山州富宁县，昭通市巧家县等地发生；小飞鼠2.5万亩，主要发生在临沧市云县，红河州元阳县；短尾锋毛鼠0.70万亩，主要发生在临沧市镇康县。

(三)发生原因分析

(1)复杂的气候条件、特殊的地理区位，使云南成为外来物种入侵的重灾区和重要入侵通道。云南边境线长达4060km，分别与缅甸、老挝、越南接壤，无天然屏障和阻隔条件，外来入侵物种容易自然扩散进入国境，同时云南多样的生态环境为外来入侵物种成功繁衍提供了有利的自然条件，薇甘菊、红火蚁等传入定殖以后，难以根除，防控难度极大。

(2)松材线虫病的威胁不断加剧。疫木流失是松材线虫病扩散蔓延的主要人为因素，云南省位于祖国的西南部，属经济欠发达地区，但近年来经济的快速发展伴随着各种包装材料数量的增加，也为松材线虫病传播带来了有利条件。特别是来自疫区的松木包装材料大量流入，为松材线虫病扩散蔓延提供了可乘之机。云南省周边已被

松材线虫病疫区包围，周边省(自治区)松材线虫病疫区数量较多，极易通过自然或人为传带方式入侵云南省，稍有松懈就会造成疫情扩散蔓延。

二、2025年趋势预测

(一)2025年总体发生趋势预测

根据2024年全省林业有害生物总体发生与防治情况，结合气象资料及云南省各州(市)林业有害生物发生趋势预测的情况，初步预测2025年林业有害生物发生470万亩，总体趋势与2024年基本持平。其中病害70万亩，虫害365万亩，鼠害17万亩，有害植物18万亩。

(二)分种类发生趋势预测

1. 主要种类

经济林病害45万亩，杉木病害10万亩，松树病害2万亩，其他病害13万亩。小蠹虫95万亩，松毛虫80万亩，金龟子20万亩，天牛15万亩，毒蛾10万亩，叶蜂15万亩，木蠹象8万亩，叶甲6万亩，介壳虫20万亩，木蠹蛾3万亩，蚜虫10万亩，其他种类害虫为83万亩。松鼠类7万亩，其他鼠害10万亩。薇甘菊8万亩，其他有害植物10万亩。

2. 主要危害地区

发生面积较大、危害较为严重的州(市)有普洱市、临沧市、大理州、文山州、昭通市、玉溪市、红河州、楚雄州、曲靖市等。其中核桃病虫害主要发生在大理州、楚雄州、临沧市、玉溪市、昭通市等核桃主产业区；松毛虫主要发生在普洱市、文山州、临沧市、昆明市、保山市、红河州等地；小蠹虫主要发生在普洱市、玉溪市、曲靖市、大理州、昆明市、红河州、文山州、楚雄州等地；金龟子主要发生在楚雄州、文山州、玉溪市、大理州、临沧市、曲靖市、红河州、普洱市等地；毒蛾类主要发生在文山州、昭通市、红河州、大理州、临沧市等地；天牛主要发生在玉溪市、楚雄州、昆明市、曲靖市、丽江市等地；叶蜂类主要发生在文山州、曲靖市、大理州、迪庆州、保山市等地；木蠹象主要发生在红河州、昭通市、保山市、昆明市、玉溪市等地；叶甲主要发生在临沧市、昭通市、德宏州、怒江州、红河州、保山市等地；木蠹蛾主要发生在楚雄州、大理州、丽江市、临沧市、红河州等地。

3. 外来有害生物趋势预测

预测2025年薇甘菊发生8万亩，主要危害区在德宏州、临沧市、保山市、普洱市、西双版纳州等地。检疫性有害生物松材线虫病入侵极高风险地区是昭通市、丽江市、文山州、曲靖市、楚雄州等地，高风险地区是昆明市、玉溪市，不排除滇西地区再次入侵的风险。

三、对策措施

(一)抓好松材线虫病防控，确保生物生态安全

深入推进松材线虫病防控五年攻坚行动，全面加强松材线虫病预防和治理，巩固取得的成果。认真开展全省病虫害枯死松树清理、检疫执法专项行动和松材线虫病专项普查。积极参与、组织区域间、部门间联防联控工作。

(二)强化源头管理，加强检疫监管

加强疫情源头管理，规范林业植物检疫证书审批，指导各地做好林业植物及其产品的产地检疫、调运检疫和复检等工作，严防检疫性有害生物入侵。

(三)加强监测预报，提高测报水平

按照有关管理要求做好测报工作，认真落实监测预报制度，加强国家级中心测报点的管理，发挥国家级中心测报点和示范站的骨干作用，严格测报信息的监督管理。

(四)强化防治工作，提高防控水平

抓好以松小蠹为重点的松树蛀干害虫灾害治理，开展松树蛀干害虫专项调查工作，查清全省发生程度、发生面积及危害情况。指导做好黄脊竹蝗、白蛾蜡蝉防控工作，充分做好防控物资和人员的准备，进一步加强与毗邻区域的联系，严防迁飞性林草有害生物传播、扩散、蔓延。持续推进林草有害生物防控基础设施项目实施，积极争取资金支持。

(主要起草人：刘玲　封晓玉　尹彩云　李俊；主审：刘冰)

27 西藏自治区林业有害生物 2024 年发生情况和 2025 年趋势预测

西藏自治区森林病虫害防治站

【摘要】2024 年西藏主要林业有害生物发生 204.27 万亩，以轻度发生为主，发生面积同比上升 5.36%。春尺蠖、叶蜂、蚜虫、杨柳树腐烂病等本土常发林业有害生物整体平稳发生，局地危害偏重。结合西藏当前森林资源状况、林业有害生物发生特点、防治情况、气象等因素综合分析预测，2025 年全区林业有害生物发生面积与 2024 年相比总体呈平稳趋势，预测 2025 年发生面积在 210 万亩左右，危害程度总体呈轻中度发生。

一、2024 年林业有害生物发生情况

据统计，2024 年西藏林业有害生物发生 204.27 万亩，其中，轻度发生 171.94 万亩，中度发生 28.51 万亩，重度发生 3.82 万亩，发生总面积同比上升 5.36%。其中，病害发生 55.09 万亩，同比上升 53.11%；虫害发生 84.68 万亩，同比上升 9.77% ；林业鼠(兔)害发生 60.62 万亩，同比下降 24.6%；有害植物 1.68 万亩，同比上升 36.67%。其他有害生物 2.2 万亩，同比上升 10.1%。2024 年，全区开展防治总面积为 61.45 万亩，无公害防治率达到 90%以上，成灾率控制在 5.2‰以下。本土常发林业有害生物得到持续控制，整体危害较轻，实现了有虫(病)不成灾的防控目标。

(一)发生特点

2024 年西藏林业有害生物总体发生形势平稳，整体危害程度较轻，发生范围较多的区域主要集中在人工林、退耕还林地、灌木林地以及靠近村、镇、城市和道路两侧的天然林局地。本土常发林业有害生物春尺蠖发生面积仍然较大、局地危害较重，主要发生在拉萨河、雅鲁藏布江以及雅叶高速公路沿线的杨、柳人工林；杨、柳树腐烂病、溃疡病在拉萨市、山南市、日喀则市等地均有不同程度发生；紫茎泽兰等有害植物在日喀则市、山南市、林芝市局地轻度发生。

(二)主要林业有害生物发生情况分述

1. 病害

杨柳树病害　发生分布广，局地危害偏重，主要集中在人工造林地。主要类型有杨柳树腐烂病、杨树溃疡病等，共计发生 29.1 万亩。全区 7 地(市)均有不同程度发生，其中拉萨市、日喀则市、山南市较为严重。

寄生性病害　发生在昌都的卡若区、边坝县、类乌齐县、洛隆县、江达县、左贡县、芒康县等地，大多轻度危害。主要种类为桑寄生和矮槲寄生等，发生面积 20.6 万亩，同比增长 8.65%，整体危害较轻。寄主植物主要有川西云杉、大果圆柏、杨树、核桃等，分布范围较广。

白粉病、锈病　全区各地均有不同程度发生，发生面积 2.1 万亩，危害程度较轻，呈零星分布，未造成灾害。

2. 虫害

春尺蠖、河曲丝叶蜂　全年发生面积为 42.49 万亩，同比下降 9.27%。主要发生在山南市乃东区、扎囊县、贡嘎县、拉萨市城区及柳梧新区、空港新区、曲水县、林周县，日喀则市桑珠孜区、南木林县，林芝市巴宜区等地，整体危害较轻，局地偏重发生。

青杨天牛　全年发生 4.36 万亩，同比增长 42.95%，主要发生在拉萨市曲水县、达孜区、城关区、墨竹工卡县、堆龙德庆区等县(区)，危害藏川杨、北京杨等杨树，尤其对新植造林地危

害明显。拉萨市周边危害偏重，局地成灾，但未造成大树木死亡。

刺吸性害虫　蚜虫、介壳虫类发生 11.55 万亩，同比增长 15.77%，主要种类有松大蚜、苹果棉蚜、牡蛎蚧、绵蚧等。全区各地均有分布。

3. 鼠(兔)害

林业鼠(兔)害发生面积有所下降，轻度发生，个别地块小面积成灾。全区林业鼠(兔)发生 62.82 万亩，同比下降 24.6%。在新植林地、退耕还林地、近河岸造林地危害偏重。主要种类有白尾松田鼠、高原鼠兔，主要发生在拉萨市、阿里地区、那曲市、日喀则市、山南市的新植林地、河流沿岸、草甸、草原等区域。

4. 有害植物

紫茎泽兰　危害集中，面积较小。主要发生在日喀则市聂拉木县、吉隆县，共发生 1.2 万亩。主要分布于林间道路两侧、山坡和崖壁。

印加孔雀草　林芝市巴宜区、米林市、朗县、山南市加查县发生面积较大，发生面积约 0.48 万亩。主要分布于道路两侧和河流沿线。

(三)成因分析

1. 气候因素变化

今年春夏季晴热天气持续时间较长，四季降水总体偏少，适宜各类林业有害生物的生长繁衍。

2. 林分结构质量不高

西藏生态脆弱，新造人工林多、树种单一，加之管护不到位，极易发生叶蜂、尺蠖、腐烂病、鼠(兔)害等林业有害生物危害。

3. 人为活动频繁

近几年，随着全区造林绿化工程的大力实施，苗木引进总量激增，有害生物输入的可能性不断加大，突发有害生物灾害的发生概率和不确定性持续加大。

4. 日常监测不到位

西藏基层监测队伍力量薄弱，监测人员专业技能缺乏，难以及时掌握当地虫情动态，导致虫情发生、分布、变化等数据上报不及时、不准确、不规范。

二、2025 年林业有害生物发生趋势预测

(一)2025 年总体发生趋势预测

根据 2024 年全区林业有害生物发生危害情况和历年有害生物自然种群消长规律、气候特点，结合各地对主要林业有害生物的调查结果，预测 2025 年西藏自治区林业有害生物发生总体呈上升趋势，预测发生 210 万亩，其中，虫害 82 万亩，病害 65 万亩，鼠(兔)害 62.5 万亩，有害植物 0.5 万亩。整体以轻度发生为主，但仍存在局地暴发的可能。

(二)分种类发生趋势预测

1. 病害

杨柳树腐烂病　预测发生 35 万亩，主要发生在大部分人工林。发生区域主要位于日喀则市拉孜县、桑珠孜区、白朗县，拉萨市曲水县、达孜区，山南乃东区，阿里地区普兰县、札达县等地。

白粉病　预测发生 3.5 万亩，以轻度发生为主，呈零星分布。各地均有不同程度发生。

寄生性病害　预测发生 18 万亩，主要发生在昌都市类乌齐县、洛隆县、芒康县等区域。

2. 虫害

春尺蠖、河曲丝叶蜂、杨二尾舟蛾等害虫　发生面积将有所增加，预测发生 50 万亩左右，主要在拉萨市城关区、达孜区、堆龙德庆区、曲水县、墨竹工卡县，日喀则市桑珠孜区、南木林县、白朗县、江孜县，山南市乃东区、贡嘎县、扎囊县，林芝市巴宜区、米林市等地发生。

青杨天牛　发生面积将与 2024 年持平，预测发生 4.5 万亩，主要发生区域位于拉萨市曲水县和达孜区、堆龙德庆区等地，危害较轻。

刺吸性害虫　蚜虫、介壳虫、叶甲等害虫预测发生 10 万亩，主要发生在各地杨、柳树和松柏类树种。

3. 鼠(兔)害

全区林业鼠兔害以轻度为主，在局部成灾发生，预测林业鼠(兔)发生 60 万亩，拉萨市当雄县、达孜区、林周县，那曲市索县，阿里地区普

兰县、札达县等地仍将是重点发生区。

4. 有害植物

紫茎泽兰　预测发生 1 万亩，主要发生区域在日喀则市吉隆县和聂拉木县区域。

印加孔雀草　预测发生 1.5 万亩，主要发生在林芝市大部分县区以及山南市加查县区域。

（三）重要防控风险点

1. 松材线虫病入侵风险

近年来，松材线虫病在我国东北和西北地区快速扩散，与西藏毗邻的四川省发生疫情多年，随着省区间经济贸易和人文交流的频繁开展，疫情传入西藏的风险逐年加大，防控形势十分严峻。

2. 新造林地有害生物突发暴发风险

自 2022 年拉萨南北山绿化工程实施以来，全区每年调入的苗木达 2000 余万株，目前已完成人工造林 46 万亩。由于人工林树种单一、抗病虫能力弱，各类林业有害生物突发、暴发的可能性较大，如管理不到位极易造成林木大面积死亡。

三、对策建议

1. 强化组织领导，压实防控责任

以林长制考核为抓手，进一步压实各级政府和林草部门的林业有害生物防控主体责任和工作职能，切实加大林业有害生物的防控工作力度，进一步扭转当前有害生物防控工作现状。

2. 加强基础设施建设，提高测报工作水平

发挥好各国家级林业有害生物中心测报点和省级测报点的作用，抓好日常监测工作，组织和实施好松材线虫病秋季普查，充分掌握全区松林健康状况和全国松材线虫病疫情发生动态，及时制定和调整防控策略。

3. 提升检疫执法水平，切断疫情传播途径

在进藏主要通道设立检疫检查站点，严格入藏涉木车辆，查处一批违法违规案件，对违法犯罪行为形成震慑。持续开展“护松”专项整治行动，全面排查各类涉木企业及市场，严厉打击违法违规调运行为，切断疫情人为传播途径，有效抵御重大林业有害生物的入侵。

（主要起草人：桑旦次仁　赵彬　孔彪；主审：刘冰）

28 陕西省林业有害生物2024年发生情况和2025年趋势预测

陕西省森林病虫害防治检疫总站

【摘要】2024年陕西省林业有害生物发生与2023年相比略有下降，全年发生509.83万亩，整体危害以轻中度为主，局地成灾。呈现的发生特点：松材线虫病疫情扩散蔓延势头得到有效遏制，危害逐年降低；美国白蛾疫情彻底根除，防效巩固良好；鼠(兔)害总体发生略有下降，局地小面积成灾；松树钻蛀性害虫总体发生略有下降，局地危害严重；松树食叶害虫总体发生趋于平稳，危害得到有效控制。经济林病虫害总体呈高发态势，局地成灾。经综合分析，预计2025年陕西省林业有害生物总体发生趋势：预计发生490万亩左右，发生面积较2024年略有下降，其中，病害发生125万亩左右，虫害发生270万亩左右，鼠(兔)害发生95万亩左右。松材线虫病疫情发生面积将继续下降，危害程度逐年下降；美国白蛾疫情虽已扑灭，仍有疫情传入的较高风险；林业鼠(兔)害发生面积将有所下降，局地可能小面积成灾；经济林病虫预计与2024年基本持平，局地成灾；干部病虫害发生面积将略有减少，局地危害严重；叶部病虫害整体趋轻，局地重度危害。针对当前陕西省林业有害生物发生态势和形势研判，建议：加强监测预警，提高灾害预防能力；加大疫情除治，遏制疫情扩散蔓延；严格检疫执法，切断疫情传播途径；强化联防联治，提高防控工作成效；加强宣传培训，提高人员业务水平。

一、2024年林业有害生物发生情况

2024年全省共发生509.83万亩(轻度455.36万亩，中度42.11万亩，重度12.36万亩，成灾面积45.01万亩)(图28-1)，同比略有下降，个别种类危害程度严重，局地成灾。其中，虫害发生267.9万亩，同比下降11.62%；病害发生136.94万亩，同比上升10.4%；鼠(兔)害发生104.99万亩，同比下降7.54%。采取各类措施共防治442.18万亩。

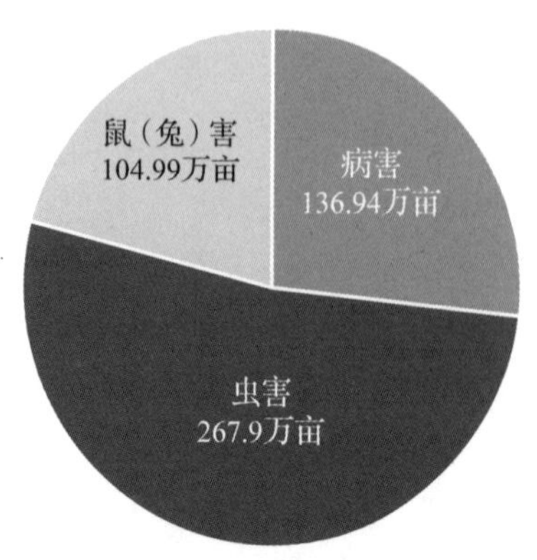

图28-1　2024年陕西省主要林业有害生物发生情况

(一)发生特点

2024年陕西省林业有害生物发生和去年相比发生面积总体略有下降，局地中重度以上危害。主要呈现以下特点。

一是松材线虫病疫情扩散蔓延势头得到有效遏制。疫情面积下降至39.47万亩，疫情发生范围有所减少，危害程度同比有所下降，病死松树数量呈下降趋势。

二是美国白蛾疫情彻底根除。陕西省已拔除美国白蛾疫情的4个县(区)，经排查，未发现美国白蛾虫情，防治成效巩固良好。

三是鼠(兔)害总体发生略有下降，局地小面积成灾。在关中地区鼠害危害形势得到控制，整体危害程度大幅下降，但局地仍有小面积成灾；陕北地区兔害发生面积同比基本持平，危害程度以轻度为主。

四是松树钻蛀性害虫总体发生略有下降，局地危害严重。梢斑螟类(松梢螟和微红松梢螟)发生面积同比下降66.53%，关中局地小面积成灾；华山松大小蠹发生面积同比基本持平，危害程度同比有所下降，局地危害依然严重。

五是松树食叶害虫总体发生趋于平稳，危害得到有效控制。松阿扁叶蜂发生面积同比有所减少，下降23.32%，整体呈轻度发生，有虫不成灾。油松毛虫发生面积同比有所增加，上升19.9%，轻度发生为主，未造成严重危害。

六是经济林病虫害总体呈高发态势，局地成灾。近年，经济林病虫害总体发生160万亩左右，呈高发态势，主要为红枣、板栗、核桃的病虫害，在全省各地均有分布，红枣病虫以陕北地区为主，核桃病虫以商洛、关中地区为主，板栗病虫以商洛为主，局地成灾。

(二)主要林业有害生物发生情况分述

1. 松材线虫病

根据2024年秋季普查结果，全省松材线虫病疫情发生面积39.47万亩，涉及汉中、安康、商洛等3市的16个县(区)92个镇办(林场)。实现无疫情面积5.65万亩，涉及留坝、汉阴、宁陕3县36个镇办(林场)，各市疫情发生总体情况见表28-1。

表28-1　松材线虫病发生情况

地区	病死松树(株)	松材线虫病疫情面积(万亩)	疫情范围	实现无疫情面积(万亩)	实现无疫情范围
汉中市	27565	10.14	宁强县、西乡县、洋县、镇巴县、佛坪县、略阳县等6个县的29个镇办(林场)	2.29	留坝县，12个镇办(林场)
安康市	39678	24.17	汉滨区、紫阳县、平利县、白河县、岚皋县、石泉县等6个县(区)的48个镇办	2.82	宁陕县、汉阴县等2个县，15个镇办(林场)
商洛市	16280	5.16	柞水县、镇安县、山阳县、商南县等4个县的15个镇办(林场)	0.54	9个镇办(林场)

2024年全省无新发疫情，3个疫区36个疫点实现无疫情，其中，14个疫点连续2年实现无疫情，达到国家规定的疫点拔除条件，待省政府核准撤销疫点后，全省疫点数量下降至114个(减少14个)，病死松树数量8.35万株，较2023年下降22.6%。全省松材线虫病危害得到有效控制，疫情发生范围继续有所减小，危害程度继续下降。

2. 美国白蛾

2024年经国家林业和草原局公告已拔除陕西省的4个美国白蛾疫区，今年仍按照“歼灭疫情、防止反弹、杜绝输入”的总体思路，采取监测排查、预防喷药、检疫封锁等措施开展美国白蛾防治成效巩固工作。经过各级林业部门监测排查，全省未发现美国白蛾任何虫态，实现彻底根除美国白蛾疫情。

3. 林业鼠(兔)害

2024年陕西省林业鼠(兔)害发生种类主要有中华鼢鼠、甘肃鼢鼠、草兔等3种，全省范围内均有分布，主要在冬(春)季危害新造林地和未成林地。根据各地上报统计，全省林业鼠(兔)2024年发生104.1万亩(“三北”地区发生90.39万亩)，发生面积较去年减少9.45万亩、下降8.32%，轻度危害为主，部分县(区)局地成灾0.37万亩(“三北”地区成灾0.27万亩)。各地采取人工、物理、生物等综合防治措施，全省防治98.21万亩(“三北”地区防治88.05万亩)。具体发生情况如下：

鼠害　全省共发生61.9万亩(“三北”地区发生50.88万亩)，发生面积与去年基本持平，轻度危害为主，全省大部分地区均有分布，发生种类以中华鼢鼠、甘肃鼢鼠为主，主要危害延河流域、渭北高原以及秦岭北麓浅土层林地的新造林地、中幼林地，是影响陕西省造林和生态建设成果的重要因素之一。其中，中华鼢鼠在大部分地区均有分布，全省发生40.34万亩(“三北”地区发生29.81万亩)，发生面积较去年减少3.67万亩，下降8.34%，成灾0.29万亩(“三北”地区成灾0.19万亩)。在延安、咸阳、安康、宝鸡等地发生面积较大，发生面积均在4万亩以上。延安市发生10.77万亩，主要在安塞、子长、宜川等县(区)发生，安塞局地有中度危害(面积0.12万亩)，未形成灾害；咸阳市发生8.7万亩，主要在旬邑、长武、彬州等县(市)发生，长武局地成灾(成灾面积0.01万亩)；安康市发生6.4万亩，主要在平利、镇坪、旬阳等县(市)发生，在平利、旬阳局地有中度危害(面积0.28万亩)，未形成灾害；宝鸡市发生4.42万亩，主要在陇县、麟游等县发生，陇县、麟游的局地成灾(成灾面积0.16万亩)。甘肃鼢鼠主要分布在延安市的部分县区(即“三北”地区)，全省发生21.57万亩(“三北”地区发生21.06万亩)，发生面积较去年增加5万亩、上升30.18%，主要在宝塔、延长、志丹、吴起、甘泉、子长等县(区)发生，吴起县的局地有中度危害(面积2.65万亩)，未形成灾害。

兔害　全省共发生38.68万亩(“三北”地区发生37.13万亩)，发生面积较去年减少12.17万亩，下降23.93%，轻度危害为主，全省大部分地区均有分布，发生种类以草兔为主，主要分布在延安、宝鸡、咸阳、榆林、渭南、铜川等地，危害以轻度为主，吴起县、麟游县的局地有中度危害(面积2.06万亩)，宜君县、麟游县、长武县、蒲城县等县(区)局地成灾(成灾面积0.067万亩)。

4. 红脂大小蠹

全年共发生5.45万亩，同比减少1.64万亩，下降23.13%，轻度发生为主，分布在延安市黄龙县(黄龙山)、咸阳市旬邑县、铜川市印台区和宜君县，旬邑局地有中度危害，未成灾，全省共实施防治面积5.39万亩。

5. 松树钻蛀害虫

主要包括松褐天牛、华山松大小蠹以及梢斑螟类，全年共发生37.64万亩，同比减少13.34万亩，下降26.17%，局地重度危害，全省实施防治面积30.94万亩。其中，松褐天牛发生17.44万亩，同比减少1.38万亩，下降7.33%，轻中度危害为主，发生区主要分布在陕南3市的部分县(区)，商洛市商南县局地有中度危害，汉中市佛坪县局地重度危害、重度发生0.011万亩；华山松大小蠹发生14.46万亩，同比基本持平，轻中度危害为主，主要分布在省资源局辖区和宝鸡、汉中、安康、西安等市的部分县(区)，其中省资源局的汉西和龙草坪林业局，宝鸡市的凤县、眉县、马头滩和辛家山林业局等地局地成灾，成灾面积0.51万亩；梢斑螟类(松梢螟和微红松梢螟)共发生5.74万亩，同比减少11.41万亩，下降66.53%，轻度发生，主要分布在延安、咸阳、铜川等市的部分县(区)和林业局，在延安市黄龙山林业局发生面积较大，在3万亩以上，铜川市宜君县局地重度危害，铜川市宜君县和耀州区局地成灾(成灾面积0.06万亩)。

6. 松树食叶害虫

主要发生种类为松阿扁叶蜂、中华松针蚧、油松毛虫，全年共发生38.97万亩，同比基本持平，局地成灾，全省共实施防治面积26.98万亩。其中，松阿扁叶蜂发生20.71万亩，同比基本持平，轻中度危害为主，主要分布在商洛、宝鸡、西安、咸阳、汉中等市的部分县(区)，商洛市发生面积较大，达16万亩以上(占全省的79.67%)，商州、洛南、丹凤、山阳等县(区)发生达2万亩以上，洛南、丹凤、宁强、岐山、凤翔等县(区)局地有重度危害，洛南、岐山、凤翔等县(区)局地成灾，成灾面积0.21万亩；中华松针蚧发生7.93万亩，同比基本持平，轻度发生为主，主要分布在商洛、渭南、西安、宝鸡等市的部分县(区)，凤县、商州区、勉县局地有重度危害和成灾，成灾面积0.14万亩；松针小卷蛾发生2.64万亩，同比减少2.42万亩，下降47.83%，轻度危害为主，主要分布在延安市、榆林市的部分县(区)，在榆林市定边县局地有重度危害(重度发生0.03万亩)，未成灾；油松毛虫发生5.42万亩，同比增加0.73万亩，上升15.57%，轻度发生为主，主要分布在韩城市、延安市延川县和黄龙山林业局、汉中市南郑、省资源局的部分林业局，南郑和省资源局龙草坪林业局的局地有重度危害(重度发生0.071万亩)，在龙草坪林业局局地成灾，成灾0.015万亩。

7. 杨树蛀干害虫

总体危害有所减弱，发生面积同比基本持平，局地受害严重。全年共发生21.3万亩，同比减少2.62万亩，下降10.95%，全省共实施防治面积19.55万亩。其中，光肩星天牛发生10万亩，同比减少1.79万亩，下降15.18%，主要分布在关中大部和延安市，宝鸡市、咸阳市发生面积较大，在2万亩以上，延川、岐山、扶风等县区(市)局地重度危害，在耀州、岐山、渭滨区、蒲城等县(区)局地成灾，成灾面积0.16万亩；以白杨透翅蛾为主的透翅蛾类发生1.19万亩，同比减少0.15万亩，下降11.2%，分布在渭南市、宝鸡市的部分县(区)和韩城市，轻度发生为主，渭南市蒲城县局地成灾，成灾面积0.027万亩。

8. 杨树食叶害虫

全省发生面积同比略有减少，局地危害加

重。全年共发生2.73万亩，同比基本持平，全省共实施防治1.59万亩。其中，杨小舟蛾发生2.17万亩，同比基本持平，以轻度发生为主，主要分布在西安市、渭南市的部分县(区)，西安市鄠邑区局地有中重度危害，在渭南市蒲城县局地成灾，成灾0.028万亩；杨扇舟蛾发生0.57万亩，同比减少0.15万亩，下降20.83%，轻度危害为主，主要分布在咸阳市和汉中市的部分县(区)，在汉中市城固县局地重度危害，重度发生0.016万亩，未成灾。

9. 经济林病虫害

近年陕西省核桃、板栗、花椒、柿子、枣等经济林种植面积较大，经济林病虫害发生面积持续在高位。全省经济林病虫害全年共发生160.2万亩，同比基本持平，呈现发生范围广、局地重度危害的特点，发生种类主要有枣疯病、核桃黑斑病、核桃举肢蛾、栗实象、枣飞象、桃小食心虫、银杏大蚕蛾、花椒窄吉丁、核桃小吉丁，全省共实施防治面积146.061万亩。

经济林病害　发生50.17万亩，同比增加9.66万亩，上升23.85%，局地重度危害。其中，枣疯病26.99万亩，同比增加9.38万亩，上升53.27%，轻度危害，主要分布在榆林、延安等市的部分县(区)，榆林市清涧县、佳县的发生面积达6万亩以上，未成灾；核桃黑斑病10.06万亩，同比增加0.91万亩，上升9.95%，轻中度危害为主，主要分布在商洛、西安、宝鸡等市的部分县(区)，洛南、山阳、蓝田、临潼等县(区)局地有重度危害，洛南、山阳的局地成灾，成灾面积0.31万亩。

经济林虫害　发生110.03万亩，同比减少11.17万亩，下降9.22%，局地重度危害。其中，核桃举肢蛾发生26.37万亩，轻中度发生为主，主要分布在商洛、宝鸡、安康等市的部分县(区)，在商洛市发生面积较大，达18万亩以上，危害程度同比基本持平，重度发生0.99万亩，在洛南、山阳、太白、千阳、陇县等县局地成灾，成灾0.99万亩；栗实象发生15.12万亩，以轻中度发生为主，主要分布在商洛市各县(区)，商南、丹凤、山阳的发生面积均达2万亩以上，严重危害程度同比有所下降，重度发生0.072万亩，在洛南县局地成灾，成灾0.07万亩；枣飞象发生13.75万亩，轻度发生，主要分布在榆林市的佳县、清涧县、神木市，未成灾；花椒窄吉丁发生9.22万亩，同比基本持平，轻度发生为主，主要分布在宝鸡市和渭南市的部分县(区)、韩城市，凤县和韩城的发生面积较大，均在2.6万亩以上，蒲城、凤县等县局地成灾，成灾0.28万亩；核桃小吉丁发生8.2万亩，同比基本持平，以轻度发生为主，主要分布在宝鸡、商洛、西安等市的部分县(区)，陇县、山阳等县局地成灾，成灾0.42万亩；桃小食心虫发生7.76万亩，主要危害红枣，轻度发生，主要分布在榆林市的部分县(区)，清涧县、佳县发生2.6万亩以上，未成灾；银杏大蚕蛾发生4.42万亩，同比减少4万亩，下降47.51%，轻度发生为主，主要分布在汉中、安康、商洛等市的部分县(区)，汉中市勉县、宁强、城固等县局地重度危害、重度发生0.16万亩，勉县局地成灾，成灾0.011万亩。

10. 其他主要病害

总体发生面积同比有所增加，局地重度危害，形成灾害。发生种类有侧柏叶枯病、松落针病、梨桧锈病、杨树溃疡病等，全省共发生38.34万亩，全省共实施防治37.03万亩。其中，侧柏叶枯病发生20.57万亩，同比增加2.96万亩，上升16.81%，轻度发生为主，主要分布在延安、宝鸡、安康、铜川等市的部分县(区)，在耀州、扶风、陇县、麟游等县(区)局地成灾，成灾0.3万亩；松落针病发生9.85万亩，同比增加3.72万亩，上升60.69%，轻度发生为主，分布在延安市、铜川市的部分县(区)，宜川和吴起县局地中度危害，耀州区局地成灾，成灾0.05万亩；梨桧锈病发生5.83万亩，同比减少4.12万亩，下降41.4%，轻度发生，主要分布在延安市部分县(区)，未成灾；杨树溃疡病发生2.7万亩，同比增加0.36万亩，上升15.38%，轻度发生为主，主要分布在渭南市、宝鸡市的部分县(区)，千阳和华阴市局地中度危害，蒲城县局地成灾，成灾0.021万亩。

11. 区域性林业有害生物

其他区域性林业有害生物主要有柳毒蛾、刺槐尺蠖、沙棘木蠹蛾、油松大蚜，全年共发生23.63万亩，同比减少2.91万亩，下降10.96%，轻度发生为主，局地有小面积成灾，全省共实施防治23.62万亩。其中，刺槐尺蠖发生8.5万亩，同比基本持平，轻度发生为主，主要分布在关中地区的宝鸡、渭南、西安、铜川、咸阳等市的部分县(区)，陇县局地中度危害、中度发生 0.5 万亩，蒲城县和渭滨区局地成灾，成灾 0.0062 万亩；柳毒蛾发生 7.68 万亩，同比减少 2.02 万亩，下降 20.82%，轻度发生，主要分布在榆林市的部分县(区)，榆阳区、神木市发生 3 万亩以上，未成灾；油松大蚜发生 5.49 万亩，同比基本持平，轻度发生为主，分布在榆林市部分县(区)，榆阳区发生达 5 万亩，定边县和榆阳区局地中度危害，未成灾；沙棘木蠹蛾发生 1.97 万亩，同比减少 0.66 万亩，下降 25.1%，中度发生为主，分布在延安市的部分县(区)，吴起县局地中度危害、中度发生 0.1 万亩，未成灾。

(三)成因分析

1. 松材线虫病疫情扩散蔓延势头得到有效遏制

在全省林长制工作会议，省委常委会会议上，安排部署松材线虫病防控等重点工作，省政府和各市政府签订《2024 年重大林业有害生物防治目标责任书》，将重大林业有害生物灾害纳入对各级林长的考核内容；省林业局多次召开会议，安排部署 2024 年松材线虫病防控工作，指导各地规范做好监测、检疫、除治等各项防控工作；坚持以清理疫木为核心，严格执行“两彻底一到位”疫木除治标准，2023 年冬至 2024 年春全面完成疫木清理任务，实现疫木清零；采取打孔注药、飞机防治和人工喷药等方式防治松褐天牛，有效减少疫情自然传播概率。

2. 美国白蛾疫情彻底根除

继续坚持“歼灭疫情、防止反弹、杜绝输入”的总体思路，指导已拔除疫情的县(区)扎实开展疫情防效巩固工作；严格执行“禁苗”政策，强化执法力度，提高执法威慑力。加强对主要道路口检疫封锁、苗圃地苗木就地封锁，绿化建设工地苗木的检疫核查，严防疫情传播；加强宣传，通过网络、报纸、微信、公众号、张贴宣传标语、印发宣传资料等多种形式开展宣传，形成了全社会共同支持和参与防控工作的良好氛围。

3. 林业鼠(兔)害发生面积略有下降，局地小面积成灾

多年对林业鼠(兔)害开展综合治理，大力推广环境控制、物理空间隔断、不育剂等无公害综合防治技术，防控成效显著，总发生面积呈下降趋势；近年来，林区的生态环境不断改善，植被增加，林业鼠(兔)食物构成多样。加之，中幼龄林日渐成熟，近年陕西省林业鼠(兔)的危害以轻度为主；关中地区经过大力防治，中华鼢鼠在个别地区局地重度危害的形势得到扭转，危害大幅下降。

4. 松树钻蛀性害虫发生面积有所下降，局地危害严重

华山松大小蠹发生区经过清理虫害木，采取有效防治措施，防治效果良好，整体危害程度有所下降，但局地危害仍然严重；通过采取人工喷药、飞机喷药、树干注药等综合技术措施防治松褐天牛，有效降低了松褐天牛的虫口密度，发生面积同比略有下降。

5. 松树食叶害虫总体发生面积基本持平，危害得到有效控制

指导各地大力推行无公害防治、飞机防治，推广人工物理防治，限制化学农药使用范围，有效控制了种群密度，降低了危害程度；松叶蜂近年通过采取人工喷药、飞机防治等多种措施进行综合防治，整体发生面积逐年下降，轻度发生，防治成效显著，有效控制了危害。

6. 经济林病虫害总体呈高发态势，局地成灾

全省核桃、红枣、板栗等经济林的种植面积过大，市场饱和度过高，果品价格严重下滑，农户管理粗放，导致经济林病虫害大面积发生；陕西省经济林种植多为纯林，抵御病虫能力较差；受今年春季倒春寒的气候影响，为经济林病害的发生创造了有利条件，导致 2024 年经济林病害发生面积较 2023 年有所升高。

二、2025 年林业有害生物发生趋势预测

(一)2025 年总体发生趋势预测

1. 预测依据

根据陕西省各地林业有害生物 2024 年发生情况和 2025 年发生趋势预测报告、陕西省 2024 年冬季气象数据和 2025 年春季全省气候趋势预测、陕西省主要林业有害生物历年发生规律和各测报点越冬前有害生物基数调查结果。

2. 预测结果

预计2025年陕西省主要林业有害生物总体发生趋势：发生面积较2024年有所下降(图28-2)，预测发生490万亩左右，其中，病害125万亩左右，虫害270万亩左右，鼠(兔)害95万亩左右。

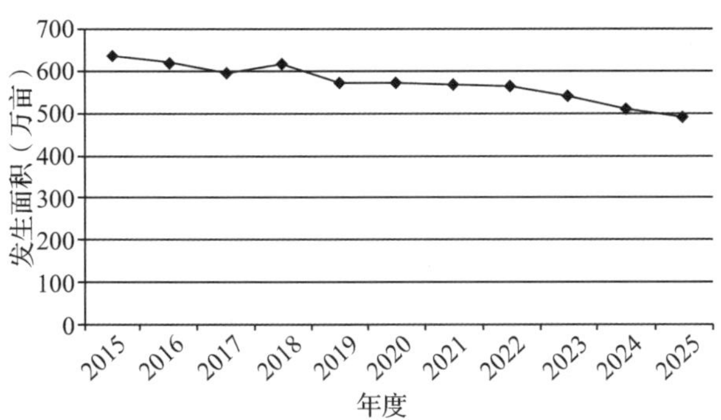

图28-2　陕西省林业有害生物2015—2025年发生趋势预测示意

具体发生趋势特点：一是松材线虫病疫情发生面积将继续下降，危害程度逐年下降；二是美国白蛾疫情虽已扑灭，仍有疫情传入的较高风险；三是林业鼠(兔)害发生面积将有所下降，局地可能小面积成灾；四是经济林病虫预计与2024年基本持平，局地成灾；五是干部病虫害发生面积将略有减少，局地危害严重；六是叶部病虫害整体趋轻，局地重度危害。

(二)分种类发生趋势预测

1. 松材线虫病

预测2025年全省疫点数量、发生面积和病死松树数量均会有所下降。综合分析陕西省松材线虫病发生数据、平均气温、松林分布、松褐天牛发生情况和交通状况等因素，预测发生40万亩左右，主要分布在陕南3市的部分县(区)。综合分析松材线虫病疫情发生原因，多为人为传播。所以，全省其他非疫区都有疫情传入的风险。

2. 美国白蛾

预测2025年全省美国白蛾零发生。但随着经贸高速发展和城市建设需要，省内近年调运苗木活动频繁，从疫区调入绿化苗木的情况时有发生。根据美国白蛾发生特点、规律及疫情发生原因，疫情人为传入风险高。

3. 林业鼠(兔)害

林业鼠(兔)害预测发生面积将有所下降，局地可能小面积成灾，预测发生95万亩左右。其中，中华鼢鼠预测发生35万亩，轻度危害为主，在全省均有分布，主要危害秦巴山区及渭北高原的新植林和中幼林地，安康市岚皋县、宝鸡市麟游县和陇县等县局地可能成灾；甘肃鼢鼠预测发生30万亩，轻度发生为主，危害区域以延河流域为主，延安市吴起县局地可能中度危害；草兔预测发生30万亩，轻度发生为主，关中、陕南、陕北均有分布，宝鸡市麟游县和延安市吴起县可能会有较大面积中度危害，咸阳市长武县和渭南市蒲城县局地可能成灾。

4. 红脂大小蠹

红脂大小蠹发生将与2024年基本持平，预测发生5万亩左右，轻度发生为主，主要分布在延安、铜川、咸阳等市的部分县(区)，旬邑县局地可能中度危害。

5. 松树钻蛀害虫

松树钻蛀性害虫危害面积有所下降，预测发生35万亩，主要发生种类为松褐天牛、华山松大小蠹、松梢螟。其中，松褐天牛预测在汉中、安康、商洛等市的大部分县(区)发生，发生15万亩，轻度发生为主，汉中市佛坪县局地可能中度危害；华山松大小蠹预测发生15万亩，轻度发生为主，主要分布在安康、宝鸡、汉中等市的部分县(区)和省资源局的部分林业局，在宝鸡市凤县、眉县、辛家山和马头滩林业局，省资源局龙草坪和长青林业局的局地可能成灾；松梢螟预测发生5万亩，轻度发生为主，主要分布在延安、铜川、咸阳等市的部分县(区)，铜川市耀州区和宜君县局地可能小面积成灾。

6. 松树食叶害虫

松树食叶害虫发生趋于平稳，预测发生40万亩，主要发生种类为松阿扁叶蜂、油松毛虫、松针小卷蛾。其中，松阿扁叶蜂预测发生22万亩，轻度发生为主，发生区仍以商洛市的大部分县(区)为主，西安、宝鸡、咸阳、汉中等市的部分县(区)有少量分布，在商洛市洛南县局地可能成灾；油松毛虫预测发生5万亩，轻度发生为主，主要分布在韩城市、汉中市和延安市的部分县(区)，汉中市南郑区局地可能中度危害，省资源局长青林草局局地可能小面积成灾；松针小卷蛾预测发生6万亩，轻度发生为主，主要分布在榆林、延安等市的部分县(区)，在榆林市定边县局地可能重度危害；中华松针蚧预测发生7万亩，轻度发生为主，主要分布在商洛、西安、宝鸡等市的部分县(区)，商洛市商州区和宝鸡市凤县局地可能小面积成灾。

7. 杨树蛀干害虫

杨树蛀干害虫以轻度发生为主，但局地可能危害严重，预测发生20万亩左右。主要以光肩星天牛、黄斑星天牛、杨干透翅蛾、白杨透翅蛾为主，省内大部分地区均有分布，渭南市、宝鸡市和铜川市的个别县(区)局地可能小面积成灾。

8. 杨树食叶害虫

预测与2024年发生基本持平，预测发生2万亩，总体呈轻度危害。发生种类主要以杨小舟蛾为主，预测发生2万亩，轻度发生为主，主要分布在关中地区，西安市鄠邑区局地可能小面积重度危害。

9. 经济林病虫害

板栗、核桃、花椒、柿子、红枣等经济林病虫害发生面积预测与2024年基本持平，预测发生160万亩左右，其中，核桃黑斑病在西安、宝鸡、咸阳、安康、商洛等市可能有较大面积发生，轻中度发生为主，蓝田、洛南、山阳等县局地可能重度危害；板栗疫病主要在陕南3市轻中度发生，商南县局地可能中度危害；核桃举肢蛾在宝鸡市、商洛市将有较大面积发生，轻中度发生为主，洛南县、太白县、陇县、千阳县等县局地可能成灾；花椒窄吉丁在宝鸡市、韩城市将有轻中度发生，凤县、蒲城县的局地可能重度危害；枣飞象、枣疯病在榆林市红枣种植区将有较大面积发生，轻度发生。

10. 其他主要病害

发生面积预测与2024年基本持平，发生35万亩左右，局部地区有重度以上危害。预测松落针病发生10万亩，轻度发生为主，主要分布在宝鸡市和延安市的部分县(区)，在吴起县、宜川县的局地可能中度危害；预测侧柏叶枯病发生15万亩，轻中度发生为主，主要分布在延安市和宝鸡市的部分县(区)，陇县、扶风县、麟游县的局地可能小面积成灾；预测杨树溃疡病发生2万亩，轻度发生为主，主要分布在宝鸡市和渭南市的部分县(区)，蒲城县局地可能小面积成灾。

11. 区域性林业有害生物

总体发生面积预测较2024年略有上升，发生22万亩左右。其中，预测柳毒蛾发生7万亩，轻度发生为主，主要分布在榆林市部分县(区)，榆阳区局地可能有中度以上危害；预测刺槐尺蠖发生8万亩，轻度发生为主，主要分布在宝鸡、咸阳、渭南等市的部分县(区)，永寿县和礼泉县局地可能重度危害；预测油松大蚜发生5万亩，轻度发生为主，主要分布在榆林市的部分县(区)，榆阳区发生面积可能较大，榆阳区和定边县局地可能重度危害；预测沙棘木蠹蛾发生2万亩，轻度发生为主，主要分布在延安市部分县(区)，吴起县局地可能中度危害。

三、对策建议

(一)加强监测预警，提高灾害预防能力

进一步健全、完善监测网络体系，落实监测任务和责任到村、到人，提高监测覆盖率；加快和推广无人机遥感等高科技监测技术的应用，构建空地一体化立体监测平台，进一步提高监测精准率；严格执行林业有害生物联系报告制度，周报、月报、季报、年报的数据按照要求按期传输上报，推动县级防治检疫机构及时发布灾害预警信息，为生产防治提供科学有效的依据。

(二)加大疫情除治，遏制疫情扩散蔓延

松材线虫病是陕西省林业有害生物防控的重中之重，坚持“防输入、防扩散、防反弹、除疫木、除疫情”的总体思路，狠抓“消灭疫情源头、切断传播途径”为工作重点，严格落实跟班作业、除治监理，推广绩效承包制度，加强疫情除治督导检查、核查工作，切实提高疫情除治质量，遏制疫情快速扩散蔓延势头；全面开展美国白蛾防控工作，督促已拔除疫情地区做好美国白蛾防效巩固工作，重点预防区做好美国白蛾疫情的排查和巡查，一般预防区做好监测工作，确保及时发现、及时上报、及时除治疫情。在造林绿化高峰期，加强调入苗木的检疫监管工作，坚决杜绝美国白蛾疫区苗木调入。

(三)严格检疫执法，切断疫情传播途径

进一步完善全省检疫封锁方案，合理增设重大林业有害生物检疫检查站；修改完善检疫检查

站各项制度，采取明察暗访的方式，检查制度执行情况，确保检查站真正发挥作用；争取基建项目，为检查站配备必要的设施设备，保证检查工作条件；组织开展检疫检查、检疫复检和执法行动，打击违法违规行为，严防境外疫情传入和陕西省疫情扩散蔓延。

(四) 强化联防联治，提高防控工作成效

完善和加强省内毗邻市、县(区)之间、毗邻省份之间的联防联治机制，协同合作，进一步提高松材线虫病、美国白蛾等重大林业有害生物防控效果，遏制省内松材线虫病、美国白蛾疫情的扩散蔓延态势，防止省外疫情的再次传入；进一步推进社会化服务，鼓励地方政府向社会化组织购买监测调查、数据分析、技术服务工作，切实提高各地的监测能力和水平。

(五) 加强宣传培训，提高人员业务水平

充分利用广播、电视、报刊等多种媒介途径开展多形式的全方位宣传，切实提高社会公众对重大林业有害生物危险性和危害性的认识，激发群众参与的主动性和积极性；加强对各级测报人员的培训，结合生产工作实际，适时以现场会、培训班等形式举办各类林业有害生物技术培训活动，特别是基层技术人员的业务水平，努力建设与林业有害生物防治工作相配套的人才队伍。

(主要起草人：李鹏飞　郭丽洁；主审：刘冰)

29 甘肃省林业有害生物2024年发生情况和2025年趋势预测

甘肃省林业有害生物防治检疫站

【摘要】根据2024年1~11月林业有害生物发生数据统计结果，结合各地林业有害生物发生情况报告，对全省2024年林业有害生物发生情况进行了汇总分析。经统计，2024年全省林业有害生物发生532.18万亩，较2023年下降19.36万亩，同比下降3.11%，成灾10.87万亩，成灾率0.98‰。

一、2024年林业有害生物发生情况

2024年全省病害发生90.26万亩，较去年减少4.26万亩，同比下降4.51%，其中，轻度发生73.90万亩，中度发生15.31万亩，重度发生1.05万亩；虫害发生252.39万亩(图29-1)，较去年增加8.47万亩，同比上升3.47%，其中，轻度发生208.49万亩，中度发生36.98万亩，重度发生6.92万亩；鼠(兔)害发生189.53万亩，较2023年减少23.57万亩，同比下降11.06%，其中，轻度发生167.22万亩，中度发生19.41万亩，重度发生2.90万亩。

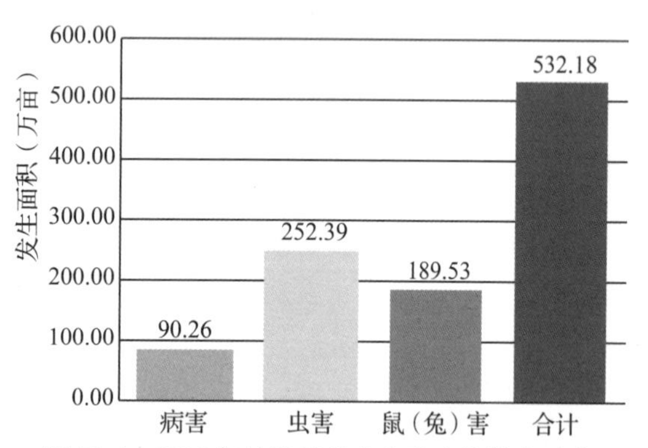

图29-1 2024年甘肃省林业有害生物发生对比

(一)发生特点

2024年全省林业有害生物发生面积较往年有所下降，整体发生以轻度为主，轻度发生面积占总发生面积的84.48%。总体发生有以下特点。

(1)松材线虫病除治效果明显。陇南市康县已连续3年(2022年、2023年、2024年)在日常监测及专项普查中未发现松材线虫病。

(2)阔叶林病虫害在各地普遍发生。杨树类食叶害虫、病害、蛀干类害虫的发生面积较去年均有所下降，以轻度发生为主，局部有成灾。

(3)针叶林区病虫害总体发生面积与2023年基本持平，但部分种类发生风险增加。云杉落针病、松落针病等发生面积增加，云杉梢斑螟、云杉阿扁叶蜂在祁连山林区发生依然严重。

(4)森林鼠(兔)害发生面积大，范围广。中华鼢鼠、大沙鼠等鼠害发生面积有所减少，野兔、达乌尔鼠兔等兔害的发生有所上升。

(5)经济林有害生物种类多样，分布广泛，发生面积较2023年有所增加，存在较大扩散风险。

(6)生态荒漠林病虫害发生呈现多样化态势。近两年，柽柳条叶甲的发生面积减少，白刺毛虫的发生面积增加。

(二)主要林业有害生物发生情况分述

1. 松材线虫病

2024年甘肃省松材线虫病零发生。

2. 阔叶林病虫害(图29-2)

食叶害虫　2024年全省杨树食叶害虫发生21.20万亩，较2023年减少2.02万亩，同比下降8.69%。其中，春尺蠖6.05万亩，较2023年减少0.68万亩，主要发生在白银、酒泉、金昌、临夏、祁连山保护区；杨潜叶叶蜂2.02万亩，主要发生在金昌、武威；杨蓝叶甲1.88万亩，主要发生在酒泉、武威、张掖；杨毛蚜1.53万亩，较2023年减少0.10万亩，主要发生在酒泉；草履蚧1.25万亩，主要发生在酒泉；胡杨木虱

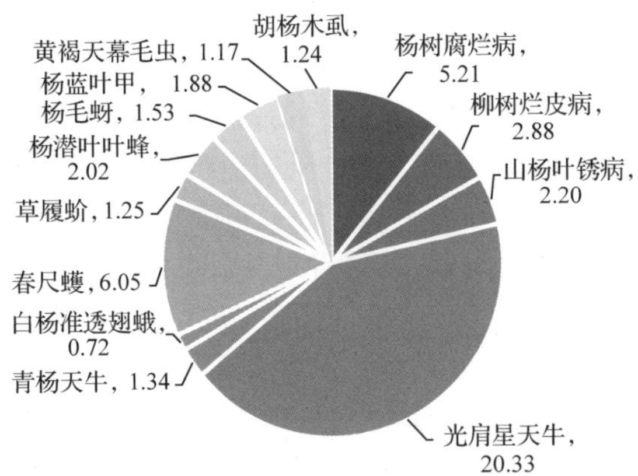

图 29-2　2024 年甘肃省阔叶林病虫害发生情况（万亩）

1.24 万亩，较 2023 年减少 0.16 万亩，主要发生在酒泉、敦煌西湖保护区；黄褐天幕毛虫 1.17 万亩，较 2023 年减少 0.25 万亩，主要发生在酒泉；舞毒蛾 0.11 万亩，主要发生在白水江林区、武威；刺槐尺蠖 6.03 万亩，主要发生在庆阳、天水；刺槐蚜 6.21 万亩，主要发生在平凉、白银、张掖等市。

蛀干害虫　2024 年全省杨树蛀干害虫发生 22.65 万亩，较 2023 年减少 3.35 万亩，同比下降 12.88%。其中，光肩星天牛 20.33 万亩，较 2023 年减少 3.57 万亩，主要发生在河西、白银等地；青杨天牛 1.34 万亩，主要发生在酒泉、白银、兰州；白杨透翅蛾 0.72 万亩，较 2023 年增加 0.15 万亩，主要发生在平凉、白银等地；杨十斑吉丁 0.18 万亩，较 2023 年增加 0.04 万亩，主要发生在酒泉、张掖。

病害　2024 年全省杨柳类树种病害发生 16.91 万亩，较 2023 年减少 2.33 万亩，同比下降 12.11%。其中，杨树腐烂病 5.21 万亩，较 2023 年减少 0.18 万亩，主要发生在白银、临夏、平凉、酒泉等地；柳树烂皮病 2.88 万亩，较 2023 年减少 0.46 万亩，主要发生在临夏、定西；山杨叶锈病 2.20 万亩，主要发生在平凉、祁连山保护区；青杨叶锈病 0.97 万亩，主要发生在定西、临夏；杨树黑斑病 0.97 万亩，主要发生在定西；白杨叶锈病 0.89 万亩，较 2023 年减少 0.18 万亩，主要发生在白银、甘南；杨树叶斑病 0.80 万亩，主要发生在平凉、甘南等地；胡杨锈病 0.79 万亩，较 2023 年减少 0.74 万亩，主要发生在酒泉、张掖；杨树锈病 0.77 万亩，主要发生定西、兴隆山保护区等地；柳树丛枝病 0.63 万亩，主要发生在临夏、庆阳、白银；刺槐白粉病 2.90 万亩，主要发生在平凉、天水等地。

3. 生态荒漠林病虫害

2024 年主要生态荒漠林病虫害的发生情况：柠条豆象 7.84 万亩，与 2023 年基本持平，主要发生在兰州、定西、白银等地；柽柳条叶甲 6.34 万亩，较去年减少 1.96 万亩，主要发生在张掖市、酒泉市、敦煌西湖保护区；白刺毛虫 2.87 万亩，较 2023 年增加 0.35 万亩，主要发生在酒泉、连古城保护区等地。

4. 针叶林病虫害（图 29-3）

2024 年全省针叶林病虫害发生 123.57 万亩，较 2023 年基本持平。

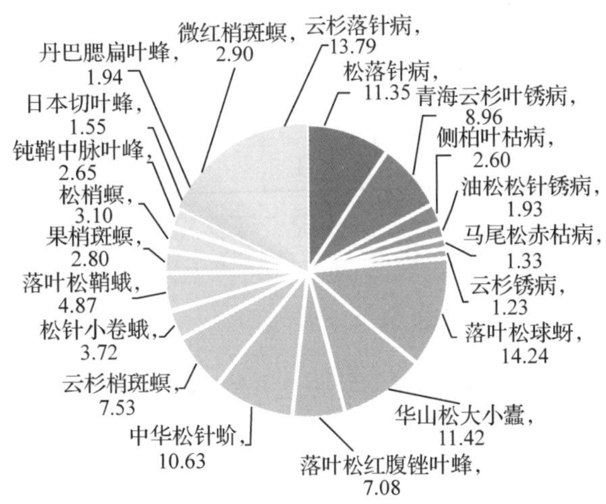

图 29-3　2024 年甘肃省针叶林病虫害发生情况（万亩）

具体种类及发生情况如下。

除松材线虫病以外的针叶林病害　云杉落针病 13.79 万亩，较去年增加 2.04 万亩，主要发生在白龙江林区阿夏、插岗梁、博峪河、洮河、迭部等管护中心，危害人工云杉纯林；松落针病 11.35 万亩，较 2023 年增加 0.16 万亩，主要发生在庆阳、天水、陇南、小陇山林区；青海云杉叶锈病 8.96 万亩，较 2023 年增加 0.96 万亩，主要发生在祁连山、白龙江林区，天保工程营造的人工林及未成林造林地中发生严重；侧柏叶枯病 2.60 万亩，主要发生在陇南、天水、庆阳等地；油松松针锈病 1.93 万亩，较 2023 年增加 0.21 万亩，主要发生在庆阳、陇南等地；马尾松赤枯病 1.33 万亩，主要发生在庆阳、白银两地；云杉锈病 1.23 万亩，主要发生在定西、小陇山林区。

针叶林虫害　落叶松球蚜 14.24 万亩，较 2023 年减少 0.05 万亩，主要发生在天水、陇南、小陇山林区等地；华山松大小蠹 11.42 万亩，较去年增加 1.12 万亩，主要发生在陇南武都区、小陇山林区；中华松针蚧 10.63 万亩，较 2023 年增加 1.66 万亩，主要分布在陇南、小陇山林区、白龙江林区；云杉梢斑螟 7.53 万亩，较 2023 年减少 2.17 万亩，主要发生在白银、祁连山林区；落叶松红腹叶蜂 7.08 万亩，较 2023 年减少 2.31 万亩，主要发生在天水、陇南、小陇山林区等地；落叶松鞘蛾 4.87 万亩，主要发生在定西、小陇山林区等地；松针小卷蛾 3.72 万亩，主要发生在庆阳；松梢螟、微红梢斑螟、果梢斑螟发生面积分别为 3.10 万亩、2.90 万亩、2.80 万亩，主要发生在庆阳；钝鞘中脉叶蜂 2.65 万亩，主要发生在小陇山林区；丹巴腮扁叶蜂 1.94 万亩，主要发生在祁连山林区；日本切叶蜂 1.55 万亩，主要发生在陇南；油松毛虫 0.14 万亩，较 2023 年减少 0.05 万亩，主要发生在庆阳。

5. 经济林病虫害

2024 年全省经济林病虫害发生 96.43 万亩，较 2023 年增加 7.13 万亩，同比上升 7.98%（图 29-4）。具体种类及发生情况如下：

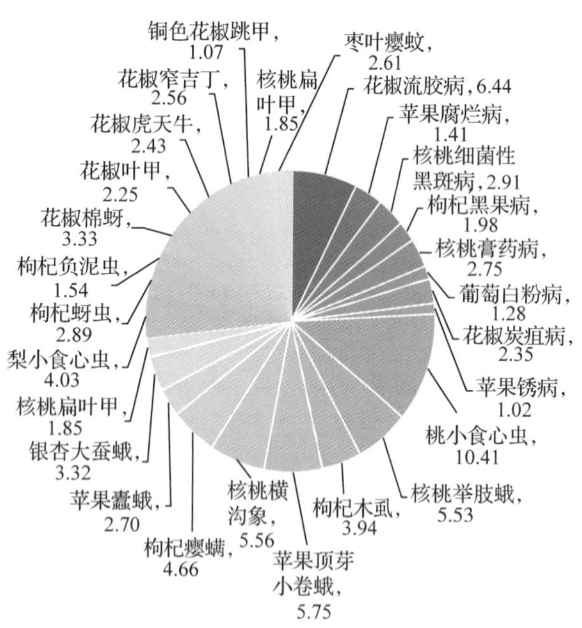

图 29-4　2024 年甘肃省经济林有害发生情况（万亩）

经济林病害　主要有花椒流胶病、苹果腐烂病、核桃膏药病、花椒炭疽病、枸杞黑果病、核桃细菌性黑斑病、葡萄白粉病等。其中，花椒流胶病 6.44 万亩、花椒炭疽病 2.35 万亩、花椒锈病 0.70 万亩、花椒根腐病 0.58 万亩，主要发生在陇南、临夏；核桃细菌性黑斑病 2.91 万亩、核桃膏药病 2.75 万亩，主要发生在陇南；苹果腐烂病 1.41 万亩、苹果锈病 1.02 万亩、苹果花叶病 0.52 万亩、苹果褐斑病 0.41 万亩，主要发生在庆阳、天水、定西等地；枸杞黑果病 1.98 万亩，主要发生在白银；葡萄白粉病 1.28 万亩、葡萄叶枯病 0.80 万亩、葡萄霜霉病 0.76 万亩，主要发生在酒泉、武威等地；板栗疫病 0.40 万亩，主要发生在小陇山林区；枣炭疽病 0.30 万亩，主要发生在白银；油橄榄孔雀斑病 0.29 万亩，主要发生在陇南。

经济林虫害　主要有桃小食心虫、苹果顶芽小卷蛾、核桃横沟象、核桃举肢蛾、枸杞瘿螨、梨小食心虫、枸杞木虱、花椒棉蚜、银杏大蚕蛾、苹果蠹蛾、花椒窄吉丁、花椒虎天牛等。其中，桃小食心虫 10.41 万亩，较 2023 年增加 0.11 万亩，主要发生在白银、张掖、临夏等地；苹果顶芽小卷蛾 5.75 万亩、苹果蠹蛾 2.70 万亩，主要发生在河西地区；核桃横沟象 5.56 万亩、核桃举肢蛾 5.53 万亩、银杏大蚕蛾 3.32 万亩、核桃扁叶甲 1.85 万亩，主要发生在陇南等地；枸杞瘿螨 4.66 万亩、枸杞木虱 3.94 万亩、枸杞蚜虫 2.89 万亩、枸杞负泥虫 1.54 万亩，主要发生在酒泉、白银等地；花椒棉蚜 3.33 万亩、花椒窄吉丁 2.56 万亩、花椒虎天牛 2.43 万亩、花椒叶甲 2.25 万亩、铜色花椒跳甲 1.07 万亩，主要发生在临夏、陇南、甘南等地；梨小食心虫 4.03 万亩，较 2023 年增加 0.91 万亩，主要发生在白银、武威、临夏、酒泉、庆阳等地；枣叶瘿蚊 2.61 万亩，较 2023 年增加 1.42 万亩，主要发生在张掖、酒泉两地。

6. 鼠（兔）害（图 29-5）

2024 年全省鼠（兔）害发生 189.53 万亩，较 2023 年减少 23.57 万亩，同比下降 11.06%，鼠（兔）害年发生面积占全省林业有害生物年发生面积的 34.36%，鼠（兔）害轻度发生占鼠（兔）害总发生的 88.23%。其中，中华鼢鼠 89.97 万亩，比去年同期减少 2.72 万亩，轻度发生为主，分布范围广，白银、平凉、小陇山林区局部有成灾，天水市秦州区 9 月调查发现平均鼠口密度达 2.2 头/亩，较前期增加 0.5 头/亩，新造林地危害尤为明显；武威市凉州区张义镇林木被害株率为 18%；古浪县古丰镇、黑松驿镇海拔 2200m 范围内发生较为严重。大沙鼠 57.88 万亩，比 2023 年同期减少 26.20 万亩，主要在白银、河西地区发生，武威市凉州区林木被害株率为14%，林木死亡率为2%，对当地的防风固沙林木和植被构成显著威胁；张掖市甘州区平均受害株率为1.4%，较2023年危害面积及危害程度整体有所下降；金昌市永昌县大沙鼠平均捕获率为10%，林木平均被害率为11%，轻度发生；连古城保护区发生严重区域内鼠口密度达10只/亩，苗木受害株率在15%~20%左右，枯死率达10%以上。野兔34.30万亩，比2023年同期增加4.40万亩，在甘当省普遍发生，啃食树皮轻则造成树势衰弱处于半死亡状态，重则造成树木整株死亡，降雪后和早春树皮开始返绿时危害最为严重。达乌尔鼠兔7.25万亩，比2023年同期增加0.82万亩，主要发生在中东部地区的白银、兰州、庆阳、临夏等地，啃食油松、红砂、锦鸡儿、白刺、山杨、侧柏等多种林木的树皮和枝梢，轻度发生面积占达乌尔鼠兔全省发生面积的95.119%。达乌尔黄鼠0.06万亩，比2023年同期减少0.01万亩，近年来主要在白银市与大沙鼠呈混合发生状，轻度发生为主，在局部地区对退耕还林、荒山造林等重点林业生态建设工程造成危害。

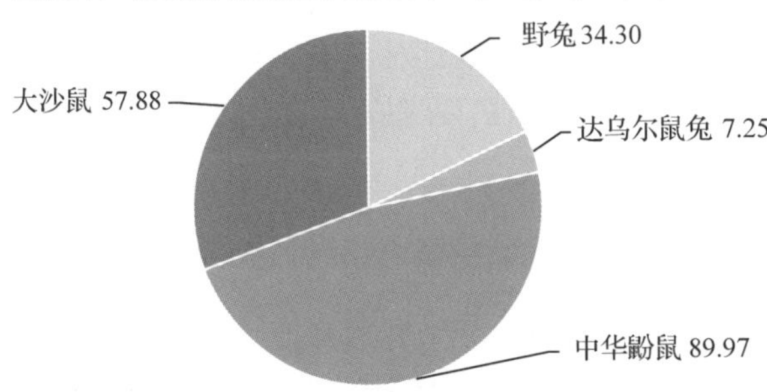

图29-5　2024年甘肃省主要鼠(兔)害发生情况(万亩)

(三)成因分析

1. 森林鼠(兔)害发生危害依然严重

一是总体发生面积有所减少。根据《第三次全国国土调查主要数据公报》公布的林地面积，2024年1月全省各地开始使用公布的三调数据开展监测调查和防治工作，张掖市、白银市等地原部分公益林林地面积调整至草地和未利用地，不再作为林业有害生物监测区域，因调查监测区域面积减少而造成原本属于林业部门统计的鼠(兔)害发生区面积减少。二是局部地域发生危害严重。由于近年冬季气候偏暖，降雪减少，鼠(兔)害自然死亡率低，越冬基数高，加之多地春、夏、秋三季温度偏高少降雨，造成局部地区鼠(兔)类繁殖天数增加，种群数量增大。

2. 针叶林病虫害对森林资源安全构成威胁

甘肃省人工成林面积逐年增加，这种林分结构单一，林分状况差，容易滋生病菌，白龙江林区、祁连山林区、小陇山林区等地常发性林业有害生物交错发生。加之监测设备缺乏，监测手段落后，不能及早掌握有害生物虫情动态，不能及时控制灾害和抑制有害生物扩散，此外受近几年来持续暖冬气候影响，有利于林业有害生物的越冬存活和种群增长。

3. 经济林病虫害发生面积大，发生种类多，危害程度重

近年来，甘肃省大力发展特色林果业，为有害生物的发生提供了有利的生存环境，防治任务和防治难度不断加大，加之气候多有异常，导致经济林类病虫害大面积发生危害。部分区域存在无人管理的果园，致使经济林病虫害防治不全面，极易扩散蔓延。

4. 生态荒漠林病虫害稳中有升

2024年上半年由于天气干旱少雨，连古城保护区内柠条、白刺等植被生长缓慢，柠条豆象和白刺夜蛾发生较少，下半年降水充沛，保护区内白刺长势喜人，白刺毛虫发生有所增加。近几年来敦煌西湖保护区进行了大面积防治，采取了一系列生态环境保护与修复措施，改善了保护区内的生态环境，效果比较明显，对柽柳条叶甲等荒漠林病虫害的发生起到了很好的遏制作用。

二、2025年林业有害生物发生趋势预测

(一)2025年总体发生趋势预测

根据全省主要林业有害生物发生规律、越冬基数调查结果、结合未来气象预报等环境因素分析，2025年林业有害生物的发生将呈现稳中有升的态势，预测2025年甘肃省林业有害生物发生面积约540万亩，其中，病害95万亩，虫害255万亩，鼠(兔)害190万亩。

（二）分种类发生趋势预测

1. 阔叶林病虫害

病害　主要有杨树腐烂病、杨树叶斑病、柳树丛枝病、刺槐白粉病等，预测发生约20万亩。

食叶害虫　主要有春尺蠖、杨蓝叶甲、舞毒蛾、黄褐天幕毛虫、杨二尾舟蛾、刺槐尺蠖等，主要分布在河西地区、白银、临夏、平凉、庆阳等地，预测发生约30万亩。

蛀干害虫　主要有光肩星天牛、青杨天牛、杨干透翅蛾、白杨透翅蛾、杨十斑吉丁虫等，主要分布在河西地区、兰州、白银、平凉、天水、临夏等地，预测发生约20万亩。张掖、酒泉等地可能成灾。

2. 针叶林病虫害

主要有云杉落针病、松落针病、青海云杉叶锈病、侧柏叶枯病、落叶松球蚜、华山松大小蠹、中华松针蚧、云杉梢斑螟等，主要分布在兰州、白银、庆阳、天水、陇南、甘南、白龙江林区、小陇山林区、祁连山林区等地，预测发生约130万亩，局地有成灾。

3. 生态荒漠林病虫害

主要有柠条豆象、柽柳条叶甲、白刺毛虫等，主要分布在兰州、白银、定西、酒泉、张掖、敦煌西湖保护区、连古城保护区等地，预测发生约20万亩。

4. 鼠(兔)害

主要有中华鼢鼠、大沙鼠、野兔、达乌尔鼠兔等，全省各地均有分布，预测发生约190万亩，其中，中华鼢鼠发生90万亩，大沙鼠发生60万亩，野兔发生30万亩，其他鼠(兔)害发生10万亩。中华鼢鼠、大沙鼠、野兔等在河西局部地区会偏重发生且成灾。

5. 经济林病虫害

全省各地均有分布，预测发生100万亩，局部地区可能会偏重发生。

三、防治对策与建议

（一）突出抓好松材线虫病防控

采取“查”“除”“报”“督”环环相扣的形式，扎实做好松材线虫病疫情防控。严格按照《松材线虫病防治技术方案》和《松材线虫病疫情防控五年攻坚行动方案》，认真开展督促检查工作。

（二）提高监测预报能力水平

一是完善以市、县(区)、镇、村四级测报网络为骨干的测报体系。二是建立健全以测报点为主体、社会化购买服务为补充的监测组织模式，鼓励县(区)向社会化组织购买监测调查、数据分析、技术服务，切实提高监测能力和水平。

（三）加强生物灾害风险管控

防范外来有害生物入侵，进一步提高各级政府部门及林业工作者对美国白蛾、松材线虫病等检疫性有害生物的认识，重点抓好松材线虫病、华山松大小蠹等危险性林业有害生物的检疫防控工作，确保早发现、早防治，有效管控生物灾害风险。

（四）做好绿色防控宣传培训

通过多种形式大力开展林业有害生物防控的宣传教育，宣传绿色发展和绿色防控理念。提高大众的生态保护意识，有针对性地开展绿色防控新技术、新方法的业务培训，促进防控意识提升，推动绿色防控工作提质增效。

（主要起草人：李广　张娟；主审：闫佳钰）

30 青海省林业有害生物 2024 年发生情况和 2025 年趋势预测

青海省森林病虫害防治检疫总站

【摘要】2024 年青海省林业有害生物发生 314.11 万亩，实施防治 219.49 万亩，发生面积同比减少 45.44 万亩，中度以上发生 119.51 万亩，危害程度中等，局地偏重。局部地区成灾，成灾 0.08 万亩，成灾率 0.01‰。根据全省森林状况及 2024 年发生情况及越冬代调查结果，预测 2025 年全省主要林有害生物发生较 2024 年发生面积呈下降趋势，发生面积为 271.67 万亩，危害程度呈中等，局地偏重。

一、2024 年林业有害生物发生情况

2024 年全省林业有害生物发生 314.11 万亩，同比下降 12.64%，轻度发生 194.60 万亩，中度发生 115.50 万亩，重度发生 4.01 万亩，成灾 0.08 万亩，成灾率为 0.01‰。其中，林地鼠(兔)害发生 126.58 万亩，同比下降 16.54%；虫害发生 144.46 万亩，同比下降 8.07%；病害发生 37.28 万亩，同比下降 15.16%；有害植物发生 5.79 万亩，同比下降 15.10%(图 30-1、图 30-2)。全年应监测面积 5157.26 万亩，监测面积 4691.48 万亩，监测覆盖率 90.97%。

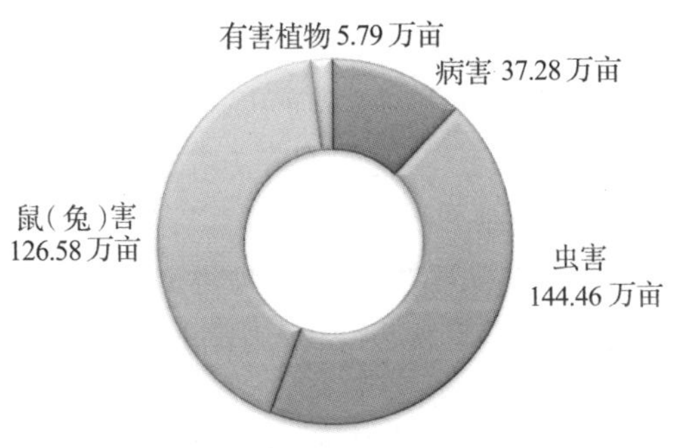

图 30-1 2024 年林业有害生物发生情况

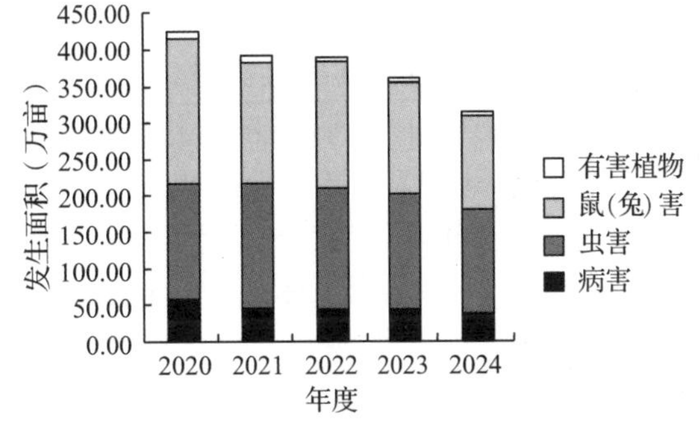

图 30-2 2020—2024 年林业有害生物发生情况

(一) 发生特点

2024 年青海省林业有害生物发生 314.11 万亩，全年林业有害生物发生整体平稳，危害程度呈中等，局部地区重度发生。常发性有害生物整体呈下降态势，防控效果明显。一是林地鼠(兔)害仍是青海省发生面积最大的林业有害生物，发生 126.59 万亩，占总发生面积的 40.30%，发生面积和危害程度持续呈双下降趋势，主要发生在未成林地、林草接壤地带。二是春季全省平均气温 4.9℃，较常年偏高 1.2℃，全省春、夏季物候较上年同期提前，各类林业有害生物发生期提前。三是随着气温逐年升高，省内多种虫害呈现出分布区域从低海拔向高海拔扩散趋势。四是外来有害生物传入风险大，今年检疫、监测中发现桑天牛、双条杉天牛、草履蚧、狭冠网蝽，均为省内首次发现。五是湟中区、尖扎县天然桦树林发生的桦三节叶蜂，经多年天敌保护措施，虫口密度下降，达到有虫不成灾的目的。六是地震、山体滑坡等地质灾害引发林业有害生物次生灾害，华山松切梢小蠹、云杉四眼小蠹虫口密度增加，对地质灾害周边地区造成威胁。七是小蠹虫在全省各天然云杉林区相继发生，因连续几年通过信息素、营林等措施防控，危害面积同比呈下降趋势，但近几年气温异常、极端气候多、暖冬

影响下同仁市双朋西林场局地成灾；八是有害植物（云杉矮槲寄生害、松萝）、针叶树种实害虫（圆柏大痣小蜂、云杉球果小卷蛾）发生面积及危害程度多年基本持平或有小幅增加。

（二）主要林业有害生物发生情况分述

1. 林地鼠（兔）害

全省林地鼠（兔）害危害种类主要有高原鼢鼠、高原鼠兔、根田鼠等，发生 126.59 万亩，同比下降 16.53%。其中高原鼢鼠发生 109.68 万亩，同比下降 19.13%，主要发生在西宁市各区县、海东市各区县（除循化撒拉族自治县，简称循化县）、海北藏族自治州（简称海北州）各县、黄南藏族自治州（简称黄南州）各县（除同仁市）、海南藏族自治州（简称海南州）各县和玛可河林业局；高原鼠兔发生 15.52 万亩，同比上升 14.54%，主要发生在大通回族土族自治县（简称大通县）、湟源县、门源回族自治县（简称门源县）、尖扎县、共和县、兴海县、玛沁县、达日县、天峻县、玛可河；根田鼠发生面积 1.39 万亩，同比下降 44.18%，主要发生在刚察县（图 30-3、图 30-4）。

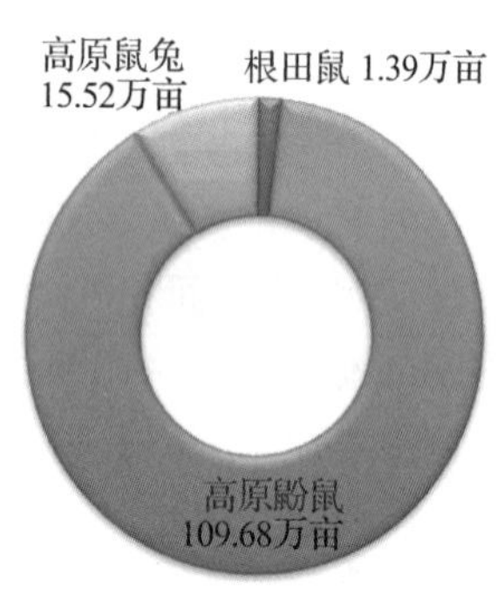

图 30-3　2024 年全省林地鼠（兔）害发生情况对比

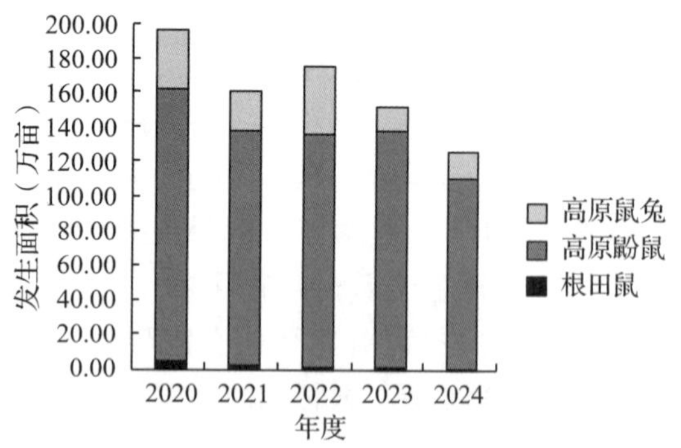

图 30-4　2020—2024 年林地鼠害发生情况

2. 阔叶树有害生物（图 30-5）

杨柳榆病害　发生种类有杨树烂皮病、青杨叶锈病、杨树黑斑病、杨树煤污病、杨树叶枯病等，发生 19.32 万亩，同比下降 16.80%。其中，青杨叶锈病发生 13.91 万亩，同比下降 13.60%，主要发生在西宁市辖区、大通县、湟中区、湟源县、乐都区、平安区、民和回族土族自治县（简称民和县）、互助土族自治县（简称互助县）、化隆回族自治县（简称化隆县）、门源县、共和县、同德县、贵德县、贵南县；杨树烂皮病发生 4.64 万亩，同比下降 30.85%，主要发生在大通县、循化县、贵德县、兴海县、贵南县、格尔木市、德令哈市、乌兰县、都兰县。

杨柳榆食叶害虫　发生种类有杨柳小卷蛾、杨银叶潜蛾、柳蓝叶甲、杨白纹潜蛾等，发生 4.35 万亩，同比下降 6.25%。其中，杨银叶潜蛾发生 1.51 万亩，同比上升 67.78%，主要发生在黄南州同仁市、海南州兴海县；杨柳小卷蛾发生 1.09 万亩，同比上升 78.69%，发生在海北州海晏县、海南州共和县和兴海县；柳蓝叶甲发生 0.42 万亩，同比下降 78.13%，主要发生在海东市循化县，黄南州同仁市、尖扎县。新鉴定潜叶类害虫杨白纹潜蛾，发生 0.15 万亩，主要发生在海东市循化县，海南州同德县、兴海县。

杨柳榆蛀干害虫　发生种类有光肩星天牛、杨干透翅蛾、芳香木蠹蛾，发生 4.89 万亩，同比上升 10.88%。其中，杨干透翅蛾发生 4.57 万亩，同比上升 19.63%，主要发生在海东市民和县、互助县，海南州共和县、同德县、贵德县，海西蒙古族藏族自治州（简称海西州）格尔木市、德令哈市和都兰县；芳香木蠹蛾发生 0.26 万亩，同比下降 50%，发生在海东市互助县；光肩星天牛发生 0.06 万亩，同比下降 14.29%，危害程轻度，主要发生在西宁市城东区。

杨柳榆枝梢害虫　发生种类有叶蝉、蚜虫、蚧虫等，发生 11.80 万亩，同比上升 0.72%，主要发生在西宁市辖区、海东市乐都区、互助县、平安区、民和县，海西州德令哈市、格尔木市、乌兰县、天峻县，全省各地皆有分布。

桦树有害生物　发生种类有高山毛顶蛾、桦尺蠖和肿角任脉叶蜂，发生 8.65 万亩，同比下降 4.68%。其中，高山毛顶蛾发生 5.9 万亩，同比下降 7.38%，主要发生在西宁市湟源县、海东市互助县和海北州门源县；桦三节叶蜂发生 1.35 万亩，同比上升 6.29%，主要发生在西宁市湟中区、海南州兴海县。

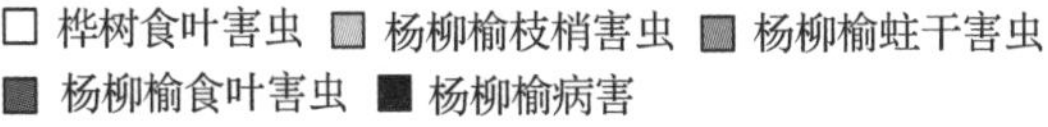

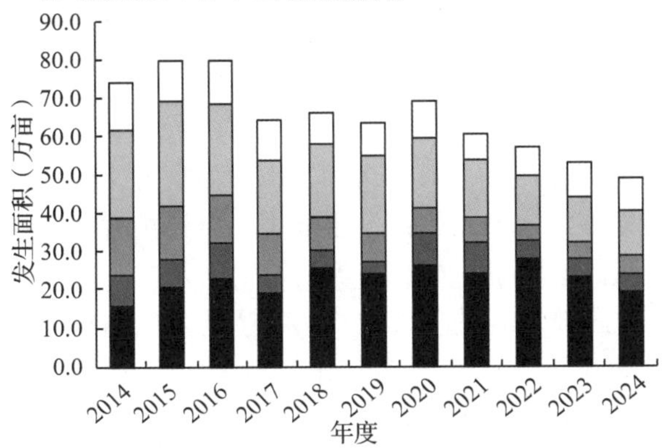

图 30-5　2014—2024 年阔叶树有害生物发生情况

3. 针叶树有害生物(图 30-6)

病害　包括落针病、锈病、云杉球果锈病、圆柏枝枯病(暂定名)等，发生 17.56 万亩，同比下降 13.54%。其中，落针病发生 6.33 万亩，同比下降 28.96%，主要发生在西宁市辖区、玛可河林业局；锈病发生 8.98 万亩，同比上升 10.31%，主要发生在西宁市大通县、湟中区，海东市乐都区、民和县、互助县、循化县，海北州祁连县，黄南州麦秀林场，海南州贵德县和玛可河林业局；圆柏枝枯病发生 2.25 万亩，同比下降 30.98%，主要发生在果洛藏族自治州(简称果洛州)玛沁县、玉树藏族自治州(简称玉树州)江西林场。

蛀干害虫　主要包括光臀八齿小蠹、云杉八齿小蠹、横坑切梢小蠹、云杉大小蠹、黑条木小蠹、松皮小卷蛾和云杉墨天牛，发生 31.97 万亩，同比上升 7.09%。其中，光臀八齿小蠹发生 19.97 万亩，同比下降 16.48%，主要发生在海东市互助县，海北州祁连县和黄南州同仁市、尖扎县、麦秀林区，玉树州玉树市、囊谦县；云杉墨天牛发生 2.9 万亩，同比上升 222.22%，发生在海北州祁连县；云杉大小蠹发生 3.02 万亩，同比下降 30.09%，主要发生在海北州门源县、玛可河林业局；横坑切梢小蠹发生 1.71 万亩，同比下降 8.56%，主要发生在黄南州同仁市、尖扎县；云杉八齿小蠹发生 1.24 万亩，同比上升 12.72%，主要发生在果洛州玛沁县和玛可河林业局。

食叶害虫　发生种类有云杉黄卷蛾、云杉小卷蛾、云杉梢斑螟、侧柏毒蛾、丹巴腮扁叶蜂、云杉阿扁叶蜂等，发生 28.55 万亩，同比持平。其中，油松大蚜发生 4.84 万亩，同比上升 138.42%，主要发生在西宁市辖区、湟源县，海东市平安区、互助县，海南州共和县、兴海县；云杉小卷蛾发生 3.79 万亩，同比下降 42.66%，主要发生在西宁市辖区、大通县，海东市平安区，海北州祁连县；山楂黄卷蛾发生 3.39 万亩，同比增加 133.79%，主要发生在西宁市城东区、大通县、湟中区；云杉大灰象发生 2.53 万亩，同比下降 32.53%，主要发生在西宁市辖区、湟中区、湟源县，海东市乐都区、民和县、循化县、互助县，海北州门源县、祁连县；侧柏毒蛾发生 3.88 万亩，同比上升 28.90%，主要发生在海东市互助县。

种实害虫　发生种类有圆柏大痣小蜂，发生 9.52 万亩，同比基本持平，主要发生在黄南州麦秀林区，海西州都兰县，玉树州玉树市、杂多县，海南州玛可河林业局。

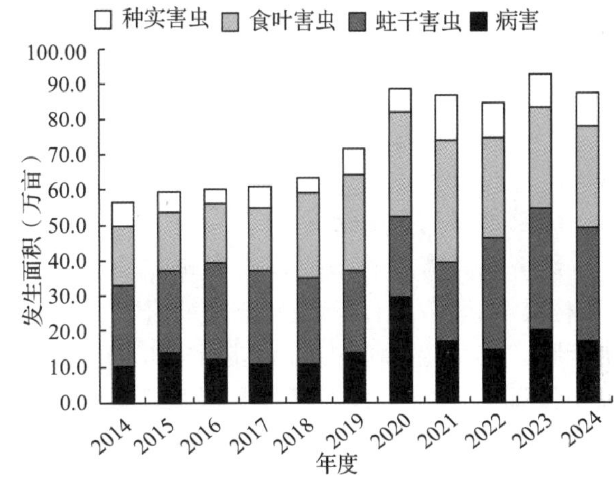

图 30-6　2014—2024 年针叶树病虫害发生情况

4. 灌木林害虫

主要指危害高山柳、沙棘、柽柳、小檗、白刺等的害虫，发生总面积 42.55 万亩，同比下降 10.79%(图 30-1)。其中，灰斑古毒蛾发生 13.81 万亩，同比上升 24.53%，主要发生在海西州格尔木市、德令哈市、都兰县、乌兰县、天峻县，果洛州达日县；高山天幕毛虫发生 3.65 万亩，同比上升 217.39%，主要发生在黄南州泽库县，玉树州囊谦县、曲麻莱县；明亮长脚金龟子发生 2.69 万亩，同比下降 29.21%，发生在海北州祁连县，海南州共和县、贵南县，海西州天峻县。

5. 有害植物

发生种类包括云杉矮槲寄生害、松萝和黄花铁线莲。发生 5.79 万亩，同比下降 15.10%(图

30-8)。其中，云杉矮槲寄生害发生 5.09 万亩，同比下降 19.72%，主要发生在海东市互助县，黄南州同仁市、麦秀林场，海南州同德县和玛可河林业局。

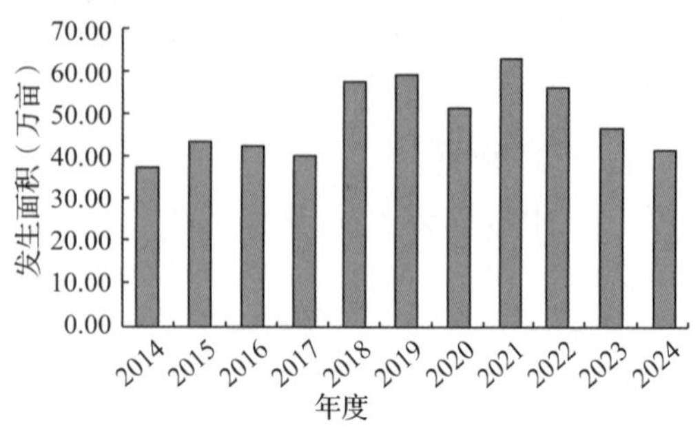

图 30-7　2014—2024 年灌木林有害生物发生情况

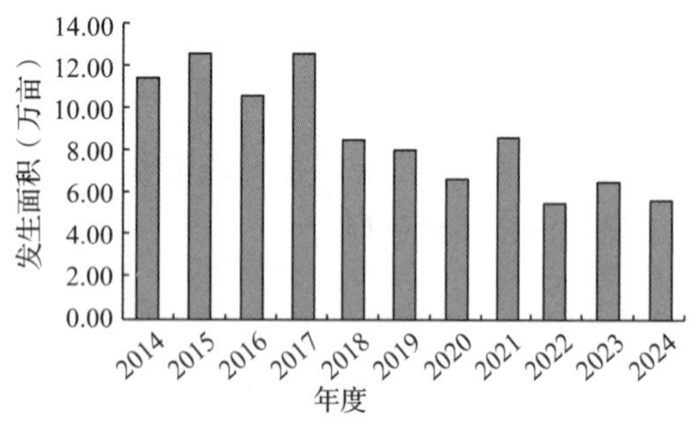

图 30-8　2014—2024 年有害植物发生情况

6. 经济林有害生物

经济林有害生物主要种类有枸杞有害生物(枸杞瘿螨)和杂果有害生物(核桃细菌性黑斑病、杏流胶病)，发生面积 2.33 万亩(图 30-9)，发生面积骤降 63.74%，危害程度呈轻度。其中，枸杞瘿螨发生 1.92 万亩，主要发生在海西州都兰县；核桃细菌性黑斑病发生 0.22 万亩，主要发生在海东市循化县；杏流胶病发生 0.19 万亩，主要发生在海东市循化县。

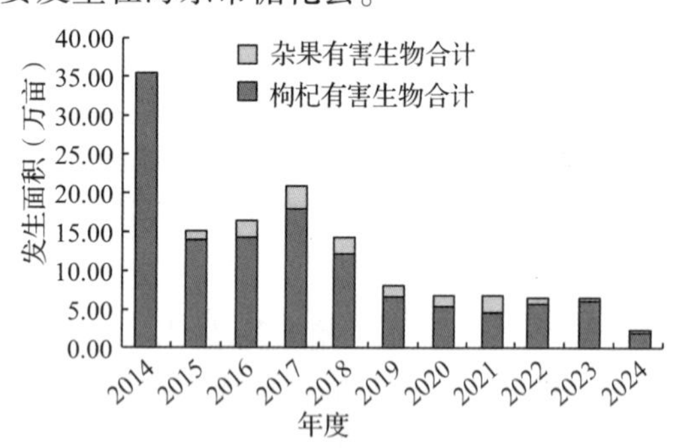

图 30-9　2014—2024 年经济林有害生物发生情况

(三)成因分析

气候异常致使有害生物发生期提前。2024 年春季(3~5 月，下同)，全省降水量偏多 27.1%，为 2000 年以来同期第 2 多，平均气温偏高 1.2℃，列 1961 年以来同期第 2 高，气候异常使全省林业有害生物发生期较上年提前 7~10 天。同时随着气温逐年升高，省内多种虫害呈现出分布区域从低海拔向高海拔扩散趋势，如松大蚜在海南州贵南县、兴海县发生危害，云杉大灰象在海北州祁连县、玉树州玉树市发生危害，松皮小卷蛾在海南州同德县发生危害，白杨小潜细蛾在海南州兴海县、同德县等地发生危害。

科学防控使传统主要有害生物发生面积和成灾面积逐年减少。多年来，在国家林业和草原局、省政府的大力支持下，全省各地落实“双线目标”责任，多措并举，有效遏制林业有害生物发生危害。同时生态环境好转，生物多样性得到保障，天敌种类和数量增多，天然林自然调控能力增强。城镇绿化树种更替，防控力度加大，通过采取多种无公害防治综合措施，有效降低了传统主要有害生物危害程度，防控效果明显。同时新造林任务减少，多年前的新造林地林分逐渐郁闭，林地鼠(兔)害危害程度和发生面积双下降。

外来有害生物传入风险大，2024 年 3 月海东市乐都区在复检山东临沂调入的海棠中发现蛀干害虫桑天牛，系全国林业危险性有害生物；循化县文都林场发现蛀食刺柏树干的双条杉天牛，系全国林业危险性有害生物；海南州贵德县森防工作人员在监测西久高速公路绿化工程引进的紫叶稠李时发现草履蚧；海东市循化县文都林场日麻相林区日常监测中发现青海云杉老针叶异常发黄，镜检发现狭冠网蝽，且虫口密度较大，以上物种在青海无分布，均为首次发现。

地震、山体滑坡等地质灾害引发林业有害生物次生灾害。2023 年年底甘肃省积石山县发生的地震波及循化县孟达自然保护区，地震导致山体滑坡，华山松树势衰弱，华山松切梢小蠹虫口密度增加；9 月上中旬各地共出现 20 起暴雨洪涝灾害，造成乌兰县哈里哈图林区、尖扎县措周乡林区山体滑坡，青海云杉连根拔起，树势急剧衰弱，云杉四眼小蠹虫口密度剧增，目前四眼小蠹仍处于树皮下越冬阶段。受资金短缺影响(各级财政困难、森林保险理赔未到位)，倒木不能及时完全清理，预计 2025 年春季扬飞期后，华山松切梢小蠹、云杉四眼小蠹将对倒木周围林分造成威胁。

2022 年、2023 年湟中区群加林区中重度发生的桦三节叶蜂，经喷洒白僵菌、保护天敌(黄斑卡诺小蜂、啮小蜂、寄生蝇)等措施，虫口密度得以控制，达到有虫不成灾的目的。

监测预报能力薄弱，灾情不能及时发现，科技支撑力弱，难以及时鉴定。青海省地形地貌复杂，很多天然林区山大沟深人力难以到达，基层森防机构薄弱、人员技术水平有限，有害生物造成危害不能及时发现。且省内科研机构少，科技支撑力薄弱，新发林业有害生物难及时鉴定。

有害植物(云杉矮槲寄生害、松萝)、针叶树种实害虫(圆柏大痣小蜂、云杉球果小卷蛾)因缺乏有效便捷的防治手段，发生面积及危害程度呈多年基本持平略增加趋势。松材线虫病传入风险加大。物流贸易频繁，松材线虫病随松木及其制品调入，造成人为传播的风险大。

二、2025年全省林业有害生物发生趋势预测

(一)2025年总体发生趋势预测

据青海省气象局预测：预计冬季(2024年12月至2025年2月)全省大部气温偏高，玉树市、称多、玛多、玛沁、达日低0.5℃，省内其余地区高0.5~1.7℃，其中西宁大部、海东大部、海西西部、黄南北部及贵德偏高1℃以上；全省大部降水偏少，海北大部、果洛大部偏多11%~16%，省内其余地区偏少2%~30%，其中海西西部偏少20%以上。春季(2025年3~5月)气温偏高，天峻、玉树市、称多、玛多偏低0.5℃，省内其余地区偏高0.5~1.7℃，其中海西大部偏高1.0℃以上；全省大部降水偏多，玉树、唐古拉地区及达日、玛多偏多12%~23%，省内其余地区偏少11%~18%。

综合2024年全省林业有害生物发生情况、森林状况、主要林业有害生物发生规律，根据全省各市、州林业有害生物发测报告和各中心测报点2024年有害生物越冬前基数调查结果，预测2025年青海省主要林有害生物发生较2024年发生面积呈下降趋势，为中度发生，发生271.57万亩。其中，鼠害预计发生101.39万亩，虫害预计发生130.22万亩；病害预计发生30.85万亩；有害植物预计发生9.1万亩。

表30-1　各市(州)、省级2025年林业有害生物预测发生面积

	2024年预测面积(万亩)	2024年发生面积(万亩)	2025年预测面积(万亩)	2025年发生趋势
西宁市	82.5	76.61	66.71	下降
海东市	55.9	69.70	55.32	下降
海北州	41	41.49	37.49	下降
黄南州	20.14	23.86	22.79	基本持平
海南州	19.4	20.81	18.66	下降
海西州	42.85	50.0	37.94	下降
玉树州	23	20.11	22.12	基本持平
果洛州	15.61	11.53	10.54	下降
总计	300.4	314.11	271.57	下降

(二)分种类发生趋势预测

1. 林地鼠(兔)害

预计发生101.39万亩，仍为青海省主要林业有害生物，发生面积呈下降趋势，危害程度减轻。其中，高原鼢鼠预计发生103.36万亩，发生面积同比下降，呈中度发生，未成林地、林草接壤地、新造林地为主的局部地区偏重发生。主要发生在西宁市、海东市、海北州、海南州及果洛州玛可河林业局；高原鼠兔预计发生9.57万亩，呈中度偏轻发生，主要发生在西宁市、海北州、海南州、海西州和果洛州；根田鼠预计发生1.52万亩，呈中度发生，主要发生在环青海湖地区的海晏县、刚察县。

2. 阔叶树有害生物

杨柳榆病害　预计发生16.91万亩，主要发生在人工城镇防护林。其中，青杨叶锈病预计发生12.46万亩，主要发生在西宁市、海东市、黄南州、海南州；杨树烂皮病预计发生3.11万亩，在全省大部分县市城镇防护林均有发生。

杨柳榆食叶害虫　预计发生5.55万亩，中等偏轻发生。其中，柳蓝叶甲预计发生1.14万亩，发生面积和危害程度同比基本持平，主要发生在黄南州。

杨柳榆蛀干害虫　预计发生4.08万亩，同比略下降。其中，杨干透翅蛾预计发生3.75万亩，主要发生在海东市、黄南州、海南州及海西州；芳香木蠹蛾预计发生0.19万亩，发生面积和危害程度基本持平，主要发生于海东市。

杨柳榆枝梢害虫　发生种类有叶蝉、大青叶蝉、蚜虫、蚧虫等，枝梢害虫繁殖快、繁殖量大，预计发生9.59万亩，全省各市州城镇防护林均有发生。

桦树食叶害虫　预计发生5.81万亩，呈下降趋势，主要发生在西宁市、海东市、黄南州、海北州及海南州天然桦树林。其中，高山毛顶蛾预计发生5.21万亩，主要发生在海东市互助县和海北州门源县，高山毛顶蛾在青海省两年发生一代，两个群落交替发生，预计2025年危害程度呈中度，局地重度发生。

3. 针叶树有害生物

病害　预计发生13.74万亩，果洛州玛可河林业局和黄南州天然林区为主要发生区。其中，云杉锈病(云杉叶锈病和云杉芽锈病)预计发生10.24万亩，主要发生在西宁市、海东市、海北州、海南州、黄南州和果洛州玛可河林业局；落针病预计发生0.8万亩，主要发生在黄南州、海南州和果洛州玛可河林业局。

蛀干害虫　受近几年降水增加等气候条件影响，针叶树林分树势增强，结合近几年采取小蠹虫诱捕器防控措施，全省针叶树蛀干害虫发生面积、危害程度均明显降低，预计2025年发生21.33万亩。其中，小蠹虫类预计发生18.30万亩，主要发生在西宁市、海东市、海北州、黄南州、果洛州玛可河林业局；云杉墨天牛预计发生3.04万亩，主要发生在海北州祁连县。

食叶害虫　随着近几年气候变化和物流加快，针叶树食叶害虫发生种类与日俱增，发生面积呈上升趋势，预计2025年发生面积将达35.24万亩。其中，云杉小卷蛾预计发生4.93万亩，主要发生在西宁市辖区、湟中区，玉树州玉树市；云杉大灰象经近几年防治、检疫等措施得力，扩散趋势得到控制，预计发生4.35万亩，主要发生在西宁市、海东市；侧柏毒蛾预计发生3.15万亩，主要发生在海东市、海北州和黄南州，危害程度呈中度，在互助北山局部地区重度发生；云杉梢斑螟预计发生2.73万亩，主要发生在西宁市。新鉴定种狭冠网蝽预计发生0.4万亩，2024年在海东市循化县首次发现；微红梢斑螟预计发生0.04万亩，主要在西宁市南北山。

种实害虫　预计发生12.17万亩。其中圆柏大痣小蜂一直没有采取有效防治措施，害虫种群数量逐年增加，主要发生在海东市、海南州、黄南州、海西州、玉树州、果洛州及玛可河林业局天然圆柏林。

松材线虫病　目前毁灭性有害生物松材线虫病与青海省紧邻的四川省和甘肃省均有发生，特别是祁连县监测到云杉小墨天牛分布，传入青海省的概率增大，入侵形势严峻。2025年无预测发生面积，但松材线虫病普查、日常监测、检疫监管仍是林业有害生物防控工作重点内容。

4. 灌木林害虫

预计发生35.91万亩，主要分布在西宁市、海东市、海北州、黄南州、海南州、果洛州、海西州及玉树州。其中，灰斑古毒蛾预计发生8.31万亩，主要发生在海西州、果洛州；都兰顿额斑螟预计发生6.40万亩，主要发生在海西州；丽腹弓角鳃金龟预计发生4.66万亩，主要发生在玉树州和果洛州；明亮长脚金龟子预计发生3.14万亩，主要发生在海北州、海南州及海西州。

5. 经济林有害生物

经济林有害生物主要包括核桃、杏树等杂果有害生物，因防治工作到位，均呈轻度发生。核桃腐烂病预计发生0.01万亩，主要发生在海东市民和县和循化县；杏流胶病预计发生0.2万亩，主要发生在海东市。2024年开始青海省枸杞管理工作已移交农牧部门负责，2025年起林草部门不再负责枸杞有害生物监测、预警等工作，趋势预测中未统计枸杞有害生物。

6. 有害植物

预计2025年全省有害植物(云杉矮槲寄生害、松萝、黄花铁线莲和葎草)发生9.1万亩。其中，云杉矮槲寄生害预计发生7.48万亩，主要发生在海东市、海南州、海南州、玉树州和果洛州，危害程度呈中度，局部地区重度发生。

三、对策建议

（一）完善联防联控机制

进一步加强部门间、区域间工作联席制度、协议制度、承诺制度、责任追究制度、督导检查等协作机制，加大与西北五省区、云贵川渝藏青六省市联动协作，建立重点生态区域省际间跨区域联防联治联检机制，阻断外来有害生物入侵的漏洞和隐患。

（二）加强数据质量管理

一是继续严格执行病虫情联系报告制度，严格实行周报、月报制度，实行每周零报告制度，确保信息数据的准确性和及时性，实行上报审签制。二是落实国家关于松材线虫病疫情精准监测攻坚行动要求，以小班为监测普查单位，严格执行国家最新普查技术规范，做到普查范围全覆盖，完成全年秋季普查和日常监测任务。三是充分应用采集器、监测无人机、远程监测终端等基建项目配备的先进设施设备，实现有害生物发生数据精准化、可视化管理。

（三）强化服务能力提升

修订完善全省三级《处置重大林业有害生物灾害应急预案》，做到上下联动，系统统一。强化应急预案的操作性，明晰应急流程。提高中心测报点的监测能力和灾害处置能力，实现全省范围内主要林业有害生物监测的规范化、数字化、智能化和防治的机动化。做好林业有害生物预警信息和短中长期趋势预测发布工作，强化生产性预报，拓宽预报信息发布平台，主动为广大林农群众提供及时的林业有害生物灾害信息和防治指导服务，减少灾害损失。建立省级直升机、无人机机械化操作为主的专业化、护林员为主要组成的半专业化的应急队伍，做好应急物资和资金储备，开展应急演练。

（主要起草人：王晓婷；主审：闫佳钰）

31 宁夏回族自治区林业有害生物2024年发生情况和2025年趋势预测

宁夏回族自治区森林病虫防治检疫总站

【摘要】2024年宁夏林业有害生物发生400.85万亩，较2023年略有上升，但整体发生趋势相对平稳，未发生重大林业有害生物发生蔓延的情况。根据2024年宁夏林业有害生物国家级监测站、省级监测站、各县市监测数据以及全区林业有害生物发生的基本规律，预测2025年全区林业有害生物发生面积与2024年持平，预测发生约410万亩。

一、2024年林业有害生物发生情况

2024年宁夏林业有害生物发生400.85万亩(图31-1)，其中，轻度发生295万亩，中度发生89.9万亩，重度发生15.95万亩。病害发生2.72万亩，虫害发生137.54万亩，鼠(兔)害发生258.95万亩，有害植物发生1.65万亩。

2024年宁夏林业有害生物寄主面积为1697.02万亩，成灾9.6万亩，成灾率5.66‰。2023年预测2024年发生400万亩，2024年实际发生400.85万亩，测报准确率为99.78%。

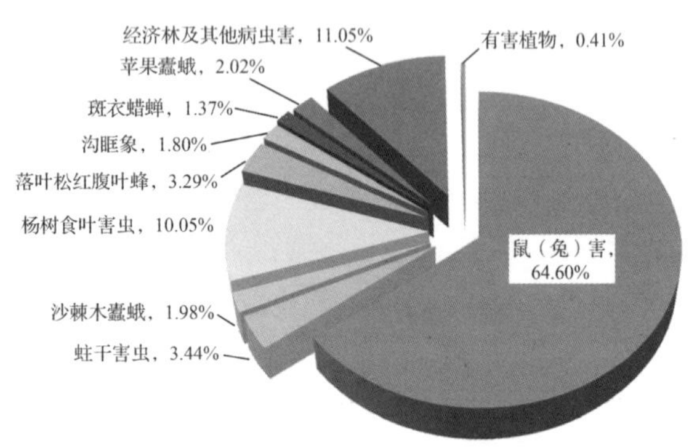

图31-1　2024年宁夏主要林业有害生物发生情况

(一)发生特点

2024年全区林业有害生物发生平稳，没有重大林业有害生物灾害和突发事件。森林鼠(兔)害发生面积与2023年持平；沙棘木蠹蛾发生面积同比减少；蛀干害虫、杨树食叶害虫、臭椿沟眶象、斑衣蜡蝉、落叶松红腹叶蜂、苹果蠹蛾和经济林及其他病虫害、有害植物发生面积同比增加。

(二)主要林业有害生物发生情况分述

1. 林业鼠(兔)害

林业鼠(兔)害在南部山区固原市及引黄灌区银川市、石嘴山市、吴忠市、中卫市持续危害，发生面积同比增加0.35%。2024年全区发生258.95万亩。中华鼢鼠和甘肃鼢鼠在宁夏南部山区原州区、彭阳县、泾源县、隆德县、西吉县、海原县、六盘山林业局及吴忠市同心县等人工林区和新造林地发生并造成严重危害，2024年发生172.39万亩。近年各地造林采用物理阻隔网造林，防治效果显著，造林成活率达到95%。鼢鼠危害程度减轻，但个别地段危害仍然严重。东方田鼠、子午沙鼠、大沙鼠、蒙古黄鼠在银川市、石嘴山市、吴忠市、中卫市黄河滩地护岸林、农田林网宽幅林带、苗圃、果园及防风固沙林地危害，发生86.56万亩。

2. 蛀干害虫

蛀干害虫发生面积同比增加3%，主要有光肩星天牛、红缘天牛、柠条绿虎天牛、北京勾天牛、芳香木蠹蛾、榆木蠹蛾等，发生13.8万亩。光肩星天牛在引黄灌区各市县和南部山区危害得到有效控制，通过多年打孔注药防治，全区虫口密度已经下降到1头/株以下，2024年发生8.95万亩，危害程度逐年减轻。红缘天牛主要发生在中宁县，危害枣树，发生0.0598万亩。柠条绿虎天牛主要发生在中卫市辖区，发生0.54万亩。北京勾天牛主发生在固原市彭阳县，危害刺槐，

发生3.48万亩。榆木蠹蛾主要发生于盐池县、同心县，发生0.7万亩。

3. 沙棘木蠹蛾

发生面积同比增加6.3%。沙棘木蠹蛾在固原市的彭阳县、西吉县、六盘山地区以及中卫市的海原县等地发生，发生7.92万亩。沙棘木蠹蛾主要危害8年生以上沙棘，严重地区被害株率在40%以上，虫口密度平均10头/株。

4. 杨树食叶害虫

杨树食叶害虫主要是春尺蠖，在宁夏属于暴发型食叶害虫，由于2024年春季气候干燥，防治资金不足，2024发生面积同比增加71.6%。主要发生在银川市的金凤区、永宁县、贺兰县、灵武市，吴忠市的盐池县、同心县、红寺堡区、青铜峡市、罗山国家级自然保护区及中卫市、沙坡头区等地，发生40.27万亩。

5. 落叶松红腹叶蜂

由于落叶松红腹叶蜂发生在人工纯林比重大、树种单一、林分结构简单、寄主抗病虫能力差、林木长势衰弱的区域，加之落叶松红腹叶蜂自身繁殖力强，在六盘山地区有扩散蔓延趋势。此食叶害虫已多年在中卫市海原县、固原市、六盘山林区等地发生。2024年发生面积同比增加3.77%，发生12.71万亩。

6. 臭椿沟眶象和沟眶象

该虫种随着沟渠传播，2024年发生面积同比增加2.1%。臭椿沟眶象及沟眶象在银川市（包括各县区及地级市），石嘴山市（包括各县区），吴忠市利通区、青铜峡市、同心县，中卫市（包括各县区）及彭阳县等地有发生。因该虫种危害隐蔽性强，极易扩散蔓延，2024年在全区引黄灌区普遍发生，发生7.2万亩。

7. 斑衣蜡蝉

此害虫在银川市（包括各县区及地级市），石嘴山市（包括各县区），吴忠市利通区、青铜峡市，中卫市沙坡头区、中宁县等地发生，主要危害居民小区、公园、主干道路两侧的臭椿，发生面积同比增加5.7%，为5.51万亩。

8. 苹果蠹蛾

该害虫在银川市西夏区、永宁县、贺兰县、灵武市，中卫市辖区、沙坡头区、中宁县、海原县、青铜峡市、同心县、利通区、大武口区、惠农区、平罗县、海原县等地发生危害，由于2024年各地及时采取有效防治措施，发生8.11万亩，发生面积同比减少2.4%。

9. 经济林及其他病虫害。

经济林及其他病虫害发生面积同比增加22.1%，发生44.25万亩。主要有葡萄霜霉病、枸杞炭疽病、枸杞黑果病、柳树丛枝病、文冠果隆脉木虱、华北落叶松鞘蛾、桃小食心虫、柠条豆象、枸杞瘿螨、枸杞蚜虫、枸杞蓟马、枸杞负泥虫、枸杞木虱、沙枣木虱、枸杞实蝇、红蜘蛛、枣大球蚧等。

10. 有害植物

有害植物发生1.65亩，防治0.97万亩次。刺萼龙葵主要发生于石嘴山市大武口区，发生0.0451万亩，防治0.0451万亩。刺苍耳主要发生于银川市的西夏区、永宁县、贺兰县和石嘴山市平罗县、吴忠市盐池县、同心县、红寺堡区，以及固原市彭阳县、中卫市沙坡头区，发生1.6056万亩。

（三）成因分析

1. 气候干燥成为林业有害生物发生的有利条件

降水量少、蒸发量大容易造成食叶害虫暴发。杨树食叶害虫主要为春尺蠖，主要在沙区盐池、灵武、红寺堡、同心等地发生，主要成因是沙区干旱少雨，春尺蠖连续多年发生，容易扩散蔓延。但经过连年化学防治，虫口密度下降，危害减轻。

2. 鼢鼠危害整体呈缓慢上升趋势

近年来由于气候变暖，年平均气温持续上升，降水量增加，有效积温上升，为鼢鼠的生长提供了适宜的条件。鼢鼠常年在地下生活，受天敌影响少，防治困难，加之防治资金严重不足，造成连年危害。近年来，宁夏部分地区新造林使用物理阻隔网预防鼢鼠危害，可有效提高新造林苗木的保存率，未使用物理阻隔网的地区鼢鼠对新造林依然危害较大。

3. 外来林业有害生物防控形势严峻

随着近年来造林力度加大，外来苗木的大量流入，如臭椿沟眶象、斑衣蜡蝉、苹果蠹蛾、北京勾天牛等害虫，在各地已造成严重危害。臭椿受臭椿沟眶象和斑衣蜡蝉同时危害，树势衰弱，虽然2024年防治措施加大，危害面积呈下降趋势，但依然危害严重。

4. 蛀干害虫及落叶松红腹叶蜂防控总体可控但仍需持续关注

杨树蛀干害虫光肩星天牛主要在引黄灌区和南部山区发生，发生面积呈逐年下降态势。二代林网虽大部分栽植抗天牛树种，如臭椿、白蜡等，但一代林网残留下来的天牛又在新疆杨等树种上危害，个别零星地段管护和防治不到位，容易造成在新成林地段持续危害的现象。落叶松红腹叶蜂易暴发成灾，主要原因是当地落叶松人工纯林面积所占比例较大，一旦暴发容易成灾，需要持续关注。

5. 一些常发性林业有害生物致病机理研究不够

宁夏常发性有害生物 30 余种，其中云杉树叶象、油松切梢小蠹、柳树丛枝病等新发有害生物发生面积呈现出逐年上升趋势，但其致病机理尚不清晰、防控措施尚不完善，防治难度较大，危害程度还有进一步加强的趋势。

二、2025 年林业有害生物发生趋势预测

(一)2025 年总体发生趋势预测

在宁夏森林病虫防治检疫总站召开的全区 2025 年林业有害生物趋势会商会的基础上，根据相关林业资源、气象资料研判了 2025 年林业有害生物发生趋势，根据 2025 年宁夏气象预报和 2024 年林业有害生物越冬基数调查，预测 2025 年林业有害生物发生面积较 2024 年略有增加。综合各市县的趋势预报，预测 2025 年全区林业有害生物发生约 410 万亩。

(二)分种类发生趋势预测

1. 林业鼠(兔)害

预测 2025 年发生 262 万亩。鼢鼠分布于固原市的原州区、隆德县、西吉县、彭阳县、泾源县、六盘山林业局及中卫市的海原县。中华鼢鼠和甘肃鼢鼠危害主要在地下，啃食树木根部，气候影响不明显。根据 2024 年冬季鼠害密度调查，鼠密度平均为 4.6 头/hm^2，危害株率平均为 5.3%。2025 年中华鼢鼠和甘肃鼢鼠将在宁夏南部山区局部地区偏重发生，预测 2025 年中华鼢鼠和甘肃鼢鼠发生 180 万亩。其他鼠(兔)害如东方田鼠、子午沙鼠、蒙古黄鼠等主要发生在银川市、石嘴山市、吴忠市、中卫市黄河护岸林及灵武市沙区，预测发生 82 万亩。

2. 蛀干害虫

预测 2025 年蛀干害虫发生 16 万亩。主要为光肩星天牛、红缘天牛、北京勾天牛、榆木蠹蛾。光肩星天牛在引黄灌区各市县及固原市等地发生，虫口密度连年下降，实现了有虫不成灾的目标。红缘天牛在中卫市中宁县主要危害枣树。北京勾天牛在固原市彭阳县、原州区发生，主要危害刺槐。榆木蠹蛾在盐池县、红寺堡区、同心县、青铜峡市等地发生。

3. 沙棘木蠹蛾

主要发生于固原市的彭阳县、西吉县及六盘山、中卫市的海原县。危害蔓延呈平稳趋势，由于沙棘木蠹蛾没有有效方法防治，主要是性诱剂防治，预测 2025 年发生 8 万亩。

4. 杨树食叶害虫。

主要为春尺蠖，发生在吴忠市的盐池县、同心县、中卫市沙坡头区和银川市的灵武市等地，主要危害多年生的杨树、榆树、柠条、花棒。因为上述地区干旱少雨，天敌寄生率低，如不及时防治容易造成春尺蠖蔓延成灾。近几年通过药物防治，虫口密度和越冬蛹数量下降，已不会大面积扩散蔓延危害。2025 年危害以轻中度为主，预测 2025 年发生 42 万亩。

5. 落叶松红腹叶蜂

落叶松红腹叶蜂自 1998 年在六盘山林区大面积暴发以来，经过连续多年防治，危害已基本得到控制。发生范围主要在六盘山、原州区、彭阳县、西吉县、隆德县、泾源县和中卫市的海原县。主要危害落叶松人工林。为保护水源涵养林，近几年在主要风景区外围采用化学防治外，核心区基本不采用化学防治，利用天敌自然控制，连续多年天敌种群数量的增加，基本控制了该虫的扩散蔓延。预测 2025 年发生 14 万亩。

6. 臭椿沟眶象和沟眶象

因危害隐蔽性强，成虫随着沟渠传播，有扩散蔓延趋势。预测 2025 年在银川市(包括所有县区及地级市)、石嘴山市平罗县、吴忠市利通区、

吴忠市青铜峡市、中卫市中宁县、固原市彭阳县等地发生 8 万亩。

7. 斑衣蜡蝉

2025 年呈扩散蔓延趋势。因该虫繁殖力强，易扩散等特点，在银川市兴庆区、金凤区、西夏区、贺兰县，石嘴山市大武口区、平罗县，吴忠市利通区等地发生，预测 2025 年发生 6 万亩。

8. 苹果蠹蛾

2025 年在银川市西夏区、永宁县、贺兰县、灵武市，中卫市沙坡头区、中宁县、海原县，吴忠市利通区、青铜峡市，石嘴山市大武口区、惠农区、平罗县等地发生。由于部分果园林农防治不彻底，留有死角，易造成苹果蠹蛾扩散蔓延。预测 2025 年发生 10 万亩。

9. 经济林及其他病虫害

2025 年发生面积有增加趋势，在全区普遍发生，主要是部分地区新造林面积的增加，带来林业有害生物扩散蔓延潜在危险。预测 2025 年发生 42 万亩。

10. 有害植物

2025 年预测发生 2 万亩，主要为刺萼龙葵和刺苍耳。在石嘴山市大武口区，银川市西夏区、永宁县、贺兰县，吴忠市盐池县、同心县、红寺堡区，中卫市的沙坡头区等地的河道及防护林等区域发生。主要传播原因是周边农户放牧过程中，种子传播扩散。

（三）重要防控风险点

根据 2024 年宁夏林业有害生物发生情况，预测 2025 年发生趋势见表 31-1。

表 31-1　2025 年宁夏林业有害生物预测发生面积

林业有害生物	预测发生面积（万亩）
发生总计	410
鼠（兔）害	262
蛀干害虫	16
沙棘木蠹蛾	8
杨树食叶害虫	42
落叶松红腹叶蜂	14
臭椿沟眶象和沟眶象	8
斑衣蜡蝉	6
苹果蠹蛾	10
经济林及其他病虫害	42
有害植物	2

下半年重点防控区域为银川市灵武市、吴忠市盐池县、红寺堡区、罗山自然保护区。主要危害种类为春尺蠖。南部山区固原市的原州区、彭阳县、泾源县、六盘山、隆德县、西吉县和中卫市的海原县。主要危害种类为中华鼢鼠和甘肃鼢鼠、落叶松红腹叶蜂。石嘴山市惠农区、平罗县，银川市永宁县、灵武市、贺兰县，吴忠市青铜峡市、利通区，中卫市沙坡头区、中宁县。主要危害种类为臭椿沟眶象和斑衣蜡蝉。银川市西夏区、永宁县、贺兰县、灵武市，中卫市沙坡头区、中宁县、海原县、吴忠市利通区、青铜峡市、同心县，石嘴山市大武口区、惠农区、平罗县。危害种类为苹果蠹蛾。

三、对策建议

根据当前林业有害生物发生情况及 2025 年发生趋势预测，在 2025 年防治工作中主要采取以下措施。

（一）宏观防控措施

1. 加强组织领导，落实监测防治责任

明确林业有害生物防控责任，强化林业有害生物防治目标管理，为林业有害生物防治工作提供坚强有力的组织保证。

2. 加强监测预报，提升预防水平

强化林业有害生物监测预防措施，为防治工作提供科学依据。

3. 强化检疫执法，加大检疫力度

规范检疫工作程序和执法行为，提高检疫工作成效和质量。加大检疫性害虫苹果蠹蛾等的防控力度，防止苹果蠹蛾等外来有害生物在宁夏进一步扩散蔓延。

4. 持续提升宣传，提高全民意识

进一步加大林业有害生物防控宣传力度，增强全民林业有害生物防治意识。

5. 加强科技支撑，深入科学研究

进一步加大常发性林业有害生物致病机制的研究，积极总结防治经验，推广防治措施，逐步实现林业有害生物可防可控。

(二)具体防控措施

1. 森林鼠(兔)害

(1)营林为主，综合防治。实行以营林为主进行综合防治，造林前先行防治，降低鼠、兔密度，加强幼林抚育，促进林木生长，提高树势，加快郁闭速度，缩短成林年限。

(2)防治结合，综合治理。在防治工作中要坚持"综合治理"的原则，将捕、灭、隔、引措施相结合，在主要防治季节，以小流域、山头等为单位，采取集中连片，统一防治，以巩固防治效果。

(3)人员齐备，作业有序。采取以防治专业队为主的组织形式，由护林员或专业队承包防治。根据林业部门制定的防治方案和作业设计进行防治，在工程造林中大力推广物理空间阻隔法预防鼢鼠危害。

(4)立足培训，加强宣传。加强培训和宣传，推广先进技术。为提高各地的森林鼠(兔)害防治水平，开展现场培训，使更多的农民掌握地弓箭的使用方法和鼠洞判断要领，提高和普及鼠(兔)害防治的新技术、新知识和新经验。

2. 蛀干害虫

(1)清除害木，更新改造。将清理严重虫害木与更新改造相结合。营造由多树种、多品系、多种配置模式组成的抗虫混交林，引黄灌区栽植饵木树。在未成林的农田防护林带，运用打孔注药、清理虫害木、捕捉成虫、人工砸卵、白僵菌侵染等生物、物理、化学各种有效措施除治。

(2)队伍专业，防治有序。组建专业防治队伍，以乡林业站为依托，以护林员为主体，从每年5月开始打孔注药灭杀天牛幼虫，在每年天牛成虫、透翅蛾、木蠹蛾羽化期进行无公害化学防治。

(3)改善林分，搭配栽植。逐步形成多树种、多林种、多功能、多效益的抗虫防护林网结构，臭椿、白蜡、刺槐、国槐、沙枣等多树种混交的骨干林网抗虫树种达60%以上，保证骨干林网的相对稳定性，进一步降低株虫口密度。

3. 沙棘木蠹蛾

(1)重度危害区沙棘林更新改造措施。坚持生态效益与经济效益相结合，封(育)、改(调整树种结构)、造(林)相结合的原则，利用沙棘木蠹蛾对5年生以下幼林危害低的特点，进行更新改造。

(2)中度危害区沙棘林平茬更新措施。春季(或秋季)全面清除沙棘地上部分，通过水平根系萌蘖出新的植株，迅速恢复林分，及时定干、除蘖，加强抚育管理，确保成林，以此达到治理沙棘木蠹蛾灾害的目的。

(3)轻度危害区沙棘林采用灯光及性诱剂诱杀成虫。

4. 杨树食叶害虫、落叶松红腹叶蜂

(1)预防为先，监测有序。加强暴发性食叶害虫的监测工作，保证测报网络的正常运行。加强重点林区和整个分布区的监控，准确预测，及早发现，确保及时有效控制，严防新的暴发和扩散蔓延。

(2)因地制宜，分类施策。对暴发性食叶害虫的防治，应采取因地制宜、分类施策的方针。在重灾区，以高效低毒无公害农药为主开展化学防治，在叶蜂成虫期利用山谷风施放无公害烟剂熏杀。在中度和轻度灾区采用保护天敌和物理防治法，使用仿生制剂防治暴发性食叶害虫，降低对天敌的伤害，维持整个森林生态系统的稳定。

(3)方案合理，经费保障。筹措专项防治经费。对食叶害虫防治实行防治作业设计，落实、制定防前和防后指标，根据作业设计的指标进行检查验收，下拨防治资金。在有条件的情况下实行有偿防治服务。

(主要起草人：李岳诚　唐杰　王立婷　张玉洲；主审：闫佳钰)

32 新疆维吾尔自治区林业有害生物2024年发生情况和2025年趋势预测

新疆维吾尔自治区林业有害生物防治检疫局

【摘要】据各级测报点填报的发生防治数据显示，2024年(3~10月)，全疆林业有害生物寄主总面积为15037万亩，应施监测37259.1万亩次，全年实际监测36865.7万亩次，监测覆盖率为98.94%；全年发生1960.39万亩，发生率为13.04%，发生面积同比减少121.19万亩；2024年预测发生2067万亩，实际发生1960.39万亩，测报准确率为94.56%；2024年全年成灾0亩，成灾率为0。全年防治1919.31万亩，防治率为97.9%。其中，生物防治719.92万亩，生物化学防治1000.92万亩，化学防治73.05万亩，营林防治51.31万亩，人工物理防治74.11万亩；无公害防治面积为1863.29万亩，无公害防治率为97.08%。全年累计防治作业面积为2047.11万亩。完成飞机防治任务259.96万亩，主要防治对象有胡杨锈病、春尺蠖、沙棘果实蝇、杨梦尼夜蛾、胡杨木虱等；通过飞机防治、地面防治、生物防治等多种防治措施并重，杨树叶斑病、大沙鼠、核桃黑斑蚜、杨蓝叶甲、根田鼠、胡杨锈病、红蜘蛛、梨小食心虫等林业有害生物发生面积和危害程度均有所下降。依据2024年秋冬调查和综合分析，预计2025年全疆林业有害生物发生1947万亩，比2024年减少13.4万亩。其中，病害预计发生191万亩，比2024年增加12.9万亩；虫害预计发生960万亩，比2024年减少13.8万亩；森林鼠(兔)害预计发生796万亩，比2024年减少12.5万亩。

一、新疆2024年度林业有害生物监测与发生情况

2024年新疆林业有害生物寄主树种总面积为15037万亩，与2023年(15623.71万亩)相比减少586.71万亩。2024年3~10月林业有害生物应施调查监测37259.1万亩次，实际监测36865.7万亩次，监测覆盖率为98.94%。

根据全疆各级测报点上报的2024年林业有害生物发生防治数据显示，2024年全疆林业有害生物发生1960.39万亩(轻度发生1653万亩，中度发生262.17万亩，重度发生45.23万亩)，较2023年同期减少了121.19万亩，同比减少5.82%，中度、重度危害较去年略有增加。其中，病害发生177.78万亩，同比增加19.45%；虫害发生973.68万亩，同比减少10.58%；鼠害发生808.93万亩，同比减少4.14%(图32-1、图32-2、表32-1)。

2024年全区林业有害生物成灾面积为0，成灾率为0。

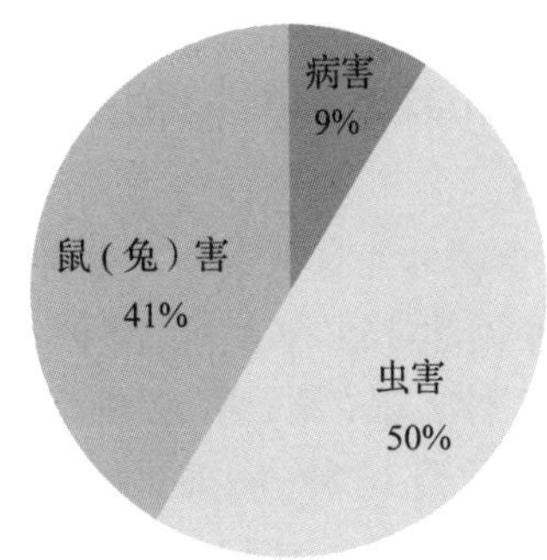

图32-1　新疆2024年林业有害生物发生面积分类占比

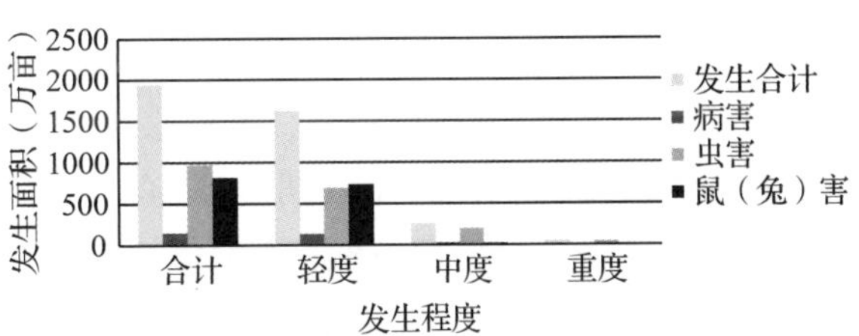

图32-2　新疆2024年林业有害生物发生种类及发生程度对比

表 32-1　新疆 2024 年林业有害生物发生情况与 2023 年同期对比一览表

名称		2024 年发生面积				2023 年发生面积				同比变化（万亩）
		合计	轻	中	重	合计	轻	中	重	
林业有害生物发生总计	病害(万亩)	177.78	131.33	37.92	8.53	148.83	136.93	10.23	1.67	28.94
	虫害(万亩)	973.68	744.81	196.74	32.13	1088.88	889.24	174.32	25.32	-115.19
	鼠害(万亩)	808.93	776.85	27.51	4.57	843.87	817.99	21.55	4.33	-34.94
	小计	1960.39	1652.99	262.17	45.23	2081.58	1844.16	206.10	31.32	-121.19
	危害程度占比(%)		84.3	13.4	2.3		88.6	9.9	1.5	

2024 年，全疆防治 1919.31 万亩，防治率为 97.9%。其中，生物防治 1000.92 万亩，生物化学防治 719.92 万亩，化学防治 73.05 万亩，营林防治 51.31 万亩，人工物理防治 74.11 万亩；无公害防治 1863.29 万亩，无公害防治率 97.08%。全年累计防治作业面积为 2047.11 万亩。

2024 年全疆飞机防治 259.96 万亩，其中，胡杨林飞防 80.323 万亩，防治对象主要为春尺蠖和胡杨锈病，在南疆塔克拉马罕沙漠周缘的胡杨林区开展防治。

（一）2024 年全疆林业有害生物发生特点

新疆地域辽阔，区域性气候差异大，寄主树种分布相对集中而单一，森林生态系统较为脆弱。

1. 总体发生趋势严峻，监测种类和发生种类数量逐年上升

2024 年全疆林业有害生物发生种类为 139 种（年度监测种类达 165 种），监测种类：病害 38 种、虫害 115 种、鼠（兔）害 12 种。山区天然林有害生物发生种类 10 种（病害 3 种、虫害 7 种），绿洲人工防护林有害生物 47 种[病害 5 种、虫害 40 种、鼠（兔）害 2 种]，经济林有害生物 68 种[病害 19 种、虫害 47 种、鼠（兔）害 2 种]，天然荒漠河谷林有害生物 17 种[病害 2 种、虫害 7 种、鼠（兔）害 8 种]。胡杨锈病、云杉八齿小蠹、李小食心虫发生面积比去年同期增加 10 万亩以上；核桃黑斑蚜、梨小食心虫、春尺蠖、朱砂叶螨（红蜘蛛）、山楂叶螨（山楂红蜘蛛）、根田鼠、大沙鼠发生面积比去年同期减少 10 万亩以上，其中春尺蠖的发生面积减少了 93 万亩。

2. 发生面积趋于平稳，中度、重度发生面积呈逐年下降趋势

全疆林业有害生物总发生量自 2013 年突破 2000 万亩以来，一直稳定在 2000 万亩左右，近几年总发生面积趋于平稳，在各种防控措施的作用下，中度、重度发生比例逐年下降，呈现出“有虫不成灾”的趋势（图 32-3、图 32-4）。

3. 受极端气象原因，全林业有害生物发生量较去年同期减少

2024 年，全疆大部气温偏高、降水偏少，部分地区大风、霜冻、冰雹、低温冻害等极端气象灾害频发，极大抑制了林业有害生物的发生危害，杨树叶斑病、大沙鼠、核桃黑斑蚜、杨蓝叶甲、根田鼠、胡杨锈病等林业有害生物发生面积较去年同期偏少。

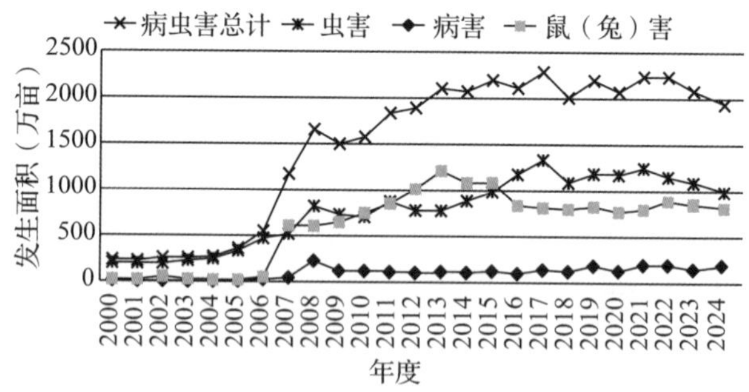

图 32-3　新疆 2000—2024 年林业有害生物发生趋势

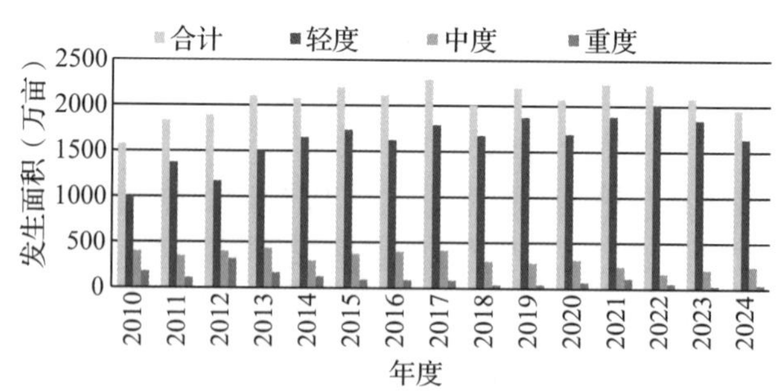

图 32-4　新疆 2010—2024 年林业有害生物发生程度对比

4. 全疆各分布区域林业有害生物发生种类和发生量差异性较大

全疆林业有害生物发生量，按照森林资源分布可分为山区天然林、绿洲人工防护林、经济林和天然荒漠河谷林四个区域，山区天然林区发生种类有 10 种，发生总量为 33.96 万亩，占全区发生总量的 1.7%，比去年增加 16.29 万亩；绿洲人工防护林区发生种类有 47 种，发生总量为 146.9 万亩，占全区发生总量的 7.5%，比去年减少 59 万亩；经济林区发生种类有 68 种，发生总量为 598.18 万亩，占全区发生总量的 30.5%，比去年减少 163.3 万亩；天然荒漠河谷林区发生种类有 17 种，发生总量为 901.75 万亩，占全区发生总量的46%，比去年减少 195.12 万亩。

5. 沙棘绕实蝇呈现蔓延趋势

沙棘绕实蝇历年来仅在北疆的阿勒泰地区布尔津县、哈巴河县、青河县境内发生危害，2021 年扩散到克州阿合奇县沙棘林区，近年来，随着新疆沙棘产业的快速发展，种植面积不断增大，沙棘绕实蝇发生面积也有所增加，2024 年发生 18.52 万亩，同比增加 35%。虽然各地高度重视，采取综合防控措施进行防治，仍处于扩散态势。

6. 蛀干害虫呈现蔓延趋势

几年来新疆高度重视光肩星天牛、白蜡窄吉丁等杨树蛀干害虫的防控，从 2024 年度数据来看，光肩星天牛、白蜡窄吉丁的发生面积和发生程度呈下降趋势。但是，天山东部国有林管理局的吉木萨尔分局、乌南分局、板房沟分局、哈密分局、奇台分局、木垒分局范围大面积出现次期性蛀干害虫——云杉八齿小蠹(目前鉴定为优势种)开始发生，2024 年统计面积为 15.45 万亩，对山区天然林区安全造成了严重的威胁。

(二)2024 年全疆主要林业有害生物发生情况分述

根据《林业有害生物防治信息管理系统》分类方法，全疆 2024 年主要林业有害生物发生情况如下：

1. 重大危险性、检疫性林业有害生物发生情况

(1)全国检疫性有害生物

林业有害生物防治信息管理系统显示，新疆全国检疫性林业有害生物主要有苹果蠹蛾、杨干象、枣实蝇，发生 14.96 万亩(轻度 14.15 万亩，中度 0.8 万亩，重度 0.01 万亩)。

苹果蠹蛾　全疆苹果栽培区均有发生，发生 14.82 万亩(轻度 14.01 万亩，中度 0.8 万亩，重度 0.008 万亩)，同比增加 3.61 万亩，主要发生在伊犁河谷区、和田地区、阿克苏地区、喀什地区、巴州等地，多年处于“有虫不成灾”的状态(图 32-5)。

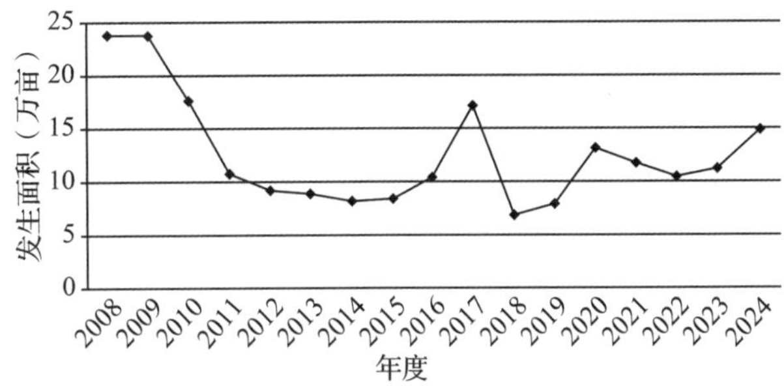

图 32-5　新疆 2008—2024 年苹果蠹蛾(苹果小卷蛾)发生趋势

杨干象　发生 0.14 万亩(轻度 0.14 万亩)，同比减少 0.28 万亩，主要发生在阿勒泰地区阿勒泰市、布尔津县、青河县(图 32-6)。

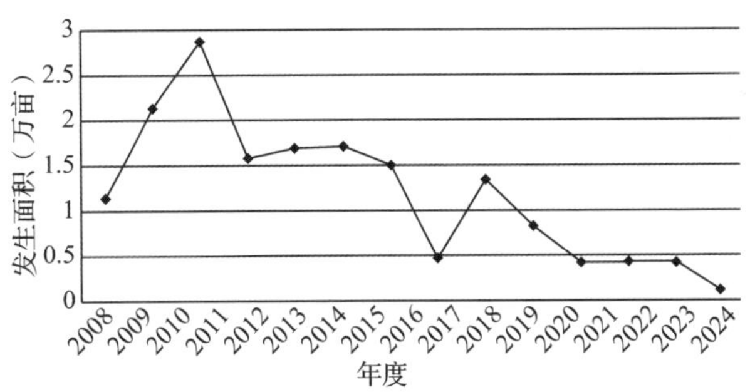

图 32-6　新疆 2008—2024 年杨干象发生趋势

枣实蝇　发生 505 亩，同比增加 50 亩，轻度发生。主要分布在高昌区的艾丁湖镇、恰特喀勒乡；鄯善县鲁克沁镇、辟展镇；托克逊县的博斯坦镇(图 32-7)。

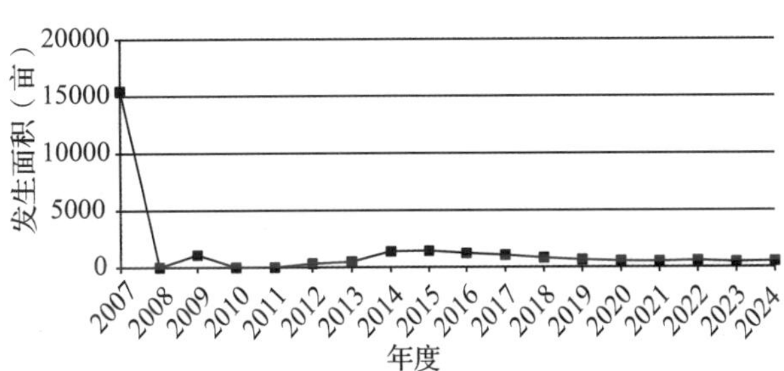

图 32-7　新疆 2007—2024 年枣实蝇发生趋势

(2)新疆补充检疫性有害生物

光肩星天牛　发生 7.23 万亩(轻度 4.97 万亩，中度 1.44 万亩，重度 0.82 万亩)，同比减少 0.93 万亩。主要发生在乌鲁木齐市、伊犁哈萨克自治州(简称伊犁州)、巴州、昌吉州、塔城地区、阿勒泰地区，各地高度重视采取综合防治措施，发生面积和危害程度略有减少(图 32-8)。

苹果小吉丁　发生 4.2415 万亩(轻度 4.14 万亩，中度 0.1 万亩，重度 0.0015 万亩)，与 2023 年基本持平。主要发生在伊犁州的巩留县、特克斯县、尼勒克县的野苹果林中，天山西部国有林管理局巩留分局、西天山自然保护区，乌鲁木齐县也有少量发生，大部分为轻度发生，局部中度发生(图 32-9)。

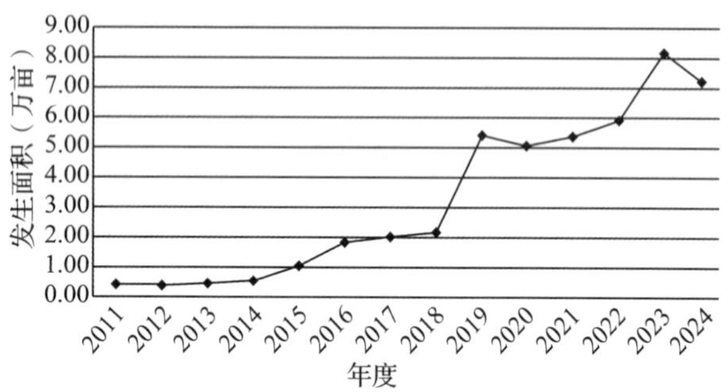

图 32-8　新疆 2011—2024 年光肩星天牛(黄斑星天牛)发生趋势

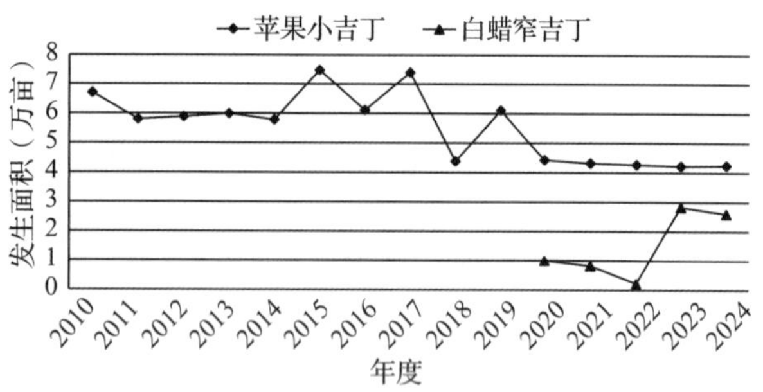

图 32-9　新疆 2011—2024 年苹果小吉丁和白蜡窄吉丁发生趋势

白蜡窄吉丁(花曲柳窄吉丁)　发生 2.6 万亩(轻度 2.2 万亩，中度 0.34 万亩，重度 0.06 万亩)，同比减少 0.23 万亩。主要发生在伊犁州伊宁市、奎屯市、伊宁县、察布查尔县、霍城县、巩留县、新源县、特克斯县、尼勒克县，博州博乐市，昌吉州玛纳斯县，乌鲁木齐市天山区、沙依巴克区、高新区、水磨沟区、经济开发区，塔城地区塔城市也有分布，各地高度重视采取综合防治措施，发生面积和危害程度呈下降趋势(图 32-9)。

(3)检疫性、危险性林业有害生物专项调查情况

2024 年各地开展检疫性、危险性病虫害专项调查，未发现扶桑绵粉蚧、松材线虫病、美国白蛾等检疫性、危险性病虫害。

2. 松树病害发生情况

主要发生在天山西部、天山东部、阿尔泰山国有林管理局辖区的山区天然林内，主要种类有五针松疱锈病(松孢锈病)、松树锈病等，2024 年未发生危害。

3. 松树食叶害虫发生情况

松毛虫类　主要有落叶松毛虫，发生 1.15 万亩(轻度 0.85 万亩，中度 0.3 万亩)，同比增加 0.73 万亩。主要发生在阿尔泰山国有林管理局阿勒泰分局、天山东部国有林管理局哈密分局、塔城地区和布克赛尔蒙古自治县，发生面积呈上升趋势。

松鞘蛾类　主要有落叶松鞘蛾，发生 0.59 万亩，轻度发生，同比持平。主要发生在阿尔泰山国有林管理局辖区内。

其他松树食叶类害虫　主要有落叶松卷蛾、落叶松尺蛾等，2024 年未发现其他松树食叶类害虫发生危害。

4. 松树蛀干害虫发生情况

松天牛类　主要有云杉小墨天牛、云杉大墨天牛。2024 年未发现松天牛类害虫发生危害。

松蠹虫类　主要有脐腹小蠹、泰加大树蜂等，发生 1.21 万亩，轻度发生为主。其中，泰加大树蜂发生 0.51 万亩，同比减少 0.02 万亩，天山东部、天山西部国有林管理局各分局零星发生；脐腹小蠹发生 0.7 万亩，同比增加 0.26 万亩，主要发生在克拉玛依市和乌鲁木齐市，主要危害榆树。

5. 云杉病虫害发生情况

云杉病虫害　发生 18.42 万亩(轻度 9.08 万亩，中度 4.32 万亩，重度 5.02 万亩)(图 32-10)。

病害　主要种类有云杉落针病(云杉叶枯病)、云杉锈病、云杉雪枯病、云杉雪霉病等，发生 2.98 万亩，同比减少 0.24 万亩；其中，云杉落针病发生 0.72 万亩(轻度 0.72 万亩)，同比增加 0.23 万亩，主要发生在天山西部国有林管理局各分局辖区内；云杉锈病发生 2.56 万亩，轻度发生，同比增加 0.03 万亩。主要发生在天山东部、天山西部国有林管理局各分局辖区内。

虫害　主要种类有云杉八齿小蠹，发生 15.45 万亩，同比增加 14.46 万亩，主要发生在天山西部、天山东部辖区内，特别是 2024 年在

天山东部国有林管理局哈密分局、南山分局、吉木萨尔分局、奇台分局、木垒分局大发生(图 32-11)。

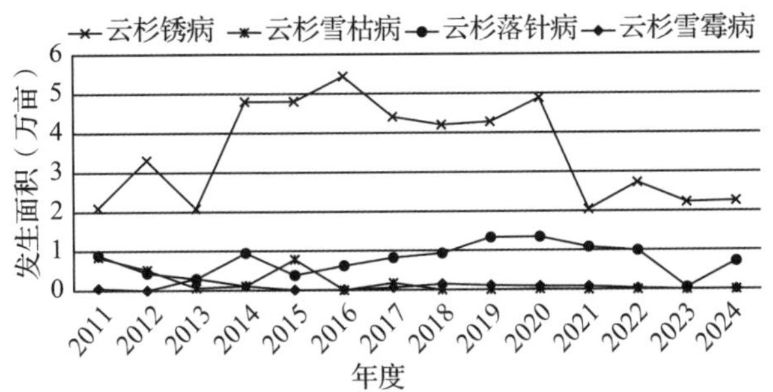

图 32-10　新疆 2011—2024 年云杉病害发生趋势

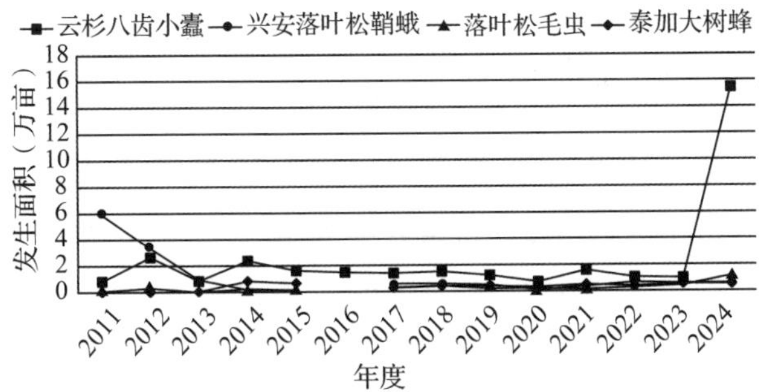

图 32-11　新疆 2011—2024 年云杉虫害发生趋势

6. 杨树病害发生情况

主要种类有杨树烂皮病、杨树锈病、胡杨锈病、杨树叶斑病等，发生 106.44 万亩，同比增加 47.49 万亩。其中，杨树烂皮病、杨树锈病、杨树叶斑病等发生 18.14 万亩，杨树叶斑病发生 11.26 万亩(轻度 7.98 万亩，中度 3.24 万亩，重度 0.04 万亩)，同比减少 4.97 万亩，主要发生在喀什地区麦盖提县人工防护林内；杨树烂皮病发生 4.6 万亩(轻度 4.22 万亩，中度 0.36 万亩，重度 0.02 万亩)，同比增加 2.42 万亩，主要发生在克州阿克陶县、伊犁州、塔城地区、阿勒泰地区；杨树锈病发生 1.87 万亩(轻度 1.56 万亩，中度 0.25 万亩，重度 0.07 万亩)，与去年同期持平，主要发生在喀什地区。胡杨锈病发生 88.31 万亩(轻度 51.32 万亩，中度 29.28 万亩，重度 7.71 万亩)，同比增加 50.26 万亩，因今年气温偏高、降水偏多，导致胡杨锈病大发生(图 32-12)。

7. 杨树食叶害虫发生情况

2024 年杨树食叶害虫发生 325.79 万亩(轻度 192.19 万亩，中度 113.96 万亩，重度 19.64 万亩)，同比减少 105.77 万亩。其中，春尺蠖发生

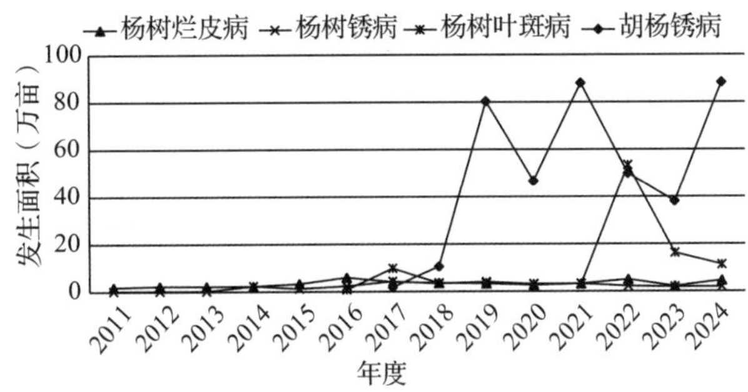

图 32-12　新疆 2011—2024 年杨树主要病害发生趋势

面积占 85.83%，突笠圆盾蚧占 6.46%，日本草履蚧占 1.74%，躬妃夜蛾占 2.46%(仅在巴州且末县梭梭林中发生)，其他杨树食叶害虫发生面积均占总面积的 1%以下。

春尺蠖　发生 279.61 万亩(轻度 160.21 万亩，中度 100.94 万亩，重度 18.46 万亩)，全疆均有分布，发生面积同比减少 93.89 万亩，危害程度显著降低。2024 年胡杨林区发生 157.85 万亩，同比减少 94.94 万亩；人工防护林区发生 71.52 万亩，同比增加 25.9 万亩；经济林区发生 50.23 万亩，同比持平(图 32-13)。

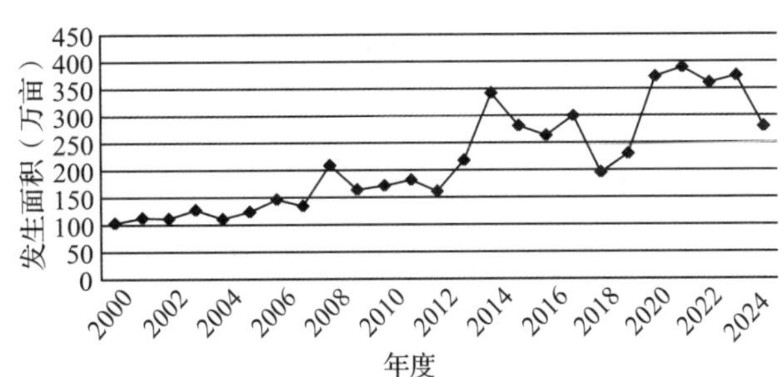

图 32-13　新疆 2000—2024 年春尺蠖发生趋势

大青叶蝉　发生 2.43 万亩，轻度发生，同比减少 0.84 万亩，主要发生在和田地区、阿克苏地区、克州各县市(图 32-14)。

突笠圆盾蚧　发生 21.05 万亩(轻度 16.44 万亩，中度 3.5 万亩，重度 1.11 万亩)，同比增加 7.2 万亩，主要发生在喀什地区、和田地区、阿克苏地区，伊犁州察布查尔县、巩留县，巴州。

杨蓝叶甲　发生 2 万亩(轻度 1.86 万亩，中度 0.14 万亩，重度 0.002 万亩)，同比减少 20.7 万亩。全疆均有发生(图 32-14)。

杨毒蛾　发生 0.65 万亩(轻度 0.62 万亩，中度 0.03 万亩)，同比减少 0.99 万亩，主要发生在伊犁州、阿勒泰地区各县市(图 32-14)。

躬妃夜蛾　发生 8 万亩(轻度 0.1 万亩，中度 7.9 万亩)，同比增加 1.58 万亩，发生在巴州且末县梭梭林区(图 32-14)。

其他杨二尾舟蛾、杨扇舟蛾、杨叶甲、舞毒蛾、分月扇舟蛾等种类发生在伊犁州、博州、塔城地区、阿勒泰地区等北疆高海拔地区，呈点状发生。发生量和发生程度较为平稳。

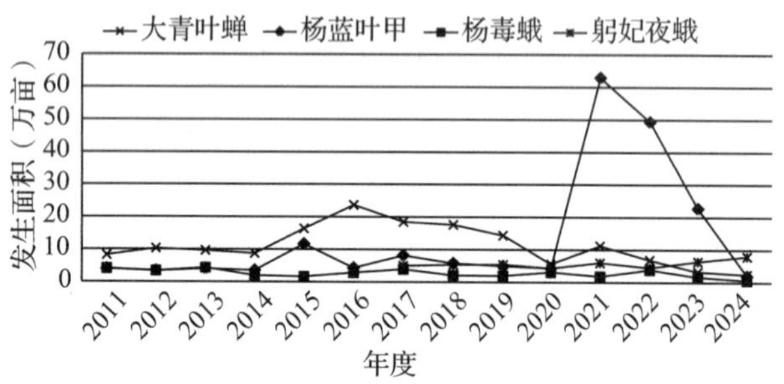

图 32-14　新疆 2011—2024 年大青叶蝉、杨蓝叶甲、杨毒蛾、躬妃夜蛾发生趋势

8. 杨树蛀干害虫发生情况

杨树蛀干害虫有白蜡窄吉丁、杨十斑吉丁、光肩星天牛、山杨楔天牛、青杨天牛、青杨脊虎天牛、白杨准透翅蛾等，发生 15.06 万亩(轻度 10.62 万亩，中度 3.3 万亩，重度 1.13 万亩)，同比减少 1.76 万亩(图 32-15)。青杨天牛发生 2.21 万亩，同比减少 0.42 万亩，南北疆均有分布，主要在博州温泉县发生。白杨透翅蛾发生 0.9 万亩，同比减少 0.15 万亩，南北疆均有分布。杨十斑吉丁发生 1.99 万亩，同比持平，主要发生在喀什地区、哈密市、巴州，山杨楔天牛、杨干象仅发生在塔城地区、阿勒泰地区，山杨楔天牛发生与 2023 年同期基本持平，杨干象发生自然下降趋势非常明显。

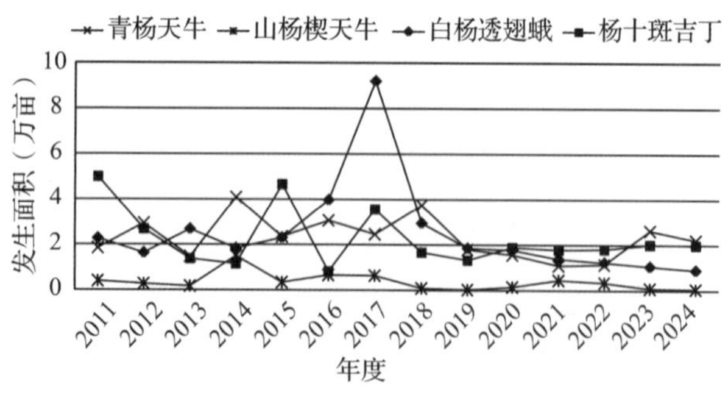

图 32-15　新疆 2011—2024 年杨树蛀干害虫发生趋势

9. 桦木病虫害

桦木病虫主要有桦尺蛾和梦尼夜蛾，2024 年发生 7.14 万亩(轻度 5.93 万亩，中度 1.18 万亩，重度 0.03 万亩)，同比增加 0.86 万亩。桦尺蛾发生 0.05 万亩，轻度发生，主要发生在博州夏尔希里自然保护区内，梦尼夜蛾发生 7.09 万亩(轻度 5.88 万亩，中度 1.16 万亩，重度 0.03 万亩)，同比增加 0.87 万亩，主要危害杨树、杏树、桃树等，南北疆均有发生(图 32-16)。

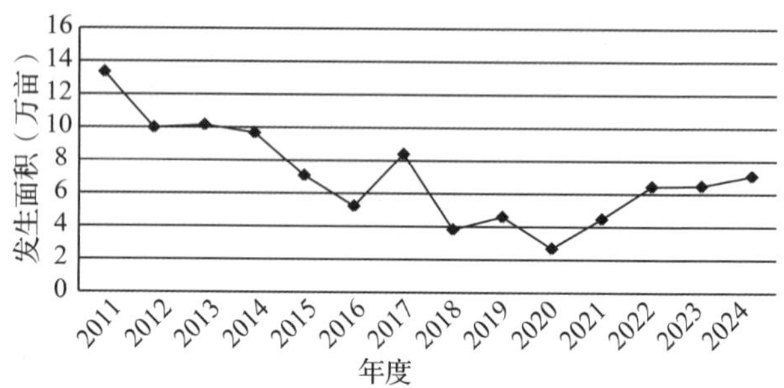

图 32-16　新疆 2011—2024 年梦尼夜蛾发生趋势

10. 经济林病虫害发生情况

2024 年林业有害生物防治信息管理系统显示，2024 年新疆经济林病虫害发生 596.59 万亩(不包括春尺蠖、杨梦尼夜蛾、杨盾蚧、大青叶蝉、黄褐天幕毛虫等)(轻度 544.34 万亩，中度 45.44 万亩，重度 6.8 万亩)，同比减少 69.67 万亩。

(1)核桃病虫害

主要种类有核桃腐烂病、核桃黑斑蚜、核桃褐斑病、核桃黑斑病、春尺蠖、大青叶蝉、苹果蠹蛾等(图 32-17)。

核桃腐烂病　发生 30.13 万亩(轻度 27.61 万亩，中度 2.32 万亩，重度 0.2 万亩)，同比减少 8.67 万亩，集中发生在南疆喀什地区、和田地区、阿克苏地区。

核桃黑斑蚜　发生 51.61 万亩(轻度 48.25 万亩，中度 2.95 万亩，重度 0.41 万亩)，同比减少 13.16 万亩，主要发生在阿克苏地区、喀什地区、和田地区等核桃集中种植区内。发生面积和危害程度较去年同期均有降低。

核桃褐斑病　发生 5.65 万亩(轻度 4.49 万亩，中度 0.96 万亩，重度 0.20 万亩)，同比增加 0.46 万亩，主要发生在喀什地区各县市。

(2)枣树病虫害

主要种类有枣实蝇、枣粉蚧、枣大球蚧、枣瘿蚊、枣缩果病、枣炭疽病、枣叶斑病等(图 32-18)。

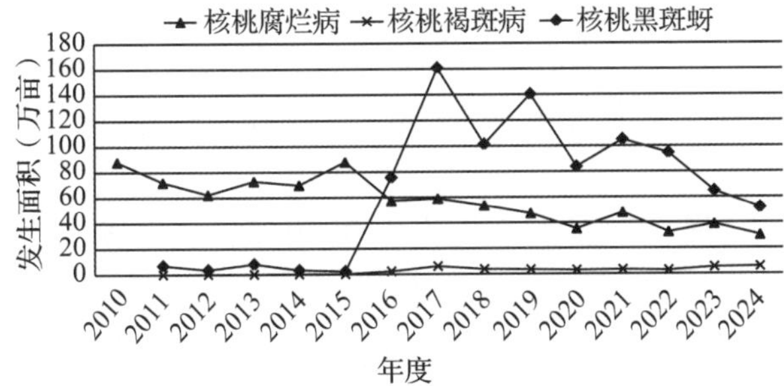

图 32-17 新疆 2010—2024 年核桃病虫害发生趋势

枣瘿蚊 发生 32.3 万亩(轻度 31.85 万亩，中度 1.21 万亩，重度 0.24 万亩)，同比减少 8.7 万亩，主要发生在阿克苏地区、喀什地区、克州、巴州、和田地区和哈密市等红枣集中种植区内。

枣大球蚧 发生 26.17 万亩(轻度 23.62 万亩，中度 2.34 万亩，重度 0.21 万亩)，同比减少 7.16 万亩，主要发生在喀什地区、和田地区、克州、阿克苏地区、巴州、哈密市、伊犁州、乌鲁木齐市。

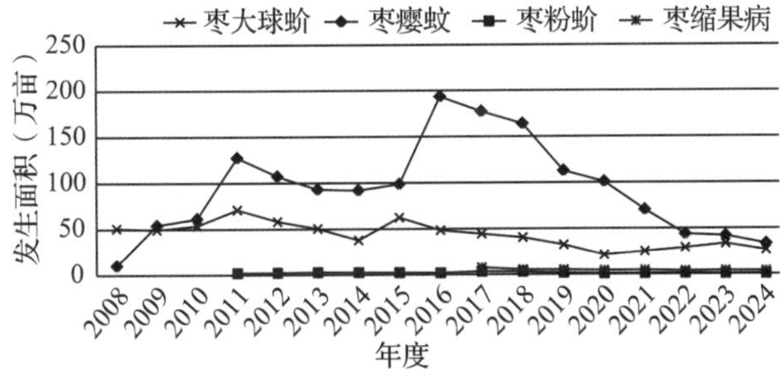

图 32-18 新疆 2008—2024 年枣树主要病虫害发生趋势

枣粉蚧 发生 0.49 万亩，轻度发生为主，同比减少 0.1 万亩，主要发生在喀什地区、哈密市。

枣缩果病发生总 3.57 万亩，同比减少 0.33 万亩，主要发生在喀什地区。

(3)葡萄病虫害

主要种类有葡萄二星叶蝉、葡萄白粉病、葡萄霜霉病、葡萄褐斑病、葡萄毛毡病等(图 32-19)。

葡萄二星叶蝉 发生 6.08 万亩(轻度 6.05 万亩，中度 0.02 万亩，重度 0.01 万亩)，同比减少 0.26 万亩，主要发生在吐鲁番市各县(区)、哈密市伊州区、克州阿图什市等葡萄集中栽培区。

葡萄霜霉病 发生 3.25 万亩，轻度发生，同比增加 0.28 万亩，主要发生在昌吉州各县市，伊犁州霍城县、伊宁县，克州阿图什市等葡萄集中栽培区。

葡萄白粉病 发生 2.87 万亩(轻度 2.84 万亩，中度 0.02 万亩，重度 0.01 万亩)，同比增加 0.28 万亩，主要发生在吐鲁番市，哈密市，昌吉州玛纳斯县、阜康市，克州阿图什市等葡萄集中栽培区。

葡萄毛毡病 发生面积较小，仅在巴州焉耆县轻度发生，发生仅 118 亩。

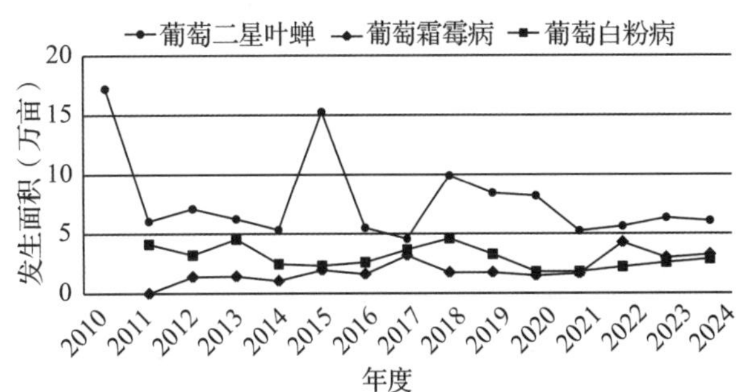

图 32-19 新疆 2010—2024 年葡萄主要病虫害发生趋势

(4)杏树病虫害

主要种类有桑白盾蚧、杏流胶病、杏球蚧、多毛小蠹、毛小蠹、皱小蠹等(图 32-20、图 32-30)。

桑白盾蚧 发生 34.82 万亩(轻度 29.63 万亩，中度 4.02 万亩，重度 1.17 万亩)，同比减少 2.76 万亩。主要发生在喀什地区、克州的各县(市)，巴州轮台县、和硕县，伊犁州伊宁县、阿克苏地区拜城县等杏树集中栽培区。

杏流胶病 发生 11.79 万亩(轻度 11.42 万亩，中度 0.32 万亩，重度 0.05 万亩)，同比增加 0.54 万亩，主要发生在喀什地区、和田地区，克州阿图什市、乌恰县，伊犁州察布查尔县。

杏球蚧 发生 8.99 万亩，轻度发生，同比增加 1.34 万亩。主要发生在伊犁州野果林区。

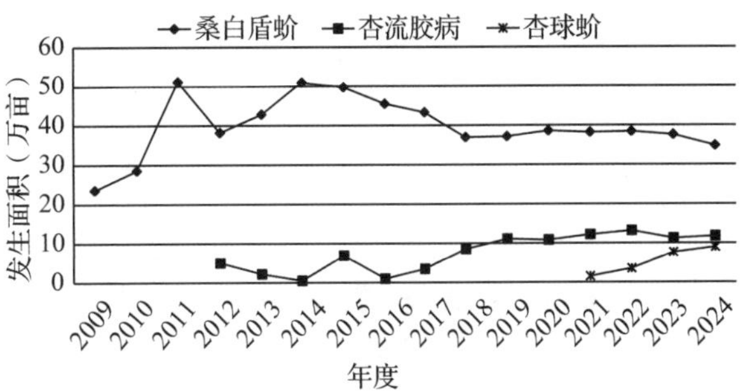

图 32-20 新疆 2009—2024 年杏树主要病虫害发生趋势

(5)梨树病虫害

主要种类有梨茎蜂、梨木虱、梨圆蚧、梨树腐烂病、李小食心虫、梨小食心虫、香梨优斑螟、梨网蝽等(图32-21)。

梨茎蜂　发生3.03万亩，轻度发生，同比减少0.28万亩，主要发生在巴州库尔勒市、阿克苏地区阿瓦提县。

梨木虱　发生3.38万亩，轻度发生，与去年同期持平，主要发生在巴州库尔勒市。

梨圆蚧　发生0.42万亩，轻度发生，同比减少0.7万亩，主要发生在巴州若羌县、和田地区墨玉县境内，克州阿图什市、阿克苏地区乌什县也有少量发生。

梨树腐烂病　发生0.41万亩，轻度发生，同比减少0.26万亩，主要发生在巴州库尔勒市、阿克苏市阿瓦提县等梨树集中栽培区。

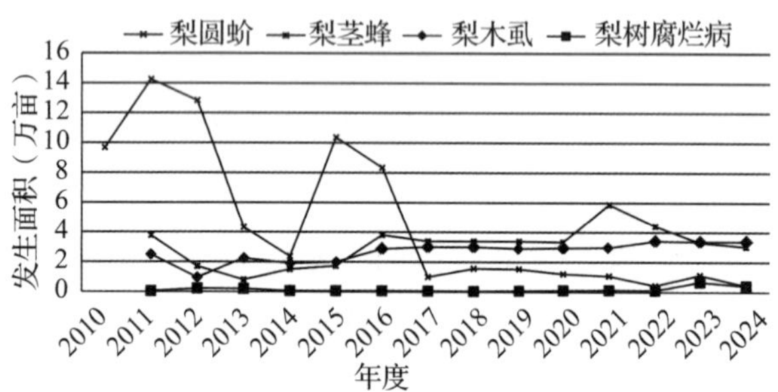

图32-21　新疆2010—2024年梨树病虫害发生趋势

(6)枸杞病虫害

主要种类有枸杞瘿螨、枸杞负泥虫、枸杞刺皮瘿螨等(图32-22)。

枸杞刺皮瘿螨　发生3万亩(轻度2.39万亩，中度0.61万亩)，同比增加0.58万亩，主要发生在博州的精河县。

枸杞瘿螨、枸杞负泥虫　发生0.31万亩，轻度发生，同比持平，主要发生在巴州尉犁县。

枸杞蚜虫　2024年没有发生，同比减少1.30万亩，主要发生在克州的阿合奇县。

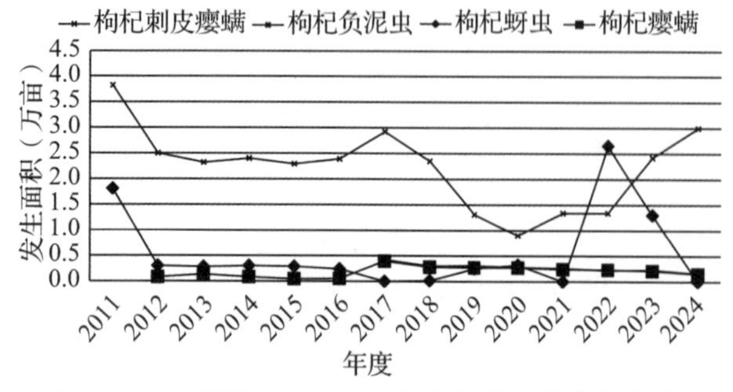

图32-22　新疆2011—2024年枸杞病虫害发生趋势

(7)苹果病虫害

主要种类有苹果小吉丁、苹果黑星病、苹果蠹蛾、苹果绵蚜、苹果巢蛾、绣线菊蚜等(图32-23)。

苹果黑星病　发生1.03万亩，轻度发生为主，同比持平，主要发生在伊犁州各县(市)。

苹果绵蚜　发生0.69万亩，轻度发生，同比基本持平，主要发生在伊犁州各县(市)，和田地区和田市、和田县。

苹果巢蛾　发生0.18万亩(轻度017万亩，中度0.01万亩)，同比增加0.13万亩，主要发生在塔城地区额敏县、托里县。

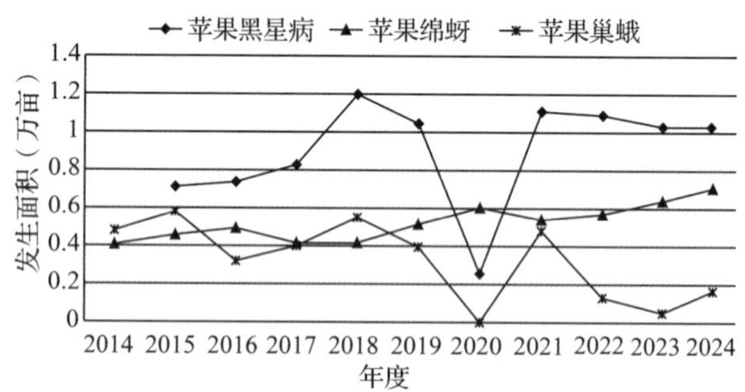

图32-23　新疆2014—2024年苹果病虫害发生趋势

(8)桃树病虫害

主要种类有桃白粉病、桃树流胶病、桃小食心虫、桃蚜、桃瘤头蚜等(图32-24)。

桃白粉病　发生1.95万亩，轻度发生为主，同比增加0.48万亩，主要发生在喀什地区。

桃树流胶病　发生8亩，同比减少0.06万亩，主要发生在克州乌恰县。

桃小食心虫　发生0.11万亩，轻度发生为主，同比增加0.46万亩，主要发生在阿克苏地区新和县，危害桃树、枣树、杏树等。

桃蚜　发生11.18万亩(轻度9.88万亩，中度1.3万亩)，同比增加3.54万亩，主要发生在克州各县(市)。

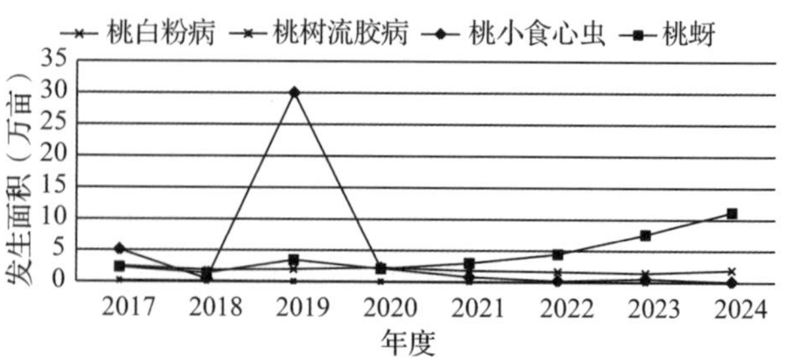

图32-24　新疆2011—2024年桃树病虫害发生趋势

(9)沙棘病虫害

主要种类有沙棘溃疡病、沙棘绕实蝇、黄褐天幕毛虫、缀黄毒蛾、绢粉蝶等(图 32-25)。

沙棘溃疡病　发生 0.43 万亩，轻度发生，同比基本持平，主要发生在阿勒泰地区青河县。

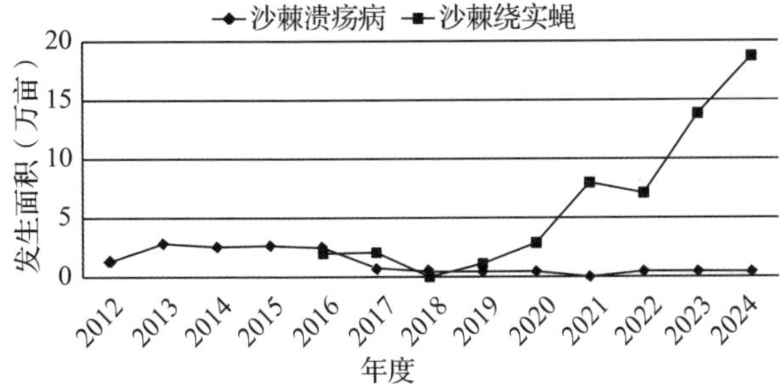

图 32-25　新疆 2012—2024 年沙棘病虫害发生趋势

沙棘绕实蝇　发生 18.72 万亩(轻度 17.81 万亩、中度 0.78 万亩、重度 0.14 万亩)，同比增加 4.9 万亩，主要发生在阿勒泰地区布尔津县、青河县、哈巴河县，克州阿合奇县。

黄褐天幕毛虫　发生 0.01 万亩，轻度发生为主，同比增加 0.02 万亩，主要发生在哈密市巴里坤县，危害沙棘。

(10)果实病虫害

主要种类有梨小食心虫、李小食心虫、苹果蠹蛾、枣实蝇、白星花金龟、桃小食心虫等(图 32-26)。

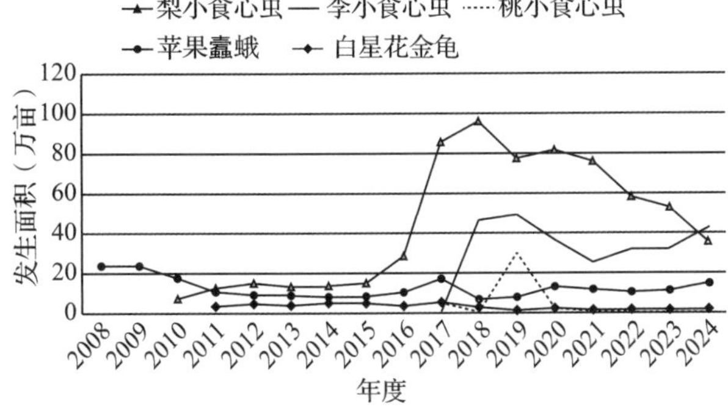

图 32-26　新疆 2008—2024 年水果病虫害发生趋势

梨小食心虫　发生 35.68 万亩(轻度 32.84 万亩，中度 2.73 万亩，重度 0.11 万亩)，同比减少 17.29 万亩。主要发生在喀什地区、巴州、和田地区、克州、阿克苏地区、昌吉州等经济林集中种植区。

李小食心虫　发生 43.23 万亩(轻度 40.68 万亩，中度 2.5 万亩，重度 0.05 万亩)，同比增加 11.02 万亩，主要发生在南疆喀什地区，克拉玛依市少量发生。

白星花金龟　发生 1.91 万亩(轻度 1.84 万亩，中度 0.07 万亩)，同比增加 0.3 万亩，主要发生在吐鲁番市各县(区)，昌吉州呼图壁县、阜康市，博州博乐市，塔城地区沙湾市。

(11)其他经济林病虫害

黄刺蛾　发生 28.4 万亩(轻度 24.62 万亩，中度 3 万亩，重度 0.78 万亩)，同比减少 2.80 万亩，主要发生在阿克苏地区、克州、喀什地区各县(市)、伊犁州新源县(图 32-27)。

棉蚜(花椒棉蚜、榆树棉蚜)　发生 28.29 万亩(轻度 27.07 万亩，中度 1.08 万亩，重度 0.14 万亩)，同比减少 2.98 万亩，主要发生在喀什地区各县市(图 32-27)。

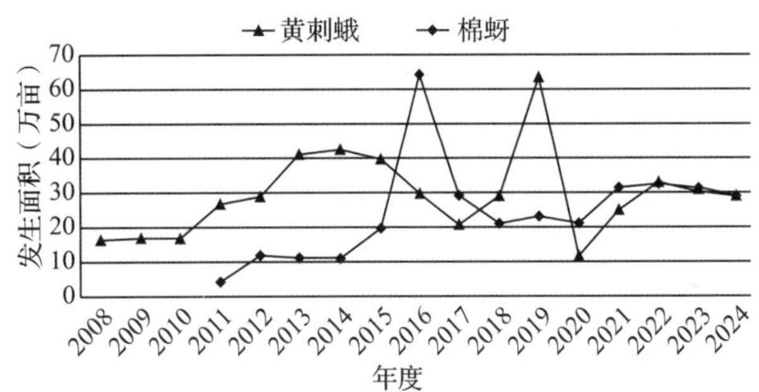

图 32-27　新疆 2008—2024 年黄刺蛾、棉蚜发生趋势

螨类　发生种类有朱砂叶螨、山楂叶螨、截形叶螨、土耳其斯坦叶螨等，发生 163.98 万亩，同比减少 27.09 万亩(图 32-28)。

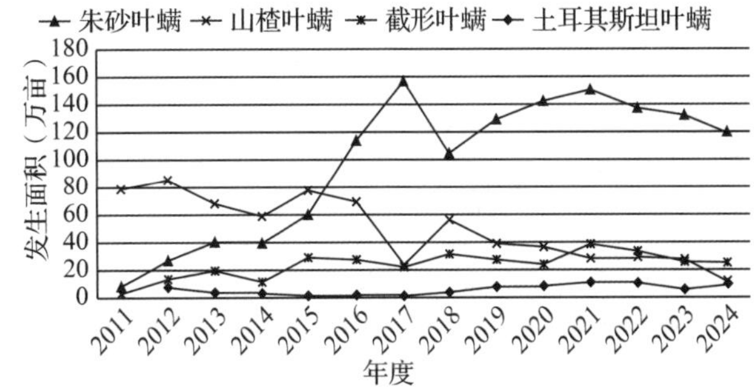

图 32-28　新疆 2011—2024 年螨类害虫发生趋势

朱砂叶螨(红蜘蛛)　发生 116.27 万亩(轻度 101.14 万亩，中度 12.77 万亩，重度 2.37 万亩)，同比减少 15.8 万亩，主要发生在喀什地区、克州阿克陶县，乌鲁木齐市也有少量发生。

截形叶螨　发生 23.84 万亩(轻度 24.24 万亩，中度 0.6 万亩)，同比减少 0.86 万亩，主要发生在和田地区、克州阿图什市、哈密伊州区。

山楂叶螨(山楂红蜘蛛)　发生 13.33 万亩，

轻度发生，同比减少 14.27 万亩，主要发生在阿克苏地区。

土耳其斯坦叶螨　发生 9.48 万亩（轻度 5.86 万亩，中度 3.3 万亩，重度 0.32 万亩），同比增加 3.79 万亩，主要发生在巴州。

蚧类　发生种类有中亚朝球蜡蚧（吐伦球坚蚧）、扁平球坚蚧（糖槭蚧）、日本草履蚧、杏球蚧、桑白盾蚧、梨圆蚧、枣大球蚧、日本盘粉蚧等，发生 107.41 万亩，同比增加 0.55 万亩，主要发生在南疆和东疆林果主产区（图 32-29）。

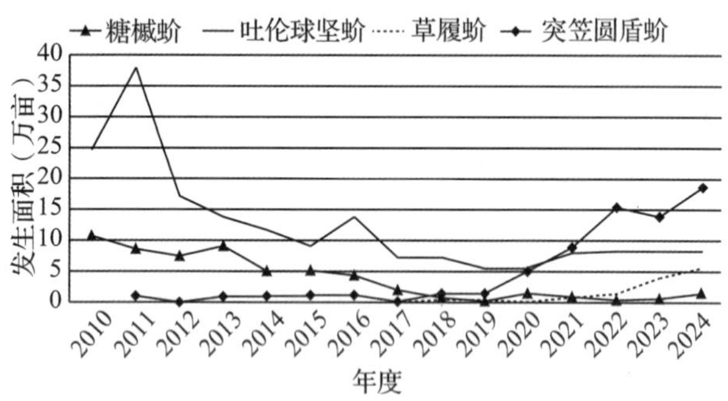

图 32-29　新疆 2010—2024 年蚧类害虫发生趋势

小蠹类　发生种类有皱小蠹、多毛小蠹等，发生 6.68 万亩，同比减少 0.23 万亩。其中，皱小蠹发生 6.25 万亩，同比减少 1.41 万亩，主要发生在喀什地区；多毛小蠹发生 0.43 万亩，同比减少 0.17 万亩，主要发生在巴州轮台县，和田地区于田县、哈密市、昌吉州少量发生（图 32-30）。

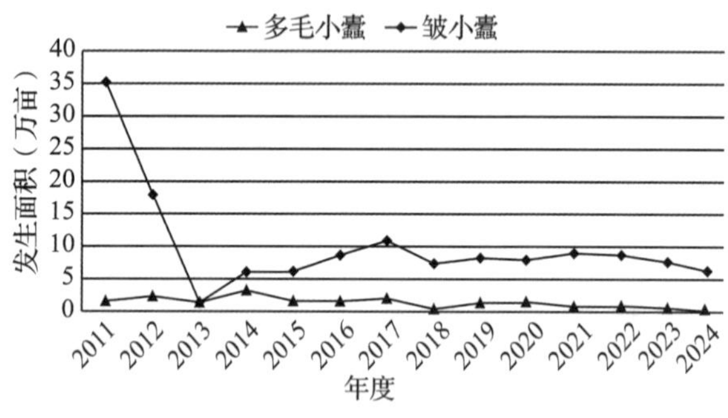

图 32-30　新疆 2011—2024 年小蠹类害虫发生趋势

11. 森林鼠（兔）害发生情况

2024 年，林业鼠（兔）害发生 808.93 万亩（轻度 776.85 万亩，中度 27.51 万亩，重度 4.57 万亩），同比减少 34.94 万亩。荒漠林害鼠种类有大沙鼠、子午沙鼠、五趾跳鼠、红尾沙鼠、吐鲁番沙鼠，危害以梭梭、柽柳。其中，大沙鼠发生 726.49 万亩（轻度 706.5 万亩，中度 18.23 万亩，重度 1.76 万亩），占鼠（兔）害总面积的 89.8%，同比减少 22.86 万亩，主要发生在昌吉州和博州的荒漠林区；经济林和绿洲防护林害鼠优势种根田鼠发生 40.37 万亩（轻度 35.4 万亩，中度 4.65 万亩，重度 0.33 万亩），占鼠（兔）害总面积的 5%，同比减少 13.32 万亩，南北疆均有发生；塔里木兔、草兔发生 18.05 万亩，轻度发生，同比增加 2.44 万亩，主要发生在塔里木盆地周缘（图 32-31）。

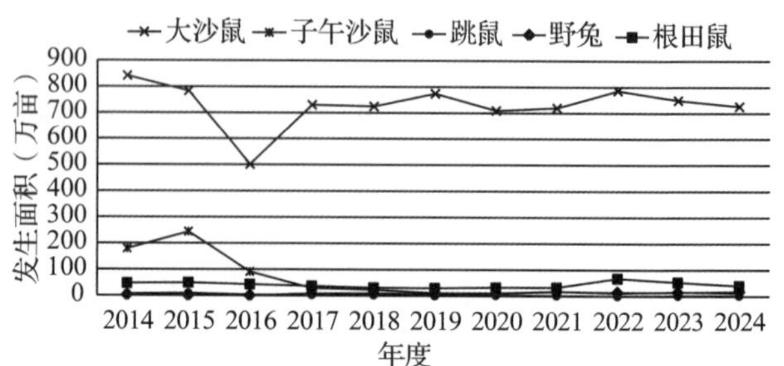

图 32-31　新疆 2014—2024 年森林鼠（兔）害发生趋势

12. 其他病虫害发生情况

主要发生种类有柽柳条叶甲、梭梭漠尺蛾、榆跳象、榆长斑蚜、桑褶翅尺蛾、榆蓝叶甲、灰斑古毒蛾、朱蛱蝶、榆绿毛萤叶甲等。发生 64.1 万亩（轻度 31.74 万亩，中度 32.18 万亩，重度 0.18 万亩），同比增加 4.35 万亩（图 32-32、图 32-33）。

榆跳象、榆长斑蚜　发生 5.47 万亩（轻度 5.17 万亩，中度 0.26 万亩，重度 0.04 万亩），同比减少 1.16 万亩。主要发生在乌鲁木齐市、昌吉州各县（市）、石河子市，危害榆树。

柽柳条叶甲　发生 5.51 万亩（轻度 5.08 万亩，中度 0.43 万亩），同比减少 0.95 万亩。主要发生在和田地区、哈密市伊吾县、克州，危害红柳。

梭梭漠尺蛾　发生 6.43 万亩，轻度发生，同比持平，主要发生在博州精河县、艾比湖保护区荒漠灌木林区。

桑褶翅尺蛾　发生 0.62 万亩（轻度 0.5 万亩，中度 0.12 万亩），同比减少 0.14 万亩，主要发生在乌鲁木齐市，危害榆树。

榆绿毛萤叶甲　发生 11.13 万亩，轻度发生为主，同比增加 7.06 万亩，主要发生在巴州和静县、和硕县、克州、乌鲁木齐市。

榆黄毛萤叶甲　发生 0.13 万亩，轻度发生，同比持平，主要发生在吐鲁番市。

榆黄黑蛱蝶　发生 0.29 万亩，轻度发生为主，同比减少 0.96 万亩，主要发生在博州温泉县、博乐市。

黄古毒蛾　发生 0.14 万亩，轻度发生，同比基本持平，主要发生在博州林区，危害梭梭林。

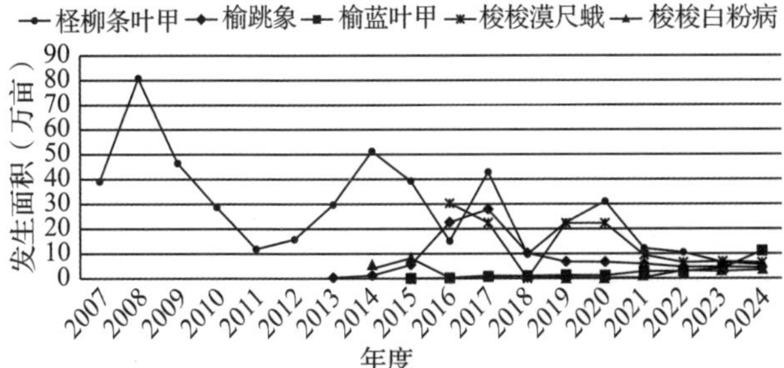

图 32-32　新疆 2007—2024 年其他病虫害发生情况趋势

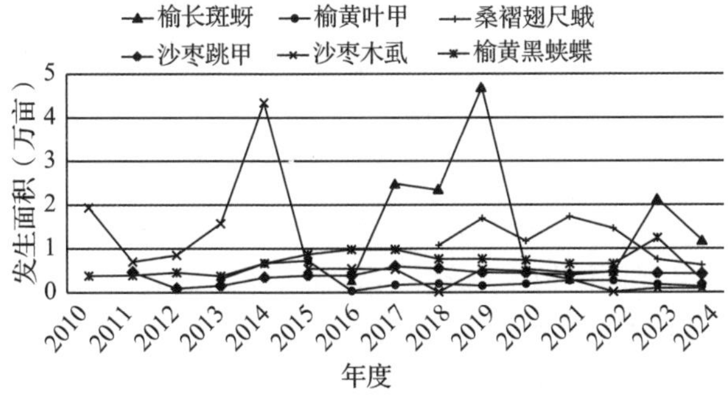

图 32-33　新疆 2010—2024 年其他病虫害发生情况趋势

(三)重点区域主要林业有害生物发生情况

新疆地域辽阔、地形独特、地貌多样，总的轮廓是“三山夹两盆”，北面是阿尔泰山，南面是昆仑山，天山横亘中部，把新疆分为南疆和北疆；阿尔泰山和天山之间是准噶尔盆地，天山和昆仑山之间是塔里木盆地。全疆林业有害生物发生量，按照森林资源分布可分为山区天然林、绿洲人工防护林、经济林和天然荒漠河谷林四个区域。

1. 山区天然林

多分布在北疆的阿尔泰山和天山山脉北坡，针叶林多于阔叶林，主要是以云杉(特别是天山云杉)和落叶松，山杨、桦树以及其他小灌木为主。有喀纳斯、天池、那拉提、赛里木湖、巴音布鲁克、南山等风景名胜区以及天山野果林、小叶白蜡、野巴旦杏等自然保护区、世界自然遗产地。发生的林业有害生物主要有云杉锈病、云杉落针病、云杉八齿小蠹、落叶松毛虫、苹果小吉丁、杏球蚧等 10 种病虫害。其中，云杉锈病、云杉落针病、落叶松毛虫、苹果小吉丁等近几年以来发生趋势比较稳定，发生面积和发生程度呈逐年下降趋势。但是因气候变暖、降水量减少、地下水位下降等诸多环境因素的影响，在天山东部国有林管理局范围的南山、天池景区周围的天然林区以云杉八齿小蠹为主的次期性小蠹类危害逐年加重，2024 年发生 15.5 万亩，轻度偏中度发生，局部重度发生；天山西部国有林管理局范围的野果林区杏球蚧的发生呈逐年扩散趋势，2024 年发生 9 万亩，轻度偏中度发生。

2. 天然荒漠河谷林

多分布在盆地(南疆的塔里木盆地，北疆的准噶尔盆地)、平原的河流沿岸，南疆多集中在塔里木河、阿克苏河、叶尔羌河、和田河沿岸，北疆多集中在额尔齐斯河和乌伦古河沿岸，南疆多于北疆，盆地边缘多于盆地中心，绿洲外缘多于绿洲内部，河流沿岸多于戈壁、荒漠。主要是以胡杨、梭梭、柽柳为主。有众多的胡杨林自然保护区和梭梭林自然保护区以及湿地、沙漠公园。发生的主要林业有害生物有胡杨锈病、梭梭白粉病、春尺蠖、柽柳条叶甲、胡杨木虱、梭梭漠尺蛾、大沙鼠、草兔、塔里木兔等 17 种。其中，除胡杨锈病、胡杨木虱、草兔、塔里木兔以外的种类近几年以来发生趋势比较稳定，发生面积和发生程度呈逐年下降趋势。但是在气候变暖、降水量减少、地下水位下降等诸多环境因素的影响下，胡杨锈病(2024 年发生 88 万亩)、胡杨木虱(2024 年发生 20 万亩)、草兔、塔里木兔(2024 年发生 18 万亩)的发生逐年增加，虽然在飞防等综合防控措施的影响下发生程度有所下降，但发生范围呈扩散趋势。

3. 绿洲人工防护林

多分布在盆地(南疆的塔里木盆地，北疆的准噶尔盆地)、平原的河流沿岸的绿洲，主要是以新疆杨、箭杆杨、榆、柳为主。有柯克亚绿化工程区等诸多三北防护林建设基地。发生的林业有害生物有 47 种，主要有春尺蠖、杨盾蚧、杨蓝叶甲、光肩星天牛、白蜡窄吉丁、榆绿毛萤叶甲、杨梦尼夜蛾、躬妃夜蛾、草履蚧、草兔、塔里木兔等。其中，除光肩星天牛、白蜡窄吉丁、榆绿毛萤叶甲、杨盾蚧、草履蚧、草兔、塔里木兔以外的种类近几年以来发生趋势比较稳定，发生面积和发生程度呈逐年下降趋势。但是在气候变暖、降水量减少、地下水位下降等诸多环境因素的影响下，杨盾蚧、草履蚧、榆绿毛萤叶甲等种类呈扩散逐年趋势；检疫监管不到位、防控难度大、防治效果不佳等原因，光肩星天牛（2024年发生7万亩）、白蜡窄吉丁（2024年发生2.6万亩）、草兔、塔里木兔（2024年发生18万亩）的发生逐年增加，虽然在打孔注药、设置防啃网等综合防控措施的影响下发生程度有所下降，但发生范围呈逐年扩散趋势。

4. 经济林

多分布在南疆的塔里木盆地周缘绿洲内，主要是以核桃、苹果、梨、葡萄、红枣、西梅等经济林树种为主。众所周知，新疆果品因特殊地理环境闻名于全国，乃至全世界，也是新疆各族群众的支柱产业、农民增收致富的主要收入来源。发生的主要林业有害生物有春尺蠖、核桃腐烂病、梨火疫病（苹果枝枯病）、葡萄花翅小卷蛾（葡萄蛀果蛾）、枣实蝇（枣树一号病）、苹果蠹蛾、梨小食心虫、枣瘿蚊、朱砂叶螨（红蜘蛛）等以及以根田鼠为主的鼠（兔）害等，发生种类达68种，2024年总发生面积为598万亩，同比减少66万亩。每年在各级政府高度重视下，投入大量的财力、人力、物力，秋末初春开展重点预防，春末初夏开展重点防治，大力保护林果产业，经济林有害生物的发生均控制在"有虫不成灾"，确保了农民持续增收致富。

（四）主要林业有害生物发生成因分析

1. 气候因素

全疆大部气温偏高、降水偏少，极端气象灾害频发。

2023/2024年冬季（2023年12月至2024年2月），南疆、东疆大部特色林果种植区平均气温较常年偏高；冬季极端最低气温哈密市、巴州部分为-28.4～-20.8℃，其余林果区在-19.9～-9.3℃之间。冬季日最低气温≤-20℃的低温日数大部林果种植区较去年同期偏少，日最低气温≤-20℃持续日数哈密市北部为21～39天，哈密市伊州区、巴州北部部分为2～8天。

2024年（4～9月）全疆大部分牧区气温异常偏高、降水略多、日照偏少，全疆大部地区比常年高0.3～3.1℃，比去年同期偏高0.1～2.0℃。北疆、天山山区和南疆偏高幅度均居历史同期第二位。

4～9月降水量，北疆大部、巴州北部山区、柯坪、拜城、克州山区、喀什地区北部山区为100.2～554.9mm，阿勒泰、富蕴、额敏、阿拉山口、莫索湾、蔡家湖、达坂城、伊吾、巴州北部部分、阿克苏地区大部、克州部分、喀什地区部分、于田等为50.3～98.4mm，全疆其余地区为4.3～48.3mm。与常年同期相比，北疆大部、吐鲁番市大部、巴州北部大部、阿克苏地区、克州、喀什地区大部、和田大部多10%～110%，全疆其余大部少1～9成。与去年同期相比，全疆大部多10%～600%，阿勒泰地区大部、塔额盆地大部、石河子市北部、昌吉、淖毛湖、巴州大部、沙雅、皮山偏少1～9成，米泉、叶城接近去年。综上，全疆4～9月平均降水量较常年偏多9%，其中北疆、天山山区、南疆分别多6%、12%、10%。

全疆4～9月日照时数为985.5～2194.7小时。与常年同期相比，东疆、南疆大部偏少1.5～454.6小时，北疆大部、吐鲁番、焉耆、轮台、且末、阿图什、喀什地区部分、巴音布鲁克偏多1.5～358.9小时。与去年同期相比：阿勒泰地区大部、塔城地区大部、石河子市、昌吉州、乌鲁木齐市、吐鲁番市、哈密市部分、巴州焉耆盆地、新和、沙雅、伽师偏多1.1～332.9小时，北疆其余部分、南疆大部偏少0.3～223.7小时。

2024年从全疆气候情况来看，气温高、降水偏多、日照偏少，为林业有害生物的发生提供了有利的条件，但是各地认真做好了对人工林区的预防措施和天然林区的防治措施，全疆林业有害生物呈整体下降趋势。但是，从低虫口低感病面积统计情况来看，白杨叶锈病、核桃腐烂病、核桃黑斑蚜、光肩星天牛、榆跳象、多毛小蠹、黄刺蛾、梨小食心虫、春尺蠖、枣叶瘿蚊、山楂叶螨、新疆埃细螨、舞毒蛾、大沙鼠、塔里木兔、根田鼠等有害生物的低虫口低感病面积较高均高于5万亩以上，呈暴发态势，需要进一步关注，强化预防与防控。

2. 人为因素

（1）天然胡杨林区，采取生物防治为主、飞机防治为辅的防控措施，有效降低了天然胡杨林区春尺蠖等有害生物的发生面积和危害程度。

(2)人工林区，大力推进预防性统防统治、加强田间管理等措施，增强树势，有效降低了人工防护林和特色林果有害生物的大发生。去年冬季开始，南疆喀什地区、和田地区、阿克苏地区、克州在经济林管理方面，以果园提质增效为契机，加强果园清理、喷洒石硫合剂、整形修剪等综合性预防措施，有效控制了枝枯病、核桃腐烂病、核桃黑斑蚜、桑白盾蚧、枣大球蚧、黄刺蛾等病害虫的持续扩散蔓延。

(3)违规调运事件频发，增大了检疫执法难度，且部分地区未能认真落实检疫性有害生物防控措施、疫木处理不合理、管控不力，加大了白蜡窄吉丁、光肩星天牛等检疫性有害生物扩散蔓延风险。

(4)机构改革后，1/4 以上的县级区划无林业有害生物防治检疫机构，导致个别地州、县(市)防控工作不能有效衔接，基层编制紧缺，一人多职现象普遍，加之人员调动频繁，实际工作要求难以得到保障，并且存在重防治轻监测、漏报、瞒报、虚报现象，导致部分区域林业有害生物发生防治情况统计与实际不符。

(5)天山东部国有林管理局范围因近几年来气温较高、降水量偏低、地下水位下降等原因，导致次期性有害生物小蠹虫类滋生蔓延(目前鉴定的优势种为云杉八齿小蠹)，对新疆天然林区健康安全造成严重威胁。

3. 营林因素

(1)营林措施不够合理，造林设计不科学，造林密度大，且树种单一，林木缺乏修剪，杂草丛生，通风透光条件差，为有害生物的栖息蔓延提供了场所，造成叶部病害、果实病害以及螨类、蚜虫类的大发生。

(2)部分边缘区域经济林和防护林，因控水严格，地下水位下降严重，灌溉设施不配套，导致树势衰弱，容易诱发蚧类、小蠹类等次期性危害，造成有害生物的扩散蔓延。

二、2025 年林业有害生物发生趋势预测

(一)2025 年总体发生趋势预测

根据新疆林业有害生物防治信息管理系统数据、新疆气象中心气象信息数据，以及各地(州、市)林检机构 2025 年林业有害生物发生趋势预测报告、主要林业有害生物历年发生规律和各测报站点越冬基数调查结果，预计 2025 年全疆林业有害生物发生 1947 万亩，比 2024 年减少 13.4 万亩，轻度发生，局部偏中度发生。其中，病害预计发生 191 万亩，比 2024 年增加 12.9 万亩；虫害预计发生 960 万亩，比 2024 年减少 13.8 万亩；森林鼠(兔)害预计发生 796 万亩，比 2024 年减少 12.5 万亩。

(二)2025 年主要林业有害生物分种类发生趋势预测

1. 重大危险性、检疫性林业有害生物发生趋势

(1)全国检疫性有害生物发生趋势

2025 年全国检疫性林业有害生物预测发生面积为 20.28 万亩，主要种类有苹果蠹蛾、杨干象，枣实蝇。

苹果小卷蛾(苹果蠹蛾)　全疆普遍有分布，预测发生 20 万亩，轻度或偏中度发生，比 2024 同期增加 5.2 万亩。

杨干象　预测发生 0.2 万亩，与 2024 年同期基本持平，轻度发生为主。主要发生在阿勒泰市、青河县。

枣实蝇　预测发生 0.05 万亩，与 2024 年同期基本持平，零星轻度发生。主要发生在高昌区艾丁湖镇、红星片区、恰特卡勒乡；鄯善县鲁克沁镇、七克台镇、辟展镇、达浪坎乡；托克逊县博斯坦镇、郭勒布依乡、伊拉湖镇。

(2)新疆补充检疫性有害生物发生趋势

光肩星天牛　预测发生 10.34 万亩，比 2024 年增加 3.11 万亩。主要发生在伊犁州东部、巴州北部各县市，阿克苏地区温宿县、昌吉州木垒县有零星分布，轻度或偏中度发生。近几年，因打孔注药等防治措施效果不佳，呈现逐年扩散趋势。

苹果小吉丁　预测发生 4.18 万亩，与 2024 年同期基本持平。主要发生在伊犁州的巩留县、特克斯县境内，乌鲁木齐市、昌吉州昌吉市、天山西部国有林管理局少有发生，轻度发生，局部中度发生。

白蜡窄吉丁(花曲柳窄吉丁)　预测发生

4.46 万亩，比 2024 年同期增加 1.86 万亩。主要分布在伊犁州各县市，博州博乐市、昌吉州玛纳斯县、塔城地区塔城市也有少量发生。

苹果绵蚜　预测发生 0.63 万亩，与 2024 年同期基本持平。主要在伊犁州、昌吉州、和田地区零星点状发生，轻度发生。

2. 松树病害发生趋势

2025 年全区预测不发生松材线虫病、松树锈病、松孢锈病等松树病害。

3. 松树食叶害虫发生趋势

主要有兴安落叶松鞘蛾(落叶松鞘蛾)、落叶松卷蛾(落叶松卷叶蛾)、松线小卷蛾(落叶松灰卷叶蛾)、落叶松尺蛾、落叶松毛虫(西伯利亚松毛虫)、落叶松种子小蜂等，预测发生 2.87 万亩，轻度发生，比 2024 年增加 1.13 万亩。其中，松卷叶蛾预计发生 0.11 万亩，主要发生在天山东部国有林管理局哈密分局；落叶松毛虫预计发生 2.24 万亩，主要发生在天山东部国有林管理局哈密分局、伊州区马场天然林中。落叶松鞘蛾预计发生 0.52 万亩，与 2024 年同期持平，主要在阿尔泰山国有林管理局范围零星发生。

4. 松树钻蛀害虫发生趋势

主要有泰加大树蜂、云杉大墨天牛、云杉小墨天牛、脐腹小蠹等。预测发生 1.36 万亩，比 2024 年增加 0.15 万亩，轻度发生。泰加大树蜂发生 0.64 万亩，比 2024 年增加 0.13 万亩，主要在天山东部国有林管理局和天山西部国有林管理局范围零星发生。云杉大墨天牛预测发生 0.02 万亩，轻度发生，主要在阿尔泰山国有林管理局范围零星发生。脐腹小蠹预测发生 0.7 万亩，主要在乌鲁木齐市、克拉玛依市榆树上发生危害，轻度发生，与 2024 年同期持平。

5. 云杉病虫害发生趋势

病害主要种类有云杉落针病、云杉锈病、云杉雪枯病、云杉雪霉病、云杉八齿小蠹等。其中，病害预测发生 3.76 万亩，轻度发生，比 2024 年同期增加 0.8 万亩。虫害有云杉八齿小蠹，预测发生 9.8 万亩，比 2024 年减少 5.6 万亩，局部偏中度发生，局部成灾。主要发生在天山西部、天山东部、阿尔泰山国有林管理局辖区天然林内。

6. 桦木病虫发生趋势

梦尼夜蛾预测发生 6.8 万亩，与 2024 年同期基本持平。主要在喀什地区、博州、昌吉州、乌鲁木齐市、克拉玛依市杨树、榆树、杏树上发生。

7. 杨树病害发生趋势

杨树病害预测发生 115.3 万亩，比 2024 年同期增加 8.85 万亩。其中，杨树烂皮病、杨树锈病、杨树叶斑病等预测发生 7.57 万亩，轻度偏中度发生，比 2024 年同期减少 10.56 万亩，主要发生在喀什地区、伊犁州境内，阿勒泰地区、塔城地区、乌鲁木齐市、巴州也有少量发生；胡杨锈病预测发生 107.72 万亩，轻度偏中度发生，比 2024 年同期增加 19.4 万亩，主要发生在喀什地区、阿克苏地区、巴州等塔克拉马罕沙漠边缘的天然胡杨林中。

8. 杨树食叶害虫发生趋势

杨树食叶害虫预测发生 311.52 万亩，比 2024 年同期减少 14 万亩。

春尺蠖　预测发生 267.13 万亩，占杨树食叶害虫总面积的 85.8%，比 2024 年同期减少 12.87 万亩，轻度或偏中度发生，全疆胡杨林、人工防护林和经济林上均有发生。

大青叶蝉　预测发生 1.88 万亩，比 2024 年同期减少 0.9 万亩。集中发生在和田地区，危害杨树和核桃树。

杨蓝叶甲　预测发生 3.62 万亩，比 2024 年同期增加 1.62 万亩。全疆均有发生，集中发生在喀什地区各县市。

突笠圆盾蚧　预测发生 17.93 万亩，比 2024 年同期减少 3.1 万亩。主要发生在和田地区、喀什地区。

杨毒蛾、杨二尾舟蛾、杨扇舟蛾、杨叶甲、舞毒蛾等种类预测发生 15.26 万亩，发生量和发生程度较为平稳。其中仅有杨毒蛾(杨雪毒蛾)发生 3.13 万亩，比 2024 年增加 2.5 万亩，其余基本与 2024 年同期持平。发生在伊犁州、博州、塔城地区、阿勒泰地区等北疆高海拔地区。躬妃夜蛾预测发生 6 万亩，比 2024 年减少 2 万亩，发生在巴州且末县梭梭林区。

9. 杨树蛀干害虫发生趋势

杨树蛀干害虫预测发生 21.71 万亩，比 2024 年同期增加 6.66 万亩。

青杨天牛　预测发生 1.56 万亩，与 2024 年同期基本持平，轻度发生。主要发生在博州、塔城地区。

白杨透翅蛾 预测发生 2.88 万亩，比 2024 年增加 1.98 万亩，轻度发生。主要发生在南疆阿克苏地区、巴州，北疆博州、塔城地区。

杨十斑吉丁 预测发生 2.16 万亩，与 2024 年同期基本持平，轻度发生。主要发生在喀什地区，哈密市、巴州、昌吉州等地也有少量发生。

其他 山杨楔天牛、柳缘吉丁虫预测发生 0.3 万亩，仅在塔城地区、阿勒泰地区范围内零星发生，比 2024 年增加 0.2 万亩。光肩星天牛、白蜡窄吉丁预测发生 14.8 万亩，发生在伊犁州、巴州、阿克苏地区、昌吉州木垒县，比 2024 年增加 5 万亩。

10. 经济林病虫害发生趋势

经济林病虫害预测发生 617.5 万亩(不包括春尺蠖、杨梦尼夜蛾等)。

(1)核桃病虫害

核桃腐烂病 预测发生 27.68 万亩，比 2024 年减少 2.4 万亩，集中发生在南疆的喀什地区、和田地区、阿克苏地区，轻度或局部偏中度发生。

核桃黑斑蚜 预测发生 68.74 万亩，与 2024 年同期持平，主要发生在核桃集中种植区阿克苏地区、喀什地区、和田地区，轻度或偏中度发生。

核桃褐斑病 预测发生 5.3 万亩，与 2024 年同期基本持平，轻度发生，主要发生在喀什地区各县市。

(2)枣树病虫害

枣瘿蚊 预测发生 40.8 万亩，比 2024 年同期增加 7.5 万亩，主要发生在阿克苏地区、喀什地区、巴州、和田地区、哈密市等红枣集中种植区，轻度或偏中度发生。

枣大球蚧 预测发生 29.5 万亩，比 2024 年同期增加 3.3 万亩，主要发生在喀什地区、和田地区、巴州、阿克苏地区、哈密市，轻度或偏中度发生，局部重度发生。

枣粉蚧 预测发生 0.5 万亩，与 2024 年同期基本持平，主要发生在哈密市，轻度或偏中度发生。

枣缩果病 预测发生 3.66 万亩，与 2024 年同期基本持平，轻度发生，主要发生在喀什地区各县(市)。

(3)葡萄病虫害

葡萄二星叶蝉 预测发生 5.78 万亩，与 2024 年同期持平，主要发生在吐鲁番市各县(区)、哈密市、阿图什市等葡萄集中栽培区，轻度发生。

葡萄霜霉病 预测发生 2.75 万亩，与 2024 年同期基本持平，轻度发生，主要发生在昌吉州玛纳斯县、呼图壁县、昌吉市，伊犁州霍城县、伊宁县、霍尔果斯市，阿图什市等葡萄集中栽培区。

葡萄白粉病 预测发生 2.7 万亩，与 2024 年同期基本持平，轻度发生，主要发生在吐鲁番市各县(区)、哈密市、阿图什市、昌吉州玛纳斯县等葡萄集中栽培区。

(4)杏树病虫害

桑白盾蚧 预测发生 26 万亩，比 2024 年同期减少 8.8 万亩，主要发生在喀什地区各县(市)，克州的阿图什市、阿克陶县、乌恰县，巴州轮台县、和硕县等杏树集中栽培区。

杏流胶病 预测发生 8.9 万亩，轻度发生，比 2024 年同期减少 2.9 万亩，主要发生在克州、喀什地区各县(市)杏树栽培区。

(5)梨树病虫害

梨茎蜂 预测发生 3 万亩，与 2024 年同期基本持平。主要发生在巴州库尔勒市梨树集中栽培区，轻度或偏中度发生。

梨木虱 预测发生 3.4 万亩，与 2024 年同期基本持平。主要发生在巴州库尔勒市梨树集中栽培区。

梨圆蚧 预测发生 1.3 万亩，与 2024 年同期基本持平。主要发生在巴州若羌县、尉犁县。

(6)枸杞病虫害

主要种类有枸杞瘿螨、枸杞负泥虫、枸杞刺皮瘿螨、枸杞蚜虫、伪枸杞瘿螨等。预测发生总面积为 4.4 万亩，与 2024 年同期基本持平，主要发生在博州的精河县、克州阿合奇县、巴州的尉犁县，轻度发生。

(7)沙枣病虫害

主要种类有沙枣白眉天蛾、沙枣木虱、沙枣跳甲等。预测发生 0.93 万亩，与 2024 年同期基本持平，主要发生在喀什地区，轻度发生。

(8)沙棘病虫害

沙棘绕实蝇 预测发生 14.6 万亩，比 2024

年减少 4.1 万亩。

沙棘溃疡病　预测各发生 0.5 万亩，预计发生 0.5 万亩，均与 2024 年同期持平。主要发生在阿勒泰地区布尔津县、哈巴河县、福海县、青河县，轻度偏中度发生。

绢粉蝶　预计发生 1.7 万亩，比 2024 年增加 0.85 万亩，轻度偏中度发生，在塔城地区发生。

(9)水果病虫害

主要种类有梨小食心虫、李小食心虫、苹果蠹蛾、白星花金龟、桃白粉病、螨类、介壳虫等。

梨小食心虫　预测发生 36 万亩，与 2024 年同期持平，轻度或局部偏中度发生。主要发生在和田地区、阿克苏地区、喀什地区、巴州、克州等林果集中种植区。

李小食心虫　预测发生 29.9 万亩，比 2024 年同期减少 13 万亩，轻度发生，集中发生在南疆喀什地区。

白星花金龟　预测发生 1.9 万亩，与 2024 年同期持平，轻度或偏中度发生。主要发生在吐鲁番市各县(区)、昌吉州呼图壁县、阜康市等葡萄、杏子、西瓜栽培区。

黑绒金龟　预测发生 3.1 万亩，与 2024 年同期持平，轻度发生。主要发生在和田地区，哈密市也有发生。

(10)其他经济林病虫

主要发生种类有黄刺蛾、棉蚜、小蠹类、螨类、蚧类等害虫。

黄刺蛾　预测发生 49.8 万亩，与 2024 年同期持平，主要发生在阿克苏地区、克州、喀什地区各县(市)，轻度或偏中度发生。

棉蚜(花椒棉蚜、榆树棉蚜)　预测发生 29.7 万亩，与 2024 年同期基本持平，主要发生在喀什地区。

皱小蠹　预测发生 5.2 万亩，比 2024 年同期减少 1.23 万亩，轻度发生。主要发生在喀什地区各县市。

螨类　发生种类有朱砂叶螨、山楂叶螨、截形叶螨、土耳其斯坦叶螨、新疆埃细螨等，预测发生 149.7 万亩，比 2024 年同期减少 14 万亩。山楂叶螨预计发生 20.8 万亩，比 2024 年增加 7.5 万亩；截形叶螨预测发生 25 万亩，与 2024 年同期持平，轻度发生；朱砂叶螨预测发生 97.6 万亩，比 2024 年减少 19 万亩，轻度发生；土耳其斯坦叶螨预测发生 5.6 万亩，比 2024 年减少 3.9 万亩，轻度发生。新疆埃细螨预测发生 0.8 万亩，比 2024 年增加 0.7 万亩，轻度或偏中度发生。主要发生在和田地区、阿克苏地区、喀什地区、巴州等特色林果主产区和伊犁州野果林区。

其他介壳虫类　主要有吐伦球坚蚧，预测发生 8.7 万亩。与 2024 年同期基本持平，轻度发生。主要发生在南疆和东疆林果主产区。

11. 森林鼠(兔)害发生趋势

2025 年，新疆林业鼠(兔)害预测发生 796 万亩，比 2024 年同期减少 12 万亩，且大部分为轻度发生。

荒漠林害鼠优势种大沙鼠预计发生 713 万亩，比 2024 年同期减少 14 万亩；集中发生在准噶尔盆地周缘昌吉州、博州、阿勒泰地区、塔城地区，轻度发生。

经济林和绿洲防护林害鼠优势种根田鼠预计发生 43.6 万亩，比 2024 年同期增加 3.3 万亩，南北疆均有发生，轻度发生。

塔里木兔、草兔发生 18.7 万亩，与 2024 年同期持平，主要发生在塔里木盆地周缘人工林区，轻度发生。

12. 其他病虫害发生趋势

主要发生种类有榆跳象、柽柳条叶甲、榆长斑蚜、榆黄黑蛱蝶、榆黄毛萤叶甲、榆绿毛萤叶甲、桑褶翅尺蛾、梭梭漠尺蛾等。预测发生 36.24 万亩，比 2024 年同期减少 28 万亩。

榆跳象、榆长斑蚜预测发生 5.7 万亩，与 2024 年同期基本持平，其中，榆长斑蚜发生 1.18 万亩。主要发生在乌鲁木齐市、昌吉州各县(市)，危害榆树，轻度偏中度发生。

红柳粗角萤叶甲(柽柳条叶甲)预测发生 7 万亩，比 2024 年同期增加 1.5 万亩。主要发生在和田地区、巴州，危害荒漠灌木林地带红柳，轻度或偏中度发生。

榆绿毛萤叶甲、榆黄黑蛱蝶、榆黄毛萤叶甲、桑褶翅尺蛾、梭梭漠尺蛾等预测发生 12.3 万亩，比 2024 年同期减少 6 万亩，主要发生在巴州和硕县、和静县，博州等地，轻度或偏中度发生。

（三）2025 年重点防控风险点

1. 松材线虫病

随着丝绸之路经济带核心区建设步伐加快，进疆人流物流日益频繁，松材线虫病随疫木及其制品传入风险随之加大，虽然 2024 年新疆维吾尔自治区林业和草原局为重点预防区配备了松材线虫病快速检测设备，但设备使用操作水平参差不齐，检测鉴定能力还不能完全满足工作需要，松材线虫病等重大林业有害生物防控体系建设亟待加强。

2. 白蜡窄吉丁

白蜡窄吉丁主要危害白蜡树，隐蔽性强，致死率高，防治困难大，危害轻时不易发现，可随苗木调运传播，且白蜡树作为新疆城市绿化主要树种之一，基数大、分布广，有利于白蜡窄吉丁的传播扩散。2017 年，该虫在新疆玛纳斯县平原林场发生，截至目前，发生区域主要为乌鲁木齐市各区县，伊犁州大部分县市，塔城地区塔城市、乌苏市，阿勒泰地区哈巴河县、吉木乃县、富蕴县，昌吉州玛纳斯县、昌吉市，博州博乐市、精河县，发生面积逐年增大，因防治难度大，呈扩散蔓延趋势。

3. 光肩星天牛

光肩星天牛主要危害杨树、柳树、榆树、法桐等树种，可造成树干风折，整株枯死，严重时整条林带损失殆尽。2001 年，该害虫在巴州和静县发生以来，已造成伊犁州、巴州等地多处防护林带整条毁灭。截至目前，发生区域主要为伊犁州大部分县市、巴州焉耆县、博湖县、和静县、塔城地区沙湾市、昌吉州木垒县、阿克苏地区温宿县、克州阿克陶县、乌鲁木齐市等，发生面积逐年增加，虽然乌鲁木齐市、昌吉州等发生区防控效果比较突出，但因防治难度大，呈扩散蔓延趋势，严重威胁着人工防护林和天然胡杨林。

4. 林果有害生物

部分林果有害生物，如梨火疫病、葡萄花翅小卷蛾、苹果蠹蛾、梨小食心虫、桃小食心虫等，虽未大面积暴发，但零星分布在各地州市，呈扩散蔓延趋势，急需加强监测防控工作，确保新疆特色林果产业健康稳定发展。

三、对策建议

（一）进一步加强组织领导力，强化主要林业有害生物防治

坚持生态文明建设和绿色发展理念，按照“预防为主、科学治理、依法监管、强化责任”的工作方针，以促进森林健康为目标，加强统防统治，群防群治，兵地联合，及时开展林业有害生物精细化监测，努力做到“最及时的监测、最准确的预报、最主动的预警”，重点做好外来有害生物防控，提升突发性有害生物灾害监测和应急处置能力。

（二）强化检疫执法，严防重大危险性林业有害生物传播扩散

深入规范各级林业植物检疫检查站检疫执法行为，切实发挥巴州若羌森林植物检疫检查站、哈密烟墩、白山泉动植物联合防疫检疫站及临时检疫检查站职能作用，加强检疫执法力度，做好植物和植物制品产地检疫、调运检疫工作，强化落实属地复检职责，严防检疫性有害生物入侵及扩散。

（三）提升监测预警能力，全面落实监测责任

加强对各级测报站点的管理，建立健全“区、地、县、乡”四级林业有害生物监测预报体系，加强林业有害生物防治信息管理系统使用管理，及时、准确报送林业有害生物发生防治情况，分析研判新疆林业有害生物发生趋势，适时发布生产性预测预报、开展趋势会商，做到及时监测、准确预报、主动预警。

（四）加强督促指导，落实联系报告制度

指导各地切实转变观念，坚持防灾重于救灾的原则，严格落实联系报告制度，积极有效开展林业有害生物监测预报工作，坚决杜绝疫情信息迟报、虚报、瞒报等现象的发生。其中，乌鲁木齐市要持续加强城区苹果小吉丁虫、榆潜叶蛾等病虫害监测，哈密市要重点加强伊吾马场落叶松毛虫和巴里坤县榆小蠹虫监测，阿勒泰地区要重点加强杨干象监测，和田地区等林果种植区要重

点加强苹果蠹蛾的蛀果害虫的监测，吐鲁番市重点做好葡萄花翅小卷蛾和蛀蝇的监测，阿克苏地区温宿县、柯克亚林区要重点加强市区、城郊光肩星天牛的监测，以天山东部国有林管理局为主的山区天然林区重点做好小蠹虫和松材线虫病的监测。督促各级测报点认真编制监测预报任务工作历和实施方案，压紧压实各测报点和监测点主体责任，充分发挥林检机构、生态护林员、村级森防员作用，按照"定点定人定任务定时间"的原则，确保监测调查任务落实到人头、地块，监测调查全面及时、不留死角。

（主要起草人：吾买尔·帕塔尔；主审：于治军　白鸿岩）

33 大兴安岭林业集团公司林业有害生物2024年发生情况和2025年趋势预测

大兴安岭林业集团公司林业有害生物防治总站

【摘要】2024年大兴安岭林业集团公司林业有害生物总计发生203.44万亩，其中，轻度发生103.23万亩，中度发生100.21万亩，比2023年的210.79万亩有所下降。总体发生特点：主要林业有害生物常发生种类发生面积呈平稳下降态势，以轻度发生为主，中度发生占比较常年略有减少，食叶性害虫发生期推迟。根据今年越冬前基数调查，结合气象分析，预测2025年大兴安岭林业集团公司林业有害生物发生194.37万亩，与上一年相比略有下降，落叶松毛虫发生面积大幅度下降，红背䶄、棕背䶄等鼠害略有下降。

一、2024年林业有害生物发生情况

2024年大兴安岭林业集团公司林业有害生物总计发生203.44万亩，与2023年相比略有下降，下降幅度3.49%。轻度发生103.23万亩，中度发生102.21万亩。其中，病害总计发生45.82万亩，同比上升1.55%，轻度发生34.62万亩，中度发生11.2万亩；虫害总计发生31.15万亩，同比下降2.72%，轻度发生17.17万亩，中度发生13.98万亩；鼠害总计发生126.47万亩，同比下降5.37%，轻度发生51.44万亩，中度发生75.03万亩(图33-1)。

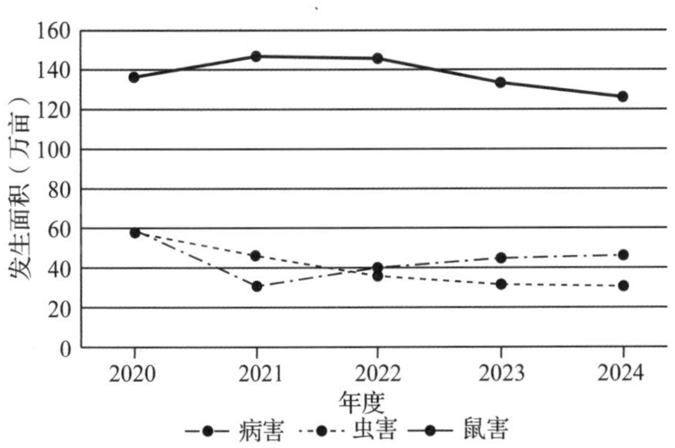

图33-1 大兴安岭林业集团公司近五年主要林业有害生物发生面积对比

(一)发生特点

总体发生趋势明显下降，下降幅度3.49%。以樟子松红斑病为主的樟子松叶部病害在大兴安岭北部发生明显减轻；东部落叶松毛虫由于越冬虫口死亡率较高，发生面积有所下降；以棕背䶄、红背䶄为主的林业鼠害发生面积也略有下降，根据调查显示新植林地鼠口密度偏离，被害率较重；其他林业有害生物种类发生较为平稳。

(二)主要林业有害生物种类发生情况分述

1. 病害

红皮云杉叶锈病　发生0.32万亩，其中，轻度发生0.12万亩，中度发生0.2万亩，发生地点在塔河林业局。

云杉锈病　发生1.65万亩，同比持平，其中，轻度发生1.55万亩，中度发生0.1万亩，发生地点在呼中林业局、阿木尔林业局、韩家园林业局，塔河林业局。

落叶松落叶病　发生11.64万亩，同比略有下降，其中，轻度发生11.39万亩，中度发生0.25万亩，发生地点在新林林业局、呼中林业局、阿木尔林业局、十八站林业局、加格达奇林业局。

松落针病　发生5.16万亩，同比略有上升，其中，轻度发生3.16万亩，中度发生2万亩，发生地点在新林林业局、呼中林业局。

松针红斑病　发生23.95万亩，同比略有上升，其中，轻度发生15.4万亩，中度发生8.55万亩，全集团(除8个保护区)均有发生。

樟子松松疱锈病　发生 0.1 万亩，同比略有下降，其中，轻度发生 0.06 万亩，中度度发生 0.04 万亩，发生地点在技术推广站。

杨灰斑病　发生 3 万亩，同比略有上升，均为轻度发生，发生地点十八站林业局。

2. 虫害

落叶松球蚜　发生 0.77 万亩，均为中度发生。发生地点在新林林业局。

红松球蚜　发生 0.19 万亩，其中，轻度发生 0.09 万亩，中度发生 0.1 万亩，发生地点在新林林业局。

落叶松八齿小蠹　发生 2.37 万亩，同比略有上升，轻度发生 2.34 万亩，中度发生 0.03 万亩，发生地点在新林林业局、阿木尔林业局、南翁河自然保护区、呼中自然保护区、双河自然保护区、绰纳河自然保护区、多布库尔自然保护区、岭峰自然保护区、盘中自然保护区、北极村自然保护区。

稠李巢蛾　发生 5.74 万亩，同比略有上升，其中，轻度发生 1.42 万亩，中度发生 4.32 万亩。主要发生在松岭林业局、新林林业局，呼中林业局、塔河林业局、图强林业局、阿木尔林业局、漠河林业局、十八站林业局、加格达奇林业局。

落叶松鞘蛾　发生 0.3 万亩，同比略有下降，均为轻度发生，主要发生在图强林业局、南瓮河自然保护区、岭峰自然保护区。

松瘿小卷蛾　发生 0.1 万亩，同比持平，轻度发生，主要发生在图强林业局。

樟子松梢斑螟　发生 0.26 万亩，同比略有上升，其中，轻度发生 0.06 万亩，中度发生 0.2 万亩，发生地点在技术推广站种子园内。

柞褐叶螟　发生 0.1 万亩，轻度发生，发生地点在加格达奇林业局。

落叶松毛虫　发生 11.7 万亩，同比略有下降，其中，轻度发生 7 万亩，中度发生 4.7 万亩，发生地点松岭林业局、新林林业局、呼中林业局、图强林业局、阿木尔林业局、十八站林业局、韩家园林业局、加格达奇林业局、双河自然保护区。

黄褐天幕毛虫　发生 3.21 万亩，同比略有下降，其中，轻度发生 1.25 万亩，中度发生 1.96 万亩。发生地点在新林林业局、塔河林业局、韩家园林业局、加格达奇林业局。

分月扇舟蛾　发生 0.6 万亩，同比略有上升，轻度发生，发生地点在韩家园林业局。

舞毒蛾　发生 3.5 万亩，同比略有下降，其中，轻度发生 2.4 万亩，中度发生 1.1 万亩。主要发生在塔河林业局、韩家园林业局、加格达奇林业局、技术推广站。

柳毒蛾(雪毒蛾)　发生 1 万亩，同比基本持平，其中，轻度发生 0.9 万亩，中度发生 0.1 万亩，发生地点在松岭林业局。

落叶松球果花蝇　发生 1.32 万亩，同比略有上升，其中，轻度发生 0.62 万亩，中度发生 0.7 万亩，发生地点在图强林业局、加格达奇林业局、技术推广站。

3. 鼠害

以棕背䶄为主的森林鼠害：发生 126.47 万亩，同比下降，其中，轻度发生 51.44 万亩，中度发生 75.03 万亩，除 8 个保护区外全区均有发生(图 33-2)。主要发生地点为中幼龄林造林地，东南部地区发生面积较大，危害较为严重，北部地区较轻。

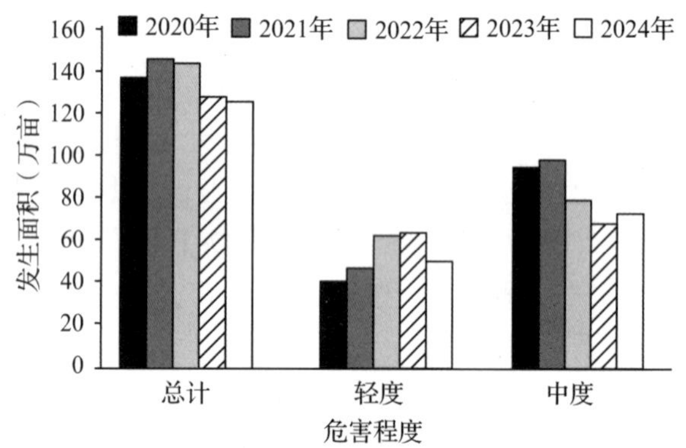

图 33-2　大兴安岭林业集团公司近 5 年鼠害发生情况统计

(三)原因分析

1. 病害发生情况原因分析

一是气候条件影响显著，高温高湿环境有利于多数叶部病害病原菌的孢子萌发、侵染和传播。二是病害发病初期也就是防治最佳时期与防火期冲突，作业时间受限，影响防治效果。三是病害多发生在人工纯林，森林生态系统脆弱，生物多样性匮乏，缺少害虫天敌及其他制约因素。

2. 虫害发生情况原因分析

落叶松毛虫发生面积下降幅度较大，其他林

业有害生物发生变化不大。综合分析落叶松毛虫下降主要受气候条件的影响。2024年春季早期气温偏高，受冷空气影响，在幼虫初期气温急剧下降，幼虫存活最较少，虫口密度下降。

3. 鼠害发生情况原因分析

森林中丰富的植被类型为鼠害发生提供了食物来源和良好的栖息、繁殖场所；冬季较为温和，积雪深度适中，在气候适宜的条件下，越冬死亡率会降低，且春季繁殖期较早开始，繁殖代数可能增加导致种群数量会上升，现新植林地栽植以樟子松和落叶松为主，是害鼠喜食的种类。

二、2025年林业有害生物发生趋势预测

(一)2025年总体发生趋势预测

综合分析，预测2025年大兴安岭林业集团公司林业有害生物发生194.07万亩，比去年略有下降。其中，病害预测发生44.86万亩，同比下降5.82%；虫害预测发生24.35万亩，同比下降25.39%；鼠害预测发生124.86万亩，同比下降5.71%(图33-3)。

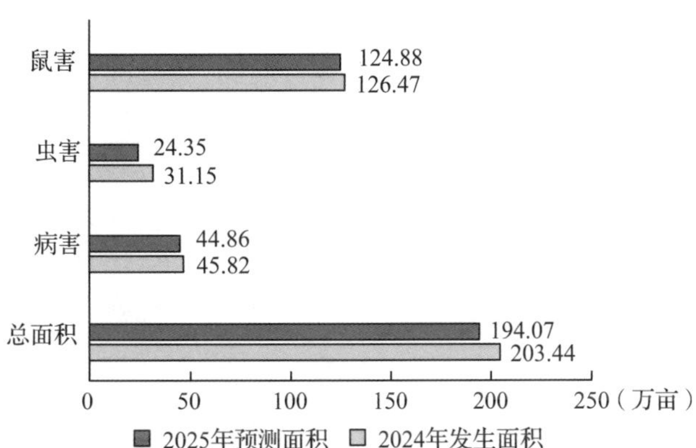

图33-3　2025年发生趋势预测与2024年实际发生面积对比

(二)分种类发生趋势预测

1. 病害

松针红斑病　预测发生23.09万亩，同比略有上升，轻度发生15.79万亩，中度发生7.3万亩，除8个自然保护区外全区均有发生。

落叶松落叶病　预测发生11.91万亩，同比略有下降，轻度发生，发生地点在新林林业局、呼中林业局、阿木尔林业局、十八站林业局、加格达奇林业局。

松疱锈病　预测发生0.46万亩，同比持平，轻度发生，发生地点在技术推广站。

松针锈病　预测发生0.3万亩，同比持平，轻度发生，发生地点在技术推广站。

云杉叶锈病　预测发生1.98万亩，同比略有下降，轻度发生，发生地点在新林林业局、呼中林业局、塔河林业局、阿木尔林业局、韩家园林业局。

松瘤锈病　预测发生0.1万亩，同比略有下降，轻度发生，发生地点在呼中自然保护区。

松落针病(偃松、西伯利亚红松)　预测发生4万亩，偃松轻度发生；发生地点在呼中林业局；西伯利亚红松轻度发生0.02万亩，发生地点在新林林业局。

松针锈病　预测发生0.3万亩，同比持平，轻度发生，发生地点在技术推广站。

杨灰斑病　预测发生3万亩，同比持平，轻度发生，发生地点在十八站林业局。

2. 虫害

落叶松八齿小蠹　预测发生2.4万亩，同比略有下降，发生地点在阿木尔林业局、十八站林业局、南翁河自然保护区、呼中自然保护区、绰纳河自然保护区、双河自然保护区、多布库尔自然保护区、岭峰自然保护区、盘中自然保护管理区、北极村自然保护区。

稠李巢蛾　预测发生5.23万亩，同比略有下降，其中，轻度发生1.65万亩，中度发生3.58万亩，发生地点在松岭林业局、新林林业局、呼中林业局、塔河林业局、图强林业局、阿木尔林业局、漠河林业局、十八站林业局、韩家园林业局、加格达奇林业局、技术推广站。

落叶松鞘蛾　预测发生0.3万亩，同比持平，轻度发生，地点发生在呼中林业局、南瓮河自然保护区、岭峰自然保护区。

松瘿小卷蛾　预测发生0.4万亩，同比略有下降，轻度发生，主要发生在技术推广站。

梢斑螟　预测发生1.65万亩，同比略有上升，其中，轻度发生1.15万亩，中度发生0.5万亩，发生地点在阿木尔林业局、技术推广站。

落叶松毛虫　预测发生 3.78 万亩，同比大幅下降，其中，轻度发生 3.23 万亩，中度发生 0.55 万亩，发生地点新林林业局、呼中林业局、图强林业局、阿木尔林业局、韩家园林业局、加格达奇林业局。

黄褐天幕毛虫　预测发生 3.7 万亩，同比略有上升，其中，轻度发生 1.15 万亩，中度发生 2.55 万亩，发生地点在塔河林业局、韩家园林业局、加格达奇林业局。

舞毒蛾　预测发生 4.05 万亩，同比略有上升，其中，轻度发生 3 万亩，中度发生 1.05 万亩，发生地点在塔河林业局、韩家园林业局、加格达奇林业局、技术推广站、多布库尔自然保护区。

雪毒蛾　预测发生 0.8 万亩，同比略有下降，其中，轻度发生 0.7 万亩，中度发生 0.1 万亩，发生地点在松岭林业局。

分月扇舟蛾　预测发生 0.6 万亩，同比略有上升，轻度发生，发生地点在韩家园林业局。

落叶松球果花蝇　预测发生 0.72 万亩，同比略有下降，其中，轻度发生 0.52 万亩，中度发生 0.2 万亩，发生地点在加格达奇林业局、技术推广站。

落叶松(红松)球蚜　预测发生 0.11 万亩，同比略有上升，中度发生。发生地点在新林林业局。

落叶松球蚜　预测发生 0.35 万亩，同比略有下降，中度发生。发生地点在新林林业局。

柞褐叶螟　预测发生 0.1 万亩，轻度发生。发生地点在加格达奇林业局。

3. 鼠害

以棕背䶄为主的森林鼠害，预测发生 124.86 万亩，同比略有下降，其中，轻度发生 47.78 万亩，中度发生 77.08 万亩，除 8 个自然保护区外，全集团均有发生。主要发生地点为中幼龄林造林地，东南部地区发生面积较大，危害较为严重，北部地区较轻。

三、对策建议

（一）强化目标管理，落实防控主体责任

层层签订防控目标责任书，将重大林业有害生物防控任务、目标纳入绩效考核指标，提高林业有害生物防控工作的重视程度，确保各项责任落实到位。

（二）优化监测体系，提高预警水平

以灾情为导向，继续发挥林业有害生物监测网络体系作用，做到早发现、早报告、早处置。强化林业有害生物测报点监测数据管理，推广利用无人机等先进监测调查手段，提升监测预报技术水平，注重监测预报的防灾减灾的实效。

（三）加强技术培训，提高业务水平

立足生产实际认真组织开展监测、防治技术的研究，建设高素质的林业有害生物防治队伍。通过举办培训、研讨、现场会等多种形式，开展多层面的技术培训，普及防治技术和提高业务水平。

（四）加强松材线虫病监测工作，做好攻坚行动

一是加强松材线虫病日常监测，实行监测工作常态化，切实做到疫情早发现、早报告、早处置。二是认真做好阻、拦、截工作。三是重点抓好松材线虫病专项普查，加强空天地人一体化监测普查，实现松林资源监测普查全覆盖。四是组织开展天牛类媒介昆虫专项调查，摸清风险底数。

（五）完善区域联防联治，提高防控工作成效

加大对重点区域林业有害生物预防和治理力度，完善和加强与毗邻省区、市间沟通协作，建立联防联控机制，协同合作，信息共享，宣传同步，行动合拍，效果共赢。

（主要起草人：高丽敏　许铁军　陶贺；主审：于治军　白鸿岩）

34 内蒙古大兴安岭林区林业有害生物2024年发生情况和2025年趋势预测

内蒙古大兴安岭森林病虫害防治(种子)总站

【摘要】2024年内蒙古大兴安岭林区林业有害生物发生整体呈下降态势，全年主要林业有害生物发生305.57万亩，其中，病害发生154.81万亩，虫害发生101.86万亩，鼠害发生48.90万亩，灾害面积19.03万亩。总体发生面积减少，病害发生稳中下降，危害程度下降；落叶松毛虫和白桦背麦蛾危害减轻，柳蓝叶甲和蛀干害虫危害加重；鼠害发生呈上升趋势。根据林区森林资源状况、林业有害生物发生及防治情况、今年秋季有害生物越冬基数调查情况，结合2025年气象预报，经综合分析，预测2025年主要林业有害生物发生呈下降趋势，发生约291万亩，其中，病害134万亩，虫害112万亩，鼠害45万亩。建议深入贯彻落实《中华人民共和国生物安全法》《中华人民共和国森林法》和习近平总书记关于生物安全指示精神，进一步健全监测预报网络体系建设，推进监测规范化、标准化建设，提升生物灾害末端感知能力；加强科技支撑和协同创新，高质量推动林区林业有害生物防控发展，持续加大测报新技术在生产中的应用，提高监测预报科技含量；提升重大林业生物灾害的监测预警能力。提升林业有害生物监测预报能力和水平，加大日常监测巡查力度，健全“空天地”一体化监测网络体系，提升测报、防治精细化水平。

一、2024年林业有害生物发生情况

(一)发生特点

总体发生面积下降，2024年发生面积为305.57万亩，同比2023年发生面积335.56万亩下降8.94%(图34-1)。

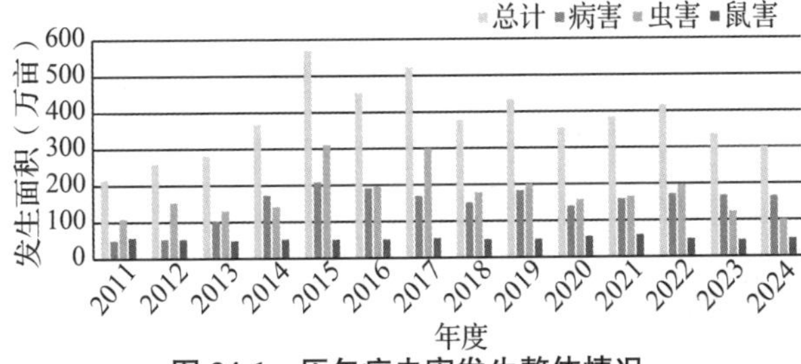

图34-1 历年病虫害发生整体情况

冬季降雪比往年减少，夏季干旱，虫害整体减少，落叶松毛虫扩散呈收缩态势，分布范围缩小，白桦背麦蛾危害减轻，柳蓝叶甲和蛀干害虫危害加重；病害发生普遍，整体危害程度下降，但局部危害严重。

森林鼠害越冬基数增加，春季发生呈上升趋势，局部人工林危害严重。

(二)主要林业有害生物发生情况分述

1. 病害发生情况

2024年病害总体发生154.81万亩，占有害生物发生总面积的50.66%，比2023年167.41万亩减少12.60万亩，减少7.53%，总体分布范围减小，局部危害较严重。

落叶松早落病　发生61.13万亩，比2023年减少6.86%。其中，轻度33.29万亩，中度22.06万亩，重度5.78万亩，平均感病指数38.49，平均感病株率71.03%。主要发生于绰尔、绰源、图里河、克一河、阿龙山、大杨树、毕拉河等森工(林业)公司(图34-2)。

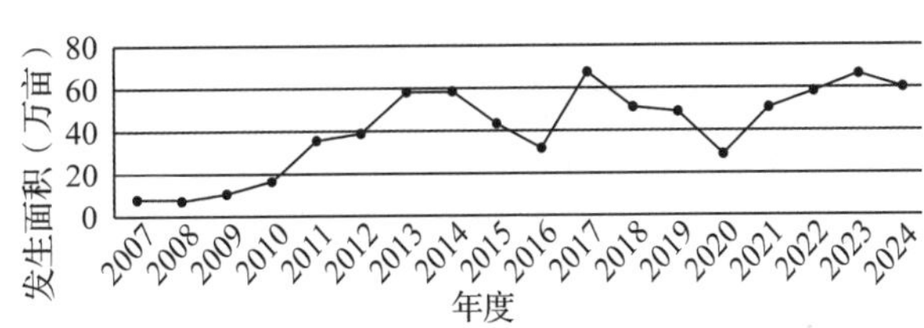

图34-2 落叶松早落病历年发生情况

松针红斑病　发生 14.70 万亩，比 2023 年减少 4.55%。其中，轻度 7.14 万亩，中度 6.40 万亩，重度 1.16 万亩，平均感病指数 34.08，平均感病株率 76.22%。发生面积和发生程度均有下降，局部地区危害严重。主要发生于阿尔山、阿龙山、满归、莫尔道嘎等森工公司和北部原始林区管护局(图 34-3)。

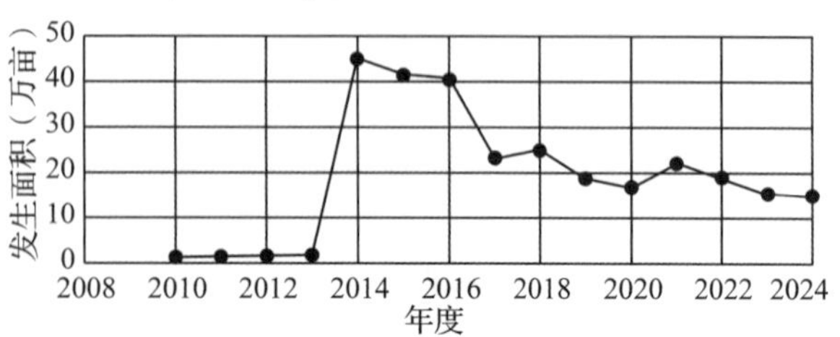

图 34-3　松针红斑病历年发生情况

阔叶树病害　包括桦树黑斑病、杨树锈病、柳树锈病和杨树溃疡病，发生 75.34 万亩，与 2023 年比略有下降，危害程度减轻，但局部成灾。其中，桦树黑斑病发生 73.74 万亩，比 2023 年减少 10%。轻度 30.13 万亩，中度 31.94 万亩，重度 11.67 万亩，平均感病指数 37.36，平均感病株率 71.70%。桦树黑斑病主要发生于阿尔山、库都尔、甘河、吉文、阿里河、得耳布尔、大杨树、毕拉河等森工(林业)公司(图 34-4)。

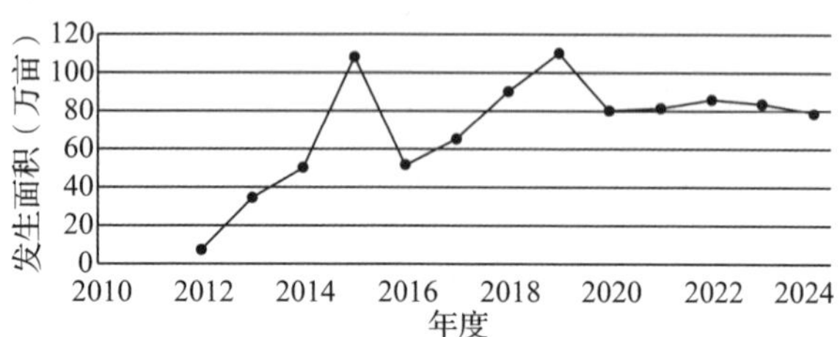

图 34-4　桦树黑斑病历年发生情况

松材线虫病　2024 年专项普查林区完成普查松林面积 7342.89 万亩，调查小班 22.24 万个，累计路程 33.93 万 km，调查线路 2461 条，取样 922 株，贝尔曼漏斗法检测 402 例，松材线虫核酸检测 272 例，取样份数 1292 份，结果均为阴性，无松材线虫病发生分布。

2. 虫害发生情况

虫害发生 101.86 万亩，占总发生量的 33.33%，比 2023 年发生 122.96 万亩减少 21.10 万亩。总体呈下降态势。

落叶松毛虫　整体呈下降趋势，发生面积和危害程有所下降。全年发生 34.39 万亩，其中，轻度 28.68 万亩，中度 3.71 万亩，重度 2.00 万亩，平均虫口密度 22.13 条/株，平均有虫株率 40.27%。主要发生于绰源、乌尔旗汉、库都尔、图里河、吉文、根河等森工公司和温河分公司(图 34-5)。

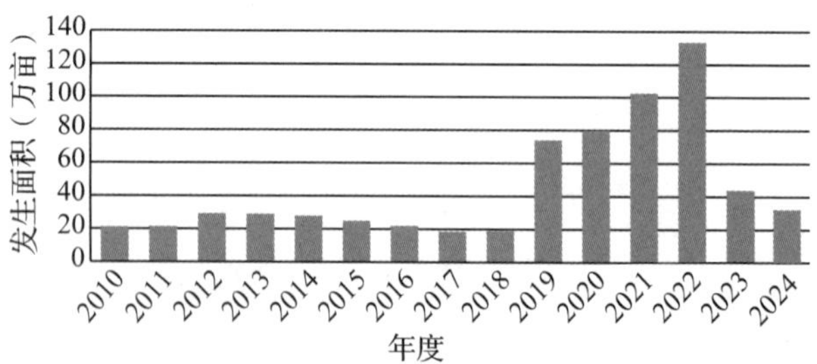

图 34-5　落叶松毛虫历年发生情况

落叶松鞘蛾　整体呈平稳态势。发生 22.27 万亩，其中，轻度 19.95 万亩，中度 2.32 万亩，平均虫口密度 14.78 头/100cm 枝，平均有虫株率 62.71%。主要发生于阿尔山、绰尔、乌尔旗汉、根河等森工公司和额尔古纳国家级自然保护区管理局(图 34-6)。

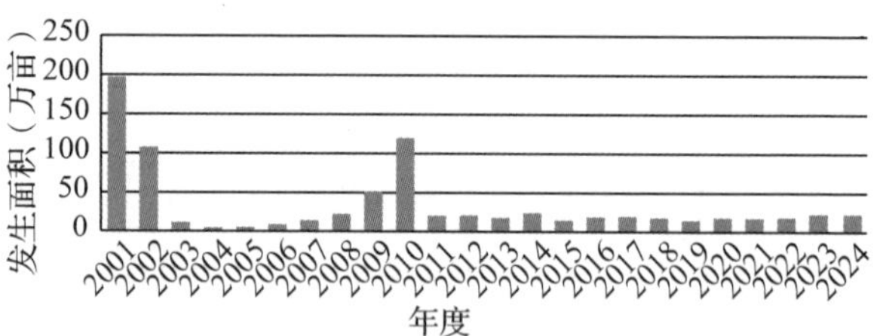

图 34-6　落叶松鞘蛾历年发生情况

柞树害虫(栎尖细蛾、柞褐叶螟)　整体呈下降趋势。发生 6.69 万亩，其中，轻度 4.04 万亩，中度 0.50 万亩，重度 2.15 万亩。平均虫口密度 20.87 头/100cm 枝，平均有虫株率 58.45%。分布于乌尔旗汉、阿里河、大杨树、毕拉河森工(林业)公司及温河分公司和毕拉河国家级自然保护区管理局(图 34-7)。

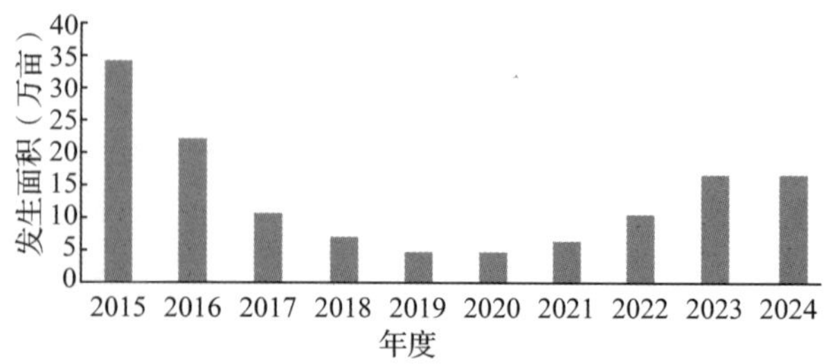

图 34-7　柞树害虫历年发生情况

柳蓝叶甲　发生 6.00 万亩，以中、重度发生为主。最高虫口密度超过 300 头/株。发生于乌尔旗汉、库都尔、图里河、绰尔森工公司和额尔古纳国家级自然保护区管理局。

白桦背麦蛾　整体呈下降趋势。发生 4.32 万亩，其中，轻度 1.32 万亩，重度 3.00 万亩，平均虫口密度 21.37 条/株，平均有虫株率 49.5%。发生在乌尔旗汉森工公司和温河分公司(图 34-8)。

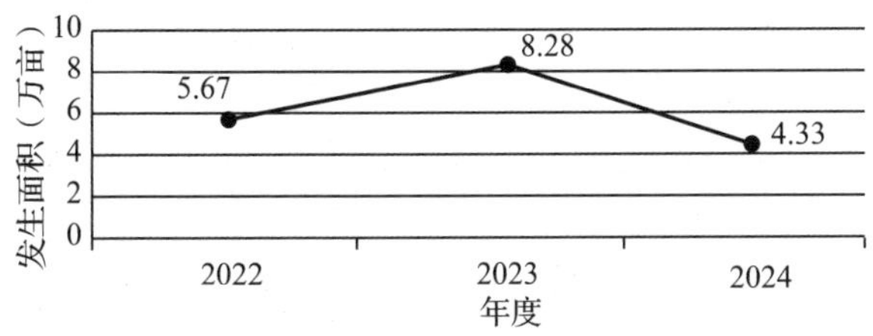

图 34-8　白桦背麦蛾历年发生情况

模毒蛾(舞毒蛾)　整体呈平稳态势。发生 4.19 万亩，以轻度发生为主，平均虫口密度为 20.70 条/株，平均有虫株率 81.03%。发生于阿尔山、阿里河、得耳布尔、莫尔道嘎森工公司(图 34-9)。

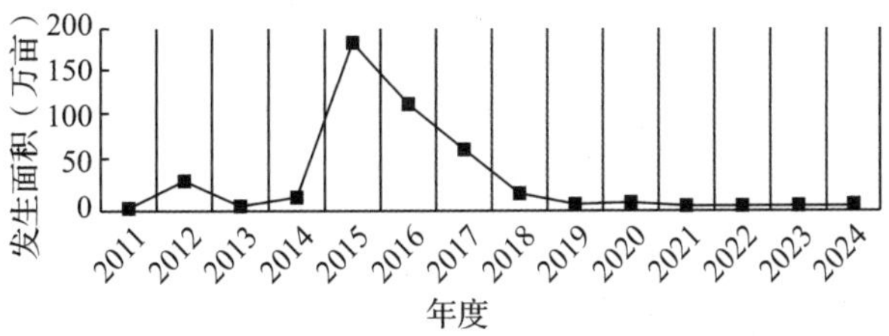

图 34-9　模毒蛾(舞毒蛾)历年发生情况

中带齿舟蛾(梦尼夜蛾、白桦尺蠖)　整体呈下降趋势。全年发生 3.65 万亩，主要为轻度发生，虫口密度 17.44 头/株，平均有虫株率 69.04%。发生于阿尔山、绰源、乌尔旗汉、库都尔、图里河、根河森工公司(图 34-10)。

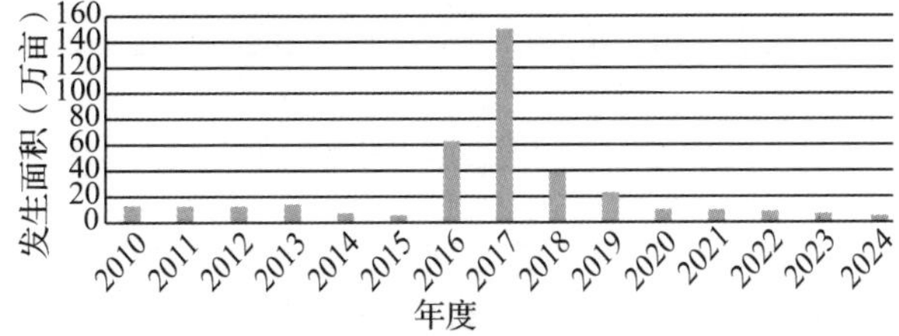

图 34-10　中带齿舟蛾(梦尼夜蛾、白桦尺蠖)历年发生情况

蛀干害虫　蛀干害虫包括云杉大墨天牛、云杉小墨天牛、落叶松八齿小蠹，呈上升趋势。发生 5.12 万亩，其中，轻度 2.58 万亩，中度 1.94 万亩，重度 0.6 万亩，平均被害株率 15.83%。发生于绰尔、克一河、阿龙山、满归、伊图里河、吉文森工(林业)公司和汗马国家级自然保护区管理局(图 34-11)。

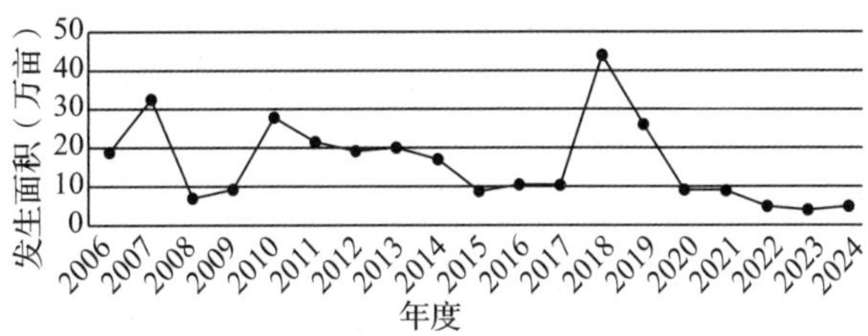

图 34-11　蛀干害虫历年发生情况

其他害虫　包括桦叶小卷蛾、落叶松球蚜、醋栗尺蛾、稠李巢蛾、赤杨扁叶甲、杨叶甲、松瘿小卷蛾、柳沫蝉、桦绵斑蚜等，呈上升趋势。整体发生 15.23 万亩，主要为轻度发生。主要发生于库都尔、甘河、阿里河、莫尔道嘎、根河等森工公司和北部原始林区管护局。

3. 鼠害发生情况

鼠害发生种类主要为棕背䶄和莫氏田鼠，发生 48.90 万亩，占病虫害总发生量的 16%。比 2023 年增加 3.71 万亩，同比上升 8.21%。其中，轻度 38.38 万亩，中度 7.55 万亩，重度 2.97 万亩，平均捕获率 1.01%，平均苗木被害率 5.66%。主要发生于阿尔山、图里河、克一河、甘河、吉文、金河、阿龙山、满归等森工公司(图 34-12)。

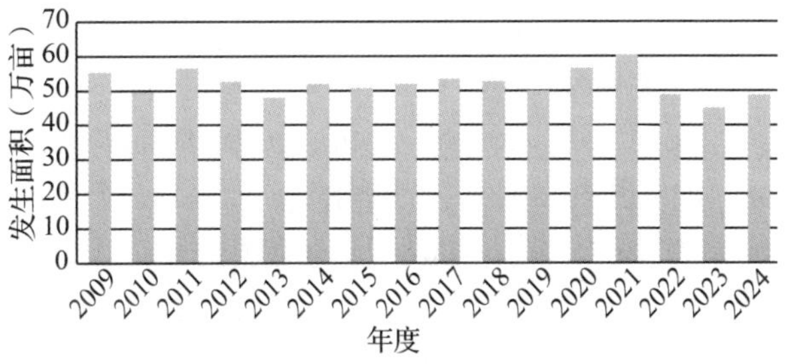

图 34-12　鼠害历年发生情况

(三)成因分析

1. 森林病害发生原因

2024 年春夏季林区前期持续干旱，后期高温多雨，有利于病害的发生，大面积抗逆性差的单一树种成过熟林在客观上为林木病害的发生提供了条件；病害早期监测得到加强，做到及时准确监测预报，在发病初期立即采取有效预防措施，连续多年采取了喷雾、烟剂、人工清理病原物等综合预防措施，使病原微生物密度有效降低，没有造成严重灾害，保护了树木健康。

2. 森林虫害发生原因

虫害整体发生周期进入衰退阶段，落叶松毛虫和白桦背麦蛾连续采取应急防控措施，取得显著成效，分布范围和危害程度均持续下降；受周边地方林业局柳蓝叶甲虫害暴发危害影响，今年柳蓝叶甲危害程度严重，发生面积较大，达 6.00 万亩；由于今年火烧迹地面积增大，蛀干害虫发生有上升趋势。

3. 森林鼠害发生成因

一是极端天气因素影响今年春季干旱，致使春天害鼠危害加剧；二是人工造林主要在立地条件差的地方或在树冠下造林，面积逐年增加且多为鼠喜啃食树种；三是 2024 年火烧迹地面积增大，害鼠存活率和越冬基数增加，种群密度上升；四是天敌对害鼠种群抑制作用有滞后效应；五是林区专项防治经费保障有力，新造林地采取了边造林边防治的预防措施，综合防治能力显著提高。

（四）监测防治情况

大兴安岭林业集团公司对林业有害生物监测预报工作十分重视，将林业有害生物“测报准确率”和“监测覆盖率”指标纳入森工集团年度考核，层层签订目标管理责任状。全年计划监测面积 1.1 亿亩，实际监测面积 1.22 亿亩，监测覆盖率 98.67%（指标 90%）；预测发生面积 300 万亩，实际发生面积 305.57 万亩，测报准确率达到 98.18%（指标 90%）；计划踏查点 56390 个，实际完成 58056 个，完成指标的 102.95%；计划一般标地 3740 块，实际完成 3785 块，完成指标的 101.20%；计划灯诱监测点 175 处，实际完成 172 处，完成计划的 98.29%；计划信息素/孢子监测点 860 个，实际完成 699 个，完成指标的 81.28%；计划无人机监测点 500 个，实际完成 425 个，完成指标的 85%；计划发布预报 717 次，实际完成 865 次，完成指标的 120.64%。测报考核指标达标，较好地完成了林业有害生物监测预报工作年度任务。2024 年共完成防治任务 205 万亩。其中，病害 90.45 万亩，虫害 74.60 万亩，鼠害 39.95 万亩。达到预防灾害的目的，防灾减灾成效显著。

大兴安岭林业集团公司以习近平新时代中国特色社会主义思想为指导，以党的二十届三中全会精神为引领，贯彻落实《中华人民共和国生物安全法》和习近平生态文明思想，促进人与自然和谐共生。坚持节约优先、保护优先、自然恢复为主的方针，尊重自然、顺应自然、保护自然的生态文明理念，树立保护生态环境就是保护生产力、改善生态环境就是改善生产力的理念，以全面提升林业有害生物监测预报能力为抓手，进一步夯实保障生态安全底线的能力，进一步健全和完善林区森防机构，现建设有 24 个基层森防机构，3 个外来物种监测站，166 个森工（林业）公司级监测站（点），全部有人管，已基本形成三级监测管理体制。进一步加强人才队伍建设，林区森防系统有专职测报员 148 人，兼职测报员 856 人，管护员 1000 余人，林场设至少 1 名专职或兼职森防员。进一步加大监测预报资金支持力度，今年投入监测预报专项经费 1000 万元，有力保障林业有害生物监测预报各项工作顺利开展。为进一步加大新技术推广应用，开发了有害生物网络感知系统监测调查软件和内蒙古大兴安岭林业有害生物测报防治数据上图软件系统，各基层单位现有数据采集仪 701 台，调查工具箱 228 套，数字化智能化监测应用基本形成。进一步加大建章立制工作，先后制定《内蒙古大兴安岭林区林业有害生物防治情况考核管理办法》《内蒙古大兴安岭林区林业有害生物监测预报标准化管理规范》《森林管护员有害生物巡查报告管理办法（试行）》，修订了《内蒙古大兴安岭林区重大林业有害生物灾害防控应急预案》，为加强森防质量管理提供了重要制度依据。

二、2025 年发生趋势预测

（一）2025 年总体发生趋势预测

经气象部门预测，预计 2025 年春季（3～5 月）内蒙古大兴安岭大部分地区气温偏高，降水偏少，根据林区各级森防专业机构的林业有害生物秋季越冬基数调查结果，结合当地历年发生情况和 2025 年气候预测情况，经综合分析，预测 2025 年林业有害生物发生 291 万亩，其中，病害

134 万亩，虫害 112 万亩，鼠害 45 万亩。与 2024 年相比，病害和鼠害呈下降趋势，虫害有上升态势。局部落叶松早落病、桦树黑斑病、松针红斑病、阔叶树食叶害虫、蛀干害虫和棕背䶄可能成灾。

（二）主要林业有害生物发生趋势预测

1. 森林病害

预测 2025 年森林病害发生 134 万亩。

桦树黑斑病　经秋季调查数据显示平均感病指数为 33.90，平均感病株率 76.17%，预测 2025 年发生 69 万亩。整体呈下降态势，预计分布于全林区，重点区域为阿尔山、绰源、伊图里河、吉文、阿里河、得耳布尔、大杨树、毕拉河等森工（林业）公司（图 34-13）。

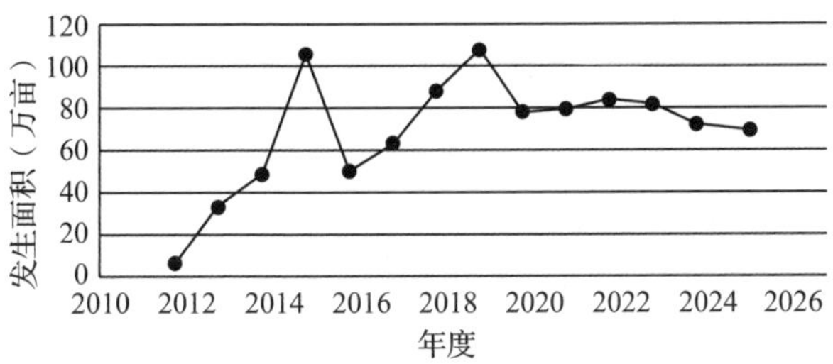

图 34-13　桦树黑斑病发生趋势

落叶松早落病　经秋季调查数据显示平均感病指数为 33.46，平均感病株率 62.66%，预测 2025 年发生 47 万亩，整体呈下降趋势，局部危害可能加重。预计主要分布于阿尔山、绰尔、克一河、金河、满归、阿龙山、大杨树等森工（林业）公司（图 34-14）。

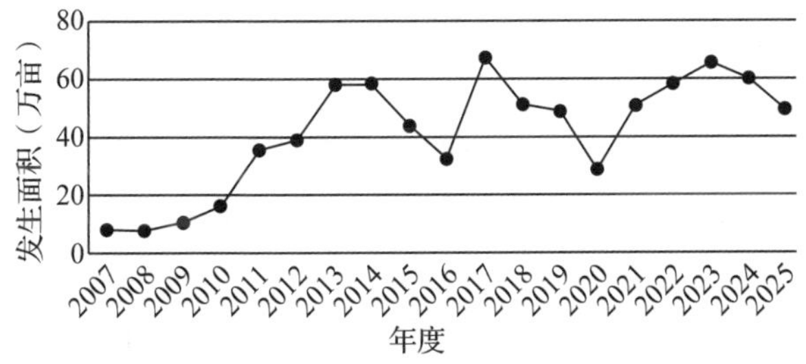

图 34-14　落叶松早落病发生趋势

松针红斑病　经秋季调查数据显示平均感病指数为 18.35，平均感病株率 58.58%，预测 2025 年发生 14 万亩，整体呈平稳趋势。预计分布于全林区，重点区域为阿尔山、金河、阿龙山、满归、莫尔道嘎、大杨树等森工（林业）公司和北部原始林区管护局（图 34-15）。

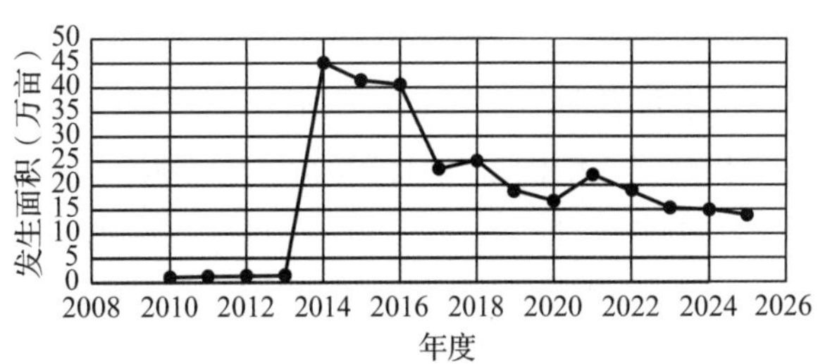

图 34-15　松针红斑病发生趋势

其他病害　包括偃松落针病、落叶松枯梢病、阔叶树锈病、云杉落叶病、沙棘锈病，预测 2025 年发生约 4 万亩，呈平稳趋势。预计分布于阿尔山、库都尔、图里河、吉文森工公司和额尔古纳国家级自然保护区管理局。

2. 森林虫害

预测 2025 年森林虫害发生面积约 112 万亩。

落叶松毛虫　经越冬基数调查结果显示，平均虫口密度 21.74 头/株，平均有虫株率 42.47%，预测 2025 年发生 31 万亩，整体呈平稳态势。预计重点分布区域为绰源、乌尔旗汉、库都尔、图里河、吉文、得耳布尔等森工公司（图 34-16）。

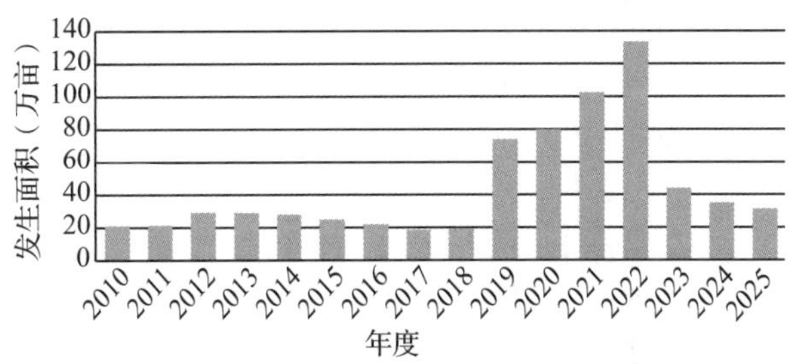

图 34-16　落叶松毛虫发生趋势

落叶松鞘蛾　经越冬基数调查结果显示，平均虫口密度 10.86 头/100cm 枝，平均有虫株率 70.85%，预测 2025 年发生 25 万亩，整体呈平稳态势。预计重点分布区域为阿尔山、绰源、克一河、阿里河、毕拉河等森工（林业）公司和额尔古纳国家级自然保护区管理局（图 34-17）。

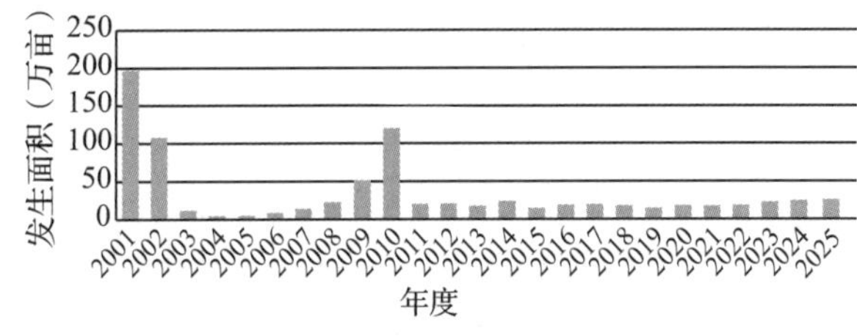

图 34-17　落叶松鞘蛾发生趋势

柳蓝叶甲　经秋季越冬基数调查数据显示平均虫口密度 42.20 头/100 叶，预测 2025 年发生

13万亩，整体呈上升态势。预计分布于绰尔、乌尔旗汉、库都尔、图里河、根河、莫尔道嘎森工公司和额尔古纳国家级自然保护区管理局。

柞树害虫(柞褐叶螟、栎尖细蛾)　经越冬基数调查，平均虫口密度为15.39头/株，平均有虫株率46.71%，预测2025年发生9万亩，整体呈上升趋势。预计分布于乌尔旗汉、阿里河、大杨树、毕拉河森工(林业)公司和温河分公司及毕拉河国家级自然保护区管理局(图34-18)。

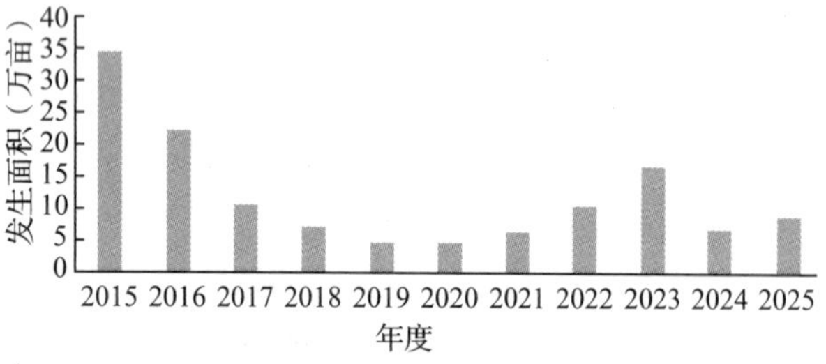

图34-18　柞树害虫发生趋势

模毒蛾(舞毒蛾)　经越冬基数调查，平均卵块密度为0.46块/m^2，预测2025年发生9万亩，整体呈上升趋势。预计分布于阿尔山、绰尔、绰源、乌尔旗汉、根河、得耳布尔、莫尔道嘎森工公司(图34-19)。

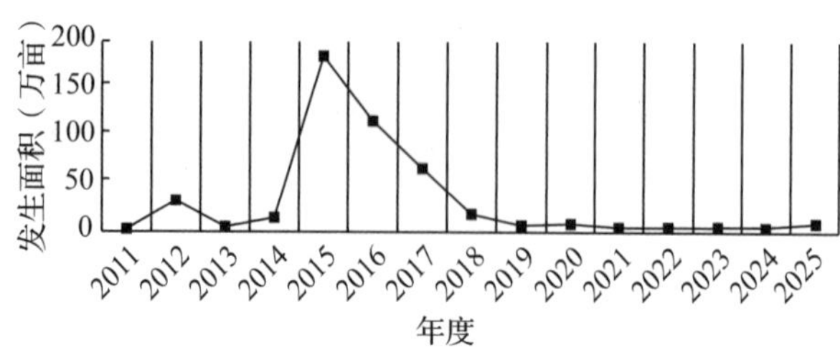

图34-19　模毒蛾(舞毒蛾)发生趋势

中带齿舟蛾(白桦尺蠖、梦尼夜蛾)　经越冬基数调查，平均蛹密度为4.83头/m^2，2025年预测发生5万亩，整体呈上升态势。预计分布于阿尔山、乌尔旗汉、库都尔、图里河、根河森工公司(34-20)。

蛀干害虫(云杉小墨天牛、落叶松八齿小蠹)　经秋季调查数据显示，平均被害株率21.27%，预测2025年发生10万亩，整体呈上升趋势。预计主要发生在绰尔、克一河、金河、阿龙山、满归等森工公司和汗马、额尔古纳国家级自然保护区管理局及北部原始林区管护局的过火林地和水淹地(图34-21)。

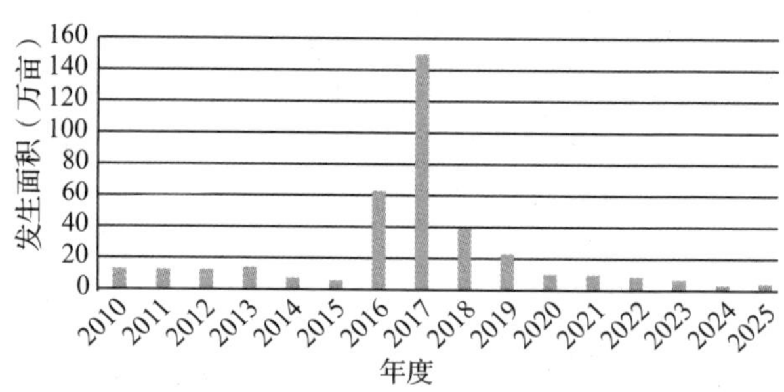

图34-20　中带齿舟蛾(白桦尺蠖、梦尼夜蛾)发生趋势

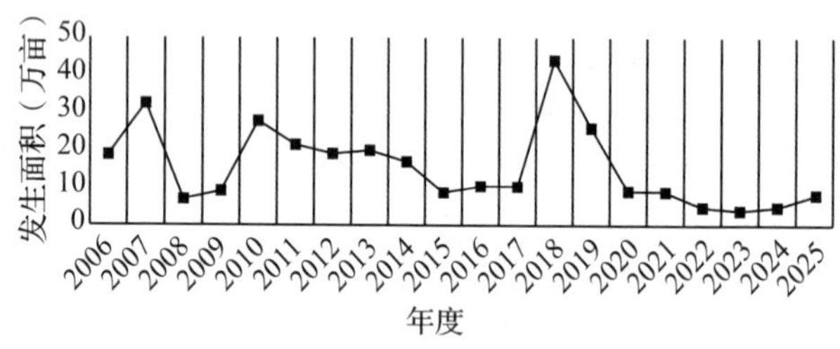

图34-21　蛀干害虫发生趋势

其他害虫　2025年预测发生10万亩，主要包括桦叶小卷蛾、稠李巢蛾、松瘿小卷蛾、柳沫蝉、落叶松球蚜、赤杨叶甲、杨叶甲等。预计主要发生于乌尔旗汉、库都尔、图里河、甘河等森工公司及北部原始林区管护局和温河生态功能区管理处。

3. 森林鼠害

根据气象部门预测，2024年冬季内蒙古大兴安岭林区降雪较往年晚，降雪量较常往年低，且今冬为冷冬，森林鼠害整体平稳略有下降态势，局部可能成灾，鼠密度平均夹日捕获率2.18%，预测发生约45万亩，主要鼠类为棕背䶄和莫氏田鼠。从2024年秋季鼠密度平均夹日捕获率来看，重点发生区域在火烧迹地造林集中区、幼林分布集中地、水湿地改造林地、低洼造林地段，以及公路、林场周边造林区，特别是樟子松幼树造林区危害将呈加重态势。重点区域为阿尔山、克一河、甘河、吉文、金河、阿龙山、满归、得耳布尔等森工公司(图34-22)。

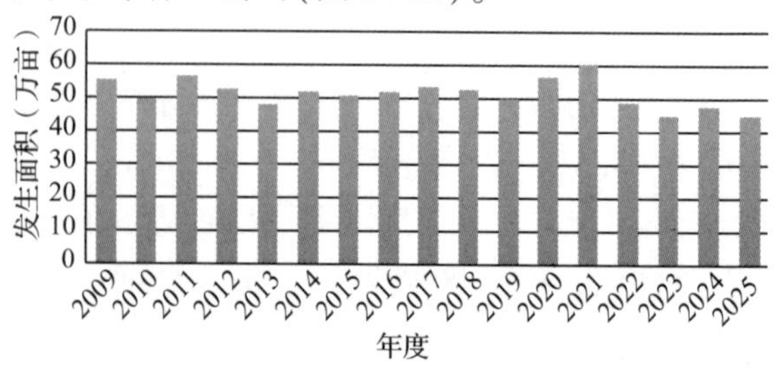

图34-22　鼠害发生趋势

三、对策建议

贯彻落实《中华人民共和国生物安全法》《中华人民共和国森林法》和习近平总书记关于生物安全指示精神，进一步健全监测预报网络体系建设，推进监测规范化、标准化建设，提升生物灾害末端感知能力。

加强科技支撑和协同创新，推动林区林业有害生物防控高质量发展。着力开展重要林业有害生物无人机遥感监测、灾害精细化管理，对阿尔山、绰尔、绰源重点区域开展卫星遥感监测，持续加大测报新技术在生产中的应用，提高监测预报科技含量。提升重大林业生物灾害的监测预警能力。

提升林业有害生物监测预报能力和水平加大日常监测巡查力度，健全“空天地”一体化监测网络体系，以防治信息系统为基础，依托林业有害生物网络感知系统和内蒙古大兴安岭林业有害生物测报防治数据上图软件系统应用，强化信息质量管理，提高监测预报精细化水平。

（主要起草人：张军生　刘薇　孙晓艳；主审：于治军　白鸿岩）

35 新疆生产建设兵团林业有害生物2024年发生情况和2025年趋势预测

新疆生产建设兵团林业和草原有害生物防治检疫中心

【摘要】2024年新疆生产建设兵团(简称兵团)林业有害生物发生95.89万亩，整体偏轻度发生，比去年同期减少23.37万亩，其中，轻度发生91.62万亩，占比95.17%；中度发生4.08万亩，占比4.25%；重度发生0.19万亩，占比0.2%。其中，病害发生5.51万亩，虫害发生63.02万亩，鼠害发生27.36万亩。根据气候变化因素、有害生物生物学特性和各师团的监测测报情况等综合分析，预测2025年兵团林业有害生物发生总面积150万亩，整体以轻度发生为主、局部地区危害加重。结合兵团的实际情况，需要进一步提高对林业有害生物监测重要性的认识，创新完善预测预报工作机制，落实防控责任，加强科技支撑，加大检疫封锁与执法监管力度，强化宣传培训，提高基层测报人员的技术水平，进一步提升兵团林业有害生物监测预报的能力与水平。

一、2024年主要林业有害生物总体发生情况

2024年兵团林业有害生物发生95.89万亩，其中，轻度发生91.62万亩，占比95.17%，中度发生4.08万亩，占比4.25%，重度发生0.19万亩，占比0.2%；病害发生5.51万亩，虫害发生63.02万亩，占总体发生面积的71.47%；鼠害发生27.36万亩。防治总面积68.35万亩，防治率71.28%，无公害防治率达到90.10%。

(一)发生特点

整体发生面积较2023年同期有所减少，以轻度、点片发生为主，没有重大林业有害生物灾害和突发事件发生。林业有害生物主要发生在南疆第一、二、三、十四师的天然胡杨公益林和农田防护林，以食叶害虫发生为主。第七、八师食叶害虫发生量较大，第九、十师鼠害发生面积比往年有所减轻，总体以轻度危害为主。

1. 病害

病害发生5.51万亩，较2023年减少3.15万亩，总体以轻度发生为主。主要以榆树黑斑病、葡萄霜霉病、葡萄白粉病、梨树腐烂病、苹果黑星病等病害为主。

2. 虫害

虫害发生63.02万亩，较2023年减少18.95万亩，总体以轻度发生为主。主要为白杨透翅蛾、梨小食心虫、梨木虱(中国梨木虱)、香梨优斑螟、春尺蠖、梭梭漠尺蛾、弧目大蚕蛾、杨梦尼夜蛾、枣瘿蚊、螨类等。

3. 鼠害

鼠害发生27.36万亩，较2023年减少1.26万亩，部分地区局部发生。第九、十师发生面积较2023年增加较大，主要种类有根田鼠、大沙鼠、子午沙鼠。

(二)主要林业有害生物发生情况分述

1. 病害

发生5.51万亩，整体以轻度发生为主。梨树腐烂病、葡萄霜霉病、葡萄白粉病发生面积较大，分别是0.59万亩、2.31万亩、1.14万亩，3种病害占病害总面积的73.32%，发生区域集中在第二、四、七、八、十二师的葡萄产区。

(1)经济林病害

发生5.06万亩，较2023年减少2.73万亩，总体以轻度发生为主。主要种类有葡萄病害、梨树病害、苹果病害、桃树病害、苹果病害等。

葡萄病害　发生3.45万亩，较2023年减少4.08万亩，均为轻度发生。其中，葡萄白粉病发生1.14万亩，主要集中在第四师63团；葡萄霜霉病发生2.31万亩，主要集中在第七、八师和第十二师葡萄种植区。

梨树腐烂病　均为轻度发生，发生 0.59 万亩，较 2023 年减少 1.58 万亩，主要发生在第二师 29 团和第三师 53 团香梨主产区。

苹果病害　整体以轻度发生为主，发生 0.73 万亩，其中，苹果黑心病发生 0.7 万亩，主要发生在第四师 63 团苹果种植区；苹果树枝枯病发生 0.01 万亩，主要在第一师 13 团苹果种植区；苹果腐烂病发生 258 亩，主要在第二师 22 团和第三师 48 团苹果种植区。

桃树病害　整体以轻度发生为主，发生 0.29 万亩，均为桃白粉病，主要在第十二师桃种植区。

(2)生态林病害

发生 0.45 万亩，比 2023 年减少 8.29 万亩，总体以轻度发生为主。主要种类有榆树黑斑病和杨树烂皮病。

榆树黑斑病　发生 0.04 万亩，比 2023 年减少 6.76 万亩，均为轻度发生，主要集中在第七师 130 团。

杨树烂皮病　发生 0.14 万亩，比 2023 年减少 1.8 万亩，均为轻度发生，主要集中在第二师和第十三师黄田农场。

2. 虫害

发生 63.02 万亩，较 2023 年减少 18.95 万亩，其中，轻度发生 60.68 万亩，中度发生 2.16 万亩，重度发生 0.19 万亩，较 2023 年减少 1.09 万亩，轻度发生面积占总面积的 96.29%。

(1)食叶害虫

发生 23.91 万亩，较 2023 年减少 19.45 万亩，总体以轻度发生为主，主要种类有春尺蠖、弧目大蚕蛾、杨梦尼夜蛾、梭梭漠尺蛾、绣线菊蚜等。

春尺蠖　发生 17.75 万亩，较 2023 年减少 13.86 万亩，其中，轻度发生 16.95 万亩，中度发生 0.74 万亩，重度发生 640 亩，主要在南疆第一、二、七、八师天然胡杨林、人工防护林。

弧目大蚕蛾　发生 1.8 万亩，均为轻度发生，主要在南疆第二师 29 团防护林和天然荒漠林。

杨梦尼夜蛾　发生 3.11 万亩，较 2023 年增加 2.04 万亩，增加 65.59%，主要在第八师 148 团、第十二师防护林和天然荒漠林。

梭梭漠尺蛾　发生 1.13 万亩，与 2023 年持平，均为轻度发生，主要在第八师 148 团，其余地区零星发生。

绣线菊蚜　发生 0.12 万亩，均为轻度发生，主要在第四师 68 团，其余地区零星发生。

(2)蛀干害虫

发生 5.89 万亩，较 2023 年增加 0.01 万亩，总体以轻度发生为主。主要种类有光肩星天牛、杨十斑吉丁、白杨透翅蛾等。

光肩星天牛　发生 1.25 万亩，较 2023 年减少 3.16 万亩，中度以上发生 0.03 万亩，主要在第二师 22 团。

白杨透翅蛾　发生 3.09 万亩，较 2023 年增加 0.73 万亩，中度以上发生 0.35 万亩，主要分布在第一师、第二师和第八师 121 团人工防护林。

杨十斑吉丁虫　发生 1.55 万亩，较 2023 年增加 0.52 万亩，中度以上发生 0.1 万亩，主要分布在第十师 183、185 团。

(3)介壳虫类

突笠圆盾蚧　发生 0.17 万亩，较 2023 年减少 0.03 万亩，中度及以上发生 0.05 万亩，主要在第八、十师团场防护林。

杨圆蚧　发生 0.11 万亩，轻度发生，主要在第二师 22 团、29 团，第四师道路林。

草履蚧　发生 0.75 万亩，其中，轻度发生 0.73 万亩，中度发生 0.02 万亩，主要在第三师 53 团场。

(4)经济林虫害

整体发生 33.05 万亩，较 2023 年略有增加，均为轻度发生。主要种类有枣瘿蚊、梨小食心虫、木虱类、螨类等。

木虱类　发生 0.33 万亩，均为轻度发生，主要在第二师 29 团、33 团，第七师 124 团，第十师 183 团经济林区。

枣瘿蚊　发生 0.57 万亩，较 2023 年减少 4.88 万亩，均为轻度发生，主要在第一、二、三师红枣种植区。

螨类　发生 14.74 万亩，较 2023 年减少 2.01 万亩，主要在第一、二、三、七、十四师经济林。

梨小食心虫　发生 3.93 万亩，较 2023 年增加 1.3 万亩，以轻度发生为主，中度发生 0.24 万亩，主要分布在南疆第一、二、三、十二师部分团场。

3. 鼠（兔）害

全兵团鼠(兔)害发生 27.36 万亩，较 2023 年减少 1.26 万亩，其中，轻度发生 26.36 万亩，中度以上发生 1 万亩。主要在第六、七、八、九、十师公益林地、退耕还林地、荒漠林地，人工林主要以幼龄林危害为主。主要种类有根田鼠、子午沙鼠、大沙鼠、草兔(托氏兔、高原野兔、野兔、蒙古兔)，未出现大面积成灾，其中第九、十师鼠害局部发生较为严重。

根田鼠　发生 16.75 万亩，较 2023 年减少 3.13 万亩，主要在第四、七、九、十师荒漠林、人工新植林。

大沙鼠　发生 6.58 万亩，较 2023 年增加 1.8 万亩，总体以轻度发生为主，中度及以上发生 1 万亩，主要在第六、七、十、十四师天然林。

子午沙鼠　发生 4.01 万亩，较 2023 年增加 0.07 万亩，以轻度发生为主，主要在第八师 148 团沙漠边缘天然林。

草兔　发生 0.03 万亩，主要分布在第一师、第十师沙漠边缘天然林。

(三)成因分析

1. 气候因素影响

2024 年气候波动非常大，出现异常高温现象，灾害天气增多，冬季气温偏高。有利于虫卵越冬，导致多种食叶害虫和蛀干害虫大面积发生，特别是南北疆降水有一定程度的增加，气候湿润，腐烂病局部严重发生。

2. 营林措施落实不到位

过去兵团在许多重点防护林工程、林网化建设项目和退耕还林工程造林设计中没有科学的营林措施，大面积营造人工纯林。尤其是灌溉基础设施建设不配套，树木生长期灌水量不足，抚育管理措施滞后，树势衰弱有利于有害生物发生危害。部分师团对有害生物防治工作只认识不到位，重视程度不够，预防性防治工作落实不到位。

3. 防灾减灾能力有待提高

兵团各团场中心测报点监测预报基础设施设备落后，难以满足当前有害生物监测工作的需要，且测报技术人员短缺，专业知识和能力水平普遍偏低，测报基础数据不准确、预报准确率不高。防治器械陈旧、缺损严重，不能满足防治作业要求。科技支撑不足，防治关键技术、难点问题还没有攻克，难以精准高效完成防治目标任务。

二、2025 年林业有害生物发生趋势预测

根据 2024 年兵团气候变化影响、林业有害生物监测调查情况，结合近年来有害生物发生规律和气象资料等因素，预测 2025 年兵团林业有害生物发生 150 万亩，总体轻度发生为主，局部地区中度发生，其中，林木病害发生 10 万亩，林木虫害发生 105 万亩，鼠害发生 35 万亩。

(一)分种类发生趋势预测

1. 病害

预测发生 10 万亩，整体以轻度发生为主，整体发生情况较 2024 年有所增加。

杨树病害　预测发生 1.5 万亩，主要有杨树烂皮病、杨树溃疡病、杨树锈病、胡杨锈病等，发生区域主要在南、北疆立地条件差、环境恶劣的人工林地、部分团场道路林及新移栽的退耕还林地，发生程度为轻度。

经济林病害　预测经济林病害总体发生 6 万亩。主要在第一、二、三、四、七、八、十二师经济林种植区。

其他病害　预测发生 2.5 万亩，发生程度为轻度，少量病害中度发生，主要分布在全兵团各个团场公益林、道路林、退耕还林、苗圃等区域。

2. 虫害

预测发生 105 万亩，以轻度发生为主，在各师均有发生。

食叶害虫　预测发生 40 万亩，总体为轻度发生，发生面积较 2024 年有所增加。主要种类有春尺蠖、杨叶甲、榆长斑蚜、叶蝉、杨毒蛾、舟蛾类等。主要在南北疆各师的公益林区及立地条件差的人工林区、苗圃地和新植林区。

蛀干害虫　预测发生 10 万亩，以轻度发生为主。主要种类有光肩星天牛、白蜡窄吉丁、纳曼干脊虎天牛、沙棘木蠹蛾等。主要在各师人工防护林区和沙棘种植区第九师 170 团。

经济林害虫　预测发生55万亩，总体为轻度发生，主要种类有枣瘿蚊、食心虫类、螨类、木虱类等。主要在各师经济林种植区。

3. 鼠(兔)害

预测发生35万亩，整体以轻度发生为主，主要种类以根田鼠、大沙鼠、子午沙鼠为主，主要发生区域在北疆荒漠公益林区、农田防护林、苗圃地和人工林区等。

三、对策建议

(一)加强监测体系建设，提升灾害预警能力

建立健全兵团、师市、团场三级监测体系，推进监测立体化、预报精细化、服务多元化、管理信息化的能力建设，大力推进护林员巡查、团场专业技术人员重点调查的管理，开展精细化、常态化监测，落实监测责任，做到病虫情监测全覆盖。

(二)推进社会化服务，加强防控减灾能力

积极推进社会化服务参与防治工作，积极引导、鼓励和支持各种社会化组织开展林业有害生物专项咨询、调查和防治服务。进一步加强机构队伍防灾应急处置能力和科技支撑能力建设，加大技术培训和科技示范推广力度，大力推广先进适用技术，不断提高防治成效。

(三)加强新技术应用，提升成果转化能力

加强航空航天遥感监测等新技术的示范应用，积极开展空天地一体化监测技术的引进与示范应用，提高林业监测调查的高效性、精准性，提升实时监测数据的采集能力。联合高校、科研院所的专家教授，充分运用其科研平台开展相关防控技术科研攻关，强化研究成果的转化应用，切实提高兵团林业有害生物防治技术水平。

（主要起草人：吴凤霞　杨莉　别尔达吾列提·希哈依　邱议文；主审：于治军　白鸿岩）